JN298604

共立叢書
現代数学の潮流

相転移と臨界現象の数理

田崎 晴明・原 隆 著

編集委員
岡本 和夫
桂　 利行
楠岡 成雄
坪井　 俊

共立出版株式会社

刊行にあたって

　数学には，永い年月変わらない部分と，進歩と発展に伴って次々にその形を変化させていく部分とがある．これは，歴史と伝統に支えられている一方で現在も進化し続けている数学という学問の特質である．また，自然科学はもとより幅広い分野の基礎としての重要性を増していることは，現代における数学の特徴の一つである．

　「21世紀の数学」シリーズでは，新しいが変わらない数学の基礎を提供した．これに引き続き，今を活きている数学の諸相を本の形で世に出したい．「共立講座　現代の数学」から30年．21世紀初頭の数学の姿を描くために，私達はこのシリーズを企画した．

　これから順次出版されるものは，伝統に支えられた分野，新しい問題意識に支えられたテーマ，いずれにしても，現代の数学の潮流を表す題材であろう，と自負する．学部学生，大学院生はもとより，研究者を始めとする数学や数理科学に関わる多くの人々にとり，指針となれば幸いである．

編集委員

はじめに

　本書は，数学，物理学，あるいは，それらの関連分野を学んだ人のための，具体的なテーマを題材にした数理物理学の教科書である．統計物理学のもっとも魅力的な問題ともいえる相転移と臨界現象を題材に，物理的なアイディアと数学的な論理が相互作用しあって，物理の難問を数学的に厳密に解決していく様子をお目にかけたい．幸い，登場する数学の多くは大学一，二年生レベルの微積分である．

　本書では，統計力学の知識を前提にせず，必要な概念は定義し，関連する物理的な背景も説明することを心がけた．物理に詳しくない数学畑の読者にも，扱われている問題の重要さ・面白さを理解していただければと思う．

　証明の技術的な詳細に深入りしたくない読者は，基本的な結果とアイディアを学びながら読み進めることもできると思う．統計力学を一通り学んだ上で，相転移の厳密な理論の発展を知ろうという物理畑の読者にも，厳密な数理物理の醍醐味を味わっていただければと願っている．

　様々な背景をもつ読者に，もっとも魅力的な問題の一つを通しての数理物理への入門書として読んでもらえることを目指した．この目標がどこまで達成されているか，読者のご意見とご提案を待つ[1]．

　もちろん，相転移と臨界現象は広大な研究分野である．たとえ数学的に厳密な理論が展開されている部分に限っても，一冊の本でその全体像を詳しく伝えるのは不可能だろう．本書では，広い範囲をカバーすることはもとより意図せず，典型的な一つの問題について重要な一連の結果をじっくりと述べることにした．具体的には，Ising 模型という，考えうるもっとも単純な大自由度物理系の理論モデ

---

[1] 本書への訂正，加筆，また，本文には収録できなかった詳細についてのノートなどを下記の web ページ（「田崎 原 相転移」で検索すればすぐにみつかるだろう）で公開する予定である．
http://www.gakushuin.ac.jp/~881791/IsingBookJ/

ルに限定し,相転移の存在,高温・低温での系の特徴づけ,臨界現象の存在,臨界指数の普遍的な関係式などの厳密で普遍的な結果を詳しく解説する[2].これは,相転移と臨界現象という「自然からの出題」に対して,今のところ,人類が与えることのできるもっとも優れた解答の一つだと思われる.

個別のモデルの解析ではなく,無限自由度系の統計力学の一般論から相転移の問題にエレガントにアプローチできないのだろうかと考える読者もいるかもしれない.しかし,少なくとも今の段階では,相転移や臨界現象の問題について強力な結果を生み出すような完全な一般論は存在しない.ただし,本書でみる Ising 模型における具体的な証明の手法やその背後にある描像を,Ising 模型を越えて,より広い範囲の多体系のモデルにまで一般化することは可能だ.本書で扱う内容を理解することで,そのような一般論のいくつかを自然に学ぶことができるだろう.興味深いことに,これら一般論がカバーするモデルの範囲はかならずしも一致しない.ある一般論は場の量子論の構造と相性がよく,別の一般論は確率論的であり,また別の一般論は確率幾何学な対象に適用される.Ising 模型は,こういった複数の一般論がいずれも適用できる「共通部分」に位置していると言っていいだろう.そういう意味で,Ising 模型という特定のモデルを深く議論することは,既存のいくつかの一般論を理解するための最良の道でもある.

また,本書で紹介する Ising 模型についての様々なアプローチは,

> 物理的なアイディアを徹底的に洗練させて,数学的に厳密な手法にまで高める

という,数理物理学の一つのあるべき姿の実例にもなっている.もちろん,科学的・数理的な知性にとって,何が「物理的」で何が「数学的」かという確たる区別があるわけではない.理想的には,物理学の問題がひとたび数学的に定式化された後は,「物理的に正しいアイディア」というのは,「数学的に厳密な論法」に直結するものでなくてはならないはずだ.そうはいっても,現実には,多くの場合,理論物理学者の「言語」と数学者の「言語」のあいだにかなり大きなギャップがある.少なくとも,本書で扱う Ising 模型へのアプローチに限れば,これら二つの「言語」が橋渡しされて一つの優れた数理科学を形作っていることを味わっていただきたい.

---

[2] 2次元 Ising 模型の厳密解に関わる研究は本書では扱わない.

相転移と臨界現象をめぐる数理物理は，読者の主要な興味や研究分野とは無関係に，それを学ぶことが純粋な知的な喜びになるようなテーマであると信じている．そしてこのテーマをめぐる優れた研究は，物理学と数学という二つの学問の営みは決して切り離してはいけないことを具体的に力強く示してくれていると思う．

本書を通じて，一人でも多くの読者に，物理学と数学の生きた交流の一つの姿を楽しんでいただければ，われわれにとって大きな喜びである．

本書の内容について本質的な提案をしてくださった楠岡成雄さん，高麗徹さん，坂井哲さん，田中彰則さん，服部哲弥さん，松井卓さん，有益なコメントや議論をしてくださった池田達彦，糸井千岳，大野正雄，長田博文，小田啓太，小野浩太郎，風間英明，神本丈，高麗雄介，作道直幸，関根良紹，千野由喜，辻井正人，廣島文生，森貴司，藪中俊介のみなさん，本書の題材を含む様々な数理物理学の話題をともに学んだ東京工業大学，名古屋大学，九州大学での原研究室の大学院生のみなさん，そして，本書の長い準備期間のあいだにお世話になったすべてのみなさんに感謝します．

2015 年 2 月
田崎 晴明，原 隆

目　次

第 1 章　相転移と臨界現象　　1
1. 「自然からの出題」としての相転移 …………… 1
2. 原子・分子と相転移 …………………………… 2
3. 相転移研究の簡単な歴史 ……………………… 3

第 2 章　基本的な設定と定義　　6
1. 統計力学入門 …………………………………… 6
    1.1　平衡状態と統計力学 …………………… 6
    1.2　カノニカル分布 ………………………… 8
2. Ising 模型の定義 ……………………………… 11
    2.1　ミクロ状態とハミルトニアン ………… 11
    2.2　有限系の統計力学 ……………………… 14
    2.3　相関関数 ………………………………… 18
    2.4　基本的な物理量 ………………………… 19

第 3 章　相転移と臨界現象入門　　22
1. Ising 模型での相転移と臨界現象の概観 …… 22
2. 簡単に計算できる例 ………………………… 25
    2.1　相互作用のないモデル ………………… 25
    2.2　1 次元 Ising 模型 ……………………… 27
3. 平均場近似 …………………………………… 31
    3.1　自己整合方程式の導出 ………………… 31
    3.2　自己整合方程式の解 …………………… 33
    3.3　平均場近似における相転移 …………… 35

3.4　平均場近似における臨界現象 36
4. ガウス型模型 37
　　4.1　モデルの定義 38
　　4.2　磁化のふるまい 39
　　4.3　二点相関関数のふるまい 40
5. Ising 模型における相転移と臨界現象 44
　　5.1　無限体積極限の必要性 44
　　5.2　自発磁化と相図 46
　　5.3　相関関数のふるまい 48
　　5.4　臨界現象 49

第 4 章　有限格子上の Ising 模型　　56

1. 相関不等式 56
　　1.1　一般的な Ising 模型 56
　　1.2　いくつかの相関不等式 57
　　1.3　強磁性的単調性 61
2. 有限系の基本的な性質 62
　　2.1　自由エネルギーの性質 62
　　2.2　相関関数の性質 65
3. Lee-Yang の定理 67
　　3.1　Lee-Yang の定理と分配関数のゼロ点 67
　　3.2　命題 4.22 の証明 69

第 5 章　無限体積の極限　　73

1. 無限系での物理量 73
　　1.1　自由エネルギーの無限体積極限 73
　　1.2　熱力学的な量 76
　　1.3　無限系の相関関数の定義と性質 77
2. 自由エネルギーの無限体積極限の存在の証明 84
　　2.1　自由境界条件の場合 84
　　2.2　周期的境界条件とプラス境界条件 89
3. 相関関数の無限体積極限 90

3.1	相関関数の不変性	90
3.2	二点相関関数の単調減少性	91
3.3	無限系の相関関数の一意性	92
4. Lee-Yangの定理の証明		94

第6章　高温相 　　　　　　　　　　　　　　　　　　　　　　98

1. 高温相での厳密な結果 98
   1.1 摂動的な上界 98
   1.2 非摂動的な特徴づけ 99
2. ランダムループ展開 104
   2.1 分配関数と相関関数の表現 104
   2.2 1次元Ising模型の相関関数 107
   2.3 相関関数の上界の証明 108
3. 高温相の非摂動的な解析 110
   3.1 二点相関関数の減衰 110
   3.2 相関距離と二点相関関数 113
   3.3 自由エネルギーの微分可能性 115
   3.4 磁化の微分可能性と無限系での揺動応答関係 116

第7章　低温相 　　　　　　　　　　　　　　　　　　　　　　122

1. 低温相の特徴づけ 122
   1.1 自発磁化と転移点 122
   1.2 長距離秩序 125
   1.3 1次元と2次元以上の相違 127
   1.4 プラス境界条件でのスピンの期待値と定理の証明 129
2. コントゥアー展開 130
   2.1 2次元Ising模型のコントゥアー展開 130
   2.2 2次元Ising模型の自己双対性 134
   2.3 補題7.8の証明 135
   2.4 定理7.4の証明 139

第8章　臨界現象 　　　　　　　　　　　　　　　　　　　　　142

1. 厳密な結果の概観 142

2. 証明	. . . .	144
	2.1 　磁化率の発散	145
	2.2 　転移点での二点相関関数	146

第 9 章　転移点の一意性　　148

1. 本章の主要な結果 148
2. 証明のアイディア 149
3. 微分不等式に関する命題 152
4. 偏微分不等式と偏微分方程式の比較 155
5. 命題 9.3 の証明 158
   - 5.1 　特性曲線を求める 158
   - 5.2 　$\beta > \beta_\mathrm{c}, \hat{h} = +0$ での解析 160
   - 5.3 　$\beta = \beta_\mathrm{c}, \hat{h} > 0$ での解析 162

第 10 章　臨界指数についての不等式と等式　　164

1. 個々の臨界指数についての不等式 164
2. 複数の臨界指数のあいだの不等式 168
   - 2.1 　スケーリング不等式 168
   - 2.2 　ハイパースケーリング不等式 170
3. 高次元での臨界指数 174
   - 3.1 　$d > 4$ での「バブル」のふるまい 174
   - 3.2 　$d > 4$ での比熱の有界性 176
   - 3.3 　$d \geq 4$ での等式 $\gamma = 1$ 177
   - 3.4 　臨界次元の確率幾何的な意味 180

第 11 章　無限系の平衡状態と対称性の自発的破れ　　183

1. 無限系の平衡状態 183
   - 1.1 　無限系の状態 183
   - 1.2 　DLR 条件 184
   - 1.3 　無限系の平衡状態の一意性と非一意性 187
2. 平衡状態の分解と分類 189
   - 2.1 　プラス状態とマイナス状態への分解 189
   - 2.2 　平衡状態の分類 192

第12章 関連するモデル　　　　　　　　　　　　　　　195

1. 様々なスピン系 195
   - 1.1 φ^4 モデル 195
   - 1.2 N ベクトルモデル 196
   - 1.3 量子スピン系 199
2. 様々な確率幾何的なモデル 202
   - 2.1 単純ランダムウォーク 202
   - 2.2 自己回避ランダムウォーク 205
   - 2.3 格子樹 207
   - 2.4 パーコレーション 208
3. 場の量子論 210
   - 3.1 場の量子論とは何か？ 211
   - 3.2 グリーン関数と経路積分 213
   - 3.3 ユークリッド化とスピン系 214
   - 3.4 スピン系から場の量子論へ 218
   - 3.5 連続極限と臨界現象，場の量子論の自明性 221

付録 A　相関不等式の証明　　　　　　　　　　　　　　　225

1. 記法とスピン系の定義 225
2. 複変数の方法 227
   - 2.1 Griffiths 第一不等式 228
   - 2.2 Griffiths 第二不等式 230
   - 2.3 Lebowitz 不等式 232
   - 2.4 Griffiths-Hurst-Sherman (GHS) 不等式 237
   - 2.5 Messager-Miracle-Solé (MMS) 不等式 238
   - 2.6 FKG 不等式 242
3. ランダムカレント表示 246
   - 3.1 ランダムカレント表示の導出 246
   - 3.2 源泉の移し替え 249
   - 3.3 ガウス型不等式 254
   - 3.4 $\langle \sigma^A ; \sigma^B \rangle_\Lambda$ に関する不等式 257
   - 3.5 Simon-Lieb 不等式 258

	3.6	Aizenman 不等式と Aizenman-Graham 不等式	261
	3.7	Aizenman-Barski-Fernández 不等式	273

付録 B 鏡映正値性とその帰結   278

1. 鏡映正値性の一般論 278
   - 1.1 一般の N 成分スピン系 278
   - 1.2 鏡映正値性 280
   - 1.3 チェスボード評価 282
2. ガウス型の上界 285
   - 2.1 基本的な不等式 285
   - 2.2 有限系での上界 288
   - 2.3 無限体積の極限での上界 291
   - 2.4 低温での長距離秩序 294
   - 2.5 Ising 模型の二点相関関数の上界 296
3. スペクトル表示 299
   - 3.1 Hilbert 空間の構成 299
   - 3.2 並進の作用素の表現 300
   - 3.3 スペクトル表示 302
   - 3.4 スペクトル表示の応用 304

付録 C ガウス型模型の漸近評価   308

1. 「おおらかな議論」とその落とし穴 309
2. 臨界点 $(\mu = 0)$ での結果 311
3. $\mu > 0$ での結果 312

付録 D クラスター展開   315

1. 自由エネルギーの高温展開 316
2. クラスター展開の一般論 317
   - 2.1 抽象的なポリマー系 318
   - 2.2 Dobrushin の条件 320
   - 2.3 クラスター展開 324
   - 2.4 相関関数の扱い 329
   - 2.5 自由エネルギーの無限体積極限 331

        2.6　定理 D.6 の証明 336
        2.7　定理 D.10 の証明 338
    3. 高温，磁場ゼロでの Ising 模型 341
    4. 低温，磁場ゼロでの Ising 模型 344
    5. 磁場が大きい領域での Ising 模型 345
        5.1　ポリマー系への変換 346
        5.2　Kotecký-Preiss の条件 348
        5.3　相関関数の解析 351
    6. 高温領域での Ising 模型 354

付録 E　Lebowitz-Penrose の定理　　358
    1. 磁場がある際の連結 n 点関数の減衰 358
    2. 定理 5.4 の証明 363
        2.1　補題 E.4 の証明 365
        2.2　補題 E.5 の証明 367
        2.3　補題 E.6 の証明 368
        2.4　命題 E.7 の証明 369

付録 F　数学に関するメモ　　375
    1. 増加関数列と左連続性 375
    2. 凸関数の性質 376
    3. 一変数複素関数 376
    4. 多変数複素関数論のまとめ 380
    5. 対数関数とべき乗関数について 382

参考文献　　387
索　引　　401

用語と主要な記号

- 有限集合 S の要素の総数を $|S|$ と書く.
- $A := B$ は,B という既知の表式によって A を新たに定義することを意味する. $B =: A$ も同じ意味.
- 関数 $f(x), g(x)$ について $\lim_{x \downarrow 0} f(x)/g(x) = 1$ が成り立つことを「$x \downarrow 0$ のとき $f(x) \sim g(x)$」あるいは「$x \ll x_0$ のとき $f(x) \sim g(x)$」と書く(後者では x が x_0 に比べて十分に小さければ $f(x)/g(x)$ が十分に 1 に近いという情報も含まれている). $x \to a, x \uparrow \infty$ や数列に関する $n \uparrow \infty$ の極限についても同じ記号を用いる.
- 関数 $f(x), g(x)$ について,x によらない正の定数 C_1, C_2 が存在して,十分小さな $x > 0$ に対して $C_1 \leq f(x)/g(x) \leq C_2$ が成り立つことを「$x \downarrow 0$ のとき $f(x) \approx g(x)$」と書く. $x \to a, x \uparrow \infty$ や数列に関する $n \uparrow \infty$ の極限についても同じ記号を用いる.
- 記号 $\simeq$ は両辺が(何らかの意味で)近似的に等しいことを意味する.
- 数列 $(a_n)_{n=1,2,\ldots}$ が**広義増加数列**であるとは,$m < n$ ならば $a_m \leq a_n$ であることをいう. $m < n$ ならば $a_m < a_n$ となる場合は**狭義増加数列**という. 関数 $f(x)$ についても,$x < y$ ならば $f(x) \leq f(y)$ となるとき**広義増加関数**といい,$x < y$ ならば $f(x) < f(y)$ となるときは**狭義増加関数**という. 減少についても同様の言葉遣いをする.
- $x \in \mathbb{R}$ の関数 $f(x)$ が $x_0 \in \mathbb{R}$ において微分可能とは,微係数 $f'(x_0)$ が存在することをいう. $f(x)$ がある領域で微分可能とは,その領域内のすべての x において微分可能であることをいう(導関数 $f'(x)$ が連続かどうかは問わない).

- $I[\cdot]$：真偽関数．$I[真] = 1$, $I[偽] = 0$ という値をとる関数（69 ページ）
- $\mathbb{Z}^d$：d 次元超立方格子（12 ページ）
- Λ：格子（一般の有限集合）（56 ページ）
- Λ_L：一辺 L の d 次元超立方格子（12 ページ）
- $\partial \Lambda$ と $\overline{\partial}\Lambda$：格子 Λ の内部境界（13 ページ）と外部境界（17 ページ）
- $\mathcal{B}_L$：格子 Λ_L のボンドの集合（14 ページ）
- $\overline{\mathcal{B}}_L$：周期境界条件を課したときの格子 Λ_L のボンドの集合（38, 145 ページ）
- BC：境界条件（15 ページ）
- F：自由境界条件（15 ページ）
- P：周期境界条件（15 ページ）
- $+$：プラス境界条件（15 ページ）
- x や y：格子点（Λ, $\mathbb{Z}^d$ などの要素）（12 ページ）
- $|x|$：$x = (x^{(1)}, \ldots, x^{(d)})$ のユークリッドノルム．$|x| := \left(\sum_{j=1}^{d} |x^{(j)}|^2\right)^{1/2}$ （12 ページ）
- $\|x\|_1 := \sum_{j=1}^{d} |x^{(j)}|$ （12 ページ）
- $\|x\|_\infty := \max\{|x^{(1)}|, |x^{(2)}|, \ldots, |x^{(d)}|\}$ （12 ページ）
- $\|x\|_1^{\mathrm{P}}$ と $\|x\|_\infty^{\mathrm{P}}$：周期境界条件の下でのノルム（17 ページ）
- e_j：d 次元空間における j 方向の単位ベクトル（$j = 1, 2, \ldots, d$）（125, 216 ページ）
- $\hat{x}$：格子点 x 方向の単位ベクトル．$\hat{x} := x/|x|$ （313 ページ）
- k：フーリエ変換における波数ベクトル（41 ページ）
- $\epsilon_0(k)$：スピン波（自由粒子）の分散関係（42 ページ）
- σ_x：格子点 x におけるスピン変数（13 ページ）
- $\boldsymbol{\sigma}$：スピン配位（スピン変数の組）．$\boldsymbol{\sigma} := (\sigma_x)_{x \in \Lambda}$ （13 ページ）
- σ^A：$A \subset \Lambda$ に対して $\sigma^A := \prod_{x \in A} \sigma_x$ （18 ページ）
- β：逆温度．$\beta = (k_{\mathrm{B}}T)^{-1}$ （8 ページ）
- h：磁場（14 ページ）
- β_{c}：転移点，あるいは，高温側から定めた転移点（46, 100 ページ）

- β_{m}：低温側から定めた転移点（9 章で $\beta_{\mathrm{c}} = \beta_{\mathrm{m}}$ を証明する）（124 ページ）
- β_{MF}：平均場近似における転移点（33 ページ）
- $H(\boldsymbol{\sigma})$：（一般の格子 Λ を考えるときの）一般のハミルトニアン（57 ページ）
- $H_{L;h}(\boldsymbol{\sigma})$：$\Lambda_L$ 上のハミルトニアンの主要部分（14 ページ）
- $\tilde{H}_L^{\mathrm{BC}}(\boldsymbol{\sigma})$：$\Lambda_L$ 上で境界条件 BC の効果を表わすハミルトニアン（16 ページ）
- $Z_L^{\mathrm{BC}}(\beta, h)$：$\Lambda_L$ 上の境界条件 BC での分配関数（15 ページ）
- $f_L^{\mathrm{BC}}(\beta, h)$：$\Lambda_L$ 上の境界条件 BC での Helmholtz の自由エネルギー（15 ページ）
- $f(\beta, h)$：無限体積極限の自由エネルギー（境界条件によらない）（74 ページ）
- $\langle \cdots \rangle_{L;\beta,h}^{\mathrm{BC}}$：$\Lambda_L$ 上の境界条件 BC, 逆温度 β, 磁場 h での期待値（15 ページ）
- $\langle \cdots \rangle_{L;\beta}^{\mathrm{BC}}$：$\Lambda_L$ 上の境界条件 BC, 逆温度 β, 磁場ゼロでの期待値（15 ページ）
- $\langle \cdots \rangle_{\beta,h}^{\mathrm{BC}}$ と $\langle \cdots \rangle_{\beta}^{\mathrm{BC}}$：無限体積極限 $L \uparrow \infty$ での期待値（78 ページ）
- $\langle \cdots \rangle_{\beta,h}$ と $\langle \cdots \rangle_{\beta}$：無限体積極限での期待値（BC に依存しないことが証明されている場合）（81 ページ）
- $\langle X_1; X_2 \rangle$：X_1, X_2 の連結相関関数．$\langle X_1; X_2 \rangle := \langle X_1 X_2 \rangle - \langle X_1 \rangle \langle X_2 \rangle$（18 ページ）
- $\langle X_1; \ldots; X_n \rangle$：$X_1, \ldots, X_n$ の n 重連結相関関数（キュムラント）（18 ページ）
- $u^{(n)}(x_1, \ldots, x_n)$：連結 n 点相関関数．$\langle \sigma_{x_1}; \ldots; \sigma_{x_n} \rangle$（19 ページ）
- $m_L^{\mathrm{BC}}(\beta, h)$：$\Lambda_L$ 上の境界条件 BC での磁化（19 ページ）
- $m(\beta, h)$：無限系での磁化（76 ページ）
- $m_{\mathrm{s}}(\beta)$：自発磁化（76 ページ）
- $p(\beta, 0)$：長距離秩序パラメター（126 ページ）
- $\chi_L^{\mathrm{BC}}(\beta)$：$\Lambda_L$ 上の境界条件 BC での磁化率（帯磁率）（20 ページ）
- $\chi(\beta)$：無限系での磁化率（77 ページ）
- $\tilde{\chi}(\beta)$：二点相関関数の無限和で定義した磁化率（102 ページ）
- $\chi_{\mathrm{nl},L}^{\mathrm{BC}}(\beta)$：$\Lambda_L$ 上の境界条件 BC での非線型磁化率（20 ページ）
- $\chi_{\mathrm{nl}}(\beta)$：無限系での非線型磁化率（51 ページ）
- $U_L^{\mathrm{BC}}(\beta, h)$：$\Lambda_L$ 上の境界条件 BC での内部エネルギー（21 ページ）

- $U(\beta, h)$：無限系での内部エネルギー（77 ページ）
- $C_L^{\mathrm{BC}}(\beta, h)$：$\Lambda_L$ 上の境界条件 BC での比熱（21 ページ）
- $C(\beta, h)$：無限系での比熱（77 ページ）
- $\xi(\beta)$：相関距離（30, 43, 49, 102 ページ）
- $g_{\mathrm{ren}}(\beta)$：くりこまれた相互作用定数（172 ページ）
- α：比熱に関する臨界指数（51, 176 ページ）
- β：自発磁化に関する臨界指数（50, 166 ページ）
- γ：磁化率に関する臨界指数（50, 165 ページ）
- δ：磁化の磁場依存性についての臨界指数（51, 166 ページ）
- ν：相関距離についての臨界指数（50, 165 ページ）
- η：転移点での二点相関関数についての臨界指数（52, 166 ページ）
- $\triangle$：非線型磁化率, くりこまれた相互作用定数に関する臨界指数（51, 170 ページ）

1

相転移と臨界現象

　本論にはいる前に，本書のテーマである相転移と臨界現象の研究の背景を簡単にみておこう．

1.「自然からの出題」としての相転移

　水は常温では液体だが，温度が低くなると固体の氷になる．われわれにとっては当たり前の経験事実だ．しかし，仮に生まれてから一度も $0°\mathrm{C}$ 以下の環境を体験したことのない人がいれば，さらさらと流れる水が固体に変わると聞かされてもにわかには信じられないに違いない．いや，われわれにしても，飛行機の窓から見る広大な海と北極の白い雪氷の大地が同じ物質だという事実を感覚的に受け入れるのは難しい．形をもたない水と，堅い氷は，それほどに異なったものとして感じられるのだ．

　一般に，温度や圧力などのパラメターを変化させたとき，ある値を境にして物質の性質が定性的に変化する現象を**相転移**という．「水が凍って氷になる」のは典型的な相転移だ．より正確に言えば，純粋な水だけの系の圧力を1気圧に保ったまま温度を徐々に下げていくと，温度が $0°\mathrm{C}$ よりも低くなったところで水から氷への相転移が生じるのである[1]．

　「1気圧の環境では，$0°\mathrm{C}$ で水から氷への相転移が生じる」という現象は，水を入れる容器の形状，水の量，実験装置周辺の環境などの瑣末な諸条件には依存しないという意味で普遍的である．また，同じ実験を世界中のどこで行なっても，

---

[1] 実際には，容器の壁の乱れの影響や外界からの撹乱を抑えた状況で温度を徐々に下げていくと，水を液体のまま $0°\mathrm{C}$ よりも低い温度まで冷やすことができる．これを過冷却現象という．過冷却できる温度の限界は未だ知られていないが，$-40°\mathrm{C}$ まで冷やすことができたという報告もある．ちなみに，過冷却現象（あるいは，より一般に準安定状態）を理論的に理解するのは圧倒的な難問である．モデルに基づいた各論的な理論はあるが，統一的な一般論は作られていない．

定量的に同じ結果が得られるという再現性をもっている．

相転移に限らず，再現性と普遍性を兼ね備えた自然現象は，自然の中に人間を超えた規則性が隠れていることを示す証拠だと言っていい．物理学は，そのような普遍的な現象のいくつかに巧みに着目することで，われわれのまわりの世界を着々と論理的に理解してきたのである．たとえば，ほどほどに重い物体の地上での運動は再現性と普遍性を備えた現象の好例である．物体の運動が時間の二次関数で表現できるという規則性は Newton 力学の発見へとつながった．人間を中心にした言い方をすれば，このような普遍的な現象は，世界を理解するための重要な課題へと結びつく「自然からの出題」であるとも言えるだろう．

落体と天体の運動の美しい規則性という「出題」について考えていく過程で，人類は，力学，微積分学，微分方程式を見いだした．同じように，相転移の規則性という「出題」からは，膨大な数のミクロな要素の協力現象が生み出す多彩な可能性とそれらを扱う数学的な概念について学ぶことができる．それが本書のテーマである．

2. 原子・分子と相転移

水は（やはり 1 気圧のもとでは）100°C 以上では気体，つまり水蒸気になる．水という一種類の物質がなぜ気体，液体，固体という三つの質的に異なった状態をとりうるのかという疑問に対する本質的な解答は，現代的な原子論によって与えられた．すなわち，水に限らず，すべての物質は目に見えない微小な分子の集まりであり，しかも，個々の分子は力学の法則に従って絶えず運動し続けている．そして，気体，液体，固体という「三態」は，分子の集団の全体的な運動の様相から決まるのだ．固体というのは，無数の分子が（ほぼ）規則的な配置をとり，個々の分子が定まった位置のまわりでわずかに振動しているような状態であり，液体や気体は，分子が定まった位置にとどまらず広い範囲を（ほぼ）自由に動きまわっているような状態であると理解される[2]．水分子そのものの性質，そして，複数の水分子のあいだに働く力は，相転移に伴ってとりたてて変化することはない．

つまり，仮に水分子を一つ，あるいは，二つだけ「容器」に閉じ込めて温度を変化させたとしても[3]，0°C で特に際だったことがおきることはない．三つでも，

---

[2] 液体と気体の相違はより微妙である．実は，両者に本質的な相違はない．3 章 5.2 節の図 3.7 (b) とその説明を見よ．

[3] 少数の分子の集まりの温度というのはデリケートな概念だが，一応，与えられた温度に対応する

四つでも，やはり相転移はおきない．分子が「十分に多い」とき，分子の集団の全体としてのふるまいから相転移現象が生じるのだ．

このように，個々の構成要素の性質ではなく，非常に多くの要素の相互作用の結果として生じる物理現象を，一般に**協力現象** (cooperative phenomenon) という．相転移現象はもっとも顕著な協力現象である．

では，実際に分子がいくつくらいあれば明確な相転移がみられるのかというのはデリケートな問題である．経験的には，少なくとも，われわれが「水」を「連続的な『ひとかたまり』の物質」と認識できるだけの量があれば，明瞭な相転移が観測される．たとえば，直径 1 mm の水滴の中にはおおよそ 2×10^{19} 個程度の水分子がある．これだけあれば，分子が「十分に多い」と言えるということだ．

物理学では，われわれに認識できる程度の大きさの物質（分子・原子の集まり）のことを**マクロな系** (macroscopic system) と呼ぶ．これに対して，少数の分子や原子からなる系をミクロな系と呼ぶ．

3. 相転移研究の簡単な歴史

相転移の研究は，マクロな系における協力現象の研究ということになる．このようなテーマを扱うのは，物理学の中の熱力学や統計力学の分野である（詳しくは 2 章 1 節を参照）．

物質の三態に関連する先駆的な研究として，1873 年に提唱された van der Waals の状態方程式がある．これは，純粋に熱力学のレベルで，気体と液体とのあいだの相転移の様子を定性的に記述する美しい現象論である．今日の観点からは，van der Waals の理論は，一種の平均場近似の結果を先取りしたものとみることができる．

物質の三態の移り変わりほどではないにしろ，強磁性体が示す相転移現象も古くからよく知られていた．たとえば，鉄は，常温では磁石に引き寄せられる強磁性状態だが，温度が 770°C を超えると磁石につかない常磁性状態に変化する．この強磁性から常磁性への相転移も，鉄の中の無数のスピン（微小な磁石）の相互作用の結果として生じる協力現象なのである．本書では，理想化したモデルを舞台にして，このような強磁性と常磁性のあいだの相転移現象を扱っていく．

強磁性体の相転移現象については，1907 年に Weiss が平均場近似と呼ばれるミ

エネルギーをもつという意味だとする．

クロな視点からの近似理論を発表した．Weiss の理論は，今日でも定性的に信頼できる標準的な近似理論とみなされている（本書でも 3 章 3 節で詳しく述べる）．Weiss の時代には，磁性体の中のスピンどうしが相互作用する理由はまったく理解されていなかった．量子力学が誕生した後の 1928 年に，Heisenberg は，量子多体効果としてスピン間の相互作用が生じうることを示した．こうして，互いに相互作用しあうスピン（微小な磁石）の集まりとして磁性体をミクロな視点から記述する立場が確立した．

しかし，このようなミクロなモデル化と統計力学の手法を用いて相転移現象を理論的に理解するのは，また別の難問だった[4]．1944 年に Onsager が 2 次元 Ising 模型の厳密解を発表し，相転移と臨界現象が生じることを明確に示したことは，統計力学の研究全体にとって大きな転機になった[5]．Ising 模型を含む種々の古典スピン系の相転移現象が様々な手法で研究され，二十世紀後半の研究で，高温展開の方法，スケーリング仮説，くりこみ群の方法など様々な重要な成果が得られた．また，強磁性体の相転移とのアナロジーでは理解しきれない，「エキゾチックな相転移」も次々と発見された．これらの成果は，スピン系の統計力学を離れ，広く物性論や場の理論の研究に浸透し，現代物理学の重要な知見となった．

厳密解とは別の数理物理的な立場からの研究は，1952 年の Lee と Yang の重要な論文などに始まり，特に，Griffiths と Dobrushin が一般次元の Ising 模型の相転移の存在を証明した 1960 年代から活発になった．また，1970 年代から 1980 年代初頭にかけて，構成的場の量子論の研究とスピン系の厳密統計力学の研究がきわめて活発に交流しあうようになり，数理物理学の一つの中心となった．この時期の相転移・臨界現象の数理的理解の発展には特筆すべきものがあり，本書の内容の多くもそれらの成果にもとづいている．

読者は，以上の，短く（そして必然的に大いに不完全な）歴史に，もっとも顕著な「自然からの出題」である物質の三態のあいだの相転移に関わるものがほとん

---

[4] ちなみに，人類にとって最初の統計力学的な相転移の理論は，Einstein による 1925 年の Bose 気体の凝縮の予言である．純粋に理論的な観点から，当時はまったく観測されていなかった（最初の実験は 1995 年！）相転移現象を見いだしたすばらしい仕事である．たとえこの業績一つだけでも物理学の歴史に名前を残すに十分なのだが，Einstein にとっては，これは中くらいの業績の一つに過ぎない．

[5] Onsager の厳密解が得られるまでは，統計力学で相転移や臨界現象が記述できるか否かについては明確な意見の一致はなかったようだ．たとえば，1937 年に開かれた専門家の会議の場で，統計力学によって相転移が記述できるか議論されたものの明確な結論は出なかったという．討論の後で投票を行なったところ，記述できるという意見と記述できないという意見がほぼ同数だったと伝えられている（[31], p. 432）．

ど登場しなかったことに気づかれたと思う．実のところ，この問題についての理論的な発展はきわめて乏しく，van der Waals 方程式の後，この程度のレビューのなかで取り上げるべき際だった成果は得られていないのである[6]．相転移という「出題」に対して，もっとも進んだ答えが出せそうだったスピン系の問題に分野全体で取り組んだところ，膨大な結果が得られたものの，物質の三態について考える暇もなく二十世紀が終わってしまったというところだろうか？

もちろん，物理としても数学としても，物質の三態の問題が，スピン系に比べると，圧倒的にむずかしいというのは事実である．それでも，自然からの普遍的な出題に対して，もっとも論理的な解答を与えるべく挑戦し続けるのが物理学だとしたら，未だに「水が凍って氷になる」ことが完全には理解できていないというのは残念なことである．

文献について

冒頭の章なので一般的な文献を紹介する[7]．

熱力学を深く知らなくても本書を読むのに支障はないが，興味のある読者には現代的に書かれた田崎 [10]，清水 [7] をすすめる．さらに熱力学の数学的構造に関心があれば，Lieb, Yngvason による公理的熱力学の論文 [138] を読むといいだろう．統計力学についても深い知識は必要ない．基礎的な考えに興味があれば田崎 [11] をすすめる．

相転移や臨界現象については標準的な解説書である西森 [13] をすすめる．また，Stanley [41] はやや古いが本質的に重要なことは書かれている．

厳密統計力学に関する成書としては Ruelle [37], Sinai [39], Georgii [26], Simon [24], 黒田，樋口 [5] などがある．Griffiths による [100]（本の中の一章）は Ising 模型を中心としたスピン系の厳密な結果についての優れたレビューである．Bratteli, Robinson [22, 23] は作用素代数の立場で量子統計力学を展開した有名な教科書である．厳密統計力学と構成的場の量子論に関する成書として，Fernández, Fröhlich, Sokal [25], Glimm, Jaffe [27], Simon [38], 江沢，新井 [2] などがある．また，Sokal の学位論文 [166] は，厳密統計力学と構成的場の量子論に関する豊富なアイディアと様々な結果がおさめられており，今日でも読み返す意義がある．

本書の数学的な基礎については，主要な部分は大学教養程度の微分積分学，解析学の教科書（高木 [8]，小平 [6] など）で十分であろう．数理物理学で用いる数学的手法全般についての書として Reed, Simon [34, 35] を挙げる．また，岩波数学辞典 [14] は調べたい題材についての入り口として使える．

---

[6] スピン系を「格子ガス」と読み替えると，強磁性体の相転移を気体・液体の相転移と読み直すことができる．ただし，「格子ガス」は，連続な空間を分子が運動するという本来の物質のモデルとはあまりに隔たっているので，これをもって気体・液体転移の理解とするのは不適切だろう．固体・流体転移についての理解は，さらに貧弱である．

[7] 文献は原則として各々の章の最後でまとめて紹介する．

2

基本的な設定と定義

　この章では，本書を通じて使うことになる基本的な設定を述べ，いくつかの重要な記号を導入する．1 節では平衡統計力学の形式について解説する．2 節では Ising 模型を有限格子の場合に定義する．技術的に重要になる三種類の境界条件を導入し，相関関数の記法などを定め，基本的な物理量を定義する．

1. 統計力学入門

　本書で扱う問題すべての基盤となる統計力学の形式について述べよう．一般的な考えを述べた後，すぐに「使える」形式を解説する．

1.1　平衡状態と統計力学

　たとえば，気圧が 1 気圧，室温が 20 度の部屋で，ビーカーの中に水道から水を汲んでそのまま放置する．はじめ，水道から勢いよく汲んだばかりの水はビーカーの中で渦巻いて流れているだろうが，しばらく時間がたつと流れは自然に消え，水は（少なくともわれわれが見る限りは）落ち着いて静止する．また，流れがおさまった直後の水の温度は部屋の気温よりも低いだろうが，さらに時間がたつと水温も部屋と同じ 20 度に落ち着く．こうなると，ビーカーの中の水の状態は安定し，もはや変化することはないように見える[1]．そして，水の示す物理的な諸性質，たとえば，密度，粘性，比熱などは，すべてこの 20 度という温度と 1 気圧という気圧で一意的に決まる．地球の他の場所に移動しようと，ビーカー以外の

---

[1] もちろん，（周囲の空気が水蒸気で飽和していなければ）もっと長い時間がたつと水は蒸発してしまう．一般に平衡状態についての（物理的な）議論は一定の時間の範囲（今の場合なら，水が平衡に落ち着いてから有意に蒸発するまでのあいだ）で成り立つ．

容器に入れようと,空気以外の媒体で温度を一定に保とうと,「20度,1気圧」という環境が保たれている限り,水そのものの性質はいつも同じなのである.

部屋の温度が徐々に下がっていけば,それに伴って水の温度も下がり,水の物理的性質も温度とともに徐々に変化していく.そして,部屋と水の温度が0度よりも低くなったとき,水が液体から固体に変化する.これが本書の主題である相転移現象のもっとも顕著な例であることはすでに1章でみた通りである.

この例のように,一定の環境の中におかれたマクロな系が,一定の温度をもち一定の物理的性質を示す状況に落ち着くことを平衡への緩和といい,落ち着いた先の状態を**平衡状態** (equilibrium state) という.経験によると,平衡状態は少数のマクロなパラメーター(上の例では,温度と圧力)だけで一意的に特徴づけることができる.平衡状態の基本的な性質と,異なった平衡状態のあいだの移り変わりについては,マクロなレベルで記述できる普遍的で強力な法則が成立する.それらは,**熱力学** (thermodynamics) という体系にまとめられている.しかし,具体的な系の平衡状態がどのような挙動を示すかについては,熱力学はほとんど情報を与えてくれない.相転移を含めた平衡状態の多彩なふるまいを調べるためには統計力学が必須である.

平衡統計力学,あるいは,単に**統計力学** (statistical mechanics) は平衡状態を扱うための標準的な方法である.統計力学の出発点は,マクロな系といえども無数のミクロな要素(たとえば,分子や原子)から成り立っていると認めることだ.そして,マクロにみたときの系の挙動を,ミクロな力学法則に基づいて統計的に表現する.このような方法は,19世紀の終わりから20世紀初頭にかけて,Boltzmann や Gibbs らによって定式化された.そして,その後の長い研究を通して,統計力学が現実世界での平衡状態を正しく記述することが確かめられていった.今日では,統計力学は,物理学,化学,工学などでのマクロな系を扱う諸科学の基盤となっている.

ここでは,平衡統計力学のいくつかの形式の中でももっとも取り扱いやすい**カノニカル分布** (canonical distribution) の形式を簡潔に紹介する.数ある物理学の体系のなかでも,このカノニカル分布の形式ほど定義が簡明で理解しやすいものも多くはないだろう.しかし,簡明な定義をもつ理論体系が往々にしてそうであるように,この形式で取り扱うことのできる物理的,数理的問題は,驚くほど豊かで深い.

1.2 カノニカル分布

あるマクロな物理系を考える．ミクロな立場からみれば，この系は多数の自由度をもち，きわめて多くの状態をとる．ミクロな立場からみた系の状態をミクロ状態と呼ぶ．系のミクロ状態すべての集合を $\mathcal{S}$ と書く．$\mathcal{S}$ は有限集合とする．

系の性質を物理的に特徴づけるのは**ハミルトニアン** (Hamiltonian) と呼ばれる $\mathcal{S}$ 上の実数値関数 $H(\cdot)$ である．ハミルトニアンのとる値は，そのミクロ状態での系の**エネルギー** (energy) である．いうまでもなく，エネルギーは，熱力学から，力学，電磁気学，場の量子論まで，既存の物理学の体系のほとんどすべてを貫き結びつける普遍的な物理量である．関数 $H(\cdot)$ がエネルギーを表わすということは，系のミクロ状態が s から s' に変化したとき，外界には（熱や仕事など）何らかの形態で，$H(s) - H(s')$ だけのエネルギーが取り出されることを意味する．

この系が絶対温度 $T > 0$ の環境で平衡状態にあるとする．以下では，温度のかわりに $\beta = (k_\mathrm{B} T)^{-1} > 0$ で定義される**逆温度** (inverse temperature) を用いる．逆温度 β の方が理論に自然な形で入ってくるからである．ここで，$k_\mathrm{B} \simeq 1.38 \times 10^{-23}$ J/K（J はジュール，K はケルビン）は**ボルツマン定数** (Boltzmann constant) である．

1.1 節の冒頭で述べたように，平衡状態にある系は，マクロにみると（温度やその他のパラメーターに応じた）一意的に定まった挙動を示す．しかし，ミクロにみれば，系のミクロ状態は環境からたえずかき乱され，一つの状態にとどまることはない．むしろ，様々な状態が確率的に出現しているとした方が現実に近いのである．逆温度 β の環境下での平衡状態でミクロ状態 $s \in \mathcal{S}$ が出現する確率を

$$p(s) := \frac{\exp\{-\beta H(s)\}}{Z(\beta)} \tag{2.1}$$

とすると現実の平衡状態のふるまいが再現できることが知られている．(2.1) が**カノニカル分布** (canonical distribution) である．ここで確率の規格化 $\sum_{s \in \mathcal{S}} p(s) = 1$ のために，

$$Z(\beta) := \sum_{s \in \mathcal{S}} \exp\{-\beta H(s)\} \tag{2.2}$$

とする．規格化定数 $Z(\beta)$ は**分配関数** (partition function) と呼ばれ，後にみるように重要な役割を果たす．

ハミルトニアン $H(s)$ の最小値を与えるミクロ状態 $s_0 \in \mathcal{S}$ を**基底状態**と呼ぶ．簡単のため基底状態 s_0 は一意としよう．確率の表式 (2.1) において β を大きくし

ていくと，状態 s_0 が出現する確率 $p(s_0)$ だけが 1 に接近し，他のミクロ状態の確率 $p(s)$ はゼロに向かう．もともとカノニカル分布 (2.1) にはエネルギー $H(s)$ の低い状態の重みを大きくする傾向があるが，β が大きいとその傾向がより強くなるのだ．特に絶対零度，つまり低温の極限 $\beta \uparrow \infty$ では，平衡状態は基底状態と一致する．

他方 β が小さくなると，すべてのミクロ状態の確率 $p(s)$ が一定値 $1/|\mathcal{S}|$ に向かう[2]．高温の極限では，外界からの強い熱ゆらぎによって系が乱され，すべてのミクロ状態が対等に現われるのだ．

低温極限でも高温極限でもない中間的な β の平衡状態では，エネルギーを下げようとする傾向と，多くのミクロ状態が対等に出現しようとする傾向が共存している．これら二つの傾向の拮抗によって平衡状態の物理的性質が決まってくるとみることができる．逆温度 β を変化させることで相転移が生じるもっとも根本的な理由も，この二つの傾向の拮抗にある．この方向での厳密な証明を 7 章でみる．

$g(s)$ を $\mathcal{S}$ 上の任意の実関数とする．物理的には，$g(s)$ は物理量，つまり，何らかの実験手段で観測できる量であるとみなす．確率 (2.1) での $g(s)$ の期待値を，物理の慣習にしたがって，

$$\langle g(s) \rangle_\beta := \sum_{s \in \mathcal{S}} p(s)\, g(s) \tag{2.3}$$

と書く[3]．$g(s), h(s)$ を $\mathcal{S}$ 上の実関数，a, b を実定数とすれば，期待値の線型性

$$\langle a\, g(s) + b\, h(s) \rangle_\beta = a\, \langle g(s) \rangle_\beta + b\, \langle h(s) \rangle_\beta \tag{2.4}$$

が成り立つ．

$g(s)$ がマクロな系のマクロな物理量に対応するときには，$\langle g(s) \rangle_\beta$ を逆温度 β の平衡状態におけるその物理量の値とみなすことができる[4]．

分配関数 (2.2) を用いて，**Helmholtz の自由エネルギー** (Helmholtz free energy)（以下では，略して**自由エネルギー** (free energy) と呼ぶ）を，

---

[2] 本書では，有限集合 S の要素の個数を $|S|$ と書く．
[3] 確率論に慣れている読者は，この記法では，ランダム変数と通常の変数が混同されているのが気になるかも知れない．確率論の通常の記法に従うなら，ランダム変数 $\mathbf{S}$ について $\mathrm{Prob}(\{\mathbf{S} = s\}) = p(s)$ であり，$\langle g(s) \rangle_\beta$ は $E[g(\mathbf{S})]$ と書くことになる．本書では，統計力学の文献との整合性を考え，ランダム変数を明示する表記は用いない．
[4] 現実の平衡状態において，物理量を実際に観測する際にわざわざ期待値を計算するわけではない．しかし，一般にマクロな物理量のゆらぎは小さいので，大数の法則のために，一回の測定の結果が誤差の範囲で期待値 $\langle g(s) \rangle_\beta$ に一致するのである．

$$F(\beta) := -\frac{1}{\beta} \log Z(\beta) = -\frac{1}{\beta} \log \sum_{s \in \mathcal{S}} e^{-\beta H(s)} \tag{2.5}$$

と定義する．自由エネルギーは，マクロな物理系を熱力学的に記述する際に本質的な役割を果たす量である．

最後に，ハミルトニアンの中のパラメターの変化に対する応答について，便利で一般的な関係を示しておく．ハミルトニアンがパラメター $\alpha \in \mathbb{R}$ を含み，

$$H_\alpha(s) = H_0(s) - \alpha g(s) \tag{2.6}$$

と書けるとしよう．$g(s)$ は任意の実関数である．このハミルトニアンに対応する分配関数，期待値，自由エネルギーを，それぞれ，$Z(\beta, \alpha)$, $\langle \cdots \rangle_{\beta, \alpha}$, $F(\beta, \alpha)$ と書く．

分配関数の定義 (2.2) より

$$\begin{aligned}
\frac{\partial Z(\beta, \alpha)}{\partial \alpha} &= \frac{\partial}{\partial \alpha} \sum_{s \in \mathcal{S}} \exp[-\beta H_0(s) + \beta \alpha g(s)] \\
&= \beta \sum_{s \in \mathcal{S}} g(s) \exp[-\beta H_0(s) + \beta \alpha g(s)]
\end{aligned} \tag{2.7}$$

であることに注意すれば，自由エネルギーの定義 (2.5) より

$$\frac{\partial F(\beta, \alpha)}{\partial \alpha} = -\frac{1}{\beta} \frac{\frac{\partial}{\partial \alpha} Z(\beta, \alpha)}{Z(\beta, \alpha)} = -\langle g(s) \rangle_{\beta, \alpha} \tag{2.8}$$

が成り立つことがわかる．自由エネルギーをあるパラメターで微分すれば，対応する物理量の値が得られるのだ[5]．これは，熱力学ではお馴染みの関係の，統計力学的な表現である．

また，$h(s)$ を任意の実数値関数とすると，

$$\begin{aligned}
\frac{\partial \langle h(s) \rangle_{\beta, \alpha}}{\partial \alpha} &= \frac{\partial}{\partial \alpha} \frac{\sum_{s \in \mathcal{S}} h(s) \exp[-\beta H_0(s) + \beta \alpha g(s)]}{Z(\beta, \alpha)} \\
&= \frac{\beta \sum_{s \in \mathcal{S}} h(s) g(s) \exp[-\beta H_\alpha(s)]}{Z(\beta, \alpha)} \\
&\quad - \frac{\sum_{s \in \mathcal{S}} h(s) \exp[-\beta H_\alpha(s)]}{Z(\beta, \alpha)} \frac{\frac{\partial}{\partial \alpha} Z(\beta, \alpha)}{Z(\beta, \alpha)}
\end{aligned}$$

---

[5] パラメター α と物理量 $g(s)$ は互いに共役（きょうやく，本来の漢字は共軛）であるという．

$$= \beta \left\{ \langle g(s)\,h(s)\rangle_{\beta,\alpha} - \langle g(s)\rangle_{\beta,\alpha} \langle h(s)\rangle_{\beta,\alpha} \right\}$$
$$= \beta \langle g(s); h(s)\rangle_{\beta,\alpha} \tag{2.9}$$

となる．ここで，$\langle A;B\rangle = \langle AB\rangle - \langle A\rangle\langle B\rangle$ という便利な書き方を使った（2.3節を見よ）．(2.9) は，パラメーター変化への期待値の応答を，別の期待値を使って表現できることを意味する．特に，$h(s)$ をハミルトニアンに含まれる $g(s)$ そのものにとれば，(2.9) は

$$\frac{\partial}{\partial \alpha}\langle g(s)\rangle_{\beta,\alpha} = \beta\langle g(s); g(s)\rangle_{\beta,\alpha} = \beta\left\langle \left\{g(s) - \langle g(s)\rangle_{\beta,\alpha}\right\}^2\right\rangle_{\beta,\alpha} \tag{2.10}$$

となり，期待値の応答が物理量の分散（ゆらぎの二乗）に等しいという興味深い関係（**揺動応答関係**）が得られる．

2. Ising 模型の定義

d 次元超立方格子上の Ising 模型を定義する．有限体積の系を扱い，境界条件，相関関数，物理量についての記法を導入する．

2.1 ミクロ状態とハミルトニアン

Ising 模型 (Ising model) は，Lenz が提唱した絶縁性の強磁性体（つまり，電気を通さない磁石）の数学的なモデルである．決して現実の物質に忠実なモデルではないが，協力現象の本質を理解するためのもっとも簡潔なモデルといってよい．物理学において，現実の系をひたすら忠実に写しとったものが必ずしも「よいモデル」でないことは強調しておくべきだろう．複雑な現実の枝葉を適度に払い落とし，着目する普遍的な物理現象（今の場合なら，無数の微小な要素の協力によって相転移が生じるという現象）の本質を集中的に研究することを可能にするような最小モデル[6]こそが，真に優れたモデルなのである．Ising 模型が現代物理学におけるもっとも重要なモデルの一つであることはすべての物理学者の賛成するところであろう．

---

[6] これは，目標とする現象が生じるのがほとんど当たり前なモデルを恣意的に作り上げてしまうというやり方（「やらせ」である）とはまったく異なっていることに注意．「よいモデル」とは，単純ではあるが，目標とする現象が生じることを示すのが本質的に困難であり，それを通じて人類が多くを学び取れるようなモデルである．

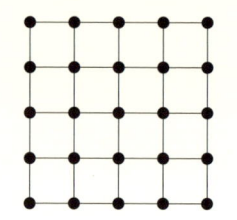

図 2.1 2 次元での格子 Λ_5 の図．格子点を黒丸で，$\mathcal{B}_5$ に属するボンド（格子点二つの組）を線分で表わした．

$L = 1, 2, \ldots$ について，一辺の長さが L の d 次元超立方格子[7]を

$$\Lambda_L := \left\{ x = (x^{(1)}, \ldots, x^{(d)}) \,\Big|\, x^{(i)} \in \left(-\frac{L}{2}, \frac{L}{2} \right] \cap \mathbb{Z} \right\} \subset \mathbb{Z}^d \tag{2.11}$$

とする．Λ_L の元 $x, y, \ldots$ を格子点と呼ぶ（図 2.1）．物理的には，Λ_L は結晶格子を表わし，格子点は結晶中の原子を表現する．実現可能な結晶の次元 d は $1, 2, 3$ だけだが，本書では一般の正整数の次元 d を扱う．Λ_L の要素の総数は $|\Lambda_L| = L^d$ である．

$x \in \mathbb{Z}^d$ に対して，通常のユークリッドノルム

$$|x| := \left(\sum_{i=1}^{d} |x^{(i)}|^2 \right)^{1/2} \tag{2.12}$$

の他に，

$$\|x\|_1 := \sum_{i=1}^{d} |x^{(i)}| \tag{2.13}$$

$$\|x\|_\infty := \max(|x^{(1)}|, \ldots, |x^{(d)}|) \tag{2.14}$$

を定義しておくと便利である．これらは，

$$\|x\|_\infty \leq |x| \leq \sqrt{d}\, \|x\|_\infty, \quad |x| \leq \|x\|_1 \leq d\, \|x\|_\infty \tag{2.15}$$

という関係を満たす．これに対応して，$x, y \in \mathbb{Z}^d$ の距離として $|x-y|, \|x-y\|_1$，$\|x-y\|_\infty$ を用いる．

---

[7] 一辺に並んでいる点の個数が L なので，正確には一辺の長さは $L-1$ なのだが，簡単のためこのように書くことにする．

格子点 $x \in \Lambda_L$ に対して，$|x - y| = 1$ を満たす $y \in \mathbb{Z}^d \backslash \Lambda_L$ が存在するとき[8]，x は格子の**境界** (boundary)（より正確には**内部境界**）にあるという．格子 Λ_L の境界（もちろん，上のような x の集合）を $\partial \Lambda_L$ と書く．

磁性体では，各々の原子は微小な磁気モーメントをもっている，つまり，極微の磁石としてふるまうことがわかっている．この磁気モーメントの源は電子のスピンなので，以下では磁気モーメントを単にスピン[9]と呼ぶ．スピンを表わすため，各々の格子点 $x \in \Lambda_L$ に**スピン変数** (spin variable) $\sigma_x \in \{-1, 1\}$ を対応させる．$\sigma_x = 1$ は x 上のスピンが上を向いた状態を，$\sigma_x = -1$ は x 上のスピンが下を向いた状態を表現している．

系のミクロ状態は，すべての格子点でのスピン変数の値を列挙することで特定される．ミクロ状態，すなわち，すべてのスピン変数の組を

$$\boldsymbol{\sigma} := (\sigma_x)_{x \in \Lambda_L} \tag{2.16}$$

と略記し，**スピン配位** (spin configuration) と呼ぶ（図 2.2）．$\boldsymbol{\sigma}$ のとるすべての値の集合を $\mathcal{S}_L$ と書く．可能なミクロ状態の総数は $|\mathcal{S}_L| = 2^{|\Lambda_L|} = 2^{L^d}$ だから，L が大きくなると膨大な数になる．

次に系のハミルトニアンを定める．どのような磁性体をモデル化するかに応じて様々なハミルトニアンのとり方があるが，ここではもっとも基本的なモデルに限

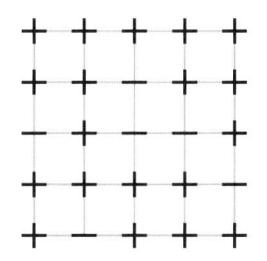

図 2.2 格子 Λ_5 上のスピン配位 $\boldsymbol{\sigma} = (\sigma_x)_{x \in \Lambda_5}$ の例．$+$ が上向きのスピン ($\sigma_x = 1$)，$-$ が下向きのスピン ($\sigma_x = -1$) を表わす．この小さな格子の場合でも，スピン配位は全部で $2^{25} = 33554432$ 通りある．

---

[8] 念のため定義しておけば，A, B が集合のとき，$A \backslash B$ とは A から B の要素を取り去ったもの，つまり $A \backslash B := \{x \mid x \in A, x \notin B\}$ である．

[9] ここでいう磁気モーメントは，各々の原子に局在した電子のもつスピン角運動量にともなう磁気モーメントである．正確には，電子の電荷が負であるため，スピン角運動量の方向と磁気モーメントの方向はちょうど正反対なのだが，ここでは，それは気にしないことにする．

定する（4 章 1.1 節では，より一般的な Ising 模型を定義する）．磁性体が $h \in \mathbb{R}$ の**外部磁場**の下にあるときのハミルトニアンを

$$H_{L;h}(\boldsymbol{\sigma}) := -J \sum_{\{x,y\} \in \mathcal{B}_L} \sigma_x \sigma_y - \mu h \sum_{x \in \Lambda_L} \sigma_x \tag{2.17}$$

とする．ここで $J > 0$ は交換相互作用定数という磁性体の性質を反映した定数である．また，

$$\mathcal{B}_L := \bigl\{ \{x,y\} \bigm| x, y \in \Lambda_L, |x - y| = 1 \bigr\} \tag{2.18}$$

は距離 1 だけ離れた格子点の組の集合である（図 2.1）．同じ組は二度数えない．$\{x,y\} \in \mathcal{B}_L$ は結晶中の原子を結びつけている結合の腕ともみることができるので，**ボンド** (bond) と呼ばれる[10]．ボンドの総数は $|\mathcal{B}_L| = dL^{d-1}(L-1)$ である．

ハミルトニアン (2.17) の第一項は隣りあう格子点上のスピンどうしの相互作用を表わしている．相互作用エネルギー $-J\sigma_x\sigma_y$ は，$\sigma_x = \sigma_y = \pm 1$ のとき $-J$，$\sigma_x = -\sigma_y = \pm 1$ のとき J という値をとる．つまり，この相互作用があれば二つのスピンが互いにそろったほうがエネルギーが低くなる（こういうとき「この相互作用はスピンをそろえる傾向がある」という）．このような相互作用は**強磁性的** (ferromagnetic) であるという．

ハミルトニアン (2.17) の第二項は（電磁石などで作り出した）外部磁場とスピン磁気モーメントの相互作用（ゼーマンエネルギー）を表わす．ここで $\mu > 0$ は磁気モーメントの大きさを表わす定数である．単一のスピンについてのエネルギーは $-\mu h \sigma_x$ なので，スピンを磁場と同じ方向，つまり，$h > 0$ なら $\sigma_x = 1$ に，$h < 0$ なら $\sigma_y = -1$ に，向けようとする傾向があることがわかる．

以下では，簡単のため，エネルギーと磁場の単位を適切に変更して，$J = 1$，$\mu = 1$ としよう．われわれの扱うハミルトニアンは，

$$H_{L;h}(\boldsymbol{\sigma}) = - \sum_{\{x,y\} \in \mathcal{B}_L} \sigma_x \sigma_y - h \sum_{x \in \Lambda_L} \sigma_x \tag{2.19}$$

となる．

2.2　有限系の統計力学

Ising 模型が逆温度 $\beta > 0$ の平衡状態にある状況を扱う．そのためには，1.2 節

---

[10] Λ_L と $\mathcal{B}_L$ を合わせると（数学でいう）グラフが定義される．グラフ理論の言葉でいえば，格子点が頂点 (vertex) に対応し，ボンドが辺 (edge) に対応する．

でまとめたカノニカル分布の形式に，前節の定義をあてはめればよい．

ハミルトニアン (2.19) に含まれるパラメターは h だけだから，平衡状態を特徴づけるパラメターは β と h の二つである．定義から，β は正の実数，h は任意の実数の範囲を動く．本書でも，特に断らない限り，$\beta > 0$, $h \in \mathbb{R}$ の状況だけを考える．ただし，正則関数の強力な性質を利用するため（物理的な状況には対応しないが）h や β を複素数にまで拡張することもある（特に重要な例は 4 章 3 節の Lee-Yang の定理）．

有限の格子上の平衡状態を定義する際には，格子の境界で何がおきるかを定める**境界条件**(boundary condition) を設定する．われわれは，最終的には，無限系の物理的挙動を調べることになるのだが，いくつかの境界条件を設けて有限系を扱うことで見通しよく議論を進めることができる．ここでは，自由境界条件に加えて，周期的境界条件とプラス境界条件を導入する（図 2.3）．

境界条件を能率的に議論するために，境界でのハミルトニアン $\tilde{H}_L^{\mathrm{BC}}(\boldsymbol{\sigma})$ を用いる．ここで BC は境界条件を指定するための添え字で，

$$\mathrm{BC} = \begin{cases} \mathrm{F} & \text{自由境界条件} \\ \mathrm{P} & \text{周期的境界条件} \\ + & \text{プラス境界条件} \end{cases} \tag{2.20}$$

のいずれかをとる．そして，境界条件 BC での分配関数を，一般の定義 (2.2) にならって，

$$Z_L^{\mathrm{BC}}(\beta, h) := \sum_{\boldsymbol{\sigma} \in \mathcal{S}_L} \exp[-\beta\{H_{L;h}(\boldsymbol{\sigma}) + \tilde{H}_L^{\mathrm{BC}}(\boldsymbol{\sigma})\}] \tag{2.21}$$

と定義する．さらに (2.5) のように自由エネルギーを定義することになるが，ここでは，後に無限体積の極限をとることを考慮して，スピン一つあたりの自由エネルギー

$$f_L^{\mathrm{BC}}(\beta, h) := -\frac{1}{\beta L^d} \log Z_L^{\mathrm{BC}}(\beta, h) \tag{2.22}$$

を考える．また $\mathcal{S}_L$ 上の任意の関数 $g(\boldsymbol{\sigma})$ について，境界条件 BC の下での期待値を

$$\langle g(\boldsymbol{\sigma}) \rangle_{L;\beta,h}^{\mathrm{BC}} := \frac{1}{Z_L^{\mathrm{BC}}(\beta, h)} \sum_{\boldsymbol{\sigma} \in \mathcal{S}_L} g(\boldsymbol{\sigma}) \exp[-\beta\{H_{L;h}(\boldsymbol{\sigma}) + \tilde{H}_L^{\mathrm{BC}}(\boldsymbol{\sigma})\}] \tag{2.23}$$

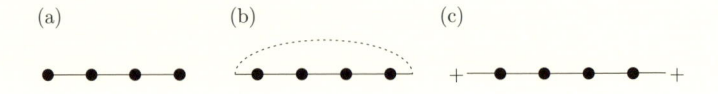

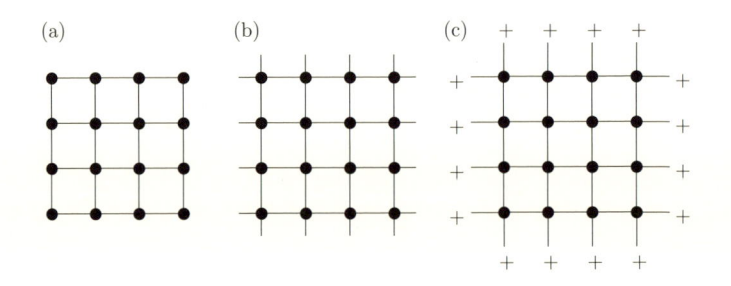

図 2.3 三つの境界条件のイメージ．上段には 1 次元，下段には 2 次元の場合を図示した．(a) 自由境界条件 (BC = F)．境界には何もない．(b) 周期境界条件 (BC = P)．端の格子点は，反対側の格子点とボンドで結ばれている．1 次元の図ではこの事情を点線で表現した．2 次元の場合も同様の結合があるが，図が複雑になりすぎるので描いていない．(c) プラス境界条件 (BC = +)．端のスピンは + に固定された外側のスピンと相互作用している．

と定める．今後 $h = 0$ での期待値を議論することが多いので，h を省略して $\langle g(\boldsymbol{\sigma})\rangle^{\mathrm{BC}}_{L;\beta}$ のように書いたときは $\langle g(\boldsymbol{\sigma})\rangle^{\mathrm{BC}}_{L;\beta,0}$ を意味することにしよう．いずれ $L\uparrow\infty$ の極限をとった後には添え字 L も省略する．

以下，境界のハミルトニアンを具体的に定義しよう．まず，**自由境界条件** (free boundary condition) では，

$$\tilde{H}^{\mathrm{F}}_L(\boldsymbol{\sigma}) := 0 \tag{2.24}$$

とする．つまり，自由という名称通り，境界には何の細工もせずに放置する．

周期的境界条件 (periodic boundary condition) では，

$$\tilde{H}^{\mathrm{P}}_L(\boldsymbol{\sigma}) := -\sum_{\{x,y\}\in\partial\mathcal{B}_L} \sigma_x\sigma_y \tag{2.25}$$

とする．ただし，$\partial\mathcal{B}_L$ は，ある i について $x^{(i)} - y^{(i)} = L-1$，残る $j \in \{1,2,\ldots,d\}\setminus\{i\}$ について $x^{(j)} = y^{(j)}$ を満たす $x,y \in \Lambda_L$ の組 $\{x,y\}$ の集合

である．$\{x,y\} \in \partial \mathcal{B}_L$ なら x と y は Λ_L の境界にあってちょうど向かいあっている．このような格子点の組についても (2.19) 第一項と同様の相互作用を考えるということは，格子 Λ_L をトーラスとみなすことに相当する．周期的境界条件の下では，すべての格子点は対等であり，物理的に意味のある境界は存在しない．

格子 Λ_L をトーラスとみなしたことに伴って，距離の定義を見直しておくと便利である．実際，Λ_L の向かいあった境界付近の二つの点は，通常の距離で測れば遠く隔たっていても，境界を通してすぐそばに位置している．そこで，$x,y \in \Lambda_L$ について，周期境界条件を取り入れた距離 $\|x-y\|_1^{\mathrm{P}}$ と $\|x-y\|_\infty^{\mathrm{P}}$ を，Λ_L をトーラスとみなして決めた二点の最短距離と定義する．より正確には，$z = x - y$ に対して

$$\|z\|_1^{\mathrm{P}} := \sum_{i=1}^{d} \min\{|z^{(i)}|, L - |z^{(i)}|\} \tag{2.26}$$

$$\|z\|_\infty^{\mathrm{P}} := \max\left\{\min\{|z^{(i)}|, L - |z^{(i)}|\} \,\Big|\, i = 1, 2, \ldots, d\right\} \tag{2.27}$$

と定める．

最後に**プラス境界条件** (plus boundary condition) では，

$$\tilde{H}_L^+ := - \sum_{\substack{x \in \partial \Lambda_L,\, y \in \bar{\partial} \Lambda_L \\ (|x-y|=1)}} \sigma_x \tag{2.28}$$

とおく．ここで

$$\bar{\partial} \Lambda_L := \Lambda_{L+2} \setminus \Lambda_L \tag{2.29}$$

は，格子 Λ_L のすぐ外側の点の集まりである．$\bar{\partial}\Lambda_L$ も Λ_L の**境界** (boundary) と呼ぶが，2.1 節（13 ページ）で定義した内部境界 $\partial \Lambda_L$ と区別するため**外部境界**と呼ぶこともある．(2.28) は，$\bar{\partial}\Lambda_L$ 上に $\sigma_y = 1$ に固定されたスピンが並んでいて，境界上のスピン σ_x がそれら固定スピンと相互作用する効果を表わすとみることができる．

現実の結晶には，必ず表面があることを思うと，境界（表面）の効果を取り入れた自由境界条件やプラス境界条件が現実的であり，人工的に境界を消してしまった周期的境界条件は非現実的だと考えたくなるかもしれない．しかし，これは必ずしも正しくない．われわれが研究の対象にしたいのは，境界には依存しない，系

の中身の大部分が生み出す挙動[11]なのである．理論を進めていく際には，境界条件に依存しない普遍的な性質を抽出することを意識しなくてはならない．具体的には $L\uparrow\infty$ とする無限体積極限をとることで，境界条件に依存しない量が得られる．これについては，5 章および 11 章で詳しくみる．

境界条件についてこのように考えれば，境界が存在しない周期的境界条件にも十分に物理的に意味があるといえる．また，本書のテーマを離れることだが，現実の結晶の表面というのはきわめて複雑で，表面特有の種々の現象の舞台となっている．そのような表面固有の現象は，単純な自由境界やプラス境界ではとうてい理解しきれない．

2.3 相関関数

格子の任意の部分集合 $A \subset \Lambda_L$ について，

$$\sigma^A := \prod_{x \in A} \sigma_x \tag{2.30}$$

と略記する．期待値 $\langle \sigma^A \rangle^{\mathrm{BC}}_{L;\beta,h}$ を**相関関数** (correlation function) と呼ぶ．また $A, B \subset \Lambda_L$ について，

$$\langle \sigma^A ; \sigma^B \rangle^{\mathrm{BC}}_{L;\beta,h} := \langle \sigma^A \sigma^B \rangle^{\mathrm{BC}}_{L;\beta,h} - \langle \sigma^A \rangle^{\mathrm{BC}}_{L;\beta,h} \langle \sigma^B \rangle^{\mathrm{BC}}_{L;\beta,h} \tag{2.31}$$

と書き，**連結相関関数** (truncated correlation function または connected correlation function) と呼ぶ．本書での考察では，相関関数や連結相関関数の種々の性質が中心的な役割を果たす．

さらに，$n = 2, 3, \ldots$ について n 重連結相関関数（あるいは，n 次の**キュムラント** (cumulant)）という量を定義しておく．以下では，簡単のため，期待値の添え字はすべて省略する．$X_1, X_2, \ldots, X_n$ を任意の物理量（つまり，σ_x ($x \in \Lambda_L$) の関数）とする．これらの量の n 重連結相関関数を

$$\langle X_1 ; X_2 ; \ldots ; X_n \rangle := \frac{\partial}{\partial h_1} \frac{\partial}{\partial h_2} \cdots \frac{\partial}{\partial h_n} \log \Big\langle \exp\Big\{\sum_{i=1}^n h_i X_i\Big\}\Big\rangle \Big|_{h_1=\cdots=h_n=0} \tag{2.32}$$

---

[11] 物理学者は，そういう性質を**バルクな性質**と呼ぶ．

によって定義する[12]．

具体的に，$n=2$ とすれば，$\langle X_1;X_2\rangle = \langle X_1 X_2\rangle - \langle X_1\rangle\langle X_2\rangle$ となり，(2.31) と一致する．さらに，$n=3$ なら，

$$\langle X_1;X_2;X_3\rangle = \langle X_1 X_2 X_3\rangle - \langle X_1 X_2\rangle\langle X_3\rangle - \langle X_2 X_3\rangle\langle X_1\rangle$$
$$- \langle X_3 X_1\rangle\langle X_2\rangle + 2\langle X_1\rangle\langle X_2\rangle\langle X_3\rangle \quad (2.33)$$

であり，$n=4$ なら

$$\langle X_1;X_2;X_3;X_4\rangle = \langle X_1 X_2 X_3 X_4\rangle - \bigl\{\langle X_1 X_2 X_3\rangle\langle X_4\rangle + (3\text{ 通り})\bigr\}$$
$$- \langle X_1 X_2\rangle\langle X_3 X_4\rangle - \langle X_1 X_3\rangle\langle X_2 X_4\rangle - \langle X_1 X_4\rangle\langle X_2 X_3\rangle$$
$$+ 2\bigl\{\langle X_1 X_2\rangle\langle X_3\rangle\langle X_4\rangle + (5\text{ 通り})\bigr\} - 6\langle X_1\rangle\langle X_2\rangle\langle X_3\rangle\langle X_4\rangle \quad (2.34)$$

のように複雑になる．ここで「3 通り」などとあるのは，結果が 1 から 4 について対称になるように類似の項を 3 通り足せということである．

Ising 模型の解析で特に重要なのは，**連結 n 点関数** (connected n point function)

$$u^{(n)}(x_1, x_2, \ldots, x_n) := \langle \sigma_{x_1}; \sigma_{x_2}; \ldots; \sigma_{x_n}\rangle \quad (2.35)$$

である[13]．

2.4 基本的な物理量

全系の磁気モーメントの算術平均 $L^{-d}\sum_{x\in\Lambda_L}\sigma_x$ の期待値

$$m_L^{\mathrm{BC}}(\beta, h) := \left\langle \frac{1}{L^d}\sum_{x\in\Lambda_L}\sigma_x \right\rangle^{\mathrm{BC}}_{L;\beta,h} = \frac{1}{L^d}\sum_{x\in\Lambda_L}\langle\sigma_x\rangle^{\mathrm{BC}}_{L;\beta,h} \quad (2.36)$$

を**磁化** (magnetization) と呼ぶ．直観的に言えば，磁化は「系全体がどの程度磁

---

[12] なお，ここでの定義では X を指数関数の肩に乗せた量の期待値を用いた．Ising 模型では，X の指数関数の期待値は問題なく定義されているが，より一般の問題では指数関数の期待値が定義されないこともある．そういう場合にも，n 重連結相関関数を $\langle X_1 X_2 \ldots X_n\rangle = \sum_{\mathcal{P}}\prod_{P=(i_1,i_2,\ldots,i_p)\in\mathcal{P}}\langle X_{i_1}; X_{i_2};\ldots; X_{i_p}\rangle$ という関係によって再帰的に定義できる．ここで $\mathcal{P}$ は，$1,2,\ldots,n$ の分割，つまり $1,2,\ldots,n$ をいくつかのグループに分けるやり方すべてについて足しあげる．たとえば $n=3$ なら $\mathcal{P}$ は $\{(1,2,3)\}$, $\{(1,2),(3)\}$, $\{(2,3),(1)\}$, $\{(3,1),(2)\}$, $\{(1),(2),(3)\}$ という 6 通りの値をとる．この場合の関係式は $\langle X_1 X_2 X_3\rangle = \langle X_1; X_2; X_3\rangle + \langle X_1; X_2\rangle\langle X_3\rangle + \langle X_2; X_3\rangle\langle X_1\rangle + \langle X_3; X_1\rangle\langle X_2\rangle + \langle X_1\rangle\langle X_2\rangle\langle X_3\rangle である．
[13] $u^{(n)}$ ではなく u_n と書くことが多いが，すでに多くの下付き添え字を使っているので，本書では n は上付き添え字とした．

石になっているか」を表わす量であり，Ising 模型におけるもっとも基本的な物理量といってもいい．

自由エネルギーの微分と期待値の関係 (2.8) はこの状況にそのまま適用できて，

$$m_L^{\mathrm{BC}}(\beta, h) = -\frac{\partial}{\partial h} f_L^{\mathrm{BC}}(\beta, h) \tag{2.37}$$

という関係が得られる．

磁化率あるいは**帯磁率** (magnetic susceptibility, あるいは単に susceptibility) とは，磁場ゼロの状況にわずかに磁場を加えた際に系がどの程度磁石になりやすいかの指標であり，

$$\chi_L^{\mathrm{BC}}(\beta) := \left.\frac{\partial}{\partial h} m_L^{\mathrm{BC}}(\beta, h)\right|_{h=0} = -\left.\frac{\partial^2}{\partial h^2} f_L^{\mathrm{BC}}(\beta, h)\right|_{h=0} \tag{2.38}$$

と定義する．ここでも応答とゆらぎの関係（揺動応答関係）(2.10) がそのまま使えて，

$$\chi_L^{\mathrm{BC}}(\beta) = \beta \left\langle L^{-d} \sum_{x \in \Lambda_L} \sigma_x ; \sum_{y \in \Lambda_L} \sigma_y \right\rangle_{L;\beta}^{\mathrm{BC}} = \frac{\beta}{L^d} \sum_{x,y \in \Lambda_L} \langle \sigma_x ; \sigma_y \rangle_{L;\beta}^{\mathrm{BC}} \tag{2.39}$$

という関係が成り立つ[14]．すでに注意したように，期待値の添え字が β だけの場合は，$h = 0$ での期待値を表わす．

同様に，磁化の磁場への依存性をより詳しく表わす**非線型磁化率** (nonlinear susceptibility) を

$$\chi_{\mathrm{nl},L}^{\mathrm{BC}}(\beta) := \left.\frac{\partial^3}{\partial h^3} m_L^{\mathrm{BC}}(\beta, h)\right|_{h=0} = -\left.\frac{\partial^4}{\partial h^4} f_L^{\mathrm{BC}}(\beta, h)\right|_{h=0} \tag{2.40}$$

と定義する[15]．連結相関関数の定義 (2.32) から，

$$\chi_{\mathrm{nl},L}^{\mathrm{BC}}(\beta) = \frac{\beta^3}{L^d} \sum_{x,y,z,w \in \Lambda_L} u_{L;\beta}^{(4)}(x,y,z,w) \tag{2.41}$$

が成り立つ．

---

[14] BC = F, P については，期待値の対称性（補題 4.18 (66 ページ)）より $\langle \sigma_x \rangle_{L;\beta}^{\mathrm{BC}} = 0$ がいえるので，(2.39) の連結相関関数は，単なる二点相関関数（つまり，$\langle \sigma_x \sigma_y \rangle_{L;\beta}^{\mathrm{BC}}$）に置き換えられる．
[15] BC = F, P では，自由エネルギーは h の偶関数なので（補題 4.15 (64 ページ)），二回微分 $\partial^2 m_L^{\mathrm{BC}}(\beta, h)/\partial h^2|_{h=0}$ はゼロになる．

スピン一個あたりの**内部エネルギー** (internal energy) は，ハミルトニアンの期待値をスピンの個数で割ったもの

$$U_L^{\mathrm{BC}}(\beta,h) := \left\langle \frac{1}{L^d}\{H_{L;h}(\boldsymbol{\sigma}) + \tilde{H}_L^{\mathrm{BC}}(\boldsymbol{\sigma})\} \right\rangle_{L;\beta,h} = \frac{\partial}{\partial \beta}\left\{\beta f_L^{\mathrm{BC}}(\beta,h)\right\} \quad (2.42)$$

である．スピン一個あたりの**比熱** (specific heat) とは，内部エネルギーの温度微分[16]

$$\begin{aligned}
C_L^{\mathrm{BC}}(\beta,h) &:= \frac{\partial}{\partial(\beta^{-1})} U_L^{\mathrm{BC}}(\beta,h) = -\beta^2 \frac{\partial}{\partial \beta} U_L^{\mathrm{BC}}(\beta,h) \\
&= -\beta^2 \frac{\partial^2}{\partial \beta^2}\left\{\beta f_L^{\mathrm{BC}}(\beta,h)\right\}
\end{aligned} \quad (2.43)$$

をいう．

ここで定義した量は，いずれも，系のサイズ L や境界条件の選択に依存することに注意しよう．2.2 節の最後で注意したように，われわれは「バルクな性質」を調べたいのだから，磁化や磁化率が L や境界条件に依存するのは望ましくない．5 章 1.2 節では，無限体積の極限をとることで，L や境界条件に依存しない物理量を定義する．

文献について

Lenz が 1920 年の論文 [135] で磁性体の簡単化されたモデルとして，(今で言う) Ising 模型を提唱した．Ising は後に 1 次元 Ising 模型を研究した Lenz の学生である．なお，Ising を「アイズィング」のように発音する人は (欧米にも) 多いが，正しい発音は「イズィング」に近いそうだ．

---

[16] ここでは表式を簡単にするため β^{-1} での微分とした．通常の定義 (絶対温度を $T = (k_{\mathrm{B}}\beta)^{-1}$ として $\partial U_L/\partial T$) とはボルツマン定数 k_{B} だけ異なる．

3

相転移と臨界現象入門

　これは，Ising 模型の本格的な解析に入る前の準備の章である．1 節では，Ising 模型での相転移と臨界現象についての概要を説明し，いくつかの重要な用語を導入する．2, 3, 4 節では物理で標準の簡単な計算例や近似理論について解説する．その結果をふまえて 5 節では Ising 模型での相転移と臨界現象についてある程度詳しく解説する．特に 5.1 節では無限体積極限の必要性について議論する．

1. Ising 模型での相転移と臨界現象の概観

　この節では，厳密さにはこだわらず，Ising 模型でみられる相転移と臨界現象についてごく簡単に述べよう．いくつかの重要な用語や概念もここで導入する．本章の最後の 5 節で同様の内容をより詳しく解説する．

■ 磁化のふるまいと相転移

　d 次元の Ising 模型において，逆温度 $\beta > 0$ と磁場 h で決まる平衡状態での磁化を $m(\beta, h)$ とする．系は十分に大きいとし，境界条件については細かく考えずに話を進めよう．

　逆温度 β を固定したとき，磁場 $h \in \mathbb{R}$ の関数として $m(\beta, h)$ がどのようにふるまうかに注目する．磁場 h は，正ならばスピンを $\sigma_x = +1$ に，負ならば $\sigma_x = -1$ に向ける傾向がある．スピンの算術平均の期待値である磁化 $m(\beta, h)$ は h の（狭義）増加関数になるだろう．特に，$h \uparrow \infty$ と $h \downarrow -\infty$ の極限では，磁化は許される最大値と最小値をとり，それぞれ $m(\beta, h) \uparrow 1$ および $m(\beta, h) \downarrow -1$ となる．

　問題は h が有限のときの磁化 $m(\beta, h)$ のふるまいだ．一つの素直な可能性は，図 3.1 (a) のような ±1 を結ぶ連続な関数になることだ．実際，次元 d によらず，

β が十分に小さいときにはこのようなふるまいがみられることがわかっている．この場合，磁場 h がゼロになれば磁化 $m(\beta,0)$ もゼロになる．

しかし，β が大きい低温の領域では異なったふるまいがみられる．まず，極限的な絶対零度の状況を考えよう．2 章 1.2 節でみたように，$\beta\uparrow\infty$ の極限では平衡状態は基底状態（エネルギーを最小にする状態）と一致する．L を有限とし，自由境界条件でのハミルトニアン (2.19) の基底状態を調べよう．

ハミルトニアン (2.19) を最小化するスピン配位 $\boldsymbol{\sigma}$ を求めたい．二つの和を別個に最小化することを考える．一つ目の和はすべての $\{x,y\}\in\mathcal{B}_L$ について $\sigma_x\sigma_y=1$ ならば最小になる．この条件は $\sigma_x=\sigma_y$ と同じことだ．ボンドを介して格子全体がつながっていることを考えれば，この条件を満たすスピン配位は，すべての $x\in\Lambda_L$ について $\sigma_x=1$ とした $\boldsymbol{\sigma}_+$ と，すべての $x\in\Lambda_L$ について $\sigma_x=-1$ とした $\boldsymbol{\sigma}_-$ の二つだけだとわかる．ハミルトニアン (2.19) の二つ目の和は，単なる σ_x の和なので最小化は自明だ．h が正か負かに応じて，スピン σ_x を $+1$ か -1 にすればよい．結局，$h>0$ のときには $\boldsymbol{\sigma}_+$ が唯一の基底状態であり，$h<0$ のときには $\boldsymbol{\sigma}_-$ が唯一の基底状態とわかる．$h=0$ ならば，$\boldsymbol{\sigma}_+$ と $\boldsymbol{\sigma}_-$ の両方が基底状態である．

このように h の正負で基底状態が入れ替わるため，絶対零度での磁化は，$h<0$ では -1 であり，$h>0$ では $+1$ となる．（$h=0$ での磁化は敢えて定義すれば両者の平均のゼロとすべきだろう．）よって，磁化の h 依存性は図 3.1 (c) のようになる．$h=0$ で不連続な「とび」がある．

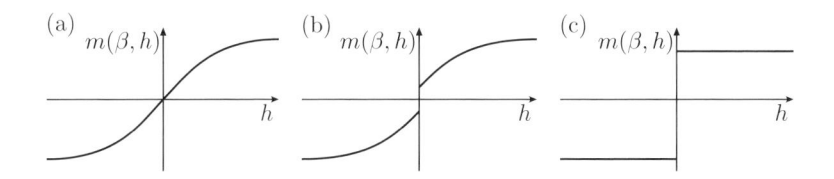

図 3.1 β を固定したときの磁化 $m(\beta,h)$ の h 依存性．h が $\pm\infty$ に向かうとき $m(\beta,h)$ はそれぞれ ±1 に近づく．有限の h での磁化のふるまいは逆温度 β に応じて変わる．(a) 十分に高温では，$m(\beta,h)$ は h の連続関数で，$h=0$ ではゼロになる．(b) 2 次元以上の系の十分に低温では，$m(\beta,h)$ は $h=0$ で不連続になる．(c) 一般に絶対零度 $(\beta=\infty)$ では，磁化は -1 から 1 へと不連続に変化する．

絶対零度での磁化が $h = 0$ で「とび」を示すなら，十分に低温でも「とび」が残るのではないかと期待される．実際，次元 d が 2 以上ならば，β を十分に大きい値に固定したとき（無限体積極限 $L \uparrow \infty$ での）磁化が図 3.1 (b) のように $h = 0$ で不連続に変化することがわかっている．

磁化が「h について連続関数」という状況と「$h = 0$ で不連続性を示す」という状況は，定性的に異なっている．逆温度 β というパラメターを変化させていったとき系のふるまいが定性的に変化するのは，1 章 1 節で述べたように，**相転移** (phase transition) の一例である．言うまでもなく，これが本書の主題である Ising 模型における相転移である．

■**相転移に関わる基本的な概念**

上でみた二つの異なったふるまいの境目になる逆温度を**転移点** (transition point)，あるいは**相転移点** (phase transition point)，**臨界点**[1] (critical point) と呼び，β_{c} と書く．つまり，$\beta < \beta_{\mathrm{c}}$ を満たす β については $m(\beta, h)$ は h の連続関数であり，$\beta > \beta_{\mathrm{c}}$ を満たす β については $m(\beta, h)$ は $h = 0$ で h について不連続ということだ．2 次元以上の Ising 模型では，転移点 β_{c} はゼロより大きく有限である．

逆温度 β が $\beta < \beta_{\mathrm{c}}$ を満たす領域，つまり，転移点よりも高温の領域を**高温相** (high temperature phase) と呼ぶ．高温相では，h を（正負どちら側からでも）ゼロに近づければ磁化もゼロに収束する．スピンを特定の方向に向ける要因（つまり磁場）がなくなったのだから，磁化がゼロになるのはもっともなことだ．このような性質を常磁性 (paramagnetism) と呼ぶ．

逆温度 β が $\beta > \beta_{\mathrm{c}}$ を満たす領域，つまり，転移点よりも低温の領域を**低温相** (low temperature phase) と呼ぶ．低温相では磁場 h を正の側からゼロに近づけると，磁化はある正の値に収束する．この値を $m_{\mathrm{s}}(\beta)$ と書き，**自発磁化** (spontaneous magnetization) と呼ぶ．スピンをある方向に向けようとする要因がなくなったのに「自分から」磁化を保っているという意味だ．これは，多くのスピンが相互作用のために互いに同じ方向を向いてそろったことの現われである．このような性質を強磁性 (ferromagnetism) と呼ぶ．より直感的な言い方をすれば，強磁性状態とは（日常的な意味での）「磁石」のことである[2]．

---

[1] 正確に言うと，臨界点と転移点は異なった概念だ．5.4 節を見よ．
[2] われわれに馴染み深い鉄は，スピン系としてみると，室温で自発磁化をもつ低温相にある．それな

低温相では，磁場がゼロになっても多くのスピンの方向がそろっているという（強磁性の）秩序がある．自発磁化 $m_\mathrm{s}(\beta)$ はこの秩序の度合いを特徴づける指標とみることができるので，この相転移に関する**秩序パラメター** (order parameter) とも呼ばれる．

2次元以上の Ising 模型でみられる相転移は，鉄などの強磁性体の温度を上げていくと（磁石に引き寄せられる）強磁性状態から（磁石につかない）常磁性状態へと変化するという現実の相転移を理想化したものである．

■臨界現象

「磁石になりやすさ」の指標である磁化率 $\chi(\beta) = \partial m(\beta, h)/\partial h|_{h=0}$ は，図 3.1 のグラフの $h = 0$ での傾きである．高温相の (a) では傾きは有限だが，低温相の (b) では傾きは定義されない．高温相の範囲で β を大きくしていくと何がおきるかは興味深い．実は，β が大きくなるとともに磁化率 $\chi(\beta)$ はどんどん大きくなり，$\beta \uparrow \beta_\mathrm{c}$ の極限で発散することがわかっている．つまり，磁化が不連続関数になる直前では傾きが限りなく大きくなるのだ．

転移点 β_c の直上や近傍では，磁化率以外にも，自発磁化など複数の物理量が特異的なふるまいをみせる．これらのふるまいを総称して**臨界現象** (critical phenomena) と呼ぶ．磁化率の発散は代表的な臨界現象であり，本書でも詳しく議論する．

2. 簡単に計算できる例

文字通り簡単に計算できる例を二つ，相互作用のないモデルと1次元の模型を調べる．統計力学に不慣れな読者にはウォーミングアップになるだろう．

2.1　相互作用のないモデル

はじめに，スピンがたった一つだけという，もっとも基本的な問題を扱おう．ただし，この系はマクロな系ではないから，普通の意味では，統計力学の対象にならない．ここでは，数学的な例題として統計力学を適用すると考えよう．実は，ここでの計算結果はすぐ下でマクロな系に適用される．

のに普通の鉄片が「磁石」でないのは，鉄片の内部が複数のマクロな大きさの磁石（磁区）に分かれていて，各々の磁区でスピンがそろう向きがバラバラなので，全体としての磁気モーメントが打ち消されているからである．鉄片を強力な磁石にしばらくくっつけておくと，磁石から離しても，鉄片が磁石としての性質をもつようになる．これは，鉄片のなかの磁区のスピンの向きがそろったからである．

スピン一つということは, 格子 $\Lambda = \{o\}$ はたった一つの格子点 o からなり, スピン変数も $\sigma_o \in \{1, -1\}$ ただ一つである. ハミルトニアン (2.19) は単に $H_{1;h}(\sigma_o) = -h\sigma_o$ となる. 自由境界条件をとる.

分配関数は定義 (2.21) に従って, 直ちに,

$$Z_1^{\mathrm{F}}(\beta, h) = \sum_{\sigma_o = \pm 1} e^{-\beta(-h\sigma_o)} = e^{\beta h} + e^{-\beta h} = 2\cosh\beta h \qquad (3.1)$$

と計算できる. もちろん自由エネルギー (2.22) は

$$f_1^{\mathrm{F}}(\beta, h) = -\frac{1}{\beta}\log(2\cosh\beta h) \qquad (3.2)$$

である. よって, 磁化 (2.37) は $m_1^{\mathrm{F}}(\beta, h) = \tanh\beta h$, 磁化率 (2.38) は $\chi_1^{\mathrm{F}}(\beta) = \beta$ となる.

次に, 多数のスピンからなるがスピン間の相互作用のない系を扱う. 必要な計算は, 上のモデルと同じなのだが, こちらはれっきとしたマクロな系なので統計力学の適用対象として意味をもつ[3]. 2 章 2 節と同様に, (2.11) の格子 Λ_L 上の Ising 模型を考えよう. ただし, ハミルトニアンとして, (2.19) の第二項のみを残した

$$H_{L;h}^{(0)}(\boldsymbol{\sigma}) = -h\sum_{x \in \Lambda_L} \sigma_x \qquad (3.3)$$

をとる. スピンは互いに相互作用せず, ただ外部磁場の影響のみを受ける. これは, 絶縁性の常磁性体の (十分高温での) 適切なモデルである.

分配関数 (2.21) を求めるには, $2^{|\Lambda_L|}$ 通りのスピン配位すべてについての和をとる必要がある. しかし, これは「因数分解」することで,

$$Z_L^{(0)}(\beta, h) = \sum_{\boldsymbol{\sigma} \in \mathcal{S}_L} \exp[-\beta H_{L;h}^{(0)}(\boldsymbol{\sigma})] = \sum_{\boldsymbol{\sigma} \in \mathcal{S}_L} \left(\prod_{x \in \Lambda_L} e^{\beta h \sigma_x} \right)$$
$$= \prod_{x \in \Lambda_L} \left(\sum_{\sigma_x = \pm 1} e^{\beta h \sigma_x} \right) = (2\cosh\beta h)^{L^d} \qquad (3.4)$$

と簡単に計算できる. よって自由エネルギー (2.22) は

$$f_L^{(0)}(\beta, h) = -\frac{1}{\beta L^d}\log Z_L^{(0)}(\beta, h) = -\frac{1}{\beta}\log(2\cosh\beta h) \qquad (3.5)$$

---

[3] 数学的には, 独立な確率変数が集まった系である.

となり，先ほどの (3.2) と完全に等しい．

よって磁化も前と同様に

$$m_L^{(0)}(\beta, h) = \tanh \beta h \tag{3.6}$$

となる．磁化は h の狭義増加関数だが，これは，磁場が同じ方向の磁化を作ろうとしていることに対応する．また，$h = 0$ では磁化はゼロであるから，磁場のないとき系は磁石にならないことがわかる（図 3.2）．磁化率も前と同じく

$$\chi_L^{(0)}(\beta) = \beta \tag{3.7}$$

となる．「磁石になりやすさ」の度合いは，温度の逆数である β に比例することがわかる．つまり，低温では素直に磁石になりやすく，高温ではなかなか磁石になりにくい．磁化率のふるまい (3.7) は，ここで扱った相互作用のない Ising 模型だけではなく，きわめて多くの磁性体で（特に高温で）実際に観測される．この実験的な発見は，現代的な磁性物理・統計力学の発展の契機になった．(3.7) は **Curie の法則**と呼ばれている．

2.2　1 次元 Ising 模型

次に，1 次元格子上の Ising 模型を取り扱う．相互作用をしていても分配関数が初等的に計算できる貴重な例である．ただし，このモデルも相転移を示さない．

計算の便利のため格子点の名前の付け方を変更し

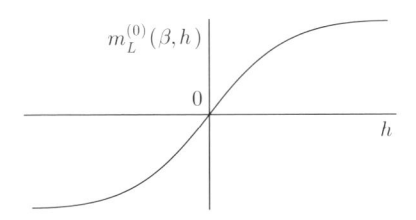

図 3.2 相互作用のないモデル（あるいはスピンが一つだけのモデル）において逆温度 β を固定した際の磁化 $m_L^{(0)}(\beta, h)$ の磁場 h 依存性．磁化は磁場の狭義増加関数であり，$h = 0$ ではゼロになる．図 3.1 (a) と類似したふるまいである．任意の $\beta < \infty$ において磁化が磁場の連続関数であるということは，この系が相転移を示さないことを意味する．

とする.ハミルトニアン (2.19) は

$$H_{L;h}(\boldsymbol{\sigma}) = -\sum_{x=1}^{L-1} \sigma_x \sigma_{x+1} - h \sum_{x=1}^{L} \sigma_x \tag{3.9}$$

と書ける.計算の見通しがよくなるよう周期境界条件をとろう(境界条件を変えても $L \uparrow \infty$ での自由エネルギーは変わらない).境界ハミルトニアン (2.25) を加えた全ハミルトニアンは

$$H_L^{\mathrm{P}}(\boldsymbol{\sigma}) = H_{L;h}(\boldsymbol{\sigma}) + \tilde{H}_L^{\mathrm{P}}(\boldsymbol{\sigma}) = -\sum_{x=1}^{L} \sigma_x \sigma_{x+1} - h \sum_{x=1}^{L} \sigma_x$$

$$= -\sum_{x=1}^{L} \{\sigma_x \sigma_{x+1} + \frac{h}{2}(\sigma_x + \sigma_{x+1})\} \tag{3.10}$$

と書ける.σ_{L+1} は定義されていないが,$\sigma_{L+1} = \sigma_1$ と約束する.最右辺では和の中身が σ_x と σ_{x+1} について対称になるよう整理した.

分配関数の定義 (2.21) に代入すれば,

$$Z_L^{\mathrm{P}}(\beta, h) = \sum_{\boldsymbol{\sigma} \in \mathcal{S}_L} \exp\Big[\sum_{x=1}^{L} \{\beta \sigma_x \sigma_{x+1} + \frac{\beta h}{2}(\sigma_x + \sigma_{x+1})\}\Big]$$

$$= \sum_{\sigma_1 = \pm 1} \sum_{\sigma_2 = \pm 1} \cdots \sum_{\sigma_L = \pm 1} \prod_{x=1}^{L} (\mathsf{M})_{\sigma_x, \sigma_{x+1}} \tag{3.11}$$

となる.ただし,$\sigma, \sigma' = \pm 1$ について

$$(\mathsf{M})_{\sigma, \sigma'} := \exp[\beta \sigma \sigma' + \frac{\beta h}{2}(\sigma + \sigma')] \tag{3.12}$$

とした.(3.12) は,2×2 行列

$$\mathsf{M} := \begin{pmatrix} e^{\beta + \beta h} & e^{-\beta} \\ e^{-\beta} & e^{\beta - \beta h} \end{pmatrix} \tag{3.13}$$

を,成分を ± 1 で指定して,成分表示したものとみることができる.そう考えると (3.11) の最右辺は行列の積の成分表示そのものである.たとえば σ_2 の関与する部分だけを取り出してみると,

$$\sum_{\sigma_2 = \pm 1} (\mathsf{M})_{\sigma_1, \sigma_2} (\mathsf{M})_{\sigma_2, \sigma_3} = (\mathsf{M}^2)_{\sigma_1, \sigma_3} \tag{3.14}$$

のように行列の積 (二乗) を用いて簡略化できる．同じことをくり返せば，(3.11) は

$$Z_L^{\mathrm{P}}(\beta,h) = \sum_{\sigma_1=\pm 1} (\mathsf{M}^L)_{\sigma_1,\sigma_1} = \mathrm{Tr}[\mathsf{M}^L] \tag{3.15}$$

と簡略に表現できる．行列 M は，スピン間の相互作用を次々と伝える役割を果たしているので，**転送行列** (transfer matrix) と呼ばれる．

分配関数の表式 (3.15) のトレースは，初等的な線型代数の知識で計算できる．行列 M は実対称なので，適当な直交行列 O を用いて

$$\mathsf{O}^{-1}\mathsf{M}\mathsf{O} = \begin{pmatrix} \lambda_+ & 0 \\ 0 & \lambda_- \end{pmatrix} \tag{3.16}$$

と対角化できる．ここで

$$\lambda_\pm = e^\beta \left\{ \cosh\beta h \pm \sqrt{(\sinh\beta h)^2 + e^{-4\beta}} \right\} \tag{3.17}$$

は M の固有値である．分配関数の表現 (3.15) に (3.16) を代入すれば

$$Z_L^{\mathrm{P}}(\beta,h) = \mathrm{Tr}\left[\left\{\mathsf{O}\begin{pmatrix}\lambda_+ & 0 \\ 0 & \lambda_-\end{pmatrix}\mathsf{O}^{-1}\right\}^L\right] = \mathrm{Tr}\left[\begin{pmatrix}\lambda_+ & 0 \\ 0 & \lambda_-\end{pmatrix}^L\right]$$
$$= (\lambda_+)^L + (\lambda_-)^L \tag{3.18}$$

のように分配関数の閉じた表式が得られる．

自由エネルギー (2.22) は，

$$f_L^{\mathrm{P}}(\beta,h) = -\frac{1}{\beta L}\log\{(\lambda_+)^L + (\lambda_-)^L\}$$
$$= -\frac{1}{\beta}\log\lambda_+ - \frac{1}{\beta L}\log\left\{1 + \left(\frac{\lambda_-}{\lambda_+}\right)^L\right\} \tag{3.19}$$

となる．ここで $\lambda_-/\lambda_+ < 1$ に注意して $L\uparrow\infty$ とすると

$$f(\beta,h) = \lim_{L\uparrow\infty} f_L^{\mathrm{P}}(\beta,h) = -\frac{1}{\beta}\log\lambda_+$$
$$= -1 - \frac{1}{\beta}\log\left\{\cosh\beta h + \sqrt{(\sinh\beta h)^2 + e^{-4\beta}}\right\} \tag{3.20}$$

のように無限系の自由エネルギーが閉じた形で求められる．後に定理 5.1 (74 ページ) で示すように (あるいは，直接計算しても確かめられるように) 自由エネル

ギーの $L\uparrow\infty$ の極限は境界条件に依存しないので,添え字 P を落とした.磁化を,(2.37) にならって,自由エネルギーから求めると

$$m(\beta,h) = -\frac{\partial}{\partial h}f(\beta,h) = \frac{\sinh\beta h}{\sqrt{(\sinh\beta h)^2 + e^{-4\beta}}} \qquad (3.21)$$

となる[4].磁化は h について解析的な狭義増加関数であり,$h=0$ ではゼロになる.つまり,図 3.1 (a) のふるまいが任意の $\beta > 0$ についてみられる.1 次元 Ising 模型では,無限個のスピンが相互作用しあっているが,それでも相転移現象はみられないのだ.

(2.38) にならって ((5.11) 参照) 磁化 (3.21) を微分して磁化率を求めると

$$\chi(\beta) = \left.\frac{\partial}{\partial h}m(\beta,h)\right|_{h=0} = \beta e^{2\beta} \qquad (3.22)$$

となる.高温 $\beta \ll 1$ では $\chi(\beta) \simeq \beta$ となり相互作用のない場合のふるまい (Curie の法則) (3.7) と一致する.しかし,低温に向かい $\beta\uparrow\infty$ となるとき,相互作用のない場合の磁化率との比 $e^{2\beta}$ は限りなく大きくなる.これは,低温で無限個のスピンが互いにそろいあおうとすることの現われとみてよい.

転送行列を用いれば,相関関数を計算することもできる.特に $h=0$ での結果は簡単になり,

$$\langle\sigma_x\sigma_y\rangle_{\beta,0} = (\tanh\beta)^{|x-y|} = \exp\left(-\frac{|x-y|}{\xi(\beta)}\right) \qquad (3.23)$$

が任意の $x,y \geq 1$ について成り立つ.この結果は,のちに 6 章 2.2 節で,まったく別の方法で導出する.(3.23) の最右辺で

$$\xi(\beta) = -\frac{1}{\log\tanh\beta} \qquad (3.24)$$

とした.(3.23) の最右辺の指数的減衰から,$\xi(\beta)$ はスピンどうしが互いにそろいあっている特徴的な距離を表わしているとみることができる.$\xi(\beta)$ を相関距離と呼ぶ (より一般の議論は 5.3 節を,厳密な定義は (6.12) を見よ).低温の極限 $\beta\uparrow\infty$ では $\xi(\beta) \simeq e^{2\beta}/2 \uparrow \infty$ となり,限りなく遠方までのスピンがそろいあおうとする傾向を表わしている.

---

[4] L を有限にしたまま (3.19) と (2.37) によって $m_L^P(\beta,h)$ を計算し,それから $L\uparrow\infty$ としても (この場合は) 同じ結果が得られる.ただし,後に 5 章 1.2 節で述べるように,われわれは (3.21) ((5.9) 参照) が物理的な磁化の定義であるという立場をとる.

3. 平均場近似

平均場近似 (mean field approximation) という，物理では標準的な近似理論を紹介する．平均場近似は，単に小さい量を無視するといった素直な近似ではなく，多くのスピンが相互作用し合う問題をおおらかな議論で単一のスピンの問題に焼き直してしまうという一種アクロバット的な「近似」である．それでも，平均場近似は Ising 模型における相転移と臨界現象を定性的には正確に再現する．単純な近似が，何らかの物理的な本質をついている一例だろう．

3.1 自己整合方程式の導出

一辺 L の d 次元格子 Λ_L 上の Ising 模型を考える．$o = (0,\ldots,0) \in \Lambda_L$ を格子の原点とする．ハミルトニアン (2.19) から，原点のスピン σ_o を含む項のみを取り出し，

$$H_0 = -\sum_{\substack{x \in \Lambda_L \\ (|x|=1)}} \sigma_o \sigma_x - h\sigma_o = -\Big(\sum_{\substack{x \in \Lambda_L \\ (|x|=1)}} \sigma_x + h\Big)\sigma_o \qquad (3.25)$$

と書こう．最右辺のかっこの中の量 $\sum_{x;|x|=1} \sigma_x$ はランダム変数であり，そのふるまいは σ_o とも相関している．平均場近似の第一歩は，大胆にも，この量のゆらぎを無視し，

$$\sum_{\substack{x \in \Lambda_L \\ (|x|=1)}} \sigma_x \longrightarrow \Big\langle \sum_{\substack{x \in \Lambda_L \\ (|x|=1)}} \sigma_x \Big\rangle = \sum_{\substack{x \in \Lambda_L \\ (|x|=1)}} \langle \sigma_x \rangle = 2dm \qquad (3.26)$$

のように，その期待値で置き換えてしまうことだ (図 3.3)．ここで $m = \langle \sigma_x \rangle$ は

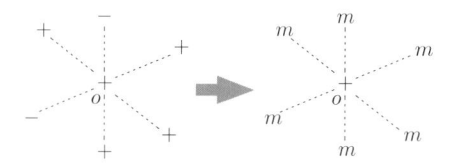

図 3.3　平均場近似では，あるスピン σ_o のまわりのスピンのゆらぎを無視し，単に期待値 m で置き換えてしまう．さらに σ_o の期待値も m に等しいというスピンの対等性を要請すると，自己整合方程式 (3.29) が得られる．

各々のスピンの期待値であり,その値はまだわからない.すべての格子点が対等なはずだから,m は x に依存しないとした.

(3.26) の置き換えは,一見すると大数の法則を思わせるが,ランダム変数の総数 $2d$ は決して大きくないので,数学的に正当化される形で大数の法則が成り立つはずはない.これは,おおらかな物理的直観にもとづいた「近似」なのだ.

置き換え (3.26) を行なうと,原点のスピンについてのハミルトニアン (3.25) は,

$$H_0 = -(2dm + h)\sigma_o \tag{3.27}$$

となる.これは単一のスピン σ_o が磁場 $2dm+h$ の下にあるときのハミルトニアンである.磁場 $2dm+h$ のうち,h は外から実際にかかっている磁場だが,$2dm$ はまわりのスピンが平均として作り出す実効的な磁場,つまり,**平均場** (mean field) というわけだ.

ハミルトニアン (3.27) で記述される系は,2.1 節の冒頭で扱った単一スピンの問題と同じである.よって 2.1 節の結果より(あるいは直接計算して),この場合の磁化は

$$\langle \sigma_o \rangle = \tanh(2d\beta m + \beta h) \tag{3.28}$$

となる.

しかし,これでは未知の量 m を使って未知の $\langle \sigma_o \rangle$ を表わしただけだから,何ら得るものはない.ここで,スピン σ_o が特別扱いされているのは単にわれわれがこれを拾い出したからであり,元来は σ_o も他のスピンと対等な一つのスピンに過ぎないことを思い出そう.したがって,原点のスピンの期待値 $\langle \sigma_o \rangle$ もまた $m = \langle \sigma_x \rangle$ に等しいはずだ.すると,(3.28) は

$$m = \tanh(2d\beta m + \beta h) \tag{3.29}$$

となる.次元 d とパラメター β, h は外から与えられているから,(3.29) は m を決定する方程式とみなせる.近似理論のつじつまが合うことを要請して作られた方程式なので,(3.29) を**自己整合方程式** (self-consistent equation) と呼ぶ[5].

パラメター β, h に対する自己整合方程式 (3.29) の解を $m_{\mathrm{MF}}(\beta, h)$ と書こう.これが磁化 $m(\beta, h)$ の何らかの意味での近似になっているというのが,平均場近

---

[5] 自己無撞着方程式という訳語が一般的だが,「無撞着」というのは non-contradicting に対応する消極的な表現であり,consistent とはニュアンスが違う.

似の主張である．ゆらぎを無視するという大胆な近似から具体的な方程式を作ってしまうというのは驚きに値する．しかし，物理学の多体問題では，一般に厳密な解析はきわめて困難なので，このような平均場近似のアイディアを用いて系の性質を大まかにでも把握するということが頻繁に行なわれる．ただし，平均場近似の結果は（定性的にすら）正しいとは限らない[6]．

3.2 自己整合方程式の解

自己整合方程式 (3.29) の解を調べよう．このような非線型方程式の根は，(m, y) 平面に描いた $y = m$ と $y = \tanh(2d\beta m + \beta h)$ の二つのグラフの交点とみなすと見通しがよい（図 3.4）．

まず $h = 0$ の場合を調べる．グラフ $y = \tanh(2d\beta m)$ の $m = 0$ での傾きは $2d\beta$ である．この傾きが 1 を超えるかどうかで解の性質が定性的に変わるので，$2d\beta_{\mathrm{MF}} = 1$ となるように

$$\beta_{\mathrm{MF}} = \frac{1}{2d} \tag{3.30}$$

と定義しておく．実は β_{MF} が平均場近似での転移点であることが後にわかる．

$2d\beta \leq 1$ つまり $\beta \leq \beta_{\mathrm{MF}}$ とする．$y = \tanh(2d\beta m)$ は，原点での傾きが 1 以下，$m \geq 0$ で上に凸，$m \leq 0$ で下に凸なので，図 3.4 (a) のように，$y = m$ との交点は原点一つだけである．つまり，(3.29) の解は $m_{\mathrm{MF}}(\beta, 0) = 0$ である．

一方，$2d\beta > 1$ つまり $\beta > \beta_{\mathrm{MF}}$ のときは $y = \tanh(2d\beta m)$ の原点での傾きは 1 より大きい．凸性は上で述べた通りで，それを考慮すれば，図 3.4 (b) のように，原点 $m = 0$ の他に左右対称な位置に二つの解が現われることがわかる．後者の解を $m = \pm m^*(\beta)$ と書こう．解が三つ求まったが，そのうち $m = 0$ は物理的に不自然なので[7]，今後は考察しない．平均場近似はおおらかな擬似理論に過ぎないから，そこに現われる解をすべて真面目に取り上げる必要はないのだ．

このように β が (3.30) の β_{MF} を超えるかどうかで，解の様子が定性的に変化する．これが，平均場近似の枠の中での相転移の現われである．数学的にみれば，この「相転移」は非線型方程式の解の分岐現象に過ぎないことを注意しておこう．Ising 模型での相転移は，無限の自由度の協力の結果として生じる現象であり，単

---

[6] たとえば，すぐ後でみるように，$d = 1$ の Ising 模型に平均場近似を適用すると，相転移があるという誤った結果が得られる．
[7] $m = 0$ の解を $h \neq 0$ にまで自然に拡張すると，磁化が h の狭義減少関数になる．Ising 模型の磁化は必ず h の広義増加関数である．

(a) [グラフ: $y=m$ と $y=\tanh(2d\beta m)$ が原点で接する様子]

(b) [グラフ: $y=m$ と $y=\tanh(2d\beta m)$ が $-m^*(\beta), 0, m^*(\beta)$ で交わる様子]

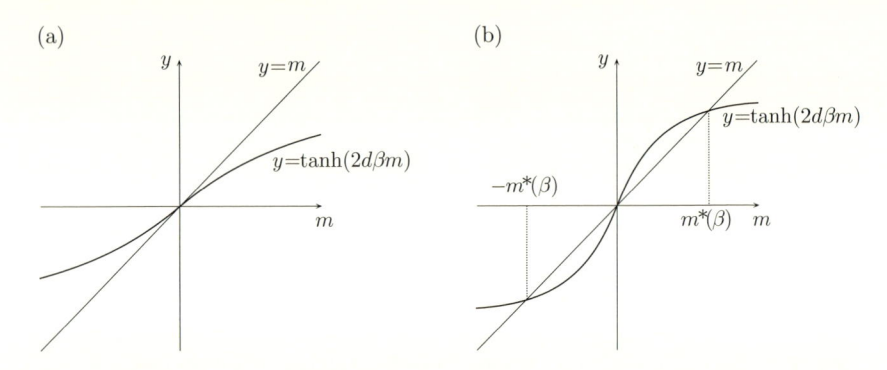

図 3.4 $h=0$ のときに自己整合方程式 (3.29) の解を求めるためのグラフ. (a) $\beta \leq \beta_{\mathrm{MF}} = (2d)^{-1}$ のとき,図のようにグラフの交点(つまり解)は $m=0$ ただ一つである. (b) $\beta > \beta_{\mathrm{MF}}$ になると,図のように $m=0, \pm m^*(\beta)$ の三つの解が現われる.ただし,これらのうち $m=0$ は非物理的な解である.このように,β を変えたとき,解の様子が定性的に変化する分岐がみられた.これが,平均場近似の枠の中での相転移現象の記述である.

[グラフ: $y=m$ と $y=\tanh(2d\beta m+\beta h)$ が $m_{\mathrm{MF}}(\beta, h)$ で交わる様子]

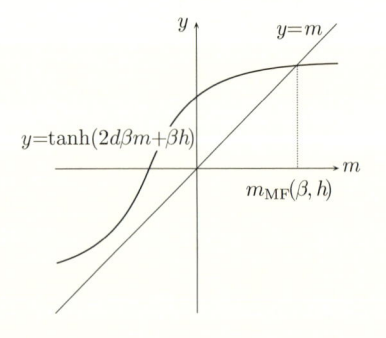

図 3.5 (3.29) の解を求めるグラフ. h が正で十分に大きいときには,1 に近い解が一つだけ存在する.

なる分岐現象として理解できるものではない.

次に磁場 h がゼロでない状況を調べよう.h が正で十分に大きいときには,図 3.5 のように $m>0$ の解がただ一つ存在する.この事実は $m \uparrow \infty$ で単調に $\tanh(2d\beta m) \uparrow 1$ となることから簡単に証明できる.β を固定し $h \geq 0$ を減少させていくとき,上の一意的な解と連続につながるものを任意の $h \geq 0$ における解

と定義する．$\beta \leq \beta_{\mathrm{MF}}$ であれば，$h \to 0$ としたとき，この解は $h = 0$ での唯一の解である $m = 0$ と一致する．他方，$\beta > \beta_{\mathrm{MF}}$ では，$h \downarrow 0$ で，この解は三つのうち $m = m^*(\beta) > 0$ に収束する．$h \leq 0$ での解は，同様に，h が負でその絶対値が十分に大きい状況から出発し，h を 0 に近づけることで定義する[8]．

3.3　平均場近似における相転移

以上の考察をまとめて，平均場近似で得られる磁化 $m_{\mathrm{MF}}(\beta, h)$ が β を固定したときどのように h に依存するかをみよう．これは 1 節での考察に対応する．

$\beta \leq \beta_{\mathrm{MF}}$ であれば，自己整合方程式 (3.29) の解はつねに一意であり，$m_{\mathrm{MF}}(\beta, h)$ は，図 3.1 (a) のように，h について連続な狭義増加関数である．しかし，$\beta > \beta_{\mathrm{MF}}$ では磁化のふるまいは定性的に変わり，図 3.1 (b) のように，$h = 0$ において負の値 $-m^*(\beta)$ から正の値 $m^*(\beta)$ に不連続に変化する．1 節でみたように，このように，β_{MF} というパラメーターの特別な値を境に系の性質が定性的に変化するのが相転移である．

さらに，1 節にならって，自発磁化を

$$m_{\mathrm{s}}(\beta) = \lim_{h \downarrow 0} m_{\mathrm{MF}}(\beta, h) \tag{3.31}$$

と定義する．これまでの考察からわかるように，高温側の $\beta \leq \beta_{\mathrm{MF}}$ では $m_{\mathrm{s}}(\beta) = 0$ であり，低温側の $\beta > \beta_{\mathrm{MF}}$ では $m_{\mathrm{s}}(\beta) = m^*(\beta) > 0$ である．自発磁化 $m_{\mathrm{s}}(\beta)$ がゼロであるか正であるかによって，二つの領域を明確に区別できることがわかる．β_{MF} は平均場近似での転移点であり，$\beta \leq \beta_{\mathrm{MF}}$ の範囲が高温相，$\beta > \beta_{\mathrm{MF}}$ の範囲が低温相である．こうして，平均場近似というきわめておおらかな近似の枠組みの中でではあるが，Ising 模型の相転移の様子をみることができた．

2.2 節でみたように，$d = 1$ の Ising 模型は相転移を示さない．ところが，平均場近似によれば，たとえ $d = 1$ でも $\beta_{\mathrm{MF}} = 1/2$ という逆温度で相転移が生じるということになってしまう．つまり，$d = 1$ では，平均場近似は定性的にも誤っている．しかし，興味深いことに，次元が上がり $d \geq 2$ となると，平均場近似の結論は（少なくとも定性的には）正しいのである．

---

[8] $\beta > \beta_{\mathrm{MF}}$ のとき，h が正で大きいところから出発し，h を減少させつつ連続につながる解に注目して $h \leq 0$ の領域に入ると，ここで定義したのとは異なった正の解が得られる．これも，平均場近似の特殊性に由来する解なので，ここでは考察しない．（このような解が現実の系でみられる「履歴現象」に対応するとみなされることがある．しかし，平衡統計力学の範囲では履歴現象を記述することは決してできないので，このような解釈は危険である．）

3.4 平均場近似における臨界現象

自己整合方程式 (3.29) をもとに,平均場近似の磁化 $m_{\mathrm{MF}}(\beta, h)$ のふるまいをもう少し詳しく調べてみよう.

まず,低温相での非自明な解 $m^*(\beta)$ が $\beta \downarrow \beta_{\mathrm{MF}}$ のときどのようにふるまうかをみる. $\delta > 0$ によって $\beta = (1+\delta)\beta_{\mathrm{MF}}$ と書く. $\beta_{\mathrm{MF}} = (2d)^{-1}$ を思い出して $h = 0$ のときの自己整合方程式 (3.29) を書き直すと,

$$m = \tanh((1+\delta)m) \tag{3.32}$$

となる. δ が小さいとして,そのときには m も小さいので右辺をテイラー展開すると,(3.32) は

$$m \simeq (1+\delta)m - \frac{1}{3}\{(1+\delta)m\}^3 \tag{3.33}$$

となる. これを解いて δ についての最低次まで残すと, $m = 0, \pm\sqrt{3}\delta^{1/2}$ を得る. よって, $m^*(\beta)$ すなわち自発磁化 $m_{\mathrm{s}}(\beta)$ は, $\beta \downarrow \beta_{\mathrm{MF}}$ のとき

$$m_{\mathrm{s}}(\beta) \approx (\beta - \beta_{\mathrm{MF}})^{1/2} \tag{3.34}$$

のようにふるまう. ただし, $\approx$ は両辺が定数倍を除いて同じ漸近的なふるまいをすることを意味する. $\beta \leq \beta_{\mathrm{MF}}$ では $m_{\mathrm{s}}(\beta) = 0$ だから,自発磁化は $\beta = \beta_{\mathrm{MF}}$ で無限大の傾きで突然に立ち上がるのだ (図 3.6).

次に, $\beta \leq \beta_{\mathrm{MF}}$ の高温相で, h が小さいときの磁化のふるまいを調べる. 高温相では, $h = 0$ のとき $m = 0$ が唯一の解である. よって,連続性から, h が小さい

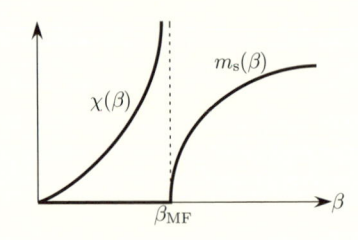

図 3.6 平均場近似における臨界現象の概略を示すグラフ. 自発磁化 $m_{\mathrm{s}}(\beta)$ は $\beta \leq \beta_{\mathrm{MF}}$ ではゼロで, $\beta \geq \beta_{\mathrm{MF}}$ では $(\beta - \beta_{\mathrm{MF}})^{1/2}$ に比例して (無限大の傾きをもって) 立ち上がる. 磁化率 $\chi(\beta)$ は $\beta \uparrow \beta_{\mathrm{MF}}$ のとき $(\beta_{\mathrm{MF}} - \beta)^{-1}$ に比例して発散する.

ときには自己整合方程式 (3.29) の解の m も小さいことがわかる．そこで (3.29) の右辺を一次まで展開すると，

$$m = 2d\beta m + \beta h + O(m^3) + O(h^3) \tag{3.35}$$

となり，これを解くことで，

$$m_{\mathrm{MF}}(\beta, h) = \frac{\beta h}{1 - 2d\beta} + O(h^2) \tag{3.36}$$

を得る．よって磁化率は正確に計算できて，

$$\chi(\beta) = \left.\frac{\partial}{\partial h} m_{\mathrm{MF}}(\beta, h)\right|_{h=0} = \frac{\beta}{1 - 2d\beta} = \frac{\beta}{2d(\beta_{\mathrm{MF}} - \beta)} \tag{3.37}$$

のように $\beta \uparrow \beta_{\mathrm{MF}}$ で発散することがわかる．

さらに，展開 (3.35) を次の次数まで進めれば，非線型磁化率 ((2.40) を見よ) についても

$$\chi_{\mathrm{nl}}(\beta) = \left.\frac{\partial^3}{\partial h^3} m_{\mathrm{MF}}(\beta, h)\right|_{h=0} = -\frac{2\beta^3}{(1-2d\beta)^4} \approx -(\beta_{\mathrm{MF}} - \beta)^{-4} \tag{3.38}$$

が得られる．

最後に，逆温度 β を β_{MF} に固定し，磁場 h をゼロに近づけることを考えよう．自己整合方程式 (3.29) に $2d\beta_{\mathrm{MF}} = 1$ を代入し，tanh を展開すれば，

$$m = \tanh(m + \beta h) \simeq m + \beta h - \frac{1}{3}(m + \beta h)^3 \tag{3.39}$$

となる．これを解き，$|\beta h| \ll 1$ に注意すれば，

$$m_{\mathrm{MF}}(\beta_{\mathrm{MF}}, h) \sim (3\beta h)^{1/3} \approx h^{1/3} \tag{3.40}$$

という，やはり特異的なふるまいがみられることがわかる．

(3.34) のような β_{MF} 近辺での自発磁化の特異ふるまい，(3.37), (3.38) のような磁化率の発散，(3.40) のような磁化の特異なふるまいは，臨界現象の例である．臨界現象については，5.4 節でまとめて解説する．

4. ガウス型模型

Ising 模型とある程度似ていて，いくつかの物理量が正確に計算できる**ガウス型模型** (Gaussian model) を議論する．ガウス型模型は，Ising 模型とは異なり，

スピン変数が離散値ではなく連続な実数値をとる連続スピンモデルの一例であり，スカラー場の量子論のモデルとも関連する（12章3節を参照）．

4.1 モデルの定義

一般の d 次元のモデルを考察する．格子はこれまで通り (2.11) で定義する．格子の各点におくスピン変数 φ_x は，± 1 ではなく任意の実数値をとる．よってすべてのスピン変数の組

$$\boldsymbol{\varphi} := (\varphi_x)_{x \in \Lambda_L} \tag{3.41}$$

は $\mathbb{R}^{|\Lambda_L|}$ の元である．

周期的境界条件をとることにして，ハミルトニアンは Ising 模型のハミルトニアン (2.19) の σ_x をそのまま φ_x に置き換えた

$$H_{L;h}^{\text{Gauss}}(\boldsymbol{\varphi}) := -\sum_{\{x,y\} \in \overline{\mathcal{B}}_L} \varphi_x \varphi_y - h \sum_{x \in \Lambda_L} \varphi_x \tag{3.42}$$

とする．ただし $\overline{\mathcal{B}}_L = \mathcal{B}_L \cup \partial \mathcal{B}_L$ である（(2.18) と (2.25) を参照）．ここでは周期境界条件のみを考えるので，$H_{L;h}(\boldsymbol{\sigma}) + \tilde{H}_L^{\text{P}}(\boldsymbol{\sigma})$ に相当する全ハミルトニアンを $H_{L;h}^{\text{Gauss}}(\boldsymbol{\varphi})$ と書いた．

Ising 模型では，各々のスピン変数 σ_x を ± 1 について足しあげることで分配関数や期待値を定義した．スピン変数 φ_x が実数値をとるモデルでは，これに対応する操作は φ_x についての積分になる．ガウス型モデルでは，各々の x について，$\exp[-(\varphi_x)^2/2]$ という重み[9]をかけて φ_x を $-\infty$ から ∞ まで積分する．こうすると積分がガウス型になるので，このモデルをガウス型モデルと呼ぶのである．このような重みをつけた積分を，

$$\int \mathcal{D}\mu_0(\boldsymbol{\varphi}) \, (\cdots) := \prod_{x \in \Lambda_L} \int_{-\infty}^{\infty} d\varphi_x \, e^{-(\varphi_x)^2/2} \, (\cdots)$$

$$= \int \mathcal{D}\boldsymbol{\varphi} \, \exp\!\Big[-\sum_{x \in \Lambda_L} \frac{(\varphi_x)^2}{2}\Big] (\cdots) \tag{3.43}$$

と書く．ここで，すべてのスピン変数についての積分を

$$\int \mathcal{D}\boldsymbol{\varphi} \, (\cdots) := \prod_{x \in \Lambda_L} \int_{-\infty}^{\infty} d\varphi_x \, (\cdots) \tag{3.44}$$

---

[9] Ising 模型では $(\sigma_x)^2 = 1$ なので，それにあわせて，重みによる $(\varphi_x)^2$ の期待値が 1 になる（つまり，$\int d\varphi_x (\varphi_x)^2 \exp[-(\varphi_x)^2/2] / \int d\varphi_x \exp[-(\varphi_x)^2/2] = 1$）ようにした．

と略記した.

よって,(2.21) に対応して,分配関数は

$$Z_L^{\text{Gauss}}(\beta,h) := \int \mathcal{D}\mu_0(\boldsymbol{\varphi}) \exp[-\beta H_{L;h}^{\text{Gauss}}(\boldsymbol{\varphi})] \qquad (3.45)$$

となる.また,$g(\boldsymbol{\varphi})$ を $\boldsymbol{\varphi} \in \mathbb{R}^{|\Lambda_L|}$ の関数とするとき,逆温度 β における $g(\boldsymbol{\varphi})$ の期待値は,(2.23) にならって,

$$\langle g(\boldsymbol{\varphi}) \rangle_{L;\beta,h}^{\text{Gauss}} := \frac{1}{Z_L^{\text{Gauss}}(\beta,h)} \int \mathcal{D}\mu_0(\boldsymbol{\varphi})\, g(\boldsymbol{\varphi}) \exp[-\beta H_{L;h}^{\text{Gauss}}(\boldsymbol{\varphi})] \qquad (3.46)$$

と定義する.

以下,このモデルでいくつかの物理量を求め,臨界現象を調べる.

4.2 磁化のふるまい

対称性を用いてガウス型模型の磁化を求めよう.

(3.46) の積分を $\int \mathcal{D}\boldsymbol{\varphi}\, g(\boldsymbol{\varphi})\, e^{-\mathcal{S}[\boldsymbol{\varphi}]}$ という形に書こう.ハミルトニアンの表式 (3.42) と積分の定義 (3.43) を用いると,$\mathcal{S}[\boldsymbol{\varphi}]$ は,

$$\begin{aligned}\mathcal{S}[\boldsymbol{\varphi}] &= \beta H_{L;h}^{\text{Gauss}}(\boldsymbol{\varphi}) + \sum_{x \in \Lambda_L} \frac{(\varphi_x)^2}{2} \\ &= \frac{\beta}{2} \sum_{\{x,y\} \in \overline{\mathcal{B}}_L} (\varphi_x - \varphi_y)^2 + \sum_{x \in \Lambda_L} \left\{ (1-2d\beta)\frac{(\varphi_x)^2}{2} - \beta h\, \varphi_x \right\} \end{aligned} \qquad (3.47)$$

となる.ここで,$1-2d\beta > 0$ つまり $\beta < (2d)^{-1} = \beta_{\text{MF}}$ ならば,重み $\mathcal{S}[\boldsymbol{\varphi}]$ は下に有界で,積分 (3.45), (3.46) は収束する.一方,$\beta \geq \beta_{\text{MF}}$ なら積分は発散し,モデルが意味をもたなくなる[10].ガウス型モデルは高温相のみをもち,低温相をもたない(やや病的な)系なのである.

ここで

$$\tilde{\varphi}_x = \varphi_x - \frac{\beta h}{1-2d\beta} \qquad (3.48)$$

と変数変換する.重み (3.47) は,

$$\mathcal{S}[\boldsymbol{\varphi}] = \frac{\beta}{2} \sum_{\{x,y\} \in \overline{\mathcal{B}}_L} (\tilde{\varphi}_x - \tilde{\varphi}_y)^2 + \sum_{x \in \Lambda_L} \left\{ (1-2d\beta)\frac{(\tilde{\varphi}_x)^2}{2} - \frac{(\beta h)^2}{2(1-2d\beta)} \right\} \qquad (3.49)$$

---

[10] $\beta = \beta_{\text{MF}}$ の場合,すべてのスピン変数を同じ値にして $-\infty$ から ∞ で積分すると,分配関数や期待値を定義する積分が発散してしまうことがわかる.ただし,$d > 2$ の無限体積極限では $\beta = \beta_{\text{MF}}$ のモデルにも意味をもたせることができる.(3.73) 周辺の議論を参照.

と書き直される．すべての $x \in \Lambda_L$ について $\tilde{\varphi}_x \to -\tilde{\varphi}_x$ と変換したとき $\mathcal{S}[\varphi]$ は不変なので，

$$\langle \tilde{\varphi}_x \rangle_{L;\beta,h}^{\text{Gauss}} = 0 \tag{3.50}$$

が成り立つ．よって，(3.48) により，任意の $\beta < (2d)^{-1}$ と $x \in \Lambda_L$ について

$$\langle \varphi_x \rangle_{L;\beta,h}^{\text{Gauss}} = \frac{\beta h}{1 - 2d\beta} \tag{3.51}$$

を得る．(2.36) にならって磁化を求めれば

$$m_L^{\text{Gauss}}(\beta, h) := \frac{1}{L^d} \sum_{x \in \Lambda_L} \langle \varphi_x \rangle_{L;\beta,h}^{\text{Gauss}} = \frac{\beta h}{1 - 2d\beta} \tag{3.52}$$

となり，平均場近似における磁化 (3.36) と h の一次のオーダーで一致する．また磁化率は

$$\chi_L^{\text{Gauss}}(\beta) := \left. \frac{\partial}{\partial h} m_L^{\text{Gauss}}(\beta, h) \right|_{h=0} = \frac{\beta}{1 - 2d\beta} \tag{3.53}$$

となり，平均場近似の (3.37) と一致する．

このように高温側での磁化率の臨界現象については，ガウス型模型は平均場近似と同じ結果を与える．モデルが低温相をもたないので，自発磁化の臨界現象を議論することはできない．

4.3 二点相関関数のふるまい

前節の結果は，ガウス型模型がある意味で平均場近似と類似していることを示している．しかし，平均場近似がたった一つのスピンのみを（自己整合的に）扱ったのに対し，ガウス型模型ではすべての格子点上にスピン変数がきちんと定義されている．よって異なったスピンの相関関数を考えることができる．

ここでは二つのスピンの（連結）相関関数

$$G(x) := \langle \varphi_o; \varphi_x \rangle_{L;\beta,h}^{\text{Gauss}} = \langle \varphi_o \varphi_x \rangle_{L;\beta,h}^{\text{Gauss}} - \langle \varphi_o \rangle_{L;\beta,h}^{\text{Gauss}} \langle \varphi_x \rangle_{L;\beta,h}^{\text{Gauss}} \tag{3.54}$$

を評価しよう．$o = (0,\ldots,0)$ は原点である．このモデルは格子上での平行移動について不変なので，一般の相関関数 $\langle \varphi_x; \varphi_y \rangle_{L;\beta,h}^{\text{Gauss}}$ は格子点 x と y の相対的な位置関係だけで決まる[11]．つまり，$x \in \mathbb{Z}^d$ に対して $[x]_j := (x_j \bmod L) - \frac{L}{2}$ で $[x] \in \mathbb{Z}^d$ を定義すると，任意の $x, y \in \Lambda_L$ について以下が成り立つ：

---

[11] これは周期境界条件での期待値の並進不変性という一般的な性質である．補題 4.17 (65 ページ) を参照．

4. ガウス型模型　41

$$\langle \varphi_x ; \varphi_y \rangle_{L;\beta,h}^{\text{Gauss}} = \begin{cases} G(x-y), & [x-y] \in \Lambda_L \\ G(y-x), & [y-x] \in \Lambda_L \end{cases} \quad (3.55)$$

ここで

$$\frac{\partial}{\partial \varphi_x} e^{-\mathcal{S}[\boldsymbol{\varphi}]} = -\frac{\partial \mathcal{S}[\boldsymbol{\varphi}]}{\partial \varphi_x} e^{-\mathcal{S}[\boldsymbol{\varphi}]} \quad (3.56)$$

に注意して部分積分を行なうと,

$$\int \mathcal{D}\boldsymbol{\varphi}\, \varphi_o \frac{\partial \mathcal{S}[\boldsymbol{\varphi}]}{\partial \varphi_x} e^{-\mathcal{S}[\boldsymbol{\varphi}]} = \int \mathcal{D}\boldsymbol{\varphi}\, \frac{\partial \varphi_o}{\partial \varphi_x} e^{-\mathcal{S}[\boldsymbol{\varphi}]} = \delta_{x,o} \int \mathcal{D}\boldsymbol{\varphi}\, e^{-\mathcal{S}[\boldsymbol{\varphi}]} \quad (3.57)$$

を得る. $\int \mathcal{D}\boldsymbol{\varphi}\, e^{-\mathcal{S}[\boldsymbol{\varphi}]}$ で両辺を割れば,

$$\left\langle \varphi_o \frac{\partial \mathcal{S}[\boldsymbol{\varphi}]}{\partial \varphi_x} \right\rangle_{L;\beta,h}^{\text{Gauss}} = \delta_{x,o} \quad (3.58)$$

という相関関数の等式になる. ここに $\mathcal{S}[\boldsymbol{\varphi}]$ の具体形 (3.47) を代入すると,

$$\beta \sum_{\substack{y \in \Lambda_L \\ (|y-x|=1)}} \left(\langle \varphi_o \varphi_x \rangle_{L;\beta,h}^{\text{Gauss}} - \langle \varphi_o \varphi_y \rangle_{L;\beta,h}^{\text{Gauss}} \right)$$
$$+ (1 - 2d\beta) \langle \varphi_o \varphi_x \rangle_{L;\beta,h}^{\text{Gauss}} - \beta h \langle \varphi_o \rangle_{L;\beta,h}^{\text{Gauss}} = \delta_{x,o} \quad (3.59)$$

となる. (3.51) により $\langle \varphi_o \rangle_{L;\beta,h}^{\text{Gauss}} = \beta h/(1-2d\beta)$ であること, $G(x) = \langle \varphi_o \varphi_x \rangle_{L;\beta,h}^{\text{Gauss}} - (\langle \varphi_o \rangle_{L;\beta,h}^{\text{Gauss}})^2$ であることに注意すると, これは

$$\beta \sum_{\substack{y \in \Lambda_L \\ (|y-x|=1)}} \{G(x) - G(y)\} + (1 - 2d\beta) G(x) = \delta_{x,o} \quad (3.60)$$

という $G(x)$ についての差分方程式になる[12]. 方程式 (3.60) が h を含まないので, ガウス型模型の連結二点相関関数 $G(x)$ は磁場 h に依存しないことがわかる[13].

$G(x)$ を評価するため, Fourier 変換[14]を導入する. Λ_L に対応する波数ベクトルの空間 $\mathcal{K}_L$ を

$$\mathcal{K}_L = \left\{ (k^{(1)}, \ldots, k^{(d)}) \,\Big|\, k^{(j)} = \frac{2\pi n^{(j)}}{L}, \ n^{(j)} \in \mathbb{Z} \cap \left(-\frac{L}{2}, \frac{L}{2}\right] \right\} \quad (3.61)$$

---
[12] $\Delta G(x) = \sum_{y:|y-x|=1} \{G(y) - G(x)\}$ は格子上のラプラシアンであり, 特に $2d\beta = 1$ では (3.60) は格子上の調和関数が満たすべき方程式になる. この事実からも, 後に示す (3.73) のふるまいが示唆される.
[13] 同じことは変数変換 (3.48) を用いてもわかる.
[14] ここでは x も k も離散的だから Fourier 級数変換と呼ぶのがより正確である.

とし，$k \in \mathcal{K}_L$ について

$$\hat{G}(k) := \sum_{x \in \Lambda_L} e^{-ik \cdot x} G(x) \tag{3.62}$$

によって $G(x)$ の Fourier 変換を定義する（ただし，$k \cdot x := \sum_{j=1}^d k^{(j)} x^{(j)}$）．逆変換は，

$$G(x) = \int^{(L)} \frac{d^d k}{(2\pi)^d} e^{ik \cdot x} \hat{G}(k) \tag{3.63}$$

となる．ただし

$$\int^{(L)} \frac{d^d k}{(2\pi)^d} (\cdots) := \frac{1}{L^d} \sum_{k \in \mathcal{K}_L} (\cdots) \tag{3.64}$$

と書いた．もちろん $L \uparrow \infty$ では，$\int^{(L)} d^d k (\cdots)$ が通常の積分 $\int_{[-\pi,\pi]^d} d^d k (\cdots)$ に移行することを見越しての記号である．Fourier 変換の基本は，

$$\int^{(L)} \frac{d^d k}{(2\pi)^d} e^{ik \cdot x} = \delta_{x,o} \tag{3.65}$$

と

$$\frac{1}{(2\pi)^d} \sum_{x \in \Lambda_L} e^{-ik \cdot x} = \delta^{(L)}(k) := \left(\frac{L}{2\pi}\right)^d \delta_{k,(0,\cdots,0)} \tag{3.66}$$

の二つの関係である[15]．差分方程式 (3.60) の両辺に $e^{-ik \cdot x}$ をかけて x について和をとり，結果を整理すると，

$$\hat{G}(k) = \frac{1}{\beta \, \epsilon_0(k) + (1 - 2d\beta)} \tag{3.67}$$

となる．ここで，

$$\epsilon_0(k) = \sum_{j=1}^d 2(1 - \cos k^{(j)}) = \sum_{j=1}^d \left(2 \sin \frac{k^{(j)}}{2}\right)^2 \tag{3.68}$$

とした．(3.67) の $\hat{G}(k)$ を逆変換 (3.63) に代入すると

$$G(x) = \frac{1}{\beta} \int^{(L)} \frac{d^d k}{(2\pi)^d} \frac{e^{ik \cdot x}}{\epsilon_0(k) + (\beta^{-1} - 2d)} \tag{3.69}$$

---

[15] $\delta^{(L)}(\cdot)$ は $\int^{(L)} d^d k$ の中で用いれば，デルタ関数と同じ性質をもつ．一方，(3.65) は $(2\pi)^{-d} \int^{(L)} d^d k \, e^{ik \cdot x}$ が $\sum_x$ の中ではデルタ関数と同じ性質をもつことを意味する．実際，Fourier 変換 (3.62) の逆変換が (3.63) であること，つまり (3.63) の右辺を計算すると $G(x)$ にもどること，は (3.65) から保証される．

となる．さらに $L \uparrow \infty$ とすると

$$= \frac{1}{\beta} \int_{k \in (-\pi,\pi]^d} \frac{d^d k}{(2\pi)^d} \frac{e^{ik \cdot x}}{\epsilon_0(k) + (\beta^{-1} - 2d)} \tag{3.70}$$

のように無限体積極限での連結二点相関関数を，積分で表わすことができる[16]．

こうして積分による相関関数の正確な表式 (3.70) を書き下したあと，$\epsilon_0(k) \simeq |k|^2$ と近似し，$G(x)$ のおおらかな漸近評価を作るのが，物理の文献に多くみられる話の進め方である．しかし，実際に積分表示 (3.70) をもとに $G(x)$ の厳密な漸近評価を行なうのはそれほどたやすいことではない．付録 C で，そのような評価と注意点を述べる．ここでは，簡略化した結果だけを述べよう．

まず，相関距離を

$$\xi(\beta) := \frac{1}{\sqrt{\beta^{-1} - 2d}} = (\beta \beta_{\mathrm{MF}})^{1/2} (\beta_{\mathrm{MF}} - \beta)^{-1/2} \tag{3.71}$$

と定義する（$\beta_{\mathrm{MF}} = (2d)^{-1}$ である）．$0 < \beta_{\mathrm{MF}} - \beta \ll 1$ であれば，$|x| \gg \xi(\beta)$ を満たす x について二点相関関数は，

$$G(x) \approx \frac{1}{|x|^{(d-1)/2}} \exp\left(-\frac{|x|}{\xi(\beta)}\right) \tag{3.72}$$

のようにふるまう[17]．相関が，$\xi(\beta)$ を単位にして指数的に減衰している．つまり相関距離 $\xi(\beta)$ は，スピンが互いに強く相関しあっている距離の目安を与える．相関距離の表式 (3.71) から $\beta \uparrow \beta_{\mathrm{MF}}$ のとき $\xi(\beta)$ が発散することがわかる．これも臨界現象の一例である．

さらに，$d > 2$ であれば，相関関数の表式 (3.70) で $\beta \uparrow \beta_{\mathrm{MF}} = 1/(2d)$ とできる．このように転移点直上のモデルを考えると，二点相関関数は，$|x| \gg 1$ で，

$$G(x) \approx \frac{1}{|x|^{d-2}} \tag{3.73}$$

のようにふるまう[18]．この，ゆっくりとした，べき的な減衰も，臨界現象の一例である．

---

[16] 以上の議論および (3.70) の表式は，$\beta < \beta_{\mathrm{MF}} = (2d)^{-1}$ であれば，すべての次元で厳密に正しい．$\beta = \beta_{\mathrm{MF}}$ の場合には，そもそも有限体積でのガウス型模型が定義できないが，$d > 2$ では，その無限体積極限に意味を与えることが可能で，その結果は (3.70) で $\beta = \beta_{\mathrm{MF}}$ としたもので与えられる．詳細については，本書の web ページ（iii ページの脚注を参照）に公開予定の解説を参照．（$d \leq 2$ かつ $\beta = \beta_{\mathrm{MF}}$ の場合は (3.70) の両辺は無限大である）．

[17] (3.72) の右辺は完全に回転対称な形をしているが，より正確には $(\beta_{\mathrm{MF}} - \beta)$ の一次のオーダーで回転対称性を破る補正がつく．詳しくは付録 C 3 節をみよ．

[18] この場合には $|x| \uparrow \infty$ での漸近形は (3.73) 右辺のように回転対称になる．詳しくは付録 C 2 節をみよ．

5. Ising 模型における相転移と臨界現象

1 節の概要,3 節の平均場近似,4 節のガウス型模型の結果をふまえて,Ising 模型の相転移と臨界現象について,一般に信じられていることがらをまとめておこう.これらの知見は,厳密な理論だけでなく,種々の近似理論や数値計算,さらに,現実の磁性体や流体での実験結果などをもとにして得られたものである.これから述べることがらの中には,(少なくともこれを書いている時点で)まだ厳密に証明されていないこと (つまり,数学的に言えば「予想」) も含まれている.いささか煩雑にはなるが,厳密さの現状については脚注などで注意することにした.厳密に示される結果については,その定義も含めて,これから先の本文でじっくりと議論していくことになる.

5.1 無限体積極限の必要性

はじめに,無限体積極限についての重要な注意をしておこう.

本書では,平均場近似やガウス型模型でみたような相転移と臨界現象が Ising 模型でもみられることを数学的に厳密に示す.そして,相転移や臨界現象の性質をできる限り厳密に解析し,それらの背後にある数理的・物理的ストーリーを明らかにしていきたい.

そのためには,2 章で定義した Ising 模型を何らかの方法で調べ,それが相転移をおこすことを証明すればよさそうに思える.しかし,それは正しい方針ではない.

分配関数 (2.21) は一般には計算しきれないほど複雑な関数だが,しょせんは,$e^{\pm \beta}$, $e^{\pm \beta h}$ についての有限次の多項式に過ぎない.また分配関数は明らかに正だから,対数をとって自由エネルギー (2.22) を作っても,何ら特異性は生じない.これだけの観察だけから,以下が厳密にいえる.

3.1 [命題] 三つの境界条件すべてについて以下が成立する.任意の $0 < \beta < \infty$, $h \in \mathbb{R}$, および有限の L について,$f_L^{\mathrm{BC}}(\beta, h)$ は β, h について何回でも微分可能である.特に磁化 $m_L^{\mathrm{BC}}(\beta, h)$ は h について連続であり,磁化率 $\chi_L^{\mathrm{BC}}(\beta) = \partial m_L^{\mathrm{BC}}(\beta, h)/\partial h|_{h=0}$ は有限である.

つまり,物理量の発散も特異性も何もないということである.また自由境界条

件と周期的境界条件の系では $m_L^{\mathrm{BC}}(\beta, h)$ が h の奇関数であることが簡単に示せるので，任意の β について

$$\lim_{h \to 0} m_L^{\mathrm{BC}}(\beta, h) = 0 \tag{3.74}$$

となる．つまり，自発磁化はゼロである．

　それでは，Ising 模型と統計力学では，相転移や臨界現象を記述し得ないのか？だが，考えてみると，たとえばスピンの数が二個や三個の系では相転移などおきるはずはない．膨大な数の要素が相互作用しあって新しいマクロな構造を生み出すからこそ，相転移や臨界現象がみられるのだ．では，二個や三個では不十分として，いったい，いくつのスピンをもってくれば十分なのか．直観的には，1 章 2 節でもみたように，マクロな物質のなかにある原子の数と同程度の「膨大な数の」スピンを集めてくればよいとも思われる．しかし，何らかの「境目の大きな数」が存在して，スピンの個数がその境目より多ければ相転移が生じ，少なければ相転移が生じない，というのは理論としていかにも不自然だ．実際，上の命題 3.1 は，Ising 模型についてはこのような境界がないことを主張している．むしろ，相転移や臨界現象といったマクロ系に固有のふるまいは，スピンの個数が限りなく多くなっていったときに浮かび上がってくる一種の漸近的な挙動とみなすのが自然であろう．現実の実験や観察で相転移や臨界現象が観測されるのは，きわめて大きな系で有限の観測精度でものを見ることによって，漸近的な挙動が自然に抽出されているからだと解釈できる．

　相転移や臨界現象を理論的に扱う際には，マクロな漸近的な挙動を抽出する操作を意図的に理論の中に組み込む必要がある．そのためには，系のサイズ L を無限に大きくする**無限体積極限** (infinite volume limit) をとるのがもっとも簡便である[19]．このような極限は，系のマクロな普遍的挙動の表現である熱力学的な構造を抽出することに相当するので，**熱力学的極限** (thermodynamic limit) とも呼ばれている．もちろん現実の物質は（巨大だが）有限である．モデルにおいて系のサイズを無限に大きくするのは，着目するマクロな性質を抽出するための理想化と考えればよい．

　よって，われわれのこれからの戦略は，Ising 模型の $L \uparrow \infty$ 極限をきちんと数学的に定式化し，極限として得られる理論について，相転移や臨界現象を調べて

---

[19] この方法以外にも，あくまで有限のサイズの系のみを考え，サイズを徐々に大きくしていったときの系の性質の変化に着目して，相転移や臨界現象を抽出するという戦略もある．この方法は数値計算などで活用されている．

いくということになる.

　無限体積極限については5章で詳しく議論するが,もっとも重要な結果は,自由エネルギーの無限体積極限

$$f(\beta, h) := \lim_{L\uparrow\infty} f_L^{\mathrm{BC}}(\beta, h) \tag{3.75}$$

が存在し,しかも境界条件 BC $=$ F, P, $+$ に依存しないことである.定理 5.1 (74 ページ) を見よ.境界条件によらない無限体積極限 $f(\beta, h)$ は,Ising 模型のマクロなスケールでの普遍的なふるまいを表わしていると考えてよい.熱力学においても,自由エネルギーはマクロな系の熱力学的情報のすべてを担った基本的な関数である.われわれは,$f(\beta, h)$ を Ising 模型の性質を表わすもっとも基本的な量とみなし,その性質を調べていく.磁化や磁化率など他の物理量も $f(\beta, h)$ から導かれるものを考察していく.

5.2　自発磁化と相図

　まず,Ising 模型の相転移のもっとも基本的な部分についてまとめよう.基本的に 1 節の概観のくり返しになるが,ここでは厳密さにも注意する.なお,以下 5 節の終わりまで,次元 d は $d \geq 2$ を満たすとする.

　無限に大きい格子上に定義された強磁性 Ising 模型は,$d \geq 2$ において**相転移**を示すことが厳密にわかっている.関連する定理は複数あるが,特に定理 7.1 (122 ページ) を見よ.相転移が生じる逆温度である転移点 β_{c} は,次元 d のみに依存する定数である.本書では,転移点を,定義 6.2 (100 ページ) と定義 7.2 (124 ページ) で二通りに定義している.これらは,それぞれ高温側,低温側からみた転移点の自然な定義になっているが,両者が等しいことを定理 9.1 (149 ページ) で証明する.

　相転移は磁化 $m(\beta, h) := -\partial f(\beta, h)/\partial h$ のふるまいにもっとも顕著に表れる.逆温度 β を高温側の $\beta < \beta_{\mathrm{c}}$ に固定すると,$m(\beta, h)$ は h の連続な広義増加関数である.定理 6.4 (101 ページ) を見よ.β を低温側の $\beta > \beta_{\mathrm{c}}$ に固定すると,$m(\beta, h)$ は $h = 0$ において不連続に変化することが厳密に示される.定理 7.1 (122 ページ) や定理 9.1 (149 ページ) などを見よ.つまり,図 3.1 に示した (そして,平均場で求められた) 磁化のふるまいは定性的には正しいのだ.

　ここでも**自発磁化**を

$$m_{\mathrm{s}}(\beta) = \lim_{h\downarrow 0} m(\beta, h) \tag{3.76}$$

と定義する．$\beta < \beta_c$ では $m_s(\beta) = 0$ であり，$\beta > \beta_c$ では $m_s(\beta) > 0$ であり，二つの領域を自発磁化が正かゼロかで区別できる．自発磁化 $m_s(\beta)$ はすべての $\beta > 0$ において連続であることが証明されている[20]．

熱力学では，定性的に類似した性質をもつ一連の状態を**相** (phase) と呼ぶ．磁場 h をゼロに固定したとき，β が動く範囲 $0 < \beta < \infty$ を二つの相に分け，$\beta < \beta_c$ の領域を**高温相**，$\beta > \beta_c$ の領域を**低温相**と呼ぶ．1 節でみたように，高温相は系が（磁石ではない）常磁性状態に，低温相は系が（磁石になる）強磁性状態に対応する．

次に，β, h の双方が変わりうるとして 2 次元的なパラメター空間を考えよう．図 3.7 (a) に $1/\beta$ と h を軸にとった強磁性 Ising 模型の**相図**[21] (phase diagram) を描いた．$h = 0$ の軸上で $\beta = \infty$ と $\beta = \beta_c$ を結ぶ太線上では磁化 $m(\beta, h)$ が不

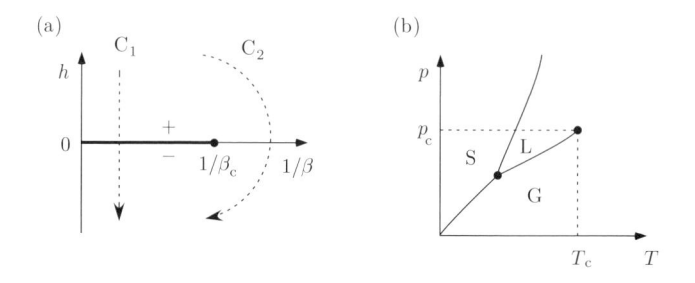

図 3.7 (a) $(1/\beta, h)$ 平面での強磁性 Ising 模型の相図と (b) 純物質の三態の変化の典型的な相図（横軸は温度 T，縦軸は圧力 p，S は固相，L は液相，G は気相を表わす）．(a)「プラス相」と「マイナス相」は太線で隔てられており，太線を通過するときには磁化が不連続に変化する（図の C_1）．しかし，太線を避けて $1/\beta_c$ よりも右側を「まわり込めば」磁化を連続に変化させながら（図の C_2），「プラス相」と「マイナス相」を結ぶことができる．この状況は，(b) の相図における液相 (liquid) と気相 (gas) の関係と，定性的には，まったく同じである．5.4 節で述べるように，これら二つの例でみられる臨界現象には，定量的な類似性までもがあると信じられている．

---

[20] 自発磁化の連続性はこの分野の最大の難問の一つだった．[61] で $\beta > \beta_c$ での連続性が示されたのが 2006 年であり，[50] で $\beta = \beta_c$ での連続性が一般的に証明されたのは 2013 年の暮れである．
[21] 熱力学的なパラメターを動かして作られる空間に，系が特異性を示す「相境界」や各々の「相」の性質を書き込んだものを一般に相図という．

連続に変化する．たとえば，図中で＋とした点から－とした点まで，まっすぐ下向きに動いていく（つまり β を一定にして h を減少させる）と，途中で太線を通過する際に磁化が正の値から負の値に不連続に跳ぶ．このとき，$h > 0$ の「プラス相」から $h < 0$ の「マイナス相」へと不連続な相転移がおきたということができる．ただし，これら「プラス相」と「マイナス相」は，相図の中で局所的に区別されるだけであることに注意したい．同じ＋の点から－の点に向かうのに，いったん右に向かってから下におりて左に向かうことで，太線を避けて「まわり込む」ことができる．このときは曲線上で $m(\beta, h)$ はつねに連続であり，「相転移」はみられない．

このような相図は，決して特殊なものではない．図 3.7 (b) に，純物質[22]における三態（気体，液体，固体）の間の相転移の典型的な相図を示した．ここでも液相と気相は，相図のなかで局所的に区別できるだけなのである．実際，気体と液体の境が失われる臨界点を「まわり込めば」，気体から液体に相転移なしに連続的に移行できる．

5.3 相関関数のふるまい

5 章 1.3 節で詳しくみるように，相関関数についても無限体積極限を考えることができる．ここでは，$h = 0$ に限定して，相関関数が高温相，低温相でそれぞれどのようにふるまうかを述べる．

高温相 $\beta < \beta_c$ では，相関関数の無限体積極限は境界条件のとり方に依存しない．系 6.5 (101 ページ) を見よ．

特に二つの格子点 x と y におけるスピンの相関関数は，$|x - y|$ が大きくなるとき，

$$\langle \sigma_x \sigma_y \rangle_\beta \approx \frac{1}{|x-y|^{(d-1)/2}} \exp\left[-\frac{|x-y|}{\xi(\beta)}\right] \tag{3.77}$$

という，ガウス型模型の (3.72) と同じ漸近的なふるまいを示す．ここに登場した $\xi(\beta)$ は $0 < \xi(\beta) < \infty$ を満たす β の関数で，**相関距離** (correlation length) と呼ばれる．漸近形 (3.77) の主要部分は，指数減衰の項であり，相関距離 $\xi(\beta)$ は減衰の度合いを表わしている．直感的にいえば，おおよそ $\xi(\beta)$ 以内の距離にあるスピンどうしはお互いに強く相関しあっており，$\xi(\beta)$ よりも大きく離れたスピンど

---

[22] 混合物ではない物質．たとえば，水 (H_2O) や酸素，二酸化炭素などを思えばよい．ただし，H_2O の相図は何種類もの固相が現われる複雑なものである．

うしはほとんど相関しないということだ．本書での相関関数の定義と基本的な性質は定理 6.6（102 ページ）にまとめてある．

低温相 $\beta > \beta_c$ では，相関関数の無限体積極限が境界条件に依存することがある．どんな場合でも無限体積極限が境界条件に依存しなかった自由エネルギーとは状況が異なるのだ．たとえば，($h = 0$ のとき）自由境界条件でのスピンの期待値の無限体積極限は $\langle \sigma_x \rangle_\beta^F = 0$ だが，プラス境界での期待値は $\langle \sigma_x \rangle_\beta^+ > 0$ となる．系 7.9（130 ページ）を見よ．

次に 2 スピンの相関関数のふるまいをみよう．低温相では，$|x - y| \uparrow \infty$ としても，相関関数 $\langle \sigma_x \sigma_y \rangle_\beta$ はゼロに減衰せず，

$$\langle \sigma_x \sigma_y \rangle_\beta \to \{m_s(\beta)\}^2 \tag{3.78}$$

のように自発磁化の二乗に収束する．定理 7.6（126 ページ）を見よ．このふるまいは，遠く離れたスピンどうしが強く相関しあう**長距離秩序** (long range order) が生まれたことを示している．2 スピンの相関関数から (3.78) の収束値を差し引いた量は，

$$\langle \sigma_o \sigma_x \rangle_\beta - \{m_s(\beta)\}^2 \approx \frac{1}{|x|^{(d-1)/2}} \exp\left[-\frac{|x|}{\xi(\beta)}\right] \tag{3.79}$$

のように，有限の相関距離 $\xi(\beta)$ で特徴づけられて指数的に減衰すると信じられている[23]．

転移点 β_c の直上では，次節でみるように，相関関数はまったく異なったふるまいを示す．

5.4 臨界現象

$h = 0, \beta = \beta_c$ は，高温相と低温相を隔てる転移点だが，図 3.7 (a) のような二パラメターの相図の中では，不連続性が生じる太線がとぎれる点である．相図のなかのこのような点[24]は一般に**臨界点** (critical point) とよばれる．このように，転移点と臨界点の概念は微妙に異なるのだが，本書で扱う強磁性 Ising 模型では，二つは一致している．そこで，本書では，以下 $\beta = \beta_c, h = 0$ の点を単に転移点と呼ぶことにする．

平均場近似やガウス型模型でも顕著にみられたことだが，転移点（臨界点）の直上や近傍では，種々の物理量が特異なふるまいを示す．そのような特異なふる

---

[23] (3.79) は β が十分に大きいときのみ証明されている．
[24] たとえば，図 3.7 (b) で，液相と気相の区別が消失する (T_c, p_c) など．

まいを総称して**臨界現象**と呼ぶ．臨界現象の研究は，統計力学のなかでもきわめて重要な位置を占める．以下，Ising 模型における臨界現象の一部を簡単にみておこう．

自発磁化 $m_\mathrm{s}(\beta)$ は $\beta \downarrow \beta_\mathrm{c}$ でゼロに向かい，漸近的に

$$m_\mathrm{s}(\beta) \approx (\beta - \beta_\mathrm{c})^\beta \tag{3.80}$$

のような，べき的なふるまいを示すと信じられている[25]．ここで β は転移点近傍での特異なふるまいを特徴づける定数で[26]，次元に依存する．平均場近似の結果 (3.34) は $\beta = 1/2$ に相当するが，一般に β は $1/2$ とは異なる．

磁化率 $\chi(\beta) := \partial m(\beta, h)/\partial h|_{h=0}$ と相関距離 $\xi(\beta)$ は，高温相から転移点に近づくとき，つまり，$\beta \uparrow \beta_\mathrm{c}$ のときに発散することが証明されている．定理 8.1 (142 ページ) と系 8.2 (143 ページ) を見よ．これら発散の様子は，

$$\chi(\beta) \approx (\beta_\mathrm{c} - \beta)^{-\gamma} \tag{3.81}$$

$$\xi(\beta) \approx (\beta_\mathrm{c} - \beta)^{-\nu} \tag{3.82}$$

のように，べき的になると信じられている[27]．γ, ν は次元に依存する定数であり，平均場近似では (3.37) より $\gamma = 1$，ガウス型模型では (3.71) より $\nu = 1/2$ である．

低温相でも磁化率を

$$\chi(\beta) := \lim_{h \downarrow 0} \frac{\partial m(\beta, h)}{\partial h} \tag{3.83}$$

と定義し[28]，(厳密ではないが) (3.79) のふるまいから相関距離を定める．低温相から転移点に近づくとき，つまり，$\beta \downarrow \beta_\mathrm{c}$ としたときにも磁化率と相関距離は発散し，

$$\chi(\beta) \approx (\beta - \beta_\mathrm{c})^{-\gamma'} \tag{3.84}$$

$$\xi(\beta) \approx (\beta - \beta_\mathrm{c})^{-\nu'} \tag{3.85}$$

---

[25] このべき的なふるまいは一般には証明されていない．ただし，$d = 2$ と $d > 4$ では，この形は厳密に示されている．
[26] 臨界指数をギリシャ文字で表現するのは確立した習慣である．本書では，逆温度 β 等との混乱を避けるため，臨界指数を立体のギリシャ文字で表わす．
[27] これも $d = 2$ では厳密だが，一般には証明はない．(3.81) の形の発散は $d > 4$ で，また (3.82) の形の発散は十分大きな d で証明されている．
[28] $\partial m(\beta, h)$ は h の奇関数なので，極限は $h \uparrow 0$ としても同じである．

のような特異性をもつと信じられている[29]．さらに一般に，臨界現象には対称性があり，

$$\gamma = \gamma', \quad \nu = \nu' \tag{3.86}$$

が成り立つと信じられている[30]．

比熱 $C(\beta) := -\beta^2 \, \partial^2 \big(\beta f(\beta,0)\big)/\partial \beta^2$ は転移点で発散しないこともあるが，発散する場合はその特異性はやはりべきの形

$$C(\beta) \approx \begin{cases} (\beta_c - \beta)^{-\alpha} & (\beta \uparrow \beta_c) \\ (\beta - \beta_c)^{-\alpha'} & (\beta \downarrow \beta_c) \end{cases} \tag{3.87}$$

と信じられている．本書では扱わなかったが，平均場近似では比熱は臨界点で有限の跳びを示すと考えるのがもっともらしい[31]．これは $\alpha = 0$ に相当する．

また無限系での非線型磁化率を (2.41) をもとに

$$\chi_{\mathrm{nl}}(\beta) := \beta^3 \sum_{x,y,z \in \mathbb{Z}^d} u^{(4)}_\beta(o,x,y,z) \tag{3.88}$$

と定義する[32]．高温相で無限和が収束することを命題 6.9（104 ページ）で示す．$\chi_{\mathrm{nl}}(\beta)$ も $\beta \uparrow \beta_c$ で（負の無限大に）発散することが証明されている．系 8.2（143 ページ）を見よ．その際の特異性は

$$-\chi_{\mathrm{nl}}(\beta) \approx (\beta_c - \beta)^{-2\triangle - \gamma} \tag{3.89}$$

のように臨界指数 $\triangle$ で特徴づけられると信じられている．平均場近似では，(3.38) のように $\triangle = 3/2$ が得られる．

逆温度を臨界点の値 β_c に固定し，磁場をゼロに近づけるときにも臨界現象が生じる．たとえば，磁化 $m(\beta_c, h)$ は $h \to 0$ でゼロに近づくと信じられており[33]，その特異性を

$$m(\beta_c, h) \approx h^{1/\delta} \tag{3.90}$$

---

[29] このような低温側の臨界現象については，臨界指数の存在はもちろん，諸量の発散についても厳密な結果はない．厳密解のある $d = 2$ だけが厳密である．
[30] この対称性も，$d = 2$ のみで厳密な証明がある．
[31] たとえば，[11] の 11-4-4 節を参照．
[32] 無限系での熱力学的な量は自由エネルギーの微分で定義するという本書の方針からすると，無限系での非線型磁化率は $\chi_{\mathrm{nl}}(\beta) = -\partial^4 f(\beta,h)/\partial h^4|_{h=0}$ と定義すべきである．実際，$\beta < \beta_c$ では，この定義は上の (3.88) と一致すると予想されるが，われわれの知る限りその証明はない．6 章 3.4 節で，この予想と類似の関係について議論する．
[33] 一般的な証明はない．

のように臨界指数 δ で特徴づける．(3.40) でみたように，平均場近似では δ = 3 が得られる．

また，転移点直上の $h = 0, \beta = \beta_c$ では，相関関数は，

$$\langle \sigma_o \sigma_x \rangle_{\beta_c} \approx \frac{1}{|x|^{d-2+\eta}} \tag{3.91}$$

のように，べき的に減衰すると信じられている．この形になるという一般的な証明はないが，定理 8.3 (144 ページ) の下界と定理 8.4 (144 ページ) の上界を合わせれば，ある意味で「べき的な」減衰をすることが厳密にわかる[34]．ガウス型模型では (3.73) のように $\eta = 0$ である．

以上の (3.80), (3.81), (3.82), (3.84), (3.85), (3.87), (3.89), (3.90), (3.91) に現われた次元のみに依存する定数 β, γ, ν, γ', ν', α, α', △, δ, η は**臨界指数** (critical exponents) と呼ばれる一連の定数の例である．臨界指数は，以下にみるように，きわめて強い普遍性をもつ重要な研究対象である．

既にみてきたように，平均場近似とガウス型模型ではこれら臨界指数の値は正確に求められている．これらの値

$$\alpha = 0, \quad \beta = \frac{1}{2}, \quad \gamma = 1, \quad \delta = 3, \quad \nu = \frac{1}{2}, \quad \eta = 0, \quad \triangle = \frac{3}{2} \tag{3.92}$$

を**臨界指数の古典的な値** (classical values of critical exponents) と呼ぶ．実際の Ising 模型 での臨界指数は古典的な値とは必ずしも一致しない．

$d = 2$ では，厳密解をもとに臨界指数が正確に計算されており[35]，

$$\alpha = 0, \quad \beta = \frac{1}{8}, \quad \gamma = \frac{7}{4}, \quad \delta = 15, \quad \nu = 1, \quad \eta = \frac{1}{4}, \quad \triangle = \frac{15}{8} \tag{3.93}$$

となる．$d = 3$ では，今のところ，数値計算や体系的な近似計算による臨界指数の近似値のみが知られていて，たとえば，

$$\nu \simeq 0.63002(10), \quad \eta \simeq 0.03627(10) \tag{3.94}$$

という結果が得られている[36]．しかし，$d > 4$ では事情が大きく異なり，臨界指数

---

[34] 正確に「べき的」であることが厳密に知られているのは $d = 2$ および，十分に大きい d においてのみである．Ising 模型に類似した φ^4 モデルでは $d > 4$ で厳密に示されている (12 章 1.1 節)．
[35] 比熱は $C(\beta, 0) \approx \log|\beta_c - \beta|$ のように対数発散する．
[36] 括弧の中の数字は末尾の桁に含まれるとみられる誤差を示す．ただし，これらはあくまで有限サイズの系の数値計算から得られた見積もりであり，臨界指数の厳密な上界・下界を意味するものではない．

はすべて古典的な値 (3.92) に一致すると信じられている[37]. このように, $d=4$ という次元を超えると, 臨界現象が本質的に単純になるのは, きわめて興味深い. この境目の次元の 4 を**臨界次元** (critical dimension) という. 定義 10.8（171 ページ）を参照.

また, 臨界指数は, 互いに独立ではなく, いくつかの非自明な関係を満足すると信じられている[38]. たとえば,

$$\alpha + 2\beta + \gamma = 2 \tag{3.95}$$

$$\gamma = (2 - \eta)\nu \tag{3.96}$$

$$\gamma = \beta(\delta - 1) \tag{3.97}$$

は**スケーリング則**(scaling relation) と呼ばれる一連の関係の例で, すべての次元において成立すると予想されている. また, 次元をあらわに含んだ関係

$$(d - 2 + \eta)\nu = 2\beta \tag{3.98}$$

$$\delta = \frac{d + 2 - \eta}{d - 2 + \eta} \tag{3.99}$$

$$d\nu = 2\triangle - \gamma \tag{3.100}$$

は**ハイパースケーリング則**(hyperscaling relation) と呼ばれる一連の関係の例で, $d=2,3,4$ のみで成立すると信じられている[39].

臨界指数についてさらに特筆すべきは, 以下のような強い**定量的普遍性** (quantitative universality) が存在することである. たとえば, 三角格子や六角格子の上に Ising 模型を定義すると, やはり相転移や臨界現象がみられる. そして, 転移点 β_c は, 当然ながら, 格子の構造を反映して正方格子上のモデルとは異なった値をとる. ところが, 臨界現象を特徴づける臨界指数の値は, 三角格子でも六角格子でも, (3.93) と完全に一致するのである[40].

---

[37] $\beta, \gamma, \delta, \triangle$ については, この主張は厳密である（10 章 3 節を参照）. また, 十分高次元では ν, η に関する主張も証明されている. なお, $d=4$ では $\chi(\beta) \approx (\beta_c - \beta)^{-1}\left|\log(\beta_c - \beta)\right|^{1/3}$ のように対数補正がつくと予想されている. 関連するモデルについての定理 12.1（196 ページ）を参照.
[38] これら等式は行き当たりばったりに示されるのでなく, 転移点近傍での系のふるまいについて一定の仮定（スケーリング仮説）を設けることで体系的に導かれる. たとえば [41, 13] を見よ. また, スケーリング仮説を基礎づけるものとしてくりこみ群の見方が提唱されており, その数学的な正当化はこれからの課題である.
[39] 臨界現象のスケーリング則もハイパースケーリング則も一般的な証明はない. それぞれ, 対応する不等式は示されている（10 章 2 節を参照）.
[40] これは, 厳密解をもとに示されている.

同様のことは，2次元に限らず一般に成立すると考えられている．つまり，格子やスピン変数の構造など，モデルの定義の詳細を変更しても（転移点 β_c は変化するが）臨界指数は変化しないと予想されているのだ．臨界指数は，系の次元やスピン変数の対称性といった，より本質的な少数の要因のみで完全に決定されるのである．

スケーリング則やハイパースケーリング則，そして，臨界指数の定量的普遍性は，臨界現象の背後にきわめて安定な何らかの数理的な構造が存在することを示唆している．それ故，臨界指数を研究し臨界指数を求めることは，単なる定数の計算を越えて，より深い構造をとらえ理解するための手がかりになると考えられている．しかし，臨界現象，特に3次元での臨界現象の研究は物理学でも最高級の難問であり，未だ，物理的・直観的なレベルでも基本的な理解は進んでいない．本書では，臨界現象の数理物理的研究に深く踏み込む余裕はないが，ここに数理的に探求する価値のきわめて高い未解決の難問があることを指摘しておきたい．

最後に，臨界指数の定量的普遍性について，さらに驚くべき事実を紹介しておこう．図 3.7 (b) のような純物質の相図で，液体と気体の境界線に着目する．ある温度 $T < T_c$ で，圧力を徐々に変化させてこの境界線を通過すると，液体から気体への相転移がおこり物質の密度は不連続に変化する．この際の密度の跳びを $\Delta\rho(T)$ と書く．臨界点 T_c では液体と気体の区別が消失することからも予想されるように，$T \uparrow T_c$ とすると $\Delta\rho(T)$ はゼロに向かう．実験によると，この際，密度差は

$$\Delta\rho(T) \approx (T_c - T)^{\tilde{\beta}} \tag{3.101}$$

のようにべき的に温度に依存する．

様々な物質について上の指数 $\tilde{\beta}$ を測定したところ，$\tilde{\beta}$ は物質によらずほぼ一定の値をとることが見いだされた．つまり，分子の構造や分子間の力という詳細によらず，三次元空間を運動する多くの分子が相互作用しあっているという大ざっぱな要因だけで，臨界現象の構造が一意的に決定され，$\tilde{\beta}$ の値が定まるのである．驚くべき定量的普遍性である．さらに，驚くべきことに，こうして得られた指数 $\tilde{\beta}$ の値は，$d = 3$ の Ising 模型における (3.94) の β の値とも等しいようなのである．これが単なる偶然の一致でなければ，液体気体相転移の臨界点と，Ising 模型の臨界点の背後には，共通の数理的な構造がひそんでいることが予想される．これは，未だ数理物理学の土俵に乗せることさえ困難な未解決の問題であるが，自

然が時としてわれわれの予想もつかない「出題」をしてくれることの好例と言っていいだろう．

文献について

Ising は 1925 年の学位論文 [121] で 1 次元の模型には相転移がないことを示した．2.2 節で紹介した転送行列による 1 次元 Ising 模型の解法は Kramers, Wannier [128] および Montroll [145, 146] による．

3 節でみた平均場近似のアイディアは 1907 年の Weiss [173] の論文に遡る．

5 節の物理的な背景については，前にも挙げた西森 [13]，Stanley [41] の解説を参照．52 ページの (3.93) で参照した 2 次元 Ising 模型の厳密解については多くの解説があるが，Baxter [21] は可解模型全般の定評ある解説書である．(3.94) の 3 次元 Ising 模型の臨界指数は 2010 年のモンテカルロシミュレーションの論文 [117] から引用した．論文にはいくつかの近似法によって得られた臨界指数を比較する表もある．また，2014 年の論文 [77] では，転移点における 3 次元 Ising 模型が共形不変な場の理論で記述されるという（まったく当たり前でない）仮定に基づいた計算によって臨界指数をさらに高い精度で求めたと主張している．これは 3 次元 Ising 模型の臨界現象への次世代の数理的アプローチの端緒になるかもしれない．ちなみに転移点直上の 2 次元 Ising 模型の共形不変性は（長年にわたって予想されていたが）2012 年に Chelkak, Smirnov [69] によって証明された．

4 有限格子上の Ising 模型

Ising 模型の厳密な解析の手始めとして，有限格子上の系の性質を議論する．1 節でみる種々の相関不等式と，そこから得られる単調性は重要な道具である．2 節で対称性や定義から簡単に示すことのできる性質についてまとめた後，3 節では相転移の不在についてきわめて強力な情報を与えてくれる Lee-Yang の定理を述べる．

1. 相関不等式

Ising 模型（および，それを含むより広いスピン系）では，相関関数の組み合わせがいくつかの自明でない不等式を満たすことが知られている．これら**相関不等式** (correlation inequality) を用いることによって，具体的な計算や摂動的評価に依存することなく系の性質を厳密に特徴づけることができる．本書でも，相関不等式は中心的な道具になる．

この節では，一般的な Ising 模型を定義し，どのような相関不等式が成立するかを列挙する．本書で用いる基本的な相関不等式はここでまとめて述べ，付録 A でそれらを証明する．最後に，相関不等式の重要な応用である強磁性的単調性をまとめる．

1.1 一般的な Ising 模型

この節では，相関不等式を導入するために，今までよりも一般的な Ising 模型のハミルトニアンを扱う．これまでみた三種類の境界条件を課した系は，すべてこの一般的なモデルに含まれる．

Λ を有限の格子（単に有限集合と思えばよい）とし，$\mathcal{S}$ をすべてのスピン配位 $\boldsymbol{\sigma} = (\sigma_x)_{x \in \Lambda}$ の集合とする $(\sigma_x = \pm 1)$．ハミルトニアンを，

1. 相関不等式　57

$$H(\boldsymbol{\sigma}) = -\sum_{\substack{x,y \in \Lambda \\ (x<y)}} J_{x,y} \sigma_x \sigma_y - \sum_{x \in \Lambda} h_x \sigma_x \quad (4.1)$$

とする．Λ に順序（大小関係）を入れ，異なった x, y の組を一度ずつ数えるようにした．$J_{x,y} \geq 0, h_x \in \mathbb{R}$ は一般化された相互作用と磁場である．ここでは，近くにあるスピンどうしが相互作用しあうといった制限はない．また，相互作用 $J_{x,y}$ も磁場 h_x も格子点に依存してよい．$\mathcal{S}$ 上の任意の関数 $g(\boldsymbol{\sigma})$ について，期待値を

$$\langle g(\boldsymbol{\sigma}) \rangle = \frac{\sum_{\boldsymbol{\sigma} \in \mathcal{S}} g(\boldsymbol{\sigma}) e^{-\beta H(\boldsymbol{\sigma})}}{\sum_{\boldsymbol{\sigma} \in \mathcal{S}} e^{-\beta H(\boldsymbol{\sigma})}} \quad (4.2)$$

とする．これまでと同様に，任意の $A \subset \Lambda$ について $\sigma^A = \prod_{x \in A} \sigma_x$ とし，$\boldsymbol{\sigma}$ の任意の関数 $g(\boldsymbol{\sigma}), h(\boldsymbol{\sigma})$ について $\langle g(\boldsymbol{\sigma}); h(\boldsymbol{\sigma}) \rangle = \langle g(\boldsymbol{\sigma})h(\boldsymbol{\sigma}) \rangle - \langle g(\boldsymbol{\sigma}) \rangle \langle h(\boldsymbol{\sigma}) \rangle$ と書く．

また $\boldsymbol{\sigma}$ の実数値関数 $g(\boldsymbol{\sigma})$ が $\boldsymbol{\sigma}$ について広義増加であるとは，任意の $x \in \Lambda$ について，$g(\boldsymbol{\sigma})$ が $\sigma_x \in \{-1, 1\}$ の関数として（つまり，すべての $y \in \Lambda \setminus \{x\}$ に対応する σ_y を固定したとき）広義増加であることをいう．

1.2　いくつかの相関不等式

以下の三つの不等式は，系の相関が強磁性的である（スピンがそろいたがる）ことを表わしている．三つ目の FKG 不等式だけが，磁場が負の領域でも成立する．

4.1 [命題] (Griffiths 第一不等式)　すべての $x, y \in \Lambda$ について $J_{x,y} \geq 0$, $h_x \geq 0$ とする．任意の $\beta > 0$ と $A \subset \Lambda$ について

$$\langle \sigma^A \rangle \geq 0 \quad (4.3)$$

が成り立つ．

4.2 [命題] (Griffiths 第二不等式)　すべての $x, y \in \Lambda$ について $J_{x,y} \geq 0$, $h_x \geq 0$ とする．任意の $\beta > 0$ と $A, B \subset \Lambda$ について

$$\langle \sigma^A; \sigma^B \rangle \geq 0 \quad (4.4)$$

が成り立つ．

4.3 [命題] (Fortuin-Kasteleyn-Ginibre (FKG) 不等式) すべての $x, y \in \Lambda$ について $J_{x,y} \geq 0$, $h_x \in \mathbb{R}$ とする. $g(\boldsymbol{\sigma})$, $h(\boldsymbol{\sigma})$ を $\boldsymbol{\sigma}$ について広義増加な任意の実数値関数とする. 任意の $\beta > 0$ について

$$\langle g(\boldsymbol{\sigma}); h(\boldsymbol{\sigma}) \rangle \geq 0 \qquad (4.5)$$

が成り立つ.

以下の二つの不等式は, Ising 模型とガウス型模型の関連を表わしているとみることができる.

4.4 [命題] (ガウス型不等式) すべての $x, y \in \Lambda$ について $J_{x,y} \geq 0$, $h_x = 0$ とする. 任意の $\beta > 0$, $x \in \Lambda$ と $|A|$ が奇数である任意の $A \subset \Lambda$ について

$$\langle \sigma_x \sigma^A \rangle \leq \sum_{y \in A} \langle \sigma_x \sigma_y \rangle \langle \sigma^{A \setminus \{y\}} \rangle \qquad (4.6)$$

が成り立つ.

3 章 4 節で扱ったガウス型模型では (4.6) はつねに等式になる. これがガウス型不等式という名称の由来である.

ガウス型不等式で, 特に $|A| = 3$ とすると次の Lebowitz 不等式になる.

4.5 [系] (Lebowitz 不等式) すべての $x, y \in \Lambda$ について $J_{x,y} \geq 0$, $h_x = 0$ とする. 任意の $\beta > 0$ と $x, y, z, u \in \Lambda$ について

$$\begin{aligned} u^{(4)}(x, y, z, u) &= \langle \sigma_x \sigma_y \sigma_z \sigma_u \rangle - \langle \sigma_x \sigma_y \rangle \langle \sigma_z \sigma_u \rangle \\ &\quad - \langle \sigma_x \sigma_z \rangle \langle \sigma_y \sigma_u \rangle - \langle \sigma_x \sigma_u \rangle \langle \sigma_y \sigma_z \rangle \leq 0 \end{aligned} \qquad (4.7)$$

が成り立つ.

$u^{(4)}(x, y, z, w)$ は (2.35) で定義した連結四点関数である. 一般の連結四点関数の表式は (2.34) だが, ここでは $h_x = 0$ なので奇数次の相関がすべてゼロになり, 上の簡単な表式になった.

$h_x = 0$ という条件なしで成り立つ相関不等式として, 次の GHS 不等式がきわ

めて役に立つ.

4.6 [命題] (Giffiths-Hurst-Sherman (GHS) 不等式) すべての $x, y \in \Lambda$ について $J_{x,y} \geq 0$, $h_x \geq 0$ とする. 任意の $\beta > 0$ と $x, y, z \in \Lambda$ について

$$u^{(3)}(x,y,z) := \langle \sigma_x \sigma_y \sigma_z \rangle - \langle \sigma_x \rangle \langle \sigma_y \sigma_z \rangle - \langle \sigma_y \rangle \langle \sigma_x \sigma_z \rangle - \langle \sigma_z \rangle \langle \sigma_x \sigma_y \rangle$$
$$+ 2 \langle \sigma_x \rangle \langle \sigma_y \rangle \langle \sigma_z \rangle \leq 0 \tag{4.8}$$

が成り立つ.

GHS 不等式の応用として以下の性質が重要である.

4.7 [系] すべての $x, y \in \Lambda$ について $J_{x,y} \geq 0$, $h_x \geq 0$ とする. 任意の $\beta > 0$ と $x, y, z \in \Lambda$ について, $\langle \sigma_x ; \sigma_y \rangle$ は h_z の広義減少関数である.

証明 パラメター変化への期待値の応答 (2.9) により微分を素直に計算し, GHS 不等式 (4.8) を用いれば

$$\frac{\partial}{\partial h_z} \langle \sigma_x ; \sigma_y \rangle = \beta \, u^{(3)}(x,y,z) \leq 0 \tag{4.9}$$

となる. ∎

GHS 不等式と似た以下の GHS 第二不等式も成り立つ[1]. この不等式の証明は本書では与えないので, 原論文 [101] あるいは本書の web ページ (iii ページの脚注を参照) に公開予定の解説を参照されたい.

4.8 [命題] (GHS 第二不等式) すべての $x, y \in \Lambda$ について $J_{x,y} \geq 0$, $h_x = 0$ とする. 任意の $\beta > 0$ と $x, y, z, w \in \Lambda$ について

$$u^{(4)}(x,y,z,w) = \langle \sigma_x \sigma_y \sigma_z \sigma_w \rangle - \langle \sigma_x \sigma_y \rangle \langle \sigma_z \sigma_w \rangle$$
$$- \langle \sigma_x \sigma_z \rangle \langle \sigma_y \sigma_w \rangle - \langle \sigma_x \sigma_w \rangle \langle \sigma_y \sigma_z \rangle$$
$$\leq -2 \langle \sigma_x \sigma_y \rangle \langle \sigma_x \sigma_z \rangle \langle \sigma_x \sigma_w \rangle \tag{4.10}$$

が成り立つ.

次の不等式を示すために, 少し準備をする. $\Omega \subset \Lambda$ を任意の部分格子とし, (4.1)

---

[1] いくつかの文献ではこの不等式を strange GHS inequality と呼んでいる.

と同じ $J_{x,y}$ を使って，部分ハミルトニアンを

$$H_\Omega(\boldsymbol{\sigma}) = -\sum_{\substack{x,y\in\Omega\\(x<y)}} J_{x,y}\,\sigma_x\sigma_y \tag{4.11}$$

と定義する．また，この部分ハミルトニアンで決まる期待値を $\langle\cdots\rangle_\Omega$ と書く．

4.9 [命題] (Simon-Lieb 不等式) すべての $x,y\in\Lambda$ について $J_{x,y}\geq 0$, $h_x=0$ とする．任意の $\beta>0$, $x\in\Omega$ と $|A|$ が奇数である任意の $A\subset\Lambda\backslash\Omega$ について

$$\langle\sigma_x\sigma^A\rangle \leq \sum_{\substack{u\in\Omega\\v\in\Lambda\backslash\Omega}} \langle\sigma_x\sigma_u\rangle_\Omega \tanh(\beta J_{u,v})\langle\sigma_v\sigma^A\rangle \tag{4.12}$$

が成り立つ．

Simon-Lieb 不等式の物理的な意味については，応用の際に議論する．図 6.3（112 ページ）を見よ．

これまでの相関不等式は，いずれも一般の格子 Λ と一般のハミルトニアン (4.1) について成立した．最後に，2 章 2.2 節の d 次元立方格子上の Ising 模型に戻り，格子とモデルの対称性を活かした相関不等式を紹介しておく．これらの不等式は相関関数の単調性という自然な結果を導く際に役に立つ．定理 5.10（80 ページ）を見よ．

L を偶数とし，平面 $x^{(1)}=1/2$ についての鏡映変換 $T_1:\Lambda_L\to\Lambda_L$ を

$$T_1((x^{(1)},x^{(2)},\ldots,x^{(d)})) = (1-x^{(1)},x^{(2)},\ldots,x^{(d)}) \tag{4.13}$$

によって定義する．

4.10 [命題] (Messager-Miracle-Solé 第一不等式) $\mathrm{BC}=\mathrm{F},+$ とする．$A,B\subset\Lambda_L$ を $x^{(1)}\geq 1$ の領域にある任意の部分集合とする．任意の $\beta>0$, $h\geq 0$ について

$$\left\langle\sigma^A\sigma^B\right\rangle_{L;\beta,h}^{\mathrm{BC}} \geq \left\langle\sigma^A\sigma^{T_1(B)}\right\rangle_{L;\beta,h}^{\mathrm{BC}} \tag{4.14}$$

が成り立つ．

次に，L を奇数とし，平面 $x^{(1)}+x^{(2)}=0$ についての鏡映変換 $T_2:\Lambda_L\to\Lambda_L$

を
$$T_2((x^{(1)}, x^{(2)}, x^{(3)}, \ldots, x^{(d)})) = (-x^{(2)}, -x^{(1)}, x^{(3)}, \ldots, x^{(d)}) \tag{4.15}$$
によって定義する.

4.11 [命題] (Messager-Miracle-Solé 第二不等式)   BC = F, + とする. $A, B \subset \Lambda_L$ を $x^{(1)} + x^{(2)} > 0$ の領域にある任意の部分集合とする. 任意の $\beta > 0$, $h \geq 0$ について
$$\langle \sigma^A \sigma^B \rangle_{L;\beta,h}^{\mathrm{BC}} \geq \langle \sigma^A \sigma^{T_2(B)} \rangle_{L;\beta,h}^{\mathrm{BC}} \tag{4.16}$$
が成り立つ.

1.3 強磁性的単調性

再び,1.1 節の一般的な設定に戻る.

相互作用と磁場の組 $J_{x,y}^{(1)}, h_x^{(1)}$ $(x, y \in \Lambda)$ と $J_{x,y}^{(2)}, h_x^{(2)}$ $(x, y \in \Lambda)$ が与えられたとき,それぞれに対応する期待値を,$\langle \cdots \rangle^{(1)}$ および $\langle \cdots \rangle^{(2)}$ と書く.Griffiths 第二不等式から以下のような**強磁性的単調性** (ferromagnetic monotonicity) が示される.これは,本書の中でもくり返し用いられる基本的な性質である.

4.12 [命題] (強磁性的単調性 1)   すべての $x, y \in \Lambda$ について $0 \leq J_{x,y}^{(1)} \leq J_{x,y}^{(2)}$ および $0 \leq h_x^{(1)} \leq h_x^{(2)}$ とする. 任意の $A \subset \Lambda$ について
$$\langle \sigma^A \rangle^{(1)} \leq \langle \sigma^A \rangle^{(2)} \tag{4.17}$$
が成り立つ.

証明 $1 \leq \nu \leq 2$ について $J_{x,y}^{(\nu)} = (2-\nu)J_{x,y}^{(1)} + (\nu-1)J_{x,y}^{(2)}$, $h_x^{(\nu)} = (2-\nu)h_x^{(1)} + (\nu-1)h_x^{(2)}$ $(x, y \in \Lambda)$ とし,対応する期待値を $\langle \cdots \rangle^{(\nu)}$ とする. $\nu = 1, 2$ のときは前の定義と一致することに注意.パラメーター変化への期待値の応答 (2.9) を使い,Griffiths 第二不等式 (4.4) を適用すると
$$\begin{aligned}\frac{1}{\beta}\frac{\partial \langle \sigma^A \rangle^{(\nu)}}{\partial \nu} &= \sum_{\{x,y\} \in \Lambda}(J_{x,y}^{(2)} - J_{x,y}^{(1)})\langle \sigma^A; \sigma_x \sigma_y \rangle^{(\nu)} \\ &+ \sum_{x \in \Lambda}(h_x^{(2)} - h_x^{(1)})\langle \sigma^A; \sigma_x \rangle^{(\nu)} \geq 0\end{aligned} \tag{4.18}$$

となり (4.17) が成立.∎

FKG 不等式に基づいた以下の強磁性的単調性も場合によっては有用である.

4.13 [命題] (強磁性的単調性 2)　すべての $x, y \in \Lambda$ について $0 \leq J_{x,y}^{(1)} = J_{x,y}^{(2)}$ および $h_x^{(1)} \leq h_x^{(2)}$ とする. 磁場は負でもかまわない. $\boldsymbol{\sigma}$ について広義増加な任意の関数 $g(\boldsymbol{\sigma})$ に対して

$$\langle g(\boldsymbol{\sigma}) \rangle^{(1)} \leq \langle g(\boldsymbol{\sigma}) \rangle^{(2)} \tag{4.19}$$

が成り立つ.

証明　$1 \leq \nu \leq 2$ について $h_x^{(\nu)} = (2-\nu)h_x^{(1)} + (\nu-1)h_x^{(2)}$ $(x \in \Lambda)$ とし, 対応する期待値を $\langle \cdots \rangle^{(\nu)}$ とする. パラメータ変化への期待値の応答 (2.9) を使い, FKG 不等式 (4.5) を適用すると,

$$\frac{1}{\beta}\frac{\partial \langle g(\sigma) \rangle^{(\nu)}}{\partial \nu} = \sum_{x \in \Lambda}(h_x^{(2)} - h_x^{(1)})\langle g(\sigma); \sigma_x \rangle^{(\nu)} \geq 0 \tag{4.20}$$

となり (4.19) が成立.∎

2. 有限系の基本的な性質

この節では, 2 章 2 節の標準的なモデルに話を戻す. 定義から直接導かれる, あるいは, 系のもっている対称性を利用して示される基本的な性質をまとめておく.

2.1 自由エネルギーの性質

自由エネルギーは, マクロな物理学 (特に熱力学) においてはもっとも基本的な量であり, 本書でも全体を貫く重要な役割を果たす. ここでは, 有限系の自由エネルギー $f_L^{\mathrm{BC}}(\beta, h)$ の基本的な性質をみておこう.

まず自由エネルギーの簡単な評価から始める.

4.14 [補題]　三つの境界条件すべてに関し, 任意の $\beta > 0, h, L$ において,

$$-\left\{d\left(1 + \frac{1}{L}\right) + |h| + \frac{\log 2}{\beta}\right\} \leq f_L^{\mathrm{BC}}(\beta, h) \leq -\frac{\log 2}{\beta} \tag{4.21}$$

が成り立つ.

証明 $|\sigma_x \sigma_y| \leq 1$, $|\sigma_x| \leq 1$ だから,$H_{L;h}(\boldsymbol{\sigma}) \geq -|\mathcal{B}_L| - |h||\Lambda_L|$
$= -dL^{d-1}(L-1) - |h|L^d$ である.さらに $\tilde{H}_L^+(\boldsymbol{\sigma}) \geq -2dL^{d-1}$,
$\tilde{H}_L^{\mathrm{P}}(\boldsymbol{\sigma}) \geq -dL^{d-1}$ なので,もっとも厳しいプラス境界条件の評価を使って,任意の $\boldsymbol{\sigma} \in \mathcal{S}_L$ について,

$$H_{L;h}^{\mathrm{BC}}(\boldsymbol{\sigma}) = H_{L;h}(\boldsymbol{\sigma}) + \tilde{H}_L^{\mathrm{BC}}(\boldsymbol{\sigma}) \geq -dL^d - dL^{d-1} - L^d|h| \qquad (4.22)$$

が成り立つ.よって,分配関数の定義 (2.21) と $|\mathcal{S}_L| = 2^{L^d}$ より

$$Z_L^{\mathrm{BC}}(\beta, h) \leq 2^{L^d} \exp[\beta dL^d + \beta dL^{d-1} + \beta L^d |h|] \qquad (4.23)$$

を得る.自由エネルギーの定義 (2.22) より直ちに (4.21) の下界が得られる.

(4.21) の上界の証明のため,$\langle \cdots \rangle_0 = 2^{-L^d} \sum_{\boldsymbol{\sigma} \in \mathcal{S}_L}(\cdots)$ という等確率の平均を定義する.分配関数の定義 (2.21) を書き直し Jensen 不等式[2]を用いると

$$2^{-L^d} Z_L^{\mathrm{BC}}(\beta, h) = \langle \exp[-\beta H_{L;h}^{\mathrm{BC}}(\boldsymbol{\sigma})] \rangle_0 \geq \exp[\langle -\beta H_{L;h}^{\mathrm{BC}}(\boldsymbol{\sigma}) \rangle_0] = 1 \qquad (4.24)$$

が得られる.ここで $\langle -\beta H_{L;h}^{\mathrm{BC}}(\boldsymbol{\sigma}) \rangle_0 = 0$ であることは簡単な直接の計算により確かめられる.つまり $Z_L^{\mathrm{BC}}(\beta, h) \geq 2^{L^d}$ が示されたことになり,これより (4.21) の上界が得られる. ∎

スピン配位 $\boldsymbol{\sigma} = (\sigma_x)_{x \in \Lambda_L} \in \mathcal{S}_L$ に対して**スピン反転** (spin reversal) を施したスピン配位 $\mathcal{R}\boldsymbol{\sigma} \in \mathcal{S}_L$ を

$$\mathcal{R}\boldsymbol{\sigma} = (-\sigma_x)_{x \in \Lambda_L} \qquad (4.25)$$

と定める.明らかに $\mathcal{R}\mathcal{S}_L = \mathcal{S}_L$ なので[3],任意の関数 $g(\boldsymbol{\sigma})$ について $\sum_{\boldsymbol{\sigma} \in \mathcal{S}_L} g(\boldsymbol{\sigma}) = \sum_{\boldsymbol{\sigma} \in \mathcal{S}_L} g(\mathcal{R}\boldsymbol{\sigma})$ である.また,ハミルトニアンの定義 (2.19) より $H_{L;h}(\mathcal{R}\boldsymbol{\sigma}) = H_{L;-h}(\boldsymbol{\sigma})$ だから,分配関数の定義 (2.21) より

$$Z_L^{\mathrm{F}}(\beta, h) = \sum_{\boldsymbol{\sigma} \in \mathcal{S}_L} e^{-\beta H_{L;h}(\boldsymbol{\sigma})} = \sum_{\boldsymbol{\sigma} \in \mathcal{S}_L} e^{-\beta H_{L;h}(\mathcal{R}\boldsymbol{\sigma})}$$
$$= \sum_{\boldsymbol{\sigma} \in \mathcal{S}_L} e^{-\beta H_{L;-h}(\boldsymbol{\sigma})} = Z_L^{\mathrm{F}}(\beta, -h) \qquad (4.26)$$

---

[2] 指数関数が下に凸であることを使うと,一般の関数 f と平均操作 $\langle \cdots \rangle$ について,$\langle \exp[f] \rangle \geq \exp[\langle f \rangle]$ という不等式が示される.
[3] $\mathcal{R}\mathcal{S}_L := \{\mathcal{R}\boldsymbol{\sigma} \mid \boldsymbol{\sigma} \in \mathcal{S}_L\}$ である.

を得る．つまり $Z_L^{\mathrm{F}}(\beta, h)$ は h について偶である．周期境界条件についても，境界のハミルトニアンが $\tilde{H}_L^{\mathrm{P}}(\mathcal{R}\boldsymbol{\sigma}) = \tilde{H}_L^{\mathrm{P}}(\boldsymbol{\sigma})$ を満たすことより，同様にして，

$$Z_L^{\mathrm{P}}(\beta, h) = Z_L^{\mathrm{P}}(\beta, -h) \tag{4.27}$$

がわかる．この事実は，自由エネルギー (2.22) について以下を意味する．

4.15 [補題] 自由境界条件または周期的境界条件では，任意の $L, \beta > 0$, $h \in \mathbb{R}$ について，有限系の自由エネルギー $f_L^{\mathrm{BC}}(\beta, h)$ は h の偶関数である．

すぐ後の 5 章 1.1 節で，$L \uparrow \infty$ での自由エネルギーは境界条件に依存しないことをみる．よって，自由エネルギーが h の偶関数であるという性質は無限系に素直に引き継がれる．

最後に，自由エネルギーの増減と凸性についての基本的な結果を述べる．自由エネルギーの凸性は系の安定性と深く関わっており，熱力学では本質的に重要である．

4.16 [補題] 三つの境界条件すべてについて以下が成立する．任意の $L, \beta > 0$, $h \geq 0$ において，$f_L^{\mathrm{BC}}(\beta, h)$ は，磁場 h と温度[4] β^{-1} それぞれについて上に凸な広義減少関数である．

自由境界条件および周期境界条件の場合は，補題 4.15 より $f_L^{\mathrm{BC}}(\beta, h)$ が h の偶関数だから，β^{-1} についての凸性と広義減少性はすべての h について成立し，$h \leq 0$ において $f_L^{\mathrm{BC}}(\beta, h)$ は h について上に凸な広義増加関数であることがわかる．

証明 全ハミルトニアンを $H = H_{L;h}(\boldsymbol{\sigma}) + \tilde{H}_L^{\mathrm{BC}}(\boldsymbol{\sigma})$, 全スピンを $S = \sum_{x \in \Lambda_L} \sigma_x$ と書き，$f_L^{\mathrm{BC}}(\beta, h)$, $Z_L^{\mathrm{BC}}(\beta, h)$, $\langle \cdots \rangle_{L;\beta,h}^{\mathrm{BC}}$ の添え字を省略する．

自由エネルギーを h で微分すると，(2.8) に相当する

$$\frac{\partial}{\partial h} f(\beta, h) = -\frac{1}{L^d} \langle S \rangle \tag{4.28}$$

が得られる．Griffiths 第一不等式 (4.3) より $\langle S \rangle = \sum_{x \in \Lambda_L} \langle \sigma_x \rangle \geq 0$ なので，$f(\beta, h)$ は h の広義減少関数である．また，二階微分については，(2.10) の関係に

---

[4] より正確には $\beta^{-1} = k_{\mathrm{B}} T$ なので，これは温度の定数倍である．

相当する

$$\frac{\partial^2}{\partial h^2}f(\beta,h) = -\frac{\beta}{L^d}\{\langle S^2\rangle - (\langle S\rangle)^2\} = -\frac{\beta}{L^d}\langle\left(S-\langle S\rangle\right)^2\rangle \le 0 \quad (4.29)$$

が成り立つので，$f(\beta,h)$ は h について上に凸とわかる．

同様に $\theta := \beta^{-1}$ で微分すると，

$$\frac{\partial}{\partial \theta}f\left(\frac{1}{\theta},h\right) = -\frac{1}{L^d}\log Z_L^{BC}\left(\frac{1}{\theta},h\right) - \frac{1}{L^d\theta}\langle H\rangle \quad (4.30)$$

となる．ここで，E_{GS} を全ハミルトニアン $H = H_{L;h}(\boldsymbol{\sigma}) + \tilde{H}_L^{\mathrm{BC}}(\boldsymbol{\sigma})$ の最小値とすると，$Z_L^{BC} \ge e^{-\beta E_{\mathrm{GS}}}$ および $\langle H\rangle \ge E_{\mathrm{GS}}$ が成り立つ．これを (4.30) に代入すれば右辺はゼロ以下とわかるので，$f(1/\theta,h)$ は θ について広義減少である．二階微分は，

$$\frac{\partial^2}{\partial \theta^2}f\left(\frac{1}{\theta},h\right) = -\frac{1}{L^d\theta^3}\{\langle H^2\rangle - \langle H\rangle^2\} = -\frac{1}{L^d\theta^3}\langle(H-\langle H\rangle)^2\rangle \le 0 \quad (4.31)$$

となるので，凸性も示された（同様にして，$-\beta f(\beta,h)$ が β について上に凸であることもわかる．）■

2.2 相関関数の性質

この節では有限系の相関関数の基本的な性質をまとめておく．

まず，周期境界条件の相関関数の並進不変性という便利な性質をみよう．任意の $x_0 \in \mathbb{Z}^d$ について，格子点を x_0 だけ並進する変換 $T_{x_0}: \mathbb{Z}^d \to \mathbb{Z}^d$ を $T_{x_0}(x) = x + x_0$ によって定義する．格子が有限の場合，$x \in \Lambda_L$ に対して $x + x_0 \in \Lambda_L$ とは限らない．そこで，周期境界条件を意識して，すべての $i = 1,\ldots,d$ に対して，$(x^{(i)} + x_0^{(i)}) - y^{(i)} \in L\mathbb{Z}$ を満たす唯一の $y \in \Lambda_L$ を $T_{x_0}(x)$ と定義する．周期境界条件を課した格子 Λ_L をトーラスとみなし，x から出発して（トーラス上を何周かしつつ）x_0 だけ進んだ先が $T_{x_0}(x)$ ということである．

4.17 [補題] 周期的境界条件の期待値は，任意の $x_0 \in \mathbb{Z}^d$ と部分集合 $A \subset \Lambda_L$ について**並進不変性** (translational invariance)

$$\left\langle \sigma^A \right\rangle_{L;\beta,h}^{\mathrm{P}} = \left\langle \sigma^{T_{x_0}(A)} \right\rangle_{L;\beta,h}^{\mathrm{P}} \quad (4.32)$$

を満たす．

証明 周期境界条件の系の全ハミルトニアン ((2.19) と (2.25) を参照) $H_{L;h}(\boldsymbol{\sigma})+\tilde{H}_L^{\mathrm{P}}(\boldsymbol{\sigma})$ が任意の並進に対して形を変えないことから明らか. ■

自由境界条件とプラス境界条件の期待値は,境界の影響があるため,並進不変ではない.ただし,命題 5.9(80 ページ)で,無限体積の極限は並進不変になることを示す.

スピン反転 (4.25) を用いると,相関関数の以下のような対称性が示される.

4.18 [補題] 自由境界条件と周期的境界条件について以下が成立する.$|A|$ が偶数なら $\langle \sigma^A \rangle_{L;\beta,h}^{\mathrm{BC}}$ は h の偶関数であり,$|A|$ が奇数なら $\langle \sigma^A \rangle_{L;\beta,h}^{\mathrm{BC}}$ は h の奇関数である.特に $|A|$ が奇数で $h=0$ なら $\langle \sigma^A \rangle_{L;\beta}^{\mathrm{BC}} = 0$ である.

証明 $(\mathcal{R}\boldsymbol{\sigma})^A = (-1)^{|A|}\sigma^A$ に注意して定義 (2.23) に基づいて評価すれば,分配関数のときとまったく同様. ■

強磁性的単調性(命題 4.12(61 ページ),命題 4.13(62 ページ))を,ここで扱っている標準的なモデルにあてはめれば,次がいえる.

4.19 [系] 三つの境界条件すべてについて以下が成立する.$\beta>0, h\geq 0$ のとき,任意の $A\subset \Lambda_L$ について,$\langle \sigma^A \rangle_{L;\beta,h}^{\mathrm{BC}}$ は β と h それぞれの広義増加関数である.また $\beta>0, h\in\mathbb{R}$ のとき,任意の $x\in\Lambda_L$ について,$\langle \sigma_x \rangle_{L;\beta,h}^{\mathrm{BC}}$ は h の広義増加関数である.

異なった境界条件の相関関数を比較する以下の補題は,後に有用になる.

4.20 [補題] $\beta>0, h\geq 0$ のとき,任意の $A\subset \Lambda_{L-2}$ について,
$$\langle \sigma^A \rangle_{L;\beta,h}^{\mathrm{F}} \leq \langle \sigma^A \rangle_{L;\beta,h}^{\mathrm{P}} \leq \langle \sigma^A \rangle_{L-2;\beta,h}^{+} \tag{4.33}$$

証明 これらも強磁性的単調性の帰結である.一つ目の不等式は,自由境界のハミルトニアンに境界の相互作用を付け足すと周期境界の全ハミルトニアンになることに注意すれば命題 4.12(61 ページ)そのものである.二つ目の不等式を導くため,Λ_L 上の周期的境界条件の系で,ハミルトニアンに $-h'\sum_{x\in\partial\Lambda_L}\sigma_x$ という項を付け加える.境界 $\partial\Lambda_L$ の格子点に余分な磁場 h' をかけたことになる.

こうして得られる期待値 $\langle \sigma^A \rangle_{h'}$ は強磁性的単調性 (4.17) により $h' \geq 0$ の広義増加関数である。$\langle \sigma^A \rangle_{h'} \leq 1$ なので，$h' \uparrow \infty$ の極限が存在する（有界単調列の収束）．ところがこの極限では $\partial \Lambda_L$ 上のスピンは確実に $\sigma_x = 1$ をとる．これは格子 Λ_{L-2} 上の系にプラス境界条件を課したのと同じことなので，この極限は $\langle \sigma^A \rangle^+_{L-2;\beta,h}$ に等しい． ∎

3. Lee-Yang の定理

本章の最後に，分配関数のゼロ点分布に関する Lee と Yang の定理を述べる．

Lee-Yang の定理からは，相転移そのものについての情報は得られないが，パラメター空間の広い範囲に特異性が現われないことがわかる．ここでは，物理的には実数値だけをとる磁場 h を複素数にまで拡張する．

3.1　Lee-Yang の定理と分配関数のゼロ点

有限系での Lee-Yang の定理は以下の通り．

4.21 [定理] (Lee-Yang の定理)　任意の $\beta > 0$ を固定し，有限系の自由エネルギー $f_L^{\mathrm{BC}}(\beta, h)$ を複素変数 $h \in \mathbb{C}$ の関数とみなす．自由境界条件と周期的境界条件では，$\mathrm{Re}\, h \neq 0$ なら $f_L^{\mathrm{BC}}(\beta, h)$ は h の正則関数である．またプラス境界条件では，$\mathrm{Re}\, h > 0$ なら $f_L^+(\beta, h)$ は h の正則関数である．

無限系についての結果は定理 5.3（75 ページ）として述べる．

定理 4.21 の元になるのは，分配関数のゼロ点についての美しい性質である．以下では，一般化された分配関数のゼロ点についての基本的な命題を述べ，そこから Lee-Yang の定理が得られることをみる．

1 節と同様に，一般的なモデルを扱う方が見通しがよい．Λ を任意の格子（有限集合）とし，$J_{x,y} \geq 0$ を相互作用とする．ただし，磁場 h は格子点に依存しないとしよう．ハミルトニアンは，

$$H(\boldsymbol{\sigma}) = -\sum_{\{x,y\} \in \mathcal{B}} J_{x,y}\, \sigma_x \sigma_y - h \sum_{x \in \Lambda} \sigma_x \tag{4.34}$$

である．ただし

$$\mathcal{B} := \bigl\{ \{x, y\} \,\big|\, x, y \in \Lambda,\, J_{x,y} \neq 0 \bigr\} \tag{4.35}$$

は相互作用のあるボンドの集合とした．

分配関数を

$$Z_\Lambda(\beta,h) = \sum_{\boldsymbol{\sigma}\in\mathcal{S}} \exp\Big[\sum_{\{x,y\}\in\mathcal{B}} \beta J_{x,y}\sigma_x\sigma_y + \sum_{x\in\Lambda} \beta h\,\sigma_x\Big]$$

$$= e^{\beta h|\Lambda|} \sum_{\boldsymbol{\sigma}\in\mathcal{S}}\Big\{\prod_{\{x,y\}\in\mathcal{B}}(q_{x,y})^{\sigma_x\sigma_y}\prod_{x\in\Lambda} z^{(1-\sigma_x)/2}\Big\} \quad (4.36)$$

と書く．ただし $q_{x,y} = \exp(\beta J_{x,y})$, $z = \exp(-2\beta h)$ とした．

ここで，各々の $x\in\Lambda$ に対して変数 $z_x\in\mathbb{C}$ を用意し，

$$Y_\mathcal{B}((z_x)_{x\in\Lambda}) := \sum_{\boldsymbol{\sigma}\in\mathcal{S}}\Big\{\prod_{\{x,y\}\in\mathcal{B}}(q_{x,y})^{\sigma_x\sigma_y}\prod_{x\in\Lambda}(z_x)^{(1-\sigma_x)/2}\Big\} \quad (4.37)$$

という $|\Lambda|$ 変数関数を定義する．$(1-\sigma_x)/2$ は 0 か 1 なので，$Y_\mathcal{B}((z_x)_{x\in\Lambda})$ は z_x ($x\in\Lambda$) の多項式であり，各々の z_x について高々一次である．Lee と Yang は，$Y_\mathcal{B}((z_x)_{x\in\Lambda})$ が以下の著しい性質をもつことを示した．

4.22 [命題] すべての $\{x,y\}\in\mathcal{B}$ について $q_{x,y} > 1$ とする．すべての $x\in\Lambda$ について $|z_x| < 1$ であれば，$Y_\mathcal{B}((z_x)_{x\in\Lambda}) \neq 0$ である．

この命題の証明は次の小節にまわし，ここから定理 4.21 が得られることをみよう．

2 章 2 節の標準の設定に戻り，自由境界条件と周期的境界条件をまず考察しよう．上の記法に合わせると，$\Lambda = \Lambda_L$ であり，自由境界条件については $\mathcal{B} = \mathcal{B}_L$, 周期境界条件については $\mathcal{B} = \mathcal{B}_L \cup \partial\mathcal{B}_L$ である．そして，$\{x,y\}\in\mathcal{B}$ については $J_{x,y}=1$，それ以外については $J_{x,y}=0$ である．命題の条件である $q_{x,y} > 1$ は，$\beta > 0$ だから自動的に成り立つ．$Y_\mathcal{B}((z_x)_{x\in\Lambda})$ において，すべての x について $z_x = z$ として得られる $z\in\mathbb{C}$ の一変数関数を $\tilde{Y}_\mathcal{B}(z) = Y_\mathcal{B}(z,z,\ldots,z)$ とする．定義 (4.37) より

$$\tilde{Y}_\mathcal{B}\Big(\frac{1}{z}\Big) = \sum_{\boldsymbol{\sigma}\in\mathcal{S}}\Big\{\prod_{\{x,y\}\in\mathcal{B}}(q_{x,y})^{\sigma_x\sigma_y}\prod_{x\in\Lambda} z^{-(1-\sigma_x)/2}\Big\}$$

$$= z^{-|\Lambda|}\sum_{\boldsymbol{\sigma}\in\mathcal{S}}\Big\{\prod_{\{x,y\}\in\mathcal{B}}(q_{x,y})^{\sigma_x\sigma_y}\prod_{x\in\Lambda} z^{(\sigma_x+1)/2}\Big\} = z^{-|\Lambda|}\tilde{Y}_\mathcal{B}(z)$$

$$(4.38)$$

とわかる.ただし最後の等式を導くのにスピン反転 (4.25) の議論を用いた(この等式は,分配関数の対称性 (4.26), (4.27) と同じものである).

命題 4.22 より $|z| < 1$ なら $\tilde{Y}_{\mathcal{B}}(z) \neq 0$ である.逆に $|z| > 1$ ならば $|1/z| < 1$ だから,(4.38) と命題 4.22 より $\tilde{Y}_{\mathcal{B}}(z) = z^{|\Lambda|}\tilde{Y}_{\mathcal{B}}(1/z) \neq 0$ である.つまり,$\tilde{Y}_{\mathcal{B}}(z) = 0$ となる z(これを,$\tilde{Y}_{\mathcal{B}}(z)$ のゼロ点という)は必ず $|z| = 1$ を満たす.$Z_{\Lambda}(\beta, h) = e^{\beta h|\Lambda|}\tilde{Y}_{\mathcal{B}}(e^{-2\beta h})$ なので,$\beta > 0$ を固定した際の $Z_{\Lambda}(\beta, h)$ のゼロ点は $\mathrm{Re}\, h = 0$ を満たすことがわかる.

次にプラス境界条件を考えよう.プラス境界条件でのハミルトニアンは,

$$H^+_{L;h}(\boldsymbol{\sigma}) = -\sum_{\{x,y\}\in\mathcal{B}_L}\sigma_x\sigma_y - \sum_{x\in\Lambda_L}h_x\sigma_x \qquad (4.39)$$

と書き直せる.ただし,事象を引数にとる**真偽関数** (indicator function)

$$I[A] := \begin{cases} 1, & A \text{ が真のとき} \\ 0, & A \text{ が偽のとき} \end{cases} \qquad (4.40)$$

を使って,h_x を

$$h_x := h + \sum_{y\in\bar{\partial}\Lambda_L} I[|x-y|=1] \qquad (4.41)$$

とした.つまり,x が Λ_L の境界にあるときに h に 1 を足したのである.(4.39) の書き換えにより,プラス境界条件でのスピン系を,磁場 h_x が格子点 x に依存する自由境界条件でのスピン系とみなせる.したがって,$\mathrm{Re}\, h > 0$ ならば命題 4.22 から直ちに $Z_{\Lambda}(\beta, h) \neq 0$ が結論できる.

以上で,考えているすべての場合について,$Z_{\Lambda}(\beta, h) \neq 0$ であることがわかった.格子 Λ が有限集合なら,$Z_{\Lambda}(\beta, h)$ は $e^{\beta h}$ と $e^{-\beta h}$ の多項式だから,h について正則である.よって,$Z_{\Lambda}(\beta, h) \neq 0$ である限りは $\log Z_{\Lambda}(\beta, h)$ も正則である[5].$f_{\Lambda}^{\mathrm{BC}}(\beta, h) = -(\beta|\Lambda|)^{-1}\log Z_{\Lambda}^{\mathrm{BC}}(\beta, h)$ だから,定理 4.21 が得られる.

3.2 命題 4.22 の証明

Lee-Yang の定理の鍵である命題 4.22 を証明しよう.証明は相互作用 $q_{x,y}$ の

---

[5] $\log$ の多価性により $\log Z_{\Lambda}(\beta, h)$ も h の多価関数になりうるように思えるが,その心配がないことは以下のようにしてわかる.$h > 0$ の実軸上から出発し,解析接続によって $\log Z_{\Lambda}(\beta, h)$ を作っていくと,$\mathrm{Re}\, h > 0$ である限り,特異点(つまり $Z_{\Lambda} = 0$ となるところ)には遭遇しない.したがって,解析接続の一意性によって,$\mathrm{Re}\, h > 0$ では $\log Z_{\Lambda}(\beta, h)$ は一意に定まる.より詳しくは付録 F の 5 節を見よ.

積の数についての帰納法で行なう．

$z_1, z_2, \ldots, z_n$（n は任意）の多項式 $P(z_1, z_2, \ldots, z_n)$ で以下の二つの性質を満たすものを考える．

(a) $P(z_1, z_2, \ldots, z_n)$ は各々の z_i について高々一次．
(b) すべての i について $|z_i| < 1$ なら $P(z_1, z_2, \ldots, z_n) \neq 0$ が成り立つ．

上記 (a) を満たす n 変数の多項式 $P(z_1, \ldots, z_{n-1}, z_n)$ が与えられたとき，次の操作によって，変数 z_{n-1} と z_n をひとまとめにして，$n-1$ 変数の多項式 $\tilde{P}(z_1, \ldots, z_{n-1})$ を作る．まず (a) の性質から，

$$P(z_1, \ldots, z_n) = A(z_1, \ldots, z_{n-2}) + B(z_1, \ldots, z_{n-2}) z_{n-1}$$
$$+ C(z_1, \ldots, z_{n-2}) z_n + D(z_1, \ldots, z_{n-2}) z_{n-1} z_n \quad (4.42)$$

と書ける．ここで，右辺の四つの項のうち二つ目と三つ目（z_{n-1}, z_n について一次の項）を捨て，さらに $z_n = 1$ とおいたものを，

$$\tilde{P}(z_1, \ldots, z_{n-1}) = A(z_1, \ldots, z_{n-2}) + D(z_1, \ldots, z_{n-2}) z_{n-1} \quad (4.43)$$

とする．P から $\tilde{P}$ を作る操作を**縮約**（あるいは**浅野縮約** (Asano contraction)）と呼ぶ．(4.37) のようにスピン変数を使った表示で考えると，縮約を行なうということは，z_{n-1}, z_n に対応するスピン変数の値を強制的に等しいとおくことと対応している．この解釈は，後の証明を理解する上でも有用である．

以下の補題は縮約の重要な性質を表わしている．

4.23 [補題] 多項式 $P(z_1, \ldots, z_n)$ が上記 (a), (b) を満たすなら，その縮約 $\tilde{P}(z_1, \ldots, z_{n-1})$ も (a), (b) を満たす．

証明 性質 (a) は縮約の定義から明らかなので，(b) を示す．$i = 1, 2, \ldots, n-2$ について，$|z_i| < 1$ を満たす任意の z_i を固定する．以下ではこれらの変数 $z_1, \ldots, z_{n-2}$ は省略し，z_{n-1} を z と書く（たとえば，A は $A(z_1, \ldots, z_{n-2})$ を，$P(z, z)$ は $P(z_1, \ldots, z_{n-2}, z_{n-1}, z_{n-1})$ を意味する）．

$|z| < 1$ なら $\tilde{P}(z) \neq 0$ であることをいえばよい．(4.42) より

$$P(z, z) = A + Bz + Cz + Dz^2 \quad (4.44)$$

である．よって $P(z,z) = 0$ を満たす z は，二次方程式 $Dz^2 + (B+C)z + A = 0$ の根 ζ, ζ' のいずれかである．P が (b) を満たすのだから，$|\zeta| \geq 1, |\zeta'| \geq 1$ でなくてはならない．他方，根の積についての公式から $\zeta\zeta' = A/D$ なので，$|A/D| \geq 1$ となる．$\tilde{P}(z) = A + Dz$ なので，$\tilde{P}(z) = 0$ の根は $z = -A/D$．これは $|z| \geq 1$ を満たすので $\tilde{P}$ は性質 (b) をもつ． ∎

次に，二つの格子点 u, v だけを考えた際に，(4.37) に相当する分配関数を，

$$W_{u,v}(z, z') = \sum_{\substack{\sigma = \pm 1 \\ \sigma' = \pm 1}} q^{\sigma\sigma'} z^{(1-\sigma)/2} (z')^{(1-\sigma')/2}$$

$$= q(zz' + 1) + q^{-1}(z + z') \tag{4.45}$$

とする．ただし $q = q_{u,v}$ とした．

4.24 [補題] $q > 1$ ならば，$W_{u,v}(z, z')$ は上記 (a), (b) の性質を満たす．

証明 性質 (a) は明らか．$W_{u,v}(z, z') = 0$ となる条件は，

$$\varphi(z) = -\frac{z + q^2}{q^2 z + 1} \tag{4.46}$$

を使って，$z' = \varphi(z)$ と書ける．ところで，すべての $z \in \mathbb{C} \cup \{\infty\}$ について $\varphi(\varphi(z)) = z$ であり，φ は $\mathbb{C} \cup \{\infty\}$ をそれ自身に一対一にうつす連続写像である．ここで $|z| = 1$ とすると，

$$|\varphi(z)| = \left|\frac{|z|^2 + q^2 \bar{z}}{(q^2 z + 1)\bar{z}}\right| = \frac{|1 + q^2 \bar{z}|}{|q^2 z + 1|} = 1 \tag{4.47}$$

となるので，φ は複素平面の単位円周をそれ自身にうつす．さらに，

$$\varphi(0) = -q^2 < -1 \tag{4.48}$$

からわかるように，単位円の内側の点 0 を円の外側にうつす．φ は連続なので，φ は単位円周の内側と外側を完全に交換することがわかる．つまり，$W_{u,v}(z, z')$ のゼロ点においては，$|z| > 1$ ならば $|z'| < 1$, $|z| < 1$ ならば $|z'| > 1$ とわかったので，(b) の性質が示された． ∎

以上で命題 4.22 を示す準備が整った. ボンドの部分集合 $\tilde{\mathcal{B}} \subset \mathcal{B}$ について, (4.37) の $q_{x,y}$ の積の範囲を制限し,

$$Y_{\tilde{\mathcal{B}}}((z_x)_{x\in\Lambda}) = \sum_{\boldsymbol{\sigma}\in\mathcal{S}} \left\{ \prod_{\{x,y\}\in\tilde{\mathcal{B}}} (q_{x,y})^{\sigma_x\sigma_y} \prod_{x\in\Lambda} (z_x)^{(1-\sigma_x)/2} \right\} \quad (4.49)$$

と定義する. 特に $\tilde{\mathcal{B}} = \emptyset$ なら

$$Y_{\emptyset}((z_x)_{x\in\Lambda}) = \sum_{\boldsymbol{\sigma}\in\mathcal{S}} \prod_{x\in\Lambda} (z_x)^{(1-\sigma_x)/2} = \prod_{x\in\Lambda} (1+z_x) \quad (4.50)$$

であり, 明らかにこれは性質 (a), (b) を満たす. 以下, 帰納法で証明を進める.

$\tilde{\mathcal{B}} \subsetneq \mathcal{B}$ について, 多項式 $Y_{\tilde{\mathcal{B}}}((z_x)_{x\in\Lambda})$ が性質 (a), (b) を満たすとする. ボンド $\{u,v\} \in \mathcal{B}\backslash\tilde{\mathcal{B}}$ をとる. z_x $(x \in \Lambda)$ および $\tilde{z}_u, \tilde{z}_v$ についての多項式 $Y_{\tilde{\mathcal{B}}}((z_x)_{x\in\Lambda}) W_{u,v}(\tilde{z}_u, \tilde{z}_v)$ は, 帰納法の仮定と補題 4.24 により (a), (b) を満たす. この多項式において, z_u と $\tilde{z}_u$ を縮約し, ついで z_v と $\tilde{z}_v$ を縮約したものは, $Y_{\tilde{\mathcal{B}}\cup\{\{u,v\}\}}((z_x)_{x\in\Lambda})$ に他ならない. よって補題 4.23 により, $Y_{\tilde{\mathcal{B}}\cup\{\{u,v\}\}}((z_x)_{x\in\Lambda})$ も (a), (b) を満たす.

よって, $Y_{\mathcal{B}}((z_x)_{x\in\Lambda})$ も (a), (b) を満たすことになり, 命題 4.22 が証明される.

文献について

1 節でみた相関不等式に関する文献は, 付録 A の末尾 (276 ページ) にまとめた.

Lee-Yang の定理 4.21 (67 ページ) の原論文は [134] である. ここで紹介した浅野の方法は [54, 56, 55] にある. Lee-Yang の定理は, 様々なモデルに拡張されている. たとえば, Newman [147], Lieb, Sokal [137] によって, Lee-Yang の定理を満たす系にさらに強磁性的な二体相互作用を加えても Lee-Yang の定理が成り立つことが示された.

5

無限体積の極限

格子のサイズを限りなく大きくする無限体積極限を議論する．自由エネルギーには境界条件によらない無限体積極限が存在することを示す．相関関数はよりデリケートで，無限体積極限が境界条件に依存することもある．ここでは，自由境界とプラス境界条件について相関関数の無限体積極限の存在を示し，それらがもつ対称性，不変性，単調性を証明する．Lee-Yang の定理から変数を複素数に拡張した際の自由エネルギーと相関関数の解析性についての情報も得られる．無限系の自由エネルギーの微分可能性と相関関数の無限体積極限の一意性を関連づける定理 5.12 は重要である．

本章では，1 節で主要な結果を示し，証明は 2, 3, 4 節に分けて述べる．

1. 無限系での物理量

自由エネルギー，熱力学的な量，相関関数について，それぞれ，無限体積極限についての結果をまとめる．主な証明は後の節にまとめる．

1.1 自由エネルギーの無限体積極限

無限系の自由エネルギーは，有限系の自由エネルギーの無限体積極限

$$f^{\mathrm{BC}}(\beta, h) := \lim_{L \uparrow \infty} f_L^{\mathrm{BC}}(\beta, h) \tag{5.1}$$

として定義するのが自然だろう．ただし，そもそも極限が存在するかどうかも自明ではない．

幸い，物理的な平衡状態に対応する（実数の）β, h については，無限体積極限が存在し，境界条件によらないことがいえる．

5.1 [定理] (自由エネルギーの無限体積極限)　任意の $\beta > 0, h \in \mathbb{R}$ において，三つの境界条件 BC = F, P, + に共通の極限

$$f(\beta, h) = \lim_{L \uparrow \infty} f_L^{\mathrm{BC}}(\beta, h) \tag{5.2}$$

が存在する．

この定理は2節で段階を追って証明する．

　熱力学においては，自由エネルギーはマクロな系の平衡状態についての完全な情報を担った基本的な量である．無限系の自由エネルギーが境界条件に依存しないという事実の意義は大きい．これによって，Ising 模型のマクロな挙動を普遍的に記述する量が得られたといってよい．

　極限の存在が保証されれば，補題 4.15, 4.16 (64 ページ) でみた $f_L^{\mathrm{BC}}(\beta, h)$ の性質をもとにして以下がいえる．

5.2 [系] (自由エネルギーの基本的な性質)　任意の (固定した) $\beta > 0$ について以下が成り立つ．$f(\beta, h)$ は $h \in \mathbb{R}$ についての上に凸な偶関数であり，$h \geq 0$ では h について広義減少，$h \leq 0$ では h について広義増加である．よって $f(\beta, h)$ はすべての $h \in \mathbb{R}$ について連続であり，片側微分可能である[1]．また，ある $h_0 \in \mathbb{R}$ において，$f(\beta, h)$ が h について微分可能なら，

$$\left. \frac{\partial}{\partial h} f(\beta, h) \right|_{h=h_0} = -\lim_{L \uparrow \infty} \frac{1}{L^d} \sum_{x \in \Lambda_L} \langle \sigma_x \rangle_{L; \beta, h_0}^{\mathrm{BC}} \tag{5.3}$$

が成立し，右辺は境界条件によらない．

証明　定理 5.1 により無限体積極限が境界条件によらないから，有限系では自由あるいは周期境界条件をとる．すると，凸性，広義増加性，広義減少性は，有限系の結果がそのまま受け継がれる．連続性と片側微分可能性は凸関数の基本的な性質の帰結である[2]．

　最後の主張を示すため，まず任意の L と BC について，磁化の定義 (2.36) と磁化と自由エネルギーの関係 (2.37) から，任意の $h \in \mathbb{R}$ について

---

[1] 右側微分係数 (右微分) $\partial f(\beta, h)/\partial h_+ = \lim_{\varepsilon \downarrow 0} \{f(\beta, h+\varepsilon) - f(\beta, h)\}/\varepsilon$ と左側微分係数 (左微分) $\partial f(\beta, h)/\partial h_- = \lim_{\varepsilon \uparrow 0} \{f(\beta, h+\varepsilon) - f(\beta, h)\}/\varepsilon$ がどちらも存在するということ．

[2] 凸関数の基本については，たとえば，[10] の付録 F を参照．

$$\frac{\partial}{\partial h} f_L^{\mathrm{BC}}(\beta, h) = -\frac{1}{L^d} \sum_{x \in \Lambda_L} \langle \sigma_x \rangle_{L;\beta,h}^{\mathrm{BC}} \tag{5.4}$$

であることに注意する．$f_L^{\mathrm{BC}}(\beta, h)$ が h について上に凸だから，（微分可能性から）微分の極限は，極限の微分と一致する（命題 F.2（376 ページ）を見よ）．極限 $f(\beta, h)$ が境界条件に依存しないことから，(5.3) 右辺の極限も境界条件によらない． ∎

次に，$\beta > 0$ で，h を複素パラメターに拡張した場合を考えよう．有限系における Lee-Yang の定理（定理 4.21（67 ページ））をもとにして，無限体積の自由エネルギーについても，次の強力な結果が得られる．

5.3 [定理] (Lee-Yang の定理（無限系）) 任意の $\beta > 0$ を固定する．
(1) 自由境界条件，または周期境界条件において Re $h \neq 0$,
(2) プラス境界条件において Re $h > 0$,
のいずれかの場合，自由エネルギーの無限体積極限 (5.1) が存在する．このように定義した無限系の自由エネルギー $f^{\mathrm{BC}}(\beta, h)$ は h の正則関数である．さらに，Re $h > 0$ では BC=F, P, + に対する $f^{\mathrm{BC}}(\beta, h)$ は一致する．Re $h < 0$ でも，BC= F, P に対する $f^{\mathrm{BC}}(\beta, h)$ は一致する．

この定理は 4 節で証明する．

β と h をともに複素数に拡張した場合には以下がいえる．

5.4 [定理] (β, h に関する解析性) 定数

$$C_d^{(3)} := \frac{1}{2} \log\left(\frac{2d+1}{0.14}\right), \qquad C_d^{(4)} := \frac{0.05}{2\sqrt{2d}} \tag{5.5}$$

および，2 次元複素空間 $\mathbb{C}^2$ の領域 A_1, A_2, A_3 を

$$A_1 := \left\{ (\beta, h) \in \mathbb{C}^2 \;\middle|\; \mathrm{Re}\,\beta > 0,\ \mathrm{Re}\,(\beta h) > C_d^{(3)} \right\}, \tag{5.6}$$

$$A_2 := \left\{ (\beta, h) \in \mathbb{C}^2 \;\middle|\; |e^{2\beta} - 1| < C_d^{(4)},\ |\mathrm{Im}\,\beta h| < \frac{\pi}{4} \right\}, \tag{5.7}$$

$$A_3 := \left\{ (\beta, h) \in \mathbb{C}^2 \;\middle|\; \mathrm{Re}\,h > 0,\ |\arg \beta| < \min\left\{\frac{\pi\,\mathrm{Re}\,(\beta h)}{4 C_d^{(3)}}, \frac{\pi}{2}\right\} \right\}. \tag{5.8}$$

と定義する．$\arg\beta$ は β の偏角である．領域 $A_1 \cup A_2 \cup A_3$ において，BC = F，P に共通の無限体積極限 (5.1) が存在する．さらにこの無限体積での自由エネルギーは，β と h の二変数の正則関数である[3]．

この定理は，クラスター展開の手法と Lee-Yang の定理を組み合わせて証明する．証明は，かなり技巧的なので，付録 D（定理 D.17（345 ページ），定理 D.21（354 ページ））と付録 E の 2 節で述べる．

1.2　熱力学的な量

$\beta > 0, h \in \mathbb{R}$ のとき境界条件によらない無限系の自由エネルギー $f(\beta, h)$ が存在することがわかったので，2 章 2.4 節で予告したように，マクロな系のバルクな性質を反映する物理量を定義する．3 章 5.1 節の最後に述べたように，われわれは自由エネルギーが系のマクロなふるまいを記述する基本的な量だという立場をとる．よって，一般の熱力学的な量についても，自由エネルギーから導かれるものを「正統」とみなすことにする[4]．

まず，有限系での関係 (2.37) にならって，無限系での**磁化**を

$$m(\beta, h) = -\frac{\partial}{\partial h} f(\beta, h) \tag{5.9}$$

とする．もちろん，これは右辺の微係数が存在するときにのみ意味をもつ．Lee-Yang の定理 5.3 から，少なくとも，任意の $\beta > 0$ と $h \neq 0$ については $m(\beta, h)$ が定義されていることがわかる．

さらに，3 章の 1 節と 5.2 節での議論をふまえて，**自発磁化**を，

$$m_{\mathrm{s}}(\beta) := \lim_{h \downarrow 0} m(\beta, h) = -\lim_{h \downarrow 0} \frac{\partial}{\partial h} f(\beta, h) = -\left.\frac{\partial}{\partial h_+} f(\beta, h)\right|_{h=0} \tag{5.10}$$

と定義する（三つ目の等号は凸関数についての命題 F.3（376 ページ）の帰結．最右辺の量の定義は 74 ページの脚注 1 を見よ）．系 5.2（74 ページ）によって $f(\beta, h)$ が h について片側微分可能とわかっているので，任意の $\beta > 0$ について自発磁化はきちんと定義されている．

---

[3] BC=+ についての同様の結果は，定数 $C_d^{(4)}$ を (5.5) よりも少し小さくとれば，証明できる．
[4] たとえば，磁化についても，(5.9) ではなく，有限系の磁化 $m_L^{\mathrm{BC}}(\beta, h)$ で $L \uparrow \infty$ とした極限という定義もありうる．実際には，この定義でもほとんどの場合に (5.9) と一致するので，違いはほとんど技術的なものでしかない．

もし $f(\beta,h)$ が $h=0$ で h について微分可能なら（$f(\beta,h)$ は h の偶関数だから）$m_{\mathrm{s}}(\beta)=0$ である．よって，$m_{\mathrm{s}}(\beta) \neq 0$ ならば，自由エネルギーが微分不可能ということになる．物理的に言えば，$m_{\mathrm{s}}(\beta) \neq 0$ は，Ising 模型が外部磁場の助けなしに自発的に「磁石になった」ことを意味する．

磁化 $m(\beta,h)$ が定義されていてさらに $h=0$ で微分可能なら，(2.38) にならって，

$$\chi(\beta) := \left.\frac{\partial}{\partial h} m(\beta,h)\right|_{h=0} \tag{5.11}$$

により無限系での**磁化率**を定義する[5]．

無限系でのスピン一個あたりの内部エネルギーと比熱は (2.42), (2.43) にならって以下のように定義する．

$$U(\beta,h) := \frac{\partial}{\partial \beta}\left\{\beta f(\beta,h)\right\} \tag{5.12}$$

$$C(\beta,h) := \frac{\partial}{\partial(\beta^{-1})} U(\beta,h) = -\beta^2 \frac{\partial^2}{\partial \beta^2}\left\{\beta f(\beta,h)\right\} \tag{5.13}$$

1.3 無限系の相関関数の定義と性質

相関関数についても $L \uparrow \infty$ の極限を考えたい．しかし，これは自由エネルギーほど簡単ではない．自由エネルギーは，体積に比例する量 $\log \sum_\sigma \exp(-\beta H)$ を体積で割ったものだったから，体積が大きくなると自然に境界条件などの細かい効果が効かなくなると考えられる．しかし，相関関数の定義には体積による規格化はない．あくまで，有限の範囲のスピンの期待値に着目しながら系のサイズを大きくしていこうというのだから，自由エネルギーの場合とは無限体積極限の意味が根本的に異なっている．実際，状況によっては，相関関数の無限体積極限が境界条件に依存することがある．これは，相転移に伴う対称性の自発的破れの現われであり，7 章で詳しく議論する．系 6.5（101 ページ），系 7.9（130 ページ）を見よ．11 章でも関連するテーマを扱う．

A を $\mathbb{Z}^d$ の有限の部分集合とする．σ^A の無限系での期待値は，有限系での期待値 $\left\langle \sigma^A \right\rangle^{\mathrm{BC}}_{L;\beta,h}$ で $L \uparrow \infty$ とした極限と定義するのが自然である．この極限が存在

---

[5] 無限系での非線型磁化率は（やや不本意なのだが，定理 6.7（103 ページ）や命題 6.9（104 ページ）に相当する結果が示せないこともあり）$m(\beta,h)$ の微分ではなく，(3.88) によって定義する．

することは自明ではないのだが，幸い，自由境界条件とプラス境界条件については，次のような単調性が成立する．

5.5 [補題] $A \subset \mathbb{Z}^d$ を任意の有限集合とする．任意の $\beta > 0, h \geq 0$ と $A \subset \Lambda_L$ なる L について，

$$\langle \sigma^A \rangle_{L;\beta,h}^{\mathrm{F}} \leq \langle \sigma^A \rangle_{L+1;\beta,h}^{\mathrm{F}} \tag{5.14}$$

$$\langle \sigma^A \rangle_{L;\beta,h}^{+} \geq \langle \sigma^A \rangle_{L+1;\beta,h}^{+} \tag{5.15}$$

が成り立つ．

証明 これは強磁性的単調性（命題 4.12 (61 ページ)）の単純な帰結である．Λ_{L+1} 上の自由境界条件の系において，境界 $\Lambda_{L+1}\setminus\Lambda_L$ 上のスピンを含む相互作用をすべてゼロにしてしまうと，Λ_L 上の自由境界条件の系が得られる．よって (5.14) は強磁性的単調性 (4.17) そのものである．(5.15) は補題 4.20 (66 ページ) の二つ目の不等式とほとんど同じ方針で証明できる．ここでは，Λ_{L+1} 上のプラス境界条件の系で，ハミルトニアンに $-h'\sum_{x \in \Lambda_{L+1}\setminus\Lambda_L} \sigma_x$ という項を付け加える．境界 $\Lambda_{L+1}\setminus\Lambda_L$ 上のスピンに余分な磁場 h' をかけたことになる．こうして得られる期待値を $\langle \sigma^A \rangle_{h'}$ と書く．$h' \uparrow \infty$ としたとき $\langle \sigma^A \rangle_{h'}$ が $\langle \sigma^A \rangle_{L;\beta,h}^{+}$ に一致することに注意すればよい．■

5.6 [命題] $A \subset \mathbb{Z}^d$ を任意の有限集合とする．任意の $\beta > 0, h \geq 0$ において，自由境界条件とプラス境界条件の無限体積極限 $(\mathrm{BC} = \mathrm{F}, +)$

$$\langle \sigma^A \rangle_{\beta,h}^{\mathrm{BC}} := \lim_{L \uparrow \infty} \langle \sigma^A \rangle_{L;\beta,h}^{\mathrm{BC}} \tag{5.16}$$

が存在し，(Λ_L が A を含むよう，十分に大きな) 任意の L について

$$\langle \sigma^A \rangle_{L;\beta,h}^{\mathrm{F}} \leq \langle \sigma^A \rangle_{\beta,h}^{\mathrm{F}} \quad \text{および} \quad \langle \sigma^A \rangle_{L;\beta,h}^{+} \geq \langle \sigma^A \rangle_{\beta,h}^{+} \tag{5.17}$$

を満たす．さらに，$\langle \sigma^A \rangle_{\beta,h}^{\mathrm{F}}$ は β, h のそれぞれについて左連続，$\langle \sigma^A \rangle_{\beta,h}^{+}$ は β, h のそれぞれについて右連続である．なお，自由境界条件の場合は，h についての偶奇性（補題 4.18 (66 ページ)）があるので，$h < 0$ についても極限の存在がいえる．

証明 補題 5.5 から，$\beta > 0, h \geq 0$ と A を固定したとき，$\langle \sigma^A \rangle^{\mathrm{F}}_{L;\beta,h}$ は L の広義増加数列，$\langle \sigma^A \rangle^{+}_{L;\beta,h}$ は L の広義減少数列であることがわかる．さらに，自明な不等式 $|\langle \sigma^A \rangle^{\mathrm{BC}}_{L;\beta,h}| \leq 1$ により，これらの数列は有界．よって，これらの数列は収束する．

最後に，$\langle \sigma^A \rangle^{\mathrm{F}}_{\beta,h}$ や $\langle \sigma^A \rangle^{+}_{\beta,h}$ の左右連続性は，$\langle \sigma^A \rangle^{\mathrm{F}}_{L;\beta,h}$ や $\langle \sigma^A \rangle^{+}_{L;\beta,h}$ が β, h それぞれの広義増加関数であること（命題 4.12（61 ページ））と L についての単調性（補題 5.5）から，命題 F.1（375 ページ）により証明される． ■

無限体積極限 (5.16) についても，$h = 0$ での期待値 $\langle \sigma^A \rangle^{\mathrm{BC}}_{\beta,0}$ を $\langle \sigma^A \rangle^{\mathrm{BC}}_{\beta}$ と書く．

周期的境界条件の下での相関関数は (5.14), (5.15) のような単調性をもたないため，極限 $\lim_{L \uparrow \infty} \langle \sigma^A \rangle^{\mathrm{P}}_{L;\beta,h}$ の存在を一般的かつ初等的に証明することはできない．それでも，間接的な（そして，ときには高級な）論法を用いることで，転移点（$\beta = \beta_{\mathrm{c}}$ かつ $h = 0$）というたった一点を除けば[6]，期待値の無限体積極限が存在し自由境界条件での極限と一致することが証明されている．定理 5.12（81 ページ），系 5.14（82 ページ），定理 11.6（190 ページ）を，また，転移点 β_{c} の定義については定義 6.2（100 ページ）を見よ．周期的境界条件での期待値の無限体積極限を技巧的に定義する方法はあるが[7]，本書では原則としてそのような定義をしないで議論を進める（付録 B は例外）．

補題 4.18（66 ページ）でみた対称性，系 4.19（66 ページ）でみた単調性は，以下のように，無限体積の相関関数にも受け継がれる．

5.7 [系] $\beta > 0, h \in \mathbb{R}$ とし，自由境界条件をとる．$|A|$ が偶数なら $\langle \sigma^A \rangle^{\mathrm{F}}_{\beta,h}$ は h の偶関数であり，$|A|$ が奇数なら $\langle \sigma^A \rangle^{\mathrm{F}}_{\beta,h}$ は h の奇関数である．特に $|A|$ が奇数で $h = 0$ なら $\langle \sigma^A \rangle^{\mathrm{F}}_{\beta} = 0$ である．

5.8 [系] $\beta > 0, h \geq 0$ とし，自由境界条件またはプラス境界条件をとる．任意の有限な $A \in \mathbb{Z}^d$ について，$\langle \sigma^A \rangle^{\mathrm{BC}}_{\beta,h}$ は β と h それぞれの広義増加関数である．

$\mathbb{Z}^d$ の超立方格子としての構造を保つ $\mathbb{Z}^d$ 上の一対一写像 $T : \mathbb{Z}^d \to \mathbb{Z}^d$ を考

---

[6] 転移点でも状況は同じと期待されるが，証明はない．
[7] たとえば，単純な極限のかわりに上極限を用いる，あるいは，有限系の部分列について極限を定義するなどの方法がある．

る．代表的な例は，$x_0 \in \mathbb{Z}^d$ だけの並進移動 $T(x) = x + x_0$，ある軸についての鏡映変換 $T((x^{(1)}, x^{(2)}, \ldots, x^{(d)})) = (-x^{(1)}, x^{(2)}, \ldots, x^{(d)})$，各軸の周りの $\pi/2$ を単位にした回転，などである．無限系での相関関数は，次のように T に関する不変性をもつ．この性質は，今後の議論にとって本質的である．

5.9 [命題]　　BC = F, + とし，任意の有限な $A \subset \mathbb{Z}^d$ と上記の写像 T をとる．任意の $\beta > 0, h \geq 0$ について，

$$\langle \sigma^A \rangle_{\beta,h}^{\mathrm{BC}} = \langle \sigma^{T(A)} \rangle_{\beta,h}^{\mathrm{BC}} \tag{5.18}$$

が成り立つ．

この命題は 3.1 節で証明する．

　不変性 (5.18) の特別な場合として，T を並進移動にとった関係が特に重要である．任意の有限な $A \subset \mathbb{Z}^d$ と $x_0 \in \mathbb{Z}^d$ について $A + x_0 = \{x + x_0 \,|\, x \in A\}$ とすれば，自由境界条件とプラス境界条件 (BC=F, +) について，**並進不変性**

$$\langle \sigma^A \rangle_{\beta,h}^{\mathrm{BC}} = \langle \sigma^{A+x_0} \rangle_{\beta,h}^{\mathrm{BC}} \tag{5.19}$$

が成り立つ．特に，二点相関関数については，$\langle \sigma_x \sigma_y \rangle_{\beta,h}^{\mathrm{BC}} = \langle \sigma_o \sigma_{x-y} \rangle_{\beta,h}^{\mathrm{BC}}$ がいえる．よって，二点相関関数としては $\langle \sigma_o \sigma_x \rangle_{\beta,h}^{\mathrm{BC}}$ の形だけを考えれば十分である．

　二点相関関数 $\langle \sigma_x \sigma_y \rangle$ は，大まかにいって，二つの格子点 x と y でのスピンが互いに「どの程度そろっているか」の目安と考えられる．よって，x と y の距離が大きくなれば $\langle \sigma_x \sigma_y \rangle$ は単調に小さくなると期待される．有限体積の系では境界条件の影響もあってきれいな単調性は成り立たないが，無限体積極限については以下の結果がある．

5.10 [定理] (二点相関関数の単調減少性)　　BC = F, + とし，$\beta > 0, h \geq 0$ とする．$x, y \in \mathbb{Z}^d$ が，すべての $i = 1, \ldots, d$ について $|x^{(i)}| \leq |y^{(i)}|$ を満たすなら，

$$\langle \sigma_o \sigma_x \rangle_{\beta,h}^{\mathrm{BC}} \geq \langle \sigma_o \sigma_y \rangle_{\beta,h}^{\mathrm{BC}} \tag{5.20}$$

が成り立つ．また，$x \in \mathbb{Z}^d$ について，$\|x\|_1 = \sum_{i=1}^{d} |x^{(i)}|$ とすると

$$\langle \sigma_o \sigma_x \rangle_{\beta,h}^{\mathrm{BC}} \geq \langle \sigma_o \sigma_{(\|x\|_1, 0, \ldots, 0)} \rangle_{\beta,h}^{\mathrm{BC}} \tag{5.21}$$

が成り立つ（$o = (0, \ldots, 0)$ は格子の原点）．

この定理は 3.2 節で証明する.

二点相関関数の単調性ということなら不等式 (5.20) だけで十分のようにも思えるかもしれない.しかし,この性質だけでは,二点が一つの軸上に並んだとき(たとえば,$x = (n, 0, \ldots, 0)$ のとき)だけ相関が強くわずかでも「ななめ」になると(たとえば $x = (n, 1, 0, \ldots, 0)$ となると)一気に相関が小さくなってしまうというような病的な可能性を除外できない.二つ目の不等式 (5.21) は,こういった病的なふるまいはなく,二点相関関数が言ってみれば「まるく」減衰していくことを保証してくれる.たとえば,$n, m > 0$ として (5.20), (5.21) を順次使えば,

$$\left\langle \sigma_o \sigma_{(n,0,\ldots,0)} \right\rangle_{\beta,h}^{\mathrm{BC}} \geq \left\langle \sigma_o \sigma_{(n,m,0,\ldots,0)} \right\rangle_{\beta,h}^{\mathrm{BC}} \geq \left\langle \sigma_o \sigma_{(n+m,0,\ldots,0)} \right\rangle_{\beta,h}^{\mathrm{BC}} \quad (5.22)$$

という単調性が示される.

以下は (5.20) の簡単な応用だが,有用である.

5.11 [系] (二点相関関数の単調減少性)　$\mathrm{BC} = \mathrm{F}, +$ とする.任意の $\beta > 0$, $h \geq 0$ および $x \in \mathbb{Z}^d$ について,

$$\left\langle \sigma_o \sigma_{(\|x\|_\infty, 0, \ldots, 0)} \right\rangle_{\beta,h}^{\mathrm{BC}} \geq \left\langle \sigma_o \sigma_x \right\rangle_{\beta,h}^{\mathrm{BC}} \quad (5.23)$$

が成り立つ.

証明　命題 5.9 により,$x = (x^{(1)}, x^{(2)}, \ldots, x^{(d)})$ の成分を入れ替えても $\left\langle \sigma_o \sigma_x \right\rangle_{\beta,h}^{\mathrm{BC}}$ は不変である.よって,$\|x\|_\infty = |x^{(1)}|$ と仮定してよい.(5.20) より直ちに (5.23) が得られる.■

以下では,相関関数の無限体積極限の一意性に関する結果を述べよう.本質的なのは以下の定理である[8].

5.12 [定理]　ある $\beta_0 > 0$, $h_0 \in \mathbb{R}$ において自由エネルギーが h について微分可能なら,任意の有限な $A \subset \mathbb{Z}^d$ と境界条件 $\mathrm{BC} = \mathrm{F}, \mathrm{P}, +$ について,極限 $\left\langle \sigma^A \right\rangle_{\beta,h_0} := \lim_{L \uparrow \infty} \left\langle \sigma^A \right\rangle_{L; \beta, h_0}^{\mathrm{BC}}$ が存在し,境界条件 BC に依存しない.$\beta > 0$, $h \in \mathbb{R}$ のある領域で $f(\beta, h)$ が h について微分可能なら,その領域では $\left\langle \sigma^A \right\rangle_{\beta,h}$ は変数 β, h それぞれについて連続である.

---

[8] この定理はさらに一般の境界条件についても成り立つ.定理 11.3(187 ページ)を参照.

この定理は 3.3 節で証明する.

定理 5.12 が適用できる場合には，周期的境界条件の系の無限体積極限も問題なく議論できる.

5.13 [注意] 系 5.2 (74 ページ) と上の定理から，自由エネルギーが h で微分可能な場合,

$$m(\beta, h) = -\frac{\partial f(\beta, h)}{\partial h} = \lim_{L\uparrow\infty} \frac{1}{L^d} \sum_{x \in \Lambda_L} \langle \sigma_x \rangle^{\mathrm{P}}_{L;\beta,h}$$
$$= \lim_{L\uparrow\infty} \langle \sigma_o \rangle^{\mathrm{P}}_{L;\beta,h} = \langle \sigma_o \rangle_{\beta,h} \tag{5.24}$$

といえる (周期境界条件では，補題 4.17 (65 ページ) の並進不変性により $\langle \sigma_x \rangle^{\mathrm{P}}_{L;\beta,h}$ が x に依存しないことを用いた). つまり，無限系での磁化は原点でのスピン σ_o の期待値に等しい.

すでに Lee-Yang の定理 (定理 5.3 (75 ページ)) によって $\beta > 0, h \neq 0$ においては $f(\beta, h)$ が微分可能であることがわかっている. つまり,

5.14 [系] $\beta > 0$ かつ $h \neq 0$ とする. 境界条件 $\mathrm{BC} = \mathrm{F}, \mathrm{P}, +$ と任意の有限な $A \subset \mathbb{Z}^d$ について，極限 $\lim_{L\uparrow\infty} \langle \sigma^A \rangle^{\mathrm{BC}}_{L;\beta,h}$ が存在し，境界条件 BC に依存しない. この極限は β, h それぞれの連続関数である. さらに $m(\beta, h) = \langle \sigma_o \rangle_{\beta,h}$ が成り立つ.

次章の定理 6.4 (101 ページ) によれば，$\beta \in (0, \beta_\mathrm{c}), h = 0$ に対しても，自由エネルギー $f(\beta, h)$ は h について微分可能である. ここで，β_c は定義 6.2 (100 ページ) で定める転移点である. よって，$\beta \geq \beta_\mathrm{c}, h = 0$ というごく限られたパラメター領域を除けば，無限系の相関関数は一意的で，極限の存在についての微妙な問題も存在しないのである. もちろん，この限られた領域では面白いことがおきる. $d \geq 2$ では，$h = 0$ で β が十分に大きければ，無限体積極限が境界条件に依存することが後に示される. 系 7.9 (130 ページ) を見よ.

さらに，自発磁化について二つの重要な事実を述べる.

5.15 [注意] 自発磁化の定義 (5.10), 系 5.14, そして $\langle \sigma_o \rangle^+_{\beta,h}$ の h についての右連続性 (命題 5.6) を順次用いれば,

$$m_\mathrm{s}(\beta) = \lim_{h\downarrow 0} m(\beta, h) = \lim_{h\downarrow 0} \langle \sigma_o \rangle_{\beta,h} = \lim_{h\downarrow 0} \langle \sigma_o \rangle^+_{\beta,h} = \langle \sigma_o \rangle^+_\beta \tag{5.25}$$

がいえる．つまり，自発磁化は原点でのスピン σ_o のプラス境界条件での期待値に等しい．

5.16 [注意] 自発磁化 $m_\mathrm{s}(\beta)$ はすべての $\beta > 0$ で連続であることが証明されている．$\beta > \beta_\mathrm{c}$ での連続性は 2006 年に [61] で示された．$\beta = \beta_\mathrm{c}$ での連続性は，以前は $d = 2$ および $d \geq 4$ だけで示されていた（前者は厳密解にもとづき，後者は 10 章 3 節で紹介するのと類似の手法 [51] にもとづく）．2013 年に [50] で $d = 3$ にも適用できる一般的な証明が発表された．$\beta > \beta_\mathrm{c}$ での連続性 [61] は後に紹介する定理 11.5（189 ページ）にも直結する．残念ながら，本書ではこれらの結果の証明に立ち入る余裕はない．

Lee-Yang の定理との関連で，磁場 h を複素数に拡張した場合の相関関数のふるまいに関する強力な定理を述べておこう．以下の定理は，$\mathrm{Re}\, h \neq 0$ なら n 点連結関数が距離とともに指数関数的に減衰すること（強い意味でのクラスター性）を示している．

ここで，n 個の格子点 $x_1, \ldots, x_n \in \mathbb{Z}^d$ が与えられたとき，

$$\ell(x_1, \ldots, x_n) := \min\{|S| \,\big|\, S \subset \mathbb{Z}^d,\ S \text{ は連結},\ x_1, \ldots, x_n \in S\} \tag{5.26}$$

と定義しておく[9]（図 5.1）．大ざっぱには，$\ell(x_1, \ldots, x_n)$ は格子点 $x_1, \ldots, x_n$ すべてを結ぶ「道」の最小の長さであり，これらの格子点が「まとめて」どの程度離れているかの目安を与える．

5.17 [定理] $\beta > 0$ かつ $\mathrm{Re}\, h \neq 0$ とする．任意の有限な $A \subset \mathbb{Z}^d$ と境界条件 $\mathrm{BC} = \mathrm{F}, \mathrm{P}$ について，無限体積極限

$$\left\langle \sigma^A \right\rangle_{\beta, h} := \lim_{L \uparrow \infty} \left\langle \sigma^A \right\rangle_{L; \beta, h}^{\mathrm{BC}} \tag{5.27}$$

が存在し，境界条件に依存しない[10]．$\left\langle \sigma^A \right\rangle_{\beta, h}$ は h について正則である．さらに，任意の n と，$0 < \epsilon < 2\beta|\mathrm{Re}\, h|$ を満たす任意の ϵ に対して，定数 $C_{n, \beta, h, \epsilon}$ がと

---

[9] S が連結とは，任意の $x, y \in S$ について，$s_1 = x,\ s_N = y,\ |s_{j+1} - s_j| = 1$ を満たす格子点の列 $s_1, s_2, \ldots, s_N \in S$ がとれることをいう．なお，$|S|$ は S 中の点の数である．
[10] プラス境界条件についても同じことが成立するはずだが，われわれには $\mathrm{Re}\, h > 0$ の場合しか証明できていない．

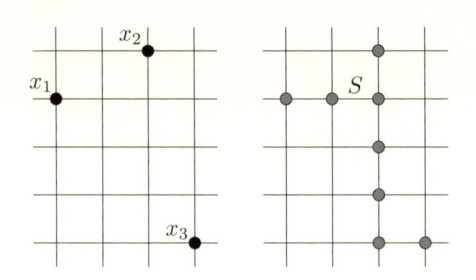

図 5.1 $\mathbb{Z}^2$ の格子点 x_1, x_2, x_3（左）を含む最小の連結集合 S の例（右）．$|S| = 8$ なので，$\ell(x_1, x_2, x_3) = 8$ である．これが三つの格子点がまとめてどの程度離れているかの目安を与える．

れて，任意の n 個の格子点 $x_1, \ldots, x_n \in \mathbb{Z}^d$ について，

$$\left| u^{(n)}_{\beta, h, \epsilon}(x_1, \ldots, x_n) \right| \leq C_{n, \beta, h, \epsilon} \exp\{-(2\beta|\operatorname{Re} h| - \epsilon)\,\ell(x_1, \ldots, x_n)\} \tag{5.28}$$

が成り立つ．$u^{(n)}_{\beta, h}(x_1, \ldots, x_n)$ は相関関数 (5.27) から作った連結 n 点関数 (2.35) である．

この定理の証明の概要を 4 節で述べる．この定理の元になるのは，Lee-Yang の定理とクラスター展開を組み合わせた Lebowitz-Penrose の理論である（付録 E）．定数 $C_{n, \beta, h, \epsilon}$ の具体的な形については，定理 E.1 (358 ページ) を見よ．

2. 自由エネルギーの無限体積極限の存在の証明

自由エネルギーの無限体積極限についての定理 5.1（74 ページ）を証明する．証明には，自由エネルギーの定義だけにもとづいた素直な論法を用いる．

2.1 自由境界条件の場合

自由境界条件の場合について，自由エネルギーの無限体積極限が存在することを証明する．まず次の補題を示そう．

5.18 [補題] 任意の $\beta > 0$, $h \in \mathbb{R}$, $L \geq 1$ について，

$$\left| f^{\mathrm{F}}_{2L}(\beta, h) - f^{\mathrm{F}}_L(\beta, h) \right| \leq \frac{d}{2L} \tag{5.29}$$

が成り立つ．

　この補題から，一辺 2^n ($n=1,2,\ldots$) の格子上の自由エネルギー $f_{2^n}^{\mathrm{F}}(\beta,h)$ の $n\uparrow\infty$ の極限が存在することが直ちにわかる．つまり，β, h を固定して $g_n = f_{2^n}^{\mathrm{F}}(\beta,h)$ とおけば，(5.29) は $|g_n - g_{n-1}| \leq d\, 2^{-n}$ となる．これは数列 $(g_n)_{n=1,2,\ldots}$ がコーシー列であることを意味するので $(g_n)_{n=1,2,\ldots}$ は極限をもつ．この極限によって

$$f(\beta,h) := \lim_{n\uparrow\infty} f_{2^n}^{\mathrm{F}}(\beta,h) \tag{5.30}$$

と定義しよう．

補題 5.18 の証明　格子 Λ_{2L} はおおざっぱに言うと格子 Λ_L を 2^d 個くっつけたようなものである．もちろん「くっつける」ところで誤差が生じるが，それはあくまで表面積のオーダーの寄与であり，自由エネルギーのように全体積で割って定義された量には本質的な影響はないだろう．この事実をきちんと示せばよい．

　格子の定義 (2.11) より

$$\Lambda_{2L} = \left\{ x = (x^{(1)},\ldots,x^{(d)}) \,\middle|\, x^{(i)} \in \{1-L, 2-L, \ldots, L-1, L\} \right\} \tag{5.31}$$

である．これを，図 5.2 のように「真ん中で切り分けて」同じ大きさの 2^d 個の超立方格子にしたい．そのために (5.31) に現われた各成分のとりうる範囲を，

$$\{1-L, 2-L, \ldots, L-1, L\} = \{1-L, \ldots, 0\} \cup \{1, \ldots, L\} \tag{5.32}$$

のように二等分する．そして (5.31) において各々の i について $x^{(i)}$ がこの分割の前半に属しているか後半に属しているかで Λ_{2L} の要素を 2^d 通りに分類する．この分類に適当に番号をふることで，

$$\Lambda_{2L} = \bigcup_{\nu=1}^{2^d} \Lambda_L^{(\nu)} \tag{5.33}$$

のように格子 Λ_{2L} を重複なく部分格子の集まりに分解できる．各々の部分格子 $\Lambda_L^{(\nu)}$ は Λ_L を平行移動したものになっている．

　格子の分解に対応して，ハミルトニアンも分解しよう．定義 (2.19) を参照すれば Λ_{2L} 上のハミルトニアンは，

$$H_{2L;h}(\boldsymbol{\sigma}) = \sum_{\nu=1}^{2^d} H_{L;h}^{(\nu)}(\boldsymbol{\sigma}^{(\nu)}) + \Delta H_{2L}(\boldsymbol{\sigma}) \tag{5.34}$$

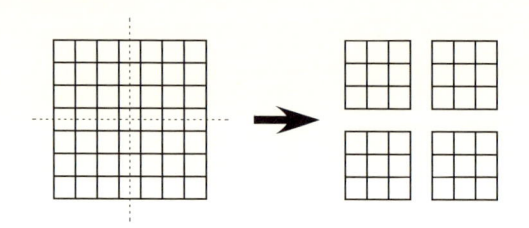

図 5.2 一辺 $2L$ の超立方体を 2^d 個の一辺 L の超立方体の集まりに分割する.

と書ける. ただし, 部分格子 $\Lambda_L^{(\nu)}$ 上のハミルトニアンを (2.19) の平行移動により

$$H_{L;h}^{(\nu)}(\boldsymbol{\sigma}^{(\nu)}) = - \sum_{\{x,y\} \in \mathcal{B}_L^{(\nu)}} \sigma_x \sigma_y - h \sum_{x \in \Lambda_L^{(\nu)}} \sigma_x \tag{5.35}$$

と定義し, $\Lambda_L^{(\nu)}$ 上のスピン配位を $\boldsymbol{\sigma}^{(\nu)} = (\sigma_x)_{x \in \Lambda_L^{(\nu)}}$ と書いた. $\mathcal{B}_L^{(\nu)}$ は $\mathcal{B}_L$ を平行移動して作った $\Lambda_L^{(\nu)}$ のボンドの集合である. ハミルトニアンの分解 (5.34) において単純な分解には収まりきらない「おつり」の項が $\Delta H_{2L}(\boldsymbol{\sigma})$ である. これは, 異なった部分格子にまたがるような相互作用の集まりだから,

$$\Delta H_{2L}(\boldsymbol{\sigma}) = - \sum_{\substack{\nu, \nu' = 1, \ldots, 2^d \\ (\nu > \nu')}} \sum_{\substack{x \in \Lambda_L^{(\nu)}, y \in \Lambda_L^{(\nu')} \\ (|x-y|=1)}} \sigma_x \sigma_y \tag{5.36}$$

となる.

ΔH_{2L} が何らかの意味で「小さい」という評価をしたいわけだが, ここでは $|\sigma_x \sigma_y| \leq 1$ という自明な関係を用いて絶対値を評価する. すなわち

$$|\Delta H_{2L}(\boldsymbol{\sigma})| \leq \sum_{\substack{\nu, \nu' = 1, \ldots, 2^d \\ (\nu > \nu')}} \sum_{\substack{x \in \Lambda_L^{(\nu)}, y \in \Lambda_L^{(\nu')} \\ (|x-y|=1)}} 1 = d \, (2L)^{d-1} \tag{5.37}$$

とする. ここで, 和の中に現われる項の数を評価する必要があったが, それについては以下のように考えるのがよいだろう. 和に寄与するのは Λ_{2L} を (5.33) のように分割したときに断ち切られてしまった隣りあう格子点の組である. われわれは d 次元立方体を d 個の $d-1$ 次元超平面で切り分けた. 各々の $d-1$ 次元超平面にはちょうど $(2L)^{d-1}$ 個の「点」がある. 図 5.2 からも明らかなように $d-1$ 次元超平面の各「点」の両側には隣りあう Λ_{2L} の格子点の組がちょうど一組ずつ

並んでいる. よって断ち切られた隣りあう組はちょうど $d\,(2L)^{d-1}$ 個あることがわかる.

以上を用いて自由エネルギーの評価を行なう.

分配関数の定義 (2.21) にハミルトニアンの分解 (5.34) を代入し, (5.37) で $\Delta H_{2L}(\boldsymbol{\sigma})$ を下から押さえると

$$
\begin{aligned}
Z_{2L}^{\mathrm{F}}(\beta, h) &= \sum_{\boldsymbol{\sigma} \in \mathcal{S}_{2L}} \exp[-\beta\, H_{2L;h}(\boldsymbol{\sigma})] \\
&= \sum_{\boldsymbol{\sigma} \in \mathcal{S}_{2L}} \exp\Big[-\beta\Big\{\sum_{\nu=1}^{2^d} H_{L;h}^{(\nu)}(\boldsymbol{\sigma}^{(\nu)}) + \Delta H_{2L}(\boldsymbol{\sigma})\Big\}\Big] \\
&\leq e^{|\beta|\, d\,(2L)^{d-1}} \sum_{\boldsymbol{\sigma} \in \mathcal{S}_{2L}} \prod_{\nu=1}^{2^d} \exp[-\beta\, H_{L;h}^{(\nu)}(\boldsymbol{\sigma}^{(\nu)})]
\end{aligned}
\tag{5.38}
$$

を得る. ここで Λ_{2L} 上のスピン配位を $\boldsymbol{\sigma} = (\boldsymbol{\sigma}^{(1)}, \ldots, \boldsymbol{\sigma}^{(2^d)})$ と分割して表わすと,

$$
\sum_{\boldsymbol{\sigma} \in \mathcal{S}_{2L}} = \sum_{\boldsymbol{\sigma}^{(1)} \in \mathcal{S}_L^{(1)}} \sum_{\boldsymbol{\sigma}^{(2)} \in \mathcal{S}_L^{(2)}} \cdots \sum_{\boldsymbol{\sigma}^{(2^d)} \in \mathcal{S}_L^{(2^d)}}
\tag{5.39}
$$

と書ける. ただし $\mathcal{S}_L^{(\nu)}$ は $\Lambda_L^{(\nu)}$ 上のスピン配位すべての集合. よって (5.38) 最右辺の和は,

$$
\begin{aligned}
\sum_{\boldsymbol{\sigma} \in \mathcal{S}_{2L}} \prod_{\nu=1}^{2^d} \exp[-\beta\, H_{L;h}^{(\nu)}(\boldsymbol{\sigma}^{(\nu)})] &= \prod_{\nu=1}^{2^d} \sum_{\boldsymbol{\sigma}^{(\nu)} \in \mathcal{S}_L^{(\nu)}} \exp[-\beta\, H_{L;h}^{(\nu)}(\boldsymbol{\sigma}^{(\nu)})] \\
&= \Big(\sum_{\boldsymbol{\sigma} \in \mathcal{S}_L} \exp[-\beta\, H_{L;h}(\boldsymbol{\sigma})]\Big)^{2^d} = \{Z_L^{\mathrm{F}}(\beta, h)\}^{2^d}
\end{aligned}
\tag{5.40}
$$

と書き換えられる. $H_{L;h}^{(\nu)}$ は $H_{L;h}$ の平行移動であることと, 分配関数の定義 (2.21) を用いた. (5.38) とあわせれば

$$
Z_{2L}^{\mathrm{F}}(\beta, h) \leq e^{|\beta|\, d\,(2L)^{d-1}} \{Z_L^{\mathrm{F}}(\beta, h)\}^{2^d}
\tag{5.41}
$$

が得られる. (5.38) の二行目に (5.37) から得られる $\Delta H_{2L}(\boldsymbol{\sigma}) \leq d\,(2L)^{d-1}$ を用いて同様に評価すると, 類似の逆向きの不等式が得られ, 結局,

$$
e^{-|\beta|\, d\,(2L)^{d-1}} \leq \frac{Z_{2L}^{\mathrm{F}}(\beta, h)}{\{Z_L^{\mathrm{F}}(\beta, h)\}^{2^d}} \leq e^{|\beta|\, d\,(2L)^{d-1}}
\tag{5.42}
$$

という評価ができる．全体の対数をとり，$-\beta(2L)^d$ で割り，自由エネルギーの定義 (2.22) を用いれば求める (5.29) が示される． ∎

次に，(5.30) のように一辺の長さを 2^n に限るのでなく，一般の L を許した場合の極限について考察する．これも実は簡単である．

5.19 [補題] 任意の $\beta > 0, h \in \mathbb{R}$ について $f_L^F(\beta, h)$ で $L \uparrow \infty$ とした極限は存在する．それは，当然 (5.30) の極限と一致する．つまり

$$\lim_{L \uparrow \infty} f_L^F(\beta, h) = f(\beta, h) \tag{5.43}$$

が成り立つ．

証明 一辺 $2^n L$ の（大きな）超立方格子を考え，これを，(a) 一辺 L の格子を $(2^n)^d$ 個つくる，(b) 一辺 2^n の立方体を L^d 個つくる，という二通りのやり方で分割する（図 5.3）．

補題 5.18 の証明と同様に，これらの分割に対応してハミルトニアンを分割し，それに応じた自由エネルギーの評価を行なう．論法はまったく同じなので以下異なる点だけを述べる．

それぞれの分割で「おつり」として現われるハミルトニアンを $\Delta H_a, \Delta H_b$ とする．これらについて，

$$|\Delta H_a| \leq d(2^n - 1)(2^n L)^{d-1} \tag{5.44}$$

$$|\Delta H_b| \leq d(L - 1)(2^n L)^{d-1} \tag{5.45}$$

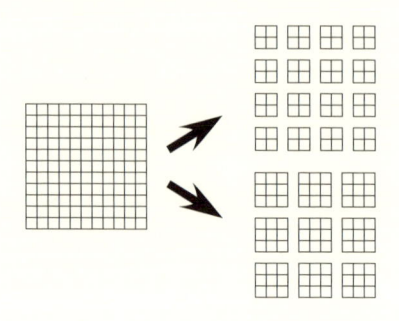

図 5.3 一辺 $2^n L$ の超立方格子を二通りに分割する．$n = 2, L = 3$ の例を示す．上が一辺 $L = 3$ の格子への分割．下が一辺 $2^n = 4$ の格子への分割．

が成り立つ．やはり切断に必要な $d-1$ 次元超平面の個数を数え，$|\sigma_x \sigma_y| \leq 1$ を用いればよい．

前と同様に，これらの分割と上下界を用いて自由エネルギーの差を評価すると，それぞれの分割から，

$$\left| f_{2^n L}^{\mathrm{F}}(\beta, h) - f_L^{\mathrm{F}}(\beta, h) \right| \leq \frac{d(2^n-1)(2^n L)^{d-1}}{(2^n L)^d} \leq \frac{d}{L} \tag{5.46}$$

$$\left| f_{2^n L}^{\mathrm{F}}(\beta, h) - f_{2^n}^{\mathrm{F}}(\beta, h) \right| \leq \frac{d(L-1)(2^n L)^{d-1}}{(2^n L)^d} \leq \frac{d}{2^n} \tag{5.47}$$

を得る．よって両者をあわせて

$$\left| f_L^{\mathrm{F}}(\beta, h) - f_{2^n}^{\mathrm{F}}(\beta, h) \right| \leq d\left(\frac{1}{L} + \frac{1}{2^n}\right) \tag{5.48}$$

という評価が得られる．ここで $n \uparrow \infty$ として (5.30) を使えば

$$\left| f_L^{\mathrm{F}}(\beta, h) - f(\beta, h) \right| \leq \frac{d}{L} \tag{5.49}$$

となるが，これは $L \uparrow \infty$ で $f_L^{\mathrm{F}}(\beta, h)$ が $f(\beta, h)$ に収束することを意味する．∎

2.2 周期的境界条件とプラス境界条件

残る周期的境界条件とプラス境界条件について，自由エネルギーの無限体積極限の存在に関する定理 5.1（74 ページ）を証明する．自由エネルギーは，体積に比例する量を体積で割って定義しているために境界条件は影響しないことをみればよい．

周期境界条件とプラス境界条件のハミルトニアン (2.25), (2.28) を，$|\sigma_x \sigma_y| \leq 1$ を使って評価すると，$|\tilde{H}_L^{\mathrm{P}}(\boldsymbol{\sigma})| \leq dL^{d-1}$, $|\tilde{H}_L^+(\boldsymbol{\sigma})| \leq 2dL^{d-1}$ だから，どちらも $|\tilde{H}_L^{\mathrm{BC}}(\boldsymbol{\sigma})| \leq 2dL^{d-1}$ を満たす．

$\mathrm{BC} = \mathrm{P}, +$ として，自由エネルギーの定義 (2.22) より

$$\begin{aligned}
-\beta L^d f_L^{\mathrm{BC}}(\beta, h) &= \log \sum_{\boldsymbol{\sigma} \in \mathcal{S}_L} \exp[-\beta H_{L;h}(\boldsymbol{\sigma}) - \beta \tilde{H}_L^{\mathrm{BC}}(\boldsymbol{\sigma})] \\
&\leq |\beta| 2dL^{d-1} + \log \sum_{\boldsymbol{\sigma} \in \mathcal{S}_L} \exp[-\beta H_{L;h}(\boldsymbol{\sigma})] \\
&= |\beta| 2dL^{d-1} - \beta L^d f_L^{\mathrm{F}}(\beta, h)
\end{aligned} \tag{5.50}$$

を得る．反対向きの同様の不等式とあわせて

$$\left| f_L^{\mathrm{BC}}(\beta,h) - f_L^{\mathrm{F}}(\beta,h) \right| \leq \frac{2d}{L} \tag{5.51}$$

となる．よって $L \uparrow \infty$ で $f_L^{\mathrm{BC}}(\beta,h)$ は $f_L^{\mathrm{F}}(\beta,h)$ と同じ極限に収束する．

3. 相関関数の無限体積極限

この節では，1.3 節で述べた相関関数の無限体積極限についてのいくつかの定理を証明する．

3.1 相関関数の不変性

相関関数の不変性についての命題 5.9（80 ページ）を証明する．

周期境界の場合と異なり，自由境界条件とプラス境界条件を課したとき，有限系の期待値は一般に不変性をもたない．不変性は無限体積極限においてのみ成立するので，その証明は自明ではない．証明には補題 5.5（78 ページ）に相当する単調性を用いる．

自由境界条件の有限系を考える．Λ_L を変換した格子 $T(\Lambda_L)$ 上に今までとまったく同様に定義した自由境界条件での期待値を $\langle \ldots \rangle_{L;\beta,h}^{\mathrm{F},T}$ と書く．$A \subset \Lambda_L$ なら，当然

$$\left\langle \sigma^A \right\rangle_{L;\beta,h}^{\mathrm{F}} = \left\langle \sigma^{T(A)} \right\rangle_{L;\beta,h}^{\mathrm{F},T} \tag{5.52}$$

が成り立つ．A と T を固定し，$L_0 < L_1 < L_2$ を

$$A \subset \Lambda_{L_0}, \quad T(\Lambda_{L_0}) \subset \Lambda_{L_1} \subset T(\Lambda_{L_2}) \tag{5.53}$$

が成り立つようにとる．格子の包含関係と強磁性的単調性（命題 4.12（61 ページ））から，(5.14) を示したのとまったく同様に

$$\left\langle \sigma^{T(A)} \right\rangle_{L_0;\beta,h}^{\mathrm{F},T} \leq \left\langle \sigma^{T(A)} \right\rangle_{L_1;\beta,h}^{\mathrm{F}} \leq \left\langle \sigma^{T(A)} \right\rangle_{L_2;\beta,h}^{\mathrm{F},T} \tag{5.54}$$

がいえる．(5.52) を使えば

$$\left\langle \sigma^A \right\rangle_{L_0;\beta,h}^{\mathrm{F}} \leq \left\langle \sigma^{T(A)} \right\rangle_{L_1;\beta,h}^{\mathrm{F}} \leq \left\langle \sigma^A \right\rangle_{L_2;\beta,h}^{\mathrm{F}} \tag{5.55}$$

となるから，$L_0 \uparrow \infty$ とすれば不変性 $\left\langle \sigma^A \right\rangle_{\beta,h}^{\mathrm{F}} = \left\langle \sigma^{T(A)} \right\rangle_{\beta,h}^{\mathrm{F}}$ が示される．プラス境界条件の場合は，不等式 (5.54) の向きが逆になるだけで，議論は同じである．

3.2 二点相関関数の単調減少性

二点相関関数の単調減少性についての定理 5.10（80 ページ）を示そう．まず，$x^{(1)} \geq 0$ と $x^{(2)}, \ldots, x^{(d)} \in \mathbb{Z}$ を任意に選び，$(x^{(1)}+1, x^{(2)}, \ldots, x^{(d)}) \in \Lambda_L$ となるように L をとる．Messager-Miracle-Solé 第一不等式 (4.14) で $A = \{(x^{(1)}+1, x^{(2)}, \ldots, x^{(d)})\}$, $B = \{(1, 0, \ldots, 0)\}$ とすると，$T_1(B) = \{(0, 0, \ldots, 0)\}$ なので，

$$\left\langle \sigma_{(x^{(1)}+1,x^{(2)},\ldots,x^{(d)})} \sigma_{(1,0,\ldots,0)} \right\rangle_{L;\beta,h}^{\mathrm{BC}} \geq \left\langle \sigma_{(x^{(1)}+1,x^{(2)},\ldots,x^{(d)})} \sigma_{(0,0,\ldots,0)} \right\rangle_{L;\beta,h}^{\mathrm{BC}} \tag{5.56}$$

となる．ここで $L \uparrow \infty$ とし，並進不変性 (5.19) を使うと，

$$\left\langle \sigma_o \sigma_{(x^{(1)},x^{(2)},\ldots,x^{(d)})} \right\rangle_{\beta,h}^{\mathrm{BC}} \geq \left\langle \sigma_o \sigma_{(x^{(1)}+1,x^{(2)},\ldots,x^{(d)})} \right\rangle_{\beta,h}^{\mathrm{BC}} \tag{5.57}$$

がいえる（$x^{(1)} \geq 0$ に注意）．同じ関係が他の座標軸についても成り立つこと，相関関数は各々の座標の符号の反転について不変であることを使えば，目標の単調性 (5.20) がいえる．

次に，$x^{(1)} \geq x^{(2)} \geq 1$ と $x^{(3)}, \ldots, x^{(d)} \in \mathbb{Z}$ を任意に選び，$(x^{(1)}+1, -x^{(2)}, \ldots, x^{(d)}) \in \Lambda_L$ となるように L をとる．Messager-Miracle-Solé 第二不等式 (4.16) で $A = \{(x^{(1)}+1, -x^{(2)}, \ldots, x^{(d)})\}$, $B = \{(1, 0, \ldots, 0)\}$ とすると，$T_2(B) = \{(0, -1, 0, \ldots, 0)\}$ なので，

$$\left\langle \sigma_{(x^{(1)}+1,-x^{(2)},\ldots,x^{(d)})} \sigma_{(1,0,\ldots,0)} \right\rangle_{L;\beta,h}^{\mathrm{BC}}$$
$$\geq \left\langle \sigma_{(x^{(1)}+1,-x^{(2)},\ldots,x^{(d)})} \sigma_{(0,-1,0,\ldots,0)} \right\rangle_{L;\beta,h}^{\mathrm{BC}} \tag{5.58}$$

となる．ここで $L \uparrow \infty$ とし，並進不変性 (5.19) と $x^{(2)}$ の符号を反転する変換についての不変性を使うと，

$$\left\langle \sigma_o \sigma_{(x^{(1)},x^{(2)},x^{(3)},\ldots,x^{(d)})} \right\rangle_{\beta,h}^{\mathrm{BC}} \geq \left\langle \sigma_o \sigma_{(x^{(1)}+1,x^{(2)}-1,x^{(3)},\ldots,x^{(d)})} \right\rangle_{\beta,h}^{\mathrm{BC}} \tag{5.59}$$

がいえる．これをくり返せば，任意の $x^{(1)} \geq x^{(2)} \geq 1$ について，

$$\left\langle \sigma_o \sigma_{(x^{(1)},x^{(2)},x^{(3)},\ldots,x^{(d)})} \right\rangle_{\beta,h}^{\mathrm{BC}} \geq \left\langle \sigma_o \sigma_{(x^{(1)}+x^{(2)},0,x^{(3)},\ldots,x^{(d)})} \right\rangle_{\beta,h}^{\mathrm{BC}} \tag{5.60}$$

がいえる．右辺では，左辺の第二成分がすべて第一成分に「おしつけられて」いることに注意．同じ関係は他の座標軸についても成り立つので，絶対値がもっとも大きい座標成分に他のすべての成分を「おしつければ」，単調性 (5.21) が示される．

3.3　無限系の相関関数の一意性

自由エネルギーの微分可能性と相関関数の無限体積極限の一意性を関連づける重要な定理 5.12 (81 ページ) を証明しよう．この定理は磁場 h が負の領域をも扱う．磁場が負になると，相関不等式としては FKG 不等式 (4.5) しか使えない．たとえば $|A| > 1$ のとき σ^A は σ_x について増加とも減少ともいえないので，$g(\boldsymbol{\sigma}) = \sigma^A$ として FKG 不等式を使えるのは $|A| = 1$ の場合のみであることを注意しておく．

この証明では境界のハミルトニアン

$$\tilde{H}_L^-(\boldsymbol{\sigma}) = \sum_{\substack{x \in \Lambda_L,\, y \in \bar{\partial}\Lambda_L \\ |x-y|=1}} \sigma_x \tag{5.61}$$

で定義されるマイナス境界条件を用いる（プラス境界のハミルトニアン (2.28) を参照）．対応する期待値を $\langle \cdots \rangle_{L;\beta,h}^-$ と書く．

任意の $\beta > 0,\, h \in \mathbb{R}$ について，FKG 不等式から来る強磁性的単調性（命題 4.13 (62 ページ)）より，任意の $x \in \Lambda_L$ について

$$\langle \sigma_x \rangle_{L;\beta,h}^- \le \langle \sigma_x \rangle_{L;\beta,h}^{\mathrm{F}} \le \langle \sigma_x \rangle_{L;\beta,h}^+ \tag{5.62}$$

が成立する．また，補題 5.5 (78 ページ) を示したのと同じ論法で強磁性的単調性（命題 4.13 (62 ページ)）を用いることで，$\langle \sigma_x \rangle_{L;\beta,h}^+$ は L について広義減少とわかる[11]．同様に，$\langle \sigma_x \rangle_{L;\beta,h}^-$ は L について広義増加．よって極限 $\langle \sigma_x \rangle_{\beta,h}^{\pm} = \lim_{L\uparrow\infty} \langle \sigma_x \rangle_{\beta,h}^{\pm,L}$ は存在する．さらに任意の $x,y \in \mathbb{Z}^d$ について $\langle \sigma_x \rangle_{\beta,h}^{\pm} = \langle \sigma_y \rangle_{\beta,h}^{\pm}$ という並進不変性も，3.1 節の議論を強磁性的単調性（命題 4.13 (62 ページ)）を使って書き直せば証明される．

ある β, h において $f(\beta, h)$ が h について微分可能とする（定理での β_0, h_0 を β, h と書いた）．(5.3) より

$$\lim_{L\uparrow\infty} \frac{1}{L^d} \sum_{y \in \Lambda_L} \langle \sigma_y \rangle_{L;\beta,h}^- = -\frac{\partial}{\partial h} f(\beta, h) = \lim_{L\uparrow\infty} \frac{1}{L^d} \sum_{y \in \Lambda_L} \langle \sigma_y \rangle_{L;\beta,h}^+ \tag{5.63}$$

である．単調性と並進不変性から任意の L について

$$\frac{1}{L^d} \sum_{y \in \Lambda_L} \langle \sigma_y \rangle_{L;\beta,h}^+ \ge \frac{1}{L^d} \sum_{y \in \Lambda_L} \langle \sigma_y \rangle_{\beta,h}^+ = \langle \sigma_x \rangle_{\beta,h}^+ \tag{5.64}$$

---

[11] $h < 0$ では補題 5.5 (78 ページ) は使えないことに注意．

がいえる．ここで最右辺の $x \in \mathbb{Z}^d$ は任意．同様に

$$\frac{1}{L^d} \sum_{y \in \Lambda_L} \langle \sigma_y \rangle^-_{L;\beta,h} \leq \langle \sigma_x \rangle^-_{\beta,h} \tag{5.65}$$

もいえる．ここで $L \uparrow \infty$ として (5.63) に (5.64) と (5.65) を代入すれば，

$$\langle \sigma_x \rangle^+_{\beta,h} \leq -\frac{\partial}{\partial h} f(\beta, h) \leq \langle \sigma_x \rangle^-_{\beta,h} \tag{5.66}$$

となる．しかし (5.62) より明らかに $\langle \sigma_x \rangle^+_{\beta,h} \geq \langle \sigma_x \rangle^{\mathrm{F}}_{\beta,h} \geq \langle \sigma_x \rangle^-_{\beta,h}$ だから，

$$\langle \sigma_x \rangle^+_{\beta,h} = \langle \sigma_x \rangle^{\mathrm{F}}_{\beta,h} = \langle \sigma_x \rangle^-_{\beta,h} \tag{5.67}$$

が成り立つ．こうして一つのスピンの期待値については，プラス境界条件，自由境界条件，マイナス境界条件の無限体積極限が一致することが示された．

FKG 不等式 (4.5) を用いて，これをもとに一般の相関関数の一意性を示す．議論の見通しをよくするために

$$\rho_x = \frac{\sigma_x + 1}{2} \in \{0, 1\} \tag{5.68}$$

という変数を導入し，有限な $A \subset \mathbb{Z}^d$ について $\rho^A = \prod_{x \in A} \rho_x$ と書く．ρ^A は $(\sigma^A$ とは違って) 各々の σ_x について広義増加．また $(\sum_{x \in A} \rho_x) - \rho^A$ も，$\rho_x(1 - \rho^{A \setminus \{x\}}) + \sum_{y \in A \setminus \{x\}} \rho_y$ と書き直すとわかるように，各々の σ_x について広義増加．よって FKG 不等式から来る強磁性的単調性 (命題 4.13 (62 ページ)) により

$$\left\langle \left(\sum_{x \in A} \rho_x \right) - \rho^A \right\rangle^{\mathrm{F}}_{L;\beta,h} \leq \left\langle \left(\sum_{x \in A} \rho_x \right) - \rho^A \right\rangle^+_{L;\beta,h} \tag{5.69}$$

がいえる．この不等式を展開して整理すれば

$$\begin{aligned}\langle \rho^A \rangle^+_{L;\beta,h} - \langle \rho^A \rangle^{\mathrm{F}}_{L;\beta,h} &\leq \sum_{x \in A} \{ \langle \rho_x \rangle^+_{L;\beta,h} - \langle \rho_x \rangle^{\mathrm{F}}_{L;\beta,h} \} \\ &= \frac{1}{2} \sum_{x \in A} \{ \langle \sigma_x \rangle^+_{L;\beta,h} - \langle \sigma_x \rangle^{\mathrm{F}}_{L;\beta,h} \}\end{aligned} \tag{5.70}$$

を得る．さらに，FKG 不等式から最左辺の量について $0 \leq \langle \rho^A \rangle^+_{L;\beta,h} - \langle \rho^A \rangle^{\mathrm{F}}_{L;\beta,h}$ となる．よって，$L \uparrow \infty$ として (5.67) を使えば $\langle \rho^A \rangle^+_{\beta,h} = \langle \rho^A \rangle^{\mathrm{F}}_{\beta,h}$ を得る．これがすべての A について成り立つのだから，$\langle \sigma^A \rangle^+_{\beta,h} = \langle \sigma^A \rangle^{\mathrm{F}}_{\beta,h}$ も成立．

最後は周期境界条件の系だが，これは簡単である．h についての明確な偶奇性（補題 4.18 (66 ページ)）があるので，$h \geq 0$ の場合のみを扱えば十分である．しかし，その場合には Griffiths 第二不等式 (4.4) から周期境界条件の期待値は自由境界とプラス境界の期待値で (4.33)（補題 4.20 (66 ページ)）のように上下からはさまれているので，当然 $\langle \sigma^A \rangle^{\mathrm{P}}_{\beta,h}$ も同じ極限をもつ．

ここでは必要ないが，マイナス境界条件についてもみておこう（後に 11 章 1.3 節でこの結果を用いる）．(5.69) と (5.70) の関係は，自由境界条件 F をすべてマイナス境界条件 − に置き換えても（不等号の向きも含めて）そのまま成立する．すると (5.67) より，上と同様にして，極限 $\langle \rho^A \rangle^{-}_{\beta,h}$ と $\langle \rho^A \rangle^{+}_{\beta,h}$ が等しいこと，よって，$\langle \sigma^A \rangle^{-}_{\beta,h}$ と $\langle \sigma^A \rangle^{+}_{\beta,h}$ が等しいことがわかる．

極限 $\langle \sigma^A \rangle_{\beta,h}$ の β, h についての連続性は，$\langle \sigma^A \rangle^{+}_{\beta,h}$ が右連続，$\langle \sigma^A \rangle^{\mathrm{F}}_{\beta,h}$ が左連続であり（命題 5.6 (78 ページ)），かつこれらが等しいことからすぐに出る．

4. Lee-Yang の定理の証明

最後に，無限体積における Lee-Yang の定理（定理 5.3 (75 ページ)）と定理 5.17 (83 ページ) を証明しよう．

定理 5.3 の証明 自由境界条件と周期境界条件の Re $h > 0$ の場合のみを詳しく考察する．自由境界条件と周期境界条件の Re $h < 0$ の場合は，補題 4.15 (64 ページ) と補題 4.18 (66 ページ) で述べた h に関する偶性を用いて Re $h > 0$ の場合に帰着できる．また，プラス境界条件は有限系の場合の証明（4 章 3.1 節）と同じく，格子点に依存する磁場をもった自由境界条件の系とみなすことで証明できる．

以下，$\beta > 0$ と（自由または周期）境界条件を固定する．無限体積極限が境界条件によらないことは最後にわかる．

$1°$. 有限系での Lee-Yang の定理（定理 4.21 (67 ページ)）の証明を思い出すと（この証明にあうように少し記号を変えて），

$$Z_L(\beta, h) = e^{\beta h |\Lambda_L|} Y_L(e^{-2\beta h}) \tag{5.71}$$

$$Y_L(z) = \sum_{\sigma} \exp\Big(\beta \sum_{\{x,y\} \in \mathcal{B}} \sigma_x \sigma_y\Big) \prod_{x \in \Lambda_L} (z_x)^{(1-\sigma_x)/2} \Big|_{z_x = z} \tag{5.72}$$

であった（Y_L は β にも依存するが，β は固定しているのでその依存性は書いていない）．ここで自由境界条件では $\mathcal{B} = \mathcal{B}_L$，周期境界条件では $\mathcal{B} = \mathcal{B}_L \cup \partial \mathcal{B}$ で

ある．われわれは $L^{-d}\log Z_L = \beta h + L^{-d}\log Y_L$ の $L\uparrow\infty$ 極限を考えたいのだが，log をとった極限は扱いにくい．そこでその前段階として

$$\mathsf{y}_L(z) := \left(Y_L(z)\right)^{L^{-d}}\Big|_{z=e^{-2\beta h}} \tag{5.73}$$

の $L\uparrow\infty$ 極限 $\mathsf{y}(z)$ を考え，最後に log をとる．

2°．まず，$|z|<1$ では極限 $\mathsf{y}(z) := \lim_{L\uparrow\infty}\mathsf{y}_L(z)$ が存在して，$z = e^{-2\beta h}$ の解析関数であることを示そう．証明には Vitali の収束定理（付録の定理 F.12（379 ページ）参照）を用いるので，その条件をこれからチェックする．

- $\mathsf{y}_L(z)$ は $|z|<1$ $(\mathrm{Re}\,h>0)$ では一様に有界である．実際，$\beta>0$ かつ $\mathrm{Re}\,h>0$ の場合，$Y_L(z)$ の定義式において指数関数の肩は $\beta|\mathcal{B}|\leq dL^d\beta$ 以下である．したがって，

$$|Y_L(z)| \leq 2^{L^d}\exp(\beta|\mathcal{B}|) \leq 2^{L^d}\exp(dL^d\beta) \tag{5.74}$$

および (F.21) から

$$|\mathsf{y}_L(z)| \leq 2\,e^{d\beta} \tag{5.75}$$

が成り立つ．

- $\mathsf{y}_L(z)$ も $z=e^{-2\beta h}$ の正則関数である．実際，有限和で定義された $Y_L(z)$ は z の多項式であって，当然，正則関数である．次に，Lee-Yang の定理からこれは $|z|<1$ ではゼロではない．したがって，L^{-d} 乗で定義された $\mathsf{y}_L(z)$ も z の正則関数である[12]．

- $|z|<1$ 内に集積点をもつ集合 $E=[0,1]$ 上で $\lim_{L\uparrow\infty}\mathsf{y}_L(z)$ が存在する．実際，定理 5.1（74 ページ）の結果によれば，実軸上の区間 $[0,1]$ では，$\mathsf{y}_L(z)$ の $L\uparrow\infty$ での収束が保証されている．区間 $[0,1]$ はもちろん，$|z|<1$ 内に集積点をもつ集合である．

したがって，Vitali の収束定理から，$|z|<1$ では $\mathsf{y}_L(z)$ は $L\uparrow\infty$ で広義一様収束することがわかる．この極限 $\mathsf{y}(z)$ は正則関数の広義一様収束極限だから，Weierstraß の定理（定理 F.10（379 ページ））により，$\mathsf{y}(z)$ は $|z|<1$ では z の正則関数である．

3°．さて，Lee-Yang の定理（というより，その証明の途中で使ったこと）により，$|z|\neq 1$ ならば $Y_L(z)$ も $\mathsf{y}_L(z)$ も，ともにゼロではないことがわかっている．

---

[12] べき乗関数の定義については付録 F の 5 節も参照．

したがって，Hurwitz の定理（定理 F.11（379 ページ））から $\mathsf{y}_L(z)$ の広義一様収束極限である $\mathsf{y}(z)$ は，$|z| < 1$ の範囲にはゼロ点をもたない．

4°．y は $|z| < 1$ で正則，かつゼロ点をもたないので，この領域で $\log \mathsf{y}$ も正則関数として定義できる．したがって，$\beta \neq 0$ である限り自由エネルギー $f := -h - (\log \mathsf{y})/\beta$ も $z = e^{-2\beta h}$ の正則関数であり，h の正則関数でもある．なお，log は連続関数だから，

$$\lim_{L \uparrow \infty} \log \mathsf{y}_L(z) = \log\bigl(\lim_{L \uparrow \infty} \mathsf{y}_L(z) \bigr) = \log \mathsf{y}(\beta, h) \tag{5.76}$$

が成り立つ．つまり，上で定義した $f(\beta, h)$ は確かに $f_L(\beta, h)$ の $L \uparrow \infty$ 極限になっている．

5°．最後に，異なる境界条件の自由エネルギーが等しいことを示す．定理 5.1（74 ページ）の結果によれば，h が実数の場合は $\mathsf{y}(e^{-2\beta h})$ と $f(\beta, h)$ は境界条件によらないで一意に定まっている．これは考えている二つの境界条件に対する自由エネルギーが h の実軸上で一致していることを意味する．正則関数の一致の定理から，これらの境界条件に対する自由エネルギーは，Re $h > 0$ で一致する． ∎

定理 5.17 の証明 付録の定理 E.1（358 ページ）で，この定理の主張を有限体積の系について示す．ここでは，その結果を無限体積に適用する．

定理 E.1 によって，有限体積では $|z| < 1$ の領域で相関関数は z の正則関数であり，連結相関関数の L についての一様有界性も示される．さらに，$0 < z < 1$（つまり磁場が正）の線分上では相関関数の無限体積極限が一意に存在することは系 5.14 で示した．したがって，上の定理 5.3 の証明と同様に，Vitali の収束定理が使え，$|z| < 1$ では無限体積極限が存在し，それは z の正則関数であると結論できる．

連結相関関数の減衰については (E.2) の不等式の $L \uparrow \infty$ の極限からすぐに出る． ∎

文献について

1.1 節でみた自由エネルギーの無限体積極限の存在は，まず Lee-Yang の定理の帰結として Lee, Yang [134] によって証明された．ここでの証明は Griffiths [100] によった．

1.3 節のように強磁性的単調性を利用して相関関数の無限体積極限の存在を証明する論法は Griffiths [98] による．

無限体積極限の一意性は，Ruelle [156] が $h \neq 0$ の場合，あるいは β が十分小さい場合に証明した．ここで取り上げた重要な定理 5.12（81 ページ）（および紹介した証明）は Lebowitz, Martin-Löf [132] による．系 5.14（82 ページ）に関連して，$h \neq 0$ なら $f(\beta, h)$ が微分可能であることを Preston [155] は Lee-Yang の定理を用いず GHS 不等式から導出している．定理 5.17（83 ページ）は Lebowitz, Penrose [133] による．

6

高温相

　この章では，Ising 模型の高温相（定義 6.2 を見よ）の性質を詳しく調べる．β は温度の逆数だから，β が小さい領域を問題にすることになる．まず，β が十分に小さいことを利用して系の性質を調べる「摂動的」な方法で，十分高温では相関関数が指数的に減衰することをみる．次に，転移点に近くても高温相でありさえすれば適用できる「非摂動的」な方法で，相関関数の減衰は高温相の普遍的な性質であることをみる．さらに，高温相では，相関関数の無限体積極限が境界条件に依存しないことも示す．

　この章では，$h = 0$ の場合のみを扱う．既に注意したように，磁場がゼロの期待値を表わすために，$\langle \cdots \rangle_{L;\beta,0}^{\mathrm{BC}}$ の代わりに磁場変数 h を省略した $\langle \cdots \rangle_{L;\beta}^{\mathrm{BC}}$ という書き方を使う．

　ここでも，1 節で主な結果を述べ，証明は 2, 3 節で詳しく述べる．

1. 高温相での厳密な結果

　まず，高温相で厳密に証明できる結果をまとめ，証明は後の節で与える．これらは，大きく，摂動的な結果と非摂動的な結果に分けられる．

1.1　摂動的な上界

　まず，温度が十分に高い，つまり，β が十分に小さいことを利用する摂動的方法による結果を述べる．高温での系のふるまいの特徴づけの出発点になるのは，二点相関関数についての次のような上界である．

6.1 [定理]　$0 \leq \beta < \mathrm{arctanh}\{1/(2d-1)\}$ を満たす任意の β について，$0 \leq \tilde{\xi}(\beta) < \infty, 0 \leq \tilde{C}(\beta) < \infty$ を満たす $\tilde{\xi}(\beta), \tilde{C}(\beta)$ が存在し，任意の L と $x, y \in \Lambda_L$ について，$h = 0$ での二点相関関数は，

1. 高温相での厳密な結果　　99

$$\langle \sigma_x \sigma_y \rangle^{\mathrm{F}}_{L;\beta} \leq \tilde{C}(\beta) \exp\left(-\frac{\|x-y\|_1}{\tilde{\xi}(\beta)}\right) \tag{6.1}$$

$$\langle \sigma_x \sigma_y \rangle^{\mathrm{P}}_{L;\beta} \leq \tilde{C}(\beta) \exp\left(-\frac{\|x-y\|_1^{\mathrm{P}}}{\tilde{\xi}(\beta)}\right) \tag{6.2}$$

を満たす.

この定理は，2節で，ランダムループ展開の方法を用いて証明する.

無限体積の極限の二点相関関数にも (6.1) と同じ上界があてはまる.

こうして 1 次元のモデル (3.23) や Gaussian 模型 (3.72) でみた二点相関関数の指数的な減衰が，一般の次元の Ising 模型においてもみられることがわかった．指数的な減衰は，系が磁石としての秩序をもたない「常磁性状態」にあることを意味している．常磁性状態とは，大ざっぱに言えば，ある程度より遠く離れたスピンが互いにバラバラにゆらいでいるような状態である.

定理 6.1 は最良の上界ではない．$d \geq 2$ では，二点相関関数が指数的減衰をみせる β の範囲は $0 \leq \beta < \mathrm{arctanh}\{1/(2d-1)\}$ より広いことがわかっている．さらに $\tilde{\xi}(\beta)$, $\tilde{C}(\beta)$ も最良の値にはなっていない．それでもこの上界が重要な意味をもつのは，これによって常磁性状態が存在することがはっきりとわかるからである.

1.2 非摂動的な特徴づけ

高温相（あるいは，常磁性相）を一般的に特徴づける結果を述べよう.

まず転移点を定義するための準備をする．周期境界条件の有限系での磁化率は (2.38),(2.39) により，

$$\chi^{\mathrm{P}}_L(\beta) = -\frac{\partial^2}{\partial h^2} f^{\mathrm{P}}_L(\beta,h)\bigg|_{h=0} = \beta \sum_{x \in \Lambda_L} \langle \sigma_o \sigma_x \rangle^{\mathrm{P}}_{L;\beta} \tag{6.3}$$

である．ここで，$o=(0,\ldots,0)$ は格子の原点であり，並進不変性 $\langle \sigma_u \sigma_v \rangle^{\mathrm{P}}_{L;\beta} = \langle \sigma_o \sigma_{u-v} \rangle^{\mathrm{P}}_{L;\beta}$ を用いて (2.39) の表式を書き直した．高温相を特徴づけるための指標として

$$\chi^{\mathrm{P}}(\beta) = \limsup_{L \uparrow \infty} \chi^{\mathrm{P}}_L(\beta) \tag{6.4}$$

という量を導入する．極限が存在しない可能性を想定して上極限を用いた[1]．$\chi^{\mathrm{P}}(\beta)$ は，直感的には無限系の磁化率と思えるが，自由エネルギーの微分 (5.11) で定義し

---

[1] $\chi^{\mathrm{P}}(\beta) < \infty$ ならば極限 $\lim_{L \uparrow \infty} \chi^{\mathrm{P}}_L(\beta)$ が存在する（そして，もちろん $\chi^{\mathrm{P}}(\beta)$ と一致する）ことを定理 6.7（103 ページ）で示す.

た本来の磁化率 $\chi(\beta)$ とは微妙に定義が異なっている．高温相では $\chi^{\mathrm{P}}(\beta)$ と $\chi(\beta)$ が一致することを定理 6.7（103 ページ）でみる．一方，低温相では，$\chi^{\mathrm{P}}(\beta)$ と磁化率 (3.83) とはまったく別の量と考えるべきだ．すぐ後の注 6.8（103 ページ）を見よ．

$\chi^{\mathrm{P}}(\beta)$ が有限ということは，二点相関関数 $\langle \sigma_o \sigma_x \rangle_{L;\beta}^{\mathrm{P}}$ が $|x|$ が大きくなるとき減衰することを意味している．そこで，転移点と高温相を以下のように定義しよう．

6.2 [定義] (転移点（高温側）) 転移点 β_{c} を

$$\beta_{\mathrm{c}} := \sup\{\beta \,|\, \chi^{\mathrm{P}}(\beta) < \infty\} \tag{6.5}$$

と定義する．$\beta \in (0, \beta_{\mathrm{c}})$, $h = 0$ の領域を**高温相**と呼ぶ．

二点相関関数の上界 (6.2) を用いると，$\beta < \operatorname{arctanh}\{1/(2d-1)\}$ では，

$$\chi^{\mathrm{P}}(\beta) \leq \sum_{x \in \mathbb{Z}^d} \beta \tilde{C}(\beta) \exp\left(-\frac{\|x\|_1}{\tilde{\xi}(\beta)}\right) \leq \sum_{x \in \mathbb{Z}^d} \beta \tilde{C}(\beta) \exp\left(-\frac{\|x\|_\infty}{\tilde{\xi}(\beta)}\right)$$
$$= \beta \tilde{C}(\beta) \sum_{\ell=0}^{\infty} \{(2\ell+2)^d - (2\ell)^d\} \exp\left(-\frac{\ell}{\tilde{\xi}(\beta)}\right) < \infty \tag{6.6}$$

であることがわかる．ただし $\|x\|_\infty = \ell$ を満たす格子点の総数が $(2\ell+2)^d - (2\ell)^d$ であることを用いた．これより

$$\beta_{\mathrm{c}} \geq \operatorname{arctanh}\{1/(2d-1)\} \tag{6.7}$$

という転移点の下界が得られる．特に $d = 1$ では $\beta_{\mathrm{c}} = \infty$ であることがわかる．これは，もちろん，3 章 2.2 節で具体的な計算を通して見たことである．それ以外の $d \geq 2$ では $\beta_{\mathrm{c}} < \infty$ であることを 7 章 1.1 節で示す．

以下では，$\beta < \beta_{\mathrm{c}}$ つまり $\chi^{\mathrm{P}}(\beta) < \infty$ という条件から導かれる結果の一部を列挙する．これらの結果の証明は後の節で与える．

まず高温相では必ず二点相関関数の指数的減衰がみられるという強い結果がある．この結果は，この後に続く諸結果の証明の基盤になる．

6.3 [定理] $\beta < \beta_{\mathrm{c}}$, $h = 0$ とする．有限の $\bar{L}(\beta)$, $\bar{C}(\beta)$, $\bar{\xi}(\beta)$ が存在し，

$$\langle \sigma_x \sigma_y \rangle_{L;\beta}^{\mathrm{F}} \leq \bar{C}(\beta) \exp\left(-\frac{\|x-y\|_\infty}{\bar{\xi}(\beta)}\right) \tag{6.8}$$

$$\langle \sigma_x \sigma_y \rangle_{L;\beta}^{\mathrm{P}} \leq \bar{C}(\beta) \exp\left(-\frac{\|x-y\|_\infty^{\mathrm{P}}}{\bar{\xi}(\beta)}\right) \tag{6.9}$$

が任意の $L \geq \bar{L}(\beta)$ と $x, y \in \Lambda_L$ について成り立つ.

この定理は 3.1 節で証明する.

また高温相では自発磁化はゼロのはずなので,次の定理は当然期待される.

6.4 [定理] $\beta < \beta_\mathrm{c}$ であれば,無限系の自由エネルギー $f(\beta, h)$ は $h = 0$ において h について微分可能であり,

$$\left.\frac{\partial}{\partial h} f(\beta, h)\right|_{h=0} = 0 \tag{6.10}$$

が成り立つ.自発磁化 $m_\mathrm{s}(\beta)$ の定義 (5.10) より,$m_\mathrm{s}(\beta) = 0$ である.系 5.14 (82 ページ) と合わせれば,$\beta < \beta_\mathrm{c}$ を満たす任意の β について,$m(\beta, h)$ が $h \in \mathbb{R}$ の連続関数とわかる.

この定理は 3.3 節で証明する.

この定理のもつ意味は大きい.特に定理 5.12 (81 ページ) の条件が満たされることから,次がいえる (系 5.14 (82 ページ) の結果も併せて書いた).

6.5 [系] $\beta < \beta_\mathrm{c}$ または $h \neq 0$ では,自由境界条件,周期的境界条件,プラス境界条件での期待値 $\langle \sigma^A \rangle_{\beta,h}^{\mathrm{BC}}$ の無限体積極限は一致する.また,これらの期待値は β, h それぞれの連続関数である.

これによって,$\beta < \beta_\mathrm{c}$, $h = 0$ の範囲を扱う限り,もはや無限系の期待値で境界条件を特定する必要はなくなった.以下,高温相の解析を進めていく際には,この一意的な無限系の期待値を $\langle \cdots \rangle_\beta$ と表記することにしよう.期待値 $\langle \cdots \rangle_\beta$ には自由境界や周期境界の期待値の対称性が踏襲されるから,直ちに,任意の $x \in \mathbb{Z}^d$ について

$$\langle \sigma_x \rangle_\beta = 0 \tag{6.11}$$

がいえる.自発磁化がゼロということの別の表現である.

ここで,**相関距離**(correlation length) $\xi(\beta)$ という重要な物理量を導入しよう.直観的にいうと,相関距離とは,スピンどうしが「互いに強くそろいあっている」

ような特徴的な距離である．より正確には，以下のように二点相関関数の指数的減衰の度合いから定める．相関距離は熱力学には登場しない概念であり，自由エネルギー $f(\beta, h)$ から求めることはできない．しかし，磁性体では中性子散乱実験などで実測できる現実的な量である．

6.6 [定理] (相関距離の定義と基本的な性質)　　$\beta < \beta_c, h = 0$ とする．以下の極限が存在するので，それによって相関距離 $\xi(\beta)$ を定義する．

$$\frac{1}{\xi(\beta)} := -\lim_{r\uparrow\infty} \frac{\log \langle \sigma_o \sigma_{(r,0,\ldots,0)} \rangle_\beta}{r} \tag{6.12}$$

このとき，$0 < \xi(\beta) < \infty$ であり，

$$\langle \sigma_x \sigma_y \rangle_\beta \leq \exp\left(-\frac{\|x-y\|_\infty}{\xi(\beta)}\right) \tag{6.13}$$

が任意の $x, y \in \mathbb{Z}^d$ について成り立つ．また任意の有限な $A, B \subset \mathbb{Z}^d$ について $\mathrm{dist}(A, B) = \min\{\|x-y\|_\infty \mid x \in A, y \in B\}$ とすれば，

$$\langle \sigma^A; \sigma^B \rangle_\beta \leq |A||B| \exp\left(-\frac{\mathrm{dist}(A,B)}{\xi(\beta)}\right) \tag{6.14}$$

が成り立つ（$|A|$ は A に含まれる格子点の個数を表わす）．

この定理は 3.2 節で証明する．

　このように，相関距離は相関関数の指数的減衰を一般的に特徴づける．

　高温相では，磁化率がきちんと定義されていること，また磁化率の複数の定義が一致することも証明できる．(5.11) では，磁化 $m(\beta, h)$ が $h = 0$ で微分可能だと仮定して，無限系の磁化率を $\chi(\beta) = \partial m(\beta, h)/\partial h|_{h=0}$ と定義した．われわれは，また，(6.4) で別の磁化率 $\chi^\mathrm{P}(\beta)$ を定義した．さらに，(2.39) の表現にヒントを得て，

$$\tilde{\chi}(\beta) := \beta \sum_{x \in \mathbb{Z}^d} \langle \sigma_o \sigma_x \rangle_\beta \tag{6.15}$$

というもう一つの磁化率も定義しておこう．$\langle \sigma_o \sigma_x \rangle_\beta$ は（一意的な）無限体積極限での相関関数であり，無限の格子点についての和を $\sum_{x \in \mathbb{Z}^d} \langle \sigma_o \sigma_x \rangle_\beta :=$ $\lim_{L\uparrow\infty} \sum_{x \in \Lambda_L} \langle \sigma_o \sigma_x \rangle_\beta$ と定義した．和の各項がゼロ以上であることと上界 (6.13)

から，$\beta < \beta_c$ では，この極限は存在し有限である（上界 (6.18) を参照）．これから先の議論で，定義 (6.15) が便利になる局面も多い．

以下のように，これらの定義は高温相では一致する．

6.7 [定理] $\beta < \beta_c$ では $m(\beta, h)$ は $h = 0$ で h について微分可能であり，さらに，

$$\chi(\beta) = \tilde{\chi}(\beta) = \chi^{\mathrm{P}}(\beta) \tag{6.16}$$

が成り立つ．また，(6.4) において（単に上極限ではなく）極限 $\chi^{\mathrm{P}}(\beta) = \lim_{L\uparrow\infty} \chi^{\mathrm{P}}_L(\beta)$ が存在する．

この定理は 3.4 節で証明する．

6.8 [注意] 等式 (6.16) は，低温相では成り立たない．低温では二点相関関数 $\langle \sigma_o \sigma_x \rangle_\beta$ は $|x|$ が大きくなっても減衰しない（7 章 1.2 節）ため $\tilde{\chi}(\beta) = \chi^{\mathrm{P}}(\beta) = \infty$ となる．一方，(3.83) で定義される磁化率 $\chi(\beta)$ は有限だと信じられている[2]．

磁化率の新しい表式 (6.15) の応用として，磁化率と相関距離のあいだの簡単な不等式を示しておこう．$d\|x\|_\infty \geq \sum_{i=1}^{d} |x_i|$ に注意すれば，(6.13) より

$$\langle \sigma_o \sigma_x \rangle_\beta \leq \prod_{i=1}^{d} \exp\left(-\frac{|x_i|}{d\,\xi(\beta)}\right) \tag{6.17}$$

がいえる．この上界と (6.16) と (6.15) を使えば，

$$\chi(\beta) \leq \beta \sum_{x \in \mathbb{Z}^d} \prod_{i=1}^{d} \exp\left(-\frac{|x_i|}{d\,\xi(\beta)}\right) = \beta \left\{ \sum_{r \in \mathbb{Z}} \exp\left(-\frac{|r|}{d\,\xi(\beta)}\right) \right\}^d$$
$$\leq \beta\, 2^d \left(1 - e^{-1/\{d\,\xi(\beta)\}}\right)^{-d} \tag{6.18}$$

という不等式が得られる．ただし，これは定量的にはあまりよい評価ではない[3]．

無限系での内部エネルギー (5.12) と比熱 (5.13) についても，高温相では，磁化率の (6.15) と同様の表式がある．

---

[2] 実際，$d \geq 2$ で β が十分に大きければ，クラスター展開などの手法を用いて，$\chi(\beta) < \infty$ を証明することもできるが，本書では扱わない．

[3] よりよい評価としては $\chi(\beta) \leq C\xi(\beta)^2$ の形のものがある．命題 10.2（165 ページ）参照．

6.9 [命題]　$\beta < \beta_c, h = 0$ では,

$$U(\beta, 0) := \frac{\partial}{\partial \beta}\{\beta f(\beta, 0)\} = -\frac{1}{2} \sum_{\substack{x \in \mathbb{Z}^d \\ (|x|=1)}} \langle \sigma_o \sigma_x \rangle_\beta \tag{6.19}$$

$$C(\beta, 0) := \frac{\partial}{\partial(\beta^{-1})} U(\beta, 0) = \frac{\beta^2}{4} \sum_{\substack{x \in \mathbb{Z}^d \\ (|x|=1)}} \sum_{\substack{u,v \in \mathbb{Z}^d \\ (|u-v|=1)}} \langle \sigma_o \sigma_x ; \sigma_u \sigma_v \rangle_\beta \tag{6.20}$$

が成り立つ（微分が存在し右辺の無限和が収束する）．同じ条件で非線型磁化率を定義する無限和 (3.88) も収束する．

この命題は 3.4 節で証明する．

2. ランダムループ展開

この節では，高温相を摂動的に特徴づける定理 6.1（98 ページ）を証明する．このような最良ではない相関関数の上界を証明する方法は数多くあるが，ここでは，分配関数や相関関数を図形についての和として表わすランダムループ展開の方法を用いる．これは，Ising 模型での相関がどうやって生まれるかについての描像を与えてくれるという意味で面白い論法になっている．また，付録 A で用いるランダムカレント表示という，より洗練された確率幾何的な表現に慣れるための素材としても意味があるだろう．

ランダムループ展開の応用として，1 次元 Ising 模型の相関関数の簡単な計算法にも触れよう．

2.1　分配関数と相関関数の表現

分配関数のランダムループ展開から始める．有限の格子 Λ_L 上の自由および周期的境界条件の系を扱う．もちろん $h = 0$ である．

まず，$\sigma_x \sigma_y = \pm 1$ であることから，

$$\exp[\beta \sigma_x \sigma_y] = (\cosh \beta)(1 + \sigma_x \sigma_y \tanh \beta) \tag{6.21}$$

が成り立つ（$\sigma_x \sigma_y = \pm 1$ について両辺が等しいことをチェックすればいい）．自由境界での分配関数の定義 (2.21) に (6.21) を代入すると，

$$Z_L^{\mathrm{F}}(\beta,0) = \sum_{\boldsymbol{\sigma}\in\mathcal{S}_L} \prod_{\{x,y\}\in\mathcal{B}_L} \exp[\beta\sigma_x\sigma_y]$$
$$= (\cosh\beta)^{|\mathcal{B}_L|} \sum_{\boldsymbol{\sigma}\in\mathcal{S}_L} \prod_{\{x,y\}\in\mathcal{B}_L} (1 + \sigma_x\sigma_y \tanh\beta)$$

であり,積を形式的に展開すれば

$$= (\cosh\beta)^{|\mathcal{B}_L|} \sum_{\boldsymbol{\sigma}\in\mathcal{S}_L} \sum_{B\subset\mathcal{B}_L} (\tanh\beta)^{|B|} \prod_{\{x,y\}\in B} \sigma_x\sigma_y$$

となる. B は(空集合も含む)$\mathcal{B}_L$ の部分集合すべてについて足しあげる. また,$|B|$ は B の要素(ボンド)の総数である. さらに,積を整理して

$$= (\cosh\beta)^{|\mathcal{B}_L|} \sum_{\boldsymbol{\sigma}\in\mathcal{S}_L} \sum_{B\subset\mathcal{B}_L} (\tanh\beta)^{|B|} \prod_{x\in\Lambda_L} (\sigma_x)^{n_B(x)} \quad (6.22)$$

とまとめよう. ここで,$n_B(x)$ は B に含まれるボンドのうち x を含むものの総数である.

(6.22) 右辺での $\boldsymbol{\sigma}$ についての和と B についての和はどちらも有限和なので順序を交換してよい. $\sigma_x = \pm 1$ に注意して $\boldsymbol{\sigma}$ についての和をとると,

$$\sum_{\boldsymbol{\sigma}\in\mathcal{S}_L} \prod_{x\in\Lambda_L} (\sigma_x)^{n_B(x)} = \prod_{x\in\Lambda_L} \sum_{\sigma_x=\pm 1} (\sigma_x)^{n_B(x)}$$
$$= \begin{cases} 2^{|\Lambda_L|} & \text{すべての } x\in\Lambda_L \text{ について } n_B(x) \text{ が偶数} \\ 0 & \text{それ以外} \end{cases} \quad (6.23)$$

となる. よって (6.22) の展開は

$$\mathcal{G}_L^{\varnothing} = \bigl\{ B\subset\mathcal{B}_L \,\big|\, \text{すべての } x\in\Lambda_L \text{ について } n_B(x) \text{ が偶数} \bigr\} \quad (6.24)$$

という集合を使って,

$$Z_L^{\mathrm{F}}(\beta,0) = 2^{|\Lambda_L|} (\cosh\beta)^{|\mathcal{B}_L|} \sum_{B\in\mathcal{G}_L^{\varnothing}} (\tanh\beta)^{|B|} \quad (6.25)$$

と書き直される. スピン変数を含まない形で分配関数を正確に表現できたことは興味深い. このような確率幾何的 (stochastic geometric) な表現は,証明のため

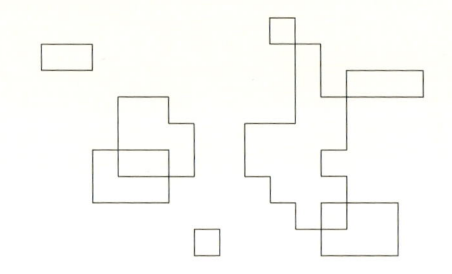

図 6.1 分配関数の展開 (6.25) に寄与するグラフ（ボンドの集合）B は，端点をもたないので，ループの集まりとみなすことができる．ループとは連結したひとつながりの図形のことで，この図には，四つのループがある．Ising 模型の分配関数や相関関数を，このように確率幾何的な言葉で表現することは，証明のための道具として有用であるばかりでなく，系のふるまいについての描像を発展させるのにも役に立つ．

の重要な道具になるし，直観的な見通しをよくするためにも有用である．なお β が十分に小さいときは，(6.25) のような表現を出発点にして，無限系の自由エネルギー $f(\beta,0)$ を β についての収束級数で表現することもできる．このような展開の手法（クラスター展開と呼ばれる）については，付録 D で詳しく解説する．

先に進む前に，ボンドの集合をより図形的にみるための言葉を用意しておこう．ボンドの集合 $B \subset \mathcal{B}_L$ は格子に長さ 1 の線分で描いた図形（グラフ）とみなすことができる．任意のグラフ $B \subset \mathcal{B}_L$ について，$n_B(x)$ が奇数である格子点 x をグラフ B の**端点**と呼ぶ．すると (6.24) の $\mathcal{G}_L^{\varnothing}$ は端点のないグラフ B の集合だといえる．

格子点を共有している二つのボンドは互いに連結しているとみなすことにする．この定義に従って，端点のないグラフ B を連結成分に分割しよう．各々の連結成分は端点のないひとつながりの道である．これをループと呼ぼう．端点のないグラフ B は，いくつかのループの集まりとみなすことができるのだ．図 6.1 を見よ．

二点相関関数を評価するため，$\langle \sigma_x \sigma_y \rangle_{L;\beta}^{\mathrm{F}}$ を同様に展開する．期待値の定義 (2.23) より，(6.22), (6.25) と同様にして，

$$Z_L^{\mathrm{F}}(\beta,0) \langle \sigma_x \sigma_y \rangle_{L;\beta}^{\mathrm{F}} = \sum_{\boldsymbol{\sigma} \in \mathcal{S}_L} \sigma_x \sigma_y \prod_{\{u,v\} \in \mathcal{B}_L} \exp[\beta \sigma_u \sigma_v]$$

$$= (\cosh\beta)^{|\mathcal{B}_L|} \sum_{\boldsymbol{\sigma}\in\mathcal{S}_L} \sum_{B\subset\mathcal{B}_L} (\tanh\beta)^{|B|} \sigma_x\sigma_y \prod_{z\in\Lambda_L} (\sigma_z)^{n_B(z)}$$

$$= 2^{|\Lambda_L|}(\cosh\beta)^{|\mathcal{B}_L|} \sum_{B\in\mathcal{G}_L^{\{x,y\}}} (\tanh\beta)^{|B|} \tag{6.26}$$

を得る.ここで $\mathcal{G}_L^{\{x,y\}}$ は, x と y が端点であるような――つまり, $n_B(x)$ と $n_B(y)$ のみが奇数で残りの n_B はすべて偶数の――グラフ $B\subset\mathcal{B}_L$ すべての集合である.このような B を連結成分に分解すると,いくつかのループと, x と y を結ぶ一つの道に分けられる.図 6.2 を見よ.

分配関数の表現 (6.25) と相関関数についての (6.26) をあわせれば,二点相関関数の正確な表現

$$\langle\sigma_x\sigma_y\rangle^{\mathrm{F}}_{L;\beta} = \frac{\sum_{B\in\mathcal{G}_L^{\{x,y\}}} (\tanh\beta)^{|B|}}{\sum_{B\in\mathcal{G}_L^{\varnothing}} (\tanh\beta)^{|B|}} \tag{6.27}$$

が得られる.Ising 模型は,様々なグラフが $(\tanh\beta)^{|B|}$ に比例する重みで出現する確率幾何的な系と等価なのである.

2.2　1 次元 Ising 模型の相関関数

グラフの和による相関関数の表現 (6.27) を使うと,1 次元 Ising 模型の $h=0$ での相関関数がきわめて簡単に計算できる.少し寄り道して,それをみておこう.

1 次元の格子で自由境界条件をとると,端点のないグラフの集合 $\mathcal{G}_L^{\varnothing}$ は空集合である.端点のないグラフを作るためには,ボンドをつないでいって,ぐるりと輪を描かなくてはならいが,この場合そういうことはできないからだ.すると分

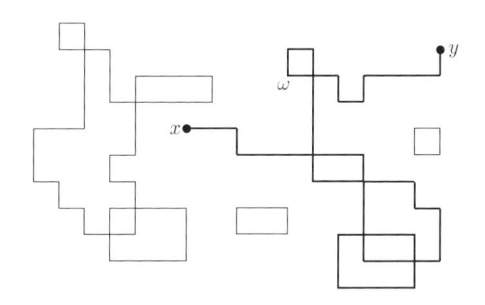

図 6.2　二点相関関数の展開 (6.26) に寄与するグラフ B は, x と y を結ぶ道 ω(太い線で描いた)と,端点をもたないループの集まりになる.

配関数の表現 (6.25) では $B = \emptyset$ の場合だけを足せばよいわけで,直ちに

$$Z_L^{\mathrm{F}}(\beta, 0) = 2^L (\cosh \beta)^{L-1} \tag{6.28}$$

が得られる.また (6.27) の分母は 1 に等しい.

同じように,格子点 x, y を端点にもつグラフの集合 $\mathcal{G}_L^{\{x,y\}}$ の元は,x と y をまっすぐにボンドで結んだ $B = \{\{x, x+1\}, \{x+1, x+2\}, \ldots, \{y-1, y\}\}$ ただ一つである ($y > x$ とした).よって,(6.27) の分子は $(\tanh \beta)^{|x-y|}$ であり,相関関数は(すでに (3.23) に書いたように)正確に,

$$\langle \sigma_x \sigma_y \rangle_{L;\beta}^{\mathrm{F}} = (\tanh \beta)^{|x-y|} \tag{6.29}$$

となる.この結果がまったく L によらないのは,上でみたように 1 次元の自由境界の格子にはループが存在しないことの現われである.周期境界での相関関数は,わずかに L に依存し,$L \uparrow \infty$ で (6.29) に一致する.

2.3 相関関数の上界の証明

以下では,再び d 次元の系を扱い,相関関数の確率幾何的表現 (6.27) をもとにして $\langle \sigma_x \sigma_y \rangle_{L;\beta}^{\mathrm{F}}$ の上界を示そう.

任意の $B \in \mathcal{G}_L^{\{x,y\}}$ に対して,x, y を含む B の連結成分を ω とすると,B を $B = \omega \cup B'$ と一意的に分解できる.図 6.2 参照.ω は x, y を端点にもつ連結なグラフであり,x と y を結ぶ道,つまりランダムウォーク(の軌跡)とみなすことができる.また B' は端点をもたないから,$B' \in \mathcal{G}_L^{\emptyset}$ である.

つまり,すべての $B \in \mathcal{G}_L^{\{x,y\}}$ について足しあげることは,すべての ω について足しあげ,各々の ω について,ω と非連結な $B' \in \mathcal{G}_L^{\emptyset}$ すべてを足しあげることと等価である.よって,$|B| = |\omega| + |B'|$ に注意すれば,

$$\sum_{B \in \mathcal{G}_L^{\{x,y\}}} (\tanh \beta)^{|B|} = \sum_{\omega : x \to y} (\tanh \beta)^{|\omega|} \sum_{B' \in \mathcal{G}_L^{\emptyset}} (\tanh \beta)^{|B'|} I[\omega \text{ と } B' \text{ は非連結}] \tag{6.30}$$

と書ける.ここで I は (4.40) で定義した真偽関数である.ω は,もちろん,x, y を端点にもつ連結なグラフすべてについて足しあげる.(6.30) において B' の和についての制限を外すと(つまり $I[\cdot] \leq 1$ とすると)足すべき非負の項が増える

ので，

$$\sum_{B \in \mathcal{G}_L^{\{x,y\}}} (\tanh \beta)^{|B|} \leq \sum_{\omega : x \to y} (\tanh \beta)^{|\omega|} \sum_{B \in \mathcal{G}_L^{\varnothing}} (\tanh \beta)^{|B|} \qquad (6.31)$$

を得る．(6.31) と (6.27) より直ちに

$$\langle \sigma_x \sigma_y \rangle_{L;\beta}^{\mathrm{F}} \leq \sum_{\omega : x \to y} (\tanh \beta)^{|\omega|} \qquad (6.32)$$

のようにランダムウォークを用いた二点相関関数の上界が得られる．

相関関数の具体的な上界をつくるため，ランダムウォーク ω の個数を評価する．x と y を結ぶ $|\omega| = n$ のランダムウォークの総数 $W_{x,y}(n)$ を以下のように数え上げる．はじめ格子点 x から出発し，距離 1 だけ離れた $2d$ 個の格子点のいずれかに向かって長さ 1 の線分（ボンド）を引く．つづいて，移動した先の点から，再び距離 1 だけ離れた点に線分を引くのだが，もとの方向に戻ることはできないので，選べる点の個数は $2d - 1$ になる．以下，この手続きを繰り返してランダムウォークを作っていく．各ステップで選べる点の個数は高々 $2d - 1$ である．そして，$n - 1$ 本の線分を引き終えた後に，y から距離 1 の格子点のいずれかに来ていれば，y に向けて線分を引いてランダムウォークは完成，そうでなければ，望むランダムウォークはできない．こうして失敗におわった試みも含めてすべてを数え上げれば，$W_{x,y}(n) \leq 2d(2d-1)^{n-2}$ という上界が得られる．さらに $n < \|x - y\|_1$ であれば，x と y を結ぶ $|\omega| = n$ のランダムウォーク ω は存在しないので，$n < \|x - y\|_1$ では $W_{x,y}(n) = 0$ である．

この評価を (6.32) に代入すると

$$\langle \sigma_x \sigma_y \rangle_{L;\beta}^{\mathrm{F}} \leq \sum_{n=0}^{\infty} W_{x,y}(n)(\tanh \beta)^n \leq \sum_{n=\|x-y\|_1}^{\infty} 2d(2d-1)^{n-2}(\tanh \beta)^n$$
$$= \frac{2d}{(2d-1)^2 \{1 - (2d-1)\tanh \beta\}} \{(2d-1)\tanh \beta\}^{\|x-y\|_1} \qquad (6.33)$$

となる．$(2d-1)\tanh \beta < 1$ であれば，$\tilde{\xi}(\beta)$ と $\tilde{C}(\beta)$ を

$$\exp\left(-\frac{1}{\tilde{\xi}(\beta)}\right) = (2d-1)\tanh \beta \qquad (6.34)$$

$$\tilde{C}(\beta) = \frac{2d}{(2d-1)^2 \{1 - (2d-1)\tanh \beta\}} \qquad (6.35)$$

110　第6章　高温相

によって決めると，定理 6.1（98 ページ）の (6.1) が得られる．

周期的境界条件の系での (6.2) は，全ボンドの集合を $\overline{\mathcal{B}}_L = \mathcal{B}_L \cup \partial \mathcal{B}_L$ にして同じ議論をくり返せば同様に証明される．

3. 高温相の非摂動的な解析

1.2 節で述べた高温相での様々な性質を証明する．相関不等式や劣加法性といった非摂動的な手法で具体的な結果が示されるのは数理物理の醍醐味の一つだろう．

3.1　二点相関関数の減衰

この節では，本章のもっとも重要な結果である定理 6.3（100 ページ）を証明する．これは，二点相関関数に対する指数的に減衰する上界という意味では，前節で証明した定理 6.1（98 ページ）と類似している．しかし，前節では $\tanh\beta$ が十分に小さいことを利用して具体的な上界を作ったのに対し，ここでは $\chi^{\mathrm{P}}(\beta) < \infty$ という条件だけを用いて上界を導くのである．これは，何らかのパラメータが小さいということを要求しないという意味で，いわゆる「非摂動的」な手法の好例になっている．

$\ell = 0, 1, 2, \ldots$ について

$$\kappa_\ell(\beta) := \tanh\beta \sum_{\substack{u \in \Lambda_{2\ell+1} \\ (\|u\|_\infty = \ell)}} \langle \sigma_o \sigma_u \rangle^{\mathrm{F}}_{2\ell+1;\beta} \tag{6.36}$$

と定義する．和は，格子 $\Lambda_{2\ell+1}$ のもっとも外側の格子点についてとっている．

相関関数の減衰の非摂動的証明の鍵になるのは次の事実である．

6.10 [補題]　ある β, ℓ について，$\kappa_\ell(\beta) < (2d)^{-1}$ であるなら，$\kappa_\ell(\beta)$ と ℓ のみで定まる有限の $\bar{C}, \bar{\xi}$ が存在し，任意の $x, y \in \Lambda_L$ について

$$\langle \sigma_x \sigma_y \rangle^{\mathrm{F}}_{L;\beta} \leq \bar{C} \exp\left(-\frac{\|x-y\|^{\mathrm{F}}_\infty}{\bar{\xi}}\right) \tag{6.37}$$

$$\langle \sigma_x \sigma_y \rangle^{\mathrm{P}}_{L;\beta} \leq \bar{C} \exp\left(-\frac{\|x-y\|^{\mathrm{P}}_\infty}{\bar{\xi}}\right) \tag{6.38}$$

が成り立つ．

つまり（有限の距離までの）相関関数がある程度より小さいと，相関関数は指数的に減衰するしかないということである．

この補題を認めれば定理 6.3 の証明は簡単である．まず磁化率の和の表式 (6.3) と定義 (6.36) より，奇数の L について

$$\chi_L^{\mathrm{P}}(\beta) = \beta \sum_{\ell=0}^{(L-1)/2} \sum_{\substack{u \in \Lambda_L \\ (\|u\|_\infty = \ell)}} \langle \sigma_o \sigma_u \rangle_{L;\beta}^{\mathrm{P}} \geq \sum_{\ell=0}^{(L-1)/2} \kappa_\ell(\beta) \tag{6.39}$$

であることに注意する．最後の不等号には強磁性的単調性（命題 4.12 (61 ページ)）を使って周期境界と自由境界の期待値を比較し，$\beta \geq \tanh\beta$ を使った．

任意の $\beta < \beta_c$ をとる．つまり，$\chi^{\mathrm{P}}(\beta) < \infty$ である．定義 (6.4) により，ある $K > 0$ が存在し，任意の L について $\chi_L^{\mathrm{P}}(\beta) \leq K$ である．(6.39) と組み合わせると，任意の奇数の L に対して

$$\sum_{\ell=0}^{(L-1)/2} \kappa_\ell(\beta) \leq \chi_L^{\mathrm{P}}(\beta) \leq K \tag{6.40}$$

が成り立つことがわかる．ここで，特に $L \geq 4dK$ ととろう．(6.40) が成り立つためには，少なくとも一つの $\ell \in \{0, 1, \ldots, (L-1)/2\}$ について

$$\kappa_\ell(\beta) \leq \frac{K}{(L+1)/2} < \frac{1}{2d} \tag{6.41}$$

でなくてはならない．これは補題 6.10 の条件に他ならない．よって定理 6.3 が示される．

補題 6.10 の証明 周期境界の場合を考える．並進不変性があるから $\langle \sigma_o \sigma_x \rangle_{L;\beta}^{\mathrm{P}}$ を評価すればよい．以下，$\|x\|_\infty^{\mathrm{P}} > 2\ell + 1$ のときのみを扱う（そうでないときには単に $\langle \sigma_o \sigma_x \rangle_{L;\beta}^{\mathrm{P}} \leq 1$ を用いる）．

Simon-Lieb 不等式 (4.12) を使うため，$\Omega = \Lambda_{2\ell+1} \subset \Lambda_L$ および $A = \{x\}$ とする．今の場合，$\{u, v\} \in \mathcal{B}_L \cup \partial \mathcal{B}_L$ なら $J_{u,v} = 1$，そうでなければ $J_{u,v} = 0$ であることから，Simon-Lieb 不等式 (4.12) は，

$$\langle \sigma_o \sigma_x \rangle_{L;\beta}^{\mathrm{P}} \leq \tanh\beta \sum_{\substack{u \in \Lambda_{2\ell+1} \\ v \in \Lambda_L \setminus \Lambda_{2\ell+1} \\ (\{u,v\} \in \mathcal{B}_L)}} \langle \sigma_o \sigma_u \rangle_{2\ell+1;\beta}^{\mathrm{F}} \langle \sigma_v \sigma_x \rangle_{L;\beta}^{\mathrm{P}} \tag{6.42}$$

112　第 6 章 高 温 相

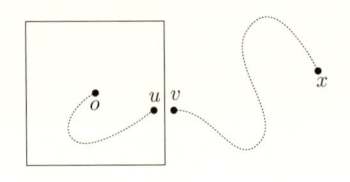

図 6.3　Simon-Lieb 不等式 (6.42) のイメージ．格子点 o と x のスピンの間の相互作用を，o から u までの相互作用と v から x までの相互作用に分割して，上から押さえる．

という形をとる．和の中の一つ目の相関関数は自由境界についての期待値であることに注意．この不等式は，格子点 o から格子点 x まで相互作用が伝わるのを，いったん格子 $\Lambda_{2\ell+1}$ の境界で「断ち切って」，o から u までの相互作用と v から x までの相互作用の積で押さえこんだ形になっている（図 6.3）．

(6.42) の和で，一つの u に対して高々 $2d$ 個の v が対応する[4]ことを考えて，$\kappa_\ell(\beta)$ の定義 (6.36) を使えば，

$$\langle \sigma_o \sigma_x \rangle^{\mathrm{P}}_{L;\beta} \leq 2d\,\kappa_\ell(\beta) \max_{\substack{v \in \mathbb{Z}^d \\ (\|v\|_\infty = \ell+1)}} \langle \sigma_v \sigma_x \rangle^{\mathrm{P}}_{L;\beta}$$

$$= \tau \max_{\substack{v \in \mathbb{Z}^d \\ (\|v\|_\infty = \ell+1)}} \langle \sigma_o \sigma_{x-v} \rangle^{\mathrm{P}}_{L;\beta} \tag{6.43}$$

となる．ただし，$\tau = 2d\,\kappa_\ell(\beta) < 1$ であり，並進不変性を使って二点相関関数を書き換えた．

ここで n を $\|x\|^{\mathrm{P}}_\infty/(\ell+1)$ を超えない最大の整数とする．すると，(6.43) の不等式を n 回くり返し用いることができて，

$$\langle \sigma_o \sigma_x \rangle^{\mathrm{P}}_{L;\beta} \leq \tau^n \max_{\substack{v_1,\ldots,v_n \in \mathbb{Z}^d \\ (\|v_i\|_\infty = \ell+1)}} \langle \sigma_o \sigma_{x-\sum_{i=1}^n v_i} \rangle^{\mathrm{P}}_{L;\beta} \leq \tau^n \tag{6.44}$$

が得られる．$\tau < 1$ だから n の定義を思い出せば，これは左辺が $\|x\|^{\mathrm{P}}_\infty$ について指数的に減衰することを意味する．つまり，定数 $\bar{C}$ を十分大きく選べば，

$$\exp\left[-\frac{\ell+1}{\bar{\xi}}\right] = \tau < 1 \tag{6.45}$$

---

[4] $\ell = 1$ つまり $u = o$ の場合，$2d$ 個の v がある．

から決まる $\bar{\xi} < \infty$ について,二点相関関数の上界 (6.38) が成り立つ.

自由境界の場合の証明もほとんど同じだが,並進不変性がないため,少し煩雑になる.詳細は読者にお任せする. ■

3.2 相関距離と二点相関関数

相関距離に関連する定理 6.6 (102 ページ) を証明する[5].ここでは自由境界条件の相関関数の無限体積極限 $\langle \sigma_x \sigma_y \rangle_\beta^\mathrm{F}$ を扱う.$\beta < \beta_\mathrm{c}$ ならば(まだ証明していないが)系 6.5 (101 ページ) により無限系の期待値は一意的なので,これで十分である.

$\beta < \beta_\mathrm{c}$ を固定し,正の整数 n について $g_n = \langle \sigma_o \sigma_{(n,0,\ldots,0)} \rangle_\beta^\mathrm{F}$ と書く.すると

$$(\tanh \beta)^n \leq g_n \leq \bar{C} \exp\left(-\frac{n}{\bar{\xi}}\right) \tag{6.46}$$

が成り立つ.上界は (6.8) で $L \uparrow \infty$ としたものである.下界を得るため,二点 $o = (0,\ldots,0)$ と $(n,0,\ldots,0)$ を結ぶ直線上のみに相互作用がある Ising 模型を考える.これら格子点上のスピンの相関は (6.29) で示したように $(\tanh \beta)^n$ であり,強磁性的単調性(命題 4.12 (61 ページ))により g_n はこれより小さくない.

ここで,$a_n = -\log g_n$ とおけば,(6.46) は

$$\frac{1}{\bar{\xi}} - \frac{\log \bar{C}}{n} \leq \frac{a_n}{n} \leq |\log \tanh \beta| \tag{6.47}$$

となる.

一方,Griffiths 第二不等式 (4.4) より

$$\langle \sigma_o \sigma_x \rangle_\beta^\mathrm{F} = \langle \sigma_o \sigma_y \sigma_y \sigma_x \rangle_\beta^\mathrm{F} \geq \langle \sigma_o \sigma_y \rangle_\beta^\mathrm{F} \langle \sigma_y \sigma_x \rangle_\beta^\mathrm{F} \tag{6.48}$$

が成り立つ.$x = (n+m,0,\ldots,0)$, $y = (n,0,\ldots,0)$ として並進不変性を使うと,$g_{n+m} \geq g_n g_m$ を得る.これは数列 $(a_n)_{n=1,2,3,\ldots}$ が**劣加法性** (subadditivity)

$$a_{n+m} \leq a_n + a_m \tag{6.49}$$

を満たすことを意味する[6].劣加法数列については,次のよく知られた強力な結果がある.

---

[5] 定理 B.14 (305 ページ) では,同様の結果をまったく別の手法(スペクトル表示)を用いて証明する.付録の方法は Ising 模型でなくても有効だが,鏡映正値性を必要とする点で限定的である.ここでの手法は鏡映正値性を要求しない代わりに,Ising 模型にしか使えない欠点がある.

[6] この流儀に従えば,数列 $(g_n)_{n=1,2,\ldots}$ が満たす $g_{n+m} \geq g_n g_m$ は優乗法性 (supermultiplicability) ということになろうが,そういう用語は使われないようだ.

6.11 [命題] a_n/n が有界である任意の劣加法数列 $(a_n)_{n=1,2,...}$ について，極限

$$\alpha := \lim_{n\uparrow\infty} \frac{a_n}{n} \tag{6.50}$$

が存在する．また，この極限値 α を使うと，任意の $n \geq 1$ について

$$a_n \geq \alpha n \tag{6.51}$$

が成り立つ．

証明 a_n/n が有界だから

$$\underline{\alpha} := \liminf_{n\uparrow\infty} \frac{a_n}{n}, \qquad \overline{\alpha} := \limsup_{n\uparrow\infty} \frac{a_n}{n} \tag{6.52}$$

は共に存在する．この両者が一致することを示せば，前半が証明される．

正の整数 ν を一つ固定し，n を ν で割った商と余りで $n = \ell\nu + r$ と表わす（$0 \leq r < \nu$）．(6.49) を繰り返し用いれば

$$a_n = a_{\ell\nu+r} \leq a_{\ell\nu} + a_r \leq a_\nu + a_{(\ell-1)\nu} + a_r \leq \ldots \leq \ell a_\nu + a_r \tag{6.53}$$

が得られる．両辺を $n = \ell\nu + r$ で割って

$$\frac{a_n}{n} \leq \frac{\ell\nu}{\ell\nu + r} \frac{a_\nu}{\nu} + \frac{a_r}{\ell\nu + r} \tag{6.54}$$

を得る．ここで ν を固定したまま，両辺の $n\uparrow\infty$（つまり $\ell\uparrow\infty$）での lim sup をとる．左辺は $\overline{\alpha}$ となる（定義そのもの）．右辺では，常に $0 \leq r < \nu$ なので，第一項は a_ν/ν に収束し，第二項はゼロに収束する．よって

$$\overline{\alpha} \leq \frac{a_\nu}{\nu} \qquad (\nu \geq 1) \tag{6.55}$$

が得られた．両辺の $\nu\uparrow\infty$ での lim inf をとると，

$$\overline{\alpha} \leq \liminf_{\nu\uparrow\infty} \frac{a_\nu}{\nu} = \underline{\alpha} \tag{6.56}$$

となる．$\overline{\alpha} = \underline{\alpha}$ なので，(6.50) の極限が存在することがいえた．

最後に (6.55) と $\overline{\alpha} = \alpha$ から，(6.51) が成り立つことがわかる． ∎

これから直ちに極限

$$\frac{1}{\xi(\beta)} = \lim_{n \uparrow \infty} \frac{a_n}{n} = -\lim_{n \uparrow \infty} \frac{1}{n} \log \langle \sigma_o \sigma_{(n,0,\ldots,0)} \rangle_\beta^{\mathrm{F}} \qquad (6.57)$$

の存在がいえる. また (6.51) は

$$\langle \sigma_o \sigma_{(n,0,\ldots,0)} \rangle_\beta^{\mathrm{F}} \leq \exp\left(-\frac{n}{\xi(\beta)}\right) \qquad (6.58)$$

を意味する.

一般の $x = (x^{(1)}, x^{(2)}, \ldots, x^{(d)})$ については, 単調性についての不等式 (5.23) より,

$$\langle \sigma_o \sigma_x \rangle_\beta^{\mathrm{F}} \leq \langle \sigma_o \sigma_{(\|x\|_\infty, 0, \ldots, 0)} \rangle_\beta^{\mathrm{F}} \leq \exp\left(-\frac{\|x\|_\infty}{\xi(\beta)}\right) \qquad (6.59)$$

が得られる. 並進不変性から (6.13) が成り立つ.

最後に一般の連結相関関数についての上界 (6.14) を示す. これには, 定理 A.14 (257 ページ) の相関不等式を用いる. $A \cap B = \emptyset$ を満たす任意の有限部分集合 $A, B \subset \mathbb{Z}^d$ について, $h = 0$ のとき

$$\langle \sigma^A ; \sigma^B \rangle_\beta \leq \sum_{\substack{x \in A \\ y \in B}} \langle \sigma_x \sigma_y \rangle_\beta \langle \sigma^{A \setminus \{x\}} \sigma^{B \setminus \{y\}} \rangle_\beta \leq \sum_{\substack{x \in A \\ y \in B}} \langle \sigma_x \sigma_y \rangle_\beta \qquad (6.60)$$

が成り立つ. (6.60) の右辺にすでに証明した二点相関関数の上界 (6.13) を代入すれば, 直ちに (6.14) が示される.

3.3 自由エネルギーの微分可能性

$f(\beta, h)$ の微分可能性についての定理 6.4 (101 ページ) を示そう. まず $f(\beta, h)$ の $h = 0$ での右微分を評価する (凸性から, 右微分は $\pm \infty$ を含めれば必ず存在する). 自由エネルギーの無限体積極限は境界条件に依存しないので, ここでは周期的境界条件を用いる. 極限の順番に注意し, 有限系の自由エネルギー $f_L^{\mathrm{P}}(\beta, h)$ は微分可能であることを思い出して計算すると

$$\begin{aligned}
\frac{\partial}{\partial h_+} f(\beta, 0) &= \lim_{h \downarrow 0} \frac{f(\beta, h) - f(\beta, 0)}{h} = \lim_{h \downarrow 0} \lim_{L \uparrow \infty} \frac{f_L^{\mathrm{P}}(\beta, h) - f_L^{\mathrm{P}}(\beta, 0)}{h} \\
&= \lim_{h \downarrow 0} \lim_{L \uparrow \infty} \frac{1}{h} \int_0^h dh' \int_0^{h'} dh'' \frac{\partial^2}{\partial h^2} f_L^{\mathrm{P}}(\beta, h'') \\
&= -\beta \lim_{h \downarrow 0} \lim_{L \uparrow \infty} \frac{1}{h} \int_0^h dh' \int_0^{h'} dh'' \sum_{x \in \Lambda_L} \langle \sigma_o ; \sigma_x \rangle_{L;\beta,h''}^{\mathrm{P}} \qquad (6.61)
\end{aligned}$$

となる.最後の等号を導くのに等式

$$\frac{\partial^2}{\partial h^2} f_L^{\mathrm{P}}(\beta, h) = -\beta \sum_{x \in \Lambda_L} \langle \sigma_o ; \sigma_x \rangle_{L;\beta,h}^{\mathrm{P}} \qquad (6.62)$$

を用いた.これは (6.3) に相当する $h \neq 0$ での関係で,(2.9) でみたように,定義から簡単に示される.GHS 不等式 (4.8) から得た系 4.7 (59 ページ) より,$h \geq 0$ では

$$\langle \sigma_o ; \sigma_x \rangle_{L;\beta,h}^{\mathrm{P}} \leq \langle \sigma_o \sigma_x \rangle_{L;\beta}^{\mathrm{P}} \qquad (6.63)$$

が成り立つ(右辺は $h = 0$ を省略した期待値).この不等式と Griffiths 第二不等式 $\langle \sigma_o ; \sigma_x \rangle_{L;\beta,h}^{\mathrm{P}} \geq 0$ を (6.61) に適用すれば,

$$0 \geq \frac{\partial}{\partial h_+} f(\beta, 0) \geq -\beta \lim_{h \downarrow 0} \limsup_{L \uparrow \infty} \frac{1}{h} \int_0^h dh' \int_0^{h'} dh'' \sum_{x \in \Lambda_L} \langle \sigma_o \sigma_x \rangle_{L;\beta}^{\mathrm{P}}$$

$$= -\lim_{h \downarrow 0} \limsup_{L \uparrow \infty} \frac{h}{2} \chi_L^{\mathrm{P}}(\beta) = -\left(\lim_{h \downarrow 0} \frac{h}{2} \right) \chi^{\mathrm{P}}(\beta) = 0 \qquad (6.64)$$

となり,$\partial f(\beta, 0)/\partial h_+ = 0$ が得られる.$f_L^{\mathrm{P}}(\beta, h)$ は h の偶関数なので,$\partial f(\beta, 0)/\partial h_- = 0$ も同様に成立する.よって $f(\beta, h)$ は $h = 0$ において微分可能であり微係数はゼロである.

3.4 磁化の微分可能性と無限系での揺動応答関係

定理 6.7 (103 ページ) と命題 6.9 (104 ページ) を証明する.主要な問題は,有限系では簡単に示されるゆらぎと応答の関係(揺動応答関係)(2.10) が無限体積極限でも成り立つかということである.たとえば,有限系の磁化率については (2.38), (2.39) と並進不変性から

$$\chi_L^{\mathrm{P}}(\beta) := -\frac{\partial^2}{\partial h^2} f_L^{\mathrm{P}}(\beta, h) \bigg|_{h=0} = \frac{\beta}{L^d} \sum_{x,y \in \Lambda_L} \langle \sigma_x \sigma_y \rangle_{L;\beta}^{\mathrm{P}} = \beta \sum_{x \in \Lambda_L} \langle \sigma_o \sigma_x \rangle_{L;\beta}^{\mathrm{P}} \qquad (6.65)$$

が成り立つ.無限系に移っても最左辺と最右辺に相当するものが等しいというのが定理 6.7 の主な主張である.極限と微分の交換は自明ではないし,(6.65) の最右辺では和の範囲と相関関数の両方が L に依存するので,$L \uparrow \infty$ の極限をとるのが簡単でないことがわかるだろう.実際,証明には高温相のいくつかの性質が必要である.

まず定理 6.7 を証明する. 以下では, $\beta < \beta_c$ を満たす β を固定する. Lee-Yang の定理 (定理 5.3 (75 ページ)) と定理 6.4 (101 ページ) から, $m(\beta, h) = -\partial f(\beta, h)/\partial h$ がすべての h で成り立つ. 磁化 $m(\beta, h)$ が $h = 0$ で微分可能かどうかはまだわからない. 以下では, $h = 0$ での $m(\beta, h)$ の右微分係数が存在して $\bar{\chi}(\beta)$ に等しいことを示そう. すると, $m(\beta, h)$ が奇関数であることから, $h = 0$ での左微分係数も存在し右微分係数と等しいこと, つまり, $m(\beta, h)$ が $h = 0$ で微分可能であることがわかる.

そこで, $h > 0$ について

$$\bar{\chi}(\beta, h) := \frac{m(\beta, h)}{h} \tag{6.66}$$

としよう. $m(\beta, 0) = 0$ だから, 極限 $\lim_{h \downarrow 0} \bar{\chi}(\beta, h)$ が存在すれば, それが $m(\beta, h)$ の $h = 0$ での右微分である. 磁化を期待値で表わす (5.24) を用いると,

$$\bar{\chi}(\beta, h) = \lim_{L \uparrow \infty} \frac{1}{h} \langle \sigma_o \rangle^{\mathrm{P}}_{L;\beta,h} \tag{6.67}$$

である. ここで $\langle \sigma_o \rangle^{\mathrm{P}}_{L;\beta,0} = 0$ に注意して平均値の定理を用いると, $0 < \theta < 1$ を満たし, L, β, h に依存する θ を用いて,

$$\begin{aligned}\langle \sigma_o \rangle^{\mathrm{P}}_{L;\beta,h} &= \langle \sigma_o \rangle^{\mathrm{P}}_{L;\beta,h} - \langle \sigma_o \rangle^{\mathrm{P}}_{L;\beta,0} = h \frac{\partial}{\partial h'} \langle \sigma_o \rangle^{\mathrm{P}}_{L;\beta,h'} \bigg|_{h'=h\theta} \\ &= \beta h \langle \sigma_o; \sum_{x \in \Lambda_L} \sigma_x \rangle^{\mathrm{P}}_{L;\beta,h\theta} = \beta h \sum_{x \in \Lambda_L} \langle \sigma_o; \sigma_x \rangle^{\mathrm{P}}_{L;\beta,h\theta}\end{aligned} \tag{6.68}$$

と書ける. よって

$$\bar{\chi}(\beta, h) = \beta \lim_{L \uparrow \infty} \sum_{x \in \Lambda_L} \langle \sigma_o; \sigma_x \rangle^{\mathrm{P}}_{L;\beta,h\theta} \tag{6.69}$$

という表式が得られた.

この右辺を評価するため, まずは相関関数の単調性 (6.63) と磁場がゼロのときの相関関数の減衰についての上界 (6.9) より

$$\langle \sigma_o; \sigma_x \rangle^{\mathrm{P}}_{L;\beta,h\theta} \leq \langle \sigma_o \sigma_x \rangle^{\mathrm{P}}_{L;\beta,0} \leq \bar{C}(\beta) \exp\left(-\frac{\|x\|^{\mathrm{P}}_\infty}{\bar{\xi}(\beta)}\right) \tag{6.70}$$

であることに注意する. 十分大きな K をとり,

$$\varepsilon_K := \sum_{x \in \mathbb{Z}^d \setminus \Lambda_K} \bar{C}(\beta) \, e^{-\|x\|_\infty/\bar{\xi}(\beta)} \tag{6.71}$$

とする.K は最終的に無限大にする.

$L > K$ となる任意の L について,(6.69) 右辺の和を

$$\sum_{x \in \Lambda_L} \langle \sigma_o; \sigma_x \rangle^{\mathrm{P}}_{L;\beta,h\theta} = \sum_{x \in \Lambda_K} \langle \sigma_o; \sigma_x \rangle^{\mathrm{P}}_{L;\beta,h\theta} + \sum_{x \in \Lambda_L \setminus \Lambda_K} \langle \sigma_o; \sigma_x \rangle^{\mathrm{P}}_{L;\beta,h\theta} \tag{6.72}$$

と分ける.第二項は (6.71) によって 0 以上 ε_K 以下なので,(6.69) に戻せば,

$$\beta \lim_{L \uparrow \infty} \sum_{x \in \Lambda_K} \langle \sigma_o; \sigma_x \rangle^{\mathrm{P}}_{L;\beta,h\theta} \leq \bar{\chi}(\beta,h) \leq \beta \lim_{L \uparrow \infty} \sum_{x \in \Lambda_K} \langle \sigma_o; \sigma_x \rangle^{\mathrm{P}}_{L;\beta,h\theta} + \varepsilon_K \tag{6.73}$$

が任意の K について成り立つことがわかる.極限の中身は(GHS 不等式の帰結である単調性 (6.63) を用いて)

$$\sum_{x \in \Lambda_K} \langle \sigma_o; \sigma_x \rangle^{\mathrm{P}}_{L;\beta,h} \leq \sum_{x \in \Lambda_K} \langle \sigma_o; \sigma_x \rangle^{\mathrm{P}}_{L;\beta,h\theta} \leq \sum_{x \in \Lambda_K} \langle \sigma_o \sigma_x \rangle^{\mathrm{P}}_{L;\beta,0} \tag{6.74}$$

と押さえられる.両辺で $\lim_{h \downarrow 0} \lim_{L \uparrow \infty}$ をとると(和が有限個なので和と極限を交換できて)

$$\sum_{x \in \Lambda_K} \langle \sigma_o; \sigma_x \rangle_{\beta,0} \leq \lim_{h \downarrow 0} \lim_{L \uparrow \infty} \sum_{x \in \Lambda_K} \langle \sigma_o; \sigma_x \rangle^{\mathrm{P}}_{L;\beta,h\theta} \leq \sum_{x \in \Lambda_K} \langle \sigma_o \sigma_x \rangle_{\beta,0} \tag{6.75}$$

を得る.$\langle \sigma_o; \sigma_x \rangle_{\beta,0} = \langle \sigma_o \sigma_x \rangle_{\beta,0}$ であるから,結局

$$\lim_{h \downarrow 0} \lim_{L \uparrow \infty} \sum_{x \in \Lambda_K} \langle \sigma_o; \sigma_x \rangle^{\mathrm{P}}_{L;\beta,h\theta} = \sum_{x \in \Lambda_K} \langle \sigma_o \sigma_x \rangle_{\beta,0} \tag{6.76}$$

を得た.(6.73) で $h \downarrow 0$ とした表式にこれを代入すれば,

$$\beta \sum_{x \in \Lambda_K} \langle \sigma_o \sigma_x \rangle_{\beta,0} \leq \liminf_{h \downarrow 0} \bar{\chi}(\beta,h) \tag{6.77}$$

$$\limsup_{h \downarrow 0} \bar{\chi}(\beta,h) \leq \beta \sum_{x \in \Lambda_K} \langle \sigma_o \sigma_x \rangle_{\beta,0} + \beta \varepsilon_K \tag{6.78}$$

が得られる.$K \uparrow \infty$ とすれば,$\varepsilon_K \downarrow 0$ となるので,

$$\lim_{h \downarrow 0} \bar{\chi}(\beta,h) = \beta \lim_{K \uparrow \infty} \sum_{x \in \Lambda_K} \langle \sigma_o \sigma_x \rangle_{\beta,0} = \tilde{\chi}(\beta) \tag{6.79}$$

がいえる．定義 (6.15) の際に注意したように，$\tilde{\chi}(\beta)$ は有限である．よって，右微分 $\lim_{h\downarrow 0} \bar{\chi}(\beta,h)$ が存在し，かつ $\tilde{\chi}(\beta)$ に等しいことがわかった．先に述べたように，これによって $m(\beta,h)$ が $h=0$ で微分可能なこともわかり，目標だった $\chi(\beta) = \tilde{\chi}(\beta)$ がいえた．

あとは，
$$\lim_{L\uparrow\infty} \sum_{x\in\Lambda_L} \langle \sigma_o;\sigma_x\rangle^{\mathrm{P}}_{L;\beta,0} = \sum_{x\in\mathbb{Z}^d} \langle \sigma_o;\sigma_x\rangle_{\beta,0} \tag{6.80}$$

であることを（極限の存在も含めて）いえばよいが，これは易しい．任意の $\varepsilon > 0$ をとり，(6.71) が $\varepsilon_K \leq \varepsilon/3$ を満たすよう（十分大きい）K を選ぶ．$L > K$ となる任意の L について，

$$\begin{aligned}
&\left| \sum_{x\in\Lambda_L} \langle \sigma_o;\sigma_x\rangle^{\mathrm{P}}_{L;\beta,0} - \sum_{x\in\mathbb{Z}^d} \langle \sigma_o;\sigma_x\rangle_{\beta,0} \right| \\
&\leq \sum_{x\in\Lambda_K} \left| \langle \sigma_o;\sigma_x\rangle^{\mathrm{P}}_{L;\beta,0} - \langle \sigma_o;\sigma_x\rangle_{\beta,0} \right| \\
&\quad + \sum_{x\in\Lambda_L\setminus\Lambda_K} \left| \langle \sigma_o;\sigma_x\rangle^{\mathrm{P}}_{L;\beta,0} \right| + \sum_{x\in\mathbb{Z}^d\setminus\Lambda_K} \left| \langle \sigma_o;\sigma_x\rangle_{\beta,0} \right|
\end{aligned} \tag{6.81}$$

だが，右辺の第二項と第三項の和は $2\varepsilon/3$ 以下である．また，K を固定したまま L を十分大きくすれば右辺第一項は $\varepsilon/3$ 以下にできる．左辺は ε 以下となり，(6.80) がいえた．

命題 6.9（104 ページ）の証明に移ろう．無限体積での内部エネルギーは (6.19) のように $U(\beta) = \partial\{\beta f(\beta)\}/\partial\beta$ である．微分可能性については最後に注意することにして，β について微分できるとすれば，

$$\begin{aligned}
U(\beta) &:= \frac{\partial}{\partial\beta}\bigl(\beta f(\beta)\bigr) = \frac{\partial}{\partial\beta}\Bigl(\lim_{L\uparrow\infty} \beta f^{\mathrm{P}}_L(\beta)\Bigr) \\
&= -\lim_{\lambda\to 0}\frac{1}{\lambda}\lim_{L\uparrow\infty}\Bigl((\beta+\lambda)f^{\mathrm{P}}_L(\beta+\lambda) - \beta f^{\mathrm{P}}_L(\beta)\Bigr) \\
&= -\lim_{\lambda\to 0}\lim_{L\uparrow\infty}\frac{\partial}{\partial\lambda'}\bigl\{(\beta+\lambda')f^{\mathrm{P}}_L(\beta+\lambda')\bigr\}\Big|_{\lambda'=\lambda\theta} \\
&= -\lim_{\lambda\to 0}\lim_{L\uparrow\infty}\Bigl\langle \frac{1}{2}\sum_{\substack{x\in\mathbb{Z}^d \\ (|x|=1)}} \sigma_o\sigma_x \Bigr\rangle^{\mathrm{P}}_{L;\beta+\lambda\theta}
\end{aligned} \tag{6.82}$$

となる（自由エネルギーの無限体積極限は境界条件によらないので，周期境界条件をとった）．ここでも単調性を用いて期待値を β でのものと $\beta+\lambda$ でのものではさみ，$\lim_{\lambda \to 0} \lim_{L \uparrow \infty}$ をとると

$$= -\Big\langle \frac{1}{2} \sum_{\substack{x \in \mathbb{Z}^d \\ (|x|=1)}} \sigma_o \sigma_x \Big\rangle_\beta \tag{6.83}$$

となり，一つ目の関係 (6.19) が得られる．β についての微分可能性を示すには，(6.82) で $\lim_{\lambda \to 0}$ を $\limsup_{\lambda \to 0}$ および $\liminf_{\lambda \to 0}$ に置き換えた表式を評価し，両者が一致することをみればいい．

二つ目の (6.20) は，上で示した (6.79) とよく似た関係である．証明もほとんど同じなので，詳細は読者にお任せする．証明の要になる (6.70) に相当する評価として，Lebowitz 不等式 (4.7) から得られる

$$\langle \sigma_o \sigma_x ; \sigma_u \sigma_v \rangle^{\mathrm{P}}_{L,\beta+\lambda} \leq \langle \sigma_o \sigma_u \rangle^{\mathrm{P}}_{L,\beta+\lambda} \langle \sigma_x \sigma_v \rangle^{\mathrm{P}}_{L,\beta+\lambda} + (u \succeq v \text{を入れ替えたもの})$$
$$\leq C' \exp\left(-\frac{\|u\|^{\mathrm{P}}_\infty}{\xi'}\right) + C' \exp\left(-\frac{\|v\|^{\mathrm{P}}_\infty}{\xi'}\right) \tag{6.84}$$

を用いる．なお，ここでは (6.63) のような単調性はないので，λ の動く範囲を設定し，その範囲内で上の不等式が満たされるように C' と ξ' を選ぶ[7]．

非線型磁化率を定義する無限和 (3.88) の収束を示すには，$u_4(o, x, y, z)$ に Lebowitz 不等式 (4.7) と Aizenman 不等式 (A.124) を使えば，

$$0 \geq \sum_{x, y, z \in \mathbb{Z}^d} u^{(4)}_\beta (0, x, y, z) \geq -\{\chi(\beta)\}^3 \tag{6.85}$$

となることをみればいい．

6.12 [注意]　定理 5.4 (75 ページ) では β, h の適切な範囲では無限系の自由エネルギー $f(\beta, h)$ が β と h の双方について正則であることをみた．実は定理 5.4 が成り立つ範囲での実数の β, h と任意の非負の整数 $k, l \geq 0$ について，

$$\frac{\partial^{k+l}}{\partial \beta^k \, \partial h^l} f(\beta, h) = \lim_{L \uparrow \infty} \frac{\partial^{k+l}}{\partial \beta^k \, \partial h^l} f^{\mathrm{BC}}_L (\beta, h) \tag{6.86}$$

---

[7] C' は $\bar{C}(\beta+\lambda)$ の最大値，ξ' は $\bar{\xi}(\beta+\lambda)$ の最小値とする．

が成り立つ[8]．ただし境界条件は BC = F, P とする．すなわち，有限体積での微係数が，無限体積の微係数に収束する．これを元にすれば，無限系での揺動応答関係を容易に示すことができる．ただし，元になる定理 5.4 の適用範囲が限られているので，定理 6.7（103 ページ）や定理 6.9（104 ページ）の証明には使えない．

文献について

定理 6.1（98 ページ）の証明に用いた 2 節のランダムループによる展開は Fisher [82] による．二点相関関数の減衰についての定理 6.3（100 ページ）の核心である補題 6.10（110 ページ）は Simon [161] による．一連の揺動応答関係については，Sokal [164] の付録がよくまとまっている．

---

[8] 証明については本書の web ページ（iii ページの脚注を参照）に公開予定の解説を参照．

7

低温相

　この章では，磁場 $h = 0$ の Ising 模型の低温での性質を調べ，次元 d が 2 以上ならば，ゼロでない自発磁化が現れることをみる．これは，遠く離れたスピンどうしが互いにそろいあう長距離秩序の出現も意味している．自発磁化と長距離秩序の出現は典型的な協力現象であり，無限に多くのスピンが相互作用しあうことで始めて生じる．

　証明にはコントゥアー展開という確率幾何的な手法を用いるが，その副産物として，2 次元 Ising 模型の自己双対性という興味深い性質が示される（2.2 節）．

　1 節で主な結果と短い証明を述べ，コントゥアー展開を用いた証明は 2 節で詳しく述べる．

1. 低温相の特徴づけ

　自発磁化と長距離秩序の存在を中心に，$d \geq 2$ の系での低温側でのふるまいをまとめる．1.3 節では，2 次元以上という制約がなぜ出てくるのかも簡単にみよう．

1.1 自発磁化と転移点

　本章の主要な結果は，低温で自由エネルギー $f(\beta, h)$ が微分不可能になることを示す以下の定理である．低温では驚くべきふるまいが現れることを端的に表現する結果だ．

7.1 [定理]（自発磁化の存在）　　$d \geq 2$ とする．d のみに依存する正の β_{low} と $\beta \in [\beta_{\text{low}}, \infty)$ の関数 $c(\beta) > 0$ が定まる．任意の $\beta \geq \beta_{\text{low}}$ について，無限系での（境界条件によらない）自由エネルギーの右微分は

$$\left.\frac{\partial f(\beta,h)}{\partial h_+}\right|_{h=0} = \lim_{h\downarrow 0}\frac{f(\beta,h)-f(\beta,0)}{h} \leq -c(\beta) \tag{7.1}$$

を満たす．$f(\beta,h)$ は h の偶関数（系 5.2（74 ページ））なので，左微分については

$$\left.\frac{\partial f(\beta,h)}{\partial h_-}\right|_{h=0} = -\left.\frac{\partial f(\beta,h)}{\partial h_+}\right|_{h=0} \geq c(\beta) \tag{7.2}$$

がいえる．右微分と左微分が一致しないので，$f(\beta,h)$ は $h=0$ において微分不可能である．また，自発磁化の定義 (5.10) より，(7.1) は，$\beta > \beta_{\text{low}}$ において，

$$m_{\text{s}}(\beta) \geq c(\beta) > 0 \tag{7.3}$$

が成り立つことを意味する．

定理に現れる β_{low} は，たとえば $\beta_{\text{low}} = 0.7$ ととれる．この定理は，β が十分に大きいこと（より正確には，$e^{-2\beta}$ が十分に小さいこと）を利用して証明する．摂動的な証明なので，$\beta_{\text{low}} = 0.7$ という値そのものに意味はない．証明を（技術的に）改良すればより小さな値に置き換えることもできる[1]．

定理 7.1 によると，2 次元以上の Ising 模型では，十分に低温では自発磁化がゼロではなくなる．さらに，高温（$\beta < \beta_{\text{c}}$）では微分可能だった自由エネルギーが（定理 6.4（101 ページ）），低温では微分不可能になる．1 次元系（2 章 2.2 節参照）や有限系（命題 3.1（44 ページ）参照）では決してみられなかった現象が生じることがわかった（3 章 5.1 節を参照）．Ising 模型が相転移を示すことが明確に示されたことになる．

磁場がゼロの Ising 模型は，すべてのスピンを反転する変換について対称である．補題 4.18（66 ページ）でみたように，この対称性を反映して，周期境界条件と自由境界条件の有限系では磁化がゼロになる．しかし，無限体積極限をとった系では，（境界条件に無関係な）自由エネルギーから定まる磁化がゼロでない値をとりうることがわかった．このように，無限の自由度の協力現象の結果として，系が本来もっていた対称性が破られる現象を，**対称性の自発的破れ** (spontaneous symmetry breaking または spontaneous breakdown of symmetry) と呼ぶ．この概念については，後に 11 章 2.1 節で，無限系の平衡状態を直接定義する立場から考える．

$d \geq 2$ では，十分に低温で自発磁化が正とわかったので，以下のように転移点

---

[1] 本書で与える簡単な証明でも，任意の $d \geq 2$ について $\beta_{\text{low}} = 0.607$ とできる．

を定義するのが自然だ．

7.2 [定義] (転移点 (低温側))　　転移点 β_{m} を

$$\beta_{\mathrm{m}} := \inf\{\beta \mid m_{\mathrm{s}}(\beta) > 0\} \tag{7.4}$$

と定義する．$\beta \in (\beta_{\mathrm{m}}, \infty)$, $h = 0$ の領域を**低温相**と呼ぶ．

自発磁化が正になるぎりぎりの β が β_{m} ということだ．明らかに $\beta_{\mathrm{m}} \leq \beta_{\mathrm{low}}$ である．

高温側からみた転移点 β_{c} は既に定義 6.2 (100 ページ) で定義した．β_{m} は低温側からみた転移点である．定理 6.4 (101 ページ) により $\beta < \beta_{\mathrm{c}}$ では $m_{\mathrm{s}}(\beta) = 0$ だから，二つの転移点のあいだには $\beta_{\mathrm{c}} \leq \beta_{\mathrm{m}}$ という関係がある．実は $\beta_{\mathrm{c}} = \beta_{\mathrm{m}}$ が成り立つのだが，これは一筋縄ではいかない問題なので 9 章で別個に議論しよう．転移点 β_{c} の下界 (6.7) とあわせれば，今の段階では，

$$\beta_{\mathrm{low}} \geq \beta_{\mathrm{m}} \geq \beta_{\mathrm{c}} \geq \operatorname{arctanh}\left(\frac{1}{2d-1}\right) \tag{7.5}$$

がいえたことになる．これによって，$d \geq 2$ での $\beta_{\mathrm{m}}, \beta_{\mathrm{c}}$ はゼロでない有限の値をとることが示された．

転移点 β_{m} の次元依存性について次の簡単な結果がある．

7.3 [命題]　　$d \geq 2$ とする．β_{m} は次元 d の広義減少関数である．

証明　まず注 5.15 (82 ページ) のように，$m_{\mathrm{s}}(\beta) = \langle \sigma_o \rangle_\beta^+$ であることに注意する．$\langle \sigma_o \rangle_\beta^+$ が d の広義増加関数であることを示せば，β_{m} は広義減少とわかる．次元を $d > 2$ とし，Λ_L 上のプラス境界条件 $h = 0$ の Ising 模型を考える．ここで，座標の第 1 成分の方向の相互作用をすべてゼロにすると，モデルは L 個の互いに独立な $d-1$ 次元のモデルの集まりに分離する．一方，強磁性的単調性 (命題 4.12 (61 ページ)) により，この操作によってスピンの期待値 $\langle \sigma_x \rangle$ は広義減少である．よって d 次元と $d-1$ 次元でのスピンの期待値は，

$$\langle \sigma_x \rangle_{L;\beta}^{+,\,d\,次元} \geq \langle \sigma_x \rangle_{L;\beta}^{+,\,d-1\,次元} \tag{7.6}$$

を満たす．ここで $L \uparrow \infty$ とすればよい．　　■

1.2 長距離秩序

低温相でのふるまいは，対称性の自発的破れ以外に，以下のような**長距離秩序** (long range order) の存在によっても特徴づけることができる（付録 B の 2.4 節も参照）．

7.4 [定理] (長距離秩序の存在) $d \geq 2$ とする．十分大きな β について，次元による $\tilde{p}(\beta) > 0$ が存在し，三つの境界条件 $(\mathrm{BC} = \mathrm{F, P, +})$ について，

$$\langle \sigma_x \sigma_y \rangle^{\mathrm{BC}}_{\beta} \geq \tilde{p}(\beta) \tag{7.7}$$

が任意の $x, y \in \mathbb{Z}^d$ に対して成り立つ．

つまり，十分に低温では，二つのスピンがどれほど離れていようと，$\tilde{p}(\beta) > 0$ 程度には互いにそろっているということだ．そういう意味で，無限個のスピンの短距離での相互作用が，長距離にわたる秩序を作り出したといえる．

定理 7.4 も β が十分に大きいことを用いる摂動的な結果である．これに対して，自発磁化がゼロでないことと長距離秩序の存在が互いに必要十分条件であるという「非摂動的」な結果を示すことができる．これをみるため，以下の補題によって $p^{\mathrm{BC}}(\beta, h)$ という量を定義する．

7.5 [補題] $d \geq 2$ とする．境界条件 $\mathrm{BC} = \mathrm{F, +}$ において，任意の $\beta > 0$ と $h \geq 0$ について，極限

$$p^{\mathrm{BC}}(\beta, h) := \lim_{|x| \uparrow \infty} \langle \sigma_o \sigma_x \rangle^{\mathrm{BC}}_{\beta, h} \tag{7.8}$$

が存在する．

証明 $\boldsymbol{e}_1$ を 1 軸方向の単位ベクトルとし，極限

$$p^{\mathrm{BC}}(\beta, h) := \lim_{n \uparrow \infty} \langle \sigma_o \sigma_{n\boldsymbol{e}_1} \rangle^{\mathrm{BC}}_{\beta, h} \tag{7.9}$$

を考える．極限の中身は，Griffiths 第一不等式 (4.3) により非負で，定理 5.10 (80 ページ) により n の広義減少数列でもある．よってこの極限は必ず存在する．

次に Messager-Miracle-Solé (MMS) 第一，第二不等式 (4.14), (4.16) により，任意の $x \in \mathbb{Z}^d$ に対して

$$\langle \sigma_o \sigma_{\|x\|_1 \boldsymbol{e}_1} \rangle^{\mathrm{BC}}_{\beta, h} \leq \langle \sigma_o \sigma_x \rangle^{\mathrm{BC}}_{\beta, h} \leq \langle \sigma_o \sigma_{\|x\|_\infty \boldsymbol{e}_1} \rangle^{\mathrm{BC}}_{\beta, h} \tag{7.10}$$

である.ここで $|x|\uparrow\infty$ とすると,最左辺と最右辺は上で定義した $p^{\mathrm{BC}}(\beta,h)$ に収束するので,$\langle\sigma_o\sigma_x\rangle_{\beta,h}^{\mathrm{BC}}$ も $p^{\mathrm{BC}}(\beta,h)$ に収束する.すなわち $|x|$ を大きくするやり方によらず極限 (7.8) が存在する.

自発磁化と長距離秩序の関連を示す重要な定理を述べよう.ここに現われる $p(\beta,0)$ も低温相を特徴づける指標であり,**長距離秩序パラメター** (long range order parameter) と呼ばれる.

7.6 [定理] (自発磁化と長距離秩序) $h>0$ かつ $\beta>0$ のとき,あるいは,$h=0$ かつ $\beta<\beta_{\mathrm{c}}$ のときには,$p^{\mathrm{BC}}(\beta,h)$ は境界条件(BC = F, P, +)に依存せず,磁化と

$$p(\beta,h)=\{m(\beta,h)\}^2 \tag{7.11}$$

という関係で結ばれる(境界条件によらないので BC を省略した).$h=0$ かつ $\beta>\beta_{\mathrm{m}}$ のときには[2],$p^{\mathrm{BC}}(\beta,h)$ は境界条件(BC = F, P, +)に依存せず,自発磁化と

$$p(\beta,0)=\{m_{\mathrm{s}}(\beta)\}^2 \tag{7.12}$$

という関係で結ばれる.

7.7 [注意] 定理の後半の等式 (7.12) について,以下で証明するのは $p^{\mathrm{F}}(\beta,0)\leq p^{+}(\beta,0)=\{m_{\mathrm{s}}(\beta)\}^2$ という弱い関係である.完全な証明のためには,後に証明抜きで紹介する定理 11.5 (189 ページ) が必要になる.なお,本書のこれから後で,定理 7.6 を他の結果の証明のために用いることはない.

証明 $h>0$ とする.Lee-Yang の定理により,無限体積極限は境界条件に依存せず(系 5.14 (82 ページ)),連結二点相関関数 $\langle\sigma_o;\sigma_x\rangle_{\beta,h}$ は $|x|$ とともに指数関数的に減衰する(定理 5.17 (83 ページ)).よって

$$\langle\sigma_o\sigma_x\rangle_{\beta,h}=\langle\sigma_o;\sigma_x\rangle_{\beta,h}+\langle\sigma_o\rangle_{\beta,h}\langle\sigma_x\rangle_{\beta,h} \tag{7.13}$$

の両辺で $|x|\uparrow\infty$ とし,並進不変性から $\langle\sigma_o\rangle_{\beta,h}=\langle\sigma_x\rangle_{\beta,h}=m(\beta,h)$ であることを用いれば,

$$p(\beta,h)=\lim_{|x|\uparrow\infty}\langle\sigma_o\sigma_x\rangle_{\beta,h}^{\mathrm{BC}}=\{m(\beta,h)\}^2 \tag{7.14}$$

---

[2] 9 章で $\beta_{\mathrm{m}}=\beta_{\mathrm{c}}$ を示すので,この条件は $\beta>\beta_{\mathrm{c}}$ としてもよい.

であることがわかる．$h=0$ かつ $\beta<\beta_c$ のときには，高温相についての定理 6.3 (100 ページ)，系 6.5 (101 ページ) を用いて同じ議論をくり返せばよい（ただし，この場合は $m(\beta,0)=0$, $p(\beta,0)=0$ である）．

長距離秩序パラメーターに関わる $h=0$ のときを考える．BC = F, + のとき，系 4.19 (66 ページ) によると $\langle \sigma_o \sigma_x \rangle_{\beta,h}^{\mathrm{BC}}$ は h の広義増加関数であり，特に，$p^{\mathrm{BC}}(\beta,h) \geq p^{\mathrm{BC}}(\beta,0)$ である．これを (7.14) の左辺に用いると

$$p^{\mathrm{BC}}(\beta,0) \leq p^{\mathrm{BC}}(\beta,h) = \{m(\beta,h)\}^2 \tag{7.15}$$

となり，両辺で $h \downarrow 0$ とすると

$$p^{\mathrm{BC}}(\beta,0) \leq \lim_{h \downarrow 0}\{m(\beta,h)\}^2 = \{m_{\mathrm{s}}(\beta)\}^2 \tag{7.16}$$

を得る．プラス境界条件 (BC = +) においては任意の $x \in \mathbb{Z}^d$ に対して，$m_{\mathrm{s}}(\beta) = \langle \sigma_o \rangle_\beta^+ = \langle \sigma_x \rangle_\beta^+$ であること（注 5.15 (82 ページ)）と Griffiths 第二不等式 (4.4) から

$$\langle \sigma_o \sigma_x \rangle_\beta^+ = \langle \sigma_o; \sigma_x \rangle_\beta^+ + \langle \sigma_o \rangle_\beta^+ \langle \sigma_x \rangle_\beta^+ \geq \langle \sigma_o \rangle_\beta^+ \langle \sigma_x \rangle_\beta^+ = \{m_{\mathrm{s}}(\beta)\}^2 \tag{7.17}$$

を得る．ここで $|x| \uparrow \infty$ とすれば左辺は $p^+(\beta,0)$ に収束するから $p^+(\beta,0) \geq \{m_{\mathrm{s}}(\beta)\}^2$ を得る．(7.16) と見比べれば $p^+(\beta,0) = \{m_{\mathrm{s}}(\beta)\}^2$ が導かれる．あとは $p^{\mathrm{BC}}(\beta,0)$ が BC = F, P+ に依存しないことをいえばいいのだが，これは実は驚くほどの難問である．補題 11.7 (190 ページ) で定理 11.5 (189 ページ) からこの結果が得られることをみる．∎

1.3　1 次元と 2 次元以上の相違

定理の証明に入る前に，なぜ 2 次元以上のみで相転移が存在するのか，いいかえれば，1 次元と 2 次元以上では何が本質的に違うのかを大まかに議論しておこう．6 章の議論から明らかなように，高温での Ising 模型のふるまいは，基本的には次元に依存しない．一方，自発磁化を伴った低温相が存在しうるかどうかは，次元によるデリケートな問題なのである．そこで，磁場 h はゼロとし，プラス境界条件をとり，エネルギーが最低の状態の安定性を調べてみよう．$h=0$ なら，ハミルトニアン $H_L(\boldsymbol{\sigma}) + \tilde{H}_L^+(\boldsymbol{\sigma})$ を最小にするのは，すべての $x \in \Lambda_L$ について $\sigma_x = 1$ とした状態である．これは磁化が最大になる状態でもある．

(a) ＋＋＋＋－－－－－＋＋＋

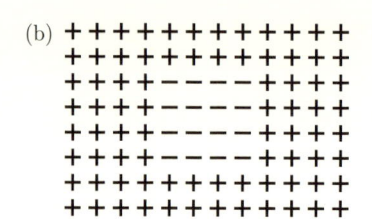

(b)
＋＋＋＋＋＋＋＋＋＋＋
＋＋＋＋＋＋＋＋＋＋＋
＋＋＋＋－－－－＋＋＋
＋＋＋＋－－－－＋＋＋
＋＋＋＋－－－－＋＋＋
＋＋＋＋－－－－＋＋＋
＋＋＋＋＋＋＋＋＋＋＋
＋＋＋＋＋＋＋＋＋＋＋

図 7.1 1次元と2次元の本質的な違い．すべてのスピンが上向き (+) の状態から，n 個のスピンを反転する．(a) 1次元では，連続したスピン n 個を反転したときのエネルギーの増加はつねに4で，n に依存しない．(b) 2次元では，正方形状の領域内のスピン n 個を反転したときのエネルギーの増加は $8\sqrt{n}$ であり，これは n とともに大きくなる．

この状態に乱れが生じ，n 個のスピンが反転して $\sigma_x = -1$ となるとしよう．このとき，系のエネルギーはどれくらい高くなるだろうか？ $h = 0$ のときのエネルギーは，各々のボンド $\{x, y\} \in \mathcal{B}_L \cup \partial \mathcal{B}_L$ について，$-\sigma_x \sigma_y$ を足し合わせたものだ．ボンドの両端のスピンについて，$\sigma_x = \sigma_y$ ならばボンドのエネルギーは -1，$\sigma_x \neq \sigma_y$ ならばボンドのエネルギーは1である．よって，スピンが「そろわない」ボンドが一つあるごとに，エネルギーは2だけ増えることになる．全体としてのエネルギーの増加は，スピンがそろわないボンドの総数に2をかけたものだ．

1次元の系の場合，なるべくエネルギーを増加させないようにして n 個のスピンを反転するには，図 7.1 (a) のように，n 個のスピンをまとめて $\sigma_x = -1$ にすればよい．このとき，そろわないボンドはスピンが反転した区間の両端の二カ所だけなので，エネルギーは4だけ増加する．この値が反転するスピンの数 n に依存しないことに注意しよう．

2次元系の場合，図 7.1 (b) のように，正方形状の領域の中の n 個のスピンを反転すれば，エネルギーの増加を最小にできる．正方形の周の長さは $4\sqrt{n}$ だから，エネルギーは $8\sqrt{n}$ 程度増加することになる．エネルギーの増加の最低値が n とともに大きくなることに注意したい．同様に考えれば，d 次元系でのエネルギー増加の最小値は $n^{(d-1)/d}$ に比例し，やはり n とともに増加することがわかる．

このような相違は，スピンがそろった状態の安定性に反映すると考えられる．系がきわめて低温にあるとき，スピンがすべて上を向いた状態に，有限温度の効

果によるわずかな乱れが生じたとする．$d \geq 2$ であれば，乱れで生じた下向きのスピンのかたまりが大きくなればなるほど，そのエネルギーが上がるので，乱れの出現確率は小さくなる．一方，下向きのスピンのかたまりが大きくなると，（かたまりがどのような形をとるかという）場合の数は大きくなる．もし場合の数の増加よりも出現確率の減少のほうが優勢であれば，乱れは小さいままにとどまり，大多数のスピンが上を向いた秩序が保たれると期待される．このように，出現確率と場合の数の相反する傾向の拮抗が系のふるまいを決めるのである．

$d=1$ では，どれほど多くのスピンが反転してもエネルギーは上がらないから，下向きのスピンのかたまりがどんどん成長していくこともありうる．そうなると，系全体でスピンが上を向いていたという秩序が破壊されてしまうと考えられる．

このように 1 次元は Ising 模型が秩序を維持できなくなるぎりぎりの次元なので，**下部臨界次元** (lower critical dimension) と呼ばれることもある[3]．これに対して，上部臨界次元は臨界現象のふるまいに関する特別な次元である．定義 10.8（171 ページ）を見よ．

この章の後半では，このような直感的な議論をもとに，厳密な確率論的な評価を作り，$d \geq 2$ の系の低温ではスピンがそろった状態が出現することを証明する[4]．

1.4 プラス境界条件でのスピンの期待値と定理の証明

定理 7.1（122 ページ）のもとになるのは，プラス境界条件での期待値についての以下の補題である．

7.8 [補題] $d \geq 2$ とする．d のみに依存する正の β_{low} があり，以下が成り立つ．任意の $\beta \geq \beta_{\text{low}}$ に対して $c(\beta) > 0$ が存在し，任意の L と $x \in \Lambda_L$ について，

$$\langle \sigma_x \rangle^+_{L;\beta} \geq c(\beta) \tag{7.18}$$

となる．

この補題は，これから章の後半で証明するが，これを認めれば，定理 7.1 は次のように簡単に証明できる．

---

[3] 2 次元ではなく 1 次元を下部臨界次元とするのは，たとえば 1 より大きく 2 より小さい次元のフラクタル的な格子上の Ising 模型を考えると，やはり低温で秩序をもつからである．
[4] 一方，上のような考え方で有限温度の $d=1$ の Ising 模型の自発磁化がゼロであることを示すのは難しい．

補題 7.8 を仮定した定理 7.1 の証明　既に 5 章の (5.10) と注 5.15（82 ページ）で

$$-\frac{\partial}{\partial h_+}\bigg|_{h=0} f(\beta, h) = m_{\mathrm{s}}(\beta) = \langle \sigma_o \rangle_\beta^+ = \lim_{L\uparrow\infty} \langle \sigma_o \rangle_{L;\beta}^+ \tag{7.19}$$

をみた．この右辺の極限の中身は補題 7.8 により $c(\beta)$ 以上だから，$L \uparrow \infty$ の極限をとることにより，直ちに定理の結論を得る． ∎

補題 7.8 のもう一つの重要な帰結として，低温では相関関数の無限体積極限が一意ではないことが示される．これは，磁場がゼロでないときの系 5.14（82 ページ）や，高温側での系 6.5（101 ページ）と対照すべき結果である．

7.9 [系]　$d \geq 2$ とし，$\beta > \beta_{\mathrm{low}}$，$h = 0$ とする．$x \in \mathbb{Z}^d$ について，

$$\langle \sigma_x \rangle_\beta^+ > 0, \quad \langle \sigma_x \rangle_\beta^{\mathrm{F}} = 0 \tag{7.20}$$

が成り立つ．つまり，無限体積極限での期待値 $\langle \cdots \rangle_\beta^+$ と $\langle \cdots \rangle_\beta^{\mathrm{F}}$ は一致しない．

証明　プラス境界についての結果は (7.19) で $L \uparrow \infty$ とすれば得られる．自由境界については，系 5.7（79 ページ）にあるように，対称性から $\langle \sigma_x \rangle_\beta^{\mathrm{F}} = 0$ である． ∎

2. コントゥアー展開

補題 7.8（129 ページ）の証明に入る．ここでは，**コントゥアー (contour)** つまり輪郭とよばれる図形を用いて分配関数やスピンの期待値を書きなおす方法を用いる．6 章 2.1 節のランダムループ展開につづく，二つ目の確率幾何的な表現である．コントゥアー展開も，強力な証明の手法であると同時に，Ising 模型の低温でのふるまいについて生き生きとした描像を与えてくれる．

2.1　2 次元 Ising 模型のコントゥアー展開

ここでは，2 次元の系に話を限り，一辺 L の有限格子 Λ_L 上のプラス境界条件の系を扱う．磁場 h はゼロとする．式をコンパクトに書くため，ひとまわり大きい格子 Λ_{L+2} を考え，そのもっとも外側にある格子点 $y \in \bar{\partial}\Lambda_L = \Lambda_{L+2} \setminus \Lambda_L$ については，つねに $\sigma_y = 1$ であるとしよう（$\bar{\partial}\Lambda_L$ は (2.29) で定義した Λ_L の外部

境界). こうしておけば, プラス境界条件での分配関数は, 定義 (2.21) と (2.28) により,

$$Z_L^+(\beta,0) = \sum_{\boldsymbol{\sigma} \in \mathcal{S}_L} \exp[-\beta H_{L;0}(\boldsymbol{\sigma}) - \beta \tilde{H}_L^+(\boldsymbol{\sigma})]$$
$$= \sum_{\boldsymbol{\sigma} \in \mathcal{S}_L} \exp\Big[\beta \sum_{\{x,y\} \in \mathcal{B}_L'} \sigma_x \sigma_y \Big] \tag{7.21}$$

と書ける. ここで, $\mathcal{B}_L' := \mathcal{B}_L \cup \{\{x,y\} \,|\, x \in \Lambda_L, y \in \bar{\partial}\Lambda_{L+2}, |x-y|=1\}$ と定義した. これは $\mathcal{B}_L$ に, (2.28) に現れるボンド $\{x,y\}$ を付け加えたものである. (7.21) 右辺の指数関数の中の和には, $\sigma_y = 1$ に固定された境界のスピンとの相互作用が取り入れられていることに注意.

(7.21) で指数関数の中の和を外に出し, 全体から $\exp(\beta |\mathcal{B}_L'|)$ をくくり出すと,

$$Z_L^+(\beta,0) = e^{\beta |\mathcal{B}_L'|} \sum_{\boldsymbol{\sigma} \in \mathcal{S}_L} \prod_{\{x,y\} \in \mathcal{B}_L'} e^{\beta (\sigma_x \sigma_y - 1)} \tag{7.22}$$

となる. ここで, $\sigma_x \sigma_y = \pm 1$ なので, 積の中の量は,

$$e^{\beta(\sigma_x \sigma_y - 1)} = \begin{cases} 1, & \sigma_x = \sigma_y \text{ のとき} \\ e^{-2\beta}, & \sigma_x \neq \sigma_y \text{ のとき} \end{cases} \tag{7.23}$$

である. ボンド $\{x,y\} \in \mathcal{B}_L'$ 上の二つのスピンが逆を向いた場合に重みが小さくなっている. β が十分に大きいとき, つまり, $e^{-2\beta}$ が十分に小さいときには, スピンがそろった配位が優勢になると期待される.

これをふまえて, スピン配位 $\boldsymbol{\sigma} \in \mathcal{S}_L$ が与えられたとき, スピンがそろっていないボンドの集合を

$$U(\boldsymbol{\sigma}) := \big\{\{x,y\} \in \mathcal{B}_L' \,\big|\, \sigma_x \sigma_y = -1 \big\} \subset \mathcal{B}_L' \tag{7.24}$$

と定義すれば, (7.22) は

$$Z_L^+(\beta,0) = e^{\beta |\mathcal{B}_L'|} \sum_{\boldsymbol{\sigma} \in \mathcal{S}_L} e^{-2\beta |U(\boldsymbol{\sigma})|} \tag{7.25}$$

と書ける. まだ確率幾何的な表現にはなっていない. 次に, スピン配位 $\boldsymbol{\sigma}$ を参照せずに, 集合 $U(\boldsymbol{\sigma})$ を特徴づけることを考えよう.

132   第7章 低温相

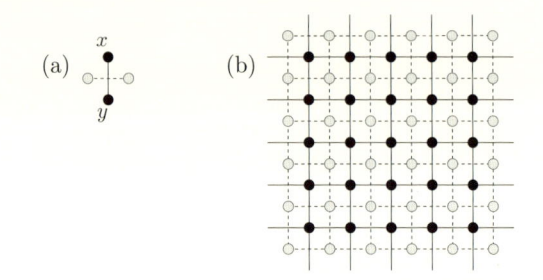

図 7.2 双対ボンドと双対格子．もとの格子点を黒丸，双対格子の格子点を灰色の丸で表わした．(a) 実線がもとのボンド $\{x,y\}$ で，点線がその双対ボンド．(b) 黒丸が Λ_5 の格子点，実線が $\mathcal{B}'_5$ のボンドで，点線が双対格子 Λ_5^* のボンド．図形としては，Λ_5^* は Λ_6 と等しい．

ボンド $\{x,y\} \in \mathcal{B}'_L$ に対して，その双対ボンド $\{x,y\}^*$ を，$\{x,y\}$ と互いの中点で垂直に交わる長さ 1 の線分とする（図 7.2 (a)）．各々の双対ボンドの両端には双対格子点があると考えることにしよう．すると，$\mathcal{B}'_L$ のすべてのボンドの双対ボンドを集めたものから，新たな格子が作られる．この新しい格子を Λ_L^* と書き，格子 Λ_L に対する**双対格子** (dual lattice) と呼ぶ．Λ_L^* のボンドの集合を $\mathcal{B}_L^*$ と書く．構成法からわかるように，Λ_L^* は Λ_{L+1} と同じ図形になる（図 7.2 (b)）．

$\boldsymbol{\sigma}$ を任意のスピン配位とする．両端のスピンがそろっていないボンドの集合 $U(\boldsymbol{\sigma})$ に対して，$U(\boldsymbol{\sigma})$ のすべての要素の双対からなる集合 $C(\boldsymbol{\sigma}) \subset \mathcal{B}_L^*$ を考える．図 7.3 のように具体的なスピン配位を描いてみればすぐにわかるが，双対ボンドの集合 $C(\boldsymbol{\sigma})$ は，スピンが + の領域と − の領域を分ける境界になっている．それに気づけば，次の補題は明らかだろう．

7.10 [補題]   集合 $C(\boldsymbol{\sigma})$ は 6 章 2.1 節で定義した意味で，Λ_L^* 上の端点のないグラフになっている．逆に，Λ_L^* 上の端点のない任意のグラフ C に対して，$C = C(\boldsymbol{\sigma})$ となるスピン配位 $\boldsymbol{\sigma}$ が必ず一つだけ存在する．

証明 $x,y,z,u \in \Lambda_{L+2}$ を一辺が 1 の正方形を（この順で）なす任意の四点とする．正方形の中心の点 x^* は双対格子 Λ_L^* の格子点である．任意のスピン配位 $\boldsymbol{\sigma}$ について，$(\sigma_x\sigma_y)(\sigma_y\sigma_z)(\sigma_z\sigma_u)(\sigma_u\sigma_x) = (\sigma_x)^2(\sigma_y)^2(\sigma_z)^2(\sigma_u)^2 = 1$ だから，

$\{x, y\}, \{y, z\}, \{z, u\}, \{z, x\} \in \mathcal{B}'_L$ の四つのボンドのうち, $U(\boldsymbol{\sigma})$ に属するのは偶数個. これを双対の言葉でいえば, 格子点 x^* を含む $C(\boldsymbol{\sigma})$ の要素は偶数個, つまり, x^* はグラフ $C(\boldsymbol{\sigma})$ の端点ではないことを意味する. これがすべての双対格子点についていえるから, $C(\boldsymbol{\sigma})$ は端点をもたない.

逆に, 端点をもたない $C \subset \mathcal{B}^*_L$ が与えられたとき, 以下の手順でスピン配位 $\boldsymbol{\sigma}$ を構成する. i) $x \in \bar{\partial}\Lambda_L = \Lambda_{L+2} \backslash \Lambda_L$ については $\sigma_x = 1$ とする. ii) まだスピンの値が定まっていない格子点 y に隣接する格子点 x のスピン σ_x が決まっていれば, $\{x, y\}^* \in C$ なら $\sigma_y = -\sigma_x$, $\{x, y\}^* \notin C$ なら $\sigma_y = \sigma_x$ とする. ii) をくり返すと, 全格子点についてのスピン状態が矛盾なく定まり, 求めるスピン配位 $\boldsymbol{\sigma}$ を得る. スピン配位の一意性は明らか. ∎

端点のないグラフ $C(\boldsymbol{\sigma})$ は, 一般に, いくつかの連結成分に分けられる. 各々の連結成分も閉じたグラフだが, これらを**コントゥアー** (contour) と呼ぶ. 境界とか輪郭を意味する言葉である.

Λ^*_L 上の端点のないグラフ (あるいは, コントゥアーの集まり) すべての集合を, 6章2.1節にならって, $\mathcal{G}^{*\emptyset}_L$ と書く. これによって, (7.25) の分配関数は,

$$Z^+_L(\beta, 0) = e^{\beta |\mathcal{B}'_L|} \sum_{C \in \mathcal{G}^{*\emptyset}_L} e^{-2\beta |C|} \tag{7.26}$$

となる. コントゥアーの集まりという図形の和によって分配関数を正確に表現できた.

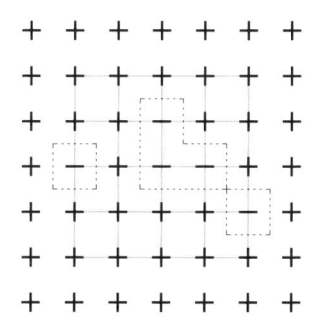

図 7.3 Λ_5 上のスピン配位 $\boldsymbol{\sigma}$ の例. 格子の外側の固定された + のスピンも描いてある. 点線は, $\boldsymbol{\sigma}$ に対応する Λ^*_5 上の閉じたグラフ $C(\boldsymbol{\sigma})$. この $C(\boldsymbol{\sigma})$ は二つの連結部分 (コントゥアー) に分けられる.

2.2 2次元 Ising 模型の自己双対性

補題 7.8 の証明という本来の目的から少し離れて，コントゥアー展開 (7.26) と，以前に求めたランダムループ展開 (6.25) から導かれるきわめて興味深い事実に触れよう．

$0 < \beta < \infty$ に対して，β^* を，

$$e^{-2\beta} = \tanh \beta^* \tag{7.27}$$

によって定める．簡単な計算により，β と β^* が

$$(e^{2\beta} - 1)(e^{2\beta^*} - 1) = 2 \tag{7.28}$$

で結ばれることも示される．コントゥアー展開 (7.26) とランダムループ展開 (6.25) を見比べて (7.27) を使うと，

$$e^{-\beta |\mathcal{B}'_L|} Z_L^+(\beta, 0) = 2^{-|\Lambda_{L+1}|}(\cosh \beta^*)^{-|\mathcal{B}_{L+1}|} Z_{L+1}^{\mathrm{F}}(\beta^*, 0) \tag{7.29}$$

であることがわかる．ここで双対格子 Λ_L^* と格子 Λ_{L+1} が同一視できることを使った．

(7.29) の両辺の対数をとり，$-L^{-2}$ をかけ，$L \uparrow \infty$ とすれば，

$$2\beta + \beta f(\beta, 0) = \log 2 + 2 \log \cosh \beta^* + \beta^* f(\beta^*, 0) \tag{7.30}$$

という等式が得られる．自由エネルギーの無限体積極限が境界条件によらないこと（定理 5.1 (74 ページ)），$|\mathcal{B}'_L|/L^2 \to 2$, $|\Lambda_L|/L^2 \to 1$ であることを使った．

(7.28) から明らかなように，β と β^* は互いの狭義減少関数であり，$\beta \downarrow 0$ なら $\beta^* \uparrow \infty$ となり，$\beta \uparrow \infty$ なら $\beta^* \downarrow 0$ となる．つまり，対応 (7.27), (7.28) は高温と低温を入れ替える変換になっている．等式 (7.30) は，高温での自由エネルギーと低温での自由エネルギーが，一対一に正確に対応していることを意味する．これは，もちろんきわめて非自明な，そして特殊な関係であり，2次元 Ising 模型の**自己双対性** (self-duality) と呼ばれている．

自由エネルギー $f(\beta, 0)$ が，ある β_c において（何階かの導関数が不連続になるといった）何らかの特異性をもつとしよう．自己双対性 (7.30) により，(7.28) から決まる $(\beta_c)^*$ においても $f(\beta, 0)$ は特異性をもつことになる．さらに，$f(\beta, 0)$

がただ一つの β において特異性をもつと仮定すれば[5], $\beta_c = (\beta_c)^*$ でなくてはならない. これを (7.28) に代入すれば,

$$\beta_c = \frac{1}{2}\log(\sqrt{2}+1) \simeq 0.44 \tag{7.31}$$

のように転移点 β_c の正確な値が求められる. 実際, 2 次元の Ising 模型の場合は自由エネルギー $f(\beta, 0)$ を正確に計算することができ, それによって (7.31) が正しいことがわかっている.

2.3 補題 7.8 の証明

2.1 節での議論をそのまま続ける. スピンの期待値 $\langle \sigma_x \rangle^+_{L;\beta}$ についても (7.26) と同様なコントゥアー展開を作ろう. 期待値の定義 (2.23) を分配関数のときと同じように書き換え,

$$\begin{aligned}
Z^+_L(\beta, 0)\, \langle \sigma_x \rangle^+_{L;\beta} &= \sum_{\boldsymbol{\sigma} \in \mathcal{S}_L} \sigma_x \exp[-\beta H_{L;0}(\boldsymbol{\sigma}) - \beta \tilde{H}^+_L(\boldsymbol{\sigma})] \\
&= \sum_{\boldsymbol{\sigma} \in \mathcal{S}_L} \sigma_x \exp\Big[\beta \sum_{\{u,v\} \in \mathcal{B}'_L} \sigma_u \sigma_v \Big] \\
&= e^{\beta |\mathcal{B}'_L|} \sum_{\boldsymbol{\sigma} \in \mathcal{S}_L} \sigma_x \prod_{\{u,v\} \in \mathcal{B}'_L} e^{\beta(\sigma_u \sigma_v - 1)}
\end{aligned}$$

とする. (7.24) により $U(\boldsymbol{\sigma})$ を定義すれば,

$$= e^{\beta |\mathcal{B}'_L|} \sum_{\boldsymbol{\sigma} \in \mathcal{S}_L} \sigma_x\, e^{-2\beta |U(\boldsymbol{\sigma})|}$$

であり, これを $U(\boldsymbol{\sigma})$ の双対の, 端点をもたないグラフ C の和に書き換えれば,

$$= e^{\beta |\mathcal{B}'_L|} \sum_{C \in \mathcal{G}^{*\varnothing}_L} \tilde{\sigma}_x(C)\, e^{-2\beta |C|} \tag{7.32}$$

となる. ただし, $\tilde{\sigma}_x(C)$ はグラフ C に対応する一意的なスピン配位 $\boldsymbol{\sigma}$ (補題 7.10 (132 ページ)) における σ_x の値である. 分配関数についての (7.26) と合わせれば,

$$\langle \sigma_x \rangle^+_{L;\beta} = \frac{\sum_{C \in \mathcal{G}^{*\varnothing}_L} \tilde{\sigma}_x(C)\, e^{-2\beta |C|}}{\sum_{C \in \mathcal{G}^{*\varnothing}_L} e^{-2\beta |C|}} = \sum_{C \in \mathcal{G}^{*\varnothing}_L} \tilde{\sigma}_x(C)\, p(C) \tag{7.33}$$

のようにスピンの期待値のコントゥアー展開が得られる. ここで, グラフ C が出

---

[5] もちろん, これはきわめて非自明な仮定で, 厳密解を求めてしまう以外に証明の術はないだろう.

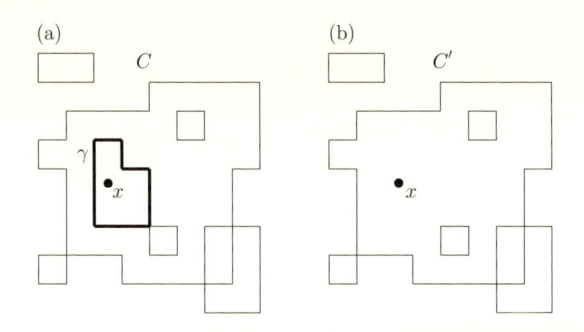

図 7.4 (a) $\mathsf{S}_x(C)$ が真になるグラフ C の例．ここでは x を囲むコントゥアーが二つある．x を囲むもっとも内側にある閉じた道を γ と呼ぶ．(b) C から γ を取り除いて得られる端点のないグラフを C' とする．

現する確率を

$$p(C) = \frac{e^{-2\beta |C|}}{\sum_{C' \in \mathcal{G}_L^{*\varnothing}} e^{-2\beta |C'|}} \tag{7.34}$$

と定義した．コントゥアーの確率幾何的な系の言葉で Ising 模型のスピンの期待値を正確に表現できた．これを利用して $\langle \sigma_x \rangle_{L;\beta}^+$ の下界を導く．

グラフ C の中に格子点 x を囲むコントゥアーが一つでもあるという事象を $\mathsf{S}_x(C)$ と書く．$\mathsf{S}_x(C)$ が偽なら，格子点 x は C を経ずに格子の境界とつながっているから，$\tilde{\sigma}_x(C) = 1$ である．$\mathsf{S}_x(C)$ が真なら，$\tilde{\sigma}_x(C)$ は C に応じて ± 1 のいずれをもとりうるので $\tilde{\sigma}_x(C) \geq -1$ としかいえない．これらをまとめて，

$$\tilde{\sigma}_x(C) \geq \bigl(1 - I[\mathsf{S}_x(C)]\bigr) - I[\mathsf{S}_x(C)] = 1 - 2I[\mathsf{S}_x(C)] \tag{7.35}$$

と書ける．両辺の期待値をとれば，

$$\langle \sigma_x \rangle_{L;\beta}^+ \geq 1 - 2\operatorname{Prob}[\mathsf{S}_x(C)] \tag{7.36}$$

というスピンの期待値の下界になる．以下，$\operatorname{Prob}[\mathsf{S}_x(C)]$ の上界を求めよう．

あるグラフ C で $\mathsf{S}_x(C)$ が真とする．C の連結成分（つまりコントゥアー）として，x を囲むものが少なくとも一つある．それらのうち，x にもっとも近いコントゥアーを選び，さらにその中から x を囲む最小の閉じた道を取り出して γ と呼ぶ（図 7.4 (a)）．この操作で C から一意的に γ が作られることに注意．また，γ は自分自身と交差する点をもたないループになる．

格子点 x を囲む自己交差のないループすべての集合を Γ_x とすると,

$$I[\mathsf{S}_x(C)] \leq \sum_{\gamma \in \Gamma_x} I[\gamma \subset C] \tag{7.37}$$

が成り立つ. 左辺が 1 になるときには, 少なくとも (上で構成した) 一つの $\gamma \in \Gamma_x$ について $I[\gamma \subset C] = 1$ となるからである. 期待値をとり, $p(\gamma) := \mathrm{Prob}[\gamma \subset C]$ をコントゥアー展開のグラフの中にループ γ が現れる確率とすれば,

$$\mathrm{Prob}[\mathsf{S}_x(C)] \leq \sum_{\gamma \in \Gamma_x} p(\gamma) \tag{7.38}$$

という上界が得られる.

$p(\gamma)$ の上界を求めるため, 任意のループ γ を固定する. γ を含む任意のグラフ C に対して, C から γ を取り除いた残りを $C' = C \backslash \gamma$ とする. もちろん, $C = \gamma \cup C'$ である. C' もまた端点のないグラフになることに注意 (図 7.4 (b)). よって, (7.34) より, C の出現確率を

$$p(C) = p(\gamma \cup C') = e^{-2\beta |\gamma|} p(C') \tag{7.39}$$

のように C' の出現確率で表わすことができる. 以上を使うと,

$$\begin{aligned} p(\gamma) &= \sum_{C \in \mathcal{G}_L^{*\varnothing}} p(C) \, I[\gamma \subset C] \\ &= \sum_{C' \in \mathcal{G}_L^{*\varnothing}} p(\gamma \cup C') \, I[\gamma \cap C' = \varnothing] \\ &= e^{-2\beta |\gamma|} \sum_{C' \in \mathcal{G}_L^{*\varnothing}} p(C') \, I[\gamma \cap C' = \varnothing] \\ &\leq e^{-2\beta |\gamma|} \end{aligned} \tag{7.40}$$

のように $p(\gamma)$ の上界が示される. 最後に $I[\gamma \cap C' = \varnothing] \leq 1$ を用いた.

コントゥアー展開に現れる (つまり, プラスとマイナスを隔てる境界が作る) ループ γ の出現確率 $p(\gamma)$ は, ループの長さ $|\gamma|$ について指数関数的に減衰することがわかった. これは 1.3 節で直感的に述べた描像を裏付けている.

(7.40) を (7.38) に戻せば,

$$\mathrm{Prob}[\mathsf{S}_x(C)] \leq \sum_{\gamma \in \Gamma_x} e^{-2\beta |\gamma|} = \sum_{\substack{\ell = 4 \\ (\ell \text{ は偶数})}}^{\infty} W(\ell) \, e^{-2\beta \ell} \tag{7.41}$$

となる．ここで $W(\ell)$ は，点 x を囲む長さ $|\gamma| = \ell$ の自己交差のないループの総数である．$|\gamma| \le 3$ のループは存在しないので，和は $\ell = 4$ からはじまって偶数の ℓ についてとる．個々のループ γ が出現する確率 $p(\gamma)$ は $|\gamma| = \ell$ が大きくなれば減衰するが，ループの総数 $W(\ell)$ は ℓ とともに大きくなる．この両者の拮抗が，(7.41) の右辺のふるまいを決めるのだ．

以下では，x を囲む長さ ℓ の自己交差のないループの総数 $W(\ell)$ の上界を，6 章 2.3 節と同様の考えで求めよう．まず，格子上の任意の格子点を一つ選び，この点を含む長さ ℓ のループを数える．1 ステップ目は，この格子点から 4 つの方向に長さ 1 の線分（ボンド）を引く選択肢がある．2 ステップ目以降は，それまでの図形の終点から，多くても 3 つの方向にしか進めない．最後の 1 ステップは道を閉じるために選択の余地がないので，ループを作るやり方の数は $4 \times 3^{\ell-2}$ 以下とわかる．

次に，並進操作で互いに移れるループは同じものとみなしたとき，長さ ℓ のループが何種類あるかを評価する．そのためには，上でループを数えた際に出発点が異なるループをちょうど ℓ 重に数えていることに注意する[6]．さらに，上では右回りと左回りのループを二重に数えているので，結局ループの種類の上界は，上の結果を 2ℓ で割った $2 \times 3^{\ell-2}/\ell$ となる．

与えられた点 x を囲むループを数えるためには，形状の決まったループを，x を囲む範囲で平行移動したものを列挙する必要がある．これは，見方を変えれば，ループの内部のどこに x を置くかを選ぶことに相当する．その選択肢の数はループが囲む面積に等しい．ループの囲む面積は $(\ell/4)^2$ を超えないので，結局，

$$W(\ell) \le \left(\frac{\ell}{4}\right)^2 \frac{2 \times 3^{\ell-2}}{\ell} = \frac{\ell}{72} 3^\ell \qquad (7.42)$$

を得る．これを (7.41) に代入すれば，

$$\mathrm{Prob}[\mathsf{S}_x(C)] \le \sum_{\substack{\ell=4 \\ (\ell \text{ は偶数})}}^{\infty} \frac{\ell}{72}(3\,e^{-2\beta})^\ell = \frac{1}{36}\sum_{n=2}^{\infty} n(9e^{-4\beta})^n \qquad (7.43)$$

となる．右辺は $9e^{-4\beta} < 1$ のとき収束し，β を大きくすればゼロに近づく．(7.43) の右辺が $1/2$ より真に小さくなる β を β_{low} としよう[7]．$\beta \ge \beta_{\mathrm{low}}$ について右辺

---

[6] 逆に，ループの形状を一つ決めたとき出発点となりうる点が ℓ 個あると考えてもいい．
[7] たとえば $\beta = .607$ ならば十分．つまり $\beta_{\mathrm{low}} = .607$ ととれる．$W(\ell)$ の評価を工夫すれば β_{low} はさらに小さくできる．

を $(1-c(\beta))/2$ と書けば，$c(\beta) > 0$ である．これを (7.36) に代入すれば，

$$\langle \sigma_x \rangle_{L;\beta}^+ \geq c(\beta) > 0 \tag{7.44}$$

となり，求める下界が得られた．

最後に，一般の $d > 2$ について補題 7.8（129 ページ）を証明する．

一つのやり方は，高次元でも 2 次元と同様のコントゥアー展開によってスピンの期待値の下界を求めることだ．たとえば 3 次元では，コントゥアーはボンドでなくプラケット（一辺の長さが 1 の正方形）で作られる図形になり，格子点を囲むループ γ のかわりに格子点を囲むランダムな面を考える必要がある．そういう意味で拡張は自明ではないが，腰を据えて考えれば一般の $d > 2$ での証明が構築できる．たとえば，[37] の 5.3 節を見よ．

より簡単な（ある意味で面白みのない）証明は，次元についての単調性を用いて 2 次元の場合に帰着させることだ．不等式 (7.6) によれば，任意の $d > 2$ について，

$$\langle \sigma_x \rangle_{L;\beta}^{+,\,d\text{次元}} \geq \langle \sigma_x \rangle_{L;\beta}^{+,\,2\text{次元}} \tag{7.45}$$

がいえる．よって，$\beta \geq \beta_c$ で $\langle \sigma_x \rangle_{L;\beta}^{+,\,2\text{次元}} > 0$ が成り立つなら，自動的に $\langle \sigma_x \rangle_{L;\beta}^{+,\,d\text{次元}} > 0$ も成り立つ．

2.4　定理 7.4 の証明

最後に，長距離秩序の存在についての定理 7.4（125 ページ）の証明について述べる．証明はコントゥアー展開の素直な応用なので，簡単にアイディアだけをみよう．自由境界条件を課した有限系について下界 (7.7) を示せば，強磁性的単調性から，他の境界条件についても同じ下界が示される．

2 次元の系を考える．自由境界条件の系についても，2.1 節，2.3 節と同様に，コントゥアー展開によって分配関数や相関関数を表現する．境界の外のプラスのスピンがなくなったことによる本質的な変更点は二つある．一つは，コントゥアーは必ずしも閉じた輪にならずに，境界で切れていてもかまわないこと，もう一つは，コントゥアーの配置を一つ決めると，それに対応するスピン配位がちょうど二通り（これらは互いにスピン反転で移りあえる）決まることだ．これを考慮し，新たなコントゥアーの集合を $\tilde{\mathcal{G}}_L^{*,\varnothing}$ と書けば，(7.26) に対応する分配関数の表現は，

$$Z_L^{\mathrm{F}}(\beta,0) = 2\,e^{\beta\,|\mathcal{B}_L|} \sum_{C \in \tilde{\mathcal{G}}_L^{*,\varnothing}} e^{-2\beta\,|C|} \tag{7.46}$$

となる．全体を二倍したことに注意．さらに，任意の $x \in \Lambda_L$ について，相関関数の表現

$$\begin{aligned}
\langle \sigma_o \sigma_x \rangle_{L;\beta}^{\mathrm{F}} &= \frac{1}{Z_L^{\mathrm{F}}(\beta,0)} 2\,e^{\beta\,|\mathcal{B}_L|} \sum_{C \in \tilde{\mathcal{G}}_L^{*,\varnothing}} e^{-2\beta\,|C|}\,\tilde{\sigma}_{o,x}(C) \\
&= \sum_{C \in \tilde{\mathcal{G}}_L^{*,\varnothing}} \tilde{\sigma}_{o,x}(C)\,\tilde{p}(C)
\end{aligned} \tag{7.47}$$

が得られる．ただし，$\tilde{\sigma}_{o,x}(C)$ は o と x を結ぶ道がコントゥアーと偶数回交わるなら $+1$，奇数回交わるなら -1 をとる．$\tilde{p}(C)$ はコントゥアー C の出現確率である．

o または x が少なくとも一つの閉じたコントゥアーに囲まれているか，または，境界の二点を結び o と x を隔てるようなコントゥアーが少なくとも一つ存在するという事象を $\mathsf{S}_{o,x}(C)$ と書く．$\mathsf{S}_{o,x}(C)$ が偽なら o から x までコントゥアーを経ずに到達できるから $\tilde{\sigma}_{o,x}(C) = 1$ である．$\mathsf{S}_{o,x}(C)$ が真なら様々な状況があり $\tilde{\sigma}_{o,x}(C) \geq -1$ としかいえない．よって，(7.35), (7.36) と同様の評価をして，

$$\begin{aligned}
\langle \sigma_o \sigma_x \rangle_{L;\beta}^{\mathrm{F}} &\geq 1 - 2\mathrm{Prob}[\mathsf{S}_{o,x}(C)] \\
&\geq 1 - 2\mathrm{Prob}[\mathsf{S}_o(C)] - 2\mathrm{Prob}[\mathsf{S}_x(C)] - 2\mathrm{Prob}[\mathsf{S}_{o|x}(C)]
\end{aligned} \tag{7.48}$$

という下界を得る．ただし，$\mathsf{S}_o(C), \mathsf{S}_x(C)$ は，それぞれ，o あるいは x を囲むコントゥアーが一つでもあるという事象，$\mathsf{S}_{o|x}C$ は境界の二点を結び o と x を隔てるようなコントゥアーが少なくとも一つ存在するという事象である．以前と同様に $\mathrm{Prob}[\mathsf{S}_o(C)], \mathrm{Prob}[\mathsf{S}_x(C)], \mathrm{Prob}[\mathsf{S}_{o|x}(C)]$ の上界を作れば，求める下界 (7.7) が得られる．

$d > 2$ の場合を証明するには，(7.45) のように単調性を使って 2 次元の場合に帰着させるのが便利だ．ただし，相互作用を切ると多くの相関関数はゼロになってしまう．これを回避するには，(5.21) の相関関数について不等式を用い，右辺について下界を示せばよい．

文献について

コントゥアー展開で Ising 模型が自発磁化をもつことを示すというアイディアは Peierls [152] による.このアイディア (Peierls argument と呼ばれる) を後に Dobrushin [73] と Griffiths [95] が独立な数学的な証明として整備した.Peierls argument は,その後,様々な系に拡張されている.たとえば Griffiths のレビュー [100] を見よ.

長距離秩序パラメターと自発磁化の関係については,Griffiths [96] がきわめて一般的なスピン系において $p(\beta, 0) \leq \{m_s(\beta)\}^2$ という不等式を証明した.定理 7.6 (126 ページ) では,2006 年に証明された定理 11.5 (189 ページ) などを用いて,対応する等式を示した.

2.2 節でみた 2 次元 Ising 模型の自己双対性を指摘し β_c を求めたのは Kramers, Wannier [128] である.

8

臨界現象

　　6章と7章の結果から，$d \geq 2$ では，高温相と低温相のあいだの相転移があることがわかった．転移点に近づいていくとき，あるいは，転移点直上で，いくつかの物理量は特異なふるまいをみせる．この短いが重要な章では，このような特異なふるまい，つまり臨界現象についての厳密な結果を述べる．特に，物理的にもっとも重要な3次元を含む，一般の $d \geq 2$ において，高温側から転移点に近づくとき磁化率と相関距離が発散することが厳密に示されるのは重要である．また転移点直上では二点相関関数がゆっくりとべき的に減衰することも証明する．

1. 厳密な結果の概観

　　まず，一般次元の臨界現象について厳密に示せることを証明抜きでまとめよう．

■ **磁化率と相関距離の発散**

　　定義 6.2（100 ページ）で磁化率 $\chi^{\mathrm{P}}(\beta)$ が有限であるぎりぎりの値として転移点 β_{c} を定めた．さらに，7章では，(7.5) のように $d \geq 2$ では β_{c} が有限であることを示した．次の定理は，$d \geq 2$ で β が β_{c} に近づく際に臨界現象が存在することを示している．

8.1 [定理] (磁化率の発散) 　　$d \geq 2$ とする．任意の $\beta < \beta_{\mathrm{c}}$ について，磁化率 $\chi(\beta)$ は（β_{c} の定義より $\chi(\beta) < \infty$ であり）

$$\chi(\beta) \geq \frac{\beta}{2d(\beta_{\mathrm{c}} - \beta)} \tag{8.1}$$

を満たす[1]．つまり，$\beta \uparrow \beta_{\mathrm{c}}$ のとき，磁化率 $\chi(\beta)$ は発散する．

---

[1] 下界 (8.1) を平均場近似の磁化率 (3.37) と比較すると，β_{c} と β_{MF} が入れ替わっただけで，（係

定義 (6.5) により, $\beta > \beta_c$ ならば $\chi^P(\beta) = \infty$ となる. しかし, この事実だけから $\beta \uparrow \beta_c$ で磁化率が発散するとはいえないことに注意しよう. 実際, Ising 模型とは異なるタイプのスピン系では, 低温相で $\chi^P(\beta) = \infty$ であるにもかかわらず, 高温側から転移点に近づいても磁化率は有限にとどまる, ということもある[2]. 上の定理は Ising 模型では磁化率が実際に発散することを示した点で重要である.

$\beta < \beta_c$ では, 磁化率 $\chi(\beta)$ と相関距離 $\xi(\beta)$ は不等式 (6.18) を満たすことを思い出そう. 左辺で $\chi(\beta) \uparrow \infty$ となるなら, 右辺で $1 - e^{-1/\xi(\beta)} \downarrow 0$ つまり $\xi(\beta) \uparrow \infty$ となる必要がある.

命題 6.9（104 ページ）で高温相では非線型磁化率 $\chi_{\rm nl}(\beta)$ を定義する無限和 (3.88) が収束することをみた. GHS 第二不等式（命題 4.8（59 ページ））の両辺で y, z, w について和をとると, 非線型磁化率 (3.88) について,

$$\frac{\chi_{\rm nl}(\beta)}{\beta^3} = \sum_{y,z,w \in \mathbb{Z}^d} u^{(4)}(x,y,z,w) \leq -2\{\chi(\beta)\}^3 \qquad (8.2)$$

が得られる. 右辺で $\chi(\beta) \uparrow \infty$ となるなら, 左辺は $-\infty$ に発散する. 以上をまとめて, 次の結果を得る.

8.2 [系]（相関距離と非線型磁化率の発散） $d \geq 2$ とする. $\beta \uparrow \beta_c$ のとき, 相関距離 $\xi(\beta)$ は $+\infty$ に, 非線型磁化率 $\chi_{\rm nl}(\beta)$ は $-\infty$ に発散する.

こうして, 平均場近似（3 章 3 節）やガウス模型（3 章 4 節）の結果から示唆された, 磁化率, 相関距離, 非線型磁化率の発散という顕著な臨界現象の存在が厳密に証明された. $d \geq 3$ では転移点 β_c の値さえ知られていないことを思うと, 臨界現象についてこのような具体的で強い結果が得られるのは驚きではないだろうか.

■ **転移点直上での相関関数**

次に, 転移点直上での相関関数のふるまいをみよう. $\beta \uparrow \beta_c$ で $\xi(\beta) \uparrow \infty$ となることから, $\beta = \beta_c$ で (6.13) のような指数的な減衰がみられないことは明らかだ. 実際, 次の結果がある.

数も含めて！）同じ形をしている.
[2] 一次転移とよばれる相転移においてこのような現象がみられる. 一次転移は状態数の多いポッツ模型などでおきる.

8.3 [定理] (転移点での二点相関関数の下界)　$d \geq 2$ とする．次元 d のみに依存する定数 A_d があり，BC = F, + について，

$$\langle \sigma_x \sigma_y \rangle_{\beta_c}^{\mathrm{BC}} \geq \frac{A_d}{|x-y|^{d-1}} \tag{8.3}$$

が任意の $x \neq y \in \mathbb{Z}^d$ について成り立つ．

　この結果は，転移点直上では，二点相関関数がべき的に減衰することを示唆する．実際，次の定理 (鏡映正値性を用いるので，付録 B の 2.5 節で証明する) がある．

8.4 [定理] (実空間での infrared bound)　$d > 2$ とする．次元 d のみに依存する定数 B_d があり，$\beta \leq \beta_c$ について，

$$\langle \sigma_x \sigma_y \rangle_\beta^{\mathrm{F}} \leq \frac{B_d}{\beta |x-y|^{d-2}} \tag{8.4}$$

が任意の $x, y \in \mathbb{Z}^d$ について成り立つ．

　この不等式は $\beta = \beta_c$ においても成立することを強調しておく．

　ふたつの不等式 (8.3), (8.4) から (少なくとも $d > 2$ の自由境界条件については) 転移点 $\beta = \beta_c$ での二点相関関数は，ゆっくりと，べき的に減衰することが明らかになった．ここでも，ガウス模型の結果 (3.73) は (少なくとも) 定性的には正しかったことになる．

■ **自発磁化のふるまい**

　平均場近似によれば，自発磁化 $m_\mathrm{s}(\beta)$ は，β が転移点に上から近づくとき (3.34) のようにゼロに収束する．一般のモデルについても，定性的には同様のことが生じる．

8.5 [定理] (自発磁化の臨界現象)　$d \geq 2$ とする．$\beta \downarrow \beta_c$ のとき自発磁化は $m_\mathrm{s}(\beta) \downarrow 0$ となる．

これは 2013 年に [50] で証明された定理で，本書では証明を述べる余裕はない．

2. 証明

　前節で述べた結果を証明する．

2.1 磁化率の発散

磁化率の発散を示す定理 8.1（142 ページ）を証明する．これは臨界現象の存在の基本となる重要な結果である．以下の証明は，相関不等式の威力を示す好例だろう．

有限の格子 Λ_L 上の周期境界条件で $h = 0$ とした系を扱う．まず

$$\varphi_L(\beta) = \Big(\sum_{x \in \Lambda_L} \langle \sigma_o \sigma_x \rangle^{\mathrm{P}}_{L;\beta} \Big)^{-1} \tag{8.5}$$

という量を定義する．(6.3) を思い出せば，$\chi^{\mathrm{P}}_L(\beta) = \beta/\varphi_L(\beta)$ である．相関関数 $\langle \sigma_o \sigma_x \rangle^{\mathrm{P}}_{L;\beta}$ が β について広義増加（命題 4.12（61 ページ））なので，$d\varphi_L(\beta)/d\beta \leq 0$ である．パラメータ変化に対する期待値の応答についての (2.9) と Lebowitz 不等式 (4.7) より

$$\begin{aligned}
\frac{\partial}{\partial \beta} \langle \sigma_o \sigma_x \rangle^{\mathrm{P}}_{L;\beta} &= \sum_{\{u,v\} \in \overline{\mathcal{B}}_L} \langle \sigma_o \sigma_x ; \sigma_u \sigma_v \rangle^{\mathrm{P}}_{L;\beta} \\
&\leq \sum_{\{u,v\} \in \overline{\mathcal{B}}_L} \{ \langle \sigma_o \sigma_u \rangle^{\mathrm{P}}_{L;\beta} \langle \sigma_x \sigma_v \rangle^{\mathrm{P}}_{L;\beta} + \langle \sigma_o \sigma_v \rangle^{\mathrm{P}}_{L;\beta} \langle \sigma_x \sigma_u \rangle^{\mathrm{P}}_{L;\beta} \}
\end{aligned} \tag{8.6}$$

がいえる．ただし，$\overline{\mathcal{B}}_L = \mathcal{B}_L \cup \partial \mathcal{B}_L$ は，周期的境界条件の系でのすべてのボンドの集合．これより，

$$\begin{aligned}
\frac{d}{d\beta} \varphi_L(\beta) &= -\{\varphi_L(\beta)\}^2 \sum_{x \in \Lambda_L} \frac{\partial}{\partial \beta} \langle \sigma_o \sigma_x \rangle^{\mathrm{P}}_{L;\beta} \\
&\geq -\{\varphi_L(\beta)\}^2 \sum_{\{u,v\}} \sum_x \{ \langle \sigma_o \sigma_u \rangle^{\mathrm{P}}_{L;\beta} \langle \sigma_x \sigma_v \rangle^{\mathrm{P}}_{L;\beta} \\
&\qquad\qquad\qquad\qquad\quad + \langle \sigma_o \sigma_v \rangle^{\mathrm{P}}_{L;\beta} \langle \sigma_x \sigma_u \rangle^{\mathrm{P}}_{L;\beta} \} \\
&= -2d \{\varphi_L(\beta)\}^2 \Big(\sum_{x \in \Lambda_L} \langle \sigma_o \sigma_x \rangle^{\mathrm{P}}_{L;\beta} \Big)^2 = -2d
\end{aligned} \tag{8.7}$$

というきれいな不等式が得られる．なお，二行目から三行目にうつる際，まず x について足し，それから並進不変性を用いた．これを積分すれば，任意の $\beta_1 < \beta_2$ について，

$$0 \leq \varphi_L(\beta_1) - \varphi_L(\beta_2) = -\int_{\beta_1}^{\beta_2} d\beta \frac{d\varphi_L(\beta)}{d\beta} \leq 2d(\beta_2 - \beta_1) \tag{8.8}$$

がいえる．

さて、$0 < \delta, \epsilon < \beta_c$ を満たす任意の δ, ϵ を固定して (8.8) を使うと、

$$0 \leq \varphi_L(\beta_c - \epsilon) - \varphi_L(\beta_c + \delta) \leq 2d(\delta + \epsilon) \tag{8.9}$$

が得られる。$\chi^{\mathrm{P}}(\beta)$ は (6.4) のように $\limsup$ を使って定義されていたから[3]、$L \uparrow \infty$ なる数列の部分列 $L_1 < L_2 < L_3 < \cdots$ で

$$\lim_{i \uparrow \infty} \chi^{\mathrm{P}}_{L_i}(\beta_c + \delta) = \chi^{\mathrm{P}}(\beta_c + \delta) \tag{8.10}$$

となるものが存在する。そこで (8.9) の L をこのような L_i に制限して $i \uparrow \infty$ の極限をとる。β_c の定義 (6.5) より $\chi^{\mathrm{P}}(\beta_c + \delta) = \infty$ だから、$\lim_{i \uparrow \infty} \varphi_{L_i}(\beta_c + \delta) = 0$ である。一方、定理 6.7 (103 ページ) により、$\lim_{i \uparrow \infty} \varphi_{L_i}(\beta_c - \epsilon) = (\beta_c - \epsilon)/\chi(\beta_c - \epsilon)$ である。

よって、(8.9) から

$$0 \leq \frac{\beta_c - \epsilon}{\chi(\beta_c - \epsilon)} \leq 2d(\epsilon + \delta) \tag{8.11}$$

が得られる。ここで $\delta \downarrow 0$ とすれば、

$$0 \leq \frac{\beta_c - \epsilon}{\chi(\beta_c - \epsilon)} \leq 2d\epsilon \tag{8.12}$$

となる。$\beta_c - \epsilon = \beta$ と書けば、$\beta < \beta_c$ で

$$0 \leq \frac{\beta}{\chi(\beta)} \leq 2d(\beta_c - \beta) \tag{8.13}$$

となり、これを変形すれば望む下界 (8.1) になる。 ∎

2.2 転移点での二点相関関数

二点相関関数のべき的な減衰についての定理 8.3 (144 ページ) を示そう。

高温相の非摂動的な特徴づけの鍵となった補題 6.10 (110 ページ) では、(6.36) で定義される相関関数の和 $\kappa_\ell(\beta)$ が $1/(2d)$ よりも小さければ、二点相関関数が指数的に減衰することが示された。しかもこの場合、$\chi^{\mathrm{P}}(\beta)$ は有限になる。$\beta \uparrow \beta_c$ に伴って $\chi^{\mathrm{P}}(\beta)$ が発散することを既にみたので、転移点では任意の ℓ について

---

[3] 定理 6.7 (103 ページ) で lim の存在が示されたが、これは $\beta < \beta_c$ のときのみだった。

$\kappa_\ell(\beta_c) \geq 1/(2d)$ が成り立つ．この事実と，有限系の相関関数と無限体積極限のあいだの不等式 (5.17) から，

$$\frac{1}{2d} \leq \beta_c \sum_{\substack{u \in \Lambda_{2\ell+1} \\ \|u\|_\infty = \ell}} \langle \sigma_o \sigma_u \rangle^{\mathrm{F}}_{2\ell+1;\beta_c} \leq \beta_c \sum_{\substack{u \in \mathbb{Z}^d \\ \|u\|_\infty = \ell}} \langle \sigma_o \sigma_u \rangle^{\mathrm{F}}_{\beta_c} \quad (8.14)$$

という関係が得られる．原点からの距離が ℓ の点 u について相関関数 $\langle \sigma_o \sigma_u \rangle^{\mathrm{F}}_{\beta_c}$ を足しあげたものが定数よりも大きいのだから，これで相関関数が $1/\ell^{d-1}$ よりもゆっくりと減衰することを納得できるだろう．

具体的な下界を示すために，相関関数の単調性（定理 5.10 (80 ページ)）を使う．まず，$\|u\|_\infty = \ell$ を満たす任意の u について，(5.23) より $\langle \sigma_o \sigma_u \rangle^{\mathrm{F}}_\beta \leq \langle \sigma_o \sigma_{(\ell,0,\ldots,0)} \rangle^{\mathrm{F}}_\beta$ が成り立つ．これを (8.14) に代入して整理すれば，

$$\langle \sigma_o \sigma_{(\ell,0,\ldots,0)} \rangle^{\mathrm{F}}_{\beta_c} \geq \frac{1}{2d\beta_c} \frac{1}{2d(2\ell+1)^{d-1}} \quad (8.15)$$

という下界が得られる．さらに，(5.21) より $\ell = \|x\|_1$ として，$\langle \sigma_o \sigma_x \rangle^{\mathrm{F}}_\beta \geq \langle \sigma_o \sigma_{(\ell,0,\ldots,0)} \rangle^{\mathrm{F}}_\beta$ であることに注意する．よって，o とは異なる任意の $x \in \mathbb{Z}^d$ について

$$\langle \sigma_o \sigma_x \rangle^{\mathrm{F}}_{\beta_c} \geq \frac{1}{2d\beta_c} \frac{1}{2d(2\|x\|_1+1)^{d-1}} \geq \frac{1}{4d^2(3\sqrt{d})^{d-1}\beta_c} \frac{1}{|x|^{d-1}} \quad (8.16)$$

となる（(2.15) を用いて $2\|x\|_1 + 1 \leq 3\|x\|_1 \leq 3\sqrt{d}|x|$ とした）．並進不変性に注意すれば，これは (8.3) そのものである．

文献について

臨界点の存在を（相関距離の発散として）最初に証明したのは Baker [57, 58] および McBryan, Rosen [140] である．Simon [161] は命題 4.9 (60 ページ) の Simon-Lieb 不等式によって相関距離の発散が証明できることを指摘した．ここで紹介した（磁化率の発散についての）定理 8.1 (142 ページ) のエレガントな証明は，φ_3^4 場の理論の構成についての Brydges, Fröhlich, Sokal [65] の 5 節の Remark 4 (p. 156) によった．

転移点直上での相関関数のふるまいについての定理 8.3 (144 ページ) は Simon [161]，定理 8.4 (144 ページ) は鏡映正値性を用いて Sokal [166] が証明した．

自発磁化の連続性についての定理 8.5 (144 ページ) は積年の未解決の予想だったが，ついに本書を執筆中の 2013 年に Aizenman, Duminil-Copin, Sidoravicius [50] によって証明された．これは非常に重要な結果である．ただし，証明には鏡映正値性を本質的に用いているため，鏡映正値性の成立しない系での対応する問題は未解決である．

9

転移点の一意性

　6 章と 7 章の結果から，$d \geq 2$ の Ising 模型には，性質の異なった高温相と低温相があり，それらのあいだの相転移があることがわかった．
　本章では，高温相と低温相のあいだに別の性質をもった「中間相」があるかどうかという問題を取り上げる．結論として「中間相」は存在せず，高温相と低温相はたった一つの転移点 $\beta_c = \beta_m$ を境にして接していることを証明する．証明の主要なアイディアは相関不等式から得られる偏微分不等式と対応する偏微分方程式の解を比較することである．

1. 本章の主要な結果

　本章では，転移点の一意性と呼ばれる重要な結果を証明する．これで，Ising 模型の相転移の基本的な様相は完全に理解されることになる．
　本書では，定義 6.2（100 ページ）と定義 7.2（124 ページ）で，転移点をそれぞれ

$$\beta_c = \sup\{\beta \,|\, \chi^P(\beta) < \infty\}, \quad \beta_m = \inf\{\beta \,|\, m_s(\beta) > 0\} \tag{9.1}$$

と定めた．β_c は磁化率が有限になるぎりぎりの β であり「高温側からみた転移点」，β_m は自発磁化がゼロでなくなるぎりぎりの β であり「低温側からみた転移点」と考えられる．(7.5) のように，両者のあいだには $\beta_c \leq \beta_m$ という関係がある．3 章 3 節の平均場近似（特に図 3.6（36 ページ）を参照）では，明らかに β_c と β_m は等しい．しかし，β_c と β_m がまったく異なった物理を通して定義されることを考えれば，一般に両者が等しいと期待できる単純な理由はない．
　もし二つの転移点が異なり，$\beta_c < \beta_m$ となっているなら，$\beta \in (\beta_c, \beta_m)$ の範囲で，自発磁化 $m_s(\beta)$ はゼロだが磁化率 $\chi(\beta)$ が無限大になるような「中間相」が現われることになる．実際，Berezinskii-Kosterlitz-Thouless 転移（定理 12.4

（198 ページ）を見よ）をおこす 2 次元のスピン系では「中間相」が存在するのである[1].

少なくとも Ising 模型については，そのような「中間相」は存在せず，二つの転移点 β_c, β_m が等しいことが以下の定理で保証される．これが本章の主要な結果である．

9.1 [定理]　$d \geq 2$ とする．d 次元の Ising 模型を考え，β_c を (6.5) で定義された転移点とする．次元 d のみに依存する正の定数 a_1, a_2, b_1, b_2 が存在し，

$$m_s(\beta) \geq a_1 (\beta - \beta_c)^{1/2} \tag{9.2}$$

が任意の $\beta \in [\beta_c, \beta_c + b_1]$ について，

$$m(\beta_c, h) \geq a_2 h^{1/3} \tag{9.3}$$

が任意の $h \in [0, b_2]$ について成り立つ．

磁化の下界 (9.2) と β_m の定義 (7.4)（あるいは (9.1)）を見比べれば $\beta_c = \beta_m$ が結論される．これが目標だった転移点の一意性である．この結果をふまえ，次章以降では転移点を単に β_c と書くことにしよう．

2. 証明のアイディア

この章の残りで定理 9.1 を証明する．原論文 [48, 49] にある証明は能率的だがやや難解である．ここでは背後にあるアイディアをはっきりさせるため，少し異なった証明を紹介する．

転移点の一意性を証明するためには，$\beta < \beta_c$ における系の性質をもとにして，$\beta > \beta_c$ での磁化の下界 (9.2) を示す必要がある．しかし，β_c という Ising 模型が様々な特異なふるまいをみせる点を跳び越した「反対側」での系の性質を調べるのは容易ではない．この困難を克服するために，磁化 $m(\beta, h)$ が二変数関数であることを積極的に利用し，β, h 平面での磁化のふるまいに注目する．

本章では，式を簡単にするため，磁場 h ではなく $\hat{h} := \beta h$ を変数にとる．すべての量を $\beta, \hat{h}$ の関数とみなし，偏微分もこれらの変数で行なう[2]．特に頻繁に出

---

[1] Berezinskii-Kosterlitz-Thouless 転移をおこす系では，β_c は有限だが，$\beta_m = \infty$ である．
[2] よって，$\partial/\partial\beta$ は（h でなく）$\hat{h}$ を固定した偏微分を表わす．

てくる磁化については新しい記号 $\hat{m}$ を，$\hat{m}_L(\beta,\hat{h})|_{\hat{h}=\beta h} = m_L(\beta,h)$ のように定めておく．

定理 9.1 の証明のための主な道具は有限系の磁化についての以下の偏微分不等式である．

9.2 [補題]　$\hat{m}_L(\beta,\hat{h})$ を Λ_L 上の周期境界条件を課した Ising 模型の磁化とする．$b_1 > 0$ を定数とすると，次元 d と b_1 に依存する定数 $A > 0$ があって，$\hat{h} \geq 0$，$0 \leq \beta \leq \beta_c + b_1$ を満たす任意の $\beta, \hat{h}$ について，

$$\hat{m}_L \leq \hat{h}\frac{\partial \hat{m}_L}{\partial \hat{h}} + (\hat{m}_L)^3 + A(\hat{m}_L)^2\frac{\partial \hat{m}_L}{\partial \beta} \tag{9.4}$$

が成り立つ[3]．

証明　並進不変性に注意して，**Aizenman-Barsky-Fernández 不等式**（定理 A.20（273 ページ））を書き直すと

$$\hat{m}_L \leq (\tanh\hat{h})\frac{\partial \hat{m}_L}{\partial \hat{h}} + (\hat{m}_L)^3 + (\tanh\beta)(\hat{m}_L)^2\frac{\partial \hat{m}_L}{\partial \beta} \tag{9.5}$$

が得られる．$\tanh\hat{h} \leq \hat{h}$，$\tanh\beta \leq \tanh(\beta_c + b_1) =: A$ に注意すれば (9.4) が得られる．　∎

以下の節で詳しくみるように，不等式 (9.4) と $\beta \uparrow \beta_c$ で磁化率 $\chi(\beta)$ が発散するという事実だけから，目標の不等式 (9.2), (9.3) が導かれる．これはいささか驚くべきことだ．本格的な証明に入る前に基本的なアイディアをみておこう．

はじめに，不等式 (9.4) と同じ形をした，未知関数 $u(\beta,\hat{h})$ についての偏微分方程式

$$u = \hat{h}\frac{\partial u}{\partial \hat{h}} + u^3 + Au^2\frac{\partial u}{\partial \beta} \tag{9.6}$$

を考えよう．この偏微分方程式の（適切な境界条件の下での）解と，不等式 (9.4) を満たす $\hat{m}_L(\beta,\hat{h})$ の大小関係を調べるのが定理の証明の中心的なアイディアだ．

(9.6) の解の様子を知るため，まず $\hat{h} = 0$ の範囲に限ると[4]，

$$u(\beta,0) = \{u(\beta,0)\}^3 + A\{u(\beta,0)\}^2\frac{d}{d\beta}u(\beta,0) \tag{9.7}$$

---

[3] $\hat{m}_L(\beta,\hat{h})$ の引数を省略した．この章では断りなく同様に引数を省略する．
[4] $h \downarrow 0$ で $|h\partial u/\partial h| \downarrow 0$ となることを仮定する．もちろん，定理の証明にこの仮定は用いない．

という変数分離型の常微分方程式が得られる．「初期条件」として $u(0,0) = 0$ を課し，簡単のため $u \ll 1$ として u^3 の項を無視すれば，

$$u(\beta, 0) \begin{cases} = 0, & \beta \leq \tilde{\beta}_{\mathrm{m}} \text{ のとき} \\ \simeq (2/A)^{1/2} (\beta - \tilde{\beta}_{\mathrm{m}})^{1/2}, & \beta > \tilde{\beta}_{\mathrm{m}} \text{ のとき} \end{cases} \quad (9.8)$$

という解が得られる．ここで $\tilde{\beta}_{\mathrm{m}}$ は任意の定数である[5]．(9.8) は平均場近似での自発磁化のふるまい (3.34) と同じ形をしている．

$\hat{h} > 0$ の領域まで考えると，偏微分方程式 (9.6) の解は，はるかに大きな不定性をもつようになり，境界条件を決めなければ解は定まらない．ここでは，上で平均場のふるまいがみられたことを念頭に置いて，任意の $\beta < \beta_{\mathrm{c}}$ について

$$u(\beta, \hat{h}) = \frac{1}{B(\beta_{\mathrm{c}} - \beta)} \hat{h} + O(\hat{h}^2) \quad (9.9)$$

を要請する ($B > 0$ は定数)．$\beta < \beta_{\mathrm{c}}$ では $u(\beta, 0) = 0$ であり，磁化率が $\{B(\beta_{\mathrm{c}} - \beta)\}^{-1}$ に等しいということである．これは平均場近似での磁化率のふるまい (3.37) で，転移点を正確な値 β_{c} に置き換えたものになっている．5 節でみるように，境界条件 (9.9) を課すと，偏微分方程式 (9.6) の解は $\beta > 0, \hat{h} \geq 0$ の（全域ではないが）広い領域で一意的に定まる（図 9.1 を見よ）．特に，$0 < \beta - \beta_{\mathrm{c}} \ll 1$, $0 \leq \hat{h} \ll 1$ では，

$$u(\beta, 0) \sim \left(\frac{2}{A}\right)^{1/2} (\beta - \beta_{\mathrm{c}})^{1/2}, \quad u(\beta_{\mathrm{c}}, \hat{h}) \sim \left(\frac{2}{AB}\right)^{1/3} \hat{h}^{1/3} \quad (9.10)$$

のように平均場近似と同じ臨界現象を示す．一つ目は (9.8) と同じだが，ここでは転移点 $\tilde{\beta}_{\mathrm{m}}$ を選ぶ任意性はないこと（つまり，一意的に $\tilde{\beta}_{\mathrm{m}} = \beta_{\mathrm{c}}$ と決まった）ことに注意しよう．つまり，少なくとも偏微分方程式 (9.6) の解について言えば，「高温側でのふるまいをもとにして低温側のふるまいを決める」ことが達成され，「高温からみた転移点」と「低温からみた転移点」が等しいことがいえた．

この知見から Ising 模型の磁化のふるまいについての情報を得ることで，主定理を証明する．そのため，偏微分不等式 (9.4) を満たす関数 $\hat{m}_L(\beta, \hat{h})$ と偏微分方程式 (9.6) の解のあいだの大小関係を利用する．まず，定数 $B > 0$ を十分に小さく選べば，$\beta < \beta_{\mathrm{c}}$ では，

$$\hat{m}_L(\beta, \hat{h}) \geq \frac{1}{B(\beta_{\mathrm{c}} - \beta)} \hat{h} + O(\hat{h}^2) \quad (9.11)$$

---

[5] (9.7) は解の一意性が成り立たない常微分方程式の例になっている．

となることを示す (ここでは気楽に $O(\hat{h}^2)$ などと書いているが,証明に入ればきちんとした命題を示す). つまり, $\beta < \beta_c, \hat{h} \ll 1$ のところでは $\hat{m}_L(\beta, \hat{h}) \geq u(\beta, \hat{h})$ が成り立つ. 証明の要は偏微分不等式 (9.4) と偏微分方程式 (9.6) を比較することで,より広い $(\beta, \hat{h})$ の範囲で同じ大小関係 $\hat{m}_L(\beta, \hat{h}) \geq u(\beta, \hat{h})$ を示すことである. このために,偏微分方程式を特性曲線を用いて解く方法を利用する. そうして不等式 $\hat{m}_L(\beta, \hat{h}) \geq u(\beta, \hat{h})$ が証明されれば, (9.10) から,求める (9.2), (9.3) が得られる.

3. 微分不等式に関する命題

ここでは,定理 9.1 を一般化した抽象的な命題を導入する. これによって,問題の本質が明快になり,また 1/2 や 1/3 という指数がどこから来るのかもはっきりするだろう. また,パーコレーションなどの類似の系での転移点の一意性の定理を理解する上でもこの一般化は見通しがよい.

9.3 [命題] $A, B, \theta, \beta_c, b_1$ を正の定数とし, $A > \theta b_1$ が成り立つとする. $f(\cdot)$ を,区間 $[0,1)$ 上の Lipschitz 連続[6]で $0 \leq f(x) < 1$, $f(0) = 0$ を満たす任意の実数値関数とする. 変数 $\beta, \hat{h}$ の動く範囲を $\beta \in [0, \beta_c + b_1]$, $\hat{h} \in [0, \infty)$ とする. $[0,1]$ に値をとる関数の列 $\hat{m}_L(\beta, \hat{h})$ $(L = 1, 2, 3, \ldots)$ が,以下の (i) から (iv) を満たすとする.
(i) $\hat{m}_L(\beta, \hat{h})$ は β と $\hat{h} > 0$ のそれぞれについて微分可能かつ広義増加.
(ii) 任意の $\beta, \hat{h}$ について $\hat{m}_L(\beta, \hat{h})$ は偏微分不等式

$$\hat{m}_L \leq \hat{h}\frac{\partial \hat{m}_L}{\partial \hat{h}} + \hat{m}_L f(\hat{m}_L) + A(\hat{m}_L)^\theta \frac{\partial \hat{m}_L}{\partial \beta} \qquad (9.12)$$

を満たす.
(iii) $0 < \hat{h} \leq \delta_L$ かつ $0 \leq \beta \leq \beta_c$ なら

$$\hat{m}_L(\beta, \hat{h}) \geq \frac{\hat{h}}{B(\beta_c - \beta + \kappa_L)} \qquad (9.13)$$

が成り立つような, $\lim_{L\uparrow\infty} \kappa_L = 0$ を満たす $\kappa_L > 0$ と $\delta_L > 0$ $(L = 1, 2, \ldots)$ が存在する.

---

[6] 定数 K が存在して,すべての $x, y \in [0,1)$ に対して $|f(x) - f(y)| \leq K|x-y|$ となること. 定数 K を Lipschitz 定数という.

(iv) 任意の $\beta, \hat{h} > 0$ について，極限 $\lim_{L\uparrow\infty} \hat{m}_L(\beta,\hat{h}) = \hat{m}_\infty(\beta,\hat{h})$ が存在する．

このとき，正の定数 a_1, a_2, b_2 が存在し，

$$\hat{m}_\infty(\beta,\hat{h}) \geq a_1 (\beta - \beta_c)^{1/\theta} \tag{9.14}$$

が任意の $\beta \in [\beta_c, \beta_c + b_1]$ と $\hat{h} \geq 0$ について，また

$$\hat{m}_\infty(\beta_c,\hat{h}) \geq a_2 \hat{h}^{1/(\theta+1)} \tag{9.15}$$

が任意の $\hat{h} \in [0, b_2]$ に対して成り立つ．

命題 9.3 を認めての定理 9.1 の証明 $\beta \in [0, \beta_c + b_1]$ について，(i) から (iv) が成り立っていることを確かめればよい．(i) 微分可能性は 2 章の (2.9) で，広義増加性は系 4.19 で示されている．(ii) $f(x) = x^2$, $\theta = 2$ とすれば，不等式 (9.12) は (9.4) そのもの．(iv) 系 5.14 で保証されている．(iii) はすぐ下の補題 9.4 で保証される．

よって命題 9.3 の条件が成り立つ．命題の結論 (9.14) で $\hat{h} \downarrow 0$ とすれば，定理 9.1 の結論である (9.2) が得られる．(9.15) は (9.3) そのものである． ∎

9.4 [補題] 周期境界条件を課した Λ_L 上の Ising 模型において，

$$\kappa_L := \frac{1}{2d\,\chi^{\mathrm{P}}_L(\beta_c, 0)} \tag{9.16}$$

とすれば，$0 \leq \beta \leq \beta_c$ と $0 < \hat{h} \leq \delta_L := (4|\Lambda_L|^2)^{-1}$ を満たす任意の $\beta, \hat{h}$ について

$$\hat{m}_L(\beta,\hat{h}) \geq \frac{\hat{h}}{4d\{\beta_c - \beta + \kappa_L\}} \tag{9.17}$$

が成り立つ．

$\chi^{\mathrm{P}}(\beta, 0)$ は $\beta \uparrow \beta_c$ で発散する（定理 8.1（142 ページ））から，$L \uparrow \infty$ では $\chi^{\mathrm{P}}_L(\beta_c, 0) \uparrow \infty$ つまり $\kappa_L \downarrow 0$ である．したがって，この補題によって命題 9.3 の前提 (iii) が保証される．

証明 この証明では周期境界条件の量のみを扱うので,添え字 P を断りなく省略する. まず, $\hat{\chi}_L(\beta,\hat{h}) := \sum_{x\in\Lambda_L} \langle\sigma_o;\sigma_x\rangle^{\mathrm{P}}_{L;\beta,\hat{h}}$ と定義し[7], $\hat{m}_L(\beta,0)=0$ に注意すると,

$$\hat{m}_L(\beta,\hat{h}) = \int_0^{\hat{h}} \frac{\partial \hat{m}_L(\beta,t)}{\partial t} dt = \int_0^{\hat{h}} \hat{\chi}_L(\beta,t) dt \tag{9.18}$$

である. よって $\hat{m}_L(\beta,\hat{h})$ の下界を求めるには, $\hat{\chi}_L(\beta,\hat{h})$ の下界を求めればよい. まず $\hat{h}=0$ としよう. (8.8) により,

$$0 \le \frac{1}{\hat{\chi}_L(\beta_1,0)} - \frac{1}{\hat{\chi}_L(\beta_2,0)} \le 2d(\beta_2-\beta_1) \tag{9.19}$$

が任意の $\beta_2 \ge \beta_1 \ge 0$ と任意の $L\ge 1$ について成り立つ. $\beta_2=\beta_{\mathrm{c}}, \beta_1=\beta<\beta_{\mathrm{c}}$ とすると

$$\hat{\chi}_L(\beta,0) \ge \frac{1}{2d(\beta_{\mathrm{c}}-\beta)+\{\hat{\chi}_L(\beta_{\mathrm{c}},0)\}^{-1}} = \frac{1}{2d\{(\beta_{\mathrm{c}}-\beta)+\kappa_L\}} \tag{9.20}$$

が得られる.

次に, $\hat{h}>0$ での $\hat{\chi}_L$ の下界を求めよう. まず

$$\hat{\chi}_L(\beta,\hat{h}) - \hat{\chi}_L(\beta,0) = \int_0^{\hat{h}} dt\, \frac{\partial}{\partial t}\hat{\chi}_L(\beta,t) = \sum_{x,y\in\Lambda_L} \int_0^{\hat{h}} dt\, \langle\sigma_o;\sigma_x;\sigma_y\rangle_{L;\beta,t/\beta}$$

だが, 三点の連結相関関数は必ず $\langle\sigma_o;\sigma_x;\sigma_y\rangle \ge -2$ を満たすので[8],

$$\ge \sum_{x,y\in\Lambda_L} \int_0^{\hat{h}} dx(-2) = -2|\Lambda_L|^2\, \hat{h} \ge -\frac{1}{2} \tag{9.21}$$

となる. 最後は補題の条件 $\hat{h} \le (4|\Lambda_L|^2)^{-1}$ を使った. さらに, $\hat{\chi}_L(\beta,0) \ge \langle(\sigma_0)^2\rangle = 1$ に注意すれば, (9.21) から

$$\hat{\chi}_L(\beta,\hat{h}) \ge \hat{\chi}_L(\beta,0) - \frac{1}{2} \ge \frac{1}{2}\hat{\chi}_L(\beta,0) \tag{9.22}$$

となる.

---

[7] この $\hat{\chi}$ は通常の χ と $\chi=\beta\hat{\chi}$ で結ばれている.
[8] 定義 (2.33) を $\langle\sigma_1;\sigma_2;\sigma_3\rangle = \langle\sigma_1\sigma_2;\sigma_3\rangle - \langle\sigma_2\sigma_3\rangle\langle\sigma_1\rangle - \langle\sigma_3\sigma_1\rangle\langle\sigma_2\rangle + 2\langle\sigma_1\rangle\langle\sigma_2\rangle\langle\sigma_3\rangle と書き直し, + のついた項には Griffiths 不等式 (4.3), (4.4) を使い, - のついた項には $|\sigma_x|\le 1$ を使えばよい.

後は (9.18) に (9.22) を代入し，(9.20) を使えば，

$$\hat{m}_L(\beta,\hat{h}) \geq \int_0^{\hat{h}} \frac{1}{2}\hat{\chi}_L(\beta,0)dx = \frac{\hat{\chi}_L(\beta,0)}{2}\hat{h} \geq \frac{\hat{h}/2}{2d\{\beta_c - \beta + \kappa_L\}} \quad (9.23)$$

のように，求める (9.17) が得られる． ∎

4. 偏微分不等式と偏微分方程式の比較

この節では，一般の準線型一階偏微分不等式を満たす関数と，同じ形の偏微分方程式の特性曲線のあいだの大小関係についての補題 9.5 を証明する．この補題は，命題 9.3 の証明のための主要な数学的な道具である．

補題を述べて証明する準備として，準線型一階偏微分方程式を特性曲線を用いて解く方法を簡単に復習しよう[9]．x, y を実変数として未知関数 $u(x, y)$ についての偏微分方程式

$$a(x,y,u)\frac{\partial u}{\partial x} + b(x,y,u)\frac{\partial u}{\partial y} = c(x,y,u) \quad (9.24)$$

を考える．$a(x, y, u)$, $b(x, y, u)$, $c(x, y, u)$ は与えられた係数関数である．(9.24) のように，未知関数の偏導関数について線型な微分方程式を**準線型の偏微分方程式**という．y_0 を固定し，関数 $u_b(x)$ が与えられたとして，境界条件 $u(x, y_0) = u_b(x)$ のもとで，偏微分方程式 (9.24) を解くことを考えよう．y を「時間」とみなし，$y = y_0$ での「初期値」を与えて $y > y_0$ の様子を見ると思えばいい．

ここで，新たに変数 $t \geq 0$ を用意し，常微分方程式

$$\begin{cases} \dot{\tilde{x}}(t) = a(\tilde{x}(t), \tilde{y}(t), \tilde{u}(t)) \\ \dot{\tilde{y}}(t) = b(\tilde{x}(t), \tilde{y}(t), \tilde{u}(t)) \\ \dot{\tilde{u}}(t) = c(\tilde{x}(t), \tilde{y}(t), \tilde{u}(t)) \end{cases} \quad (9.25)$$

(t による微分をドットで表わした）と初期条件

$$\tilde{x}(0) = x_0, \quad \tilde{y}(0) = y_0, \quad \tilde{u}(0) = u_0 \quad (9.26)$$

を満たす関数 $\tilde{x}(t)$, $\tilde{y}(t)$, $\tilde{u}(t)$ を考える．t を動かしたときに解 $(\tilde{x}(t), \tilde{y}(t), \tilde{u}(t))$ が xyu-空間に描く曲線を**特性曲線** (characteristic curve) という．また，特性曲線を xy-平面に射影したものを**基礎特性曲線**と呼ぶ．

---

[9] 詳しくは，吉田 [19] の第 II 編 A-1 章などを参照．

初期値の組 (x_0, y_0, u_0) に対して一本の特性曲線が決まる．そこで，y_0 を固定し，x_0 を適切な範囲で動かして，$(x_0, y_0, u_\mathrm{b}(x_0))$ という初期値から決まる特性曲線の集まりを考える．これらの曲線を束ねたものは xyu-空間内での一つの曲面をなすだろう．実はこの曲面がちょうど偏微分方程式 (9.24) の解曲面になっているのだ．この事実を（大ざっぱに）みるため，上のようにして得られた曲面の方程式を $u = \bar{u}(x, y)$ と書く．(9.25) の $\tilde{x}(t), \tilde{y}(t)$ の方程式を使うと，

$$\frac{d}{dt}\bar{u}(\tilde{x}(t), \tilde{y}(t)) = \dot{\tilde{x}}(t)\frac{\partial \bar{u}}{\partial x} + \dot{\tilde{y}}(t)\frac{\partial \bar{u}}{\partial y} = a\frac{\partial \bar{u}}{\partial x} + b\frac{\partial \bar{u}}{\partial y} \tag{9.27}$$

である．一方，曲面の作り方から $\tilde{u}(t) = u(\tilde{x}(t), \tilde{y}(t))$ なので，$\dot{\tilde{u}}(t) = c$ である．よって (9.27) から $\bar{u}(x, y)$ が偏微分方程式 (9.24) を満たすことがわかる．

もちろん，このアイディアにもとづいて偏微分方程式の解を厳密に構成するためには，特性曲線が存在すること，特性曲線を束ねることで性質のよい曲面が作られることを証明しなくてはならない．係数関数や変数の範囲に仮定を設けてこれらを証明することはできるが，ここでは，そういう方向には踏み込まない．われわれの証明のためには，偏微分方程式 (9.24) の解を作る必要はなく，特性曲線についての情報だけがあれば十分だからである．

準備が整ったので主要な補題を述べよう．

9.5 [補題] x_1, x_2, y_2 を定数（ただし，$x_1 < x_2, y_0 < y_2$）とし，(x, y)-平面の閉領域 $D := \{(x, y) \mid x_1 \leq x \leq x_2, y_0 \leq y \leq y_2\}$ を定義する．D 上で定義された連続関数 $v(x, y)$ が $[0, 1]$ 上に値をとり，偏微分不等式

$$a(x, y, v)\frac{\partial v}{\partial x} + b(x, y, v)\frac{\partial v}{\partial y} \geq c(x, y, v) \tag{9.28}$$

を満たすとする．また $v(x, y)$ の二つの偏導関数は非負とする．$(\tilde{x}(t), \tilde{y}(t), \tilde{u}(t))$ を偏微分方程式 (9.24) に対応する特性曲線とし，初期値 x_0, y_0, u_0 を

$$0 < u_0 \leq v(x_0, y_0) < 1 \tag{9.29}$$

が満たされるように選ぶ．$D \times [0, 1]$ において，係数関数 $a(x, y, u), b(x, y, u), c(x, y, u)$ は三つの引数のそれぞれについて Lipschitz 連続（Lipschitz 定数は K_1）であり，係数 $a(x, y, u)$ と $b(x, y, u) \geq 0$ は $u \in [0, 1]$ の広義増加関数であるとする．

このとき，定数 $t_1 > 0$ があり，任意の $t \in [0, t_1]$ について

$$\tilde{u}(t) \leq v(\tilde{x}(t), \tilde{y}(t)) \tag{9.30}$$

が成り立つ．つまり，特性曲線はつねに関数 $v(x,y)$ よりも「下に」ある．

9.6 [注意] これによって，特性曲線を束ねることで偏微分方程式 (9.24) の解 $u(x,y)$ を構成すれば，(解が構成された範囲内で) $u(x,y) \leq v(x,y)$ が成り立つことになる．(9.30) は，この不等式を基礎特性曲線上に限定したものとみることができる．

証明 a, b, c は Lipschitz 連続だから，常微分方程式の解 $\tilde{x}(t), \tilde{y}(t), \tilde{u}(t)$ が $t \in [0, t_1]$ で連続になるように t_1 を選ぶことができる．また，$v(x,y)$ が連続なので，$w(t) := \tilde{u}(t) - v(\tilde{x}(t), \tilde{y}(t))$ は t の連続関数である．

基礎特性曲線上での w の変化を調べるため，(9.27) と同様に計算すると，

$$\frac{d}{dt}v(\tilde{x}(t), \tilde{y}(t)) = \dot{\tilde{x}}(t)\frac{\partial v}{\partial x} + \dot{\tilde{y}}(t)\frac{\partial v}{\partial y}$$
$$= a(\tilde{x}(t), \tilde{y}(t), \tilde{u}(t))\frac{\partial v}{\partial x} + b(\tilde{x}(t), \tilde{y}(t), \tilde{u}(t))\frac{\partial v}{\partial y} \quad (9.31)$$

となる．右辺は，$v(x,y)$ が満たす偏微分不等式 (9.28) の左辺と似ているが，a, b の引数として v でなく $\tilde{u}$ が入っているところが異なっている．そこで，(9.28) の左辺と同じ形の部分を強引に作るよう

$$\frac{dv}{dt} = \frac{\partial v}{\partial x}\{a(\tilde{u}) - a(v)\} + \frac{\partial v}{\partial y}\{b(\tilde{u}) - b(v)\} + \frac{\partial v}{\partial x}a(v) + \frac{\partial v}{\partial y}b(v)$$
$$\geq \frac{\partial v}{\partial x}\{a(\tilde{u}) - a(v)\} + \frac{\partial v}{\partial y}\{b(\tilde{u}) - b(v)\} + c(v) \quad (9.32)$$

と変形する（共通の引数 $\tilde{x}(t), \tilde{y}(t)$ は省略して $a(\tilde{u}) = a(\tilde{x}(t), \tilde{y}(t), \tilde{u}(t))$, $b(v) = b(\tilde{x}(t), \tilde{y}(t), v(\tilde{x}(t), \tilde{y}(t)))$ などと略記した）．最後に偏微分不等式 (9.28) を用いた．さらに，$\dot{\tilde{u}}(t) = c(\tilde{u})$ だったから，$w(t)$ の時間微分は

$$\dot{w}(t) \leq c(\tilde{u}) - c(v) + \frac{\partial v}{\partial x}\{a(v) - a(\tilde{u})\} + \frac{\partial v}{\partial y}\{b(v) - b(\tilde{u})\} \quad (9.33)$$

を満たす．

目標は任意の $t \in [0, t_1]$ について $w(t) \leq 0$ を示すことだった．ある $t_2 \in (0, t_1]$ において $w(t_2) > 0$ と仮定して，矛盾を導こう．そのために，まず $t_3 := \inf\{\tilde{t} \mid$ 任意の $t \in (\tilde{t}, t_2]$ について $w(t) > 0\}$ と定義する．$w(0) \leq 0$ だから inf は存在し $t_3 \geq 0$ である．また $w(t)$ の連続性から $w(t_3) = 0$ なので，$t_3 \in [0, t_2)$ とわかる．

$t \in [t_3, t_2]$ では $w(t) \geq 0$ である. よって $\tilde{u}(t) \geq v(\tilde{x}(t), \tilde{y}(t))$ であり, 仮定から $a(v) - a(\tilde{u}) \leq 0$, $b(v) - b(\tilde{u}) \leq 0$ となる. また $v(x, y)$ の偏導関数についての仮定から $\partial v/\partial x$ と $\partial v/\partial y$ は非負である. さらに c の Lipschitz 連続性を使えば, (9.33) から

$$\dot{w}(t) \leq c(\tilde{u}) - c(v) \leq K_1 \left| \tilde{u}(t) - v(\tilde{x}(t), \tilde{y}(t)) \right| = K_1 w(t) \tag{9.34}$$

が得られる. これは $z(t) := e^{-K_1 t} w(t)$ に対して $\dot{z}(t) \leq 0$ を意味するので, $z(t_2) \leq z(t_3)$, つまり, $w(t_2) \leq e^{K_1(t_2-t_3)} w(t_3)$ が得られる. ところが, $w(t_3) = 0$ だから $w(t_2) \leq 0$ となり, 矛盾. ∎

5. 命題 9.3 の証明

補題 9.5 を用いて, 本章の主要結果である命題 9.3 (152 ページ) を証明しよう. ここでは, 補題での x, y が命題での β, $\hat{h}$ に, 補題での $v(x, y)$ が命題での $\hat{m}_L(\beta, \hat{h})$ に, それぞれ対応する. $\hat{h}_1 > 0$ を適当に選んで, 関数の定義域を $D := \{(\beta, \hat{h}) \mid 0 \leq \beta \leq \beta_c + b_1, 0 \leq \hat{h} \leq \hat{h}_1\}$ とする. 補題での偏微分方程式 (9.24) は (不等式 (9.12) に対応させて) 関数 $u(\beta, \hat{h})$ についての偏微分方程式

$$\hat{h} \frac{\partial u}{\partial \hat{h}} + A u^\theta \frac{\partial u}{\partial \beta} = u - u f(u) \tag{9.35}$$

となる.

こうすれば補題 9.5 の条件は (特性曲線の初期条件を除けば) すべて満たされるので, 補題の結論である不等式 (9.30) を用いて命題 9.3 を証明する.

5.1 特性曲線を求める

まず, 特性曲線 $(\tilde{\beta}(t), \tilde{h}(t), \tilde{u}(t))$ を求めよう. 解くべき常微分方程式は

$$\dot{\tilde{\beta}}(t) = A\{\tilde{u}(t)\}^\theta, \quad \dot{\tilde{h}}(t) = \tilde{h}(t), \quad \dot{\tilde{u}}(t) = \tilde{u}(t) - \tilde{u}(t) f(\tilde{u}(t)) \tag{9.36}$$

であり, 初期条件は, $\tilde{h}(0) = \hat{h}_0 > 0$, $\tilde{\beta}(0) = \beta_0 \in [0, \beta_c]$ および

$$\tilde{u}(0) = u_0 := \frac{\hat{h}_0}{B\{\beta_c - \beta_0 + \kappa_L\}} > 0 \tag{9.37}$$

と選ぶことにする. (9.13) の条件により, $u_0 \leq \hat{m}_L(\beta_0, \hat{h}_0)$ が成り立つ. これは,

補題での初期条件に関する条件 (9.29) に他ならない.

(9.36) の $\tilde{u}(t)$ についての微分方程式は他の未知関数を含まないので,これだけ解けてしまう.微分方程式の右辺は正なので $\tilde{u}(t)$ は t の狭義増加関数になる.そこで,$u = \tilde{u}(t)$ と変数変換することで,微分方程式 (9.36) のパラメターを u に変換しよう.u の関数として表わした未知関数[10] $\beta(u), \hat{h}(u)$ は微分方程式

$$\frac{d\beta(u)}{du} = \frac{Au^\theta}{u\{1-f(u)\}}, \quad \frac{d\hat{h}(u)}{du} = \frac{\hat{h}(u)}{u\{1-f(u)\}} \tag{9.38}$$

を満たす.これらはそれぞれの未知関数のみを含む変数分離型の微分方程式だから,簡単に解ける.まず,$\beta(u)$ については,

$$\beta(u) = \beta_0 + A\int_{u_0}^{u} \frac{x^{\theta-1}}{1-f(x)} dx \tag{9.39}$$

である.$\hat{h}(u)$ については,後の便利のため被積分関数を二つの部分の和に分けて,

$$\log \hat{h}(u) - \log \hat{h}_0 = \int_{u_0}^{u} \left\{ \frac{1}{x} + \frac{f(x)}{x\{1-f(x)\}} \right\} dx$$
$$= \log u - \log u_0 + \int_{u_0}^{u} \frac{f(x)}{x\{1-f(x)\}} dx \tag{9.40}$$

としておく.これを整理すれば,

$$\hat{h}(u) = \hat{h}_0 \frac{u}{u_0} \exp\left[\int_{u_0}^{u} \frac{f(x)}{x\{1-f(x)\}} dx\right]$$
$$= B(\beta_c - \beta_0 + \kappa_L) u \exp\left[\int_{u_0}^{u} \frac{f(x)}{x\{1-f(x)\}} dx\right] \tag{9.41}$$

となる[11].二行目に移る際に u_0 の表式 (9.37) を代入した.被積分関数を和に分けて $\log u - \log u_0$ を引っ張りだしたのは,ここで $\hat{h}_0$ をキャンセルさせるためだった.

補題 9.5 の主要な結論である不等式 (9.30) を使えば,任意の初期値 $\beta_0 \in [0, \beta_c]$ と $\hat{h}_0 > 0$,および $(\beta(u), \hat{h}(u)) \in D$ を満たす任意の $u \in [0,1)$ について,

$$\hat{m}_L(\beta(u), \hat{h}(u)) \geq u \tag{9.42}$$

---

[10] もちろん,これらは $\beta(\tilde{u}(t)) = \tilde{\beta}(t), \hat{h}(\tilde{u}(t)) = \tilde{h}(t)$ で定まる.
[11] Lipschitz 連続性と $f(0) = 0$ より $|f(x)| = |f(x) - f(0)| \leq K|x|$ なので,ここでの積分は収束する.

が成り立つと結論できる.

ここで, β_0 は固定したまま $\hat{h}_0 \downarrow 0$ の極限をとる. (9.37) の u_0 はこの極限でゼロになるので, (9.39), (9.41) の解は

$$\beta(u) = \beta_0 + F_1(u), \quad \hat{h}(u) = (\beta_c - \beta_0 + \kappa_L) F_2(u) \qquad (9.43)$$

となる. ここで,

$$F_1(u) := A \int_0^u \frac{x^{\theta-1}}{1-f(x)} dx, \quad F_2(u) := B\, u \exp\left[\int_0^u \frac{f(x)}{x\{1-f(x)\}} dx\right] \qquad (9.44)$$

とした. $F_1(u), F_2(u)$ はどちらも u の狭義増加関数であり, $u \ll 1$ では, それぞれ $F_1(u) \sim (A/\theta)\, u^\theta, F_2(u) \sim B\, u$ のようにふるまう. もちろん, $\hat{h}_0 \downarrow 0$ の極限をとっても不等式 (9.42) は成立する. ここから先では, β_0 と u を適切に選んだ上で, 不等式 (9.42) を用いて, 最終結論である不等式 (9.14), (9.15) を導出していく.

9.7 [注意] 初期値 β_0 を $[0, \beta_c]$ の範囲で動かし, (9.43) から決まる特性曲線を集めれば偏微分方程式 (9.35) の解が構成できる. 解が定まるのは, 領域 D のうち, $\beta_0 = 0$ の基礎特性曲線と $\beta_0 = \beta_c$ の基礎特性曲線にはさまれた範囲である. 図 9.1 の例からもわかるように, この範囲は (D 全域ではないが) かなり広い.

5.2 $\beta > \beta_c, \hat{h} = +0$ での解析

まず, 不等式 (9.14) を示そう. $\hat{h} \ll 1$ でのふるまいを知りたいのだから, もっとも右端の特性曲線を用いるのがいい (図 9.1 を見よ). 初期値を $\beta_0 = \beta_c$ と選ぼう. 不等式 (9.42) に解の具体形 (9.43) を代入すると,

$$\hat{m}_L\bigl(\beta_c + F_1(u), \kappa_L F_2(u)\bigr) \geq u \qquad (9.45)$$

が得られる. ここで, $F_1(1) \geq A \int_0^1 x^{\theta-1} dx = A/\theta > b_1$ だから, $F_1(u_1) = b_1$ となる $u_1 \in (0, 1)$ があることに注意. u が 0 から u_1 まで動くとき $\beta_c + F_1(u)$ は β_c から $\beta_c + b_1$ まで動くので, $\beta = \beta_c + F_1(u)$, あるいは逆関数を使って $u = F_1^{-1}(\beta - \beta_c)$ と書こう. すると, (9.45) は

$$\hat{m}_L(\beta, \hat{h}_{\beta,L}) \geq F_1^{-1}(\beta - \beta_c) \qquad (9.46)$$

となる. ここで $\hat{h}_{\beta,L} := \kappa_L F_2\bigl(F_1^{-1}(\beta - \beta_c)\bigr)$ とした.

$\hat{m}_L(\beta, \hat{h})$ は $\hat{h}$ について広義増加である. よって, (9.46) により, 任意の $\beta \in [\beta_c, \beta_c + b_1]$ と $\hat{h} \geq \hat{h}_{\beta,L}$ について,

$$\hat{m}_L(\beta, \hat{h}) \geq F_1^{-1}(\beta - \beta_c) \tag{9.47}$$

がいえる. この段階で $\hat{h} > 0$ と β を固定したまま, $L \uparrow \infty$ の極限をとろう. $\lim_{L\uparrow\infty} \kappa_L = 0$ なので $\lim_{L\uparrow\infty} \hat{h}_{\beta,L} = 0$ となる. よって, $\hat{h} > 0$ を固定すれば, 十分大きな L では必ず $\hat{h} \geq \hat{h}_{\beta,L}$ となり (9.47) が成立する. よって, 無限体積極限での磁化は, 任意の $\beta \in [\beta_c, \beta_c + b_1]$ と任意の $\hat{h} > 0$ について

$$\hat{m}_\infty(\beta, \hat{h}) \geq F_1^{-1}(\beta - \beta_c) \tag{9.48}$$

を満たす.

後は逆関数を評価するだけだが, $u \ll 1$ なら $F_1(u) \sim (A/\theta)\, u^\theta$ より $F_1^{-1}(y) \sim \{(\theta/A)\, y\}^{1/\theta}$ なので, 望む結果が出るのは明らか. 不等式で厳密に評価するため, 先ほどの u_1 を使って $f_1 = \max\{f(x) \mid x \in [0, u_1]\} < 1$ とする. 定義 (9.44) から, 任意の $u \in [0, u_1]$ について,

$$F_1(u) \leq \frac{A}{1 - f_1} \int_0^u x^{\theta-1} dx = \frac{A}{(1-f_1)\theta}\, u^\theta =: \tilde{A}\, u^\theta \tag{9.49}$$

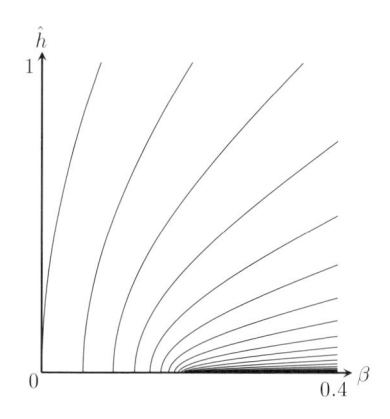

図 9.1 $(\beta, \hat{h})$ 平面における基礎特性曲線の模式図. $d = 3$ の Ising 模型を想定し $f(x) = x^2$, $\theta = 2$, $B = 12$, $\beta_c = 0.2$, $A = 0.4$, $\kappa_L = 10^{-4}$ として (9.43) から決まる曲線群を描いた.

とわかる.逆関数については,$F_1^{-1}(y) \geq (y/\tilde{A})^{1/\theta}$(ただし,$0 \leq y \leq b_1$)となり,(9.48) に戻せば望む不等式 (9.14) が導かれる.

5.3　$\beta = \beta_c, \hat{h} > 0$ での解析

$\hat{h} > 0$ について $\hat{m}_L(\beta_c, \hat{h})$ の下界を求め,不等式 (9.15) を示そう.図 9.1 からもわかるように,今度は一本の特性曲線を追うのではなく,それぞれの特性曲線がちょうど $\beta = \beta_c$ の線上を通過する際の情報を使うことになる.

主要な不等式 (9.42) と基礎特性曲線を決める解 (9.43) によれば,与えられた $\hat{h}$ に対して

$$\beta_c = \beta_0 + F_1(u), \quad \hat{h} = (\beta_c - \beta_0 + \kappa_L) F_2(u) \tag{9.50}$$

を連立させて β_0, u を求めれば,$\hat{m}_L(\beta_c, \hat{h}) \geq u$ が成り立つことがわかる.そこで,(9.50) から β_0 を消去し,$F_1(u), F_2(u)$ が狭義増加であることを用いると,

$$\hat{h} = \{F_1(u) + \kappa_L\} F_2(u) \leq \{F_1(\hat{m}_L(\beta_c, \hat{h})) + \kappa_L\} F_2(\hat{m}_L(\beta_c, \hat{h})) \tag{9.51}$$

となる.ここで $L \uparrow \infty$ の極限をとると,$\kappa_L \downarrow 0$ だから

$$\hat{h} \leq F_1(\hat{m}_\infty(\beta_c, \hat{h})) F_2(\hat{m}_\infty(\beta_c, \hat{h})) \tag{9.52}$$

が得られる.(これは保証されていないが)もし $\hat{m}_\infty(\beta_c, \hat{h}) \ll 1$ なら,右辺はほぼ $(AB/\theta)\{\hat{m}_\infty(\beta_c, \hat{h})\}^{\theta+1}$ だから,ここから求める (9.15) が得られるのはほぼ明らかである.

厳密に評価するため,$u_1 \in (0, 1)$ を 5.2 節と同じにとり,定義 (9.44) より,任意の $u \in [0, u_1]$ について

$$F_2(u) \leq B u \exp\left[\int_0^{u_1} \frac{f(x)}{x\{1-f(x)\}} dx\right] =: \tilde{B} u \tag{9.53}$$

が成り立つことに注意する.もし $\hat{m}_\infty(\beta_c, \hat{h}) \leq u_1$ であれば,これと (9.49) を合わせて,

$$\hat{h} \leq \tilde{A}\tilde{B} \{\hat{m}_\infty(\beta_c, \hat{h})\}^{\theta+1} \tag{9.54}$$

が得られる.よって,$\hat{m}_\infty(\beta_c, \hat{h}) > u_1$ となる場合と合わせれば,$0 \leq \hat{h} \leq b_2 := \tilde{A}\tilde{B}(u_1)^{\theta+1}$ を満たす任意の $\hat{h}$ について,

$$\hat{m}_\infty(\beta_c, \hat{h}) \geq (\tilde{A}\tilde{B})^{1/(\theta+1)} \hat{h}^{1/(\theta+1)} \tag{9.55}$$

が成り立つことになる．(9.15) が得られた．

9.8 ［注意］ 最後に，ここでの証明とは関係ないが，偏微分方程式 (9.35) の解について少し触れておこう．本節での解析は，偏微分方程式 (9.35) を，$\beta \in [0, \beta_c)$ についての境界条件

$$u(\beta, \hat{h}) = \frac{\hat{h}}{B\{\beta_c - \beta\}} + O(\hat{h}^2) \tag{9.56}$$

のもとで解いたことに相当する．基礎特性曲線 (9.43) から偏微分方程式の解を導くには，与えられた $\beta, \hat{h}$ について，

$$\beta = \beta_0 + F_1(u), \quad \hat{h} = (\beta_c - \beta_0) F_2(u) \tag{9.57}$$

を連立させて β_0 と u を求めればよい．こうして得られる u が偏微分方程式 (9.35) の解 $u(\beta, \hat{h})$ に他ならない．(9.57) の二式から β_0 を消去すれば，

$$\{\beta_c - \beta + F_1(u)\} F_2(u) = \hat{h} \tag{9.58}$$

が得られる．これが $u(\beta, \hat{h})$ を決める「自己整合方程式」である．

文献について

転移点の一意性は，まずパーコレーションについて，Menshikov [142] と Aizenman, Barsky [48] によって独立に証明された．両者の方法はかなり異なるので，比較して読むと興味深いだろう．Aizenman, Barsky の方法は，その後，Aizenman, Barsky, Fernández [49] で Ising 模型に拡張された．

Aizennman [46] はまったく異なった方向からの一意性へのアプローチである．結果は限定されているがこれも興味深い．

10 臨界指数についての不等式と等式

8章で，$d \geq 2$ では，転移点の直上あるいは近傍でさまざまな臨界現象がみられることを示した．3章5.4節で強調したように，臨界現象の定量的な解析は普遍性の高い物理に通じる重要な研究テーマである．臨界現象をもっとも端的に特徴づけるのは一連の臨界指数である．ここでは，臨界指数が満たすいくつかの一般的な不等式を紹介し，また，4よりも高い次元ではいくつかの臨界指数の値が正確に定まることもみる．

1. 個々の臨界指数についての不等式

3章5.4節でみたように，Ising 模型の転移点あるいはその近傍で生じる臨界現象は臨界指数という定数で特徴づけられると考えられている．本章の最初の二つの節では，臨界指数についての不等式を紹介する．

臨界指数は様々な物理量が (3.80), (3.81), (3.82), (3.89), (3.90), (3.91) のような臨界現象を示すと仮定して定義される．しかし，このような臨界現象がみられるという一般的な証明はないので，この章では臨界指数に（やや技巧的だが）明確な定義を与えてから不等式や等式を証明する．

この節では，8章と9章での結果をもとにして，一般の $d \geq 2$ の系において臨界指数について何がいえるかをみる．平均場近似やガウス模型では，臨界指数の古典的な値と呼ばれる単純な指数 (3.92) が得られたことを念頭に置いてほしい．

まず磁化率の $\beta \uparrow \beta_c$ での発散を特徴づける臨界指数 γ をみよう．指数 γ は (3.81), つまり $\chi(\beta) \approx (\beta_c - \beta)^{-\gamma}$ のようなべき的な発散を仮定して定義される．これは，

$$\gamma = -\lim_{\beta \uparrow \beta_c} \frac{\log \chi(\beta)}{\log(\beta_c - \beta)} \tag{10.1}$$

とも書けるが，極限が存在するという証明はない．ここでは，明確に定義された

量を議論するため，

$$\overline{\gamma} := -\liminf_{\beta\uparrow\beta_c} \frac{\log\chi(\beta)}{\log(\beta_c - \beta)}, \quad \underline{\gamma} := -\limsup_{\beta\uparrow\beta_c} \frac{\log\chi(\beta)}{\log(\beta_c - \beta)}, \tag{10.2}$$

という二つの指数を導入しよう[1]．$\overline{\gamma} \geq \underline{\gamma}$ だが，もちろん，$\overline{\gamma} = \underline{\gamma}$ となることを期待している．

磁化率 $\chi(\beta)$ の下界 (8.1) と (10.2) を見比べれば，直ちに次の結果を得る．

10.1 [命題]　任意の $d \geq 2$ において次の不等式が成り立つ．

$$\underline{\gamma} \geq 1 \tag{10.3}$$

この不等式は，臨界指数の古典的な値 (3.92) では等式として満たされている．また，$d \geq 4$ では $\gamma = 1$（つまり，$\overline{\gamma} = \underline{\gamma} = 1$）が証明されている（定理 10.13（177 ページ），定理 10.14（178 ページ））ので，この不等式は，これ以上は改良できない，ぎりぎりの評価になっている．

同様にして，相関距離 $\xi(\beta)$ に関する臨界指数を，(3.82) を参照して

$$\overline{\nu} := -\liminf_{\beta\uparrow\beta_c} \frac{\log\xi(\beta)}{\log(\beta_c - \beta)}, \quad \underline{\nu} := -\limsup_{\beta\uparrow\beta_c} \frac{\log\xi(\beta)}{\log(\beta_c - \beta)} \tag{10.4}$$

と定義する．磁化率の下界 (8.1) と，磁化率と相関距離を結び付ける (6.18) からは，$\underline{\nu} \geq 1/d$ という不等式が得られるが，これは $d > 2$ では相当にゆるい評価だ．(6.18) の改良版の次の不等式がある（証明はこの節の最後で述べる）．

10.2 [補題]　$d \geq 2$ とする．次元のみに依存する定数 $C_d^{(1)}$ があり，任意の $\beta < \beta_c$ について以下が成り立つ．

$$\xi(\beta)^2 \geq C_d^{(1)} \chi(\beta) \tag{10.5}$$

不等式 (10.5) に磁化率の下界 (8.1) を代入すれば以下が得られる．

10.3 [命題]　任意の $d \geq 2$ において次の不等式が成り立つ．

$$\underline{\nu} \geq \frac{1}{2} \tag{10.6}$$

---

[1] このように $\limsup, \liminf$ を用いて定義した臨界指数は $\pm\infty$ になる可能性もある．

この不等式も古典的な値 (3.92) では等式として満たされる.

磁化に関する臨界指数に進もう. 定理 8.5（144 ページ）のように, 自発磁化 $m_{\mathrm{s}}(\beta)$ は $\beta \downarrow \beta_{\mathrm{c}}$ でゼロになる. このとき (3.80) のように特異的にゼロに近づくことを期待して臨界指数を

$$\overline{\beta} := \limsup_{\beta \downarrow \beta_{\mathrm{c}}} \frac{\log m_{\mathrm{s}}(\beta)}{\log(\beta - \beta_{\mathrm{c}})}, \quad \underline{\beta} := \liminf_{\beta \downarrow \beta_{\mathrm{c}}} \frac{\log m_{\mathrm{s}}(\beta)}{\log(\beta - \beta_{\mathrm{c}})} \qquad (10.7)$$

と定義する. また, 逆温度 β を β_{c} に固定し, 磁場 h をゼロに近づけたときの磁化の特異的なふるまいを表わす臨界指数 δ も, (3.90) をもとに,

$$\overline{\delta} := \limsup_{h \downarrow 0} \frac{\log h}{\log m(\beta_{\mathrm{c}}, h)}, \quad \underline{\delta} := \liminf_{h \downarrow 0} \frac{\log h}{\log m(\beta_{\mathrm{c}}, h)} \qquad (10.8)$$

と定義する. 定理 9.1（149 ページ）から直ちに以下を得る.

10.4 [命題]　　任意の $d \geq 2$ において次の不等式が成り立つ.

$$\overline{\beta} \leq \frac{1}{2}, \qquad \underline{\delta} \geq 3 \qquad (10.9)$$

これらも臨界指数が古典的な値 (3.92) をとれば等式になる.

最後に, 二点相関関数の転移点直上でのべき的な減衰を特徴づける指数 η は, (3.91) より

$$\overline{\eta} := -d + 2 - \liminf_{r \uparrow \infty} \frac{\log \langle \sigma_o \sigma_{(r,0,\ldots,0)} \rangle^{\mathrm{F}}_{\beta_{\mathrm{c}}}}{\log r}, \qquad (10.10)$$

$$\underline{\eta} := -d + 2 - \limsup_{r \uparrow \infty} \frac{\log \langle \sigma_o \sigma_{(r,0,\ldots,0)} \rangle^{\mathrm{F}}_{\beta_{\mathrm{c}}}}{\log r} \qquad (10.11)$$

と定義する. 相関関数の下界 (8.3) と上界 (8.4) を用いれば, 以下が得られる.

10.5 [命題]　　任意の $d \geq 2$ において次の不等式が成り立つ.

$$0 \leq \underline{\eta} \leq \overline{\eta} \leq 1 \qquad (10.12)$$

不等式 $\underline{\eta} \geq 0$ は古典的な値 (3.92) では等式として満たされる.

補題 10.2 の証明　　$\beta < \beta_{\mathrm{c}}$ については, 定理 6.7（103 ページ）があるので, (6.15) を磁化率 $\chi(\beta)$ の表式としてよい. よって, 任意の L について

$$\chi(\beta) = \beta \sum_{x \in \Lambda_{2L+1}} \langle \sigma_o \sigma_x \rangle_{\beta} + \beta \sum_{x \in \mathbb{Z}^d \setminus \Lambda_{2L+1}} \langle \sigma_o \sigma_x \rangle_{\beta} \qquad (10.13)$$

と書ける．ここで第一項は，$x \neq o$ について上界 (8.4) を使い，

$$\beta \sum_{x \in \Lambda_{2L+1}} \langle \sigma_o \sigma_x \rangle_\beta \leq \beta_c + \sum_{\substack{x \in \Lambda_{2L+1} \\ (x \neq o)}} \frac{B_d}{|x|^{d-2}}$$

$$\leq \beta_c + A_1 \int_{x \in \mathbb{R}^d, |x| \leq \sqrt{d} L} \frac{d^d x}{|x|^{d-2}} \leq A_2 L^2 \qquad (10.14)$$

のように評価できる (A_1, A_2 は次元 d のみに依存する定数)．

(10.13) の第二項を評価するためには，二点相関関数の減衰について，(6.13) よりも強い結果が必要になる．ここでは，$x^{(1)} > L$ を満たす $x = (x^{(1)}, \ldots, x^{(d)}) \in \mathbb{Z}^d$ について成り立つ

$$\langle \sigma_o \sigma_x \rangle_\beta \leq \langle \sigma_o \sigma_{(L,0,\ldots,0)} \rangle_\beta \exp\left(-\frac{x^{(1)} - L}{\xi(\beta)}\right) \qquad (10.15)$$

という不等式を使う．(10.15) は補題 B.16 (306 ページ) として鏡映正値性を使って証明する．

$$\Xi_L = \left\{ x = (x^{(1)}, \ldots, x^{(d)}) \in \mathbb{Z}^d \,\middle|\, x^{(1)} > L, \, |x^{(i)}| \leq x^{(1)} \, (i = 1, \ldots, d) \right\}$$
$$(10.16)$$

という (錐型の) 格子点の集まりを定義する．回転対称性と不等式 (10.15) を使えば，(10.13) の第二項は，

$$\beta \sum_{x \in \mathbb{Z}^d \setminus \Lambda_{2L+1}} \langle \sigma_o \sigma_x \rangle_\beta \leq 2d\beta \sum_{x \in \Xi_L} \langle \sigma_o \sigma_x \rangle_\beta$$

$$\leq 2d\beta \langle \sigma_o \sigma_{(L,0,\ldots,0)} \rangle_\beta \sum_{x \in \Xi_L} \exp\left(-\frac{x^{(1)} - L}{\xi(\beta)}\right) \qquad (10.17)$$

と，押さえられる．ここで，L を $\xi(\beta)$ 以上の最小の整数にとろう．すると，(10.17) 右辺の和は，適当な正の定数 A_3, A_4 を使って，

$$\sum_{x \in \Xi_L} \exp\left(-\frac{x^{(1)} - L}{\xi(\beta)}\right) = \sum_{x^{(1)} = L+1}^{\infty} (2x^{(1)} + 1)^{d-1} \exp\left(-\frac{x^{(1)} - L}{\xi(\beta)}\right)$$

$$\leq A_3 \{\xi(\beta)^d + \xi(\beta) L^{d-1}\} \leq A_4 \, \xi(\beta)^d \qquad (10.18)$$

と評価できる．そこで (10.17) 右辺の $\langle \sigma_o \sigma_{(L,0,\ldots,0)} \rangle_\beta$ に上界 (8.4) を使えば，

$$\beta \sum_{x \in \mathbb{Z}^d \setminus \Lambda_{2L+1}} \langle \sigma_o \sigma_x \rangle_\beta \leq 2d \frac{B_d}{\xi(\beta)^{d-2}} A_4 \, \xi(\beta)^d = A_5 \, \xi(\beta)^2 \qquad (10.19)$$

となる. A_5 も次元のみによる定数である.

(10.14) と (10.19) を足せば,求める (10.5) が得られる. ∎

2. 複数の臨界指数のあいだの不等式

3 章 5.4 節で述べたように,異なった臨界指数は独立ではなく,スケーリング則,ハイパースケーリング則と呼ばれるいくつかの等式を満たすと信じられている.これらの等式が証明された例はないが,それらに相当する不等式の多くは(適切な仮定のもとで)厳密に示されている.ここではスケーリング則とハイパースケーリング則に対応する不等式を一つずつみよう.特にハイパースケーリング則に対応する不等式は臨界次元についての情報を与える.

2.1 スケーリング不等式

この節では,スケーリング則 (3.96) に対応する以下の不等式を示す(証明は節の最後に述べる).

10.6 [命題] 任意の $d \geq 2$ において次の **Fisher 不等式**が成り立つ.

$$\overline{\gamma} \leq (2-\eta)\overline{\nu}, \quad \underline{\gamma} \leq (2-\underline{\eta})\nu \tag{10.20}$$

これは,(3.96) のスケーリング則 $\gamma = (2-\eta)\nu$ の等号を不等号で置き換えた形になっている.このようにスケーリング則と対応する不等式を総称して**スケーリング不等式** (scaling inequalities) と呼ぼう.

Fisher 不等式以外に,スケーリング則 (3.95) に対応する **Rushbrooke 不等式**

$$\alpha' + 2\beta + \gamma' \geq 2 \tag{10.21}$$

スケーリング則 (3.97) に対応する **Griffiths 不等式**

$$\gamma' \geq \beta(\delta - 1) \tag{10.22}$$

などが証明されている.ただし,(10.21), (10.22) の証明には臨界現象についてのかなり強い仮定が必要なので,注意が必要である[2].

今のところ,等式としてのスケーリング則が一般的に証明された例はない.等

---

[2] そのため,これらの不等式は,$\overline{\beta}$ などではなく,通常の臨界指数を使って書いた.

式の「半分」ともいえる一方向の不等式だけでも（もちろん Ising 模型を含むあるスピン系の範疇でだが）かなり一般に証明できるというのは興味深い.

命題 10.6 の証明 $\underline{\eta}$ の定義 (10.11) より，任意の $\varepsilon > 0$ に対して $R(\varepsilon) > 0$ が存在し，任意の $r \geq R(\varepsilon)$ について

$$\frac{\log \langle \sigma_o \sigma_{(r,0,\ldots,0)} \rangle^{\mathrm{F}}_{\beta_c}}{\log r} \leq -d + 2 - \underline{\eta} + \varepsilon \tag{10.23}$$

が成り立つ．(5.21) とあわせれば，$\|x\|_\infty \geq R(\varepsilon)$ を満たす任意の $x \in \mathbb{Z}^d$ に対して，

$$\langle \sigma_o \sigma_x \rangle^{\mathrm{F}}_{\beta_c} \leq \frac{1}{(\|x\|_\infty)^{d-2+\underline{\eta}-\varepsilon}} \tag{10.24}$$

がいえる.

ここから先は命題 10.2 の証明（166 ページ）とほとんど同じなので，そちらを参照しながら読んでほしい．$\beta < \beta_c$ かつ $\xi(\beta) \geq R(\varepsilon)$ を満たす β について，磁化率 $\chi(\beta)$ を (10.13) のように二つの部分の和で表わす.

一つ目については，(10.14) と同じ評価に (10.24) の上界を使い，

$$\beta \sum_{x \in \Lambda_{2L+1}} \langle \sigma_o \sigma_x \rangle_\beta \leq \beta_c \{2R(\varepsilon)\}^d + B_1 \{\xi(\beta)\}^{2-\underline{\eta}+\varepsilon} \tag{10.25}$$

とする．ここでも L を $\xi(\beta)$ 以上の最小の整数とした．B_1 は次元のみによる定数.

二つ目については，(10.17), (10.18) の評価をそのまま使い，さらに $\langle \sigma_o \sigma_{(L,0,\ldots,0)} \rangle_\beta$ に上界 (10.24) を使うと，

$$\beta \sum_{x \in \mathbb{Z}^d \setminus \Lambda_{2L+1}} \langle \sigma_o \sigma_x \rangle_\beta \leq 2d\beta_c \frac{1}{\xi(\beta)^{d-2+\underline{\eta}-\varepsilon}} A_4 \, \xi(\beta)^d \tag{10.26}$$

となる．(10.25), (10.26) をあわせれば，

$$\chi(\beta) \leq \beta_c \{2R(\varepsilon)\}^d + B_2 \{\xi(\beta)\}^{2-\underline{\eta}+\varepsilon} \tag{10.27}$$

がいえる．さらに，$\xi(\beta)$ が十分に大きい範囲だけを考えることにして，定数 B_3 を適切に定義すれば，

$$\chi(\beta) \leq B_3 \{\xi(\beta)\}^{2-\underline{\eta}+\varepsilon} \tag{10.28}$$

とできる．$0 < \beta_c - \beta < 1$ なら，

$$-\frac{\log \chi(\beta)}{\log(\beta_c - \beta)} \leq -\frac{\log B_3 + (2 - \underline{\eta} + \varepsilon) \log \xi(\beta)}{\log(\beta_c - \beta)} \tag{10.29}$$

となる．$\beta \uparrow \beta_c$ で $\chi(\beta)$ と $\xi(\beta)$ が発散することに注意して，両辺の $\liminf_{\beta \uparrow \beta_c}$ あるいは $\limsup_{\beta \uparrow \beta_c}$ をとり，臨界指数の定義 (10.2), (10.4) を使えば，$\overline{\gamma} \leq (2-\underline{\eta}+\varepsilon)\overline{\nu}$ あるいは $\underline{\gamma} \leq (2-\underline{\eta}+\varepsilon)\underline{\nu}$ となる．$\varepsilon > 0$ は任意だったので求める (10.20) が得られる． ∎

2.2　ハイパースケーリング不等式

この節では (3.88) で定義される非線型磁化率 $\chi_{\mathrm{nl}}(\beta)$ に関する臨界指数を含む不等式を証明する．$\beta < \beta_c, h = 0$ で非線型磁化率の定義 (3.88) の無限和が収束することは命題 6.9 (104 ページ) で示した．また，$\chi_{\mathrm{nl}}(\beta)$ が $\beta \uparrow \beta_c$ で (負の無限大に) 発散することも系 8.2 (143 ページ) で証明した．

$\chi_{\mathrm{nl}}(\beta)$ の臨界現象を特徴づける臨界指数 $\triangle$ は (3.89) という臨界現象を仮定して定められている．ここでは，前節と同様，臨界現象の形を仮定せず，

$$\overline{\triangle} := -\frac{1}{2}\left\{\overline{\gamma} + \liminf_{\beta \uparrow \beta_c} \frac{\log|\chi_{\mathrm{nl}}(\beta)|}{\log(\beta_c - \beta)}\right\} \tag{10.30}$$

$$\underline{\triangle} := -\frac{1}{2}\left\{\underline{\gamma} + \limsup_{\beta \uparrow \beta_c} \frac{\log|\chi_{\mathrm{nl}}(\beta)|}{\log(\beta_c - \beta)}\right\} \tag{10.31}$$

という二つの指数を定義し，以下を示す．

10.7 [命題]　　任意の $d \geq 2$ において次の不等式が成り立つ．

$$d\overline{\nu} \geq 2\overline{\triangle} - \overline{\gamma}, \quad d\underline{\nu} \geq 2\underline{\triangle} - \underline{\gamma} \tag{10.32}$$

(10.32) は，(3.100) のスケーリング則 $d\nu = 2\triangle - \gamma$ の等号を不等号で置き換えた形になっている．(10.20), (10.21), (10.22) をスケーリング不等式と呼んだように，(10.32) をハイパースケーリング不等式と呼ぼう．これ以外にも，(3.98), (3.99) に対応するハイパースケーリング不等式[3]

$$(d-2+\eta)\nu' \geq 2\beta \tag{10.33}$$

$$\delta \geq \frac{d+2-\eta}{d-2+\eta} \tag{10.34}$$

も証明されている．

---

[3] これらの不等式の証明にも，臨界現象についての仮定が必要になる．

一般に，ハイパースケーリング不等式から，臨界現象の次元依存性について本質的な情報をひきだすことができる．3 章 5.4 節で述べたように，次元 d が十分に高いときには臨界現象は基本的に平均場近似で記述され，すべての臨界指数が古典的な値をとると信じられている．この境目の次元である**臨界次元** (critical dimension)，あるいは上部臨界次元 (upper critical dimension) を以下のように定義する．

10.8 [定義] (臨界次元)　$d \geq d_c$ ならばすべての臨界指数が存在し古典的な値 (3.92) と一致するような最小の d_c を（上部）臨界次元という．

今，次元 d が上部臨界次元 d_c 以上であると仮定しよう．上の定義と (3.92) から，$\overline{\gamma} = \underline{\gamma} = 1, \overline{\nu} = \underline{\nu} = 1/2, \overline{\triangle} = \underline{\triangle} = 3/2$ である．これらを不等式 (10.32) に代入して整理すると $d \geq 4$ となる．定義 10.8 と見比べれば，

$$d_c \geq 4 \tag{10.35}$$

という不等式が示されたことになる．別の見方をすれば，$d < 4$ であれば臨界指数の古典的な値はハイパースケーリング不等式 (10.32) と相容れないことが示されたともいえる．これを以下のようにまとめておこう．

10.9 [系]　$d = 2, 3$ では，臨界指数 $\overline{\triangle}, \overline{\nu}, \gamma$ のうちの少なくとも一つ，また $\underline{\triangle}, \underline{\nu}, \gamma$ のうちの少なくとも一つは古典的な値とは異なった値をとる．

かなり弱い主張ではあるが，臨界指数が平均場近似の予言とは異なる値をとることがはっきりと示されるのは重要である．他のハイパースケーリング不等式 (10.33)，(10.34) からも同様の結論が得られる．

以下，ハイパースケーリング不等式 (10.32) を証明する．連結四点関数を足しあげたものを

$$\bar{u}_4(\beta) := \sum_{x,y,z \in \mathbb{Z}^d} u_\beta^{(4)}(o, x, y, z) \tag{10.36}$$

と書こう．非線型磁化率の定義 (3.88) から $\chi_{\mathrm{nl}}(\beta) = \beta^3 \bar{u}_4(\beta)$ である．$\beta < \beta_c$，$h = 0$ で (10.36) の無限和が収束することは命題 6.9（104 ページ）で保証されている．

くりこまれた相互作用定数 (renormalized coupling constant) を

$$g_{\text{ren}}(\beta) := \frac{-\bar{u}_4(\beta)}{\{\chi(\beta)\}^2 \{\xi(\beta)\}^d} \tag{10.37}$$

と定義する．$g_{\text{ren}}(\beta)$ は系がガウス模型からどのくらいずれているかを示す量だ[4]．特に，$\lim_{\beta \uparrow \beta_c} g_{\text{ren}}(\beta)$ がゼロになるか否かは転移点での系のふるまいを決める重要な指標になる．この量について以下の結果がある．

10.10 [補題] $d \geq 2$ とし，β_0 を $0 < \beta_0 < \beta_c$ を満たす任意の定数とする．くりこまれた相互作用定数 $g_{\text{ren}}(\beta)$ は $\beta \in (\beta_0, \beta_c)$ で一様に有界である．つまり，d のみに依存する定数 $C_d^{(2)}$ があり，$g_{\text{ren}}(\beta) \leq C_d^{(2)}$ が成り立つ．

よって，任意の $\beta \in (\beta_0, \beta_c)$ について，

$$-\chi_{\text{nl}}(\beta) \leq C_d^{(2)} (\beta_c)^3 \{\chi(\beta)\}^2 \{\xi(\beta)\}^d \tag{10.38}$$

である．臨界指数の定義 (10.2), (10.4), (10.30), (10.31) から直ちに (10.32) が得られる．

補題 10.10 の証明 鍵になるのは，命題 A.13（256 ページ）の相関不等式

$$-u^{(4)}(o, x, y, z) \leq 2 \langle \sigma_o \sigma_z \rangle \langle \sigma_x \sigma_y \rangle \tag{10.39}$$

である．$\bar{u}_4 = \sum_{x,y,z} u^{(4)}(0, x, y, z)$ の定義に現われる x, y, z を原点からの（$\|\cdots\|_\infty$ で測った）距離が近い順にならべたものを改めて x, y, z と書くと

$$-\bar{u}_4 = -\sum_{x,y,z} u^{(4)}(0,x,y,z) \leq -3! \sum_{\substack{x,y,z \in \mathbb{Z}^d \\ (\|x\|_\infty \leq \|y\|_\infty \leq \|z\|_\infty)}} u^{(4)}(0,x,y,z)$$

$$\leq 12 \sum_{\substack{x,y,z \in \mathbb{Z}^d \\ (\|x\|_\infty \leq \|y\|_\infty \leq \|z\|_\infty)}} \langle \sigma_0 \sigma_z \rangle \langle \sigma_x \sigma_y \rangle \tag{10.40}$$

---

[4] $\tilde{\Lambda}_\beta$ を一辺が $\xi(\beta)$ 程度の超立方格子とする．$\tilde{\Lambda}_\beta$ 内のスピンの平均 $\Phi := A(\beta) \sum_{x \in \tilde{\Lambda}_\beta} \sigma_x$ が規格化 $\langle \Phi^2 \rangle_\beta = 1$ を満たすように $A(\beta)$ を選ぶ．すると Φ の 4 次のキュムラント $\langle \Phi; \Phi; \Phi; \Phi \rangle_\beta$ は $g_{\text{ren}}(\beta)$ とおおよそ等しくなる．もし臨界点に近づくとき $g_{\text{ren}}(\beta)$ がゼロに近づくなら，転移点での系のふるまいは実質的にガウス的ということになる．

が成り立つ．ここで y についている制限 $\|x\|_\infty \le \|y\|_\infty \le \|z\|_\infty$ を忘れてすべての y で和をとると $\chi(\beta)/\beta$ が出て，以下を得る．

$$\le 12 \sum_{\substack{x,z\in\mathbb{Z}^d \\ (\|x\|_\infty \le \|z\|_\infty)}} \langle \sigma_0 \sigma_z \rangle \frac{\chi(\beta)}{\beta} = 12 \sum_{z\in\mathbb{Z}^d} (2\|z\|_\infty+1)^d \langle \sigma_0 \sigma_z \rangle \frac{\chi(\beta)}{\beta} \quad (10.41)$$

さて，上の z に関する和については適当な定数 A_1 について

$$\sum_z (2\|z\|_\infty+1)^d \langle \sigma_0 \sigma_z \rangle \le A_1 \xi^d \chi \quad (10.42)$$

であることを以下で示す．これを認めれば (10.41) は $-\bar{u}_4 \le C_d^{(2)} \chi^2 \xi^d$ となり，求めていた $g_{\mathrm{ren}} \le C_d^{(2)}$ が得られる．

(10.42) の証明はやや技巧的である．問題を一般化し，$\phi \ge 0$ として $(2\|z\|_\infty+1)^d$ を $(2\|z\|_\infty+1)^\phi$ で置き換えた量を考える．まず d 個の座標軸が対等であることから，適当な定数 A_2, A_3 によって

$$\sum_z (2\|z\|_\infty+1)^\phi \langle \sigma_0 \sigma_z \rangle \le A_2 \sum_z |z_1|^\phi \langle \sigma_0 \sigma_z \rangle + A_3 \chi \quad (10.43)$$

と書けることに注意する．次に，スペクトル表示（定理 B.12（303 ページ））を用いると，

$$\sum_x |x_1|^\phi \langle \sigma_0 \sigma_x \rangle = \sum_x |x_1|^\phi \int d\rho(\lambda, \vec{q}) \lambda^{|x_1|} e^{i\vec{q}\vec{x}}$$
$$= (2\pi)^{d-1} \int d\rho(\lambda, \vec{0}) \sum_{x_1 \in \mathbb{Z}} |x_1|^\phi \lambda^{|x_1|} \quad (10.44)$$

となる（積分が絶対収束するので和と積分を交換できる）．

ここで，$0 < m \ll 1$ のとき

$$\sup_{0 \le \lambda \le e^{-m}} \frac{\sum_{x_1} |x_1|^\phi \lambda^{|x_1|}}{\sum_{x_1} \lambda^{|x_1|}} = \left. \frac{\sum_{x_1} |x_1|^\phi \lambda^{|x_1|}}{\sum_{x_1} \lambda^{|x_1|}} \right|_{\lambda = e^{-m}} \le A_4 \, m^{-\phi} \quad (10.45)$$

が成り立っていることに注意する．実際，上の比は λ の広義増加関数である上に $\lambda = e^{-m}$ とすると

$$\sum_{x_1} |x_1|^\phi \lambda^{|x_1|} \approx \int_1^\infty dx \, x^\phi e^{-mx} \approx \int_m^\infty dy \, y^\phi e^{-y} \times m^{-\phi-1} \quad (10.46)$$

となって,上の積分は ϕ のみに依存する定数で押さえられるからである.

系 B.15 (306 ページ) によると, (10.44) の λ の積分範囲は 0 から $e^{-1/\xi}$ である. $m = \xi^{-1}$ とすれば (10.45) より $\sum_{x_1} |x_1|^\phi \lambda^{|x_1|} \leq A_4 \, m^{-\phi} \sum_{x_1} \lambda^{|x_1|}$ がいえるので,

$$\frac{\sum_x |x_1|^\phi \langle \sigma_0 \sigma_x \rangle}{\sum_x \langle \sigma_0 \sigma_x \rangle} = \frac{\int d\rho(\lambda, \vec{0}) \sum_{x_1} |x_1|^\phi \lambda^{|x_1|}}{\int d\rho(\lambda, \vec{0}) \sum_{x_1} \lambda^{|x_1|}} \leq A_4 \, m^{-\phi} = A_4 \, \xi^\phi \quad (10.47)$$

を得る.よって $\sum_x |x_1|^\phi \langle \sigma_0 \sigma_x \rangle \leq A_4 \, \xi^\phi \chi$ である.(10.43) に戻せば,求める (10.42) が得られる. ∎

3. 高次元での臨界指数

Ising 模型の無限体積極限で何らかの物理量を正確に計算できるのは, $d = 1, 2$ という特別な低次元のモデルだけである.にもかかわらず, $d > 4$ あるいは $d \geq 4$ の高次元のモデルでは,いくつかの臨界指数が平均場近似の予言と等しい値をとることが厳密に示されている.これは,定義 10.8 (171 ページ) の (上部) 臨界次元 d_c が 4 であることの強力な証拠である.

もちろん,4 次元以上というのは現実の物理系には対応しないのだが,厳密解を使うことなく統計力学モデルの臨界指数が完全に決定されるというのは特筆すべきことである.これは,1980 年代の,厳密統計力学と構成的場の量子論の研究の活発な相互作用から生まれた重要な成果の一つである.

ここでは,典型的で重要な例として比熱と磁化率の臨界指数についてみていこう.

3.1 $d > 4$ での「バブル」のふるまい

この節では断らない限り Λ_L 上の周期境界条件の系を扱い,磁場 h はゼロとする.高次元での臨界指数の等式の鍵を握るのは,バブル (bubble) と呼ばれる[5]

$$B_L(\beta) := \sum_{x \in \Lambda_L} \left\{ \langle \sigma_o \sigma_x \rangle_{L;\beta}^{\mathrm{P}} \right\}^2 \quad (10.48)$$

という量である.バブルそのものは物理的に意味のある量ではないが,他の物理量の臨界現象を調べるために役に立つ.

---

[5] この呼び方は,この量に対応するファインマンダイアグラムの形から来ている.

本質的なのはバブルの臨界現象についての以下の事実である.

10.11 [補題]　$d > 4$ とする. 次元 d のみによる有限の定数 B_d があり, 任意の $\beta < \beta_c$ について

$$\lim_{L\uparrow\infty} B_L(\beta) \leq B_d \tag{10.49}$$

が成り立つ.

証明　二点相関関数の Fourier 変換

$$\hat{G}(k) = \sum_{x \in \Lambda_L} e^{-ik\cdot x} \langle \sigma_o \sigma_x \rangle^{\mathrm{P}}_{L;\beta} \tag{10.50}$$

を用いると, バブルを

$$B_L(\beta) = \int^{(L)} \frac{d^d k}{(2\pi)^d} \{\hat{G}(k)\}^2 \tag{10.51}$$

と表現できる（k についての和の記法は, (3.61), (3.64) を用いた）.

付録 B で詳しくみるように, 鏡映正値性を用いると, 任意の $d, \beta, k \neq (0,\ldots,0)$ について, infrared bound と呼ばれる不等式

$$\hat{G}(k) \leq \frac{1}{\beta\,\epsilon_0(k)} \tag{10.52}$$

を示すことができる（一般形と証明については (B.52) を参照）. (3.68) で定義したように, $\epsilon_0(k) = \sum_{j=1}^{d} \{2\sin(k^{(j)}/2)\}^2$ である. (10.51) の Fourier 表示に (10.52) の上界を代入すれば,

$$B_L(\beta) \leq \frac{\{\hat{G}(0,\ldots,0)\}^2}{L^d} + \frac{1}{\beta^2} \int^{(L)} \frac{d^d k}{(2\pi)^d} \frac{1}{\{\epsilon_0(k)\}^2} I[k \neq 0] \tag{10.53}$$

が得られる. ここで, $\hat{G}(0,\ldots,0) = \chi^{\mathrm{P}}_L(\beta)$ だが, $\beta < \beta_c$ を固定すれば $\chi^{\mathrm{P}}_L(\beta)$ は L について有界である. よって $L \uparrow \infty$ とすれば,

$$\lim_{L\uparrow\infty} B_L(\beta) \leq \frac{1}{\beta^2} \int_{[-\pi,\pi)^d} \frac{d^d k}{(2\pi)^d} \frac{1}{\{\epsilon_0(k)\}^2} \tag{10.54}$$

を得る. (10.54) 右辺の積分が有限か発散するかは, $\epsilon_0(k) = 0$ となる $k = (0,\ldots,0)$ 近辺での積分のふるまいから決まる. $|k| \ll 1$ の範囲からの積分への寄与をみる

ためには，$\epsilon_0(k) \simeq |k|^2$ とすれば十分である．δ を十分に小さい定数とすれば，$|k| \leq \delta$ の範囲での積分は，

$$\int_{|k| \leq \delta} \prod_{j=1}^{d} dk^{(j)} \frac{1}{|k|^4} \propto \int_0^{\delta} d\kappa\, \kappa^{d-5} = \begin{cases} 有限 & d > 4 \\ \infty & d \leq 4 \end{cases} \quad (10.55)$$

と評価できる[6]．$|k| \geq \delta$ の範囲での積分は有界だから補題が得られる． ∎

(10.55) のような定積分のふるまいは，$d = 4$ が臨界次元であることの一つの現われである．

3.2　$d > 4$ での比熱の有界性

バブルのふるまいについての補題 10.11 の最初の応用として，比熱の臨界現象が平均場近似と一致することをみよう．これは高次元での臨界指数の等式が示された最初の例でもある．

10.12 [定理]　　$d > 4$ とする．任意の $\beta < \beta_{\rm c}$ について，比熱 (6.20) は，

$$C(\beta) \leq 2(d\beta_{\rm c})^2 B_d \tag{10.56}$$

を満たす．比熱は $\beta \uparrow \beta_{\rm c}$ でも有界にとどまるので，(3.87) の臨界指数は $\alpha = 0$ である．

証明　命題 6.9（104 ページ）で示したように，$\beta < \beta_{\rm c}$ では比熱は，

$$C(\beta, 0) = \frac{\beta^2}{4} \sum_{\substack{x,u,v \in \mathbb{Z}^d \\ \binom{|x|=1}{|u-v|=1}}} \langle \sigma_o \sigma_x ; \sigma_u \sigma_v \rangle_{\beta,0} = \frac{d\beta^2}{2} \sum_{\substack{u,v \in \mathbb{Z}^d \\ (|u-v|=1)}} \langle \sigma_o \sigma_e ; \sigma_u \sigma_v \rangle_{\beta,0}$$
$$\tag{10.57}$$

と表現できる（二つ目の等式は，$|x| = 1$ なる点の代表として $e = (1, 0, 0, \ldots, 0)$ をとり，回転対称性を用いれば得られる）．二点相関関数が指数関数的に減衰することを使えば，

$$C(\beta, 0) = \frac{d\beta^2}{2} \lim_{L \uparrow \infty} \sum_{\substack{u,v \in \Lambda_L \\ (|u-v|=1)}} \langle \sigma_o \sigma_e ; \sigma_u \sigma_v \rangle_{L;\beta}^{\rm P} \tag{10.58}$$

---

[6] もちろん不等式を使って真面目に評価するのも容易である．

であることが容易に示される（6 章 3.4 節などを参照）．右辺の和の中の相関関数に Lebowitz 不等式 (4.7) を用いると

$$\sum_{\substack{u,v\in\Lambda_L \\ (|u-v|=1)}} \langle \sigma_o \sigma_e ; \sigma_u \sigma_v \rangle^{\mathrm{P}}_{L;\beta}$$

$$\leq \sum_{\substack{u,v\in\Lambda_L \\ (|u-v|=1)}} \left\{ \langle \sigma_o \sigma_u \rangle^{\mathrm{P}}_{L;\beta} \langle \sigma_e \sigma_v \rangle^{\mathrm{P}}_{L;\beta} + \langle \sigma_o \sigma_v \rangle^{\mathrm{P}}_{L;\beta} \langle \sigma_e \sigma_u \rangle^{\mathrm{P}}_{L;\beta} \right\}$$

$$= 2 \sum_{\substack{u,v\in\Lambda_L \\ (|u-v|=1)}} \langle \sigma_o \sigma_u \rangle^{\mathrm{P}}_{L;\beta} \langle \sigma_e \sigma_v \rangle^{\mathrm{P}}_{L;\beta}$$

となり，Schwarz の不等式より

$$\leq 2 \left(\sum_{\substack{u,v\in\Lambda_L \\ (|u-v|=1)}} \{\langle \sigma_o \sigma_u \rangle^{\mathrm{P}}_{L;\beta}\}^2 \right)^{1/2} \left(\sum_{\substack{u,v\in\Lambda_L \\ (|u-v|=1)}} \{\langle \sigma_e \sigma_v \rangle^{\mathrm{P}}_{L;\beta}\}^2 \right)^{1/2} \tag{10.59}$$

である．格子の対称性によりこれらの和はどちらも $2d\sum_{u\in\Lambda_L}\{\langle\sigma_o\sigma_u\rangle^{\mathrm{P}}_{L;\beta}\}^2 = 2d\,B_L(\beta)$ に等しい．バブルについての (10.49) より (10.56) が得られる．∎

3.3　$d \geq 4$ での等式 $\gamma = 1$

$d > 4$ での磁化率の臨界現象については，以下の強力な定理がある．ここでも，バブルのふるまいについての補題 10.11（175 ページ）は重要な役割を果たす．

10.13 [定理]　$d > 4$ とする．次元 d のみに依存する定数 $C^{(3)}_d$, β_3 があり，$\beta_3 \leq \beta < \beta_{\mathrm{c}}$ を満たす任意の β について，

$$\frac{\beta}{2d(\beta_{\mathrm{c}} - \beta)} \leq \chi(\beta) \leq \frac{C^{(3)}_d}{\beta_{\mathrm{c}} - \beta} \tag{10.60}$$

が成り立つ．よって，(10.1) で定義される臨界指数 γ が存在し，$\gamma = 1$ を満たす．

(10.60) の磁化率 $\chi(\beta)$ の下界はすでに定理 8.1（142 ページ）で証明した．$d > 4$ の特殊性を用いて示されるのは上界である．ここで，臨界指数 γ の値は正確に決定されたが，転移点 β_{c} は（厳密な上下界は知られているものの）正確にわかって

いないことに注意したい．普遍的でない転移点は計算できなくても，より普遍性の高い臨界指数（3 章 5.4 節を参照）が完全に決定されるというのは興味深い．

なお，$d=4$ では，上の定理と似た以下の定理が得られている．

10.14 [定理]　$d=4$ とする．ある定数 C', β_4 があり，$\beta_4 \leq \beta < \beta_c$ を満たす任意の β について，
$$\frac{\beta}{2d(\beta_c - \beta)} \leq \chi(\beta) \leq \frac{C' |\log(\beta_c - \beta)|}{\beta_c - \beta} \tag{10.61}$$
が成り立つ．よって，(10.1) で定義される臨界指数 γ が存在し，$\gamma = 1$ を満たす．

$d > 4$ では，(10.60) の上下界によって，$\chi(\beta)$ が $(\beta_c - \beta)^{-1}$ に比例して発散することが完全に示される．$d=4$ の (10.61) では，上界に弱く発散する $|\log(\beta_c - \beta)|$ という項がかかっているため，$\chi(\beta)$ の発散の様子は完全には定まっていない．実際，くりこみ群を用いた解析から，$d=4$ では磁化率は
$$\chi(\beta) \approx (\beta_c - \beta)^{-1} |\log(\beta_c - \beta)|^{1/3} \tag{10.62}$$
のように発散すると信じられている（定理 12.1（196 ページ）を参照）．

$\gamma = 1$ の証明の概略　これらの定理を完全に証明するだけの紙数はないので，ここでは，[52] に沿って，定理 10.13 の証明の概略を述べよう．以下では，(10.60) の一つ目の不等式を証明した 8 章 2.1 節の議論をふまえて話を進める．また，周期境界条件の期待値 $\langle \cdots \rangle_{L;\beta}^{\mathrm{P}}$ を $\langle \cdots \rangle$ と略記する．

8 章 2.1 節よりも正確な評価を行なうため，まず (8.6) の等式を，
$$\frac{\partial}{\partial \beta} \langle \sigma_o \sigma_x \rangle = \sum_{\{u,v\} \in \overline{\mathcal{B}}_L} \left\{ \langle \sigma_o \sigma_u \rangle \langle \sigma_x \sigma_v \rangle + \langle \sigma_o \sigma_v \rangle \langle \sigma_x \sigma_u \rangle + u^{(4)}(o,x,u,v) \right\} \tag{10.63}$$
と書こう．ここで $u^{(4)}$ は (2.35) で定義した連結 4 点関数である．

これを使って，(8.7) に相当する評価をして，$\varphi_L(\beta) = \{\beta/\chi_L^{\mathrm{P}}(\beta)\}$ の β 微分を求めると，
$$\frac{d}{d\beta}\left(\frac{\beta}{\chi_L^{\mathrm{P}}(\beta)}\right) = -2d - \left(\frac{\beta}{\chi_L^{\mathrm{P}}(\beta)}\right)^2 \sum_{\substack{\{u,v\} \in \overline{\mathcal{B}}_L \\ x \in \Lambda_L}} u^{(4)}(o,x,u,v) \tag{10.64}$$
となる．ここで Lebowitz 不等式（系 4.5（58 ページ））$u^{(4)}(o,x,u,v) \leq 0$ を使

うと，不等式 (8.7) が得られ，そこから (10.60) の下界が導かれる．上界を示すには，$u^{(4)}$ を逆向きに押さえる不等式が必要になる．

そのような「Lebowitz 不等式と逆向きの不等式」は 1980 年代にいくつか見いだされたが，その中でももっとも強力なのが，次の **Aizenman-Graham 不等式** (Aizenman-Graham inequality) である．磁場ゼロの周期的境界条件（あるいは自由境界条件）の系で，任意の o, x, u, v について

$$u^{(4)}(o,x,u,v) \geq -2\tanh\beta \sum_{\{w,z\}\in\overline{\mathcal{B}}_L} \langle \sigma_o\sigma_x;\sigma_w\sigma_z\rangle \langle \sigma_u\sigma_z\rangle \langle \sigma_v\sigma_z\rangle$$
$$- \langle \sigma_o\sigma_x\rangle \langle \sigma_o\sigma_u\rangle \langle \sigma_o\sigma_v\rangle - \langle \sigma_o\sigma_x\rangle \langle \sigma_x\sigma_u\rangle \langle \sigma_x\sigma_v\rangle \quad (10.65)$$

が成り立つ（定理 A.18 (262 ページ) を参照）．(10.64) に現われる $u^{(4)}(o,x,u,v)$ の和に不等式 (10.65) を適用し，さらに並進不変性に注意して整理すると，

$$\sum_{\substack{\{u,v\}\\x}} u^{(4)}(o,x,u,v)$$
$$\geq -\Big\{2\tanh\beta \sum_{\substack{\{w,z\}\\x}} \langle \sigma_o\sigma_x;\sigma_w\sigma_z\rangle + 2\sum_x \langle \sigma_o\sigma_x\rangle\Big\} \sum_{\{u,v\}} \langle \sigma_o\sigma_u\rangle \langle \sigma_o\sigma_v\rangle$$
$$= -2\Big\{\tanh\beta \frac{\partial}{\partial\beta}\Big(\frac{\chi_L^{\mathrm{P}}(\beta)}{\beta}\Big) + \frac{\chi_L^{\mathrm{P}}(\beta)}{\beta}\Big\} \sum_{\{u,v\}} \langle \sigma_o\sigma_u\rangle \langle \sigma_o\sigma_v\rangle$$
$$\geq -2d\Big\{\tanh\beta \frac{\partial}{\partial\beta}\Big(\frac{\chi_L^{\mathrm{P}}(\beta)}{\beta}\Big) + \frac{\chi_L^{\mathrm{P}}(\beta)}{\beta}\Big\} B_L(\beta) \quad (10.66)$$

となる．最後の不等式を導くために，$\{\cdots\}$ の中の量は非負であることに注意し，(10.59) と同様，Schwarz 不等式より

$$\sum_{\{u,v\}} \langle \sigma_o\sigma_u\rangle \langle \sigma_o\sigma_v\rangle \leq \Big\{\sum_{\{u,v\}} \langle \sigma_o\sigma_u\rangle^2\Big\}^{1/2} \Big\{\sum_{\{u,v\}} \langle \sigma_o\sigma_v\rangle^2\Big\}^{1/2}$$
$$= d\,B_L(\beta) \quad (10.67)$$

となることを用いた．

(10.66) を (10.64) に代入すれば，

$$\frac{d}{d\beta}\Big(\frac{\beta}{\chi_L^{\mathrm{P}}(\beta)}\Big) \leq -2d + 2dB_L(\beta)\Big\{-\tanh\beta \frac{\partial}{\partial\beta}\Big(\frac{\beta}{\chi_L^{\mathrm{P}}(\beta)}\Big) + \frac{\beta}{\chi_L^{\mathrm{P}}(\beta)}\Big\}$$
$$(10.68)$$

となる．微分の項を左辺に移項してまとめなおすと，

$$\frac{d}{d\beta}\left(\frac{\beta}{\chi_L^{\rm P}(\beta)}\right) \leq \frac{-2d + 2dB_L(\beta)\{\beta/\chi_L^{\rm P}(\beta)\}}{1 + 2\tanh\beta\, B_L(\beta)} \tag{10.69}$$

が得られる．補題 10.11（175 ページ）より $B_L(\beta)$ が有界であること，$\chi(\beta)$ が発散することから，右辺の分子はほぼ $-2d$，分母も有限である．あとは，8 章 2.1 節と同じように β で「積分」すれば，定理 10.13 が証明される．

$d = 4$ についての定理 10.14 も同様の素材を使って証明される．興味のある読者は原論文 [52] を参照されたい．

3.4　臨界次元の確率幾何的な意味

最後に，定理 10.13 で示された $\gamma = 1$ という等式の一つの物理的な解釈について議論しておこう．Ising 模型の臨界現象をランダムウォークの遠距離でのふるまいに還元して理解する描像であり，単に現象を見通しよくするだけでなく定理の証明への洞察も与えてくれる．

6 章で高温相の摂動的な特徴づけを行なった際，(6.32) のように，ランダムウォークの和による二点相関関数の上界が登場した．類似の思想で，近似や不等式を用いることなく，相関関数を

$$\langle\sigma_o\sigma_x\rangle = \sum_{\omega:o\to x} W(\omega) \tag{10.70}$$

のように，二点を結ぶランダムウォークの和で表現できる．重み $W(\omega)$ は単純ではないが，大まかには，$\beta^{|\omega|}$ に非局所的な補正（ランダムウォークが自分自身と交わると補正が加わる）のついたものとみることができる．よって，磁化率 (2.39) は，

$$\frac{\chi(\beta)}{\beta} = \sum_x \langle\sigma_o\sigma_x\rangle = \sum_{x\in\Lambda_L}\sum_{\omega:o\to x} W(\omega) \tag{10.71}$$

と書ける．

次に，(10.71) を β で微分したものは，$W(\omega) \simeq \beta^{|\omega|}$ を念頭に置くと，おおよそ，

$$\frac{d}{d\beta}\left(\frac{\chi(\beta)}{\beta}\right) \simeq \sum_{x\in\Lambda_L}\sum_{\omega:o\to x}|\omega|\,W(\omega) \simeq \sum_{\substack{(u,v)\in\overline{\mathcal{B}}_L\\x\in\Lambda_L}}\sum_{\substack{\omega_1:o\to u\\\omega_2:v\to x}} W(\omega_1,\omega_2) \tag{10.72}$$

のように，もとのランダムウォークを，(u,v) において二つに分けたものの和で書ける．ここで，二つのランダムウォーク ω_1, ω_2 が実質的に交わらず，ウォーク

の重みへの補正がウォークの交わりに依存するものならば, 2本のウォークの重みは $W(\omega_1, \omega_2) \simeq W(\omega_1) W(\omega_2)$ のように, 二つの部分の積に分離するだろう. これを (10.72) に代入し, (10.71) を使えば,

$$\frac{d}{d\beta}\left(\frac{\chi(\beta)}{\beta}\right) \simeq \sum_{\substack{(u,v) \\ x}} \sum_{\substack{\omega_1: o \to u \\ \omega_2: v \to x}} W(\omega_1) W(\omega_2) = 2d \left(\sum_x \sum_{\omega: o \to x} W(\omega)\right)^2$$
$$= 2d \left(\frac{\chi(\beta)}{\beta}\right)^2 \tag{10.73}$$

となる. この微分方程式の解が $\chi(\beta) = \beta/\{2d(\beta_c - \beta)\}$ となり, $\gamma = 1$ を与えることは, すでにみた.

こうして, 二つのランダムウォーク ω_1, ω_2 が実質的に交わらないなら, 平均場的な臨界現象が現われることがわかった. 重みが正確に $\beta^{|\omega|}$ であるような自由なランダムウォークについては, 二つの長いランダムウォークは, $d \leq 4$ では何度でも交わり, $d > 4$ では有限回しか交わらないことが知られている[7]. ここでも $d_c = 4$ が臨界次元なのである. もし, 同じことが重み $W(\omega_1, \omega_2)$ をもつランダムウォークについても成立するなら, $d > 4$ では (10.73) の評価が何らかの意味で正当化され, $\gamma = 1$ が結論されることになる.

実際, 3.3 節の証明は, そのような評価を行なったものとみることができる. (10.64) の右辺第二項の $u^{(4)}$ を含む項は, (10.73) の評価からのずれを表わすのだから, これが二つのランダムウォークの相互作用の効果だと考えてよい. そして, Aizenman-Graham 不等式 (10.65) は, 二つのランダムウォークの相互作用の大きさを, 実際にランダムウォークが (w, z) の位置で交わるような事象の和を使って表わしたものとみなすことができる. これは, 実際に不等式 (10.65) の証明の基本となる発想である. このように, ランダムウォークによる確率幾何的な描像は, 臨界現象の本質を解き明かす際にも重要な役割を果たすのである.

文献について

臨界指数に関する不等式や等式は Fernández, Fröhlich, Sokal [25] に詳しい. また, 古い不等式は Stanley [41] にもまとめられている.

---

[7] かなり直感的で不正確な書き方になってしまった. より正確な命題については, 原論文 [47, 80] を参照 (これらは, くりこみ群のアイディアを用いた厳密な証明という意味でも興味深い).

命題 10.6（168 ページ）の Fisher 不等式は Fisher [83] による．ここでの証明はオリジナルを現代的に書き直したものである．命題 10.7（170 ページ）のハイパースケーリング不等式は Glimm, Jaffe [94] によって示され，Schrader [159], Aizenman [45] らによって改良された．ここでの証明（特に (10.42) の評価）は Sokal [166] の 331 ページ付近の議論を本書の文脈にあうように焼き直したものである．他にも臨界指数のあいだの不等式についての興味深い論文として Sokal [164, 165], Newman [149], 田崎 [169, 83] を挙げておく．

バブルの有界性と臨界現象の関連を最初に指摘したのは，定理 10.12 を証明した Sokal [163] である．$d > 4$ で $\gamma = 1$ となるという定理 10.13 は Aizennman [45] による．$d = 4$ での定理 10.14 は Aizenman, Graham [52] による．ここで紹介した（$d > 4$ での）証明は [52] の線に沿っている．

2007 年には，坂井 [157] によって Ising 模型についてのレース展開が定式化され，十分に高次元の Ising 模型では臨界指数 ν, η が存在し $\nu = 1/2, \eta = 0$ を満たすことが証明された．

11

無限系の平衡状態と対称性の自発的破れ

これまでの章では,有限の大きさの系を定義した後に体積を無限大にする極限をとるという方針で無限系を取り扱ってきた.これに対して,極限をとるのではなく,最初から無限系の状態や平衡状態を定式化するという方法もある.この章では,このような流儀について簡単に解説する.特に,低温相での自発的対称性の破れを,境界条件や磁場を用いず,平衡状態の一意性だけで特徴づけられるのはきわめて重要である.

1. 無限系の平衡状態

まず,無限系の状態,平衡状態をどのように定式化するかについて述べる.無限系の平衡状態の一意性についての結果は特に重要である.

1.1 無限系の状態

d 次元立方格子 $\mathbb{Z}^d$ の各々の格子点 x にスピン $\sigma_x \in \{1, -1\}$ が並んだ無限に大きな系を考える.このような無限系での状態の概念を期待値汎関数によって定式化する[1].

簡単な例で考え方をはっきりさせよう.たとえば,$x, y, z \in \mathbb{Z}^d$ を格子点,$a, b, c \in \mathbb{R}$ として,$f = a\sigma_x + b\sigma_y\sigma_z$,$g = c\sigma_x\sigma_y\sigma_z$ という物理量を考える.また,$\langle \cdots \rangle_{\beta,h}^{\mathrm{BC}}$ を適切な境界条件での無限系での期待値とする.当然だが,$\langle f \rangle_{\beta,h}^{\mathrm{BC}}$,$\langle g \rangle_{\beta,h}^{\mathrm{BC}}$ は (β, h と境界条件に依存する) 何らかの実数である.よって,期待値 $\langle \cdots \rangle_{\beta,h}^{\mathrm{BC}}$ を,f や g のような物理量にそれぞれ実数を対応させる仕掛け (つまり,汎関数) とみ

---

[1] このような定式化は,場の量子論や量子多体系の数理物理的な扱いでも標準的である.

なすことができる．この考え方を一般化して，状態を「物理量に対して実数（その物理量の期待値）を対応させる汎関数」とみなそうということだ．

スピン変数 σ_x（ただし x は $\mathbb{Z}^d$ を動く）の実係数の多項式すべてからなる集合を $\mathfrak{A}$ とする[2]．任意の $f \in \mathfrak{A}$ は，正整数 n，有限部分集合 $A_i \subset \mathbb{Z}^d$，実係数 a_i を使って，

$$f = \sum_{i=1}^{n} a_i \sigma^{A_i} = \sum_{i=1}^{n} a_i \prod_{x \in A_i} \sigma_x \tag{11.1}$$

と書ける．f は有限個の σ_x にしか依存しないことに注意．

$\mathbb{Z}^d$ 上の Ising 模型の**状態** (state) $\omega(\cdot)$ とは，$\mathfrak{A}$ 上の半正定値かつ規格化された実数値汎関数である．すなわち，$\omega(\cdot)$ は $\mathfrak{A}$ から $\mathbb{R}$ への写像で，以下の性質 i), ii), iii) を満たすものである．

i) **線型性**：任意の $f, g \in \mathfrak{A}$ と $a, b \in \mathbb{R}$ について，$\omega(af + bg) = a\omega(f) + b\omega(g)$ が成り立つ．

ii) **半正定値性**：任意の $f \in \mathfrak{A}$ について，$\omega(f^2) \geq 0$ が成り立つ．

iii) **規格化**：$\omega(1) = 1$ が成り立つ．

$\omega_1(\cdot)$ と $\omega_2(\cdot)$ が状態なら，任意の $0 \leq \lambda \leq 1$ について，$\lambda \omega_1(\cdot) + (1-\lambda)\omega_2(\cdot)$ も状態である．つまり，すべての状態を集めたものは凸集合をなす．

5 章 13 節では，BC = F, + について，相関関数の無限体積極限 $\langle \sigma^A \rangle_{\beta,h}^{\mathrm{BC}}$ を定義した．一般の $f \in \mathfrak{A}$ については，(11.1) の表現を用いて

$$\langle f \rangle_{\beta,h}^{\mathrm{BC}} := \sum_{i=1}^{n} a_i \langle \sigma^{A_i} \rangle_{\beta,h}^{\mathrm{BC}} \tag{11.2}$$

と定義すれば，$\omega(\cdot) = \langle \cdot \rangle_{\beta,h}^{\mathrm{BC}}$ を無限系の状態とみなせる．性質 i)–iii) が成立することは自明だろう．

1.2 DLR 条件

次に，無限系の平衡状態という概念をどう定式化するかについて考える．有限

---

[2] 通常は $\mathfrak{A}$ そのものではなく，$\mathfrak{A}$ をノルム $\|f\|_\infty := \sum_{i=1}^{n} |a_i|$ に関して完備化したバナッハ空間を用いる．ここでは $\mathfrak{A}$ の構造を使う議論には踏み込まないので完備化はしない．

1. 無限系の平衡状態

系の場合は，(2.1) の（有限状態の）カノニカル分布の定義をそのまま適用すればよかったが，無限系では，そもそもハミルトニアンに相当する関数がない（形式的に定義しても無限和になって意味をなさない）から，同じ定式化はできない．もちろん，5 章以来やってきたように，まず有限系で平衡状態を定義し，その無限体積極限をとったものを無限系の平衡状態と呼ぶ，という立場もある．しかし，ある無限系の状態が与えられたとき，それが平衡状態であるかを判定できるような基準があった方が理論体系としては美しい．

ここでは，古典統計力学ではもっとも標準的な **Dobrushin-Lanford-Ruelle (DLR) 条件** (DLR condition) と呼ばれる平衡状態の特徴づけを用いる．基本的なアイディアは，無限系の状態を適切に条件付けすることで，有限系の期待値に還元することである．

まず，有限の格子 Λ_L ($L=1,2,\ldots$) での一般的な境界条件をつけた平衡状態を用意する．格子 Λ_L の外部境界 $\bar{\partial}\Lambda_L$ 上の各々の格子点 y に対して，スピン $\eta_y = \pm 1$ を選び固定する．これらを集めた外部境界上のスピン配位を $\boldsymbol{\eta} = (\eta_y)_{y \in \bar{\partial}\Lambda_L}$ と書く．そして，$\boldsymbol{\eta}$ で決まる境界ハミルトニアンを，

$$\tilde{H}_L^{\boldsymbol{\eta}}(\boldsymbol{\sigma}) = - \sum_{\substack{x \in \Lambda_L,\, y \in \bar{\partial}\Lambda_L \\ (|x-y|=1)}} \sigma_x \eta_y \tag{11.3}$$

と定める（ここで $\boldsymbol{\sigma} \in \mathcal{S}_L$）．これは，$\boldsymbol{\eta}$ という値に固定された境界上のスピンと，自由に変化できる Λ_L 内のスピンとの相互作用を表わしている．すべての $y \in \bar{\partial}\Lambda_L$ について $\eta_y = 1$ ととれば，(11.3) はプラス境界条件の境界ハミルトニアン (2.28) と一致する．

境界ハミルトニアン (11.3) を用いて，逆温度 β，磁場 h，境界条件 $\boldsymbol{\eta}$ での分配関数を

$$Z_L^{\boldsymbol{\eta}}(\beta,h) = \sum_{\boldsymbol{\sigma} \in \mathcal{S}_L} \exp[-\beta\{H_{L;h}(\boldsymbol{\sigma}) + \tilde{H}_L^{\boldsymbol{\eta}}(\boldsymbol{\sigma})\}] \tag{11.4}$$

とする．また Λ_L 上のスピン変数 σ_x の実数係数多項式すべての集合を $\mathfrak{A}_L$ とする．任意の $g \in \mathfrak{A}_L$（つまり，g は $\mathcal{S}_L$ 上の実関数）に対して，対応する期待値を

$$\langle g \rangle_{L;\beta,h}^{\boldsymbol{\eta}} = \frac{1}{Z_L^{\boldsymbol{\eta}}(\beta,h)} \sum_{\boldsymbol{\sigma} \in \mathcal{S}_L} g(\boldsymbol{\sigma}) \exp[-\beta\{H_{L;h}(\boldsymbol{\sigma}) + \tilde{H}_L^{\boldsymbol{\eta}}(\boldsymbol{\sigma})\}] \tag{11.5}$$

と定義する．記号などは 2 章 2 節と同じである．

最後に,
$$\chi_L^{\boldsymbol{\eta}} = \prod_{y \in \bar{\partial}\Lambda_L} \frac{\sigma_y \eta_y + 1}{2} \tag{11.6}$$

という量を定義しておく. $\chi_L^{\boldsymbol{\eta}} \in \mathfrak{A}$ は, $\bar{\partial}\Lambda_L$ 上のすべての格子点で σ_y が η_y と一致するときに限り 1, そうでなければゼロとなる.

11.1 [定義] (DLR 条件)　$\beta > 0$, $h \in \mathbb{R}$ とし, $\omega(\cdot)$ を $\mathbb{Z}^d$ 上の Ising 模型の状態とする. 任意の $L = 1, 2, \ldots$, 任意の $\boldsymbol{\eta}$, 任意の $g \in \mathfrak{A}_L$ に対して

$$\frac{\omega(g\chi_L^{\boldsymbol{\eta}})}{\omega(\chi_L^{\boldsymbol{\eta}})} = \langle g \rangle_{L;\beta,h}^{\boldsymbol{\eta}} \tag{11.7}$$

が成り立つとき, $\omega(\cdot)$ は, 逆温度 β, 磁場 h における $\mathbb{Z}^d$ 上の Ising 模型の平衡状態であるという.

(11.7) の左辺は, $\chi_L^{\boldsymbol{\eta}} = 1$ となるようなスピン配位に条件付けした条件付き期待値である. このように条件付けすると, $\bar{\partial}\Lambda_L$ 上のスピンが $\boldsymbol{\eta}$ と等しく固定されるので, 内側の Λ_L 内のスピンは, 外側の $\mathbb{Z}^d \setminus \Lambda_{L+2}$ のスピンとまったく相互作用しなくなる. よって, $\omega(\cdot)$ が平衡状態を表わしているなら, Λ_L 内の状態のみに依存する物理量 $g(\boldsymbol{\sigma})$ の $\omega(\cdot)$ での期待値は, $\boldsymbol{\eta}$ という境界条件をもった有限系の期待値と一致すべきだ.

そこで, 任意の L と $\boldsymbol{\eta}$ について, 条件付けた期待値と有限系の平衡状態が一致するなら, 状態 $\omega(\cdot)$ を平衡状態とみなそうということだ. 無限系の状態を有限系の平衡状態と比較する (ただし, その比較は無限回おこなう) という巧みな特徴づけである.

また, $\sum_{\boldsymbol{\eta}} \chi_L^{\boldsymbol{\eta}} = 1$ に注意して, (11.7) を変形すれば, $\lambda_{\boldsymbol{\eta}} := \omega(\chi_L^{\boldsymbol{\eta}}) \geq 0$ として,

$$\omega(g) = \sum_{\boldsymbol{\eta}} \lambda_{\boldsymbol{\eta}} \langle g \rangle_{L;\beta,h}^{\boldsymbol{\eta}} \tag{11.8}$$

という関係が得られる. 定義から $\sum_{\boldsymbol{\eta}} \lambda_{\boldsymbol{\eta}} = 1$ が成り立つので, $\mathfrak{A}_L$ の要素 ($\mathcal{S}_L$ 上の関数) の期待値について, 無限系の平衡状態 $\omega(\cdot)$ は有限系の平衡状態 $\langle \cdot \rangle_{L;\beta,h}^{\boldsymbol{\eta}}$ の凸和で表されるといえる.

定義 11.1 を用いれば, 期待されるように, 5 章 3 節で定義した無限体積極限は無限系の平衡状態になる.

11.2 [定理]　BC = F, + について，相関関数の無限体積極限 $\langle\cdots\rangle^{\mathrm{BC}}_{\beta,h}$ は[3]，定義 11.1 の意味で，無限系の平衡状態である．

証明　$K \geq L+2$ とする．任意の境界条件 BC について，期待値 $\langle\cdots\rangle^{\mathrm{BC}}_{K;\beta,h}$ は (11.7) と同じ条件

$$\frac{\langle g\chi_L^{\boldsymbol{\eta}}\rangle^{\mathrm{BC}}_{K;\beta,h}}{\langle\chi_L^{\boldsymbol{\eta}}\rangle^{\mathrm{BC}}_{K;\beta,h}} = \langle g\rangle^{\boldsymbol{\eta}}_{L;\beta,h} \tag{11.9}$$

を満たす．これは直感的に自明だろうし，定義にもとづいて素直に計算すれば示される．(11.9) が任意の $K \geq L+2$ について成立するのだから，L と g を固定して $K \uparrow \infty$ とすれば，無限体積極限が DLR 条件 (11.7) を満たすことがわかる． ■

1.3　無限系の平衡状態の一意性と非一意性

定理 5.12（81 ページ）では，自由エネルギーが微分可能なら，期待値の無限体積極限が境界条件に依存しないことを示した．しかし，この場合の一意性は，いくつかの典型的な境界条件を試してみると極限が一致したという弱い意味での一意性だった．次の定理は，同じ条件のもとではるかに強い意味での一意性が成立することを保証してくれる．物理としてもきわめて重要である．

11.3 [定理] (平衡状態の一意性)　ある $\beta > 0, h \in \mathbb{R}$ において自由エネルギー $f(\beta, h)$ が h について微分可能であるとする．逆温度 β，磁場 h における $\mathbb{Z}^d$ 上の Ising 模型の平衡状態は一意的であり，有限系の平衡状態の無限体積極限に一致する．

証明　$\omega(\cdot)$ を β, h での平衡状態とする．(5.68) のように $\rho_x = (\sigma_x + 1)/2$, $\rho^A = \prod_{x \in A} \rho_x$ とする．任意の有限部分集合 A について，(11.8) により，

$$\omega(\rho^A) = \sum_{\boldsymbol{\eta}} \lambda_{\boldsymbol{\eta}} \langle \rho^A \rangle^{\boldsymbol{\eta}}_{L;\beta,h} \tag{11.10}$$

が，$A \subset \Lambda_L$ なる任意の L について成り立つ．5 章 3.3 節のようにマイナス境界条件の期待値を定義する．FKG 不等式 (4.5) から導かれる命題 4.13（62 ページ）

---

[3] ただし BC = + の場合は，極限の存在が示されているのは $h \geq 0$ のときのみである．

の強磁性的単調性より，上と同じ L と任意の $\bar{\partial}\Lambda_L$ 上の境界条件 $\boldsymbol{\eta}$ について，

$$\langle \rho^A \rangle^{-}_{L;\beta,h} \leq \langle \rho^A \rangle^{\boldsymbol{\eta}}_{L;\beta,h} \leq \langle \rho^A \rangle^{+}_{L;\beta,h} \tag{11.11}$$

が成り立つ．$\lambda_{\boldsymbol{\eta}} \geq 0$, $\sum_{\boldsymbol{\eta}} \lambda_{\boldsymbol{\eta}} = 1$ に注意して，(11.10) に (11.11) を代入すれば，

$$\langle \rho^A \rangle^{-}_{L;\beta,h} \leq \omega(\rho^A) \leq \langle \rho^A \rangle^{+}_{L;\beta,h} \tag{11.12}$$

となる．ところが，A を固定して $L \uparrow \infty$ とすると，$\langle \rho^A \rangle^{-}_{L;\beta,h}$ と $\langle \rho^A \rangle^{+}_{L;\beta,h}$ は同じ値 $\langle \rho^A \rangle_{\beta,h}$ に収束する（5 章 3.3 節の最後を見よ）．よって，$\omega(\rho^A) = \langle \rho^A \rangle_{\beta,h}$ でなくてはならない．これが，任意の有限部分集合 A について成立するので，定理が示された． ∎

一方，無限系の平衡状態が一意的でない状況があることも明らかだろう．以下，プラス，マイナス境界条件の期待値の無限体積極限 $\langle \cdots \rangle^{\pm}_{\beta,h}$ をプラス状態，マイナス状態と呼ぶことにしよう．$d \geq 2$, $h = 0$ とすると，定理 7.6 (126 ページ) により，任意の $\beta > \beta_c$ に対して，プラス状態では，

$$\langle \sigma_x \rangle^{+}_{\beta} = m_{\rm s}(\beta) > 0 \tag{11.13}$$

が成り立つ（$m_{\rm s}(\beta)$ は自発磁化）．また，$h = 0$ では，スピンの反転に対する対称性から，マイナス状態は

$$\langle \sigma_x \rangle^{-}_{\beta} = -\langle \sigma_x \rangle^{+}_{\beta} = -m_{\rm s}(\beta) < 0 \tag{11.14}$$

を満たす．最後に，自由境界条件では，対称性から任意の L について $\langle \sigma_x \rangle^{\rm F}_{L;\beta} = 0$ だから，無限体積極限も，

$$\langle \sigma_x \rangle^{\rm F}_{\beta} = 0 \tag{11.15}$$

を満たす．

(11.13), (11.14), (11.15) を見比べれば，三つの平衡状態 $\langle \cdot \rangle^{+}_{\beta}$, $\langle \cdot \rangle^{-}_{\beta}$, $\langle \cdot \rangle^{\rm F}_{\beta}$ が異なっていることは明らかだろう．念のためにまとめよう．

11.4 [系]　　$d \geq 2$, $h = 0$, $\beta > \beta_c$ では $\mathbb{Z}^d$ 上の Ising 模型の平衡状態は一意的ではない．

ここで，三つの平衡状態 $\langle \cdots \rangle^{+}_{\beta}$, $\langle \cdots \rangle^{-}_{\beta}$, $\langle \cdots \rangle^{\rm F}_{\beta}$ のうちのどれに物理として意味

があるのか，あるいは，これら三つ以外に平衡状態があるのか，といった疑問が生じる．これらの点については次の節で考察する．

2. 平衡状態の分解と分類

無限系の平衡状態の理論をさらに進めて，平衡状態の分解と分類について簡潔に議論する．

2.1 プラス状態とマイナス状態への分解

前節の最後に挙げた疑問に関連して，$0 < \lambda < 1$ に対し

$$\langle\cdots\rangle_\beta^\lambda := \lambda \langle\cdots\rangle_\beta^+ + (1-\lambda)\langle\cdots\rangle_\beta^- \tag{11.16}$$

という状態を定義する．これをプラス状態とマイナス状態の**統計的混合** (statistical mixture) と呼ぶ．$\langle\cdots\rangle_\beta^\pm$ が平衡状態だから，DLR 条件 (11.7) から明らかに，$\langle\cdots\rangle_\beta^\lambda$ も平衡状態である．つまり，$\beta > \beta_c$ ならば，同じ β と $h = 0$ に対して，パラメータ λ で指定される無限個の平衡状態が存在することになる．

プラス状態とマイナス状態の任意の統計的混合は平衡状態だが，逆はいえるのか？　すなわち，任意の平衡状態が (11.16) の形に表わされるのだろうか？　並進対称な平衡状態に限れば，まさにその通りであることが以下の最近の定理によって示されている（注 5.16（83 ページ）を参照）．証明はかなり技巧的で複雑なので，本書で紹介する余裕はない．結果だけを紹介しよう．

$f \in \mathfrak{A}$ を (11.1) の形に表わす．任意の $x_0 \in \mathbb{Z}^d$ について，f の平行移動 $T_{x_0}[f]$ を

$$T_{x_0}[f] := \sum_{i=1}^n a_i \prod_{x \in A_i} \sigma_{x+x_0} \tag{11.17}$$

と定義する．ある状態 $\omega(\cdot)$ が任意の $f \in \mathfrak{A}$ および $x_0 \in \mathbb{Z}^d$ について $\omega(f) = \omega(T_{x_0}[f])$ を満たすとき，$\omega(\cdot)$ は並進対称であるという．

11.5 [定理] (並進対称な平衡状態の分解)　　$d \geq 2$, $h = 0$, $\beta > \beta_c$ のとき，並進対称な任意の平衡状態は，ある $0 \leq \lambda \leq 1$ によって (11.16) の形に書ける．

この定理によって，自由境界条件，周期境界条件，プラス境界条件の無限体積極限の関係が明確にわかる．特に，次の系のように，自由境界条件と周期境界条

件の無限体積極限での期待値は，転移点（$\beta = \beta_{\rm c}$ かつ $h=0$）ただ一点を除いて一致することがいえる[4]．

11.6 [系] (自由および周期境界状態の分解) $d \geq 2$ とする．$\beta > \beta_{\rm c}$ かつ $h=0$ のとき，周期境界条件での無限体積極限 $\langle \cdots \rangle_\beta^{\rm P}$ が存在し，三つの境界条件での無限体積極限は，

$$\langle \cdots \rangle_\beta^{\rm F} = \langle \cdots \rangle_\beta^{\rm P} = \frac{1}{2}\{ \langle \cdots \rangle_\beta^+ + \langle \cdots \rangle_\beta^- \} \tag{11.18}$$

によって結ばれる．

証明 $\langle \cdots \rangle_\beta^{\rm F}$ は並進対称なので，定理 11.5 が使えて (11.16) の形に書ける．$\beta > \beta_{\rm c}$ では $\langle \sigma_o \rangle_\beta^+ = -\langle \sigma_o \rangle_\beta^- > 0$ かつ $\langle \sigma_o \rangle_\beta^{\rm F} = 0$ だが，これらを満たすのは $\lambda = 1/2$ しかない．

次に周期境界条件を考える．すべてのスピンを反転する変換を考えると，$|A|$ が奇数なら任意の L について $\langle \sigma^A \rangle_{L;\beta}^{\rm P} = 0$ だから，$L \uparrow \infty$ としても $\langle \sigma^A \rangle_\beta^{\rm P} = 0$ である．$|A|$ が偶数なら，σ^A はスピンの反転について不変なので，すぐ上に示したことから $\langle \sigma^A \rangle_\beta^{\rm F} = \{\langle \sigma^A \rangle_\beta^+ + \langle \sigma^A \rangle_\beta^-\}/2 = \langle \sigma^A \rangle_\beta^+$ である．よって，(4.33)（補題 4.20 (66 ページ)）を使えば，$\lim_{L \uparrow \infty} \langle \sigma^A \rangle_{L;\beta}^{\rm P}$ が存在して $\langle \sigma^A \rangle_\beta^{\rm F} = \langle \sigma^A \rangle_\beta^+$ に等しいことがいえる． ■

この系の応用として，長距離秩序と自発磁化の関係についての定理 7.6 (126 ページ) の証明に必要だった事実を示しておこう．

11.7 [補題] $d \geq 2$ とする．$\beta > \beta_{\rm c}$ かつ $h=0$ では長距離秩序パラメターは，

$$p^{\rm F}(\beta, 0) = p^{\rm P}(\beta, 0) = p^+(\beta, 0) \tag{11.19}$$

を満たす．

証明 一つ目の等号は上の系より明らか．二つ目の等号は，長距離秩序の定義から出発して (11.18) を用いると

$$p^{\rm P}(\beta, 0) = \lim_{|x| \uparrow \infty} \langle \sigma_o \sigma_x \rangle_\beta^{\rm P} = \frac{1}{2}\Big(\lim_{|x| \uparrow \infty} \langle \sigma_o \sigma_x \rangle_\beta^+ + \lim_{|x| \uparrow \infty} \langle \sigma_o \sigma_x \rangle_\beta^- \Big)$$

---

[4] 転移点でも両者は一致していると予想されている．

$$= \lim_{|x|\uparrow\infty} \langle \sigma_o \sigma_x \rangle_\beta^+ = p^+(\beta, 0) \tag{11.20}$$

のように示される．二行目に移るところで対称性から $\langle \sigma_o \sigma_x \rangle_\beta^+ = \langle \sigma_o \sigma_x \rangle_\beta^-$ であることを用いた． ∎

ここで，(11.16) $(0 \leq \lambda \leq 1)$ の無限個の平衡状態の中でどれが物理的に意味のある平衡状態なのかという問題について考えたい．$\beta > \beta_\mathrm{c}$ かつ $h = 0$ のときには，

$$\langle \sigma_x \rangle_\beta^+ = m_\mathrm{s}(\beta), \quad \langle \sigma_x \rangle_\beta^- = -m_\mathrm{s}(\beta) \tag{11.21}$$

であり，また定理 7.6（126 ページ）から

$$\lim_{|x|\uparrow\infty} \langle \sigma_o \sigma_x \rangle_\beta^\pm = \{m_\mathrm{s}(\beta)\}^2 \tag{11.22}$$

がいえる．二つの関係をあわせれば，$\beta > \beta_\mathrm{c}$ のとき，プラス状態とマイナス状態では，連結二点関数 $\langle \sigma_o; \sigma_x \rangle_\beta^\pm := \langle \sigma_o \sigma_x \rangle_\beta^\pm - \langle \sigma_o \rangle_\beta^\pm \langle \sigma_x \rangle_\beta^\pm$ が

$$\lim_{|x|\uparrow\infty} \langle \sigma_o; \sigma_x \rangle_\beta^\pm = 0 \tag{11.23}$$

のように，無限遠で減衰することがわかる．

ところが，統計的混合の状態 (11.16) については事情が違ってくる．まず，(11.22) からは，

$$\lim_{|x|\uparrow\infty} \langle \sigma_o \sigma_x \rangle_\beta^\lambda = \{m_\mathrm{s}(\beta)\}^2 \tag{11.24}$$

という同じ極限が得られる．ところが，(11.21) を定義 (11.16) に代入すれば，

$$\langle \sigma_x \rangle_\beta^\lambda = (2\lambda - 1) m_\mathrm{s}(\beta) \tag{11.25}$$

となるので，連結二点関数の無限遠での値は，

$$\lim_{|x|\uparrow\infty} \langle \sigma_o; \sigma_x \rangle_\beta^\lambda = 4\lambda(1-\lambda)\{m_\mathrm{s}(\beta)\}^2 \tag{11.26}$$

となる．これが無限遠で減衰し右辺がゼロになるのは，$\lambda = 0, 1$ の場合，つまり，プラス状態とマイナス状態についてのみである．

実は，この事実は，プラス状態とマイナス状態の平衡状態だけが，物理的に実現される平衡状態に対応していることを意味している．大きいが有限の立方体の

中のスピンの平均 $m_L = L^{-d}\sum_{x\in\Lambda_L}\sigma_x$ を考えよう．(11.26) を使って，この量の分散は

$$\langle m_L;m_L\rangle_\beta^\lambda = \frac{1}{L^{2d}}\sum_{x,y\in\Lambda_L}\langle\sigma_x;\sigma_y\rangle_\beta^\lambda \simeq 4\lambda(1-\lambda)\{m_{\rm s}(\beta)\}^2 \qquad (11.27)$$

と見積もられる（あまり厳密な評価ではない）．特に $0 < \lambda < 1$ なら，L をいくら大きくしても分散は 0 にならない．この事実を物理的に解釈すると，m_L というマクロな物理量が有意なゆらぎをもつことを意味する．しかし，現実の平衡状態では，m_L のようなマクロな物理量は確定した値をもつことが（経験事実として）知られている[5]．よって，マクロな量が有意にゆらいでしまうような状態 $\langle\cdots\rangle_\beta^\lambda$ は，物理的に実現される状態には対応しないと考えるべきなのである．

こうして，$\beta > \beta_{\rm c}$ かつ $h = 0$ のときは，無限個の並進対称な平衡状態 $\langle\cdots\rangle_\beta^\lambda$ のなかで，物理的に意味のあるのは，$\lambda = 0, 1$ としたプラス状態とマイナス状態の二つに限られると結論できる．定理 11.5（189 ページ）は，これら以外の（物理的でない）並進対称な平衡状態はすべてこれら二つの統計的混合として表現できることを意味している．これは平衡状態の純粋状態への分解という，抽象的だがきわめて強力な理論の重要な一例である[6]．

以上の議論をふまえると，低温相での**対称性の自発的破れ**を明快に定式化できる．$h = 0$ では，系のハミルトニアンはスピンの反転について対称であり，また，無限系の平衡状態の定義 11.1 にはこの対称性を破るような要素（無限小の磁場や境界条件）はいっさい登場しない．にもかかわらず，$\beta > \beta_{\rm c}$ では物理的に意味のある並進不変な平衡状態は，（対称性を破った）プラス状態とマイナス状態の二つに限られるのである．無限個のスピン自由度の相互作用によって，系が本来もっていた対称性が自発的に破られたことがわかる．

2.2 平衡状態の分類

定理 11.3（187 ページ）でみたように，自由エネルギー $f(\beta, h)$ が h について微分可能なら，$\mathbb{Z}^d$ 上の平衡状態はただ一つしか存在しない．Lee-Yang の定理 5.3（75 ページ）によれば，$h \neq 0$ では $f(\beta, h)$ は h について微分可能である．また，定理 6.4（101 ページ）では，$\beta < \beta_{\rm c}$ なら $h = 0$ でも $f(\beta, h)$ は微分可能である

---

[5] それが，熱力学という体系の基本的な出発点でもある．
[6] プラス状態とマイナス状態が純粋状態であり，$0 < \lambda < 1$ に対応する状態は混合状態と呼ばれる．

ことが示された.よって,$h=0, \beta \geq \beta_{c}$ の領域を除けば,無限系の平衡状態は一意的である.

低温相の $\beta > \beta_{c}, h=0$ では,系 11.4（188 ページ）でみたように無限系の平衡状態は一意的でない.このとき,並進対称な平衡状態は (11.16) のようにプラス状態とマイナス状態の統計的混合の形に書けることも紹介した.それでは,すべての平衡状態が (11.16) のように分解できるのだろうか？

$d=2$ においては,以下の定理によって,この予想が正しいことが確立されている.

11.8 [定理] $d=2$ とする.任意の $\beta > \beta_{c}, h=0$ について,無限系の任意の平衡状態は,$0 \leq \lambda \leq 1$ によって (11.16) の形に書ける.

言い換えれば $d=2$ での平衡状態は必ず並進対称なのである.ところが,三次元以上では新しい物理が現われる.以下の定理によって,並進対称でない平衡状態,つまり,決してプラス状態とマイナス状態の統計的混合 (11.16) では表わされない平衡状態が存在することがわかるのだ.

11.9 [定理] $d \geq 3$ とし,$(d-1)$ 次元の転移点を $\beta_{c}^{(d-1)}$ と書く.$\beta > \beta_{c}^{(d-1)}$,$h=0$ では（d 次元の系で）並進対称でない平衡状態が存在する.

ここでいう並進対称でない平衡状態では,プラス状態に近い領域とマイナス状態に近い領域が格子のなかで住み分けている.これら二つの領域の境を**ドメインウォール**(domain wall) と呼ぶ.ドメインウォールは,確率的にゆらいでいるものの,大局的にみれば安定な（超）平面になっている.定理 11.8 は,$d=2$ ではこのようなドメインウォールが安定に存在できないことを意味しているのだ.$d \geq 3$ での無限系の平衡状態の完全な分類は未解決の問題である[7].

---

[7] $d=3$ ではラフニング転移点 β_{R} があり,$\beta_{R} > \beta > \beta_{c}$ の範囲ではすべての平衡状態は並進対称であり,$\beta > \beta_{R}$ で並進対称でない平衡状態が現われると予想されている.定理 11.9 から $\beta_{R} \leq \beta^{(2)}$ がわかる.$d \geq 4$ では,すべての $\beta > \beta_{c}$ において並進対称でない平衡状態が現われると予想されている.

文献について

　無限系での観測量の代数（われわれの $\mathfrak{A}$），状態，平衡状態の概念，あるいは，本書では触れなかった純粋状態の概念などについては，Ruelle [37], Bratteli, Robinson [22, 23], Georgii [26] などの専門書を参照されたい．

　定義 11.1（186 ページ）の DLR 条件（DLR equation と呼ばれることが多い）は，Dobrushin [71, 72] と Lanford, Ruelle [129] によって独立に導入された．

　定理 11.5（189 ページ）は Bodineau の 2006 年の結果である [61]．定理の命題は十分に低温では Gallavotti, Miracle-Solé [90] によって示されており，$\beta > \beta_c$ でも成り立つと予想されていた．Bodineau は低温相でのある種のパーコレーションについての詳細な評価を行ない，Lebowitz の一般論 [131] で与えられた十分条件を証明することでこの定理を得た．

　2 次元の平衡状態の分類に関しては，ドメインウォールを誘発する（プラスとマイナスが混ざった）境界条件を課しても無限体積極限では並進対称性が回復することを示した Gallavotti [89] の結果が先駆的だった．最終的な定理 11.8（193 ページ）は樋口 [119] と Aizenman [44] によって独立に示された．並進不変でない平衡状態の存在を最初に（β が十分に大きい場合に）証明したのは Dobrushin [74] である．定理 11.9（193 ページ）は van Beijeren による [171]．

12

関連するモデル

この章では，Ising 模型に関連する数理物理学の問題のいくつかをごく簡単に紹介する．Ising 模型の「仲間」である種々のスピン系，ランダムウォークなどの確率幾何的なモデルの代表的なものについて，Ising 模型との共通点や相違点を中心に解説する．また，これらと密接な関係のあるスカラー場の量子論にも簡単に触れる．

1. 様々なスピン系

スピン系はもともとは磁性体の統計力学的なモデルだが，今では，現実の物質に近いものから，きわめて数学的なモデルまで，多くの系が研究されている．

1.1 φ^4 モデル

φ^4 モデル (φ^4 model) は，磁性体のモデルとしては，Ising 模型よりも理想化された数学よりのモデルである．格子スカラー φ^4 場の理論とも呼ばれ，場の量子論のもっとも基本的なモデルとみることもできる．相転移や臨界現象の観点からは，Ising 模型ときわめて近い「仲間」だと考えられている．

φ^4 模型は，3 章 4.1 節のガウス型模型の定義において，基本となる積分 (3.43) を，

$$\int \mathcal{D}\mu_0(\boldsymbol{\varphi})\,(\cdots) = \prod_{x\in\Lambda_L} \int d\varphi_x \exp\left[-\frac{\mu}{2}(\varphi_x)^2 - \frac{\lambda}{4!}(\varphi_x)^4\right](\cdots) \quad (12.1)$$

に置き換えることで定義される．$\lambda > 0$ がモデルの非線型性を特徴づける定数であり，$\lambda = 0$ とするとガウス型模型になる．

ガウス型模型に近いようにみえるが，重みに φ^4 の項を付け加えるだけで，本質的には Ising 模型と同じ相転移や臨界現象を示すようになる．つまり，$d \geq 2$ なら，d と $\lambda > 0$ に依存する転移点 β_c がある．$\beta < \beta_c$ では二点相関関数が指数的

に減衰し,磁化率や相関距離は有限である.$\beta \uparrow \beta_c$ では磁化率と相関距離が発散する臨界現象が存在する.また $\beta > \beta_c$ ではゼロでない自発磁化がある.

φ^4 模型の相転移や臨界現象は,Ising 模型と類似の(ときには,同じ)手法で研究できる.研究の現状が大きく違っているのは,φ^4 模型では,**くりこみ群** (renormalization group) という手法を用いた臨界現象の解析が可能だという点である.これによって,臨界現象については,Ising 模型よりも進んだ,次のような結果が得られている.

12.1 [定理] 次元のみに依存する $\lambda_0(d) > 0$ があり,λ が $\lambda_0(d) \geq \lambda > 0$ を満たすなら,以下の事実が示される.$d \geq 4$ のとき,$\beta = \beta_c$ において,二点相関関数は

$$\langle \varphi_o \varphi_x \rangle \approx \frac{1}{|x|^{d-2}} \tag{12.2}$$

のように減衰する.$\beta \uparrow \beta_c$ のとき,磁化率と相関距離は,$d > 4$ では

$$\chi(\beta) \approx (\beta_c - \beta)^{-1}, \quad \xi(\beta) \approx (\beta_c - \beta)^{-1/2} \tag{12.3}$$

のように,$d = 4$ では,

$$\chi(\beta) \approx (\beta_c - \beta)^{-1} |\log(\beta_c - \beta)|^{1/3}, \quad \xi(\beta) \approx (\beta_c - \beta)^{-1/2} |\log(\beta_c - \beta)|^{1/6} \tag{12.4}$$

のように発散する.

これは,Ising 模型の定理 10.14 (178 ページ) と同様,高次元での平均場近似の正当性を示す結果である.しかし,臨界点での減衰 (12.2) と相関距離の平均場的な発散 (12.3) については,Ising 模型では系の次元がきわめて高いときにしか証明されていない.さらに,(12.4) の $d = 4$ での**対数補正** (logarithmic correction) の存在も φ^4 模型における厳密なくりこみ群があってはじめて示された結果である.

1.2 N ベクトルモデル

N ベクトルモデルは,±1 の二値しかとらなかった Ising 模型のスピン変数を,N 成分の単位ベクトルに拡張したものである.現実のスピンを三次元的なベクトルとみなせば,$N = 3$ のモデルが特に現実的ということになる[1].スピンの成分

---

[1] ただし,現実のスピンは量子的な対象なので,正確に言うと,三成分のベクトルには対応しない.以下の 1.3 節を見よ.

の数を変えることによって，相転移や臨界現象の様相は大きく変化する．

$N = 1, 2, 3, \ldots$ とする．N ベクトルモデルのスピン変数は，$|\varphi_x| = 1$ を満たす N 次元ベクトル $\varphi_x = (\varphi_x^{(1)}, \ldots, \varphi_x^{(N)}) \in \mathbb{R}^N$ である．ハミルトニアンは，Ising 模型のスピンの積 $\sigma_x \sigma_y$ をそのままスピンの内積 $\varphi_x \cdot \varphi_y = \sum_{i=1}^{N} \varphi_x^{(i)} \varphi_y^{(i)}$ に置き換えた形にとる．それ以外は，すべて Ising 模型と同じである．もちろん，スピン変数を $\sigma_x = \pm 1$ について足すかわりに，φ_x を N 次元単位球面上で積分する．$N = 1$ のモデルは Ising 模型そのものになる．より詳しくは，付録 B の 1.1 節をみよ．

まず $d \geq 3$ とする．N ベクトルモデルも，Ising 模型と同様，無秩序な高温相から，長距離秩序のある低温相への相転移を示す．特に，$\langle \cdots \rangle_\beta$ を $h = 0$ での周期的境界条件から作った無限体積極限とすると，以下の定理が成り立つ．

12.2 [定理] (N ベクトルモデルの長距離秩序)　　$d \geq 3, N = 1, 2, 3, \ldots$ とする．β が十分に大きければ，以下が成り立つ．

$$\lim_{|x| \uparrow \infty} \langle \varphi_o \cdot \varphi_x \rangle_\beta > 0 \tag{12.5}$$

付録 B の 2.4 節で，証明と $p(\beta)$ の具体的な下界を与える．この証明がごく一般的なスピン系に適用できることから，$d \geq 3$ での強磁性スピン系の相転移はきわめて普遍的な現象であることがいえる．また，証明を吟味すると，この相転移の背後には「スピン波の Bose-Einstein 凝縮」と呼ぶべきメカニズムがあることもわかる．

なお，N ベクトルモデルでも $d > 4$ では平均場的な臨界現象がみられると予想されているが，証明は未だない．また，$d = 2, 3$ での臨界指数は，N に依存すると信じられている．

Ising 模型は $d = 2$ でも相転移を示したが，$N \geq 2$ の N ベクトルモデルでは，事情はまったく異なっている．以下，$\langle \cdots \rangle_{L;\beta,h}^{\mathrm{P}}$ を，ハミルトニアンに 1 成分方向の磁場の効果を表わす項 $-h \sum_{x \in \Lambda_L} \varphi_x^{(1)}$ を加えた周期的境界条件の期待値とする．

12.3 [定理] (Hohenberg-Mermin-Wagner の定理)　　$d = 2$ とする．$N \geq 2$ ならば，任意の $\beta > 0$ において，

$$\lim_{h \downarrow 0} \lim_{L \uparrow \infty} \langle \varphi_x^{(1)} \rangle_{L;,\beta,h}^{\mathrm{P}} = 0 \tag{12.6}$$

が成り立つ．

つまり，2次元の N ベクトルモデル（$N \geq 2$）では，いかなる温度においても自発磁化は 0 なのである．

2次元での相転移は，きわめてデリケートな現象であり，モデルの詳細に敏感に依存する．実際，Ising 模型の場合は，7 章でみたように，全体のスピンが一方向にそろった中にスピンが反転した領域が生じたとき，その領域が成長しうるか否かが自発磁化の出現の鍵になっていた．特に重要なのは，スピンが + の領域と − の領域の境界（つまり，コントゥアーの集まり）がどれくらい出現しやすいかだった[2]．このような描像は「スピンがそろった領域」という考えが明確に定義できるようなスピン系については有効だが[3]，スピンが連続的に様々な方向を向きうるような $N \geq 2$ のモデルには適用できないのである．

定理 12.3 は，$N \geq 2$ のベクトルモデルは 2 次元でまったく相転移を示さないことを意味するように思える．しかし，$N = 2$ の系は，以下の定理に示されるように，特異な相転移現象をみせる．

12.4 [定理]　　$d = 2, N = 2$ とする．定数 C, C', C'' があり，磁場ゼロでの二点相関関数は，β が十分に小さいときは

$$\langle \varphi_o \cdot \varphi_x \rangle_\beta \leq C \exp\left[-\frac{|x|}{\xi(\beta)}\right] \tag{12.7}$$

を満たし，β が十分に大きいときは

$$\frac{C'}{|x|^{\eta(\beta)}} \leq \langle \varphi_o \cdot \varphi_x \rangle_\beta \leq \frac{C''}{|x|^{\eta'(\beta)}} \tag{12.8}$$

を満たす．ここで，$\eta(\beta), \eta'(\beta)$ は正の指数であり，$\beta \uparrow \infty$ で $\eta(\beta), \eta'(\beta) \downarrow 0$ となる．

このように高温で指数的に減衰した二点相関関数が，低温でべき的に減衰するようになる相転移は，Berezinskii-Kosterlitz-Thouless 転移と呼ばれる．しかし，

---

[2] もちろん，この描像は $d \geq 3$ でも成立する．つまり $d \geq 3$ の Ising 模型（とその仲間）での相転移は，スピン波の凝縮とコントゥアーの安定性というまったく異なった二つの描像で理解できるのだ．しかも，これら二つの描像は，ともに厳密な証明の基礎になりうるほどに，正しい．

[3] 大ざっぱにいえば，スピンが特に「向きやすい」方向が有限個しかないということ．Ising 模型や Potts 模型などのスピンが離散的な値をとるモデル以外にも，適切な異方性のある連続スピン系もこの範疇に入る．

このような特異な転移がおきるのは，$N=2$ のスピン系のみと信じられている．$N \geq 3$ については，以下の予想がある．

12.5 [予想]　$d=2, N \geq 3$ とする．任意の $\beta > 0$ において，$\xi(\beta) > 0$ が存在し，磁場ゼロでの二点相関関数は，

$$\langle \varphi_o \cdot \varphi_x \rangle_\beta \approx |x|^{-1/2} \exp\left[-\frac{|x|}{\xi(\beta)}\right] \tag{12.9}$$

のように指数的に減衰する．

長年にわたって，この予想を肯定的に（あるいは，否定的に）解決しようという試みが行なわれているが，今のところ，決定的な結果は得られていない．

1.3　量子スピン系

　磁性体中のスピンをより正確に記述するには，スピンを量子力学的に取り扱う必要がある．ただし，有限温度での相転移や臨界現象の本質は，古典的な[4]Ising 模型やベクトルモデルの設定で理解できると信じられている．これに対して，（特に絶対零度で）量子効果が本質となって生じるマクロな現象も多く知られていて，活発な研究対象になっている．

　スピンの「大きさ」S を，$1/2$ の正整数倍の値をとるパラメターとする．スピン演算子 $\hat{S}^{(1)}, \hat{S}^{(2)}, \hat{S}^{(3)}$ は $\mathbb{C}^{2S+1}$ 上の自己共役線型作用素（エルミート行列）であり，交換関係

$$\hat{S}^{(j)}\hat{S}^{(k)} - \hat{S}^{(k)}\hat{S}^{(j)} = i\sum_{\ell=1}^{3} \epsilon_{jk\ell}\hat{S}^{(\ell)} \tag{12.10}$$

を満たす[5]．$\epsilon_{jk\ell}$ は完全反対称記号[6]である．$S=1/2$ と $S=1$ の場合の具体的な行列表示は，それぞれ，

$$\hat{S}^{(1)} = \frac{1}{2}\begin{pmatrix} 0 & 1 \\ 1 & 0 \end{pmatrix}, \quad \hat{S}^{(2)} = \frac{1}{2}\begin{pmatrix} 0 & -i \\ i & 0 \end{pmatrix}, \quad \hat{S}^{(3)} = \frac{1}{2}\begin{pmatrix} 1 & 0 \\ 0 & -1 \end{pmatrix} \tag{12.11}$$

---

[4] ここでは，古典的 (classical) という言葉を，「量子力学の効果を含まない」という意味で用いている．

[5] $\hat{S}^{(1)}, \hat{S}^{(2)}, \hat{S}^{(3)}$ は Lie 環 $\mathfrak{su}(2)$ の $2S+1$ 次元表現の基底である．

[6] $\epsilon_{123} = \epsilon_{231} = \epsilon_{312} = 1$, $\epsilon_{321} = \epsilon_{213} = \epsilon_{132} = -1$ であり，それ以外の成分については $\epsilon_{jk\ell} = 0$ とする．

$$\hat{S}^{(1)} = \frac{1}{\sqrt{2}} \begin{pmatrix} 0 & 1 & 0 \\ 1 & 0 & 1 \\ 0 & 1 & 0 \end{pmatrix}, \quad \hat{S}^{(2)} = \frac{1}{\sqrt{2}} \begin{pmatrix} 0 & -i & 0 \\ i & 0 & -i \\ 0 & i & 0 \end{pmatrix},$$

$$\hat{S}^{(3)} = \begin{pmatrix} 1 & 0 & 0 \\ 0 & 0 & 0 \\ 0 & 0 & -1 \end{pmatrix} \tag{12.12}$$

である.三つをベクトルの成分としてまとめたものを $\hat{\boldsymbol{S}} = (\hat{S}^{(1)}, \hat{S}^{(2)}, \hat{S}^{(3)})$ と書く.

格子 Λ_L 上の量子スピン系を定義する.各々の格子点 $x \in \Lambda_L$ に,Hilbert 空間 $\mathfrak{h}_x \cong \mathbb{C}^{2S+1}$ を対応させる.全系の Hilbert 空間は,これらのテンソル積 $\mathfrak{H}_L = \bigotimes_{x \in \Lambda_L} \mathfrak{h}_x$ とする.格子点 x におけるスピン演算子を

$$\hat{S}_x^{(j)} = \mathbf{1} \otimes \cdots \otimes \mathbf{1} \otimes \hat{S}^{(j)} \otimes \mathbf{1} \otimes \cdots \otimes \mathbf{1} \tag{12.13}$$

と定義する.$\mathfrak{h}_x$ に作用する部分だけを $\hat{S}^{(j)}$ にした.これによって,周期的境界条件での Heisenberg 模型のハミルトニアンを,

$$\hat{H}_L = -J \sum_{\{x,y\} \in \overline{\mathcal{B}}_L} \hat{\boldsymbol{S}}_x \cdot \hat{\boldsymbol{S}}_y = -J \sum_{\{x,y\} \in \overline{\mathcal{B}}_L} \sum_{j=1}^{3} \hat{S}_x^{(j)} \hat{S}_y^{(j)} \tag{12.14}$$

のように定義する.スピン間の相互作用の前に,交換相互作用定数をあらわに書いておいた.これによって,$J > 0$ とすればスピンを互いにそろえようとする強磁性相互作用,$J < 0$ とすればスピンを逆向きにそろえようとする反強磁性相互作用が表現できる.

このスピン系の平衡状態は,Ising 模型の場合とほとんど同様に定式化できる.定数 J が固定されているとして,逆温度 β における分配関数を

$$Z_L(\beta) = \mathrm{Tr}[e^{-\beta \hat{H}_L}] \tag{12.15}$$

と定義する.Tr は,$\mathfrak{H}_L$ 上のトレースである.また,$\mathfrak{H}_L$ 上の任意の自己共役演算子(エルミート行列)$\hat{A}$ について,その期待値を

$$\langle \hat{A} \rangle_{L;\beta} = \frac{1}{Z_L(\beta)} \mathrm{Tr}[\hat{A} e^{-\beta \hat{H}_L}] \tag{12.16}$$

とする.

量子スピン系においても, β が十分に小さい高温領域では, 二点相関関数 $\langle \hat{\boldsymbol{S}}_o \cdot \hat{\boldsymbol{S}}_x \rangle_{L;\beta}$ は指数的に減衰し, $L \uparrow \infty$ としても対称性の自発的破れは生じない. $d \geq 3$ であれば, 強磁性のモデルでも反強磁性のモデルでも, 相転移があり, 低温では対称性の自発的破れのある平衡状態が出現すると信じられている. 実際, 反強磁性体については次の定理がある.

12.6 [定理] $J = -1, d \geq 3, S \geq 1$ とする. 十分に大きい β について,
$$\lim_{L \uparrow \infty} \frac{1}{L^d} \sum_{x \in \Lambda_L} (-1)^x \langle \hat{\boldsymbol{S}}_o \cdot \hat{\boldsymbol{S}}_x \rangle_{L;\beta} > 0 \tag{12.17}$$
が成り立つ. ただし, $(-1)^x = \prod_{j=1}^d (-1)^{x^{(j)}}$ である.

つまり, $d \geq 3$ の反強磁性 Heisenberg 模型は, 十分に低温で反強磁性的な長距離秩序を示す. 証明には, 量子スピン系における鏡映正値性を用いる (古典スピン系の鏡映正値性については付録 B を見よ). これに対応する (物理的に意味のある) 対称性が自発的に破れた状態の存在を示すため, (12.14) に周期 1 で空間的に振動する仮想的な「磁場」を加えたハミルトニアン
$$\hat{H}_L = -J \sum_{\{x,y\} \in \overline{\mathcal{B}}_L} \hat{\boldsymbol{S}}_x \cdot \hat{\boldsymbol{S}}_y - h \sum_{x \in \Lambda_L} (-1)^x \hat{S}_x^{(1)} \tag{12.18}$$
に対応する平衡状態を $\langle \cdots \rangle_{L;\beta,h}$ とする.

12.7 [定理] $J = -1$ とし, d, S は任意とする. (12.17) が成り立つなら, 任意の x について
$$\lim_{h \downarrow 0} \lim_{L \uparrow \infty} (-1)^x \langle \hat{S}_x^{(1)} \rangle_{L;\beta,h} > 0 \tag{12.19}$$
である.

$J = 1$ とした強磁性 Heisenberg 模型での相転移の存在証明は, 未だ解決しない難問である.

量子スピン系の中には, 強い量子効果によって, Ising 模型では想像もつかないふるまいを示すものがある. ハミルトニアン
$$\hat{H}_L = \sum_{x=1}^L \{\hat{\boldsymbol{S}}_x \cdot \hat{\boldsymbol{S}}_{x+1} + \frac{1}{3}(\hat{\boldsymbol{S}}_x \cdot \hat{\boldsymbol{S}}_{x+1})^2\} \tag{12.20}$$

をもつ 1 次元の $S=1$ の反強磁性体 ($\hat{S}_{L+1} = \hat{S}_1$ とする) については，次の事実が示されている．

12.8 [定理]　上記の系の基底状態（絶対零度 $\beta\uparrow\infty$ での平衡状態，あるいは，エネルギー最低の状態）はただ一つであり，そこでは二点相関関数は，$x \neq o$ について

$$\langle \hat{S}_o \cdot \hat{S}_x \rangle = 4\,(-3)^{-|x|} \tag{12.21}$$

を満たし，指数的に減衰する．

Ising 模型の絶対零度の状態は，すべてのスピンが同じ向きにそろった状態であったことを思い出そう．この量子スピン系では，外界からの熱的な乱れのない状況でも，Ising 模型の高温相でみられたような指数的減衰がみられるのである[7]．

2. 様々な確率幾何的なモデル

これまで，6 章 2.1 節のランダムループ展開，7 章 2 節のコントゥアー展開などで，ある種の図形が確率的に出現する確率幾何的な系を使って Ising 模型が解析できることをみた．また，10 章 3.4 節ではランダムウォークの言葉で Ising 模型の臨界現象を議論した．

ここでは，確率幾何的な対象が主役となるいくつかの確率モデルを紹介する．これらは確率論の問題としても興味深いし，スピン系や場の量子論とも深い関係をもっている．

2.1　単純ランダムウォーク

単純ランダムウォークはもっとも基本的な確率幾何のモデルである．性質はほぼ自明だが，より複雑で非自明なモデルの解析の基礎になる．

$\mathbb{Z}^d$ 上の n 歩**単純ランダムウォーク** (simple random walk) ω とは，$\mathbb{Z}^d$ の $(n+1)$ 個の点の列 $\omega = (\omega_0, \omega_1, \ldots, \omega_n)$ で，$0 \leq i < n$ について $\|\omega_i - \omega_{i+1}\|_1 = 1$ を満たすものである．ランダムウォーク ω は，粒子が原点から出発して次々と隣の点に跳び移った軌跡ととらえることができるし，1 次元的につながった n 個のボンドが作る線状の図形とみることもできる（図 12.1 (a)）．

---

[7] これは，Haldane 現象と呼ばれる現象の典型的な例になっている．

原点 o から出発する（つまり $\omega_0 = o$ となる）n 歩の単純ランダムウォークの全体を $\mathcal{S}_n$ と書く．$\mathcal{S}_n$ の各々の元が等しい確率で現れるという確率モデルを考えよう．特に次に定義する $c_n, c_n(x), l_n$ の $n \uparrow \infty$ での漸近挙動に注目する．ここで，c_n は $\mathcal{S}_n$ の元の個数（n 歩ランダムウォークの総数），$c_n(x)$ は終点 ω_n が与えられた $x \in \mathbb{Z}^d$ に等しい $\mathcal{S}_n$ の元の個数である．もちろん，$c_n = \sum_x c_n(x)$ の関係がある．l_n はランダムウォークの始点と終点との距離の二乗平均

$$l_n := \sqrt{\langle |\omega_n|^2 \rangle_n} \tag{12.22}$$

とする．$\langle \cdots \rangle_n := (c_n)^{-1} \sum_{\omega \in \mathcal{S}_n} (\cdots)$ は上に定義した確率による期待値である．

単純ランダムウォークではこれらの量は，

$$c_n = (2d)^n, \quad l_n = n^{1/2} \tag{12.23}$$

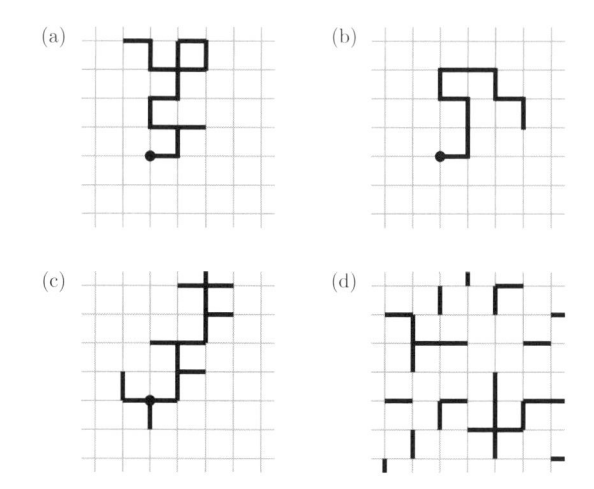

図 12.1 ここで紹介する確率幾何的なモデル．(a) 単純ランダムウォークは格子上を動く「粒子」が隣の格子点へと次々と跳び移った軌跡とみなせる．同じ格子点を何度通ってもいいし，跳んできた方向にすぐに引き返してもよい．(b) 自己回避ランダムウォークは，同じ点を一度ずつしか通過しないランダムウォークである．(c) 格子樹はボンドで作られる．閉じたループのない連結した図形である．(d) パーコレーションでは，各々のボンドが独立に確率 p で占有される．太い線分を描いたのが占有されたボンド．

と簡単に求められる[8]．進んだ距離 l_n が $n^{1/2}$ に等しいのは単純ランダムウォークがフラクタル次元 2 の図形であることを示唆している[9]．また $c_n(x)$ については，積分表示

$$c_n(x) = \int_{k\in[-\pi,\pi]^d} \frac{d^d k}{(2\pi)^d} e^{ikx} \left\{ \frac{1}{d} \sum_{j=1}^{d} \cos k_j \right\}^n$$

$$= \int_{k\in[-\pi,\pi]^d} \frac{d^d k}{(2\pi)^d} e^{ikx} \left\{ 1 - \frac{\epsilon_0(k)}{2d} \right\}^n \tag{12.24}$$

から詳しい情報が得られる．$\epsilon_0(k)$ は (3.68) で定義した関数である．

ランダムウォークのスケーリング極限を調べるため，n 歩の単純ランダムウォーク $\omega = (\omega_0, \omega_1, \ldots, \omega_n)$ に対応する連続関数 $X_n : [0,1] \to \mathbb{R}^d$ を定義する．まず $j = 0, 1, \ldots, n$ について

$$X_n\left(\frac{j}{n}\right) := \frac{1}{\sqrt{n}} \omega_j \tag{12.25}$$

と定める．これ以外の $t \in (0,1)$ については上で決まった点を線分（一次関数）でつなぐように $X_n(t)$ を決める．つまり，ランダムウォーク ω の点を線で結び，全体を $n^{-1/2}$ に縮めたものが X_n である．

12.9 [定理] 単純ランダムウォークのスケーリング極限はブラウン運動である．より正確には，上で定義した X_n の分布は，$n \uparrow \infty$ でブラウン運動に法則収束する[10]．

単純ランダムウォークとスピン系の関係を明確にするため，パラメター $p > 0$ を導入し，$c_n(x)$ と c_n の母関数

$$G_p(x) := \sum_{n=0}^{\infty} p^n c_n(x) \tag{12.26}$$

---

[8] 各ステップには $2d$ 通りの可能性がある．一歩増えるごとにランダムウォークの数は $2d$ 倍になるから，$c_{n+1} = 2d c_n$ である．また第 i ステップでの変位を X_i と書くと，$X_1, X_2, \ldots, X_n$ は互いに独立な確率変数で，その期待値はゼロ，共分散は $\langle X_i X_j \rangle = \delta_{ij}$ である．したがって $\omega_n = \sum_{i=1}^{n} X_i$ に注意すると，容易に $\langle |\omega_n|^2 \rangle_n = \sum_{i,j} \langle X_i X_j \rangle_n = n$ が得られる．

[9] ℓ 程度の距離の範囲に広がった D 次元の図形の構成要素の個数 n は ℓ^D に比例すると考えられる．よって，$\ell \approx n^{1/D}$ という漸近的なふるまいによって図形の次元 D を定めることができる．このような拡張された意味での次元はフラクタル次元と呼ばれる．

[10] $\mathbb{R}^d$-値の連続関数の全体を $C_d[0,1]$ で表わし，$C_d[0,1]$ 上の規格化された Wiener 測度を dW で表わす．このとき，X_n の分布が $n \uparrow \infty$ でブラウン運動に法則収束するとは，$C_d[0,1]$ 上の任意の有界連続関数 f に対して，$\lim_{n\uparrow\infty} \langle f(X_n) \rangle_n = \int f \, dW$ が成り立つことをいう．

$$\chi_p := \sum_{n=0}^{\infty} p^n c_n = \sum_{n=0}^{\infty} p^n \sum_{x \in \mathbb{Z}^d} c_n(x) = \sum_{x \in \mathbb{Z}^d} G_p(x) \tag{12.27}$$

を定義する．これらは，Ising 模型における 0 と x の二点相関関数，磁化率にそれぞれ対応する．相関距離も，1 軸方向への単位ベクトルを $e_1 = (1, 0, \ldots, 0)$ として

$$\xi_p := -\lim_{n \uparrow \infty} \frac{n}{\log G_p(0, ne_1)} \tag{12.28}$$

と定義する．$c_n = (2d)^n$ より，$p < (2d)^{-1}$ なら (12.27) の和は収束して $\chi_p = (1 - 2dp)^{-1}$ となる．また，定義から $G_p(x)$ が漸化式

$$G_p(x) = \delta_{x,o} + p \sum_{\substack{y \in \mathbb{Z}^d \\ (\|x-y\|_1 = 1)}} G_p(y) \tag{12.29}$$

を満たすことがわかる．これは，$p = \beta$ とすれば，ガウス型模型の二点相関関数 $G(x)$ が満たす漸化式 (3.60) と完全に一致する．よって，3 章 4.3 節の解析がそのまま使え，積分表示 (3.70) とそれから導かれる結果は ($\beta = p$ とすれば) すべてそのまま成立する．特に，$p \uparrow (2d)^{-1}$ で相関距離は $\xi_p \approx \{(2d)^{-1} - p\}^{-1/2}$ のように発散する．また，$d > 2$ ならば $p = (2d)^{-1}$ でも $G_p(x)$ が有限の値に収束し，$|x| \uparrow \infty$ で $G_p(x) \approx |x|^{-(d-2)}$ のように減衰する[11] (付録 C を参照).

2.2 自己回避ランダムウォーク

ω を $\mathbb{Z}^d$ 上の n 歩単純ランダムウォークとする．任意の $i \neq j$ について $\omega_i \neq \omega_j$ であるとき，ω は n 歩**自己回避ランダムウォーク**(self-avoiding random walk, SAW) であるという．つまり，自分自身の軌跡と交わらない単純ランダムウォークが自己回避ランダムウォークである (図 12.1 (b)).

原点から出発する n 歩の自己回避ランダムウォークのすべての集合を Ω_n と書く．単純ランダムウォークの場合と同様，Ω_n の各々の元が等しい確率で出現するというモデルを考えよう．単純ランダムウォークでの $\mathcal{S}_n$ をそのまま Ω_n に置き換えることで，$c_n, l_n, c_n(x)$ および母関数 $G_p(x), \chi_p$ を定義する．

---

[11] ガウス模型は臨界点 $\beta = (2d)^{-1}$ では定義されず，相関関数についてのみ $\beta \uparrow (2d)^{-1}$ の極限が存在することをみた．一方，$d > 2$ の単純ランダムウォークでは，もともと $p = (2d)^{-1}$ としても $G_p(x)$ を厳密に定義できる．詳細については，本書の web ページ (iii ページの脚注を参照) に解説を公開する予定である．

自己回避ランダムウォークは単純ランダムウォークと似ているが，自己回避の条件があるために圧倒的に難しくまた非自明な問題になる．$d \geq 2$ では，一般の n についての c_n や l_n の具体的な表式は知られていないし，c_n が n について単調増加であるといった基本的な事実でさえ 1990 年になってようやく証明が出版された．現在までに得られている厳密な結果のうちのいくつかを紹介する．

12.10 [定理] 極限
$$\mu := \lim_{n \uparrow \infty} (c_n)^{1/n} \tag{12.30}$$
が存在し $d \leq \mu \leq 2d-1$ を満たす．

証明 $(n+m)$ 歩の自己回避ランダムウォーク（以下，SAW と略記）を最初の n 歩の後で切れば，n 歩の SAW と m 歩の SAW に分かれる．もとの $(n+m)$ 歩の SAW が異なれば，このようにしてできた n 歩と m 歩の SAW も異なる．したがって $c_{n+m} \leq c_n c_m$ が成り立つ[12]．対数をとると，数列 $a_n := \log c_n$ は $a_{n+m} \leq a_n + a_m$ を満たすことがわかる．よって，劣加法的な数列の一般論（命題 6.11（114 ページ））から，定数 μ の存在が導かれる．$\mu \geq d$ であることは各座標軸の正の方向にのみ伸びる SAW を考えればすぐにわかる．また，SAW はもとの方向には引き返せないことを考えると，$\mu \leq 2d-1$ が得られる． ■

以下は 5 次元以上で成立する結果である．

12.11 [定理] $d \geq 5$ では $n \uparrow \infty$ で
$$c_n \approx \mu^n, \quad l_n \approx n^{1/2} \tag{12.31}$$
が成立する．母関数に対しては $p \uparrow p_c := 1/\mu$ で
$$\chi_p \approx (p_c - p)^{-1}, \quad \xi_p \approx (p_c - p)^{-1/2} \tag{12.32}$$
が，また $p = p_c$ では $|x| \uparrow \infty$ で
$$G_{p_c}(x) \approx \frac{1}{|x|^{d-2}} \tag{12.33}$$
が成り立つ．

---

[12] しかし逆に，n 歩の SAW と m 歩の SAW をつないでも $(m+n)$ 歩の SAW になるとは限らない（互いに交わるかもしれない）．不等号はこの事実を表わす．

12.12 [定理]　5次元以上の自己回避ランダムウォークのスケーリング極限はブラウン運動である．すなわち，定理 12.9 と同様に自己回避ランダムウォークに対する X_n を作ると，X_n はブラウン運動に法則収束する[13]．

このモデルの $d \leq 4$ でのふるまいは重要な未解決問題だが，スピン系と同様，臨界指数 γ, ν, η によって

$$c_n \approx \mu^n n^{\gamma-1}, \quad (\ell_n)^2 \approx n^{2\nu} \qquad n \uparrow \infty \text{ のとき} \qquad (12.34)$$

$$\chi_p \approx (p_c - p)^{-\gamma}, \quad \xi_p \approx (p_c - p)^{-\nu} \qquad p \uparrow p_c \text{ のとき} \qquad (12.35)$$

$$G_{p_c}(0, x) \approx |x|^{-(d-2+\eta)} \qquad |x| \uparrow \infty \text{ のとき} \qquad (12.36)$$

が成り立つと信じられている[14]．$d = 4$ では $c_n \approx \mu^n (\log n)^{1/4}$，$l_n \approx n^{1/2}(\log n)^{1/8}$ のように対数補正がつくと予想されている．

以上の予想は $d = 4$ がこのモデルの臨界次元であることを意味する[15]．自己回避ランダムウォークの臨界次元は，単純ランダムウォークのフラクタル次元が 2 であることから大まかに理解できる．空間の次元が $2+2$ より大きいとき，次元 2 の図形二つは一般には有限の範囲でしか交わらないだろう．だから，長い単純ランダムウォークの「前半分」と「後半分」は実質的に交わらない．これは，粗いスケールでみたとき，単純ランダムウォークが実質的には自己回避ランダムウォークとみなせることを示唆している．これは，10 章 3.4 節で Ising 模型の臨界次元が 4 になる理由をランダムウォーク表示にもとづいて納得した際の議論と同じものである．

2.3　格子樹

ランダムウォークは 1 次元的な図形だったが，より複雑な図形の確率幾何的モデルとして，**格子樹** (lattice tree) を取り上げよう．自己回避ランダムウォークと次節で扱うパーコレーションの中間的なモデルと言ってもいい．

格子 $\mathbb{Z}^d$ 上のボンドの連結集合で，閉じたループをもたないものを格子樹と呼ぶ（図 12.1 (c)）．原点を含み，n 個のボンドからなるすべての格子樹の集合を $\mathcal{T}_n$

---

[13]　（自己回避であることから予想されるように）拡散係数 D は 1 より大きい．
[14]　(12.34) が成り立っていれば (12.35) は成り立つが，逆は必ずしも真ではない．しかし，実際には両方の式が共通の臨界指数で成り立つと考えられている．
[15]　自己回避ランダムウォークが N-ベクトルモデル（1.2 節）で形式的に $N \downarrow 0$ とした極限とみなせることが知られている [53, 62]．これは，スピン系と自己回避ランダムウォークの臨界現象が類似していること，臨界次元が一致していることの一つの理由と考えられる．

と書く.ランダムウォークと同様に,$\mathcal{T}_n$ の元の総数 t_n,原点を含み n 個のボンドからなる格子樹の広がりの目安(回転半径)

$$l_n := \left(\frac{1}{t_n} \sum_{T \in \mathcal{T}_n} \frac{1}{n+1} \sum_{x \in T} |x|^2 \right)^{1/2} \quad (12.37)$$

に注目しよう.また,パラメーター $p > 0$ を用意して,2 点関数を

$$G_p(x) := \sum_{n=1}^{\infty} \sum_{\substack{T \in \mathcal{T}_n \\ (T \ni x)}} p^n \quad (12.38)$$

と定義し,対応する χ_p, ξ_p をランダムウォークの場合と同様に定義する.

自己回避ランダムウォークと同じように,劣加法性から極限 $\mu := \lim_{n \uparrow \infty} (t_n)^{1/n}$ が存在することがわかる.そして,(12.34), (12.35), (12.36) のような臨界現象が期待される(c_n は t_n に置き換える.ここでも $p_c = \mu^{-1}$ である).実際,以下が証明されている.

12.13 [定理] 十分高次元の格子樹では,$\gamma = 1/2, \nu = 1/4, \eta = 0$ である.

高次元でのスケーリング極限については,自己回避ランダムウォークの場合は全体を $n^{-1/2}$ 倍に縮めたが,格子樹の場合は $n^{-1/4}$ 倍する.

12.14 [定理] 十分高次元の格子樹は(全体を $n^{-1/4}$ 倍する)スケーリング極限 $n \uparrow \infty$ で **Integrated Super-Brownian Excursion (ISE)** と呼ばれる一種の確率過程に法則収束する.

ISE のフラクタル次元は 4 であることが知られている.単純ランダムウォークのフラクタル次元 2 を自己回避ランダムウォークの臨界次元 $4 = 2 + 2$ に結びつけたのと同じ議論によって,格子樹の臨界次元は $4 + 4 = 8$ 次元と予想される.

2.4 パーコレーション

ランダムウォーク,自己回避ランダムウォーク,格子樹には,自然な「低温相」がなかった.パーコレーション(percolation)は「低温相」をもつ点で,古典スピン系などとの類似性が高い確率幾何的なモデルである.

パーコレーションの唯一のパラメーターであるボンドの占有確率 $p \in [0,1]$ を固定する．格子 $\mathbb{Z}^d$ の各々のボンドが，独立に，確率 p で占有され，確率 $1-p$ で空であるとしよう（図 12.1 (d)）．各々のボンドの占有状態が決まったところで，二つの格子点 $x, y \in \mathbb{Z}^d$ について，x と y が占有されたボンドでつながれているとき x と y は **連結** されているといい，$x \leftrightarrow y$ と書く．また，格子点 $x \in \mathbb{Z}^d$ について x に連結されている格子点すべての集合（つまり x の連結成分）を $C(x)$ と書き，x を含むクラスターと呼ぶ．クラスター $C(x)$ はランダムな集合である．

パーコレーションの二点関数，平均クラスターサイズ，相関距離，パーコレーション密度を，

$$\tau_p(x,y) := \mathrm{Prob}_p[x \leftrightarrow y] \tag{12.39}$$

$$\chi_p := \sum_{y \in \mathbb{Z}^d} \tau_p(x,y) = \langle |C(o)| \rangle_p \tag{12.40}$$

$$\xi_p := -\lim_{n \uparrow \infty} \frac{n}{\log \tau_p(o, n\boldsymbol{e}_1)} \tag{12.41}$$

$$\theta_p := \mathrm{Prob}_p\big[|C(o)| = \infty\big] \tag{12.42}$$

と定義する．ここで Prob_p と $\langle \cdots \rangle_p$ は上に定めた確率と対応する期待値であり，$|C(x)|$ はクラスター $C(x)$ に含まれる格子点の個数である．$\tau_p(x,y)$, χ_p, ξ_p, θ_p は，それぞれ，Ising 模型での二点相関関数，磁化率，相関距離，自発磁化に対応している．

パーコレーションについて以下が証明されている．

12.15 ［定理］ $d > 1$ では，d に依存する臨界確率 $0 < p_c < 1$ が存在する．$p < p_c$ は「高温相」である．つまり，定数 $m, C > 0$ が存在して $\tau_p(x,y) \leq C e^{-m|x-y|}$ および $\chi_p < \infty$, $\xi_p < \infty$, $\theta_p = 0$ が成り立つ．$p > p_c$ は「低温相」である．つまり $\theta_p > 0$ および $\chi_p = \infty$ が成り立つ．また，$p \nearrow p_c$ では，χ_p と ξ_p が発散するという意味で臨界現象が存在する．

p_c での θ_p の連続性は一般の次元では証明されていない．上の定理で示されたふるまいは，定性的には Ising 模型とまったく同じである．

$p \approx p_c$ 近辺での臨界現象については，Ising 模型と同様に，以下が予想されている．

$$\chi_p \approx (p_c - p)^{-\gamma}, \quad \xi_p \approx (p_c - p)^{-\nu},$$

$$\frac{\langle |C(0)|^2 \rangle_p}{\langle |C(0)| \rangle_p} \approx (p_c - p)^{-\triangle} \qquad p \uparrow p_c \text{ のとき} \quad (12.43)$$

$$\theta_p \approx (p - p_c)^{\beta} \qquad p \downarrow p_c \text{ のとき} \quad (12.44)$$

$$\tau_{p_c}(0, x) \approx |x|^{-(d-2+\eta)} \qquad |x| \uparrow \infty \text{ のとき} \quad (12.45)$$

$$P(|C(0)| = n) \approx n^{-1-1/\delta} \qquad p = p_c, n \uparrow \infty \text{ のとき} \quad (12.46)$$

対応する厳密な結果は2次元と高次元の場合に限られている.

12.16 [定理] 十分高次元のパーコレーションでは, $\gamma = 1, \nu = 1/2, \beta = 1, \eta = 0, \delta = \triangle = 2$ が成り立つ.

12.17 [定理] パーコレーションの臨界指数 $\nu, \triangle, \gamma$ が存在するならば, これらは $d\nu \geq 2\triangle - \gamma$ を満たす.

上の定理の不等式に平均場の値 ($\nu = 1/2, \triangle = 2, \gamma = 1$) を代入すると $d \geq 6$ が出てくる. すなわち, 臨界次元について $d_c \geq 6$ が結論できる. また, 距離が1よりも離れた格子点のあいだにも「ボンド」があるとみなしてパーコレーションを定義できる. 適切なモデルにおいては, 6次元より上で定理 12.16 が証明されている. 同じモデルで定理 12.17 も成り立つので, このような長距離のパーコレーションについて臨界次元が6であることが厳密に示されていることになる.

なお, 高次元のパーコレーションのスケーリング極限について, 格子樹での定理 12.14 と同じ命題が成り立つと信じられているが, 今のところ証明はない.

3. 場の量子論

われわれの世界を構成する基本的な要素である素粒子は, 特殊相対性理論と量子力学の法則に従い, さらに, エネルギーの出入りを伴って生成・消滅する. このような素粒子を記述するための理論的な枠組みが場の量子論である.

ただし, 場の量子論は一般にはしっかりと定義された対象ではなく, 理論物理学の現場でも定義が不明確なまま近似的な手法によって研究されることが多い. 数学的な立場からは, 場の量子論の具体的なモデルを数学的に厳密に構成 (定義)

することが最初の重要な課題になる．これは，単なる厳密さへのこだわりではなく，場の量子論という大自由度量子系のもつ「物理としての難しさ」の本質を解明する作業と考えるべきだ．

ここでは，もっとも簡単なスカラー場の量子論に限定して，場の量子論のモデルを数学的に構成するとはどういうことか，また，それがどのようにスピン系の臨界現象の研究と関わってくるかを概観しよう．

3.1 場の量子論とは何か？

まず，厳密さにこだわらず，場の量子論とはどういうものなのかを簡単にみよう．読者は初等的な量子力学の知識をもっていると仮定する．

1次元の調和振動子の量子力学を思い出そう．位置演算子を Φ，運動量演算子を Π と書く．これらは，正準交換関係 $[\Phi, \Pi]_- = i$ を満たす自己共役演算子である[16]．調和振動子のハミルトニアンを

$$H_0 = \frac{\Pi^2}{2} + \frac{\mu \Phi^2}{2} \tag{12.47}$$

と書く（$\mu > 0$ は定数）．よく知られているように，ハミルトニアン H_0 の固有状態 $|n\rangle$ は非負の整数 $n = 0, 1, 2, \ldots$ で指定され，対応する固有値は $E = (n + \frac{1}{2})\sqrt{\mu}$ である．ここで，n が一つ増えるたびにエネルギーが $\sqrt{\mu}$ ずつ増えていくのは，粒子が1個，2個と増えていく様子を連想させる．そこで，固有状態 $|n\rangle$ は，静止エネルギー $\sqrt{\mu} = m$（c を1にしない単位系では mc^2）をもった（質量 m の）粒子が n 個存在する状態だとみなすことにする．このように離散的なエネルギー準位を利用して粒子を記述する方法は，振動子を量子力学的に扱ったからこそ可能になったことに注意しよう．

もちろん，このままでは粒子は伝播も相互作用もしない．そこで，空間の各々の点に調和振動子の自由度が「住んでいる」ような物理系を考える．このような自由度を「場の自由度」と呼ぶ．

$d-1$ 次元の空間の位置を $\tilde{\boldsymbol{x}} = (\tilde{x}^{(1)}, \tilde{x}^{(2)}, \ldots, \tilde{x}^{(d-1)}) \in \mathbb{R}^{d-1}$ と書こう．各々の点 $\tilde{\boldsymbol{x}}$ に，自己共役な場の演算子 $\Phi(\tilde{\boldsymbol{x}}), \Pi(\tilde{\boldsymbol{x}})$ を対応させ，これらは正準交換関係

$$[\Phi(\tilde{\boldsymbol{x}}), \Phi(\tilde{\boldsymbol{x}}')]_- = 0, \quad [\Pi(\tilde{\boldsymbol{x}}), \Pi(\tilde{\boldsymbol{x}}')]_- = 0, \quad [\Phi(\tilde{\boldsymbol{x}}), \Pi(\tilde{\boldsymbol{x}}')]_- = i\delta(\tilde{\boldsymbol{x}} - \tilde{\boldsymbol{x}}') \tag{12.48}$$

---

[16] 演算子 A, B の交換関係を $[A, B]_- := AB - BA$ と定義した．ここでは，$\hbar$ と c が1になる単位系を用いる．

を満たすとする．$\Phi(\tilde{\boldsymbol{x}})$ と $\Pi(\tilde{\boldsymbol{x}})$ は空間の各点にある（仮想的な）調和振動子の位置と運動量に対応する演算子なので，これから記述しようとする粒子の位置や運動量とは別物である．

まず，ハミルトニアンを

$$H_{\text{free}} = \int d^{d-1}\tilde{\boldsymbol{x}} \left\{ \frac{\Pi(\tilde{\boldsymbol{x}})^2}{2} + \frac{\mu\Phi(\tilde{\boldsymbol{x}})^2}{2} + \frac{1}{2}\sum_{j=1}^{d-1}\left(\frac{\partial\Phi(\tilde{\boldsymbol{x}})}{\partial\tilde{x}_j}\right)^2 \right\} \quad (12.49)$$

と形式的に定義する．これは，調和振動子のハミルトニアン (12.47) をすべての空間の点について「足し合わせ」，さらに隣接する点の上の場の自由度を「そろえる」ような結合の項を付け加えたものである．力学の連成振動と同じ着想だ．ハミルトニアン (12.49) で記述される物理系を**自由スカラー場の理論** (free scalar field theory) という．ここでの定義は形式的だったが，この理論を厳密に定式化するのは難しいことではない．その結果，この理論によって，分散関係 $E(\boldsymbol{p}) = \sqrt{\mu + \boldsymbol{p}^2} = \sqrt{m^2 + \boldsymbol{p}^2}$ をもつ相対論的なボース粒子の多体系が記述されることがわかる．目標の一端は達成された．

ただし，自由スカラー場の理論では，粒子の伝播を記述することはできるが，粒子どうしの相互作用や散乱はまったく記述できない．すべての粒子がお互いに影響を与えずに素通りしてしまうような理論になっているのだ．そもそも，素粒子の種々の相互作用を記述するために場の量子論を考えているのだから，これではまったく不十分だ．

場の量子論の形式では，きわめてエレガントで（少なくとも，見た目は）単純なやり方で粒子間に相互作用を導入できる．出発点となった調和振動子を，非線型項を含んだ非調和振動子に置き換えるのである．古典力学の振動の問題でも，線型方程式の系では異なった振動モードが相互作用せず「素通り」してしまうが，非線型方程式の系では異なった振動モードが相互作用する．場の量子論でも同じことがおこれば，量子力学的粒子の相互作用や生成消滅が一気に記述できることになる．

そこで，(12.49) の $\mu\Phi(\tilde{\boldsymbol{x}})^2/2$ を2次以上の項を含むポテンシャル $V(\Phi(\tilde{\boldsymbol{x}}))$ で置き換える．たとえば，

$$V(\phi) = \frac{\mu\phi^2}{2} + \frac{\lambda\phi^4}{4!} \quad (12.50)$$

とした φ^4 模型が典型例だが，もっと一般の ϕ の関数 $V(\phi)$ を考えてもよい．こうして，相互作用するスカラー場の量子論の形式的なハミルトニアン

$$H = \int d^{d-1}\tilde{\boldsymbol{x}} \left\{ \frac{\Pi(\tilde{\boldsymbol{x}})^2}{2} + \frac{1}{2}\sum_{j=1}^{d-1}\left(\frac{\partial \Phi(\tilde{\boldsymbol{x}})}{\partial \tilde{x}_j}\right)^2 + V(\Phi(\tilde{\boldsymbol{x}})) \right\} \tag{12.51}$$

が得られる.

しかし,自由スカラー場の理論とは異なり,相互作用のある場の量子論には深刻な問題点がある.数学的に厳密な定義がないことは(差し当たって)気にせず,ハミルトニアン (12.51) で記述される量子論についての近似計算を進めていくと,有限であるべき種々の物理量が無限大になってしまうことが知られている.正解と計算結果が無限に異なるのだから,「精度が悪い」などというレベルではない.これが歴史的に有名な「発散の困難」である.場の量子論の体系から発散を取り除いて物理的に意味のある理論を作る複雑で精妙な(近似的な)手法が開発されていて,それは「くりこみ」(renormalization) と呼ばれている.場の量子論を数学的に厳密に構成することは,「くりこみ」の意味を厳密に理解することだと言ってもいい.

3.2　グリーン関数と経路積分

数学的に厳密な議論を紹介するには,まだ準備が必要だ.定義は曖昧なままだが,ハミルトニアン (12.51) で記述される場の量子論が存在するものとして,もう少し議論を進めよう.

これまでは時間 $t \in \mathbb{R}$ があらわに登場しないシュレディンガー表示での量子論を扱ってきた.演算子が時間依存するハイゼンベルク表示に移ることにして,$\Phi(\tilde{\boldsymbol{x}}), \Pi(\tilde{\boldsymbol{x}})$ に対応する演算子を $\Phi(t,\tilde{\boldsymbol{x}}) = \Phi(\hat{x})$, $\Pi(t,\tilde{\boldsymbol{x}}) = \Pi(\hat{x})$ と書こう.ここで,時空の点を $\hat{x} = (t,\tilde{\boldsymbol{x}}) \in \mathbb{R}^d$ と書いた($\hat{x}$ のようにハットをつけた文字はミンコフスキー時空での座標を表わす).また,この理論の真空,つまりハミルトニアン (12.51) の基底状態を,形式的に $|\Omega\rangle$ と書く.

任意の時空点 $\hat{x}_1, \hat{x}_2, \ldots, \hat{x}_n \in \mathbb{R}^d$ に対して**グリーン関数**を,

$$G(\hat{x}_1, \hat{x}_2, \ldots, \hat{x}_n) := \langle \Omega \,|\, T[\Phi(\hat{x}_1)\,\Phi(\hat{x}_2)\,\cdots\,\Phi(\hat{x}_n)] \,|\, \Omega \rangle \tag{12.52}$$

と形式的に定義する.ここで,$T[\cdots]$ は**時間順序積**で,場の演算子を時間変数の大きい順に左から右に並べかえることを意味する(たとえば,$t_3 > t_2 > t_1$ のとき,$T[\Phi(\hat{x}_1)\Phi(\hat{x}_2)\Phi(\hat{x}_3)] = \Phi(\hat{x}_3)\Phi(\hat{x}_2)\Phi(\hat{x}_1)$ である).場の演算子 $\Phi(\hat{x})$ は時空点 $\hat{x}$ における粒子の生成や消滅を表わすので,グリーン関数は,時空点 $\hat{x}_j$

($j = 1, 2, \ldots, n$) において粒子が生成したり消滅したりする過程の確率振幅を表わしている. 場の量子論の基本的な物理を体現する関数である.

経路積分による量子力学の定式化をハミルトニアン (12.51) をもつスカラー場の量子論に適用しよう. グリーン関数に関しては形式的な経路積分表示

$$G(\hat{x}_1, \hat{x}_2, \ldots, \hat{x}_n) = \mathcal{N} \int \mathcal{D}\hat{\phi} \, \hat{\phi}(\hat{x}_1) \, \hat{\phi}(\hat{x}_2) \cdots \hat{\phi}(\hat{x}_n)$$
$$\times \exp\left[i \int d^d \hat{x} \left\{ \frac{1}{2}\left(\frac{\partial \hat{\phi}(\hat{x})}{\partial t}\right)^2 - \frac{1}{2}\sum_{j=1}^{d-1} \left(\frac{\partial \hat{\phi}(\hat{x})}{\partial \tilde{x}_j}\right)^2 - V\big(\phi(\hat{x})\big) \right\}\right] \quad (12.53)$$

が得られる[17]. ここで $\hat{\phi}(\hat{x})$ は時空点 $\hat{x}$ における古典的な場の変数で, 実数全体に値をとる. $d^d\hat{x} = d\tilde{x}^{(1)} \cdots d\tilde{x}^{(d-1)} dt$ であり, $\mathcal{N}$ は規格化定数である. また

$$\mathcal{D}\hat{\phi} \text{“=”} \prod_{\hat{x} \in \mathbb{R}^d} d\hat{\phi}(\hat{x}) \quad (12.54)$$

は「可能なすべての古典的な場の配位についての総和」を表す形式的な記号である.

3.3 ユークリッド化とスピン系

場の量子論の数学的な構成を議論する際にはグリーン関数よりも, Wightman 関数

$$W(\hat{x}_1, \hat{x}_2, \ldots, \hat{x}_n) := \big\langle \Omega \,\big|\, \Phi(\hat{x}_1) \Phi(\hat{x}_2) \cdots \Phi(\hat{x}_n) \,\big|\, \Omega \big\rangle \quad (12.55)$$

を用いるほうが都合がよい[18]. グリーン関数と Wightman 関数の定義の違いは時間順序積 $T[\cdots]$ の有無だけなので, $t_1 \geq t_2 \geq \cdots \geq t_n$ ならば両者は一致する. よって, $t_1 \geq t_2 \geq \cdots \geq t_n$ であれば, Wightman 関数についても形式的な経路積分表示

$$W(\hat{x}_1, \hat{x}_2, \ldots, \hat{x}_n) = \mathcal{N} \int \mathcal{D}\hat{\phi} \, \hat{\phi}(\hat{x}_1) \, \hat{\phi}(\hat{x}_2) \cdots \hat{\phi}(\hat{x}_n)$$
$$\times \exp\left[i \int d^d \hat{x} \left\{ \frac{1}{2}\left(\frac{\partial \hat{\phi}(\hat{x})}{\partial t}\right)^2 - \sum_{j=1}^{d-1} \frac{1}{2}\left(\frac{\partial \hat{\phi}(\hat{x})}{\partial \tilde{x}_j}\right)^2 - V\big(\phi(\hat{x})\big) \right\}\right] \quad (12.56)$$

---

[17] 経路積分を知っている人のための注: $H = p^2/(2m) + V(q)$ というタイプのハミルトニアンの経路積分表示では, 指数関数の引数に古典的作用 (運動エネルギーからポテンシャルエネルギーを引いた $mv^2/2 - V(q)$) の i 倍が入る. $\Phi(\tilde{\boldsymbol{x}}), \Pi(\tilde{\boldsymbol{x}})$ を空間の点 $\tilde{\boldsymbol{x}}$ に住んでいる調和振動子の位置座標と運動量をみなそう. すると, 上の表式に現われた $(\partial\hat{\phi}(\hat{x})/\partial t)^2/2$ はちょうど古典的運動エネルギーに対応し, 残りの項が古典的なポテンシャルに相当する.

[18] この定義は形式的なものである. きちんと定義すると, Wightman 関数は通常の関数ではなく, 一種の超関数になる.

が成立することになる.

われわれの当面の目標は経路積分表示 (12.56) に数学的な意味づけを与え,具体的な $V(\cdot)$ について Wightman 関数 $W(\hat{x}_1, \hat{x}_2, \ldots, \hat{x}_n)$ を構成することである. そのために,以下のステップを踏んで,形式的な経路積分表示を格子上のスピン系と関係づける.

■ **ユークリッド化**

経路積分表示 (12.56) の指数関数は,肩が純虚数なので,一般には激しく振動する. 時間変数を「虚時間」に解析接続することで,この振動項を扱いやすい減衰項に変えることができる.

より正確には,一般に時間 $t \in \mathbb{R}$ の関数 $f(t)$ において t を複素変数 z に解析接続する. ただし,z の範囲は,$z = t - i\tau$ と書いたとき,$t, \tau \in \mathbb{R}$ かつ $t\tau \geq 0$ となるようにとる. こうして「虚時間」$\tau \in \mathbb{R}$ の関数 $\tilde{f}(\tau) := f(-i\tau)$ が得られる. 時空点 $\hat{x} = (t, \tilde{\boldsymbol{x}})$ の時間座標 t を対応する虚時間 τ で置き換えたものを $\tilde{x} = (\tilde{\boldsymbol{x}}, \tau)$ と書く. 時間 t は座標の第ゼロ成分ということで一番前にあったが,虚時間は第 d 成分とみなして一番後ろに移した. $\hat{x}$ で記述される時空間がミンコフスキー計量で記述されるのに対して,$\tilde{x}$ で記述される時空間はユークリッド計量で記述される. 時間についてのこのような解析接続を一般に **ユークリッド化** と呼ぶ.

経路積分表示 (12.56) を形式的にユークリッド化しよう. まず,左辺はユークリッド時空の時空点 $\tilde{x}_1 = (\tilde{\boldsymbol{x}}_1, \tau_1), \ldots, \tilde{x}_n = (\tilde{\boldsymbol{x}}_n, \tau_n)$ の(超)関数になるので,これを新たに

$$S\big((\tilde{\boldsymbol{x}}_1, \tau_1), \ldots, (\tilde{\boldsymbol{x}}_n, \tau_n)\big) := W\big((-i\tau_1, \tilde{\boldsymbol{x}}_1), \ldots, (-i\tau_n, \tilde{\boldsymbol{x}}_n)\big) \tag{12.57}$$

と書き,**Schwinger 関数** と呼ぶ[19]. 右辺で形式的に t を $-i\tau$ に置き換えれば,Schwinger 関数の(形式的な)経路積分表示

$$S(\tilde{x}_1, \tilde{x}_2, \ldots, \tilde{x}_n) = \mathcal{N} \int \mathcal{D}\phi \ \phi(\tilde{x}_1) \, \phi(\tilde{x}_2) \ldots \phi(\tilde{x}_n)$$

---

[19] ここまでは Wightman 関数を $z = t - i\tau$ ($t\tau \geq 0$) のように解析接続したが,適当な仮定の下では,Wightman 関数は $t\tau \leq 0$ の領域の大部分にも解析接続できることが示される. そのため構成的場の量子論の分野では後者の解析接続を用いて $S((\tilde{\boldsymbol{x}}, \tau_1), \ldots) = W((i\tau_1, \tilde{\boldsymbol{x}}), \ldots)$ と定義する方が多い. ただし,$W((i\tau_1, \tilde{\boldsymbol{x}}), \ldots)$ と $W((-i\tau_1, \tilde{\boldsymbol{x}}), \ldots)$ は(最大でも)複素共役だけの違いしかないし,今は Schwinger 関数が実数値をとる系を扱っているので,この二つの定義は完全に一致する.

$$\times \exp\left[-\int d^d\tilde{x}\left\{\frac{1}{2}\sum_{j=1}^{d}\left(\frac{\partial\phi(\tilde{x})}{\partial\tilde{x}^{(j)}}\right)^2 + V(\phi(\tilde{x}))\right\}\right] \quad (12.58)$$

が得られる．ここで，$\tau = \tilde{x}^{(d)}$ と書き，ユークリッド時空の座標を $\tilde{x} = (\tilde{x}^{(1)}, \tilde{x}^{(2)}, \ldots, \tilde{x}^{(d)})$ と表わした．もちろん，$d^d\tilde{x} = d\tilde{x}^{(1)}\cdots d\tilde{x}^{(d)}$ である．$\phi(\tilde{x}) \in \mathbb{R}$ はユークリッド時空点 $\tilde{x}$ における「古典的な場の変数」であり[20]，

$$\mathcal{D}\phi \text{ "="} \prod_{\tilde{x}\in\mathbb{R}^d} d\phi(\hat{x}) \quad (12.59)$$

は，やはり場の配位すべてについての形式的な総和を意味する．

■ **離散化**

Schwinger 関数の経路積分表示 (12.58) も形式的で，特に「積分」$\mathcal{D}\phi$ に意味をつけるのは難しい．そこでユークリッド時空間を離散的な格子で近似することを考える（図 12.2 (a) 参照）．

経路積分表示 (12.58) に現われる座標 $\tilde{x}$ を，間隔 $\epsilon > 0$ の超立方格子 $\epsilon\mathbb{Z}^d$ の格子点だとみなそう．もちろん，最終的には $\epsilon \downarrow 0$ としなくてはならないのだが，差し当たっては ϵ は正の値に固定する．格子点 $\tilde{x}$ における場の変数を $\phi_{\tilde{x}}$ と書く．$\phi(\tilde{x})$ の $\tilde{x}^{(j)}$ に関する偏微分は，

$$\frac{\partial\phi(\tilde{x})}{\partial\tilde{x}^{(j)}} \simeq \frac{\phi_{\tilde{x}+\epsilon\boldsymbol{e}_j} - \phi_{\tilde{x}}}{\epsilon} \quad (12.60)$$

のように差分で近似する（$j = 1, 2, \ldots, d$）．ここで，$\boldsymbol{e}_j$ は j 方向の単位ベクトルである．

こうして経路積分表示 (12.58) を離散化した結果は，

$$S_\epsilon(\tilde{x}_1, \tilde{x}_2, \ldots, \tilde{x}_n) = \mathcal{N}(\epsilon)\left(\prod_{\tilde{x}\in\epsilon\mathbb{Z}^d}\int_{-\infty}^{\infty} d\phi_{\tilde{x}}\right)\phi_{\tilde{x}_1}\phi_{\tilde{x}_2}\ldots\phi_{\tilde{x}_n}$$

$$\times \exp\left[-\epsilon^d\sum_{\tilde{x}\in\epsilon\mathbb{Z}^d}\left\{\frac{1}{2}\sum_{j=1}^{d}\left(\frac{\phi_{\tilde{x}+\epsilon\boldsymbol{e}_j} - \phi_{\tilde{x}}}{\epsilon}\right)^2 + V(\phi_{\tilde{x}})\right\}\right] \quad (12.61)$$

となる．間隔 ϵ の離散的な時空での Schwinger 関数を $S_\epsilon(\tilde{x}_1, \ldots, \tilde{x}_n)$ と書いた．

さらに，間隔 1 の格子上の格子点 $x \in \mathbb{Z}^d$ を使って $\tilde{x} = \epsilon x \in \epsilon\mathbb{Z}^d$ のように書き，対応する場の変数を $\phi_{\tilde{x}} = \varphi_x$ と書こう．すると，表示 (12.61) を

---

[20] ユークリッド化の後も $\phi(\tilde{x})$ が実数値をとることは必ずしも自明ではない．しかし，背後にある量子論に戻ればこれが「正解」であることが確認できる．

$$S_\epsilon(\tilde{x}_1, \tilde{x}_2, \ldots, \tilde{x}_n) = \langle \varphi_{x_1} \varphi_{x_2} \cdots \varphi_{x_n} \rangle_\epsilon \tag{12.62}$$

のように書き直すことができる（すべての $j = 1, \ldots, n$ について $\tilde{x}_j = \epsilon x_j$ とした）．ここで，期待値 $\langle \cdots \rangle_\epsilon$ を，

$$\langle \cdots \rangle_\epsilon := \mathcal{N}(\epsilon) \left(\prod_{x \in \mathbb{Z}^d} \int_{-\infty}^{\infty} d\varphi_x \right) (\cdots)$$
$$\times \exp\left[\frac{\epsilon^{d-2}}{2} \sum_{\substack{x,y \in \mathbb{Z}^d \\ (\|x-y\|_1 = 1)}} \varphi_x \varphi_y - \sum_{x \in \mathbb{Z}^d} \left\{ d\epsilon^{d-2}(\varphi_x)^2 + \epsilon^d V(\varphi_x) \right\} \right] \tag{12.63}$$

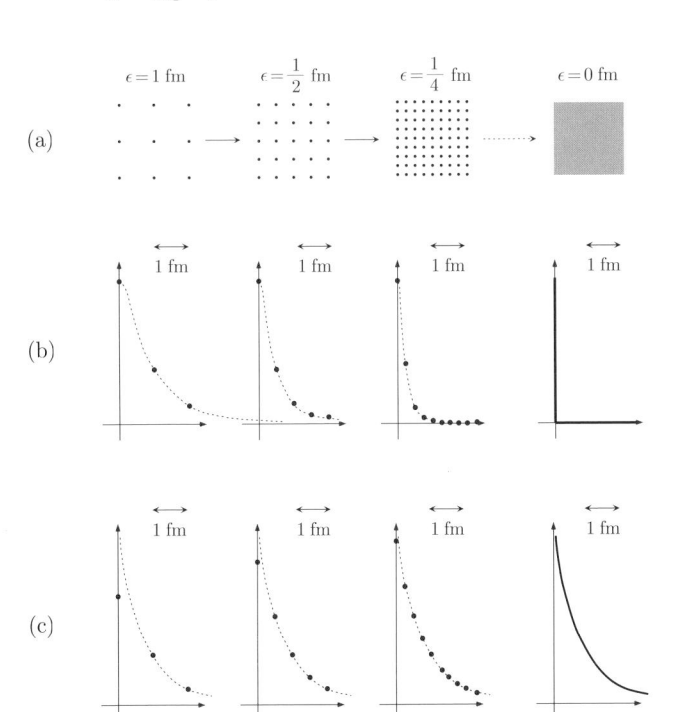

図 12.2 (a) 格子の極限としての連続時空の構成．(b) 間違った連続極限：スピン系のパラメータを固定した場合の二点関数．(c) 正しい連続極限：スピン系のパラメータを ϵ の関数として適切に動かし，つねに点線のように減衰するよう調整した場合の二点関数．なお，ここでは，素粒子物理において意味のある典型的な長さという意味で 1 fm（フェムトメートル）と書いた．

と定義した．これは，一般的なスピン系での平衡状態の期待値そのものである．つまり，離散化した Schwinger 関数は，あるスピン系での n 点相関関数そのものなのである．

離散化した Schwinger 関数の経路積分表示 (12.62), (12.63) にも $x \in \mathbb{Z}^d$ についての無限積や無限和が登場する．しかし，これらは無限体積極限をとることを意味しているだけなので（Ising 模型について詳しくみたように）厳密な意味を与えるのは難しくない．こうして，ようやく数学的に意味のある Schwinger 関数の表式が得られた．

3.4 スピン系から場の量子論へ

前節の考察をふまえて，格子上のスピン系を出発点にして本来のミンコフスキー時空での場の量子論を構成するための一つの筋書きを解説する．ただし，後で述べるように，この筋書きを具体的に実行して相互作用のある場の量子論を構成するのは圧倒的な難問であり，ごくわずかの場合にしか成功していない．また，格子上のスピン系を経ずに場の量子論を厳密に構成する方法もある[21]．

まず，格子間隔 $\epsilon > 0$ について，経路積分表示 (12.62) によって Schwinger 関数の離散近似を定義する．この際，スピン系の期待値として，(12.63) を一般化した

$$\langle \cdots \rangle_\epsilon := \mathcal{N}(\epsilon) \left(\prod_{x \in \mathbb{Z}^d} \int_{-\infty}^{\infty} d\varphi_x \right) (\cdots)$$
$$\times \exp\left[\frac{\zeta(\epsilon)\,\epsilon^{d-2}}{2} \sum_{\substack{x,y \in \mathbb{Z}^d \\ (\|x-y\|_1 = 1)}} \varphi_x \varphi_y - \sum_{x \in \mathbb{Z}^d} \left\{ d\,\mu(\epsilon)\,\epsilon^{d-2} (\varphi_x)^2 + \epsilon^d\, V_\epsilon(\varphi_x) \right\} \right]$$

(12.64)

を用いる．指数関数の引数の各項に ϵ に依存する自由度を付け加えたのである．上で述べたように，無限体積の極限をきちんと扱えば，この定義に数学的問題はない．

次に，n 個の時空点 $\tilde{x}_1, \tilde{x}_2, \ldots, \tilde{x}_n \in \mathbb{R}^d$ を任意の値に固定して，**連続極限** (continuum limit)

---

[21] すぐ後で触れるように，Osterwalder-Schrader の条件を満たす Schwinger 関数の組，あるいは，Wightman の条件を満たす Wightman 関数を与えれば，場の量子論を厳密に構成できる．よって，格子近似を使わなくても，条件を満たす Schwinger 関数あるいは Wightman 関数が得られればそれで十分なのである．

$$S(\tilde{x}_1, \tilde{x}_2, \ldots, \tilde{x}_n) = \lim_{\epsilon \downarrow 0} S_\epsilon(\tilde{x}_1, \tilde{x}_2, \ldots, \tilde{x}_n) \tag{12.65}$$

をとる．ここで，極限の存在すること，さらに，極限が Schwinger 関数として望ましい性質をもつことが必要である．そのためには，一般に，(12.64) で導入したパラメター $\zeta(\epsilon)$, $\mu(\epsilon)$ を適切に選び，また相互作用ポテンシャル $V_\epsilon(\cdot)$ を適切に ϵ に依存させる必要がある．実は，このプロセスが伝統的な場の量子論へのアプローチでの「くりこみ」に他ならない．

「Schwinger 関数として望ましい性質」は，以下の五つの **Osterwalder-Schrader の条件**[22]としてまとめられている[23]．

OS0（緩増加性） Schwinger 関数は緩増加超函数である．

OS1（ユークリッド不変性） Schwinger 関数はユークリッド不変である．つまり，d 次元での任意の回転 R と任意の $a \in \mathbb{R}^d$ について，$S(\mathrm{R}\tilde{x}_1 + a, \ldots, \mathrm{R}\tilde{x}_n + a) = S(\tilde{x}_1, \ldots, \tilde{x}_n)$ が成り立つ．

OS2（鏡映正値性） Schwinger 関数は鏡映正値である．詳しくは付録 B を参照．

OS3（対称性） Schwinger 関数は対称である．つまり，任意の置換 P について，$S(\tilde{x}_{P(1)}, \ldots, \tilde{x}_{P(n)}) = S(\tilde{x}_1, \ldots, \tilde{x}_n)$ が成り立つ．

OS4（クラスター性） Schwinger 関数はクラスター性をもつ．つまり，任意の $\tilde{x}_1, \ldots, \tilde{x}_n, \tilde{y}_1, \ldots, \tilde{y}_m \in \mathbb{R}^d$ について，$\lim_{|a| \uparrow \infty} S(\tilde{x}_1, \ldots, \tilde{x}_n, \tilde{y}_1 + a, \ldots, \tilde{y}_m + a) = S(\tilde{x}_1, \ldots, \tilde{x}_n) S(\tilde{y}_1, \ldots, \tilde{y}_m)$ が成り立つ（$a \in \mathbb{R}^d$ で $|a|$ はユークリッドノルム）．

Osterwalder-Schrader の条件をすべて満たす Schwinger 関数が得られれば，場の量子論の構成はゴール目前だ．Schwinger 関数を出発点にして，ユークリッド化のときとは逆の解析接続を行なうことで，ミンコフスキー時空での Wightman 関数が構成できる．さらに，こうして得られた Wightman 関数は，**Wightman の条件**と呼ばれる性質を満たすことも保証される．以上のことは，Osterwalder と Schrader が証明した基本的な定理によって保証される．

---

[22] 「Osterwalder-Schrader の公理系」と呼ぶのが一般的だが，数学で一般的にいう「公理系」とは少し意味が違うので，内容に即した用語を使った．
[23] 厳密には Schwinger 関数が超関数であることをふまえた定式化が必要だが，ここでは簡単のため普通の関数のように扱う．

さらに，Wightman の条件を満たす Wightman 関数が得られれば，それをもとにミンコフスキー d 次元時空間での場の量子論を完全に構成できることが知られている．ここで場の量子論というのは，以下の **Gårding-Wightman の公理系**[24]を満たす数学的対象であり，これを保証するのが **Wightman の再構成定理**である．

GW0（状態の空間） 系の量子力学的状態は，ある可分なヒルベルト空間 $\mathcal{H}$ の元（正確には射線）である．$\mathcal{H}$ には**真空**と呼ばれる特別な元 Ω がある．

GW1（場の演算子） $\mathcal{H}$ で稠密なある集合 $D \subset \mathcal{H}$ があって，すべての時空点 $\hat{x}$ に対し，場の演算子 $\Phi(\hat{x})$ は[25]，D 上で定義されたエルミート演算子である．なお，真空 Ω は D の元である．さらに，真空に有限個の場の演算子を作用させたベクトルの全体，つまり，$\Phi(\hat{x}_1)\Phi(\hat{x}_2)\cdots\Phi(\hat{x}_n)\Omega$ の形のベクトル全体は，$\mathcal{H}$ で稠密になる．

GW2（相対論的不変性） $\mathcal{H}$ 上の，時間順次ポアンカレ群[26]のユニタリー表現 U が存在して，すべてのローレンツ変換 L と並進 $\hat{a}$ に対して，(1) 真空 Ω は $U(\mathsf{L}, \hat{a})$ の下で不変，つまり $U(\mathsf{L}, \hat{a})\Omega = \Omega$，(2) D は $U(\mathsf{L}, \hat{a})$ の下で不変，つまり，$U(\mathsf{L}, \hat{a})D \subset D$，(3) 場の演算子は $U(\mathsf{L}, \hat{a})\Phi(\hat{x})U(\mathsf{L}, \hat{a})^{-1} = \Phi(\mathsf{L}\hat{x}+\hat{a})$ の関係を満たす．

GW3（スペクトル条件） 並進作用素 $U(1, \hat{a})$ の生成作用素を P と書くと，P のスペクトルは前方光円錐 $\bar{V}_+ := \{(e, \boldsymbol{p}) \in \mathbb{R}^d \,|\, e \geq |\boldsymbol{p}|\}$ に入っている．

GW4（局所性） 時空点 $\hat{x}$ と $\hat{y}$ が空間的に離れていれば，$\Phi(\hat{x})$ と $\Phi(\hat{y})$ は可換である．

GW5（真空の一意性） $\mathcal{H}$ のベクトルの中で，すべての $U(\mathsf{L}, \hat{a})$ の下で不変なものは真空ベクトル Ω のみである．

---

[24] 簡単のため，いくつかの性質や条件は省略した．
[25] 厳密には場の演算子 $\Phi(\hat{x})$ そのものは定義できず，急減少関数 f と抱き合わせて $\Phi(\hat{x})$ をなめらかにした $\Phi[f] := \int d^d\hat{x} f(\hat{x})\Phi(\hat{x})$ のようなものだけが場の演算子として意味をもつ．
[26] ミンコフスキー空間での（時間の向きを変えない）ローレンツ変換 L と $\hat{a} \in \mathbb{R}^d$ による並進によって，座標 $\hat{x}$ を $\mathsf{L}\hat{x} + \hat{a}$ に変換することを考える（時間順次ポアンカレ変換）．このような変換の全体は**時間順次ポアンカレ群**と呼ばれる群をなす．L と $\hat{a}$ に対応する表現作用素を $U(\mathsf{L}, \hat{a})$ と書く．

3.5 連続極限と臨界現象，場の量子論の自明性

前節で解説した場の量子論の構成のシナリオでもっとも重要でデリケートなのは，$\epsilon \downarrow 0$ の連続極限 (12.65) である．以下では，物理的に意味のある連続極限が存在するための必要条件をみよう．これによって，場の量子論の連続極限がスピン系の臨界現象と密接に関連していることがわかるだろう．

ゼロでない質量 m_{phys} の粒子を記述する場の量子論を構成したい．この際，連続極限の Schwinger 関数は，$|\tilde{x}| \uparrow \infty$ で

$$S(0, \tilde{x}) \approx \exp\bigl[-m_{\text{phys}}|\tilde{x}|\bigr] \tag{12.66}$$

のように減衰する[27]．ϵ が十分に小さければ，離散化した $S_\epsilon(0, \tilde{x})$ も同じように減衰しなくてはならない．離散化した Schwinger 関数とスピン系の期待値が (12.62) によって結ばれていること，また，$\tilde{x} = \epsilon x$ であることに注意すれば，スピン系の期待値は

$$\langle \varphi_0 \varphi_x \rangle_\epsilon \approx \exp\bigl[-m_{\text{phys}}|\tilde{x}|\bigr] = \exp\bigl[-m_{\text{phys}}\epsilon|x|\bigr] \tag{12.67}$$

とふるまうことがわかる．スピン系の相関関数の漸近形 (3.77) と比較するまでもなく，これはスピン系の相関距離 ξ が

$$\xi = \frac{1}{m_{\text{phys}}\epsilon} \tag{12.68}$$

となる必要があることを意味する（図 12.2 (b, c) 参照）．

よって，連続極限 $\epsilon \downarrow 0$ で粒子の質量 m_{phys} をゼロでない一定値に保つためには，(12.68) に従って相関距離 ξ が無限大になるように，スピン系のパラメターを ϵ の関数として調節する必要がある．これは $\epsilon \downarrow 0$ とともに，$\mathbb{Z}^d$ 上のスピン系を，臨界点に接近させることを意味する．このように，格子スピン系の連続極限を通して場の理論を構成する問題は，そのスピン系の臨界現象を詳しく知る問題とほとんど同等となる．これが，構成的場の量子論と厳密統計力学が密接に結びついている理由である．

この考察を裏返すと，期待値 (12.64) を定義するスピン系に臨界点があれば，$\epsilon \downarrow 0$ で (12.68) を満たしつつ臨界点に近づくようパラメターを調整することで必ず場の量子論の連続極限が作れることになる．φ^4 モデル（1.1 節）など多くのス

---

[27] 右辺にはさらに $|x|$ のべき乗がかかるが，ここでは指数関数的に減衰する部分だけが重要である．

ピン系で臨界現象の存在が厳密に分かっているから,場の量子論も厳密に構成できるということになる.

しかし,ここで構成された場の量子論の「非自明性」が問題になってくる.はじめに 3.1 節で述べたように,相互作用ポテンシャル $V(\phi)$ を 2 次式 $\mu\phi^2/2$ とした場のモデルは**自由スカラー場の理論** (free scalar field theory) である[28].これは粒子が伝搬するだけでまったく相互作用せずに互いに素通りしてしまう不満足な理論だ.だから,相互作用ポテンシャル $V(\phi)$ が 2 次式でない理論を構成することが場の量子論の数学的研究の重要課題になる.

実際,時空間の次元が 2 あるいは 3 の場合には,適切な相互作用を選び,パラメターの ϵ 依存性を精妙に調節することで,相互作用のある場の量子論が構成されている.特に 3 次元での場の量子論の構成はきわめて高い技術を要する数理物理学の重要な成果の一つである.

ところが,時空間の次元が 4 の場合は,相互作用ポテンシャルを工夫して選んでも,連続極限で得られるスカラー場の量子論は相互作用をもたない理論(一般化された自由場の理論)になる可能性が高いことがわかってきた.このような場合,連続極限は**自明** (trivial) であるという.せっかく格子上のモデルで相互作用ポテンシャルを取り入れても連続極限の場の量子論が自明になってしまっては,本来の目標は達成されない.

連続極限の自明性は,場の量子論の物理の本質に関わる重要な問題である.前述のように時空間の次元が 2, 3 のときには自明でない連続極限が存在する.一方,次元が 5 以上では,スカラー場の量子論の連続極限は必然的に自明になると考える強い根拠があり,部分的には厳密に証明されている[29].われわれにとって重要な 4 次元の時空間はちょうど境目になるわけだが,今のところ,スカラー場の量子論の非自明な連続極限は構成されていない.少なからぬ研究者が,4 次元でも非自明なスカラー場の量子論は存在し得ないのではないかと考えているが,これは今のところ大きな未解決問題である[30].

数学を離れた(必ずしも厳密ではない)理論物理学の研究の現場でも,4 次元時空間での場の量子論の多くは自明だろうと考えられている.4 次元でも自明にならないのは,非可換ゲージ理論など,限定されたごく少数の理論だろうと信じ

---

[28] スピン系で言えば,3 章 4 節のガウス型模型に相当する.
[29] これは Ising 模型や φ^4 模型の臨界次元が 4 であることと深く関わっている.
[30] 「文献について」の末尾の追記を参照.

られている．4次元時空で，物理的にも意味のある非自明な場の量子論を厳密に構築することは現代の数理物理学の最重要課題の一つである．

文献について

4次元の φ^4 模型での臨界現象に関する定理 12.1（196ページ）は，Gawedzki, Kupiainen [91] の厳密なくりこみ群の方法を用いて原，田崎 [104, 116] が証明した．くりこみ群の方法については江沢，鈴木，田崎，渡辺の教科書 [3] などを見よ．

3次元以上での長距離秩序の存在を示すきわめて強力な定理 12.2（197ページ）は，Fröhlich, Simon, Spencer [87] によって鏡映正値性の方法を用いて示された．この定理については付録 B の 2.4 節で証明する．

2次元で連続な対称性が自発的に破れないことを最初に（ボース粒子系で）指摘したのは Hohenberg [120] である．Mermin, Wagner [143] はこれをスピン系に拡張し定理 12.3（197ページ）を示した．2次元での同様の結果は数多く証明されているが，相関関数の減衰についての McBryan-Spencer の定理 [141] は強力であり，また証明も美しい．

2次元の2成分スピン系での特異な相転移を議論したのは Berezinskii [60] と Kosterlitz, Thouless [126] である．転移の存在を厳密に示した定理 12.4（198ページ）は Fröhlich, Spencer [88] による．

量子スピン系の入門的な解説として田崎の講義ノート [42] がある[31]．反強磁性スピン系の長距離秩序に関する定理 12.6（201ページ）は Dyson, Lieb, Simon [76] が量子スピン版の鏡映正値性の方法を用いて証明した．長距離秩序があれば自発磁化がゼロでないことは，ハミルトニアンと秩序パラメター（磁化）が可換ならば，Griffiths [96] の古典的な定理で保証されている．定理 12.7（201ページ）は両者が非可換な状況に Griffiths の定理を拡張することで高麗，田崎 [125] が示した．定理 12.8（202ページ）は Haldane の予想 [103, 102] の厳密な例として Affleck, Kennedy, Lieb, Tasaki [43] が証明した．モデル (12.20) の基底状態は今日では symmetry protected topological phase と呼ばれる量子状態の相の典型例とされている．

自己回避ランダムウォークについては Madras, Slade [30]，パーコレーションについては Grimmett [28]，樋口 [15] が優れた解説書である．自己回避ランダムウォークの総数についての定理 12.10（206ページ）は Kesten [124] の古典的な結果である．c_n の n についての単調性は O'brien [150] で証明された．5次元以上での自己回避ランダムウォークの挙動についての定理 12.11, 12.12（207ページ）は長い間予想されていたが，1990年代に Hara, Slade [110, 112] が証明した．高次元の格子樹についての定理 12.13, 12.14（208ページ）は，Hara, Slade [109, 111] および Derbez, Slade [70]．高次元のパーコレーションについての定理 12.16（210ページ）は Hara, Slade [108], Barsky, Aizenman [59], Hara [105], Hara, Slade [114], Hara, Hofstad, Slade [107], Hara [106] による．定理 12.16 と相補的な臨界指数の間の不等式（定理 12.17）は田崎 [169] による．パーコレーションのスケーリング極限についての予想（210ページ）の根拠は Hara, Slade [115] による．これらのモデルの解析には Brydges, Spencer [68] が考案したレース展開の手法が非常に有効であった．レース展開については，Madras, Slade [30], Hara, Slade [113], Slade [40] などを参照．

---

[31] http://ci.nii.ac.jp/naid/110006478101 よりダウンロード可能．

場の量子論の物理的背景や詳細については，九後 [4], Peskin, Schroeder [32], Ramond [33] などの教科書を参照．構成的場の量子論については，Fernández, Fröhlich, Sokal [25], Glimm, Jaffe [27], Simon [38], 江沢，新井 [2] などを見よ．4 次元以上での φ^4 理論の自明性については Aizenman [45], Fröhlich [85], Aizenman, Graham [52] などを参照．3 次元の自明でない φ^4 理論は，1970 年代に大変な解析によって構成された (Sokal [166] の文献 [1]～[5''''] などを参照）が，Brydges, Fröhlich, Sokal [65] では相関不等式を用いたエレガントな方法で構成されている．

(2020 年 5 月追記) 2019 年 12 月に発表されたプレプリント M. Aizenman and H. Duminil-Copin: Marginal triviality of the scaling limits of critical 4D Ising and φ_4^4 models (arXiv:1912.07973) において，Ising 模型の高温相からの連続極限として構成される 4 次元の φ^4 理論は必ず自明であることが証明された．4 次元では非自明なスカラー場の量子論は存在し得ないという予想に強い傍証を与える，非自明かつ強力な結果である．

付録 A

相関不等式の証明

　この付録では，4 章 1 節などで結果だけを紹介した様々な相関不等式を証明する．相関不等式を証明する方法は様々だが，ここでは複変数の方法とランダムカレント表示の二つに大別して話を進める[1]．前者については，Ising 模型だけでなく，それぞれの相関不等式が成立するような (Ising 模型を含む) ある程度幅の広いモデルを取り扱う．

1. 記法とスピン系の定義

　ここでは証明を簡略にするための記法を導入し，2 節で扱う一般のモデルを定義する．

　2.5 節の Messager-Miracle-Solé 不等式以外では，格子 Λ に特に構造を要求しない．Λ を任意の有限集合とし，Λ の元 $x, y, z, \ldots$ を格子点と呼ぶ．各格子点に実数値をとるスピン変数 $\varphi_x \in \mathbb{R}$ を対応させる．すべてのスピン変数の組を太字で $\boldsymbol{\varphi} = (\varphi_x)_{x \in \Lambda} \in \mathbb{R}^{|\Lambda|}$ と書く．

　単独のスピン φ_x のふるまいは，$\mathbb{R}$ 上のある測度 $d\mu_x(\cdot)$ で決まる．すべての $x \in \Lambda$ について $d\mu_x(\varphi) = \{\delta(\varphi - 1) + \delta(\varphi + 1)\} d\varphi$ ととれば ($d\varphi$ は $\mathbb{R}$ 上のルベーグ測度) φ_x は ± 1 をとり，Ising 模型が得られる．また，$d\mu_x(\varphi) = \exp[-(\lambda/4!)\varphi^4 - (a/2!)\varphi^2] d\varphi$ $(\lambda > 0, a \in \mathbb{R})$ とすれば 12 章 1.1 節でみた φ^4 模型になる．一般に測度 $d\mu_x(\varphi_x)$ は格子点 x に依存してもよい．測度の具体的な形も (相関不等式によっては) かなり自由に選ぶことができるが，以下の (A.3) の条件は仮定する．格子点全体での $d\mu_x(\varphi_x)$ の積 (直積測度) を $d^\Lambda \mu(\boldsymbol{\varphi}) = \prod_{x \in \Lambda} d\mu_x(\varphi_x)$ と書こう．

---

[1] 他にも様々な手法が用いられる．本書では紹介しない一般性の高い強力な方法としてランダムウォーク表示の方法がある．詳しくは付録の最後の文献ガイド（276 ページ）を見よ．

$\varphi \to -\varphi$ と変数変換しても $d\mu_x(\varphi)$ が不変のとき $d\mu_x(\cdot)$ は**偶測度**であるという[2]．より一般に，変数の組 $\boldsymbol{\varphi} = (\varphi_x)_{x \in \Lambda}$ の測度 $d\rho(\boldsymbol{\varphi})$ が偶測度であるとは，任意の $x \in \Lambda$ を選んで φ_x を $-\varphi_x$ に変換しても $d\rho(\boldsymbol{\varphi})$ が不変であることとする．すべての $x \in \Lambda$ について $d\mu_x(\cdot)$ が偶測度なら，直積測度 $d^\Lambda \mu(\cdot)$ も偶測度になる．

この付録では，これまでよりも一般的なハミルトニアンを扱う．逆温度 β を明示すると式が煩雑になるので，これまで $\beta H_\Lambda(\boldsymbol{\varphi})$ と書いたものを $\hat{H}_\Lambda(\boldsymbol{\varphi})$ と書く．

各々の格子点 x に対応するゼロ以上の整数 n_x を集めた $\boldsymbol{n} = (n_x)_{x \in \Lambda}$ を，Λ 上の多重指数という．多くのスピンの相互作用を含むハミルトニアン

$$\hat{H}_\Lambda(\boldsymbol{\varphi}) = -\sum_{\boldsymbol{n}} \hat{J}_{\boldsymbol{n}} \varphi^{\boldsymbol{n}} \tag{A.1}$$

を考えよう．ここで，多重指数 $\boldsymbol{n}$ に対して $\varphi^{\boldsymbol{n}} := \prod_{x \in \Lambda}(\varphi_x)^{n_x}$ であり，$\hat{J}_{\boldsymbol{n}} \in \mathbb{R}$ は対応する相互作用定数である．また，定数 $n_{\max}$ があり，$\sum_{x \in \Lambda} n_x > n_{\max}$ なら $\hat{J}_{\boldsymbol{n}} = 0$ とする．すべての $\boldsymbol{n}$ に対して $\hat{J}_{\boldsymbol{n}} \geq 0$ であることを $\hat{\boldsymbol{J}} \geq \boldsymbol{0}$ と略記する．このときハミルトニアン $\hat{H}_\Lambda$ は**強磁性的**であるという．

一般にハミルトニアン (A.1) には，たとえば $(\varphi_x)^2(\varphi_y)^4$ のように，同じ格子点のスピン変数の 2 次以上のべきが含まれている．これは無用な一般化のように見えるだろうが，後にいくつかの不等式を証明する際に必然的にこのような形のハミルトニアンに出会うことになる．

ハミルトニアン (A.1) の特別な場合の

$$\hat{H}_\Lambda(\boldsymbol{\varphi}) = -\sum_{\{x,y\} \subset \Lambda} \hat{J}_{x,y} \varphi_x \varphi_y - \sum_{x \in \Lambda} \hat{h}_x \varphi_x \tag{A.2}$$

を考えることもある．ここで，一つ目の和は二つの格子点の (順番を考えない) 組すべてについてとる[3]．このハミルトニアンを考えるときは，すべての $\{x,y\} \subset \Lambda$ について $\hat{J}_{x,y} \geq 0$ であることを $\hat{\boldsymbol{J}} \geq \boldsymbol{0}$ と略記する．同様に，すべての $x \in \Lambda$ について $\hat{h}_x \geq 0$ であることを $\hat{\boldsymbol{h}} \geq \boldsymbol{0}$，そして，すべての $x \in \Lambda$ について $\hat{h}_x = 0$ であることを $\hat{\boldsymbol{h}} = \boldsymbol{0}$ と書く．

モデルを定義するための積分 (たとえば，(A.4) や (A.5)) の収束を保証するため，測度 $d\mu_x(\cdot)$ が，任意の $c > 0$ について，

$$\int d\mu_x(\varphi) \exp\bigl[c|\varphi|^{n_{\max}}\bigr] < \infty \tag{A.3}$$

---

[2] $d\mu_x(\varphi) = \rho_x(\varphi)\, d\varphi$ と書けるときは $\rho_x(\varphi)$ が偶関数ということ．
[3] 4 章 1 節の記号とあわせるには，$\hat{J}_{x,y} = \beta J_{x,y}$，$\hat{h}_x = \beta h_x$ とすればよい．

を満たすことを仮定する．n_max は上で定義した，相互作用するスピンの数の上界である．

この一般のスピン系の分配関数を
$$Z_\Lambda := \int d^\Lambda\mu(\boldsymbol{\varphi})\,e^{-\hat{H}_\Lambda(\boldsymbol{\varphi})} \tag{A.4}$$
とし，$\boldsymbol{\varphi}$ の関数（多くの場合は多項式）$F(\boldsymbol{\varphi})$ の期待値を
$$\langle F(\boldsymbol{\varphi})\rangle := \frac{1}{Z_\Lambda}\int d^\Lambda\mu(\boldsymbol{\varphi})\,F(\boldsymbol{\varphi})\,e^{-\hat{H}_\Lambda(\boldsymbol{\varphi})} \tag{A.5}$$
と定義する．

様々な相関不等式の成立する条件を見通しよく述べるために，この付録では，以下の三種類のスピン系を考える．系 A が最も一般的な系であり，系 C は 4 章 1 節で導入した一般化された Ising 模型である．

系 A：ハミルトニアンは一般の (A.1) にとる．単独のスピンの分布を決める $d\mu_x$ については個々の場合に述べる．

系 B：ハミルトニアンは 2 スピン間の相互作用と磁場だけを取り入れた (A.2) にとる．単独のスピンの分布を決める $d\mu_x$ については個々の場合に述べる．

系 C：ハミルトニアンは (A.2) にとり，単独のスピンの分布はすべての $x\in\Lambda$ について $d\mu_x(\varphi_x) = \{\delta(\varphi-1)+\delta(\varphi+1)\}\,d\varphi$ と選ぶ．

複変数の方法を用いる 2 節では系 A あるいは系 B を扱い，ランダムカレント表示の方法を用いる 3 節では系 C を扱う．なお，以下で扱う系 A と系 B はすべて（ときには極限として）系 C（つまり Ising 模型）を含んでいる．

2. 複変数の方法

この節では**複変数の方法** (duplicated variables method) と呼ばれる方法で導出できる不等式をみていこう．互いに独立なスピン系を用意し，複数のスピン変数を巧みに組み合わせて不等式を導出する独特の技術である．複変数の方法は単純な割に驚くほど効率的で[4]，この節でみていくように，様々な不等式の証明で威力を発揮する．

---

[4] たとえば，Griffiths 第二不等式を複変数の方法を用いずに証明することもできる（たとえば，3.4 節を見よ）．しかし，それらの証明はこれからみる複変数を用いた証明に比べるとかなり複雑である．

2.1 Griffiths 第一不等式

まずすべての相関不等式の基本ともいえる Griffiths 第一不等式 (4.3) とその一般化を証明する．実はここでの証明に複変数は用いないが，測度の偶性を利用する点でもこれからの複変数による相関不等式の証明の基礎になっている．

A.1 [定理] (Griffiths 第一不等式)　系 A において，$\hat{\boldsymbol{J}} \geq \boldsymbol{0}$ であり，またすべての $x \in \Lambda$ について $d\mu_x(\cdot)$ が偶測度なら，任意の多重指数 $\boldsymbol{n}$ について

$$\langle \varphi^{\boldsymbol{n}} \rangle \geq 0 \tag{A.6}$$

が成り立つ．

上の不等式は以下のより一般的な不等式の特別な場合である．この一般的な不等式はこれから先でもくり返し使われる．

A.2 [命題]　(A.1) の一般的な多体のハミルトニアン $\hat{H}_\Lambda$ をとる．$d\rho(\boldsymbol{\varphi})$ を変数の組 $\boldsymbol{\varphi} = (\varphi_x)_{x\in\Lambda}$ の（必ずしも直積測度ではない）偶測度で，(A.1) のすぐ後で導入した定数 $n_{\max}$ と任意の $c > 0$ に対して

$$\int d\rho(\boldsymbol{\varphi}) \exp\Big[c \sum_{x\in\Lambda} |\varphi_x|^{n_{\max}}\Big] < \infty \tag{A.7}$$

を満たすものとする．この $\hat{H}_\Lambda$ と $d\rho$ で決まるスピン系の期待値を

$$\langle \cdots \rangle_\rho := \frac{\int d\rho(\boldsymbol{\varphi})\, e^{-\hat{H}_\Lambda(\boldsymbol{\varphi})}(\cdots)}{\int d\rho(\boldsymbol{\varphi})\, e^{-\hat{H}_\Lambda(\boldsymbol{\varphi})}} \tag{A.8}$$

と定義する．このとき，$\hat{\boldsymbol{J}} \geq \boldsymbol{0}$ なら，任意の多重指数 $\boldsymbol{n}$ について

$$\langle \varphi^{\boldsymbol{n}} \rangle_\rho \geq 0 \tag{A.9}$$

が成り立つ．

個々の $d\mu_x(\cdot)$ が偶測度なら直積測度 $d^\Lambda\mu(\boldsymbol{\varphi}) = \prod_x d\mu_x(\varphi_x)$ も偶だから，定理 A.1 は命題 A.2 の帰結である．以下では命題 A.2 を証明しよう．

証明 (A.8) の分母は正だから，分子の非負性，つまり

$$\int \varphi^{\boldsymbol{n}}\, e^{-\hat{H}_\Lambda(\boldsymbol{\varphi})}\, d\rho(\boldsymbol{\varphi}) \geq 0 \tag{A.10}$$

をいえばよい．ハミルトニアン (A.1) の指数関数を展開して整理すれば

$$e^{-\hat{H}_\Lambda} = \exp\Big[\sum_{\boldsymbol{n}} \hat{J}_{\boldsymbol{n}} \varphi^{\boldsymbol{n}}\Big] = \sum_{m=0}^{\infty} \frac{1}{m!} \Big(\sum_{\boldsymbol{n}} \hat{J}_{\boldsymbol{n}} \varphi^{\boldsymbol{n}}\Big)^m = \sum_{\boldsymbol{m}} c_{\boldsymbol{m}}\, \varphi^{\boldsymbol{m}} \tag{A.11}$$

と書ける．もちろん $\boldsymbol{m}$ もすべての多重指数について足す．すべての $\boldsymbol{n}$ について $\hat{J}_{\boldsymbol{n}} \geq 0$ なら，$(\sum_{\boldsymbol{n}} \hat{J}_{\boldsymbol{n}} \varphi^{\boldsymbol{n}})^m$ を展開したときの各項の係数はすべて正．よって $c_{\boldsymbol{m}} \geq 0$ である．

ここで (A.10) の左辺において $\boldsymbol{m}$ についての和と $\boldsymbol{\varphi}$ についての積分の順序を入れ替えると，

$$\int \varphi^{\boldsymbol{n}} e^{-\hat{H}_\Lambda}\, d\rho(\boldsymbol{\varphi}) = \sum_{\boldsymbol{m}} c_{\boldsymbol{m}} \int \varphi^{\boldsymbol{n}} \varphi^{\boldsymbol{m}}\, d\rho(\boldsymbol{\varphi}) \tag{A.12}$$

を得る．無限和と積分は一般には交換できないが，この場合には (A.11) の級数が絶対収束していることと積分の収束を保証する条件 (A.7) を用いれば，交換可能であることが証明できる[5]．

(A.12) の積分は

$$\int \varphi^{\boldsymbol{n}} \varphi^{\boldsymbol{m}}\, d\rho(\boldsymbol{\varphi}) = \int \Big\{\prod_{x \in \Lambda} \varphi_x^{n_x + m_x}\Big\}\, d\rho(\boldsymbol{\varphi}) \tag{A.13}$$

である．積分測度 $d\rho(\boldsymbol{\varphi})$ は偶測度なので，少なくとも一つの格子点 x について $n_x + m_x$ が奇数ならこの積分はゼロである．また，すべての x について $n_x + m_x$ が偶数ならこの積分は正になる．よって，(A.12) の和の各項は非負とわかり，(A.10) が示された． ∎

この証明の要点は「測度 $d\rho$ の偶性」と「$\hat{H}_\Lambda$ が強磁性的なので，$e^{-\hat{H}_\Lambda}$ を展開すると係数が正の級数になる」という二つに尽きる．この一見当たり前のような論法が思わぬ威力を発揮することをこれからみていこう．

---

[5] 証明は技術的なので省略する．ルベーグ積分論を用いるなら，優越収束定理から交換可能性が簡単に導かれる．

2.2 Griffiths 第二不等式

次に Griffiths 第二不等式 (4.4) を（やはり一般的な形で）証明しよう．ここで複変数の方法が登場する．

A.3 [定理] (Griffiths 第二不等式)　系 A において，$\hat{J} \geq 0$ であり，またすべての $x \in \Lambda$ について $d\mu_x(\cdot)$ が偶測度なら，任意の多重指数 $\bm{n}, \bm{m}$ について

$$\langle \varphi^{\bm{n}} ; \varphi^{\bm{m}} \rangle := \langle \varphi^{\bm{n}} \varphi^{\bm{m}} \rangle - \langle \varphi^{\bm{n}} \rangle \langle \varphi^{\bm{m}} \rangle \geq 0 \tag{A.14}$$

が成り立つ．

つまり，$\varphi^{\bm{n}}$ と $\varphi^{\bm{m}}$ の共分散は非負である．言い換えれば，$\varphi^{\bm{n}}$ と $\varphi^{\bm{m}}$ は正の相関をもっている．これは系が強磁性的であることの現われである．

証明　期待値は (A.5) のように分数で定義されているから，$\langle \varphi^{\bm{n}} \varphi^{\bm{m}} \rangle - \langle \varphi^{\bm{n}} \rangle \langle \varphi^{\bm{m}} \rangle$ という差にそのまま定義を代入しても扱いやすい形にはならない．期待値の積 $\langle \varphi^{\bm{n}} \rangle \langle \varphi^{\bm{m}} \rangle$ を一つの期待値として書ければ，上の差も取り扱いやすいだろう．そこで，もとのスピン系と完全にそっくりなコピーを用意し，もとの系とコピーをひとまとめにした複合スピン系を考える．コピーのスピン変数の組を $\bm{\psi} = (\psi_x)_{x \in \Lambda}$ としよう．複合スピン系の期待値を

$$\langle\!\langle \cdots \rangle\!\rangle = \frac{1}{(Z_\Lambda)^2} \int d^\Lambda \mu(\bm{\varphi}) d^\Lambda \mu(\bm{\psi}) \, e^{-\{\hat{H}_\Lambda(\bm{\varphi}) + \hat{H}_\Lambda(\bm{\psi})\}} (\cdots) \tag{A.15}$$

と定義する．スピン変数の組 $\bm{\varphi}$ とスピン変数の組 $\bm{\psi}$ のあいだに相互作用はなく，両者は完全に独立である．よって，一方のスピン系のみに依存する期待値については $\langle\!\langle \varphi^{\bm{n}} \rangle\!\rangle = \langle\!\langle \psi^{\bm{n}} \rangle\!\rangle = \langle \varphi^{\bm{n}} \rangle$ となり，通常の期待値と変わらない．また，異なったスピンの積の期待値は $\langle\!\langle \varphi^{\bm{n}} \psi^{\bm{m}} \rangle\!\rangle = \langle \varphi^{\bm{n}} \rangle \langle \varphi^{\bm{m}} \rangle$ のように，通常の期待値の積になる．これを利用すれば共分散を

$$\langle \varphi^{\bm{n}} ; \varphi^{\bm{m}} \rangle = \langle\!\langle \varphi^{\bm{n}} \varphi^{\bm{m}} \rangle\!\rangle - \langle\!\langle \varphi^{\bm{n}} \psi^{\bm{m}} \rangle\!\rangle = \langle\!\langle \varphi^{\bm{n}} (\varphi^{\bm{m}} - \psi^{\bm{m}}) \rangle\!\rangle \tag{A.16}$$

のように，一つの期待値の形に表わすことができる．

ここで，各々の $x \in \Lambda$ について，新しいスピン変数 s_x, t_x を

$$s_x := \frac{\varphi_x + \psi_x}{\sqrt{2}}, \quad t_x := \frac{\varphi_x - \psi_x}{\sqrt{2}} \tag{A.17}$$

によって定義する．逆変換は，もちろん，
$$\varphi_x = \frac{s_x + t_x}{\sqrt{2}}, \quad \psi_x = \frac{s_x - t_x}{\sqrt{2}} \tag{A.18}$$
である．複合スピン系を，新しいスピン変数 s_x, t_x を使って書き直していくのが複変数の方法による証明の要である．φ_x と ψ_x は独立だったが，s_x と t_x は（一般には）互いに独立でないことに注意．

逆変換 (A.18) を使えば，$\varphi^{\boldsymbol{m}} - \psi^{\boldsymbol{m}}$ は
$$\begin{aligned}\varphi^{\boldsymbol{m}} - \psi^{\boldsymbol{m}} &= \prod_{x \in \Lambda}(\varphi_x)^{m_x} - \prod_{x \in \Lambda}(\psi_x)^{m_x} \\ &= \prod_{x \in \Lambda}\left(\frac{s_x + t_x}{\sqrt{2}}\right)^{m_x} - \prod_{x \in \Lambda}\left(\frac{s_x - t_x}{\sqrt{2}}\right)^{m_x} \\ &= \sum_{\substack{\boldsymbol{k},\boldsymbol{\ell} \\ (\boldsymbol{k}+\boldsymbol{\ell}=\boldsymbol{m},\ |\boldsymbol{\ell}|\text{ は奇数})}} \left\{\prod_{x \in \Lambda}\binom{m_x}{k_x}\right\} 2^{1-|\boldsymbol{m}|/2} s^{\boldsymbol{k}} t^{\boldsymbol{\ell}} \end{aligned} \tag{A.19}$$

のように展開できる．一般の多重指数 $\boldsymbol{n}$ について $|\boldsymbol{n}| = \sum_{x \in \Lambda} n_x$ とした．ここでは，展開の具体的な形は重要ではなく，係数が正であることだけが大切である．$\varphi^{\boldsymbol{n}} = \prod_{x \in \Lambda}\{(s_x + t_x)/\sqrt{2}\}^{n_x}$ も明らかに正の係数の級数に展開できるので，(A.16) の期待値の中身は
$$\varphi^{\boldsymbol{n}}(\varphi^{\boldsymbol{m}} - \psi^{\boldsymbol{m}}) = \sum_{\boldsymbol{k},\boldsymbol{\ell}} C_{\boldsymbol{k},\boldsymbol{\ell}} s^{\boldsymbol{k}} t^{\boldsymbol{\ell}} \tag{A.20}$$
のように非負の係数 $C_{\boldsymbol{k},\boldsymbol{\ell}}$ を用いて書ける．つまり，問題の期待値は
$$\langle \varphi^{\boldsymbol{n}}; \varphi^{\boldsymbol{m}} \rangle = \frac{1}{2} \sum_{\boldsymbol{k},\boldsymbol{\ell}} C_{\boldsymbol{k},\boldsymbol{\ell}} \langle\!\langle s^{\boldsymbol{k}} t^{\boldsymbol{\ell}} \rangle\!\rangle \tag{A.21}$$
と書けることになる．よって任意の多重指数 $\boldsymbol{k}, \boldsymbol{\ell}$ について $\langle\!\langle s^{\boldsymbol{k}} t^{\boldsymbol{\ell}} \rangle\!\rangle \geq 0$ がいえれば，望む (A.14) が示されることになる．

この系の統計的重みを決める「ハミルトニアン」$\hat{H}_\Lambda(\boldsymbol{\varphi}) + \hat{H}_\Lambda(\boldsymbol{\psi})$ は，
$$\begin{aligned}\hat{H}_\Lambda(\boldsymbol{\varphi}) + \hat{H}_\Lambda(\boldsymbol{\psi}) &= -\sum_{\boldsymbol{n}} \hat{J}_{\boldsymbol{n}}(\varphi^{\boldsymbol{n}} + \psi^{\boldsymbol{n}}) \\ &= -\sum_{\boldsymbol{n}} \hat{J}_{\boldsymbol{n}} \left\{\prod_{x \in \Lambda}\left(\frac{s_x + t_x}{\sqrt{2}}\right)^{n_x} + \prod_{x \in \Lambda}\left(\frac{s_x - t_x}{\sqrt{2}}\right)^{n_x}\right\} \\ &= -\sum_{\boldsymbol{k},\boldsymbol{\ell}} \tilde{J}_{\boldsymbol{k},\boldsymbol{\ell}} s^{\boldsymbol{k}} t^{\boldsymbol{\ell}} \end{aligned} \tag{A.22}$$

のように $\tilde{J}_{k,\ell} \geq 0$ という強磁性的な相互作用をもつハミルトニアンの形になる. よって, $d^\Lambda\mu(\varphi)\,d^\Lambda\mu(\psi)$ が $(t_x)_{x\in\Lambda}$, $(s_x)_{x\in\Lambda}$ の測度としてみたときに偶測度なら, 命題 A.2 がそのまま使えて $\langle\!\langle s^k t^\ell \rangle\!\rangle \geq 0$ が示される.

一つの格子点 x を取り出して $d\rho_x(s,t) := d\mu_x(\varphi)\,d\mu_x(\psi)$ と書こう (ここで, φ, ψ と s,t は (A.17) で結ばれている). 測度が偶であることをみるには, $d\rho_x(s,t)$ が s,t について偶測度であることを確かめればよい. まず, $d\mu_x(\cdot)$ が偶測度という仮定から, 直積測度 $d\mu_x(\varphi)d\mu_x(\psi)$ は, $T_1 :=$「φ の符号を変える変換」と $T_2 :=$「ψ の符号を変える変換」の双方について不変である. また, 測度の形を見れば明らかに $T_3 :=$「φ と ψ を交換する変換」についても不変だ. これらの変換を s,t の言葉で書き直すと, T_1 は「s と t を交換し, さらに, s と t 両方の符号を変える変換」, T_2 は「s と t を交換する変換」, T_3 は「t の符号を変える変換」である. よって, $T_4 := T_3 \circ T_2 \circ T_1$ は「s の符号を変える変換」になる. 測度 $d\rho_x(s,t)$ は T_4 と T_3 について不変だから, t,s について偶測度である. ■

2.3 Lebowitz 不等式

次に磁場のない系での連結四点関数についての Lebowitz 不等式 (4.7) を導出しよう. これは, 様々な局面で登場する便利で強力な不等式だ. ただし, ここでは磁場の入った系を扱い, より強い不等式 (A.24) を証明する.

ここでは少し狭い系 B を扱う. 証明の技術としては四つの複変数を組み合わせる高度な方法が登場する[6].

A.4 [定理] (Lebowitz-Ellis-Monroe-Newman 不等式) 系 B において, $\hat{J} \geq 0$ かつ $\hat{h} \geq 0$ とし, さらに単一のスピンの測度は

$$d\mu_x(\varphi) := d\varphi \exp\left\{-\sum_{n=1}^{\infty} a_{x,n}\varphi^{2n}\right\} \tag{A.23}$$

と書けるとする. ここで, $a_{x,1} \in \mathbb{R}$ であり, $n \geq 2$ については $a_{x,n} \geq 0$ とする (ただし, 期待値が定義できるよう各々の x について少なくとも一つの $n \geq 2$ について $a_{x,n} > 0$ とする). 特別な極限として Ising 模型に対応する $d\mu_x(\varphi) = \{\delta(\varphi-1) + \delta(\varphi+1)\}d\varphi$ も含まれる[7]. このとき,

---
[6] 複変数の数をどんどん増やしていけばより強力な不等式が証明できそうな気がするが, 今のところ, 四つよりも多い複変数を使った意味のある手法は知られていない.

[7] $d\mu_x(\varphi) = (定数)\,d\varphi\,\exp[-\lambda\{(\varphi_x)^2 - 1\}^2]$ として, $\lambda \uparrow \infty$ とすればいい.

$$\langle\varphi_x\varphi_y\varphi_z\varphi_w\rangle - \langle\varphi_x\varphi_y\rangle\langle\varphi_z\varphi_w\rangle - \langle\varphi_x\varphi_z\rangle\langle\varphi_y\varphi_w\rangle - \langle\varphi_x\varphi_w\rangle\langle\varphi_y\varphi_z\rangle$$
$$+ 2\langle\varphi_x\rangle\langle\varphi_y\rangle\langle\varphi_z\rangle\langle\varphi_w\rangle \leq 0 \tag{A.24}$$

が成り立つ.

証明 ここでも定理 A.3 の証明と同じ複変数 φ, ψ を用いる.示すべき不等式 (A.24) の左辺を (A.17) のスピン変数 s_x, t_x を用いて表わしたい.ただし,ここには四つのスピンの積の期待値が現われるから,s_x, t_x の連結相関関数が必要だろう.実際,計算すると

$$\begin{aligned}2\langle\!\langle s_x s_y ; t_z t_w\rangle\!\rangle = & \langle\varphi_x\varphi_y\varphi_z\varphi_w\rangle - \langle\varphi_x\varphi_y\rangle\langle\varphi_z\varphi_w\rangle - \langle\varphi_x\varphi_z\rangle\langle\varphi_y\varphi_w\rangle \\ & - \langle\varphi_x\varphi_w\rangle\langle\varphi_y\varphi_z\rangle + 2\langle\varphi_x\rangle\langle\varphi_y\rangle\langle\varphi_z\rangle\langle\varphi_w\rangle \\ & + \langle\varphi_x\rangle\langle\varphi_y\varphi_z\varphi_w\rangle + \langle\varphi_y\rangle\langle\varphi_z\varphi_w\varphi_x\rangle - \langle\varphi_z\rangle\langle\varphi_w\varphi_x\varphi_y\rangle - \langle\varphi_w\rangle\langle\varphi_x\varphi_y\varphi_z\rangle \\ & + 2\langle\varphi_x\varphi_y\rangle\langle\varphi_z\rangle\langle\varphi_w\rangle - 2\langle\varphi_z\varphi_w\rangle\langle\varphi_x\rangle\langle\varphi_y\rangle\end{aligned} \tag{A.25}$$

となり,最初の五つの項は (A.24) の左辺と一致する.また,$x \leftrightarrow z, y \leftrightarrow w$ と入れ替えた $2\langle\!\langle t_x t_y ; s_z s_w\rangle\!\rangle$ を同様に展開すれば,最初の五つの項は上と同じで,残りの項の符号がちょうど逆になる.よって,$\langle\!\langle s_x s_y ; t_z t_w\rangle\!\rangle + \langle\!\langle t_x t_y ; s_z s_w\rangle\!\rangle$ は (A.24) の左辺そのものである.すぐ下で示す不等式 (A.26) から望む (A.24) が得られる. ∎

A.5 [命題] (Lebowitz-Ellis-Monroe-Newman 不等式) 定理 A.4 のスピン系に対し,(A.17) で s_x, t_x を定義すると,任意の多重指数 $\boldsymbol{n}, \boldsymbol{m}$ について,

$$\langle\!\langle s^{\boldsymbol{n}} ; t^{\boldsymbol{m}}\rangle\!\rangle \leq 0 \tag{A.26}$$

が成り立つ.

証明 s, t の連結相関関数を考えたいので,s, t それぞれをさらに複変数として扱えばよさそうだ.つまり,全部で四つの独立なスピン系のコピーを考えることになる.φ, ψ のように書いていると煩雑になるので,四種類のスピン変数の組を $\boldsymbol{\varphi}^{(1)}, \boldsymbol{\varphi}^{(2)}, \boldsymbol{\varphi}^{(3)}, \boldsymbol{\varphi}^{(4)}$ と書く.この複合系の期待値を

$$\langle\!\langle\!\langle\!\langle \cdots \rangle\!\rangle\!\rangle\!\rangle := \frac{1}{(Z_\Lambda)^4} \int \left\{\prod_{\nu=1}^{4} d^\Lambda\mu(\boldsymbol{\varphi}^{(\nu)})\right\} e^{-\sum_{\nu=1}^{4}\hat{H}_\Lambda(\boldsymbol{\varphi}^{(\nu)})}(\cdots) \tag{A.27}$$

と定義する.

(A.17) と同様,各々の $x \in \Lambda$ について（第一段階の）新しいスピン変数を

$$\begin{pmatrix} s_x \\ t_x \end{pmatrix} := \frac{1}{\sqrt{2}} \begin{pmatrix} 1 & 1 \\ 1 & -1 \end{pmatrix} \begin{pmatrix} \varphi_x^{(1)} \\ \varphi_x^{(2)} \end{pmatrix}, \quad \begin{pmatrix} \tilde{s}_x \\ \tilde{t}_x \end{pmatrix} := \frac{1}{\sqrt{2}} \begin{pmatrix} 1 & 1 \\ 1 & -1 \end{pmatrix} \begin{pmatrix} \varphi_x^{(3)} \\ \varphi_x^{(4)} \end{pmatrix} \tag{A.28}$$

と定義する.さらに,これらから,

$$\begin{pmatrix} \alpha_x \\ \beta_x \end{pmatrix} := \frac{1}{\sqrt{2}} \begin{pmatrix} 1 & 1 \\ 1 & -1 \end{pmatrix} \begin{pmatrix} s_x \\ \tilde{s}_x \end{pmatrix}, \quad \begin{pmatrix} \gamma_x \\ \delta_x \end{pmatrix} := \frac{1}{\sqrt{2}} \begin{pmatrix} 1 & 1 \\ -1 & 1 \end{pmatrix} \begin{pmatrix} t_x \\ \tilde{t}_x \end{pmatrix} \tag{A.29}$$

として,（第二段階の）新しいスピン変数 $\alpha, \beta, \gamma, \delta$ を定義する.ここで α, β と γ, δ の定義に出ている行列が微妙に食い違っているところが大事である.定義 (A.28), (A.29) を逆に解けば,

$$\varphi_x^{(1)} = \frac{1}{2}(\alpha_x + \beta_x + \gamma_x - \delta_x), \quad \varphi_x^{(2)} = \frac{1}{2}(\alpha_x + \beta_x - \gamma_x + \delta_x)$$
$$\varphi_x^{(3)} = \frac{1}{2}(\alpha_x - \beta_x + \gamma_x + \delta_x), \quad \varphi_x^{(4)} = \frac{1}{2}(\alpha_x - \beta_x - \gamma_x - \delta_x) \tag{A.30}$$

となる.これからもとのスピン系の四つのコピーからなる複合スピン系 (A.27) を変数 $\alpha, \beta, \gamma, \delta$ を使って書き表わしていく.

まず,扱いたい連結相関関数 $\langle\!\langle s^{\boldsymbol{n}} ; t^{\boldsymbol{m}} \rangle\!\rangle$ は複変数を用いて

$$\langle\!\langle s^{\boldsymbol{n}} ; t^{\boldsymbol{m}} \rangle\!\rangle = \frac{1}{2} \langle\!\langle\!\langle\!\langle (s^{\boldsymbol{n}} - \tilde{s}^{\boldsymbol{n}})(t^{\boldsymbol{m}} - \tilde{t}^{\boldsymbol{m}}) \rangle\!\rangle\!\rangle\!\rangle \tag{A.31}$$

と書ける. (A.19) とまったく同様に考えれば,$s^{\boldsymbol{n}} - \tilde{s}^{\boldsymbol{n}}$ は α, β の正係数の級数になることがわかる.一方,$t_x = (\gamma_x - \delta_x)/\sqrt{2}$ および $\tilde{t}_x = (\gamma_x + \delta_x)/\sqrt{2}$ に注意すると,$t^{\boldsymbol{m}} - \tilde{t}^{\boldsymbol{m}}$ は,γ, δ の負係数の級数になることがわかる.よって,(A.31) の積は,正の係数 C_{A_1, A_2, B_1, B_2} を使って

$$(s^{\boldsymbol{n}} - \tilde{s}^{\boldsymbol{n}})(t^{\boldsymbol{m}} - \tilde{t}^{\boldsymbol{m}}) = - \sum_{\boldsymbol{n}_1, \boldsymbol{n}_2, \boldsymbol{m}_1, \boldsymbol{m}_2} C_{\boldsymbol{n}_1, \boldsymbol{n}_2, \boldsymbol{m}_1, \boldsymbol{m}_2} \alpha^{\boldsymbol{n}_1} \beta^{\boldsymbol{n}_2} \gamma^{\boldsymbol{m}_1} \delta^{\boldsymbol{m}_2} \tag{A.32}$$

と書けることがわかる.

ここで,$\alpha, \beta, \gamma, \delta$ で表わしたスピン系に命題 A.2 が使えれば $\langle\!\langle\!\langle\!\langle \alpha^{\boldsymbol{n}_1} \beta^{\boldsymbol{n}_2} \gamma^{\boldsymbol{m}_1} \delta^{\boldsymbol{m}_2} \rangle\!\rangle\!\rangle\!\rangle \geq 0$ であり,求める不等式が証明される[8].以下では $\alpha, \beta, \gamma, \delta$ の系が命題 A.2 の条件を満たしていることを示そう.

---

[8] さらに,$\langle\!\langle s^{\boldsymbol{n}} ; s^{\boldsymbol{m}} \rangle\!\rangle \geq 0$ および $\langle\!\langle t^{\boldsymbol{n}} ; t^{\boldsymbol{m}} \rangle\!\rangle \geq 0$ という相関不等式も証明できる.ただし,これらの不等式はあまり実用的ではない.

ハミルトニアンの強磁性の条件は簡単である. $\varphi^{(1)}, \varphi^{(2)}, \varphi^{(3)}, \varphi^{(4)}$ から $\alpha, \beta, \gamma, \delta$ への変換 (A.28), (A.29) は直交変換だから, 内積を保存する. つまり,

$$\sum_{\nu=1}^{4} \varphi_x^{(\nu)} \varphi_y^{(\nu)} = \alpha_x \alpha_y + \beta_x \beta_y + \gamma_x \gamma_y + \delta_x \delta_y \tag{A.33}$$

が成り立つ. また, (A.30) より $\sum_{\nu=1}^{4} \varphi_x^{(\nu)} = 2\alpha_x$ だから, ハミルトニアン (A.2) の表式より

$$\sum_{\nu=1}^{4} \hat{H}(\boldsymbol{\varphi}^{(\nu)}) = - \sum_{\{x,y\}\subset\Lambda} \hat{J}_{x,y}(\alpha_x\alpha_y + \beta_x\beta_y + \gamma_x\gamma_y + \delta_x\delta_y) - \sum_x 2\hat{h}_x \alpha_x \tag{A.34}$$

となる. このハミルトニアンは変数 $\alpha, \beta, \gamma, \delta$ の立場からみても強磁性的である. 多体の相互作用を含んだより一般のハミルトニアン (A.1) では, これは保証されないことに注意.

測度の偶性の方は一筋縄ではいかない. 定理 A.3 の証明を思い出せば, 各々の $x \in \Lambda$ について積測度 $\prod_{\nu=1}^{4} d\mu_x(\varphi^{(\nu)})$ が $\alpha, \beta, \gamma, \delta$ の各々について偶であることを示せばよさそうに思える. しかし, ここでの変換が複雑であるためこの単純な性質は成り立たない. そこで, 測度の条件 (A.23) をフルに利用し, $\prod_{\nu=1}^{4} d\mu_x(\varphi^{(\nu)})$ の一部のみを測度とみなし, 残りを強磁性的な相互作用からくる重みと解釈することで, 命題 A.2 が適用できる状況を作りだす.

以下では, 格子点 $x \in \Lambda$ を一つ固定し, 単独の格子点での測度を吟味するので, 添え字 x を省略しよう. 仮定 (A.23) により単独の格子点での測度は

$$\begin{aligned}\prod_{\nu=1}^{4} d\mu(\varphi^{(\nu)}) &= \exp[-\sum_{n=1}^{\infty} a_n \sum_{\nu=1}^{4} (\varphi^{(\nu)})^{2n}] \prod_{\nu=1}^{4} d\varphi^{(\nu)} \\ &= \exp[-\sum_{n=1}^{\infty} a_n \sum_{\nu=1}^{4} (\varphi^{(\nu)})^{2n}] d\alpha\, d\beta\, d\gamma\, d\delta \end{aligned} \tag{A.35}$$

となる. ここで, (A.28), (A.29) が直交変換だから変換のヤコビアンが 1 になることを使った. (A.35) の指数関数の引数に注目しよう. まず $n=1$ では, (A.33) と同様, $\sum_{\nu=1}^{4} (\varphi^{(\nu)})^2 = \alpha^2 + \beta^2 + \gamma^2 + \delta^2$ となり, これは $\alpha, \beta, \gamma, \delta$ の符号を独立に反転しても不変である. $n \geq 2$ については, (A.30) を使って展開し整理すると,

$$\sum_{\nu=1}^{4}(\varphi^{(\nu)})^{2n} = (-\alpha+\beta+\gamma+\delta)^{2n} + (\alpha-\beta+\gamma+\delta)^{2n}$$
$$+ (\alpha+\beta+\gamma-\delta)^{2n} + (\alpha+\beta-\gamma+\delta)^{2n}$$
$$= \sum_{\substack{m_1,m_2,m_3,m_4 \\ (\sum_{\nu=1}^{4} m_\nu = 2n)}} \frac{(2n)!}{m_1!\,m_2!\,m_3!\,m_4!} \eta_{m_1,m_2,m_3,m_4} \alpha^{m_1}\beta^{m_2}\gamma^{m_3}\delta^{m_4}$$
(A.36)

となる.ここで $\eta_{m_1,m_2,m_3,m_4} := (-1)^{m_1}+(-1)^{m_2}+(-1)^{m_3}+(-1)^{m_4}$ とした.もし m_1,m_2,m_3,m_4 のうち,すべてが偶数なら $\eta_{m_1,m_2,m_3,m_4}=4$, 二つが偶数で二つが奇数なら $\eta_{m_1,m_2,m_3,m_4}=0$, すべてが奇数なら $\eta_{m_1,m_2,m_3,m_4}=-4$ である(四つの和が偶数だから,これ以外の可能性はない). m_1,m_2,m_3,m_4 がすべて奇数の項は,もちろん $\alpha,\beta,\gamma,\delta$ の符号の反転について不変ではない.その代わりこの項は相互作用としてみたとき強磁性的な符号をもっていることに注意する.

(A.36) の結果に $a_n \geq 0$ をかけて, $n \geq 2$ について足しあげた結果は

$$\sum_{n=2}^{\infty} a_n \sum_{\nu=1}^{4}(\varphi^{(\nu)})^{2n} = P(\alpha^2,\beta^2,\gamma^2,\delta^2) - \alpha\beta\delta\gamma\, Q(\alpha^2,\beta^2,\gamma^2,\delta^2) \quad \text{(A.37)}$$

のように整理できる.ここで, $P(\alpha^2,\beta^2,\gamma^2,\delta^2)$ も $Q(\alpha^2,\beta^2,\gamma^2,\delta^2)$ も, $\alpha^2,\beta^2,\gamma^2,\delta^2$ の正の係数の級数である.

これで重要な部分は終わった.上の分解で P の部分だけを測度に取り入れることにして,単独の格子点の測度を新たに

$$d\rho(\alpha,\beta,\gamma,\delta) := \exp\bigl[-a_1(\alpha^2+\beta^2+\gamma^2+\delta^2) - P(\alpha^2,\beta^2,\gamma^2,\delta^2)\bigr]\,d\alpha\,d\beta\,d\gamma\,d\delta$$
(A.38)

と定義する.この測度は,作り方からして偶測度になっている.また同じ格子点での「ポテンシャル」を

$$V(\alpha,\beta,\gamma,\delta) := -\alpha\beta\delta\gamma\, Q(\alpha^2,\beta^2,\gamma^2,\delta^2) \quad \text{(A.39)}$$

と定義する.これも強磁性的な相互作用である.出発点となった (A.35) にまで戻れば,

$$\prod_{\nu=1}^{4} d\mu_x(\varphi^{(\nu)}) = e^{-V_x(\alpha,\beta,\gamma,\delta)}\, d\rho_x(\alpha,\beta,\gamma,\delta) \quad \text{(A.40)}$$

がいえたことになる．格子点の添え字を復活しておいた．

新たに全系のハミルトニアンを

$$\tilde{H}_\Lambda(\boldsymbol{\alpha},\boldsymbol{\beta},\boldsymbol{\gamma},\boldsymbol{\delta}) := \sum_{\nu=1}^{4} \hat{H}(\boldsymbol{\varphi}^{(\nu)}) + \sum_{x \in \Lambda} V_x(\alpha_x, \beta_x, \gamma_x, \delta_x) \quad (A.41)$$

と定義する．これは強磁性的で，命題 A.2 が使える形である．そもそもの期待値の定義 (A.27) を新たな記号で書き直せば，

$$\langle\!\langle\!\langle\!\langle \cdots \rangle\!\rangle\!\rangle\!\rangle := \frac{1}{(Z_\Lambda)^4} \int \left\{ \prod_{x \in \Lambda} d\rho_x(\alpha_x, \beta_x, \gamma_x, \delta_x) \right\} e^{-\tilde{H}_\Lambda(\boldsymbol{\alpha},\boldsymbol{\beta},\boldsymbol{\gamma},\boldsymbol{\delta})} (\cdots) \quad (A.42)$$

となり，命題 A.2 が適用できる系が得られたから，目標の不等式が証明された． ∎

2.4 Griffiths-Hurst-Sherman (GHS) 不等式

今度は正の磁場のある系での3点連結関数が負になることを示すGHS 不等式 (4.8) を導出する．GHS 不等式も磁場中での Ising 模型のふるまいを調べる際に大いに役に立った．

証明には前節での素材がそのまま利用できる．

A.6 [定理] (GHS 不等式) 定理 A.4（232 ページ）と同じ条件の下で，任意の $x, y, z \in \Lambda$ について，

$$u^{(3)}(x,y,z) := \langle \varphi_x \varphi_y \varphi_z \rangle - \langle \varphi_x \varphi_y \rangle \langle \varphi_z \rangle - \langle \varphi_y \varphi_z \rangle \langle \varphi_x \rangle - \langle \varphi_z \varphi_x \rangle \langle \varphi_y \rangle$$
$$+ 2 \langle \varphi_x \rangle \langle \varphi_y \rangle \langle \varphi_z \rangle \leq 0 \quad (A.43)$$

が成り立つ．

証明 s, t の変数では $u_3(x, y, z) = \sqrt{2}\langle\!\langle s_x ; t_y t_z \rangle\!\rangle$ と書けることに注意して命題 A.5（233 ページ）を用いればよい． ∎

別証 実は GHS 不等式は Lebowitz 不等式（定理 A.4）から，以下のようにして直接に導ける．

Λ の中に他から孤立した格子点 w があり，任意の $x \in \Lambda$ について $\hat{J}_{x,w} = 0$ となるような系をとる．$\langle \varphi_w \rangle \neq 0$ となるように単独のスピンの測度と $\hat{h}_w$ を決

めておく．φ_w は他のスピン変数と独立なので，$x, y, z \neq w$ とすると，期待値は $\langle \varphi_x \varphi_y \varphi_z \varphi_w \rangle = \langle \varphi_x \varphi_y \varphi_z \rangle \langle \varphi_w \rangle$ あるいは $\langle \varphi_x \varphi_w \rangle = \langle \varphi_x \rangle \langle \varphi_w \rangle$ のように分離する．すると，(A.24) の左辺から $\langle \varphi_w \rangle > 0$ をくくりだすことができるが，残りは $u^{(3)}(x, y, z)$ に他ならない． ∎

2.5 Messager-Miracle-Solé (MMS) 不等式

この節では格子，ハミルトニアン，単独の格子点の測度に対称性のある系で，相関関数のある種の単調性に関する相関不等式を証明する．ここで示す一般的な不等式を d 次元立方格子上の系に適用すると，本文でも述べた Messager-Miracle-Solé 不等式 (4.14), (4.16) が得られる．

ここでは，格子 Λ が

$$\Lambda = \Lambda_+ \cup \Lambda_0 \cup \Lambda_- \tag{A.44}$$

のように互いに交わりのない三つの部分格子 $\Lambda_+, \Lambda_0, \Lambda_-$ に分けられるとする．Λ 上の鏡映変換 (つまり，$\mathcal{R}^2 = \mathrm{id}$ を満たす写像 $\mathcal{R} : \Lambda \to \Lambda$) があって，$\mathcal{R}\Lambda_+ = \Lambda_-$ が成り立ち，また $x \in \Lambda_0$ なら $\mathcal{R}x = x$ とする．つまり，$\mathcal{R}$ は Λ_0 を不変に保ち，Λ_+ と Λ_- を入れ替えるのである．

この設定で，以下の定理が成り立つ．

A.7 [定理]　上のような格子 Λ 上の系 B において $\hat{J} \geq 0, \hat{h} \geq 0$ であり，すべての $x \in \Lambda$ について $d\mu_x(\cdot)$ が偶測度とする．また，系は鏡映変換 $\mathcal{R}$ について対称，つまり，任意の $x, y \in \Lambda$ について，

$$\hat{J}_{\mathcal{R}x, \mathcal{R}y} = \hat{J}_{x,y}, \quad \hat{h}_{\mathcal{R}x} = \hat{h}_x, \quad d\mu_{\mathcal{R}x}(\cdot) = d\mu_x(\cdot) \tag{A.45}$$

とする．最後に，任意の $x, y \in \Lambda_+$ (ただし $x \neq y$) について，単調性

$$\hat{J}_{x,y} \geq \hat{J}_{x, \mathcal{R}y} \tag{A.46}$$

を要請する．このとき，任意の $A, B \subset \Lambda_0 \cup \Lambda_+$ について

$$\langle \varphi^A \varphi^B \rangle - \langle \varphi^A \varphi^{\mathcal{R}B} \rangle \geq 0 \tag{A.47}$$

が成り立つ[9]．

---

[9] 部分集合 $A \subset \Lambda$ について，$\varphi^A := \prod_{x \in A} \varphi_x$ とする．

この定理から 4 章 1.2 節で述べた Messager-Miracle-Solé 不等式 (4.14), (4.16)（それぞれ命題 4.10（60 ページ）と命題 4.11（61 ページ））を示すには，d 次元立方格子 Λ_L で分割 (A.44) と鏡映変換を具体的に実現すればよい．命題 4.10 の場合には，Λ_L のうち $x_1 \geq 1$ の領域を Λ_+ とし，$x_1 \leq 0$ の領域を Λ_- とする．Λ_0 は空集合である．鏡映変換としては (4.13) をとる．命題 4.11 の場合には，Λ_L のうち $x_1 + x_2 > 0$ の領域を Λ_+ とし，$x_1 + x_2 < 0$ の領域を Λ_- とし，$x_1 + x_2 = 0$ の領域を Λ_0 とする．鏡映変換としては (4.15) をとる．これで定理 A.7 の条件が満たされていることはほぼ自明である．単調性 (A.46) だけが少しデリケートだが相互作用が最隣接の格子点の間にしかないことをきちんと考えればやはり容易に示される．

証明 証明の要は，Λ_- のスピンと Λ_+ のスピンを複変数だとみなして，Griffiths 第二不等式（定理 A.3（230 ページ））の証明と同じように複変数を変換することである．このちょっとした類推からきわめて有用な不等式が得られるのは驚きである．

見通しをよくするため，（単なる書き直しなのだが）新たなスピン変数 $\xi_x, \psi_x, \tilde{\psi}_x$ を

$$\varphi_x =: \begin{cases} \xi_x & x \in \Lambda_0 \text{ のとき} \\ \psi_x & x \in \Lambda_+ \text{ のとき} \\ \tilde{\psi}_{\mathcal{R}x} & x \in \Lambda_- \text{ のとき} \end{cases} \tag{A.48}$$

によって定義しておく．$\tilde{\psi}$ の引数は $\mathcal{R}x \in \Lambda_+$ であることに注意（$x \in \Lambda_+$ について $\varphi_{\mathcal{R}x} = \tilde{\psi}_x$ であることをくり返し用いる）．つまり，ξ は Λ_0 上に，ψ と $\tilde{\psi}$ は Λ_+ 上に定義されたスピン変数である．

まず，目標の不等式 (A.47) に現れる期待値を変数 $\xi, \psi, \tilde{\psi}$ で表現しよう．$A \subset \Lambda_0 \cup \Lambda_+$ について，$A_0 := A \cap \Lambda_0$ および $A_+ := A \cap \Lambda_+$ と書けば，

$$\varphi^A \varphi^B = \prod_{\substack{x \in A_0 \\ y \in B_0}} \varphi_x \varphi_y \prod_{\substack{z \in A_+ \\ u \in B_+}} \varphi_z \varphi_u = \xi^{A_0} \xi^{B_0} \psi^{A_+} \psi^{B_+} \tag{A.49}$$

$$\varphi^A \varphi^{\mathcal{R}B} = \prod_{\substack{x \in A_0 \\ y \in B_0}} \varphi_x \varphi_y \prod_{\substack{z \in A_+ \\ u \in B_+}} \varphi_z \varphi_{\mathcal{R}u} = \xi^{A_0} \xi^{B_0} \psi^{A_+} \tilde{\psi}^{B_+} \tag{A.50}$$

である．すると示すべき不等式 (A.47) は，

$$\langle \varphi^A \varphi^B \rangle - \langle \varphi^A \varphi^{\mathcal{R}B} \rangle = \langle \xi^{A_0} \xi^{B_0} \psi^{A_+} (\psi^{B_+} - \tilde{\psi}^{B_+}) \rangle \geq 0 \qquad (A.51)$$

と書ける.Griffiths 第二不等式の証明で共分散を複変数で書き直した (A.16) と類似の形になった.

そこで,(A.17) にならって,$x \in \Lambda_+$ について新しいスピン変数

$$s_x := \frac{\psi_x + \tilde{\psi}_x}{\sqrt{2}}, \quad t_x := \frac{\psi_x - \tilde{\psi}_x}{\sqrt{2}} \qquad (A.52)$$

を定義する.ここでも,逆変換

$$\psi_x = \frac{s_x + t_x}{\sqrt{2}}, \quad \tilde{\psi}_x = \frac{s_x - t_x}{\sqrt{2}} \qquad (A.53)$$

を代入して展開すれば,非負の係数 C_{A_1,A_2,A_3} を使って,(A.51) の期待値の中身を

$$\xi^{A_0} \xi^{B_0} \psi^{A_+} (\psi^{B_+} - \tilde{\psi}^{B_+}) = \sum_{\boldsymbol{k},\boldsymbol{\ell},\boldsymbol{m}} C_{\boldsymbol{k},\boldsymbol{\ell},\boldsymbol{m}} \xi^{\boldsymbol{k}} s^{\boldsymbol{\ell}} t^{\boldsymbol{m}} \qquad (A.54)$$

のように書き換えられる.ξ, s, t で表現したスピン系が命題 A.2 の条件を満たすことがいえば,任意の $\boldsymbol{k}, \boldsymbol{\ell}, \boldsymbol{m}$ について $\langle \xi^{\boldsymbol{k}} s^{\boldsymbol{\ell}} t^{\boldsymbol{m}} \rangle \geq 0$ となり,(A.54) より,目標の不等式 (A.47) が証明できることになる.

よって,以下では,$\Lambda_0 \cup \Lambda_+$ 上に定義された,スピン変数 ξ_x, s_x, t_x をもつスピン系について,命題 A.2(228 ページ)の条件を確かめる.

単独の格子での測度の条件をみよう.まず,$x \in \Lambda_0$ では,測度 $d\mu_x(\varphi)$ は仮定により偶.$x \in \Lambda_+$ では,単独の格子点の測度は $d\rho_x(s,t) := d\mu_x(\psi) d\mu_{\mathcal{R}x}(\tilde{\psi})$ である(ここで s, t と $\psi, \tilde{\psi}$ は (A.52) で結ばれている).ここで測度の鏡映対称性を使えば,$d\rho_x(s,t) := d\mu_x(\psi) d\mu_x(\tilde{\psi})$ だが,これは定理 A.3 の証明に現われたのとまったく同じ形なので,同じ議論により,$d\rho_x(s,t)$ が偶測度であることがいえる.

次はハミルトニアン (A.2) が(この表示で)強磁性的であることをいう.磁場の部分については,対称性と定義を使えば,

$$\sum_{x \in \Lambda} \hat{h}_x \varphi_x = \sum_{x \in \Lambda_0} \hat{h}_x \varphi_x + \sum_{x \in \Lambda_+} \left(\hat{h}_x \varphi_x + \hat{h}_{\mathcal{R}x} \varphi_{\mathcal{R}x} \right)$$
$$= \sum_{x \in \Lambda_0} \hat{h}_x \xi_x + \sum_{x \in \Lambda_+} \hat{h}_x (\psi_x + \tilde{\psi}_x)$$

$$= \sum_{x\in\Lambda_0} \hat{h}_x \xi_x + \sum_{x\in\Lambda_+} \sqrt{2}\,\hat{h}_x\, s_x \tag{A.55}$$

となるので，$\hat{h}_x \geq 0$ の仮定より，強磁性的である．相互作用のほうは少しややこしい．まず和の範囲を場合分けして書き直し，

$$\sum_{\{x,y\}\subset\Lambda} \hat{J}_{x,y}\varphi_x\varphi_y = \sum_{\{x,y\}\subset\Lambda_0} \hat{J}_{x,y}\varphi_x\varphi_y + \sum_{\{x,y\}\subset\Lambda_+} \hat{J}_{x,y}\varphi_x\varphi_y$$
$$+ \sum_{\{x,y\}\subset\Lambda_-} \hat{J}_{x,y}\varphi_x\varphi_y + \sum_{\substack{x\in\Lambda_0\\y\in\Lambda_+\cup\Lambda_-}} \hat{J}_{x,y}\varphi_x\varphi_y + \sum_{\substack{x\in\Lambda_+\\y\in\Lambda_-}} \hat{J}_{x,y}\varphi_x\varphi_y$$
$$= \sum_{\{x,y\}\subset\Lambda_0} \hat{J}_{x,y}\varphi_x\varphi_y + \sum_{\{x,y\}\subset\Lambda_+} \left\{\hat{J}_{x,y}\varphi_x\varphi_y + \hat{J}_{\mathcal{R}x,\mathcal{R}y}\varphi_{\mathcal{R}x}\varphi_{\mathcal{R}y}\right\}$$
$$+ \sum_{\substack{x\in\Lambda_0\\y\in\Lambda_+}} \left\{\hat{J}_{x,y}\varphi_x\varphi_y + \hat{J}_{x,\mathcal{R}y}\varphi_x\varphi_{\mathcal{R}y}\right\} + \sum_{x,y\in\Lambda_+} \hat{J}_{x,\mathcal{R}y}\varphi_x\varphi_{\mathcal{R}y}$$

とする．最後の $x,y\in\Lambda_+$ についての和は，重なりや入れ替えも許して足すことに注意．ここで系の対称性を使い，また (A.48) の変数で書き直すと，

$$= \sum_{\{x,y\}\subset\Lambda_0} \hat{J}_{x,y}\xi_x\xi_y + \sum_{\{x,y\}\subset\Lambda_+} \hat{J}_{x,y}\left\{\psi_x\psi_y + \tilde{\psi}_x\tilde{\psi}_y\right\}$$
$$+ \sum_{\substack{x\in\Lambda_0\\y\in\Lambda_+}} \hat{J}_{x,y}\xi_x(\psi_y + \tilde{\psi}_y) + \sum_{x,y\in\Lambda_+} \hat{J}_{x,\mathcal{R}y}\psi_x\tilde{\psi}_y$$

となる．逆変換 (A.53) を代入して整理すれば，

$$= \sum_{\{x,y\}\subset\Lambda_0} \hat{J}_{x,y}\xi_x\xi_y + \sum_{\{x,y\}\subset\Lambda_+} (\hat{J}_{x,y} + \hat{J}_{x,\mathcal{R}y}) s_x s_y$$
$$+ \sum_{\{x,y\}\subset\Lambda_+} (\hat{J}_{x,y} - \hat{J}_{x,\mathcal{R}y}) t_x t_y$$
$$+ \sum_{\substack{x\in\Lambda_0\\y\in\Lambda_+}} \sqrt{2}\,\hat{J}_{x,y}\xi_x s_y + \frac{1}{2}\sum_{x\in\Lambda_+} \hat{J}_{x,\mathcal{R}x}(s_x)^2 - \frac{1}{2}\sum_{x\in\Lambda_+} \hat{J}_{x,\mathcal{R}x}(t_x)^2$$
$$\tag{A.56}$$

となる．ここで，$\hat{\boldsymbol{J}} \geq \boldsymbol{0}$ と単調性 (A.46) を思い出せば，最後の項以外はすべて強磁性的な符号をもっていることがわかる．そこで，この最後の項を除いた

$\tilde{H}_\Lambda := \hat{H}_\Lambda + (1/2)\sum_{x\in\Lambda_+}\hat{J}_{x,\mathcal{R}x}(t_x)^2$ を新たなハミルトニアンとする．これは強磁性的である．そして，除いた項を単独の格子点の測度に取り入れるため，新たな測度を $d\tilde{\rho}_x(s,t) := d\rho_x(s,t)\exp[-(\hat{J}_{x,\mathcal{R}x}/2)\,t^2]$ と定義する．もちろん，この測度も偶である．こうして，この系が命題 A.2 の条件を満たすことがわかったので，望む不等式が証明できた．∎

2.6 FKG 不等式

　これまで導いてきた相関不等式は，相互作用が強磁性的であることと単独の格子点の測度が偶であることにもとづいており，証明も最終的には命題 A.2 (228 ページ) を用いてきた．Fortuin-Kasteleyn-Ginibre (FKG) 不等式 (4.5) は，測度が偶であることや磁場が非負であることを要求しないという点で，これまでの不等式とはかなり異なっている．証明の要になるのは命題 A.2 ではなく，「一変数関数 f, g が広義増加なら任意の s, t について $\{f(s)-f(t)\}\{g(s)-g(t)\} \geq 0$ となる」という事実である．

　少し抽象的な定式化から始めよう．N 個の実変数からなるベクトル $\boldsymbol{\phi} = (\phi_1, \phi_2, \ldots, \phi_N)$ を考える．二つのベクトル $\boldsymbol{\phi}$ と $\boldsymbol{\psi} = (\psi_1, \ldots, \psi_N)$ について，すべての i で $\phi_i \leq \psi_i$ が成り立つことを $\boldsymbol{\phi} \prec \boldsymbol{\psi}$ と書く．$\prec$ はすべてのベクトルの集合に半順序関係を定める．さらに，二つのベクトル $\boldsymbol{\phi}, \boldsymbol{\psi}$ が与えられたとき，すべての $i = 1, \ldots, N$ について

$$(\boldsymbol{\phi}\wedge\boldsymbol{\psi})_i := \min\{\phi_i, \psi_i\}, \quad (\boldsymbol{\phi}\vee\boldsymbol{\psi})_i := \max\{\phi_i, \psi_i\} \tag{A.57}$$

として，ベクトル $\boldsymbol{\phi}\wedge\boldsymbol{\psi}$ と $\boldsymbol{\phi}\vee\boldsymbol{\psi}$ を定義する．また，$\boldsymbol{\phi}\prec\boldsymbol{\psi}$ ならば $f(\boldsymbol{\phi}) \leq f(\boldsymbol{\psi})$ が成り立つとき，関数 $f(\cdot)$ は，**単調増加**であるという．

A.8 [定理] (Fortuin-Kasteleyn-Ginibre 不等式)　　系 B において $\hat{\boldsymbol{J}} \geq 0$ とする．$\hat{\boldsymbol{h}}$ に制限はなく，単独の格子点の測度 $d\mu_x(\cdot)$ も任意である．上に定義した意味で単調増加な任意の関数 $F(\cdot), G(\cdot)$ について，連結相関関数 $\langle F(\boldsymbol{\varphi}); G(\boldsymbol{\varphi})\rangle$ を定義する積分が収束するなら，

$$\langle F(\boldsymbol{\varphi}); G(\boldsymbol{\varphi})\rangle \geq 0 \tag{A.58}$$

が成り立つ．

不等式 (A.58) は形だけ見れば Griffiths 第二不等式（定理 A.3）とよく似ている．しかし，$\hat{h}_x$ は負であってもかまわないし，$d\mu_x(\cdot)$ の偶性も要求していない．さらに，F, G はスピン変数の積でなくてもよい．そういう意味で，FKG 不等式は Griffiths 第二不等式や GHS 不等式とは本質的に異なると考えるべきだ．

スピン系についての FKG 不等式 (A.58) は以下の抽象的な FKG 不等式 (A.61) の特別な場合である．

A.9 [定理] (抽象的な FKG 不等式)　$d\nu_1, \ldots, d\nu_N$ を $\mathbb{R}$ 上の測度，U を $\mathbb{R}^N$ 上の関数で

$$U(\phi \wedge \psi) + U(\phi \vee \psi) \geq U(\phi) + U(\psi) \tag{A.59}$$

を満たすものとし，対応する期待値を

$$\langle \cdots \rangle := \frac{\int (\cdots) e^{U(\phi)} \prod_{i=1}^{N} d\nu_i(\phi_i)}{\int e^{U(\phi)} \prod_{i=1}^{N} d\nu_i(\phi_i)} \tag{A.60}$$

と定義する（ただし分母の積分が収束しゼロでないことを仮定する）．任意の単調増加な関数 $f(\phi), g(\phi)$ について，$\langle f \rangle, \langle g \rangle, \langle fg \rangle$ の定義に現われる積分が収束するなら，

$$\langle f; g \rangle := \langle fg \rangle - \langle f \rangle \langle g \rangle \geq 0 \tag{A.61}$$

が成り立つ．

定理 A.9 を認めて定理 A.8 の証明　考えているモデルが定理 A.9 の形に書けることを示せばよい．

$$d\nu_x(\phi_x) = d\mu_x(\varphi_x) e^{\hat{h}_x \varphi_x}, \quad U = \sum_{\{x,y\} \subset \Lambda} \hat{J}_{x,y} \varphi_x \varphi_y \tag{A.62}$$

ととり，定理 A.9 の条件が成り立つことをいう．条件 (A.59) を書き下せば

$$\sum_{x,y} \hat{J}_{x,y} \{ (\varphi \wedge \psi)_x (\varphi \wedge \psi)_y + (\varphi \vee \psi)_x (\varphi \vee \psi)_y - \varphi_x \varphi_y - \psi_x \psi_y \} \geq 0 \tag{A.63}$$

となる．$\hat{J}_{x,y} \geq 0$ だから，各々の $\{x,y\}$ について中括弧の中身が非負であることを示せばよい．$\varphi_x \geq \psi_x, \varphi_y \geq \psi_y$ または $\varphi_x \leq \psi_x, \varphi_y \leq \psi_y$ のときは，中括弧の中はゼロ．$\varphi_x \geq \psi_x, \varphi_y \leq \psi_y$ または $\varphi_x \leq \psi_x, \varphi_y \geq \psi_y$ のときは，中括弧の中は $(\psi_x - \varphi_x)(\varphi_y - \psi_y)$ に等しいので，この場合も非負である．∎

定理 A.9 の証明 まず，複変数を使って連結相関関数を

$$\langle f;g \rangle = \frac{\int \{f(\phi) - f(\psi)\}\{g(\phi) - g(\psi)\}\, e^{U(\phi)+U(\psi)} \prod_{i=1}^{N} d\nu_i(\phi_i)\, d\nu_i(\psi_i)}{2\int e^{U(\phi)+U(\psi)} \prod_{i=1}^{N} d\nu_i(\phi_i)\, d\nu_i(\psi_i)} \quad (A.64)$$

と書き直しておく．ψ は，ϕ とまったく同じふるまいをする独立なコピーである．(A.64) は，Griffiths 第二不等式（定理 A.3（230 ページ））の証明での (A.16) と同様の表式だが，ここではより対称性の高い形を作っておいた．

(A.64) の分母は明らかに正だから，分子が非負であることを示すのが目標になる．N についての帰納法で証明しよう．

まず，$N = 1$ のとき，(A.64) の分子は

$$\int \{f(\phi_1) - f(\psi_1)\}\{g(\phi_1) - g(\psi_1)\}\, e^{U(\phi_1)+U(\psi_1)}\, d\nu_1(\phi_1)\, d\nu_1(\psi_1) \quad (A.65)$$

となる．ここで ϕ_1, ψ_1 はそれぞれ実数の積分変数である．f, g は広義増加だから被積分関数は非負であり，目標の FKG 不等式 $\langle f;g \rangle \geq 0$ がいえる．

次に $N \geq 2$ を固定し，$N-1$ で定理が証明されたとして，N のときにも成立することを示す．N 成分のベクトル ϕ のうち，初めの $N-1$ 成分と最後の 1 成分を区別して，$\phi = (\vec{\phi}, s)$, $\psi = (\vec{\psi}, t)$ と書く．そして，(A.64) の分子を s, t についての積分を最後に残すように，

$$(A.64) \text{ の分子} = \int R(s,t)\, d\nu_N(s)\, d\nu_N(t) \quad (A.66)$$

と書こう．もちろん，

$$R(s,t) := \int \{f_s(\vec{\phi}) - f_t(\vec{\psi})\}\{g_s(\vec{\phi}) - g_t(\vec{\psi})\}\, e^{U_s(\vec{\phi})}\, e^{U_t(\vec{\psi})} \prod_{i=1}^{N-1} d\nu_i(\phi_i)\, d\nu_i(\psi_i) \quad (A.67)$$

である[10]．なお，後の便利のため $f_s(\vec{\phi}) := f(\vec{\phi}, s)$, $g_s(\vec{\phi}) := g(\vec{\phi}, s)$, $U_s(\vec{\phi}) := U(\vec{\phi}, s)$ という書き方をした．

以下では，任意の s, t について $R(s, t) \geq 0$ が成り立つことを証明する．それがいえれば，(A.66) により (A.64) の分子は非負であり，目標の FKG 不等式 $\langle f;g \rangle \geq 0$ が証明されることになる．

---

[10] 厳密にいえば，この積分が任意の s, t について収束する保証はない．しかし，積分の収束性は本質的な問題ではないので，以下ではすべての積分が収束するとして議論を進める．この点にこだわりたければ，いったん被積分関数と測度を発散の心配のない性質のよいものに置き換えて不等式を証明し，すべて終わったあとで適切な極限をとればよい．

(A.67) のような量を扱うときには期待値の形にまとめると見通しがよい. s を固定したとき, $\mathbb{R}^{N-1}$ 上の任意の関数 $h(\vec{\phi})$ の期待値を

$$\langle h \rangle_s := \frac{1}{Z_s} \int h(\vec{\phi}) e^{U_s(\vec{\phi})} \prod_{i=1}^{N-1} d\nu_i(\phi_i), \quad Z_s := \int e^{U_s(\vec{\phi})} \prod_{i=1}^{N-1} d\nu_i(\phi_i) \tag{A.68}$$

と定義する. これを使えば,

$$\frac{R(s,t)}{Z_s Z_t} = \langle f_s\, g_s \rangle_s + \langle f_t\, g_t \rangle_t - \langle f_t \rangle_t \langle g_s \rangle_s - \langle f_s \rangle_s \langle g_t \rangle_t$$

となる. $Z_s Z_t > 0$ だから右辺が非負であることをいえばよい. このままではまとまりがよくないので, 連結相関関数を作るように必要な項を足し引きし,

$$= \langle f_s; g_s \rangle_s + \langle f_t; g_t \rangle_t + \{\langle f_s \rangle_s - \langle f_t \rangle_t\}\{\langle g_s \rangle_s - \langle g_t \rangle_t\} \tag{A.69}$$

とまとめ直す. 右辺の三つの項がそれぞれ非負であることを以下で示す.

そのために, (A.68) で定義された期待値 $\langle \cdots \rangle_s$ について, 二つの重要な性質を示す. 一つ目は, 任意の s について $\langle \cdots \rangle_s$ は ($N-1$ での) FKG 不等式 (A.61) を満たすことである. これは, s を固定したとき, $U(\phi)$ についての仮定 (A.59) が, $U_s(\vec{\phi} \vee \vec{\psi}) + U_s(\vec{\phi} \wedge \vec{\psi}) \geq U_s(\vec{\phi}) + U_s(\vec{\psi})$ と書けることに注意して帰納法の仮定を使えばすぐにわかる. 二つ目は, 任意の単調増加な $h(\vec{\phi})$ を固定したとき, $\langle h \rangle_s$ が s について広義増加となることである. これを示すには, $s' \geq s$ となる s, s' を固定し,

$$\langle h \rangle_{s'} = \frac{\langle h\, e^{U_{s'} - U_s} \rangle_s}{\langle e^{U_{s'} - U_s} \rangle_s} =: \frac{\langle h\, u \rangle_s}{\langle u \rangle_s} \tag{A.70}$$

と書けることに注意する. $u(\vec{\phi}) := \exp[U_{s'}(\vec{\phi}) - U_s(\vec{\phi})]$ が ($\vec{\phi}$ について) 単調増加であることをすぐに示す. これを認めれば, FKG 不等式 (A.61) より $\langle h\, u \rangle_s \geq \langle h \rangle_s \langle u \rangle_s$ だから, (A.70) より望む広義増加性 $\langle h \rangle_{s'} \geq \langle h \rangle_s$ がいえる. u の単調性をみるため, $\vec{\phi} \prec \vec{\psi}$ を満たす任意の $\vec{\phi}, \vec{\psi} \in \mathbb{R}^{N-1}$ をとり, $\phi := (\vec{\phi}, s'), \psi := (\vec{\psi}, s)$ とする. 大小関係についての仮定より $\phi \wedge \psi = (\vec{\phi}, s)$ および $\phi \vee \psi = (\vec{\psi}, s')$ である. これに注意して U についての仮定 (A.59) を書き下せば, $U(\vec{\phi}, s) + U(\vec{\psi}, s') \geq U(\vec{\phi}, s') + U(\vec{\psi}, s)$ となるが, 移項すれば $U_{s'}(\vec{\phi}) - U_s(\vec{\phi}) \leq U_{s'}(\vec{\psi}) - U_s(\vec{\psi})$ となり, これは望む単調増加性 $u(\vec{\phi}) \leq u(\vec{\psi})$ を意味する.

煩雑な部分が終わったので, (A.69) の最右辺の各項が非負であることをみて証明を終えよう. $f_s(\vec{\phi}) = f(\vec{\phi}, s)$ は s を固定してももちろん単調増加なので, 第一

項と第二項には $(N-1$ での) FKG 不等式 (A.61) が使えて，これらは非負である．第三項が非負であることをいうには，$\langle f_s\rangle_s$ と $\langle g_s\rangle_s$ がそれぞれ s について広義増加であることを示せばよい．そこで，$s' \geq s$ と仮定すると，f の単調性から $f_{s'}(\vec{\phi}) \geq f_s(\vec{\phi})$ であり，期待値をとって $\langle f_{s'}\rangle_{s'} \geq \langle f_s\rangle_{s'}$ となる．ところが最後の期待値は s を固定したとき s' について広義増加だから，$\langle f_s\rangle_{s'} \geq \langle f_s\rangle_s$ となり，$\langle f_s\rangle_s$ が広義増加であることがわかる． ∎

3. ランダムカレント表示

この節では，相関不等式を証明するためのもう一つの強力な手法であるランダムカレント表示を扱う．二体相互作用する Ising 模型（つまり，1 節の分類での系 C）に限定していくつかの強力な不等式を証明する．最後の 3.7 節以外では磁場がゼロ（$\hat{h} = 0$）の系のみを考える．

複素数の方法には，変数変換すると何故かきれいな相関不等式が出てきてしまうという魔法めいたところがあった．それに対して，ランダムカレント表示を使う方法では Ising 模型を確率幾何的な系として表現し幾何的な直観を利用して不等式を導出するので，見通しよく不等式の証明が進んでいく．ただし，最終結果はあくまで本来の相関関数でなければならないので，確率幾何的な表現から相関関数に戻るところで技術が必要になる．

3.1 ランダムカレント表示の導出

ここでも一般的な格子（つまり，有限集合）Λ を扱う．Ising 模型なのでスピン変数を $\sigma_x \in \{1, -1\}$ $(x \in \Lambda)$ と書こう．また

$$\mathcal{B}_\Lambda := \Big\{\{x,y\} \,\Big|\, x \neq y, \; x,y \in \Lambda\Big\} \tag{A.71}$$

を格子 Λ 上のすべてのボンド（二つの格子点の集合）の集合とする．

まず Ising 模型の分配関数について，6 章 2 節の (6.25) と類似した表式を作る．ボンド $b \in \mathcal{B}_\Lambda$ が $b = \{x,y\}$ であるとき，x, y を b_+, b_- と書く（x と y に順序はないのでどちらが + でもよい）．分配関数に現れる指数関数をテイラー展開すると，

$$\exp[\hat{J}_{x,y}\sigma_x\sigma_y] = \exp[\hat{J}_b \sigma_{b_+}\sigma_{b_-}] = \sum_{n_b=0}^{\infty} \frac{(\hat{J}_b\,\sigma_{b_+}\sigma_{b_-})^{n_b}}{n_b!} \tag{A.72}$$

となる.この展開に現われた非負の整数 n_b をボンド b 上の「カレント（流れ）」とみなす[11].すべてのボンドについてカレント n_b を集めたものを $\boldsymbol{n} = (n_b)_{b \in \mathcal{B}_\Lambda}$ と書き，Λ 上の**ランダムカレント** (random current) と呼ぶ.Λ 上で可能なすべてのランダムカレントの集合を

$$\mathcal{N}_\Lambda := \left\{ (n_b)_{b \in \mathcal{B}_\Lambda} \,\Big|\, n_b \in \{0, 1, 2, \ldots\} \right\} \tag{A.73}$$

としよう.(A.72) を磁場がゼロの分配関数の表式に代入し，b についての積と各々の n_b についての和を交換すると

$$Z_\Lambda = \sum_{\boldsymbol{\sigma} \in \mathcal{S}_\Lambda} \prod_{b \in \mathcal{B}_\Lambda} \exp[\hat{J}_b \sigma_{b_+} \sigma_{b_-}] = \sum_{\boldsymbol{\sigma} \in \mathcal{S}_\Lambda} \sum_{\boldsymbol{n} \in \mathcal{N}_\Lambda} \prod_{b \in \mathcal{B}_\Lambda} \frac{(\hat{J}_b \sigma_{b_+} \sigma_{b_-})^{n_b}}{n_b!} \tag{A.74}$$

となる[12].ここで，最後の b についての積を各格子点でのスピン変数の積に分解すると

$$\prod_{b \in \mathcal{B}_\Lambda} \frac{(\hat{J}_b \sigma_{b_+} \sigma_{b_-})^{n_b}}{n_b!} = w(\boldsymbol{n}) \prod_{z \in \Lambda} (\sigma_z)^{\sum_{b \in \mathcal{B}_z} n_b} \tag{A.75}$$

と書ける.$\mathcal{B}_z := \{b \in \mathcal{B}_\Lambda \,|\, b \ni z\}$ は格子点 z を含むボンドの集合である.ここでランダムカレント $\boldsymbol{n}$ の「重み」を

$$w(\boldsymbol{n}) := \prod_{b \in \mathcal{B}_\Lambda} \frac{(\hat{J}_b)^{n_b}}{n_b!} \tag{A.76}$$

と定義した.(A.75) を (A.74) に代入すると

$$\begin{aligned} Z_\Lambda &= \sum_{\boldsymbol{\sigma} \in \mathcal{S}_\Lambda} \sum_{\boldsymbol{n} \in \mathcal{N}_\Lambda} w(\boldsymbol{n}) \left(\prod_{z \in \Lambda} (\sigma_z)^{\sum_{b \in \mathcal{B}_z} n_b} \right) \\ &= \sum_{\boldsymbol{n} \in \mathcal{N}_\Lambda} w(\boldsymbol{n}) \prod_{z \in \Lambda} \left(\sum_{\sigma_z = \pm 1} (\sigma_z)^{\sum_{b \in \mathcal{B}_z} n_b} \right) \end{aligned} \tag{A.77}$$

となる.最後のスピン変数に関する和は，各々の格子点で $\sum_{b \in \mathcal{B}_z} n_b$ が偶数のときには 2, 奇数のときにはゼロになる.これをすべての格子点についてかけ合わせれば

$$Z_\Lambda = 2^{|\Lambda|} \sum_{\boldsymbol{n} \in \mathcal{N}_\Lambda} w(\boldsymbol{n}) \, I\!\left[\text{すべての } z \in \Lambda \text{ で} \sum_{b \in \mathcal{B}_z} n_b \text{ が偶数} \right] \tag{A.78}$$

---

[11] ただし「流れ」には大きさと向きがあるはずだが，ここでの n_b は（向きのない）非負の量である.
[12] この節には様々な格子が登場するので，分配関数や期待値には（原則として）格子を明示する.

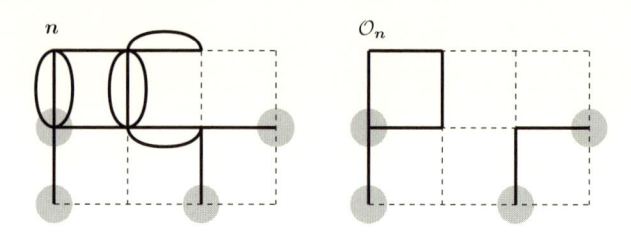

図 A.1 源泉 $\partial \bm{n}$ の幾何学的な描像．左はランダムカレント $\bm{n}$ の例．各々のボンドに n_b 本の線を描いた（$n_b = 0, 1, 2, 3$ のボンドがある）．灰色の丸がある格子点が源泉 $\partial \bm{n}$ である．右に n_b が奇数のボンドの集合 $\mathcal{O}_{\bm{n}}$ を描いた．この集合の端点は源泉 $\partial \bm{n}$ と一致する．

という表式が得られる（$I[\cdot]$ は (4.40) で定義した真偽関数）．最後の条件を簡明に表わすため，$\bm{n}$ の**源泉**（source）を

$$\partial \bm{n} := \left\{ z \in \Lambda \,\Big|\, \sum_{b \in \mathcal{B}_z} n_b \text{ が奇数} \right\} \tag{A.79}$$

と定義する．源泉について幾何学的にみるため，カレントが奇数のボンドの集合 $\mathcal{O}_{\bm{n}} := \{ b \in \mathcal{B}_\Lambda \,|\, n_b \text{ が奇数} \}$ を定義する．すると，この集合の端点 $\partial \mathcal{O}_{\bm{n}}$ は源泉 $\partial \bm{n}$ と一致する（図 A.1）．これに注意すれば，$\partial \bm{n}$ が（ゼロも含む）偶数個の格子点からなることもすぐにわかるだろう．なお，一般に，ボンドの集合 S の**端点** ∂S とは（6 章 2.1 節と同様）S に属する奇数本のボンドに含まれている格子点の集合のことをいう．

源泉を使うと，(A.78) は

$$\tilde{Z}_\Lambda := 2^{-|\Lambda|} Z_\Lambda = \sum_{\substack{\bm{n} \in \mathcal{N}_\Lambda \\ (\partial \bm{n} = \varnothing)}} w(\bm{n}) \tag{A.80}$$

と書ける．$2^{|\Lambda|}$ の因子が邪魔なので新たに $\tilde{Z}_\Lambda$ を定義した．6 章 2 節でみた類似の展開では各ボンドの n_b は 0 か 1 だったが，ここでは n_b はすべての非負の整数をとる．この表式の方が一見すると複雑だが，3.2 節で述べる美しい組み合わせ論的な性質のため，相関関数の導出には有用なのである．

次に，相関関数の表式をみよう．任意の部分集合 $A \subset \Lambda$ について $\sigma^A := \prod_{x \in A} \sigma_x$ の期待値について上と同様の変形を行なうと (A.77) に対応して

$$Z_\Lambda \left\langle \sigma^A \right\rangle_\Lambda = \sum_{\boldsymbol{\sigma} \in \mathcal{S}_\Lambda} \sigma^A \prod_{b \in \mathcal{B}_\Lambda} \exp[\hat{J}_b \sigma_{b_+} \sigma_{b_-}]$$

$$= \sum_{\boldsymbol{n} \in \mathcal{N}_\Lambda} w(\boldsymbol{n}) \sum_{\boldsymbol{\sigma} \in \mathcal{S}_\Lambda} \sigma^A \left(\prod_{z \in \Lambda} (\sigma_z)^{\sum_{b \in \mathcal{B}_z} n_b} \right) \quad \text{(A.81)}$$

という表式が得られる．今度は σ^A という項がかかっているため，スピン変数についての和は「すべての $z \in \Lambda \setminus A$ で $\sum_{b \in \mathcal{B}_z} n_b$ が偶数，かつ，すべての $z \in A$ で $\sum_{b \in \mathcal{B}_z} n_b$ が奇数」が成り立つとき $2^{|\Lambda|}$ で，それ以外の場合はゼロである．この条件は (A.79) の源泉を使えば $\partial \boldsymbol{n} = A$ となるので，

$$\tilde{Z}_\Lambda \left\langle \sigma^A \right\rangle_\Lambda = \sum_{\substack{\boldsymbol{n} \in \mathcal{N}_\Lambda \\ (\partial \boldsymbol{n} = A)}} w(\boldsymbol{n}) \quad \text{(A.82)}$$

が得られる．A が奇数個の格子点からなる集合なら $\partial \boldsymbol{n} = A$（つまり $\partial \mathcal{O}_{\boldsymbol{n}} = A$）を満たす $\boldsymbol{n}$ は存在しないから，右辺の二つ目の和は自動的にゼロになる．後の便利のため，(A.82) を

$$\left\langle \sigma^A \right\rangle_\Lambda = \sum_{\substack{\boldsymbol{n} \in \mathcal{N}_\Lambda \\ (\partial \boldsymbol{n} = A)}} \frac{w(\boldsymbol{n})}{\tilde{Z}_\Lambda} \quad \text{(A.83)}$$

と書き直しておく．

分配関数についての (A.80) と相関関数についての (A.83) によって，Ising 模型の相関関数をランダムな $\boldsymbol{n}$ の系に関する量として表現できた．この表示を**ランダムカレント表示** (random current representation) という．以下，(A.80) と (A.83) を用いて様々な相関不等式を証明する．

3.2 源泉の移し替え

ランダムカレント表示を用いた相関不等式の証明でも，複変数の方法と同じように二つの系を組み合わせて扱う．その際，これから述べる「源泉の移し替え」という組み合わせ論的な性質が圧倒的な威力を発揮する．

まずいくつかの定義を述べよう．ランダムカレント $\boldsymbol{n} \in \mathcal{N}_\Lambda$ に対してカレント n_b がゼロでないボンドの集合を

$$\mathcal{B}_{\boldsymbol{n}} := \left\{ b \in \mathcal{B}_\Lambda \,\middle|\, n_b > 0 \right\} \quad \text{(A.84)}$$

と書く．二つの格子点 $x, y \in \Lambda$（ただし $x \neq y$）が $\mathcal{B}_{\boldsymbol{n}}$ 内のボンドを介してつな

がっているとき，x, y は n によって**連結されている** (connected) といい，$x \stackrel{n}{\longleftrightarrow} y$ と書く．x と y が n によって連結されていないときには $x \stackrel{n}{\not\longleftrightarrow} y$ と書く．

次に Λ の任意の部分集合 Ω をとる．(A.71) と同様に，Ω 上のすべてのボンドの集合を

$$\mathcal{B}_{\Omega} := \left\{ \{x, y\} \,\middle|\, x \neq y, \; x, y \in \Omega \right\} \tag{A.85}$$

としよう．$n \in \mathcal{N}_\Lambda$ について，二つの格子点 $x, y \in \Lambda$ (ただし $x \neq y$) が $\mathcal{B}_n \cap \mathcal{B}_\Omega$ 内のボンドを介してつながっているとき，x, y は n によって Ω 内で連結されているといい $x \stackrel{n}{\underset{\text{in } \Omega}{\longleftrightarrow}} y$ と書く．また，$\mathcal{B}_\Omega$ 上だけでゼロでない値をとるランダムカレントの集合を

$$\mathcal{N}_{\Omega} := \left\{ \boldsymbol{n} \in \mathcal{N}_\Lambda \,\middle|\, b \in \mathcal{B}_\Lambda \backslash \mathcal{B}_\Omega \text{ ならば } n_b = 0 \right\} \tag{A.86}$$

と定義しておく．

最後に，任意の部分集合 $B \subset \Lambda$ と $\Omega \subset \Lambda$ についてランダムカレントの集合

$$E_{B, \Omega} := \left\{ \boldsymbol{n} \in \mathcal{N}_\Lambda \,\middle|\, \mathcal{B}_{\boldsymbol{n}} \cap \mathcal{B}_\Omega \text{ の部分集合 } S \text{ で } \partial S = B \text{ を満たすものがある} \right\} \tag{A.87}$$

を定義する．特に $x, y \in \Lambda$，$x \neq y$ をとって $B = \{x, y\}$ とすれば，

$$E_{\{x,y\}, \Omega} = \left\{ \boldsymbol{n} \in \mathcal{N}_\Lambda \,\middle|\, x \stackrel{\boldsymbol{n}}{\underset{\text{in } \Omega}{\longleftrightarrow}} y \right\} \tag{A.88}$$

である．

集合 A, B に対して，対称差を $A \Delta B = B \Delta A := (A \cup B) \backslash (A \cap B)$ と定義する．$(A \Delta B) \Delta C = A \Delta (B \Delta C) = (A \Delta C) \Delta B$ なので，これを単に $A \Delta B \Delta C$ と書く．

以下の補題が，相関不等式の証明で中心的な役割を果たす．

A.10 [補題] (源泉の移し替え) $f(\cdot)$ をランダムカレントの任意の関数とする．任意の部分集合 $A, B, \Omega \subset \Lambda$ に対して

$$\sum_{\substack{\boldsymbol{m} \in \mathcal{N}_\Lambda \\ (\partial \boldsymbol{m} = A)}} \sum_{\substack{\boldsymbol{n} \in \mathcal{N}_\Omega \\ (\partial \boldsymbol{n} = B)}} w(\boldsymbol{m}) \, w(\boldsymbol{n}) \, f(\boldsymbol{m} + \boldsymbol{n})$$

$$= \sum_{\substack{\boldsymbol{m} \in \mathcal{N}_\Lambda \\ (\partial \boldsymbol{m} = A \Delta B)}} \sum_{\substack{\boldsymbol{n} \in \mathcal{N}_\Omega \\ (\partial \boldsymbol{n} = \emptyset)}} w(\boldsymbol{m}) \, w(\boldsymbol{n}) \, f(\boldsymbol{m} + \boldsymbol{n}) \, I[\boldsymbol{m} + \boldsymbol{n} \in E_{B, \Omega}] \tag{A.89}$$

が成り立つ[13]. 特に $B = \{x, y\}$ （ただし $x \neq y$) とすれば，

$$\sum_{\substack{\boldsymbol{m} \in \mathcal{N}_\Lambda \\ (\partial \boldsymbol{m} = A)}} \sum_{\substack{\boldsymbol{n} \in \mathcal{N}_\Omega \\ (\partial \boldsymbol{n} = \{x,y\})}} w(\boldsymbol{m}) \, w(\boldsymbol{n}) \, f(\boldsymbol{m} + \boldsymbol{n})$$
$$= \sum_{\substack{\boldsymbol{m} \in \mathcal{N}_\Lambda \\ (\partial \boldsymbol{m} = A \Delta \{x,y\})}} \sum_{\substack{\boldsymbol{n} \in \mathcal{N}_\Omega \\ (\partial \boldsymbol{n} = \varnothing)}} w(\boldsymbol{m}) \, w(\boldsymbol{n}) \, f(\boldsymbol{m} + \boldsymbol{n}) \, I[x \xleftrightarrow[\text{in } \Omega]{\boldsymbol{m}+\boldsymbol{n}} y] \quad \text{(A.90)}$$

である．

「源泉の移し替え」という名前のとおり，左辺でのランダムカレント $\boldsymbol{n}$ の源泉を右辺では $\boldsymbol{m}$ の源泉に移し替えている．相関関数の表現 (A.83) での源泉の役割をみれば，この「移し替え」が相関不等式の導出で便利なことが納得できるはずだ．

この補題の証明には，以下の基本的な補題 A.11 を用いる．なお，ランダムカレント $\boldsymbol{m}, \boldsymbol{n} \in \mathcal{N}_\Lambda$ が，すべての $b \in \mathcal{B}_\Lambda$ について $m_b \geq n_b$ を満たすとき $\boldsymbol{m} \geq \boldsymbol{n}$ と書く．また $\boldsymbol{N} \geq \boldsymbol{n}$ を満たす任意の $\boldsymbol{N}, \boldsymbol{n} \in \mathcal{N}_\Lambda$ について，

$$\binom{\boldsymbol{N}}{\boldsymbol{n}} := \prod_b \binom{N_b}{n_b} \quad \text{(A.91)}$$

と定義しておく．

A.11 [補題] 任意のランダムカレント $\boldsymbol{N} \in \mathcal{N}_\Lambda$ と部分集合 $B, \Omega \subset \Lambda$ に対して

$$\sum_{\substack{\boldsymbol{n} \in \mathcal{N}_\Omega \\ \boldsymbol{n} \leq \boldsymbol{N} \\ \partial \boldsymbol{n} = B}} \binom{\boldsymbol{N}}{\boldsymbol{n}} = I[\boldsymbol{N} \in E_{B,\Omega}] \sum_{\substack{\boldsymbol{n}' \in \mathcal{N}_\Omega \\ \boldsymbol{n}' \leq \boldsymbol{N} \\ \partial \boldsymbol{n}' = \varnothing}} \binom{\boldsymbol{N}}{\boldsymbol{n}'} \quad \text{(A.92)}$$

が成り立つ．

証明 両辺をグラフの数と解釈して証明する．

Λ の相異なる格子点 x, y の組 $\{x, y\}$ をボンドとみる．二点 x, y を $N_{\{x,y\}}$ 本の互いに区別できる線（リンクと呼ぼう）で結んで作られるグラフ（リンクの集合）を $\mathcal{G}$ とする（図 A.2）．$\boldsymbol{n} \leq \boldsymbol{N}$ を満たす $\boldsymbol{n} \in \mathcal{N}_\Lambda$ をとる．$\mathcal{G}$ の部分グラフ（部

---

[13] もちろん，$\boldsymbol{m} + \boldsymbol{n}$ は各ボンドで $m_b + n_b$ の値をとるランダムカレントである．このように足し算が可能なこともランダムカレントの有用性と関わっている．

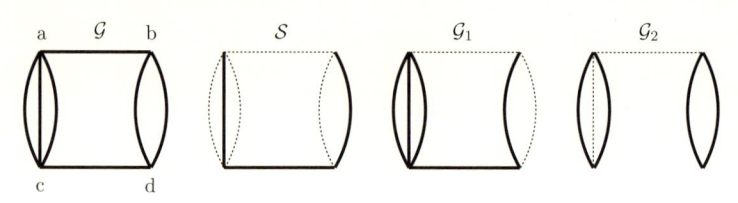

図 A.2 補題 A.11 の証明のアイディア．$\Lambda = \Omega = \{a,b,c,d\}$ という格子をとり，$B = \{a,b\}$ とする．ランダムカレント $\boldsymbol{N}$ は，$N_{\{a,b\}} = N_{\{c,d\}} = 1$, $N_{\{a,c\}} = 3, N_{\{b,d\}} = 2$, およびそれ以外のボンドについて $N_{\{x,y\}} = 0$ で定まるとする．$\mathcal{G}$ が $\boldsymbol{N}$ に対応するグラフ．たとえば，$N_{\{a,c\}} = 3$ なので a と c は三つのリンクで結んである．ここでは $\boldsymbol{N} \in E_{B,\Omega}$ が成り立つので，$\partial \mathcal{S} = B$ を満たす部分グラフ $\mathcal{S} \subset \mathcal{G}$ がとれる．$\mathcal{G}_1, \mathcal{G}_2$ は，それぞれ $\partial \mathcal{G}_1 = B, \partial \mathcal{G}_2 = \emptyset$ を満たす部分グラフの例．それぞれ，(A.92) の左辺と右辺の和に寄与する．ところが，$\mathcal{G}_2 = \mathcal{G}_1 \Delta \mathcal{S}$ および $\mathcal{G}_1 = \mathcal{G}_2 \Delta \mathcal{S}$ であることから（$\mathcal{S}$ を固定すると）このようなグラフは一対一に対応する．

分集合）$\mathcal{G}'$ として，すべての $\{x,y\} \in \mathcal{B}_\Lambda$ について，x と y を結ぶリンクの数がちょうど $n_{\{x,y\}}$ に等しいものを考える．このような部分グラフ $\mathcal{G}'$ は $\partial \mathcal{G}' = \partial \boldsymbol{n}$ を満たす[14]．さらに，このような部分グラフ $\mathcal{G}'$ の総数は $\binom{\boldsymbol{N}}{\boldsymbol{n}}$ に等しい．

よって (A.92) 左辺の和は，$\mathcal{G}$ の Ω 内にある部分グラフ $\mathcal{G}_1$ のうち $\partial \mathcal{G}_1 = B$ を満たすものの総数である．一方，(A.92) 右辺の和は，$\mathcal{G}$ の Ω 内にある部分グラフ $\mathcal{G}_2$ のうち $\partial \mathcal{G}_2 = \emptyset$ を満たすものの総数である．

以上で準備は整った．まず $\boldsymbol{N} \notin E_{B,\Omega}$ としよう．このとき左辺の和の条件を満たす $\boldsymbol{n}$ は存在しない．なぜなら，条件を満たす $\boldsymbol{n}$ があったとすると，n_b が奇数となるボンド b の集合 $\mathcal{O}_{\boldsymbol{n}}$ は $\mathcal{O}_{\boldsymbol{n}} \subset \mathcal{B}_{\boldsymbol{N}} \cap \mathcal{B}_\Omega$ かつ $\partial \mathcal{O}_{\boldsymbol{n}} = B$ を満たす．これは $\boldsymbol{N} \in E_{B,\Omega}$ を意味するので矛盾．よって左辺はゼロである．右辺は明らかにゼロなので (A.92) が成り立つ．

次に $\boldsymbol{N} \in E_{B,\Omega}$ としよう．条件から，$\mathcal{B}_{\boldsymbol{n}} \cap \mathcal{B}_\Omega$ の部分集合 S で $\partial S = B$ を満たすものがある．$b \in S$ なら $N_b \geq 1$ なので，各々の $b \in S$ に対して $\mathcal{G}$ のリンクを一つずつ（適当に）選んでグラフ $\mathcal{S}$ を構成する．明らかに $\mathcal{S}$ は $\mathcal{G}$ の部分グラフであり，$\partial \mathcal{S} = B$ を満たす．(A.92) 左辺の和を（上でみたように）部分グラフ

---

[14] $\partial \mathcal{G}'$ はグラフの端点（奇数個のリンクを含む格子点の集合）で，$\partial \boldsymbol{n}$ はランダムカレントの源泉 (A.79) である．

の総数と解釈し，ここに寄与するグラフ $\mathcal{G}_1$ をとる．$\mathcal{G}_1 \Delta \mathcal{S}$ はやはり $\mathcal{G}$ の部分グラフで，ちょうど右辺に寄与する形になっている．逆に，右辺に寄与するグラフ $\mathcal{G}_2$ について，$\mathcal{G}_2 \Delta \mathcal{S}$ は左辺に寄与するグラフになっている．よって，左辺の $\mathcal{G}_1$ と右辺の $\mathcal{G}_2$ のあいだには一対一対応がつけられるので（図 A.2 を参照），問題の部分グラフの総数は左辺と右辺で等しく，(A.92) が成り立つ． ∎

補題 A.10 の証明　任意の $\boldsymbol{m}, \boldsymbol{n} \in \mathcal{N}_\Lambda$ に対して

$$w(\boldsymbol{m})\,w(\boldsymbol{n}) = \prod_{b \in \mathcal{B}_\Lambda} \frac{(\hat{J}_b)^{m_b}}{m_b!} \frac{(\hat{J}_b)^{n_b}}{n_b!} = \prod_{b \in \mathcal{B}_\Lambda} \frac{(\hat{J}_b)^{m_b+n_b}}{(m_b+n_b)!} \frac{(m_b+n_b)!}{m_b!\,n_b!}$$
$$= w(\boldsymbol{m}+\boldsymbol{n}) \binom{\boldsymbol{m}+\boldsymbol{n}}{\boldsymbol{n}}. \tag{A.93}$$

が成り立つことに注意する．この恒等式を (A.89) の左辺に用い，さらに $\boldsymbol{m}$ についての和を $\boldsymbol{N} = \boldsymbol{m} + \boldsymbol{n}$ についての和に書き直すと

$$\sum_{\substack{\boldsymbol{m} \in \mathcal{N}_\Lambda \\ (\partial \boldsymbol{m} = A)}} \sum_{\substack{\boldsymbol{n} \in \mathcal{N}_\Omega \\ (\partial \boldsymbol{n} = B)}} w(\boldsymbol{m})\,w(\boldsymbol{n})\,f(\boldsymbol{m}+\boldsymbol{n})$$
$$= \sum_{\substack{\boldsymbol{m} \in \mathcal{N}_\Lambda \\ (\partial \boldsymbol{m} = A)}} \sum_{\substack{\boldsymbol{n} \in \mathcal{N}_\Omega \\ (\partial \boldsymbol{n} = B)}} w(\boldsymbol{m}+\boldsymbol{n}) \binom{\boldsymbol{m}+\boldsymbol{n}}{\boldsymbol{n}} f(\boldsymbol{m}+\boldsymbol{n})$$
$$= \sum_{\substack{\boldsymbol{N} \in \mathcal{N}_\Lambda \\ (\partial \boldsymbol{N} = A \Delta B)}} \sum_{\substack{\boldsymbol{n} \in \mathcal{N}_\Omega \\ \boldsymbol{n} \leq \boldsymbol{N} \\ \partial \boldsymbol{n} = B}} w(\boldsymbol{N}) \binom{\boldsymbol{N}}{\boldsymbol{n}} f(\boldsymbol{N}) \tag{A.94}$$

となる．$\boldsymbol{n}$ についての和に補題 A.11 を用いると，これは

$$= \sum_{\substack{\boldsymbol{N} \in \mathcal{N}_\Lambda \\ (\partial \boldsymbol{N} = A \Delta B)}} \sum_{\substack{\boldsymbol{n}' \in \mathcal{N}_\Omega \\ \boldsymbol{n}' \leq \boldsymbol{N} \\ \partial \boldsymbol{n}' = \varnothing}} w(\boldsymbol{N}) \binom{\boldsymbol{N}}{\boldsymbol{n}'} f(\boldsymbol{N})\,I[\boldsymbol{N} \in E_{B,\Omega}] \tag{A.95}$$

に等しい．さらに右辺の $\boldsymbol{N}$ についての和を $\boldsymbol{m}' = \boldsymbol{N} - \boldsymbol{n}'$ についての和で書き直し，(A.93) を先ほどとは逆に用いて整理すると

$$= \sum_{\substack{\boldsymbol{m}' \in \mathcal{N}_\Lambda \\ (\partial \boldsymbol{m}' = A \Delta B)}} \sum_{\substack{\boldsymbol{n}' \in \mathcal{N}_\Omega \\ (\partial \boldsymbol{n}' = \varnothing)}} w(\boldsymbol{m}'+\boldsymbol{n}') \binom{\boldsymbol{m}'+\boldsymbol{n}'}{\boldsymbol{n}'} f(\boldsymbol{m}'+\boldsymbol{n}')\,I[\boldsymbol{m}'+\boldsymbol{n}' \in E_{B,\Omega}]$$

$$= \sum_{\substack{\boldsymbol{m}' \in \mathcal{N}_\Lambda \\ (\partial \boldsymbol{m}' = A \Delta B)}} \sum_{\substack{\boldsymbol{n}' \in \mathcal{N}_\Omega \\ (\partial \boldsymbol{n}' = \varnothing)}} w(\boldsymbol{m}')\, w(\boldsymbol{n}')\, f(\boldsymbol{m}' + \boldsymbol{n}')\, I[\boldsymbol{m}' + \boldsymbol{n}' \in E_{B,\Omega}] \quad (A.96)$$

となり，(A.89) の右辺が得られる． ∎

3.3 ガウス型不等式

ランダムカレント表示と「源泉の入れ替えの補題」の威力をみるため，まずガウス型不等式 (4.6) を証明しよう．副産物として，命題 A.13 で相関不等式 (10.39) も証明する．

A.12 [定理] (ガウス型不等式) 系 C において $\hat{J} \geq 0$ かつ $\hat{\boldsymbol{h}} = \boldsymbol{0}$ なら，任意の $A \subset \Lambda$ と任意の $x \in \Lambda \setminus A$ について

$$\langle \sigma_x \sigma^A \rangle_\Lambda \leq \sum_{y \in A} \langle \sigma_x \sigma_y \rangle_\Lambda \langle \sigma^{A \setminus \{y\}} \rangle_\Lambda \quad (A.97)$$

が成立する．もちろん，$|A|$ が偶数の場合は両辺はゼロである．

証明 この証明では格子は Λ しか現われないので，添え字の Λ は省略する．$|A| = 3$ の場合を詳しくみよう．$x, y, z, w \in \Lambda$ を互いに相異なる格子点とする．(A.83) によって相関関数をランダムカレントで表現し，さらに，補題 A.10 の (A.90) で，$\Omega = \Lambda, f(\cdot) = 1$ として源泉を入れ替えると，

$$\begin{aligned}
\langle \sigma_x \sigma_y \rangle \langle \sigma_z \sigma_w \rangle &= \sum_{\substack{\boldsymbol{n}_1, \boldsymbol{n}_2 \in \mathcal{N}_\Lambda \\ \left(\substack{\partial \boldsymbol{n}_1 = \{x,y\} \\ \partial \boldsymbol{n}_2 = \{z,w\}}\right)}} \frac{w(\boldsymbol{n}_1)}{\tilde{Z}} \frac{w(\boldsymbol{n}_2)}{\tilde{Z}} \\
&= \sum_{\substack{\boldsymbol{n}_1, \boldsymbol{n}_2 \in \mathcal{N}_\Lambda \\ \left(\substack{\partial \boldsymbol{n}_1 = \{x,y,z,w\} \\ \partial \boldsymbol{n}_2 = \varnothing}\right)}} \frac{w(\boldsymbol{n}_1)}{\tilde{Z}} \frac{w(\boldsymbol{n}_2)}{\tilde{Z}} I\bigl[z \xleftrightarrow{\boldsymbol{n}_1 + \boldsymbol{n}_2} w\bigr] \quad (A.98)
\end{aligned}$$

となる．x, y, z, w がすべて異なるので $\{x, y\} \Delta \{z, w\} = \{x, y, z, w\}$ となることを使った．

次に，(A.83) による四点相関関数をランダムカレント表示に，$1 = \tilde{Z}/\tilde{Z}$ の分子を (A.80) によってランダムカレント表示したものをかければ，

$$\langle \sigma_x \sigma_y \sigma_z \sigma_w \rangle = \sum_{\substack{\boldsymbol{n} \in \mathcal{N}_\Lambda \\ (\partial \boldsymbol{n} = \{x,y,z,w\})}} \frac{w(\boldsymbol{n})}{\tilde{Z}} = \sum_{\substack{\boldsymbol{n}_1, \boldsymbol{n}_2 \in \mathcal{N}_\Lambda \\ \left(\begin{smallmatrix} \partial \boldsymbol{n}_1 = \{x,y,z,w\} \\ \partial \boldsymbol{n}_2 = \varnothing \end{smallmatrix}\right)}} \frac{w(\boldsymbol{n}_1)}{\tilde{Z}} \frac{w(\boldsymbol{n}_2)}{\tilde{Z}} \quad (A.99)$$

のように，(A.98) とよく似た形になる．両者の差をとれば,

$$u^{(4)}(x,y,z,w)$$
$$= \langle \sigma_x \sigma_y \sigma_z \sigma_u \rangle - \langle \sigma_x \sigma_y \rangle \langle \sigma_z \sigma_w \rangle - \langle \sigma_x \sigma_z \rangle \langle \sigma_y \sigma_w \rangle - \langle \sigma_x \sigma_w \rangle \langle \sigma_y \sigma_z \rangle$$
$$= \sum_{\substack{\boldsymbol{n}_1, \boldsymbol{n}_2 \in \mathcal{N}_\Lambda \\ \left(\begin{smallmatrix} \partial \boldsymbol{n}_1 = \{x,y,z,w\} \\ \partial \boldsymbol{n}_2 = \varnothing \end{smallmatrix}\right)}} \frac{w(\boldsymbol{n}_1)}{\tilde{Z}} \frac{w(\boldsymbol{n}_2)}{\tilde{Z}} \Big\{ 1 - I\big[z \xleftrightarrow{\boldsymbol{n}_1+\boldsymbol{n}_2} w\big]$$
$$- I\big[y \xleftrightarrow{\boldsymbol{n}_1+\boldsymbol{n}_2} w\big] - I\big[y \xleftrightarrow{\boldsymbol{n}_1+\boldsymbol{n}_2} z\big] \Big\} \quad (A.100)$$

が得られる．中括弧の中の量に注目しよう．ここでは「z と w が連結」「y と w が連結」「y と z が連結」のそれぞれの定義関数が現われる．ここで，$\partial(\boldsymbol{n}_1 + \boldsymbol{n}_2) = \partial \mathcal{O}_{\boldsymbol{n}_1+\boldsymbol{n}_2} = \{x,y,z,w\}$ なので，$\boldsymbol{n}_1 + \boldsymbol{n}_2$ によって，x,y,z,w の少なくとも二つずつのペアは必ず連結されている．正確には，x,y,z,w の連結の様子は

(a) x,y,z,w がすべて連結されている

(b) x,y が連結，z,w も連結だが，x と z は連結でない

(c) x,z が連結，y,w も連結だが，x と y は連結でない

(d) x,w が連結，y,z も連結だが，x と z は連結でない

の四通りに分類できる．このうち，$z \xleftrightarrow{\boldsymbol{n}_1+\boldsymbol{n}_2} w$ は (a) と (b) のときに，$y \xleftrightarrow{\boldsymbol{n}_1+\boldsymbol{n}_2} w$ は (a) と (c) のときに，$y \xleftrightarrow{\boldsymbol{n}_1+\boldsymbol{n}_2} z$ は (a) と (d) のときに，それぞれ満たされる．よって中括弧の中は (a) のときに -2 になり，(b), (c), (d) のときは 0 になる．これは (a) の定義関数の -2 倍である．つまり,

$$u^{(4)}(x,y,z,w) = -2 \sum_{\substack{\boldsymbol{n}_1, \boldsymbol{n}_2 \in \mathcal{N}_\Lambda \\ \left(\begin{smallmatrix} \partial \boldsymbol{n}_1 = \{x,y,z,w\} \\ \partial \boldsymbol{n}_2 = \varnothing \end{smallmatrix}\right)}} \frac{w(\boldsymbol{n}_1)}{\tilde{Z}} \frac{w(\boldsymbol{n}_2)}{\tilde{Z}} I\big[x \xleftrightarrow{\boldsymbol{n}_1+\boldsymbol{n}_2} y,z,w\big]$$
$$(A.101)$$

という表式が得られた．ここで右辺の $x \xleftrightarrow{\boldsymbol{n}_1+\boldsymbol{n}_2} y,z,w$ は，x が y,z,w のすべてと $\boldsymbol{n}_1+\boldsymbol{n}_2$ によって連結されていることを表す．この右辺は正ではないので，これから直ちに

$$u^{(4)}(x,y,z,w) \leq 0 \quad (A.102)$$

が得られる．これは磁場がゼロの場合の Lebowitz 不等式だがガウス型不等式 (A.97) の $|A|=3$ の場合でもある．

一般の $|A| \geq 3$ の場合の証明もほとんど同様である．補題 A.10 の (A.90) を用いると $y \in A$ について

$$\langle \sigma_x \sigma_y \rangle \langle \sigma^{A \setminus \{y\}} \rangle = \sum_{\substack{\boldsymbol{n}_1, \boldsymbol{n}_2 \in \mathcal{N}_\Lambda \\ \left(\substack{\partial \boldsymbol{n}_1 = \{x\} \cup A \\ \partial \boldsymbol{n}_2 = \varnothing}\right)}} \frac{w(\boldsymbol{n}_1)}{\tilde{Z}} \frac{w(\boldsymbol{n}_2)}{\tilde{Z}} I\bigl[x \xleftrightarrow{\boldsymbol{n}_1 + \boldsymbol{n}_2} y\bigr] \tag{A.103}$$

を示すことができる．また，$\langle \sigma_x \sigma^A \rangle_\Lambda$ についても，(A.99) と同様に，

$$\langle \sigma_x \sigma^A \rangle_\Lambda = \sum_{\substack{\boldsymbol{n}_1 \in \mathcal{N}_\Lambda \\ (\partial \boldsymbol{n}_1 = \{x\} \cup A)}} \sum_{\substack{\boldsymbol{n}_2 \in \mathcal{N}_\Lambda \\ (\partial \boldsymbol{n}_2 = \varnothing)}} \frac{w(\boldsymbol{n}_1)}{\tilde{Z}} \frac{w(\boldsymbol{n}_2)}{\tilde{Z}} \tag{A.104}$$

と表わせる．両者をあわせれば

$$\langle \sigma_x \sigma^A \rangle - \sum_{y \in A} \langle \sigma_x \sigma_y \rangle \langle \sigma^{A \setminus \{y\}} \rangle$$
$$= \sum_{\substack{\boldsymbol{n}_1, \boldsymbol{n}_2 \in \mathcal{N}_\Lambda \\ \left(\substack{\partial \boldsymbol{n}_1 = \{x\} \cup A \\ \partial \boldsymbol{n}_2 = \varnothing}\right)}} \frac{w(\boldsymbol{n}_1)}{\tilde{Z}} \frac{w(\boldsymbol{n}_2)}{\tilde{Z}} \Bigl\{ 1 - \sum_{y \in A} I\bigl[x \xleftrightarrow{\boldsymbol{n}_1 + \boldsymbol{n}_2} y\bigr] \Bigr\} \tag{A.105}$$

を得る．ここでも，$\partial \boldsymbol{n}_1 = \partial \mathcal{O}_{\boldsymbol{n}_1} = \{x\} \cup A$ なので，x は A の少なくとも一点とつながっている．よって y を A の中で動かすとき $I\bigl[x \xleftrightarrow{\boldsymbol{n}_1 + \boldsymbol{n}_2} y\bigr]$ は少なくとも一つの y において 1 になる．つまり中括弧の中の量はゼロまたは負であり，ガウス型不等式 (A.97) が証明された．∎

A.13 [命題] 定理 A.12 と同じ条件の下で，任意の $x, y, z, w \in \Lambda$ について

$$u^{(4)}(x, y, z, w) \geq -2 \langle \sigma_x \sigma_y \rangle \langle \sigma_z \sigma_w \rangle \tag{A.106}$$

が成立する．

証明 x, y, z, w のいくつかが一致する場合には不等式 (A.106) は容易に成り立つ[15]ので，以下では x, y, z, w はすべて異なるとする．四点連結関数の表式 (A.101)

---
[15] 代入してみれば，自明な表式か Griffiths 第二不等式に帰着する．

に源泉の移し替え (A.90) を逆向きに適用すると,

$$u^{(4)}(x,y,z,w) = -2 \sum_{\substack{\boldsymbol{n}_1, \boldsymbol{n}_2 \in \mathcal{N}_\Lambda \\ \left(\substack{\partial \boldsymbol{n}_1 = \{x,y\} \\ \partial \boldsymbol{n}_2 = \{z,w\}}\right)}} \frac{w(\boldsymbol{n}_1)}{\tilde{Z}} \frac{w(\boldsymbol{n}_2)}{\tilde{Z}} I\left[x \xleftarrow{\boldsymbol{n}_1 + \boldsymbol{n}_2} z\right] \quad \text{(A.107)}$$

という表式が得られる. $I[\cdots] \leq 1$ を使えば (A.106) が導かれる. ∎

3.4 $\left\langle \sigma^A; \sigma^B \right\rangle_\Lambda$ に関する不等式

Griffiths 第二不等式により, $\left\langle \sigma^A; \sigma^B \right\rangle_\Lambda$ は非負である. 次の (それほど強力ではないが使いやすい形をした) 相関不等式により同じ量を一般的に上から押さえることができる. この不等式は本文で (6.60) として紹介し, 高温相での相関関数の減衰の証明に用いた.

A.14 [定理] 系 C において $\hat{\boldsymbol{J}} \geq \boldsymbol{0}$ かつ $\hat{\boldsymbol{h}} = \boldsymbol{0}$ なら, $A \cap B = \varnothing$ を満たす任意の $A, B \subset \Lambda$ に対して

$$\left\langle \sigma^A; \sigma^B \right\rangle_\Lambda \leq \sum_{x \in A, \, y \in B} \left\langle \sigma_x \sigma_y \right\rangle_\Lambda \left\langle \sigma^{A \setminus \{x\}} \sigma^{B \setminus \{y\}} \right\rangle_\Lambda \quad \text{(A.108)}$$

が成立する.

証明 ここでも添え字 Λ は省略する. 出発点は, (A.98), (A.99) とほぼ同じである. 相関関数の積 $\left\langle \sigma^A \right\rangle \left\langle \sigma^B \right\rangle$ を (A.83) でランダムカレント表示し, 補題 A.10 の (A.89) を $\Omega = \Lambda$ として用いて源泉を入れ替える. これを, $\left\langle \sigma^A \sigma^B \right\rangle$ を (A.83) でランダムカレント表示したものから引けば,

$$\left\langle \sigma^A; \sigma^B \right\rangle = \sum_{\substack{\boldsymbol{n}_1, \boldsymbol{n}_2 \in \mathcal{N}_\Lambda \\ \left(\substack{\partial \boldsymbol{n}_1 = A \cup B \\ \partial \boldsymbol{n}_2 = \varnothing}\right)}} \frac{w(\boldsymbol{n}_1) w(\boldsymbol{n}_2)}{\tilde{Z}^2} \left\{ 1 - I\left[\boldsymbol{n}_1 + \boldsymbol{n}_2 \in E_{A,\Lambda}\right] \right\} \quad \text{(A.109)}$$

が示される[16]. もちろん $1 - I[\boldsymbol{n}_1 + \boldsymbol{n}_2 \in E_{A,\Lambda}] = I[\boldsymbol{n}_1 + \boldsymbol{n}_2 \notin E_{A,\Lambda}]$ である. 二つ目の条件について吟味しよう. 和の制限から $\partial(\boldsymbol{n}_1 + \boldsymbol{n}_2) = \partial\mathcal{O}_{\boldsymbol{n}_1 + \boldsymbol{n}_2} = A \cup B$ である. ここで, $\boldsymbol{n}_1 + \boldsymbol{n}_2 \notin E_{A,\Lambda}$ かつ $A \cap B = \varnothing$ ということは, A の中の少な

---

[16] 中括弧の中は非負なので, この表式は Griffiths 第二不等式の別証を与える.

くとも一つの格子点が B のいずれかの格子点と $n_1 + n_2$ で連結されていること を意味する．これらの格子点を多めに数えれば，

$$I[n_1 + n_2 \notin E_{A,\Lambda}] \leq \sum_{x \in A, y \in B} I[x \xleftrightarrow{n_1+n_2} y] \tag{A.110}$$

がいえる．これを (A.109) に代入し，x, y のつながりを用いて補題 A.10 の (A.90) ($\Omega = \Lambda$ ととる) を右から左へ用いると

$$\langle \sigma^A; \sigma^B \rangle \leq \sum_{\substack{x \in A \\ y \in B}} \sum_{\substack{n_1, n_2 \in \mathcal{N}_\Lambda \\ (\partial n_1 = (A \setminus \{x\}) \cup (B \setminus \{y\})) \\ \partial n_2 = \{x\} \cup \{y\}}} \frac{w(n_1) w(n_2)}{\tilde{Z}^2} \tag{A.111}$$

となる．n_1, n_2 についての和をとると求める不等式を得る． ∎

3.5 Simon-Lieb 不等式

6 章 3.1 節の高温相での非摂動的な解析で本質的な役割を果たした Simon-Lieb 不等式 (4.12) を証明する．この証明ではランダムカレント表示の威力が発揮される．

Λ の任意の部分集合 Ω をとり，(A.85) のようにボンドの集合 $\mathcal{B}_\Omega$ を定義する．さらに，Ω 上に制限したハミルトニアンを $\hat{H}_\Omega(\sigma) := -\sum_{\{x,y\} \in \mathcal{B}_\Omega} \hat{J}_{x,y} \sigma_x \sigma_y$ とし，対応する分配関数 $Z_\Omega := \sum_\sigma e^{-\hat{H}_\Omega(\sigma)}$ と期待値

$$\langle \cdots \rangle_\Omega := \frac{1}{Z_\Omega} \sum_\sigma (\cdots) e^{-\hat{H}_\Omega(\sigma)} \tag{A.112}$$

を定義しておく (σ についての和は全格子 Λ 上のすべてのスピン配位についてとる)．3.1 節の議論をくり返せば，(A.76) と同じ重み $\omega(n)$ を用いて，ランダムカレント表示 (A.80), (A.81) で Λ をそのまま Ω に置き換えた関係

$$\tilde{Z}_\Omega = \sum_{\substack{n \in \mathcal{N}_\Omega \\ (\partial n = \emptyset)}} w(n), \quad \langle \sigma^A \rangle_\Omega = \sum_{\substack{n \in \mathcal{N}_\Omega \\ (\partial n = A)}} \frac{w(n)}{\tilde{Z}_\Omega} \tag{A.113}$$

が成り立つことがわかる (ただし，$\tilde{Z}_\Omega = 2^{-|\Omega|} Z_\Omega$)．

A.15 [定理] (Simon-Lieb 不等式) 系 C において $\hat{J} \geq 0$ かつ $\hat{h} = 0$ とする．任意の $\Omega \subset \Lambda$ および，任意の $x \in \Omega$ と $A \subset \Lambda \setminus \Omega$ に対して

$$\langle \sigma_x \sigma^A \rangle_\Lambda \leq \sum_{u \in \Omega,\, v \in \Lambda \setminus \Omega} \langle \sigma_x \sigma_u \rangle_\Omega \, (\tanh \hat{J}_{u,v}) \, \langle \sigma_v \sigma^A \rangle_\Lambda \tag{A.114}$$

が成り立つ.特に,$A = \{y\}$ ととれば,任意の $x \in \Omega$ と $y \in \Lambda \setminus \Omega$ に対して,

$$\langle \sigma_x \sigma_y \rangle_\Lambda \leq \sum_{u \in \Omega,\, v \in \Lambda \setminus \Omega} \langle \sigma_x \sigma_u \rangle_\Omega \, (\tanh \hat{J}_{u,v}) \, \langle \sigma_v \sigma_y \rangle_\Lambda \tag{A.115}$$

がいえる.

証明 $\langle \sigma_x \sigma^A \rangle_\Lambda$ を (A.83) によってランダムカレント表示し,$1 = \tilde{Z}_\Omega / \tilde{Z}_\Omega$ の分子を (A.113) でランダムカレント表示したものをかけると,

$$\langle \sigma_x \sigma^A \rangle_\Lambda = \sum_{\substack{\boldsymbol{m} \in \mathcal{N}_\Lambda \\ (\partial \boldsymbol{m} = \{x\} \cup A)}} \sum_{\substack{\boldsymbol{n} \in \mathcal{N}_\Omega \\ (\partial \boldsymbol{n} = \varnothing)}} \frac{w(\boldsymbol{m}) \, w(\boldsymbol{n})}{\tilde{Z}_\Lambda \, \tilde{Z}_\Omega} \tag{A.116}$$

となる.この展開に寄与する $\boldsymbol{m}$ と $\boldsymbol{n}$ の概略を図 A.3 に示す.$\partial \boldsymbol{m} = \{x\} \cup A$ かつ $\partial \boldsymbol{n} = \varnothing$ なので,$\partial(\boldsymbol{m} + \boldsymbol{n}) = \partial \mathcal{O}_{\boldsymbol{m}+\boldsymbol{n}} = \{x\} \cup A$ である ($\mathcal{O}_{\boldsymbol{m}+\boldsymbol{n}}$ は $(\boldsymbol{m}+\boldsymbol{n})_b$ が奇数のボンドの集合).つまり,$\mathcal{O}_{\boldsymbol{m}+\boldsymbol{n}}$ に属するボンドだけを通って x から A の一点に到達する道がとれる.この道が初めて Ω を出て一歩目に通過するボンドを $\{u,v\}$ としよう ($u \in \Omega$ かつ $v \in \Lambda \setminus \Omega$ とする).$(\boldsymbol{m}+\boldsymbol{n})_{\{u,v\}}$ は奇数だが,さらに $n_{\{u,v\}} = 0$ なので $m_{\{u,v\}}$ が奇数とわかる.またここでとった x から A にいたる道の u よりも手前はすべて Ω の中に入っている.

以上の十分条件だけを用いて,(A.116) を大きめに評価して

$$\begin{aligned}
&\langle \sigma_x \sigma^A \rangle_\Lambda \\
&\leq \sum_{\substack{u \in \Omega \\ v \in \Lambda \setminus \Omega}} \sum_{\substack{\boldsymbol{m} \in \mathcal{N}_\Lambda,\, \boldsymbol{n} \in \mathcal{N}_\Omega \\ \left(\substack{\partial \boldsymbol{m} = \{x\} \cup A \\ \partial \boldsymbol{n} = \varnothing}\right)}} \frac{w(\boldsymbol{m})\, w(\boldsymbol{n})}{\tilde{Z}_\Lambda \, \tilde{Z}_\Omega} I\big[m_{\{u,v\}} \text{ は奇数}\big] \, I\Big[x \xleftrightarrow[\text{in } \Omega]{\boldsymbol{m}+\boldsymbol{n}} u\Big]
\end{aligned} \tag{A.117}$$

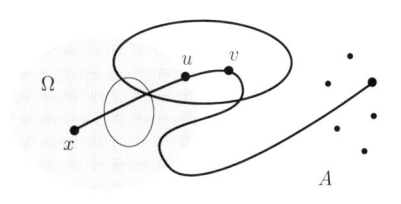

図 **A.3** Simon-Lieb 不等式の導出.太実線が $\boldsymbol{m}$,細実線が $\boldsymbol{n}$ を表わす.

を得る.ここで $x \xleftrightarrow[\text{in }\Omega]{\bm{m}+\bm{n}} u$ を利用して補題 A.10 (250 ページ) の (A.90) を右から左に使うと,

$$= \sum_{\substack{u\in\Omega \\ v\in\Lambda\setminus\Omega}} \sum_{\substack{\bm{m}\in\mathcal{N}_\Lambda, \bm{n}\in\mathcal{N}_\Omega \\ \left(\substack{\partial\bm{m}=\{u\}\cup A \\ \partial\bm{n}=\{x\}\Delta\{u\}}\right)}} \frac{w(\bm{m})\,w(\bm{n})}{\tilde{Z}_\Lambda\,\tilde{Z}_\Omega} I\bigl[m_{\{u,v\}} \text{は奇数}\bigr] \qquad(\text{A.118})$$

とできる.$\bm{n}$ に関する制限はないので,(A.113) によって $\bm{n}$ について和をとると,

$$= \sum_{\substack{u\in\Omega \\ v\in\Lambda\setminus\Omega}} \langle\sigma_x\sigma_u\rangle_\Omega \sum_{\substack{\bm{m}\in\mathcal{N}_\Lambda \\ (\partial\bm{m}=\{u\}\cup A)}} \frac{w(\bm{m})}{\tilde{Z}_\Lambda} I\bigl[m_{\{u,v\}} \text{は奇数}\bigr] \qquad(\text{A.119})$$

となる[17].$\bm{m}$ の和に以下の補題を用いれば求める不等式となる. ∎

A.16 [補題] 任意の $u,v\in\Lambda$ (ただし $u\neq v$) と $A\subset\Lambda$ について,

$$\sum_{\substack{\bm{n}\in\mathcal{N}_\Lambda \\ (\partial\bm{n}=\{u\}\Delta A)}} \frac{w(\bm{n})}{\tilde{Z}_\Lambda} I\bigl[n_{\{u,v\}} \text{は奇数}\bigr] \leq \tanh\hat{J}_{u,v}\,\bigl\langle\sigma_v\sigma^A\bigr\rangle_\Lambda \qquad(\text{A.120})$$

が成り立つ.

証明 左辺の和に寄与する $\bm{n}$ に対して,$\{u,v\}$ 以外では $\bm{n}$ に等しく $\{u,v\}$ ではゼロをとるランダムカレント $\bm{n}'$ を考える.$n_{\{u,v\}}$ が奇数だから $\partial\bm{n}'=\{v\}\Delta A$ である.逆にこのような $\bm{n}'$ に奇数の $n_{\{u,v\}}$ を補えば和に寄与する $\bm{n}$ が得られる.つまり,左辺は

$$\sum_{\substack{\bm{n}'\in\mathcal{N}_\Lambda \\ \left(\substack{\partial\bm{n}'=\{v\}\Delta A \\ n'_{\{u,v\}}=0}\right)}} \sum_{n_{\{u,v\}}=1,3,\ldots} \frac{w(\bm{n}')}{\tilde{Z}_\Lambda} \frac{(\hat{J}_{u,v})^{n_{\{u,v\}}}}{n_{\{u,v\}}!} = \sinh\hat{J}_{u,v} \sum_{\substack{\bm{n}'\in\mathcal{N}_\Lambda \\ \left(\substack{\partial\bm{n}'=\{v\}\Delta A \\ n'_{\{u,v\}}=0}\right)}} \frac{w(\bm{n}')}{\tilde{Z}_\Lambda} \qquad(\text{A.121})$$

に等しい.(A.120) 右辺の $\langle\sigma_v\sigma^A\rangle$ についてはランダムカレント表示をした後,$n_{\{u,v\}}$ が奇数の場合と偶数の場合に分けて,前者を落としてしまう.ランダムカ

---

[17] $x=u$ の場合には $\{x\}\Delta\{u\}=\emptyset$ かつ $\langle\sigma_x\sigma_u\rangle_\Omega=1$ なので,やはりこの関係は正しい.

レント表示での各項は非負なので，

$$\langle \sigma_v \sigma^A \rangle = \sum_{\substack{\boldsymbol{n} \in \mathcal{N}_\Lambda \\ (\partial \boldsymbol{n} = \{v\} \Delta A)}} \frac{w(\boldsymbol{n})}{\tilde{Z}_\Lambda} \geq \sum_{\substack{\boldsymbol{n}' \in \mathcal{N}_\Lambda \\ \left(\substack{\partial \boldsymbol{n}' = \{v\} \Delta A \\ n'_{\{u,v\}} = 0}\right)}} \sum_{n_{\{u,v\}} = 0,2,\ldots} \frac{w(\boldsymbol{n}')}{\tilde{Z}_\Lambda} \frac{(\hat{J}_{u,v})^{n_{\{u,v\}}}}{n_{\{u,v\}}!}$$

$$= \cosh \hat{J}_{u,v} \sum_{\substack{\boldsymbol{n}' \in \mathcal{N}_\Lambda \\ \left(\substack{\partial \boldsymbol{n}' = \{v\} \Delta A \\ n'_{\{u,v\}} = 0}\right)}} \frac{w(\boldsymbol{n}')}{\tilde{Z}_\Lambda} \tag{A.122}$$

となる．(A.121) とあわせて求める不等式が得られる． ∎

3.6 Aizenman 不等式と Aizenman-Graham 不等式

10 章 3.3 節で述べたように，「Lebowitz 不等式（定理 A.12（254 ページ））と逆向きの不等式」つまり（磁場のない系での）連結四点関数

$$u_\Lambda^{(4)}(x_1, x_2, x_3, x_4) = \langle \sigma_{x_1} \sigma_{x_2} \sigma_{x_3} \sigma_{x_4} \rangle_\Lambda - \langle \sigma_{x_1} \sigma_{x_2} \rangle_\Lambda \langle \sigma_{x_3} \sigma_{x_4} \rangle_\Lambda$$
$$- \langle \sigma_{x_1} \sigma_{x_3} \rangle_\Lambda \langle \sigma_{x_2} \sigma_{x_4} \rangle_\Lambda - \langle \sigma_{x_1} \sigma_{x_4} \rangle_\Lambda \langle \sigma_{x_2} \sigma_{x_3} \rangle_\Lambda \tag{A.123}$$

の上界を与える不等式は高次元での臨界現象の解析で大きな威力を発揮した．このような不等式は 1980 年代以降いくつか見いだされているが，もっともわかりやすいのは Aizenman 不等式 (A.124) であり，今のところもっとも強力なのは Aizenman-Graham 不等式 (A.125) である．

A.17 [定理] (Aizenman 不等式) 系 C において $\hat{\boldsymbol{J}} \geq \boldsymbol{0}, \hat{\boldsymbol{h}} = \boldsymbol{0}$ ならば，任意の $x_1, x_2, x_3, x_4 \in \Lambda$ に対して，

$$u_\Lambda^{(4)}(x_1, x_2, x_3, x_4) \geq -2 \sum_{z \in \Lambda} \langle \sigma_{x_1} \sigma_z \rangle_\Lambda \langle \sigma_{x_2} \sigma_z \rangle_\Lambda \langle \sigma_{x_3} \sigma_z \rangle_\Lambda \langle \sigma_{x_4} \sigma_z \rangle_\Lambda \tag{A.124}$$

が成り立つ．

この不等式の意味は明快だろう．連結四点関数 (A.123) は四つのスピンの「実質的な相互作用」の大きさと解釈できるが，不等式の右辺は四つのスピンが共通の一点 z で「出会って」相互作用する様子に対応する（図 A.4 (a) の模式図を参

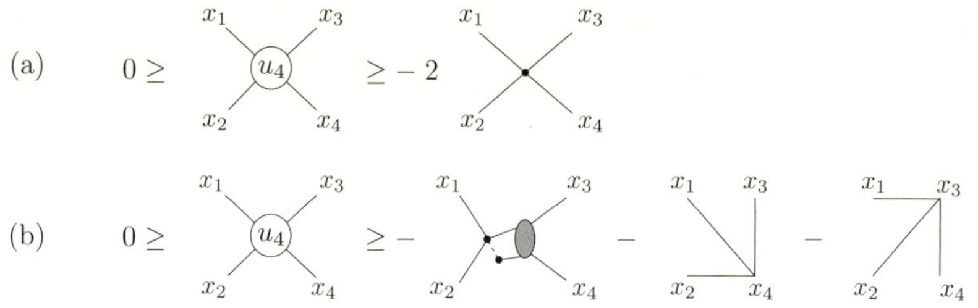

(a), (b) の模式図

図 A.4 (a) Aizenman 不等式（定理 A.17）と (b) Aizenman-Graham 不等式（定理 A.18）の模式図．図では Lebowitz 不等式も左辺に示した．図の不等式の右辺では，二点 x, y を結ぶ実線は二点関数 $\langle \sigma_x \sigma_y \rangle$ を，二点 u, v を結ぶ点線は相互作用 $\tanh \hat{J}_{u,v}$，灰色の楕円は四点関数 $\langle \sigma_u \sigma_v ; \sigma_{x_3} \sigma_{x_4} \rangle_\Lambda$ を表わす．また，黒丸の格子点については和をとる．

照）．φ^4 模型での摂動論をご存知の読者は，この項が摂動の最低次の項と類似した形をしていることに注意してほしい．

A.18 [定理] (Aizenman-Graham (AG) 不等式)　系 C において $\hat{J} \geq 0, \hat{h} = 0$ ならば，任意の $x_1, x_2, x_3, x_4 \in \Lambda$ に対して

$$\begin{aligned}
u_\Lambda^{(4)}&(x_1, x_2, x_3, x_4) \\
&\geq - \sum_{u,v \in \Lambda} \langle \sigma_{x_1} \sigma_v \rangle_\Lambda \langle \sigma_{x_2} \sigma_v \rangle_\Lambda (\tanh \hat{J}_{u,v}) \langle \sigma_u \sigma_v ; \sigma_{x_3} \sigma_{x_4} \rangle_\Lambda \\
&\quad - \langle \sigma_{x_1} \sigma_{x_3} \rangle_\Lambda \langle \sigma_{x_2} \sigma_{x_3} \rangle_\Lambda \langle \sigma_{x_4} \sigma_{x_3} \rangle_\Lambda - \langle \sigma_{x_1} \sigma_{x_4} \rangle_\Lambda \langle \sigma_{x_2} \sigma_{x_4} \rangle_\Lambda \langle \sigma_{x_3} \sigma_{x_4} \rangle_\Lambda
\end{aligned} \quad (A.125)$$

が成り立つ．

この不等式の模式図は図 A.4 (b) のようになり，Aizenman 不等式に比べるとかなり複雑である．特に，四つのスピンが対等でなく，「生の」四点関数 $\langle \sigma_u \sigma_v ; \sigma_{x_3} \sigma_{x_4} \rangle_\Lambda$ が右辺に登場するところが特徴的である．一見わかりにくい不等式だが，10 章 3.3 節でみたように，臨界現象の解析ではきわめて有用である．

以下では，Aizenman-Graham 不等式を証明し，また，Aizenman 不等式の証明の概略を述べよう．これまでに示した相関不等式に比べると証明ははるかに込み入っており，ランダムカレント表示の長所を徹底的に活用したものになってい

る．証明はかなり長いが，重要な評価と技術的な証明とをできるだけ分離して書くので，技術的な部分を読み飛ばせば大きなストーリーは把握できるはずだ．

■ **Aizenman-Graham 不等式の証明**

証明に入る前に新しい約束を設けておく．$x \xleftrightarrow[\text{in } \Omega]{n} y$（格子点 x, y が n によって Ω 内で連結されるという事象）は $x = y$ ならばつねに真と考えるのが自然だろう．しかし，われわれは，$x \xleftrightarrow{n} x$ はつねに真，また $x \in \Omega$ のときは $x \xleftrightarrow[\text{in } \Omega]{n} x$ はつねに真とするが，$x \notin \Omega$ のときには $x \xleftrightarrow[\text{in } \Omega]{n} x$ はつねに偽だと定める．これはいくつかの表式を簡略化するための方便である．これに対応して Ω 上の相関関数についても $x \notin \Omega$ ならば $\langle \sigma_x \sigma_x \rangle_\Omega = 0$ と定めておく[18]．

不等式の導出では次の補題 A.19 が本質的な役割を果たす[19]．ここで，ランダムカレント $n \in \mathcal{N}_\Lambda$ と格子点 $x \in \Lambda$ について，x を含む**連結クラスター** (connected cluster) を

$$C_{\bm{n}}(x) := \{y \mid x \xleftrightarrow{n} y\} \tag{A.126}$$

と定義しておく．以下の補題では，連結クラスターで条件付けてランダムカレントについての和をとっている．これは，込み入った手続きにみえるが，ランダムカレント表示のもつ潜在能力を引き出す重要な手法なのである．

A.19 [補題] 任意の $p, q, r, s, t \in \Lambda$ に対して

$$\sum_{\substack{\bm{n}_1, \bm{n}_2 \in \mathcal{N}_\Lambda \\ \left(\substack{\partial \bm{n}_1 = \{p\} \Delta \{q\} \\ \partial \bm{n}_2 = \{r\} \Delta \{s\}}\right)}} \frac{w(\bm{n}_1) w(\bm{n}_2)}{(\tilde{Z}_\Lambda)^2} I\bigl[s \xleftrightarrow{\bm{n}_1 + \bm{n}_2} t, \ s \xnleftrightarrow{\bm{n}_1 + \bm{n}_2} p\bigr]$$

$$= \sum_{\substack{\bm{n}_1, \bm{n}_2 \in \mathcal{N}_\Lambda \\ \left(\substack{\partial \bm{n}_1 = \varnothing \\ \partial \bm{n}_2 = \{r\} \Delta \{s\}}\right)}} \frac{w(\bm{n}_1) w(\bm{n}_2)}{(\tilde{Z}_\Lambda)^2} I\bigl[s \xleftrightarrow{\bm{n}_1 + \bm{n}_2} t\bigr] \langle \sigma_p \sigma_q \rangle_{\Lambda \setminus C_{\bm{n}_1 + \bm{n}_2}(s)} \tag{A.127}$$

が成り立つ[20]．

---
[18] これはかなり「汚い」方便だが証明の簡略化のためお許しいただきたい．
[19] ただし補題の主張はかなり抽象的なので，最初はざっと眺めておいて，実際に補題が適用される段階で内容を吟味するのがいいかもしれない．
[20] 部分格子での期待値についての「約束」から $p \in C_{\bm{n}_1 + \bm{n}_2}(s)$ なら右辺はゼロになることに注意．

証明 n_1, n_2 に関する和を,$C_{n_1+n_2}(s)$ で条件付けよう.つまり,$A \subset \Lambda$ を固定して $C_{n_1+n_2}(s) = A$ となるような n_1, n_2 で和をとり,その後ですべての $A \subset \Lambda$ について和をとる.すると (A.127) の左辺は

$$\sum_{A \subset \Lambda} \sum_{\substack{n_1, n_2 \in \mathcal{N}_\Lambda \\ \left(\begin{smallmatrix}\partial n_1 = \{p\}\Delta\{q\} \\ \partial n_2 = \{r\}\Delta\{s\}\end{smallmatrix}\right)}} \frac{w(n_1)\, w(n_2)}{(\tilde{Z}_\Lambda)^2} I\big[C_{n_1+n_2}(s) = A,\ A \ni t,\ A \not\ni p\big] \quad (A.128)$$

となる.

ここで $i = 1, 2$ について,

$$(n'_i)_b := \begin{cases} (n_i)_b & b \in \mathcal{B}_A \text{ のとき} \\ 0 & b \notin \mathcal{B}_A \text{ のとき} \end{cases} \qquad (n''_i)_b := \begin{cases} (n_i)_b & b \in \mathcal{B}_{\Lambda \setminus A} \text{ のとき} \\ 0 & b \notin \mathcal{B}_{\Lambda \setminus A} \text{ のとき} \end{cases} \quad (A.129)$$

によって $n'_i \in \mathcal{N}_A$ と $n''_i \in \mathcal{N}_{\Lambda \setminus A}$ を定義する($\mathcal{B}_\Omega$ の定義は (A.85) を見よ).もちろん $\mathcal{B}_A \cap \mathcal{B}_{\Lambda \setminus A} = \varnothing$ だが,$\mathcal{B}_A \cup \mathcal{B}_{\Lambda \setminus A}$ は $\mathcal{B}_\Lambda$ そのものではない.ただし,条件 $C_{n_1+n_2}(s) = A$ があるので,$b \notin \mathcal{B}_A$ かつ $b \notin \mathcal{B}_{\Lambda \setminus A}$ というボンド b については $(n_i)_b = 0$ となる.よって,$n_i = n'_i + n''_i$ が成り立つ.もちろん重みも $w(n_i) = w(n'_i)\, w(n''_i)$ と分解できる.よって (A.128) の $\sum_{A \subset \Lambda}$ の中身は

$$\sum_{\substack{n'_1, n'_2 \in \mathcal{N}_A \\ \left(\begin{smallmatrix}\partial n'_1 = \varnothing \\ \partial n'_2 = \{r\}\Delta\{s\}\end{smallmatrix}\right)}} \sum_{\substack{n''_1, n''_2 \in \mathcal{N}_{\Lambda \setminus A} \\ \left(\begin{smallmatrix}\partial n''_1 = \{p\}\Delta\{q\} \\ \partial n''_2 = \varnothing\end{smallmatrix}\right)}} \left\{ \frac{w(n'_1)\, w(n''_1)}{\tilde{Z}_\Lambda} \frac{w(n'_2)\, w(n''_2)}{\tilde{Z}_\Lambda} \times \right. $$
$$\left. \times I\big[C_{n'_1+n'_2}(s) = A,\ A \ni t\big] \right\} \quad (A.130)$$

となる.この形なら n''_1, n''_2 についての和はとれて

$$\sum_{\substack{n''_1, n''_2 \in \mathcal{N}_{\Lambda \setminus A} \\ \left(\begin{smallmatrix}\partial n''_1 = \{p\}\Delta\{q\} \\ \partial n''_2 = \varnothing\end{smallmatrix}\right)}} w(n''_1)\, w(n''_2) = \langle \sigma_p \sigma_q \rangle_{\Lambda \setminus A} \sum_{\substack{n''_1, n''_2 \in \mathcal{N}_{\Lambda \setminus A} \\ \left(\begin{smallmatrix}\partial n''_1 = \varnothing \\ \partial n''_2 = \varnothing\end{smallmatrix}\right)}} w(n''_1)\, w(n''_2) \quad (A.131)$$

と書ける(右辺の和は $(\tilde{Z}_{\Lambda \setminus A})^2$ である).これを (A.130) に戻す.このとき,$n_i = n'_i + n''_i$ を考えると,条件 $C_{n'_1+n'_2}(s) = A$ は $C_{n_1+n_2}(s) = A$ と同じである.

結局，(A.130) は

$$\sum_{\substack{\boldsymbol{n}_1, \boldsymbol{n}_2 \in \mathcal{N}_\Lambda \\ \left(\begin{subarray}{c} \partial \boldsymbol{n}_1 = \varnothing \\ \partial \boldsymbol{n}_2 = \{r\} \Delta \{s\} \end{subarray}\right)}} \frac{w(\boldsymbol{n}_1)\,w(\boldsymbol{n}_2)}{(\tilde{Z}_\Lambda)^2} I\bigl[C_{\boldsymbol{n}_1+\boldsymbol{n}_2}(s) = A,\ A \ni t\bigr] \langle \sigma_p \sigma_q \rangle_{\Lambda \setminus A} \quad \text{(A.132)}$$

に等しい．これを (A.128) に戻して A についての和を $\boldsymbol{n}_1, \boldsymbol{n}_2$ についての和の中に入れると (A.127) が得られる． ∎

Aizenman-Graham 不等式の証明の第一歩は四点関数の以下の表式である．

$$\langle \sigma_{x_1}\sigma_{x_2};\sigma_{x_3}\sigma_{x_4} \rangle_\Lambda = \sum_{\substack{\boldsymbol{n}_1, \boldsymbol{n}_2 \in \mathcal{N}_\Lambda \\ \left(\begin{subarray}{c} \partial \boldsymbol{n}_1 = \varnothing \\ \partial \boldsymbol{n}_2 = \{x_2\} \Delta \{x_4\} \end{subarray}\right)}} \frac{w(\boldsymbol{n}_1)\,w(\boldsymbol{n}_2)}{(\tilde{Z}_\Lambda)^2} \langle \sigma_{x_1}\sigma_{x_3} \rangle_{\Lambda \setminus C_{\boldsymbol{n}_1+\boldsymbol{n}_2}(x_4)}$$

$$+ (x_3 \text{ と } x_4 \text{ を入れ替えた項}) \quad \text{(A.133)}$$

これを使えば，直ちに

$$-u^{(4)}(x_1, x_2, x_3, x_4)$$
$$= \sum_{\substack{\boldsymbol{n}_1, \boldsymbol{n}_2 \in \mathcal{N}_\Lambda \\ \left(\begin{subarray}{c} \partial \boldsymbol{n}_1 = \varnothing \\ \partial \boldsymbol{n}_2 = \{x_2\} \Delta \{x_4\} \end{subarray}\right)}} \frac{w(\boldsymbol{n}_1)\,w(\boldsymbol{n}_2)}{(\tilde{Z}_\Lambda)^2} \Bigl\{ \langle \sigma_{x_1}\sigma_{x_3} \rangle_\Lambda - \langle \sigma_{x_1}\sigma_{x_3} \rangle_{\Lambda \setminus C_{\boldsymbol{n}_1+\boldsymbol{n}_2}(x_4)} \Bigr\}$$

$$+ (x_3 \text{ と } x_4 \text{ を入れ替えた項}) \quad \text{(A.134)}$$

が得られる．これが求める不等式を作っていく出発点になる[21]．(A.133), (A.134) は単なるランダムカレント表示ではなく，ランダムカレントで決まるランダムな連結クラスター上でのスピン系を考えるという二重構造になっている．このような表現を用いることで，確率幾何的な系とスピン系の双方の利点を活かして，複雑な不等式を能率的に証明できる．

証明 ガウス型不等式の導出の際の表式が使える．(A.99) から (A.98) を引けば[22]

---

[21] それなら (A.134) だけ書いておけばいいと思うかもしれないが，(A.133) も後に意外な形で使うことになる．お楽しみに．
[22] ここでは x_1, x_2, x_3, x_4 がすべて異なるという仮定を設けないで証明を書くので，以前は単なる合併集合だったところを対象差に置き換えている．

$$\langle \sigma_{x_1}\sigma_{x_2}; \sigma_{x_3}\sigma_{x_4}\rangle_\Lambda = \sum_{\substack{\boldsymbol{n}_1,\boldsymbol{n}_2 \in \mathcal{N}_\Lambda \\ \left(\substack{\partial\boldsymbol{n}_1=\{x_1\}\Delta\{x_2\}\Delta\{x_3\}\Delta\{x_4\} \\ \partial\boldsymbol{n}_2=\varnothing}\right)}} \frac{w(\boldsymbol{n}_1)\,w(\boldsymbol{n}_2)}{(\tilde{Z}_\Lambda)^2}\left\{1 - I\!\left[x_3 \xleftrightarrow{\boldsymbol{n}_1+\boldsymbol{n}_2} x_4\right]\right\}$$

$$= \sum_{\substack{\boldsymbol{n}_1,\boldsymbol{n}_2 \in \mathcal{N}_\Lambda \\ \left(\substack{\partial\boldsymbol{n}_1=\{x_1\}\Delta\{x_2\}\Delta\{x_3\}\Delta\{x_4\} \\ \partial\boldsymbol{n}_2=\varnothing}\right)}} \frac{w(\boldsymbol{n}_1)\,w(\boldsymbol{n}_2)}{(\tilde{Z}_\Lambda)^2}\, I\!\left[x_3 \xleftrightarrow{\boldsymbol{n}_1+\boldsymbol{n}_2}\!\!\!\!\!\!\!\!\!/\;\; x_4\right] \qquad (\text{A.135})$$

が得られる.x_4 は,x_3 とは連結されていないが,$\partial\boldsymbol{n}_1 = \partial\mathcal{O}_{\boldsymbol{n}_1} = \{x_1,x_2,x_3,x_4\}$ なので,x_1 または x_2 のいずれか一方と必ず連結されている(両方に連結されていることはあり得ない).上の表式にこの情報を付け加え,その結果として得られる表式に $\Omega = \Lambda$ の場合の補題 A.10(250 ページ)の (A.90) を右から左へ使って源泉を移すと

$$= \sum_{\substack{\boldsymbol{n}_1,\boldsymbol{n}_2 \in \mathcal{N}_\Lambda \\ \left(\substack{\partial\boldsymbol{n}_1=\{x_1\}\Delta\{x_2\}\Delta\{x_3\}\Delta\{x_4\} \\ \partial\boldsymbol{n}_2=\varnothing}\right)}} \frac{w(\boldsymbol{n}_1)\,w(\boldsymbol{n}_2)}{(\tilde{Z}_\Lambda)^2}\, I\!\left[x_3 \xleftrightarrow{\boldsymbol{n}_1+\boldsymbol{n}_2}\!\!\!\!\!\!\!\!\!/\;\; x_4\right]$$

$$\times \left\{I\!\left[x_4 \xleftrightarrow{\boldsymbol{n}_1+\boldsymbol{n}_2} x_2\right] + I\!\left[x_4 \xleftrightarrow{\boldsymbol{n}_1+\boldsymbol{n}_2} x_1\right]\right\}$$

$$= \sum_{\substack{\boldsymbol{n}_1,\boldsymbol{n}_2 \in \mathcal{N}_\Lambda \\ \left(\substack{\partial\boldsymbol{n}_1=\{x_1\}\Delta\{x_3\} \\ \partial\boldsymbol{n}_2=\{x_2\}\Delta\{x_4\}}\right)}} \frac{w(\boldsymbol{n}_1)\,w(\boldsymbol{n}_2)}{(\tilde{Z}_\Lambda)^2}\, I\!\left[x_3 \xleftrightarrow{\boldsymbol{n}_1+\boldsymbol{n}_2}\!\!\!\!\!\!\!\!\!/\;\; x_4\right] + (x_3 \text{ と } x_4 \text{ を入れ替えた項})$$

$$(\text{A.136})$$

が得られる.この第一項に補題 A.19 の (A.127) を,$p = x_3, q = x_1, r = x_2, s = t = x_4$ として用いると,ちょうど (A.133) の第一項が得られる($s \xleftrightarrow{\boldsymbol{n}_1+\boldsymbol{n}_2} t$ はつねに真であることに注意).第二項についても同様.

(A.134) は $u_\Lambda^{(4)}(x_1,x_2,x_3,x_4)$ が $\langle \sigma_{x_1}\sigma_{x_2}; \sigma_{x_3}\sigma_{x_4}\rangle_\Lambda$ から $\langle \sigma_{x_1}\sigma_{x_3}\rangle_\Lambda \langle \sigma_{x_2}\sigma_{x_4}\rangle_\Lambda$ と $\langle \sigma_{x_1}\sigma_{x_4}\rangle_\Lambda \langle \sigma_{x_2}\sigma_{x_3}\rangle_\Lambda$ を引いたものであることに注意すればすぐに得られる.∎

「出発点」の表式 (A.134) には,全格子と部分格子での期待値の差が現われた.この差を評価することを当面の目標にしよう.

ここで,任意の部分格子 $\Omega \subset \Lambda$,格子点 $x,y \in \Lambda$ とランダムカレント $\boldsymbol{n}$ について,事象 $\{x \xleftrightarrow[\text{thrgh } \Omega]{\boldsymbol{n}} y\}$ を,

$$\{x \xleftrightarrow[\text{thrgh } \Omega]{n} y\} := \{x \xleftrightarrow{n} y\} \wedge \overline{\{x \xleftrightarrow[\text{in } \Lambda \setminus \Omega]{n} y\}} \tag{A.137}$$

と定義する（thrgh は through の略）．「x と y を結ぶ道は必ずどこかで Ω を通過しなくてはならない」という事象である[23]．これを用いると，問題の期待値の差はランダムカレントの言葉で自然に表される．任意の $A \subset \Lambda$ と $x_1, x_3 \in \Lambda$ に対して

$$\langle \sigma_{x_1}\sigma_{x_3}\rangle_\Lambda - \langle \sigma_{x_1}\sigma_{x_3}\rangle_{\Lambda\setminus A} = \sum_{\substack{\bm{m} \in \mathcal{N}_\Lambda, \bm{n} \in \mathcal{N}_{\Lambda\setminus A} \\ \left(\substack{\partial\bm{m}=\{x_1\}\Delta\{x_3\} \\ \partial\bm{n}=\varnothing}\right)}} \frac{w(\bm{m})}{\tilde{Z}_\Lambda}\frac{w(\bm{n})}{\tilde{Z}_{\Lambda\setminus A}} I\left[x_1 \xleftrightarrow[\text{thrgh } A]{\bm{m}+\bm{n}} x_3\right] \tag{A.138}$$

と書くことができる．

証明 ランダムカレント表示を素直に使うと，

$$\begin{aligned}&\langle \sigma_{x_1}\sigma_{x_3}\rangle_\Lambda - \langle \sigma_{x_1}\sigma_{x_3}\rangle_{\Lambda\setminus A}\\ &= \sum_{\substack{\bm{m} \in \mathcal{N}_\Lambda, \bm{n} \in \mathcal{N}_{\Lambda\setminus A} \\ \left(\substack{\partial\bm{m}=\{x_1\}\Delta\{x_3\} \\ \partial\bm{n}=\varnothing}\right)}} \frac{w(\bm{m})}{\tilde{Z}_\Lambda}\frac{w(\bm{n})}{\tilde{Z}_{\Lambda\setminus A}} - \sum_{\substack{\bm{m} \in \mathcal{N}_\Lambda, \bm{n} \in \mathcal{N}_{\Lambda\setminus A} \\ \left(\substack{\partial\bm{m}=\varnothing \\ \partial\bm{n}=\{x_1\}\Delta\{x_3\}}\right)}} \frac{w(\bm{m})}{\tilde{Z}_\Lambda}\frac{w(\bm{n})}{\tilde{Z}_{\Lambda\setminus A}}\end{aligned} \tag{A.139}$$

となる．第一項の和の中では，条件から $x_1 \xleftrightarrow{\bm{m}} x_3$ が成り立つので，$x_1 \xleftrightarrow{\bm{m}+\bm{n}} x_3$ も成り立つ．よって第一項を

$$\sum_{\substack{\bm{m} \in \mathcal{N}_\Lambda, \bm{n} \in \mathcal{N}_{\Lambda\setminus A} \\ \left(\substack{\partial\bm{m}=\{x_1\}\Delta\{x_3\} \\ \partial\bm{n}=\varnothing}\right)}} \frac{w(\bm{m})}{\tilde{Z}_\Lambda}\frac{w(\bm{n})}{\tilde{Z}_{\Lambda\setminus A}} I\left[x_1 \xleftrightarrow{\bm{m}+\bm{n}} x_3\right] \tag{A.140}$$

と書き換えてよい．一方，第二項は補題 A.10（250 ページ）の (A.90) で源泉を移せば

$$\sum_{\substack{\bm{m} \in \mathcal{N}_\Lambda, \bm{n} \in \mathcal{N}_{\Lambda\setminus A} \\ \left(\substack{\partial\bm{m}=\{x_1\}\Delta\{x_3\} \\ \partial\bm{n}=\varnothing}\right)}} \frac{w(\bm{m})}{\tilde{Z}_\Lambda}\frac{w(\bm{n})}{\tilde{Z}_{\Lambda\setminus A}} I\left[x_1 \xleftrightarrow[\text{in } \Lambda\setminus A]{\bm{m}+\bm{n}} x_3\right] \tag{A.141}$$

---

[23] （特別な場合についての注意）$x = y \in \Omega$ とする．この節の冒頭に注意したように，この場合は $x \xleftrightarrow[\text{in } \Lambda\setminus\Omega]{n} y$ は偽であると決めた．こう定義することによって，$x \xleftrightarrow[\text{thrgh } \Omega]{n} y$ が真になる（これは自然）．

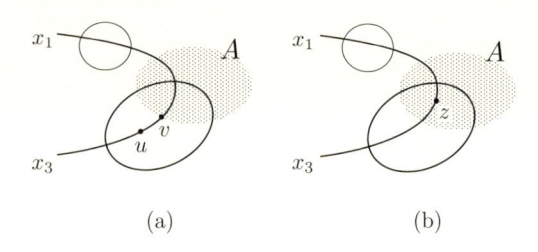

図 A.5 (a) (A.142) の導出. 太実線が $m \in \mathcal{N}_\Lambda$, 細実線が $n \in \mathcal{N}_{\Lambda\setminus A}$ を表わす.
(b) (A.153) の導出.

と書き換えられる. 両者の差をとり $I[x_1 \xleftrightarrow{m+n} x_3] - I[x_1 \xleftrightarrow[\text{in } \Lambda\setminus A]{m+n} x_3] = I[x_1 \xleftrightarrow[\text{thrgh } A]{m+n} x_3]$ を使えば求める表式 (A.138) が得られる. ∎

上の表式 (A.138) を Simon-Lieb 不等式の導出と似たアイディアで評価すれば, 全格子と部分格子での期待値の差を

$$\langle \sigma_{x_1}\sigma_{x_3}\rangle_\Lambda - \langle \sigma_{x_1}\sigma_{x_3}\rangle_{\Lambda\setminus A} \leq \sum_{\substack{u\in\Lambda\setminus A \\ v\in A}} \langle \sigma_{x_3}\sigma_u\rangle_{\Lambda\setminus A}\, \tau_{u,v}\, \langle \sigma_v\sigma_{x_1}\rangle_\Lambda$$
$$+ I[x_3 \in A]\, \langle \sigma_{x_1}\sigma_{x_3}\rangle_\Lambda \qquad (A.142)$$

のように押さえることができる. ここで $\tau_{u,v} := \tanh \hat{J}_{u,v}$ と書いた. 右辺がかなりわかりやすい形になり, 少しゴールに近づいてきた.

証明 まず, $x_3 \in A$ ならば $\langle \sigma_{x_1}\sigma_{x_3}\rangle_{\Lambda\setminus A}$ も $\langle \sigma_{x_3}\sigma_u\rangle_{\Lambda\setminus A}$ もゼロなので (A.142) は (等式として) 自明に成り立つ. $x_3 \in \Lambda\setminus A$ のときは, ランダムカレント表示 (A.138) を利用する. (A.138) 右辺に寄与する m, n を図 A.5 に示した. Simon-Lieb 不等式の証明の際の図 A.3 とよく似ているので類似の手法が使える. $\partial m = \{x_1\}\Delta\{x_3\}$ かつ $\partial n = \emptyset$ なので, $\partial(m+n) = \{x_1\}\Delta\{x_3\}$ である. よって $(m+n)_b$ が奇数になるようなボンド b だけを使って, x_1 と x_3 を結ぶ道を作ることができる. また, そのような道は必ず A を通過しなくてはならないので, 最後に A を出たところのボンドを $\{u,v\}$ としよう ($u \in \Lambda\setminus A, v \in A$ とする). u から x_3 に向かう残りの道はずっと $\Lambda\setminus A$ の中にある. ここでも, 十分条件だけを使って (A.138) の右辺を大きめに評価すると,

$$\sum_{\substack{u\in\Lambda\setminus A \\ v\in A}} \sum_{\substack{\boldsymbol{m}\in\mathcal{N}_\Lambda,\boldsymbol{n}\in\mathcal{N}_{\Lambda\setminus A} \\ \left(\substack{\partial\boldsymbol{m}=\{x_1\}\Delta\{x_3\} \\ \partial\boldsymbol{n}=\varnothing}\right)}} \frac{w(\boldsymbol{m})}{\tilde{Z}_\Lambda}\frac{w(\boldsymbol{n})}{\tilde{Z}_{\Lambda\setminus A}} I\Big[u\xleftrightarrow[\text{in }\Lambda\setminus A]{\boldsymbol{m}+\boldsymbol{n}} x_3\Big] I\big[(\boldsymbol{m}+\boldsymbol{n})_{\{u,v\}}\text{ は奇数}\big] \tag{A.143}$$

が上界であることがいえる．後は Simon-Lieb 不等式の導出の (A.117) 以降の変形と同じである．$u\xleftrightarrow[\text{in }\Lambda\setminus A]{\boldsymbol{m}+\boldsymbol{n}} x_3$ を利用して補題 A.10 （250 ページ）を用いて源泉を移し替え，$n_{\{u,v\}}=0$ であることに注意すれば，上界 (A.143) が

$$\sum_{\substack{u\in\Lambda\setminus A \\ v\in A}} \langle\sigma_{x_3}\sigma_u\rangle_{\Lambda\setminus A} \sum_{\substack{\boldsymbol{m}\in\mathcal{N}_\Lambda \\ (\partial\boldsymbol{m}=\{x_1\}\Delta\{u\})}} \frac{w(\boldsymbol{m})}{\tilde{Z}_\Lambda} I[m_{\{u,v\}}\text{ は奇数}] \tag{A.144}$$

に等しいことがわかる．補題 A.16（260 ページ）を用いて $\boldsymbol{m}$ についての和を評価すれば (A.142) が得られる． ∎

上で得た相関の差についての不等式 (A.142) を「出発点」の $u^{(4)}$ の表式 (A.134) に代入しよう．$C_4=C_{\boldsymbol{n}_1+\boldsymbol{n}_2}(x_4)$ と略記すれば，

$$\begin{aligned}-u^{(4)}&(x_1,x_2,x_3,x_4)\\ &\leq \sum_{\substack{\boldsymbol{n}_1,\boldsymbol{n}_2\in\mathcal{N}_\Lambda \\ \left(\substack{\partial\boldsymbol{n}_1=\varnothing \\ \partial\boldsymbol{n}_2=\{x_2\}\Delta\{x_4\}}\right)}} \frac{w(\boldsymbol{n}_1)w(\boldsymbol{n}_2)}{(\tilde{Z}_\Lambda)^2} \sum_{\substack{u,v\in\Lambda \\ (u\notin C_4, v\in C_4)}} \langle\sigma_{x_3}\sigma_u\rangle_{\Lambda\setminus C_4}\tau_{u,v}\langle\sigma_{x_1}\sigma_v\rangle_\Lambda \\ &\quad + \langle\sigma_{x_1}\sigma_{x_3}\rangle_\Lambda \sum_{\substack{\boldsymbol{n}_1,\boldsymbol{n}_2\in\mathcal{N}_\Lambda \\ \left(\substack{\partial\boldsymbol{n}_1=\varnothing \\ \partial\boldsymbol{n}_2=\{x_2\}\Delta\{x_4\}}\right)}} \frac{w(\boldsymbol{n}_1)w(\boldsymbol{n}_2)}{(\tilde{Z}_\Lambda)^2} I[C_4\ni x_3] \\ &\quad +(\text{上の二つの項で }x_3\text{ と }x_4\text{ を入れ替えたもの})\end{aligned} \tag{A.145}$$

という不等式が得られる．これで Aizenman-Graham 不等式の導出も半ばまで来た．残る作業は右辺を通常の相関関数だけを使って書き直すことである．

(A.145) 右辺第二項は簡単だ．$C_4\ni x_3$ は $x_3\xleftrightarrow{\boldsymbol{n}_1+\boldsymbol{n}_2} x_4$ のことだから，補題 A.10（250 ページ）の (A.90) で源泉を入れ替えれば

$$((\text{A.145})\text{ の第二項})=\langle\sigma_{x_1}\sigma_{x_3}\rangle_\Lambda \sum_{\substack{\boldsymbol{n}_1,\boldsymbol{n}_2\in\mathcal{N}_\Lambda \\ \left(\substack{\partial\boldsymbol{n}_1=\{x_3\}\Delta\{x_4\} \\ \partial\boldsymbol{n}_2=\{x_2\}\Delta\{x_3\}}\right)}} \frac{w(\boldsymbol{n}_1)w(\boldsymbol{n}_2)}{(\tilde{Z}_\Lambda)^2}$$

$$= \langle \sigma_{x_1}\sigma_{x_3}\rangle_\Lambda \langle \sigma_{x_2}\sigma_{x_3}\rangle_\Lambda \langle \sigma_{x_4}\sigma_{x_3}\rangle_\Lambda \tag{A.146}$$

と書き直せる.これでこの項は最終形になった (x_3 と x_4 を入れ替えた項も同様).

残る (A.145) 右辺第一項はやっかいだ.これをきれいな形に書き直すためには,条件付けるランダムクラスターを取り替えるための次の等式が必要になる.再び $C_3 = C_{\boldsymbol{n}_1+\boldsymbol{n}_2}(x_3)$, $C_4 = C_{\boldsymbol{n}_1+\boldsymbol{n}_2}(x_4)$ と略記すれば,

$$\sum_{\substack{\boldsymbol{n}_1,\boldsymbol{n}_2 \in \mathcal{N}_\Lambda \\ \left(\begin{smallmatrix}\partial \boldsymbol{n}_1 = \varnothing \\ \partial \boldsymbol{n}_2 = \{x_2\}\Delta\{x_4\}\end{smallmatrix}\right)}} \frac{w(\boldsymbol{n}_1)\,w(\boldsymbol{n}_2)}{(\tilde{Z}_\Lambda)^2} \langle \sigma_{x_3}\sigma_u\rangle_{\Lambda\setminus C_4}\, I[v \in C_4]$$

$$= \sum_{\substack{\boldsymbol{n}_1,\boldsymbol{n}_2 \in \mathcal{N}_\Lambda \\ \left(\begin{smallmatrix}\partial \boldsymbol{n}_1 = \{x_3\}\Delta\{u\} \\ \partial \boldsymbol{n}_2 = \varnothing\end{smallmatrix}\right)}} \frac{w(\boldsymbol{n}_1)\,w(\boldsymbol{n}_2)}{(\tilde{Z}_\Lambda)^2} \langle \sigma_{x_2}\sigma_v\rangle_{\Lambda\setminus C_3}\, \langle \sigma_{x_4}\sigma_v\rangle_{\Lambda\setminus C_3} \tag{A.147}$$

が成り立つ.

証明 条件付けするクラスターを取り替えるため,まず条件付けを外す. (A.147) 左辺に補題 A.19 (263 ページ) の (A.127) を,$p=u, q=x_3, r=x_2, s=x_4, t=v$ として,右から左に用いると

$$\sum_{\substack{\boldsymbol{n}_1,\boldsymbol{n}_2 \in \mathcal{N}_\Lambda \\ \left(\begin{smallmatrix}\partial \boldsymbol{n}_1 = \{x_3\}\Delta\{u\} \\ \partial \boldsymbol{n}_2 = \{x_2\}\Delta\{x_4\}\end{smallmatrix}\right)}} \frac{w(\boldsymbol{n}_1)\,w(\boldsymbol{n}_2)}{(\tilde{Z}_\Lambda)^2}\, I\bigl[x_4 \xleftrightarrow{\boldsymbol{n}_1+\boldsymbol{n}_2} v,\ x_4 \xleftrightarrow{\boldsymbol{n}_1+\boldsymbol{n}_2}\!\!\!\!/\ \ u\bigr] \tag{A.148}$$

に等しいことがわかる.次に, (A.148) から出発して今度はランダムクラスター $C_{\boldsymbol{n}_1+\boldsymbol{n}_2}(x_3)$ について条件付けしよう.ここでは $\partial \boldsymbol{n}_1 = \{x_3\}\Delta\{u\}$ だから $C_{\boldsymbol{n}_1+\boldsymbol{n}_2}(x_3) \ni u$ である.一方 $x_4 \xleftrightarrow{\boldsymbol{n}_1+\boldsymbol{n}_2}\!\!\!\!/\ \ u$ なのだから,$C_{\boldsymbol{n}_1+\boldsymbol{n}_2}(x_3) \cap C_{\boldsymbol{n}_1+\boldsymbol{n}_2}(x_4) = \varnothing$ である.つまり x_4 と v は $C_{\boldsymbol{n}_1+\boldsymbol{n}_2}(x_3)$ の外で結ばれていることになる.以上の条件を念頭に置いて補題 A.19 (263 ページ) の証明と同じように変形すれば, (A.148) は

$$\sum_{B\subset\Lambda}\Bigg\{\sum_{\substack{\boldsymbol{n}'_1,\boldsymbol{n}'_2\in\mathcal{N}_B\\\left(\substack{\partial\boldsymbol{n}'_1=\{x_3\}\Delta\{u\}\\\partial\boldsymbol{n}'_2=\varnothing}\right)}}\frac{w(\boldsymbol{n}'_1)\,w(\boldsymbol{n}'_2)}{(\tilde{Z}_\Lambda)^2}I\big[C_{\boldsymbol{n}'_1+\boldsymbol{n}'_2}(x_3)=B\big]$$

$$\times\sum_{\substack{\boldsymbol{n}''_1,\boldsymbol{n}''_2\in\mathcal{N}_{\Lambda\setminus B}\\\left(\substack{\partial\boldsymbol{n}''_1=\varnothing\\\partial\boldsymbol{n}''_2=\{x_2\}\Delta\{x_4\}}\right)}}w(\boldsymbol{n}''_1)\,w(\boldsymbol{n}''_2)\,I\big[v\xleftrightarrow{\boldsymbol{n}''_1+\boldsymbol{n}''_2}x_4\big]\Bigg\} \quad\text{(A.149)}$$

となる. $\boldsymbol{n}''_1,\boldsymbol{n}''_2$ についての和は $\Lambda\setminus B$ を全体の格子とみなせば, 補題 A.10 (250 ページ) の (A.90) で源泉を入れ替えることができて,

$$\sum_{\substack{\boldsymbol{n}''_1,\boldsymbol{n}''_2\in\mathcal{N}_{\Lambda\setminus B}\\\left(\substack{\partial\boldsymbol{n}''_1=\{v\}\Delta\{x_4\}\\\partial\boldsymbol{n}''_2=\{x_2\}\Delta\{v\}}\right)}}w(\boldsymbol{n}''_1)\,w(\boldsymbol{n}''_2)=\langle\sigma_{x_2}\sigma_v\rangle_{\Lambda\setminus B}\,\langle\sigma_{x_4}\sigma_v\rangle_{\Lambda\setminus B}\sum_{\substack{\boldsymbol{n}''_1,\boldsymbol{n}''_2\in\mathcal{N}_{\Lambda\setminus B}\\\left(\substack{\partial\boldsymbol{n}''_1=\varnothing\\\partial\boldsymbol{n}''_2=\varnothing}\right)}}w(\boldsymbol{n}''_1)\,w(\boldsymbol{n}''_2)$$
(A.150)

に等しい (右辺の和は $(\tilde{Z}_{\Lambda\setminus B})^2$ である). これを (A.149) に戻して, 和を $\boldsymbol{n}_i=\boldsymbol{n}'_i+\boldsymbol{n}''_i$ で書き直せば目標の (A.147) が得られる. ∎

問題だった (A.145) の右辺第一項に等式 (A.147) を使おう. (A.145) の和の中の $v\in C_4$ という条件が (A.147) の $I[v\in C_4]$ にちょうど対応していることに注意しよう. その結果に, Griffiths 第二不等式の帰結 $\langle\sigma_{x_2}\sigma_v\rangle_{\Lambda\setminus B}\leq\langle\sigma_{x_2}\sigma_v\rangle_\Lambda$ を用い, さらに u についての和の制限を外せば,

$$((\text{A.145}) \text{の第一項})\leq\sum_{u,v\in\Lambda}\tau_{u,v}\,\langle\sigma_{x_1}\sigma_v\rangle_\Lambda\,\langle\sigma_{x_2}\sigma_v\rangle_\Lambda$$

$$\times\sum_{\substack{\boldsymbol{n}_1,\boldsymbol{n}_2\in\mathcal{N}_\Lambda\\\left(\substack{\partial\boldsymbol{n}_1=\{x_3\}\Delta\{u\}\\\partial\boldsymbol{n}_2=\varnothing}\right)}}\frac{w(\boldsymbol{n}_1)\,w(\boldsymbol{n}_2)}{(\tilde{Z}_\Lambda)^2}\,\langle\sigma_{x_4}\sigma_v\rangle_{\Lambda\setminus C_{\boldsymbol{n}_1+\boldsymbol{n}_2}(x_3)}$$
(A.151)

と評価できる. (A.146) と合わせると, 連結四点関数について

$$-u_\Lambda^{(4)}(x_1,x_2,x_3,x_4) \le \sum_{u,v\in\Lambda} \tau_{u,v} \langle\sigma_{x_1}\sigma_v\rangle_\Lambda \langle\sigma_{x_2}\sigma_v\rangle_\Lambda \times$$

$$\times \Biggl\{ \sum_{\substack{\bm{n}_1,\bm{n}_2\in\mathcal{N}_\Lambda \\ \left(\substack{\partial\bm{n}_1=\{x_3\}\Delta\{u\} \\ \partial\bm{n}_2=\varnothing}\right)}} \frac{w(\bm{n}_1)\,w(\bm{n}_2)}{(\tilde{Z}_\Lambda)^2} \langle\sigma_{x_4}\sigma_v\rangle_{\Lambda\setminus C_{\bm{n}_1+\bm{n}_2}(x_3)}$$

$$+ (x_3 \text{ と } x_4 \text{ を入れ替えたもの}) \Biggr\}$$

$$+ \langle\sigma_{x_1}\sigma_{x_3}\rangle_\Lambda \langle\sigma_{x_2}\sigma_{x_3}\rangle_\Lambda \langle\sigma_{x_4}\sigma_{x_3}\rangle_\Lambda + \langle\sigma_{x_1}\sigma_{x_4}\rangle_\Lambda \langle\sigma_{x_2}\sigma_{x_4}\rangle_\Lambda \langle\sigma_{x_3}\sigma_{x_4}\rangle_\Lambda \tag{A.152}$$

という不等式が得られる．ここで「第一歩」の (A.133) を見ると，中括弧の中の量は $\langle\sigma_{x_3}\sigma_{x_4};\sigma_u\sigma_v\rangle_\Lambda$ に他ならない！ これで Aizenman–Graham 不等式 (A.125) が証明された．

■Aizenman 不等式の証明の概略

Aizenman 不等式 (A.124) もほぼ同じ手法を使って（より簡単に）証明できる．今回は，(A.142) の代わりに

$$\langle\sigma_{x_1}\sigma_{x_3}\rangle_\Lambda - \langle\sigma_{x_1}\sigma_{x_3}\rangle_{\Lambda\setminus A} \le \sum_{z\in A} \langle\sigma_{x_1}\sigma_z\rangle_\Lambda \langle\sigma_z\sigma_{x_3}\rangle_\Lambda \tag{A.153}$$

という不等式を用いる．これを導くには全格子と部分格子での相関関数の差の表式 (A.138) において

$$I\bigl[x_1 \xleftrightarrow[\text{thrgh } A]{\bm{m}+\bm{n}} x_3\bigr] \le \sum_{z\in A} I\bigl[x_1 \xleftrightarrow{\bm{m}+\bm{n}} z\bigr] I\bigl[z \xleftrightarrow{\bm{m}+\bm{n}} x_3\bigr] \tag{A.154}$$

という評価を使えばよい（図 A.5(b) 参照）．

(A.153) を「出発点」の (A.134) に代入すると

$$-u^{(4)}(x_1,x_2,x_3,x_4) \le \sum_{\substack{\bm{n}_1,\bm{n}_2\in\mathcal{N}_\Lambda \\ \left(\substack{\partial\bm{n}_1=\varnothing \\ \partial\bm{n}_2=\{x_2\}\Delta\{x_4\}}\right)}} \frac{w(\bm{n}_1)\,w(\bm{n}_2)}{(\tilde{Z}_\Lambda)^2} \sum_{z\in C_{\bm{n}_1+\bm{n}_2}(x_4)} \langle\sigma_{x_1}\sigma_z\rangle_\Lambda \langle\sigma_z\sigma_{x_3}\rangle_\Lambda$$

$$+ (x_3 \text{ と } x_4 \text{ を取り替えたもの})$$

$$= \sum_{z \in \Lambda} \sum_{\substack{n_1, n_2 \in \mathcal{N}_\Lambda \\ \left(\substack{\partial n_1 = \varnothing \\ \partial n_2 = \{x_2\} \Delta \{x_4\}}\right)}} \frac{w(n_1)\, w(n_2)}{(\tilde{Z}_\Lambda)^2} I\!\left[z \xleftrightarrow{n_1+n_2} x_4\right] \langle \sigma_{x_1} \sigma_z \rangle_\Lambda \langle \sigma_z \sigma_{x_3} \rangle_\Lambda$$
$$+ (x_3 \text{ と } x_4 \text{ を取り替えたもの}) \tag{A.155}$$

となる. n_1, n_2 についての和は補題 A.10 (250 ページ) の (A.90) を右から左へ使って源泉を移せば $\langle \sigma_{x_2} \sigma_z \rangle_\Lambda \langle \sigma_z \sigma_{x_4} \rangle_\Lambda$ となり, Aizenman 不等式 (A.124) が得られる.

3.7 Aizenman-Barski-Fernández 不等式

9 章で転移点の一意性を証明する際, 磁場中の Ising 模型の磁化についての Aizenman-Barsky-Fernández 不等式が本質的な役割を果たした.

A.20 [定理] (Aizenman-Barsky-Fernández (ABF) 不等式) 系 C において $\hat{\boldsymbol{J}} \geq \boldsymbol{0}$ かつ $\hat{h} \geq 0$ ならば, 任意の $x \in \Lambda$ に対して

$$\langle \sigma_x \rangle_\Lambda \leq \sum_z (\tanh \hat{h}_z) \langle \sigma_x ; \sigma_z \rangle_\Lambda + \left(\langle \sigma_x \rangle_\Lambda \right)^3$$
$$+ \sum_{u,v \in \Lambda} (\tanh \hat{J}_{u,v}) \langle \sigma_x ; \sigma_u \sigma_v \rangle_\Lambda \left(\langle \sigma_v \rangle_\Lambda \right)^2 \tag{A.156}$$

が成り立つ. また, $\hat{\boldsymbol{J}} \geq \boldsymbol{0}, \hat{h} \geq 0$, かつ並進対称 ($\hat{h}_x = h$ は x によらず, $\hat{J}_{x,y} = \hat{J}_{x-y}$ は $x-y$ のみの関数) な周期境界条件の系 C では,

$$\langle \sigma_0 \rangle_\Lambda \leq \tanh h \sum_{z \in \Lambda} \langle \sigma_0 ; \sigma_z \rangle_\Lambda + \left(\langle \sigma_0 \rangle_\Lambda \right)^3$$
$$+ \frac{1}{2} \sum_{u,v \in \Lambda} \tanh(\hat{J}_{u-v}) \langle \sigma_0 ; \sigma_u \sigma_v \rangle_\Lambda \left(\langle \sigma_0 \rangle_\Lambda \right)^2 \tag{A.157}$$

が成り立つ.

これはかなり強力な不等式なので証明も容易ではない. ところが, Aizenman-Barski-Fernández 不等式は上で証明した Aizenman-Graham 不等式とよく似た構造をもっており, ゴーストスピンの方法を用いると, Aizenman-Graham 不等式の証明を少し書き直すだけで証明できてしまう[24]. 以下では, これをみよう.

---

[24] 実は証明を書き直さず, 単に Aizenman-Graham 不等式にゴーストスピンの方法を適用するだ

証明 まず，磁場中の系を（形式的に）磁場のない系に書き直すゴーストスピンの方法 (ghost spin trick) を導入する．格子 Λ にゴーストサイトと呼ばれる一つの格子点 g を付け足した格子 $\tilde{\Lambda} := \Lambda \cup \{g\}$ を考える．$\tilde{\Lambda}$ 上のスピン配位を $\tilde{\boldsymbol{\sigma}} = (\sigma_x)_{x \in \tilde{\Lambda}} = (\boldsymbol{\sigma}, \sigma_g)$ とし，(A.2) のハミルトニアンに対応して，

$$H^{\mathrm{g}}(\tilde{\boldsymbol{\sigma}}) := - \sum_{\{x,y\} \in \mathcal{B}_\Lambda} \hat{J}_{x,y}\, \sigma_x \sigma_y - \sum_{x \in \Lambda} \hat{h}_x\, \sigma_x \sigma_g \tag{A.158}$$

というハミルトニアンを考える．これは（形だけを見れば）スピン間の相互作用だけを含んだ磁場のない系のハミルトニアンである．(A.158) の平衡状態（つまり $\tilde{\boldsymbol{\sigma}}$ が $e^{-H^{\mathrm{g}}(\tilde{\boldsymbol{\sigma}})}$ に従って確率分布する状態）での期待値 (A.5) を $\langle \cdots \rangle_{\tilde{\Lambda}}$ のように書こう．

これに対して，元来の Λ 上の系の磁場の入ったハミルトニアン (A.2) の平衡状態での期待値をこれまで通り $\langle \cdots \rangle_\Lambda$ と書く．これら二種類の期待値は，任意の $A \subset \Lambda$ に対して

$$\langle \sigma^A \rangle_\Lambda = \begin{cases} \langle \sigma^A \rangle_{\tilde{\Lambda}} & |A| \text{ が偶数のとき} \\ \langle \sigma^A\, \sigma_g \rangle_{\tilde{\Lambda}} & |A| \text{ が奇数のとき} \end{cases} \tag{A.159}$$

によって結ばれていることが（分配関数と期待値の定義を書き下してみれば）容易に確かめられる．

このように，磁場入りの系を，ゴーストスピン σ_g と σ_x が $\hat{h}_x$ で相互作用している磁場なしの系で表現できる．これによって磁場のない系についての様々なテクニックを使って磁場の入った系を扱うことができる．

これからゴーストスピンの入った $\tilde{\Lambda}$ 上の系で，Aizenman-Graham 不等式の証明を見直していく．最初に「第一歩」の四点関数の表式 (A.133) から得られる結果をみておこう．$x, u, v \in \Lambda$ とする．まず

$$\langle \sigma_u; \sigma_x \rangle_\Lambda = \langle \sigma_g \sigma_u; \sigma_g \sigma_x \rangle_{\tilde{\Lambda}} = \sum_{\substack{\boldsymbol{n}_1, \boldsymbol{n}_2 \in \mathcal{N}_{\tilde{\Lambda}} \\ \left(\begin{smallmatrix} \partial \boldsymbol{n}_1 = \varnothing \\ \partial \boldsymbol{n}_2 = \{u\} \Delta \{x\} \end{smallmatrix}\right)}} \frac{w(\boldsymbol{n}_1)\, w(\boldsymbol{n}_2)}{(\tilde{Z}_{\tilde{\Lambda}})^2} \langle \sigma_g \sigma_g \rangle_{\tilde{\Lambda} \setminus C(x)}$$

(A.160)

がいえる[25]．ここで $C(x) = C_{\boldsymbol{n}_1 + \boldsymbol{n}_2}(x)$ と略記した（この先も同じように書く）．

けで，（少しだけ評価の弱い）ほとんど同じ不等式を証明することもできる．

[25] ここで $\sigma_g \sigma_g = 1$ としたくなるが，Aizenman-Graham 不等式の証明の冒頭に宣言した「方便」のために，そうはならない．

(A.133) にはさらに「x_3 と x_4 を入れ替えた項」があるが，そこから出てくる $\langle \sigma_g \sigma_x \rangle_{\tilde{\Lambda} \setminus C(g)}$ はつねにゼロである．同様に，

$$\langle \sigma_x ; \sigma_u \sigma_v \rangle_\Lambda = \langle \sigma_g \sigma_x ; \sigma_v \sigma_u \rangle_{\tilde{\Lambda}}$$

$$= \sum_{\substack{\boldsymbol{n}_1, \boldsymbol{n}_2 \in \mathcal{N}_{\tilde{\Lambda}} \\ \left(\begin{smallmatrix} \partial \boldsymbol{n}_1 = \varnothing \\ \partial \boldsymbol{n}_2 = \{x\}\Delta\{u\} \end{smallmatrix}\right)}} \frac{w(\boldsymbol{n}_1)\,w(\boldsymbol{n}_2)}{(\tilde{Z}_{\tilde{\Lambda}})^2} \langle \sigma_g \sigma_v \rangle_{\tilde{\Lambda} \setminus C(x)} + (u \text{ と } v \text{ を入れ替えた項}) \quad \text{(A.161)}$$

もいえる．素直に代入すると期待値をとる部分格子は $\tilde{\Lambda} \setminus C(u)$ となるが，$\partial \boldsymbol{n}_2 = \{x\}\Delta\{u\}$ を考えれば $C(u) = C(x)$ なので上のように書いた．

次に「出発点」だった連結四点関数の表式 (A.134) をみよう．ここで四つの格子点を $x_1 = x_2 = x_3 = g$ および $x_4 = x \in \Lambda$ と選ぶ．連結四点関数の表式 (A.123) を思い出せば，左辺は $-u^{(4,\mathrm{g})}(g,g,g,x) = 2\langle \sigma_g \sigma_x \rangle_{\tilde{\Lambda}} = 2\langle \sigma_x \rangle_\Lambda$ となる．(A.134) 右辺の二つの項のうちの一つ目は

$$\sum_{\substack{\boldsymbol{n}_1, \boldsymbol{n}_2 \in \mathcal{N}_{\tilde{\Lambda}} \\ \left(\begin{smallmatrix} \partial \boldsymbol{n}_1 = \varnothing \\ \partial \boldsymbol{n}_2 = \{g\}\Delta\{x\} \end{smallmatrix}\right)}} \frac{w(\boldsymbol{n}_1)\,w(\boldsymbol{n}_2)}{(\tilde{Z}_{\tilde{\Lambda}})^2} \left\{ 1 - \langle \sigma_g \sigma_g \rangle_{\tilde{\Lambda} \setminus C(x)} \right\} \quad \text{(A.162)}$$

だが，$\partial \boldsymbol{n}_2 = \{g\}\Delta\{x\}$ だから $C(x) \ni g$ であり，部分格子上の期待値についてのルールから $\langle \sigma_g \sigma_g \rangle_{\tilde{\Lambda} \setminus C(x)} = 0$ となる．残るランダムカレントの和は簡単にとれて，$\langle \sigma_g \sigma_x \rangle_{\tilde{\Lambda}} = \langle \sigma_x \rangle_\Lambda$ が得られる．この項はこれ以上変形しない．(A.134) の右辺第二項（「x_3 と x_4 を入れ替えた項」）については Aizenman-Graham 不等式の証明の通りに進み，(A.146), (A.151) のように評価する．

以上を合わせれば，(A.152) に相当する評価は

$$2\langle \sigma_x \rangle_\Lambda \leq \langle \sigma_x \rangle_\Lambda + \sum_{u,v \in \tilde{\Lambda}} \tau_{u,v} (\langle \sigma_v \rangle_\Lambda)^2 \sum_{\substack{\boldsymbol{n}_1, \boldsymbol{n}_2 \in \mathcal{N}_{\tilde{\Lambda}} \\ \left(\begin{smallmatrix} \partial \boldsymbol{n}_1 = \{x\}\Delta\{u\} \\ \partial \boldsymbol{n}_2 = \varnothing \end{smallmatrix}\right)}} \frac{w(\boldsymbol{n}_1)\,w(\boldsymbol{n}_2)}{(\tilde{Z}_{\tilde{\Lambda}})^2} \langle \sigma_g \sigma_v \rangle_{\tilde{\Lambda} \setminus C(x)}$$

$$+ (\langle \sigma_x \rangle_\Lambda)^3 \quad \text{(A.163)}$$

となる．第二項の和を評価しよう．$u, v \in \tilde{\Lambda}$ で足しあげる際に $u = g$ となると，$\partial \boldsymbol{n}_1 = \{x\}\Delta\{g\}$ だから $C(x) \ni g$ となり $\langle \sigma_g \sigma_v \rangle_{\tilde{\Lambda} \setminus C(x)} = 0$ である．よって u, v

についての和は，$u,v\in\Lambda$ についての和と $v=g$ と固定した上での $u\in\Lambda$ についての和の二つに分けて評価すればよい．一つ目の和については，(A.161) で「u と v を入れ替えた項」が非負であることに注意して，

$$\sum_{u,v\in\Lambda}(\cdots) \leq \sum_{u,v\in\Lambda}\tau_{u,v}\bigl(\langle\sigma_v\rangle_\Lambda\bigr)^2\langle\sigma_x;\sigma_u\sigma_v\rangle_\Lambda \tag{A.164}$$

とできる．二つ目の和はランダムカレントについての和が (A.160) と完全に同じなので，

$$\sum_{u\in\Lambda}\tau_{u,g}\bigl(\langle\sigma_v\rangle_\Lambda\bigr)^2\langle\sigma_x;\sigma_u\rangle_\Lambda \tag{A.165}$$

となる．$\tau_{u,g}=\tanh\hat{h}_u$ に注意すれば求める不等式 (A.156) が得られる．

並進対称性があるときには，任意の $v\in\Lambda$ について $\langle\sigma_v\rangle_\Lambda=\langle\sigma_0\rangle_\Lambda$ である．すると (A.164) に相当する和の評価で，$\tau_{u,u}=0$ に注意して対称性を使えば，

$$\sum_{u,v\in\Lambda}\tau_{u,v}\bigl(\langle\sigma_0\rangle_\Lambda\bigr)^2\sum_{\substack{\boldsymbol{n}_1,\boldsymbol{n}_2\in\mathcal{N}_{\tilde{\Lambda}}\\ \left(\substack{\partial\boldsymbol{n}_1=\{x\}\Delta\{u\}\\ \partial\boldsymbol{n}_2=\varnothing}\right)}}\frac{w(\boldsymbol{n}_1)w(\boldsymbol{n}_2)}{(\tilde{Z}_{\tilde{\Lambda}})^2}\langle\sigma_g\sigma_v\rangle_{\tilde{\Lambda}\setminus C(x)}$$

$$=\frac{1}{2}\sum_{u,v\in\Lambda}\tau_{u,v}\bigl(\langle\sigma_0\rangle_\Lambda\bigr)^2\Bigl\{\sum_{\boldsymbol{n}_1,\boldsymbol{n}_2}(\cdots)+(u\text{ と }v\text{ を入れ替えた項})\Bigr\}$$

$$=\frac{1}{2}\sum_{u,v\in\Lambda}\tau_{u,v}\bigl(\langle\sigma_0\rangle_\Lambda\bigr)^2\langle\sigma_x;\sigma_u\sigma_v\rangle_\Lambda \tag{A.166}$$

のように (A.161) を無駄なく利用できる．こうして求める不等式 (A.157) が得られる．∎

文献について

Fernández, Fröhlich, Sokal [25] と Glimm, Jaffe [27] には種々の相関不等式がまとめられている．

相関不等式という考え方は Griffiths [97, 98, 99] が創始したと思われる．その後，多くの研究者が様々な相関不等式を導出し，多くの証明法が考案された．本書でも多用した複変数の方法を最初に用いたのは Percus [154] である．ランダムカレントと「源泉の移し替え」のアイディアは GHS 不等式を証明した Griffiths, Hurst, Sherman [101] による．Aizennman [45] はこの手法を発展させ，種々の相関不等式がランダムカレントの方法で体系的に証明できることを示し，さらに，Aizenman 不等式などの強力な新しい不等式を証明した．本書で紹介した「源泉の移し替え」の補題 A.10（250 ページ）の形は坂井 [157] に

よる．本書では紹介しなかったが，やはり強力で汎用性の高い相関不等式の証明法として，Brydges, Fröhlich, Spencer [67], Brydges, Fröhlich, Sokal [66] が発展させたランダムウォーク表示を用いる方法がある．ランダムウォーク表示の方法は Fernández, Fröhlich, Sokal [25] に詳しく解説されている．また，Ising 模型で証明された相関不等式を φ^4 模型など他の系に（半ば自動的に）拡張する方法が Simon, Griffiths [162] によって考案された．

以下，個々の不等式の出典等を述べる．

命題 4.1, 命題 4.2（57 ページ），定理 A.1（228 ページ），定理 A.3（230 ページ）の Griffiths 第一，第二不等式は Griffiths [97, 98] および Kelly, Sherman [123] による．これらの不等式を GKS 不等式と呼ぶこともある．Ginibre [92] はこれらの不等式のもっとも一般的な拡張を与えた（Sylvester [168] による不等式の成立しない例も興味深い）．

系 4.5（58 ページ）の Lebowitz 不等式は Lebowitz [130] による．定理 A.4（232 ページ）の Ellis-Monroe-Newman 不等式は Ellis, Monroe, Newman [79] と Sylvester [167] による．

命題 4.6（59 ページ），定理 A.6（237 ページ）の GHS 不等式は Griffiths, Hurst, Sherman [101] による．Ellis, Monroe [78] は複変数の方法による別証を与えた．命題 4.8（59 ページ）の GHS 第二不等式については証明を解説する余裕がなかった．Griffiths, Hurst, Sherman の原論文 [101] を参照されたい．この不等式のランダムカレントを用いた証明を本書の web ページ（iii ページの脚注を参照）で公開する予定である．

命題 4.10, 命題 4.11（61 ページ），定理 A.7（238 ページ）の Messager-Miracle-Solé 不等式は Messager, Miracle-Solé [144], Hegerfeldt [118], Schrader [160] による．

命題 4.3（58 ページ），定理 A.8, 定理 A.9（243 ページ）の FKG 不等式は Fortuin, Kasteleyn, Ginibre [84] による．

命題 4.4（58 ページ）のガウス型不等式は Newman [148] による．

命題 4.9（60 ページ）の Simon-Lieb 不等式は Simon [161] の不等式を Lieb [136] がさらに改良したもの．Simon は Dobrushin の講演にヒントを得てこの不等式を着想したと述べている．また本書では取り上げなかった Griffiths 第三不等式 [99] はこの不等式の先駆けともいえる．

命題 A.13（256 ページ）の不等式は Newman [148, Theorem 5] が初出のようだが，ここでは Aizenman [45] による証明を紹介した．（実はこの不等式は 232 ページで証明した $\langle\!\langle s_x s_y t_z t_w \rangle\!\rangle \geq 0$ と同値である [25, p.284]．）

定理 A.17（261 ページ）の Aizenman 不等式は Aizenman [45] による．Fröhlich [85] はランダムウォーク表示を用いて類似の不等式を証明している．(10.65)（179 ページ），定理 A.18（262 ページ）の Aizenman-Graham 不等式は Aizenman, Graham [52] による．ここで紹介した Aizenman-Graham 不等式の証明は坂井（私信）による（坂井 [157] では同様の手法によって Ising 模型に対するレース展開が構成された）．

定理 A.20（273 ページ）Aizenman-Barsky-Fernández 不等式（150 ページの (9.5) も参照）は，まずパーコレーションに対するものが Aizenman, Barsky [48] によって証明された後，Aizenman, Barsky, Fernández [49] によって Ising 模型に対して証明された．

付録 B

鏡映正値性とその帰結

　この付録では，構成的場の量子論と厳密統計力学の交流から生まれた鏡映正値性の方法について詳しく述べる．本文で用いた結果を証明する他に，鏡映正値性から得られる強力な結果の一部を紹介する．特に重要なのは，二点相関関数の Fourier 変換をガウス型の二点関数と関連づける infrared bound (B.52)，一般的な $d \geq 3$ の強磁性のスピン系における長距離秩序の存在証明（定理 B.8（294 ページ）），そして，二点相関関数を指数減衰する関数 $\lambda^{|x_1|}$ の重ね合わせとして表現するスペクトル表示（定理 B.12（303 ページ））である．

1. 鏡映正値性の一般論

　鏡映正値性 (reflection positivity) は，もとは場の量子論の数学的な理論のなかで生まれた概念だが，その後，統計力学においても重要な道具となることが明らかになった．この節では，取り扱うモデルを設定し，鏡映正値性を証明し，基本となるチェスボード評価について述べる．

1.1　一般の N 成分スピン系

　鏡映正値性はわれわれが本文で扱ってきた標準的な Ising 模型以外のモデルでも成立する．特にスピン変数についての自由度はきわめて大きく，Ising 模型を大きく超えてきわめて一般的な多成分のスピンを扱うことができる．一方，格子と相互作用の形には強い制限があり，基本的には立方格子上の並進不変な最隣接の相互作用しか扱うことができない．多くの相関不等式が（スピンに制限がある代わりに）ほぼ任意の格子で成立するのとは対照的である．

　以下では鏡映正値性が成り立つ一般のモデルを扱う．格子は，これまでと同じ

1. 鏡映正値性の一般論

一辺 L（ただし L は偶数）の d 次元立方格子 Λ_L とする．また，N を正整数として一般的な N 成分のスピンを扱う．ただし，特に多成分系に関心のない場合は $N=1$ のつもりで読み進められるだろう．

各々の格子点 $x \in \Lambda_L$ に N 成分のスピン変数 $\varphi_x = (\varphi_x^{(1)}, \ldots, \varphi_x^{(N)}) \in \mathbb{R}^N$ を対応させる．さらに，すべてのスピン変数の組を $\boldsymbol{\varphi} = (\varphi_x)_{x \in \Lambda_L} \in \mathbb{R}^{N|\Lambda_L|}$ と書く．単独のスピンが他のスピンと相互作用していないときのふるまいは，$\mathbb{R}^N$ 上のある測度 $d\mu_0(\varphi)$ で決まるとする．測度としては，任意の $a > 0$ について $\int d\mu_0(\varphi) e^{a|\varphi|^2} < \infty$ が成り立てば何をとってもよい．$d\mu_0(\varphi) = \delta(|\varphi|-1)\, d^N\varphi$ としたものが N ベクトルモデルである（12章1.2節）．さらに $N=1$ とすれば Ising 模型になる．

ハミルトニアンはガウス型模型の (3.42) と同じように

$$H_L(\boldsymbol{\varphi}) = - \sum_{\{x,y\} \in \overline{\mathcal{B}}_L} \varphi_x \cdot \varphi_y \tag{B.1}$$

とする．**周期境界条件**をとり $\overline{\mathcal{B}}_L = \mathcal{B}_L \cup \partial\mathcal{B}_L$ 上の相互作用を足しあげた．(2.25) を参照．また，$\varphi_x \cdot \varphi_y = \sum_{\nu=1}^N \varphi_x^{(\nu)} \varphi_y^{(\nu)}$ は $\mathbb{R}^N$ 上の内積である．

ハミルトニアン (B.1) には磁場の項が入っていないが，ここでは後の解析に便利なように，単独のスピンについての測度に磁場の効果を取り込む．$h \in \mathbb{R}^N$ を一様な磁場，$\beta > 0$ を逆温度として，新たな測度を

$$d\mu_{\beta,h}(\varphi) = e^{\beta h \cdot \varphi}\, d\mu_0(\varphi) \tag{B.2}$$

とする．

すべてのスピン変数についての（相互作用を含まない）積分を

$$\int \mathcal{D}\mu_{\beta,h}(\boldsymbol{\varphi})(\cdots) = \left(\prod_{x \in \Lambda_L} \int_{\varphi_x \in \mathbb{R}^N} d\mu_{\beta,h}(\varphi_x) \right)(\cdots) \tag{B.3}$$

と書く．分配関数を

$$Z_L^{\mathrm{P}}(\beta, h) := \int \mathcal{D}\mu_{\beta,h}(\boldsymbol{\varphi})\, e^{-\beta H_L(\boldsymbol{\varphi})} \tag{B.4}$$

とし，$\boldsymbol{\varphi}$ の関数 $g(\boldsymbol{\varphi})$ の期待値を

$$\langle g(\boldsymbol{\varphi}) \rangle_{L;\beta,h}^{\mathrm{P}} := \frac{1}{Z_L^{\mathrm{P}}(\beta, h)} \int \mathcal{D}\mu_{\beta,h}(\boldsymbol{\varphi})\, g(\boldsymbol{\varphi})\, e^{-\beta H_L(\boldsymbol{\varphi})} \tag{B.5}$$

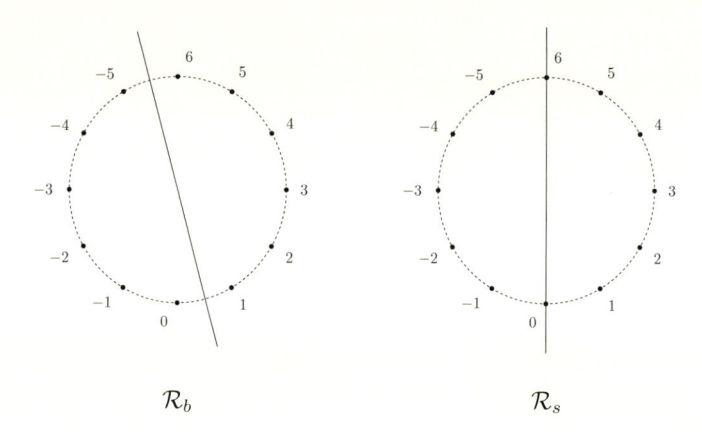

図 B.1 鏡映変換 $\mathcal{R}_b$ と $\mathcal{R}_s$ の概念図. $L = 12$ の 1 次元周期境界条件でそれぞれの鏡映面を直線で示した.

と定義する. なお, この付録ではパラメーター β, h を変化させることはほとんどないので, 期待値の添え字 β, h は必要のないときは省略する. また, つねに周期境界条件を考えるので添え字 P も省略することがある. さらに, スピンの成分 (ν) との混同を避けるため, この付録に限り, $x \in \mathbb{R}^d$ の成分表示を $x = (x_1, x_2, \ldots, x_d)$ と書く.

1.2 鏡映正値性

格子 Λ_L 上に二種類の鏡映変換 $\mathcal{R}_b$ と $\mathcal{R}_s$ を定義する (図 B.1). L を偶数としたので, 格子 Λ_L の定義 (2.11) より $\Lambda_L = \{-(L/2) + 1, \ldots, L/2\}^d$ である. $\mathcal{R}_b : \Lambda_L \to \Lambda_L$ を, 超平面 $x_1 = 1/2$ についての鏡映変換

$$\mathcal{R}_b((x_1, x_2, \ldots, x_d)) = (1 - x_1, x_2, \ldots, x_d) \tag{B.6}$$

とする. 超平面 $x_1 = 1/2$ を貫くボンドを中心にした変換なので, **ボンド反転**と呼ぶ. $\mathcal{R}_s : \Lambda_L \to \Lambda_L$ を, 超平面 $x_1 = 0$ についての鏡映変換

$$\mathcal{R}_s((x_1, x_2, \ldots, x_d)) = \begin{cases} (-x_1, x_2, \ldots, x_d), & x_1 < L/2 \\ (x_1, x_2, \ldots, x_d), & x_1 = L/2 \end{cases} \tag{B.7}$$

とする. 超平面 $x_1 = 0$ に含まれる格子点 (サイト) を中心にした変換なので, **サ**

イト反転と呼ぶ．それぞれの変換に対応して，

$$\Lambda_L^{\text{b},+} = \left\{ x \in \Lambda_L \,\middle|\, x_1 \geq 1 \right\}, \quad \Lambda_L^{\text{b},-} = \left\{ x \in \Lambda_L \,\middle|\, x_1 \leq 0 \right\} \tag{B.8}$$

および

$$\Lambda_L^{\text{s},+} = \left\{ x \in \Lambda_L \,\middle|\, x_1 \geq 0 \right\}, \quad \Lambda_L^{\text{s},-} = \left\{ x \in \Lambda_L \,\middle|\, x_1 \leq 0 \text{ または } x_1 = L/2 \right\} \tag{B.9}$$

とする．$\Lambda_L^{\text{b},+} \cap \Lambda_L^{\text{b},-} = \emptyset$ だが，$\Lambda_L^{\text{s},+} \cap \Lambda_L^{\text{s},-}$ は $x_1 = 0$ と $x_1 = L/2$ の二つの超平面からなる．以下 r で b か s のいずれかを表わすことにする．$r = \text{b}, \text{s}$ について，$\Lambda_L^{r,+} \cup \Lambda_L^{r,-} = \Lambda_L$ であり，さらに $\mathcal{R}_r(\Lambda_L^{r,\pm}) = \Lambda_L^{r,\mp}$ が成り立つ．

$x \in \Lambda_L^{r,\pm}$ の範囲のスピン変数 φ_x の任意の実係数の多項式の全体を $\mathfrak{A}_{r,\pm}$ と呼ぶ．変換 $\mathcal{R}_r$ の単項式への作用を $\mathcal{R}_r\{(\varphi_x)^n (\varphi_y)^m (\varphi_z)^l \cdots\} = (\varphi_{\mathcal{R}_r(x)})^n (\varphi_{\mathcal{R}_r(y)})^m (\varphi_{\mathcal{R}_r(z)})^l \cdots$ ($n, m, l, \ldots$ は非負の整数）と定め，これを線型に拡張することで，線型変換 $\mathcal{R}_r : \mathfrak{A}_{r,+} \to \mathfrak{A}_{r,-}$ を定義する．

以下の定理がこの付録でのすべての結果の出発点になる．

B.1 [定理] (鏡映正値性) $r = \text{b}, \text{s}$ とする．任意の $A \in \mathfrak{A}_{r,+}$ について，

$$\langle A \, \mathcal{R}_r(A) \rangle^{\text{P}}_{L;\beta,h} \geq 0 \tag{B.10}$$

が成立する．

不等式 (B.10) を鏡映正値性と呼ぶ．これによって，$\mathfrak{A}_{r,+}$ 上の実双線型形式 $(A, B) := \langle A \, \mathcal{R}_r(B) \rangle^{\text{P}}_{L;\beta,h}$ が半正定値であることがいえる．

証明 r と L を省略し，$\Lambda^0 = \Lambda^+ \cap \Lambda^-$ と書く．まずハミルトニアンが完全にゼロのモデルを考えて，その期待値を $\langle \cdots \rangle_0$ と書くと，

$$\langle A \, \mathcal{R}(A) \rangle_0 = \frac{1}{Z(0)} \Big(\prod_{x \in \Lambda} \int d\mu(\varphi_x) \Big) A \, \mathcal{R}(A)$$

$$= \frac{1}{Z(0)} \Big(\prod_{x \in \Lambda^0} \int d\mu(\varphi_x) \Big) \Big\{ \Big(\prod_{x \in \Lambda^+ \setminus \Lambda^0} \int d\mu(\varphi_x) \Big) A \Big\}^2 \geq 0 \tag{B.11}$$

となり，鏡映正値である（$d\mu(\cdot)$ は $d\mu_{\beta,h}(\cdot)$ の略）．ハミルトニアンがゼロでないときの期待値を $\langle \cdots \rangle$ と書くと，

$$\langle A \, \mathcal{R}(A) \rangle = \frac{\langle A \, \mathcal{R}(A) \, e^{-\beta H(\boldsymbol{\varphi})} \rangle_0}{\langle e^{-\beta H(\boldsymbol{\varphi})} \rangle_0} \tag{B.12}$$

である．ここでハミルトニアン (B.1) が $B, C_i \in \mathfrak{A}_+$ によって

$$-\beta H(\boldsymbol{\varphi}) = B + \mathcal{R}(B) + \sum_i C_i \mathcal{R}(C_i) \tag{B.13}$$

と書けることに注意する（$r = s$ なら $C_i = 0$ である）．よって，

$$e^{-\beta H(\boldsymbol{\varphi})} = e^B e^{\mathcal{R}(B)} \sum_{n=0}^{\infty} \frac{1}{n!} \Bigl(\sum_i C_i \mathcal{R}(C_i) \Bigr)^n \tag{B.14}$$

となる．さらに $(\sum_i C_i \mathcal{R}(C_i))^n$ を展開すると，展開の各項は，

$$e^B e^{\mathcal{R}(B)} \prod_i \{ C_i \mathcal{R}(C_i) \}^{n_i} = (e^B \prod_i (C_i)^{n_i}) \mathcal{R}(e^B \prod_i (C_i)^{n_i}) \tag{B.15}$$

という形に書ける．$\langle A \mathcal{R}(A) D \mathcal{R}(D) \rangle_0 = \langle AD \mathcal{R}(AD) \rangle_0 \geq 0$ に注意すれば，$\langle A \mathcal{R}(A) e^{-\beta H(\boldsymbol{\varphi})} \rangle_0 \geq 0$ つまり $\langle A \mathcal{R}(A) \rangle \geq 0$ がいえる． ∎

B.2 [注意] 上の証明からわかるように，(1) 期待値 $\langle \cdots \rangle_0$ が鏡映正値性をもつ，(2) ハミルトニアンが (B.13) の形に書ける，という二つの条件を満たす系では鏡映正値性が成立する．

1.3 チェスボード評価

周期境界条件の系での鏡映正値性の重要な帰結として，**チェスボード評価** (chessboard estimate) と呼ばれる不等式を導く．チェスボード評価のもとになるのは，双線型形式 $(A, B) = \langle A \mathcal{R}_\mathrm{b}(B) \rangle_L$ についての Schwarz 不等式，つまり，任意の $A, B \in \mathfrak{A}_{\mathrm{b},+}$ について，

$$\langle A \mathcal{R}_\mathrm{b}(B) \rangle_L \leq \sqrt{\langle A \mathcal{R}_\mathrm{b}(A) \rangle_L \langle B \mathcal{R}_\mathrm{b}(B) \rangle_L} \tag{B.16}$$

となることである．

一般の不等式を導く前に，$d = 1$ で L が小さい状況を具体的にみておくのがよい．

まず $L = 2$ つまり $\Lambda_2 = \{0, 1\}$ の場合．$f(\varphi), g(\varphi)$ を $\mathbb{R}^N$ 上の任意の多項式とする．Schwarz 不等式 (B.16) より

$$\begin{aligned}
\langle f(\varphi_1) g(\varphi_0) \rangle_2 &= \langle f(\varphi_1) \mathcal{R}_\mathrm{b}(g(\varphi_1)) \rangle_2 \\
&\leq \sqrt{\langle f(\varphi_1) \mathcal{R}_\mathrm{b}(f(\varphi_1)) \rangle_2 \langle g(\varphi_1) \mathcal{R}_\mathrm{b}(g(\varphi_1)) \rangle_2} \\
&= \sqrt{\langle f(\varphi_1) f(\varphi_0) \rangle_2 \langle g(\varphi_1) g(\varphi_0) \rangle_2}
\end{aligned} \tag{B.17}$$

が得られる．左辺は，格子点ごとに異なる関数の積の期待値だが，右辺では，二つの格子点での同じ関数の積の期待値に「ならされて」いる．

次に $L = 4$ つまり $\Lambda_4 = \{-1, 0, 1, 2\}$ の場合を扱う．各々の $x \in \Lambda_4$ について $\mathbb{R}^N$ の任意の多項式 $f_x(\varphi)$ を用意する．上と同じように Schwarz 不等式 (B.16) を使うと，

$$
\begin{aligned}
\langle f_2(\varphi_2)\, & f_1(\varphi_1)\, f_0(\varphi_0)\, f_{-1}(\varphi_{-1}) \rangle_4 \\
&= \langle f_2(\varphi_2)\, f_1(\varphi_1)\, \mathcal{R}_{\mathrm{b}}(f_{-1}(\varphi_2)\, f_0(\varphi_1)) \rangle_4 \\
&\leq \sqrt{\langle f_2(\varphi_2)\, f_1(\varphi_1)\, f_1(\varphi_0)\, f_2(\varphi_{-1}) \rangle_4} \\
&\quad \times \sqrt{\langle f_{-1}(\varphi_2)\, f_0(\varphi_1)\, f_0(\varphi_0)\, f_{-1}(\varphi_{-1}) \rangle_4}
\end{aligned}
\tag{B.18}
$$

となるが，右辺の期待値に二種類の関数が混ざっており，まだ完全に「ならされて」はいない．そこで，並進対称性を使って変形したあとで Schwarz 不等式 (B.16) を使うと，右辺の一つ目の期待値は，

$$
\begin{aligned}
\langle f_2(\varphi_2)\, f_1(\varphi_1)\, f_1(\varphi_0)\, f_2(\varphi_{-1}) \rangle_4 &= \langle f_1(\varphi_2)\, f_1(\varphi_1)\, f_2(\varphi_0)\, f_2(\varphi_{-1}) \rangle_4 \\
&= \langle f_1(\varphi_2)\, f_1(\varphi_1)\, \mathcal{R}_{\mathrm{b}}(f_2(\varphi_2)\, f_2(\varphi_1)) \rangle_4 \\
&\leq \left(\Big\langle \prod_{x \in \Lambda_4} f_1(\varphi_x) \Big\rangle_4 \Big\langle \prod_{x \in \Lambda_4} f_2(\varphi_x) \Big\rangle_4 \right)^{1/2}
\end{aligned}
\tag{B.19}
$$

のように，押さえられる．(B.18) 右辺の二つ目の期待値も同じように評価し，(B.18) に戻して整理すると，

$$
\Big\langle \prod_{x \in \Lambda_4} f_x(\varphi_x) \Big\rangle_4 \leq \left\{ \prod_{y \in \Lambda_4} \Big\langle \prod_{x \in \Lambda_4} f_y(\varphi_x) \Big\rangle_4 \right\}^{1/4}
\tag{B.20}
$$

という，きれいに「ならされた」不等式が得られる．

一般の偶数 L と $d \geq 1$ について，(B.17), (B.20) の拡張にあたる不等式を証明したい．これまでの流れからすると自然なアイディアは $L = 2^n$ として帰納法を使うことだが，ここではより直接的な証明を紹介する．まず，設定を抽象化して次の補題を示す．

B.3 [補題] $\mathfrak{A}_0$ を実係数の線型空間とする．n を正整数とし，$2n$ 重線型写像 $F : \mathfrak{A}_0 \times \cdots \times \mathfrak{A}_0 \to \mathbb{R}$ が，任意の $f_1, \ldots, f_{2n} \in \mathfrak{A}_0$ について，巡回性

$$
F(f_1, \ldots, f_{2n-1}, f_{2n}) = F(f_{2n}, f_1, \ldots, f_{2n-1})
\tag{B.21}
$$

および Schwarz 不等式

$$F(f_1,\ldots,f_n,f_{n+1},\ldots,f_{2n})$$
$$\leq \sqrt{F(f_1,\ldots,f_n,f_n,\ldots,f_1)\,F(f_{2n},\ldots,f_{n+1},f_{n+1},\ldots,f_{2n})} \qquad \text{(B.22)}$$

を満たすとする.また,任意の $f \in \mathfrak{A}_0$ に対して $F(f,f,\ldots,f) \geq 0$ とする.このとき,$\|f\| = F(f,f,\ldots,f)^{1/(2n)}$ と定義すると,任意の $f_1,\ldots,f_{2n} \in \mathfrak{A}_0$ について,

$$F(f_1,\ldots,f_{2n}) \leq \prod_{i=1}^{2n} \|f_i\| \qquad \text{(B.23)}$$

が成り立つ.

証明 いずれかの $\|f_i\|$ がゼロなら F がゼロだから,不等式は成り立つ.以下ではすべての $\|f_i\|$ がゼロでない場合を考える.(線型ではない)$2n$ 重写像

$$G(f_1,\ldots,f_{2n}) := \frac{F(f_1,\ldots,f_{2n})}{\prod_{i=1}^{2n} \|f_i\|} \qquad \text{(B.24)}$$

を定義する.(B.22) より,この関数についても,Schwarz 型の不等式

$$G(f_1,\ldots,f_n,f_{n+1},\ldots,f_{2n})$$
$$\leq \sqrt{G(f_1,\ldots,f_n,f_n,\ldots,f_1)\,G(f_{2n},\ldots,f_{n+1},f_{n+1},\ldots,f_{2n})} \qquad \text{(B.25)}$$

が成り立つ.

任意の $f_1,\ldots,f_{2n}$ を選び,固定する.各々の $i=1,\ldots,2n$ について,g_i を $f_1,\ldots,f_{2n}$ のいずれかにとる.こうして,全部で $(2n)^{2n}$ 通りの列 $(g_1,\ldots,g_{2n})$ が作られる.ここで,$G_{\max} = \max_{(g_1,\ldots,g_{2n})} G(g_1,\ldots,g_{2n})$ とする.$G_{\max} = 1$ となれば,求める (B.23) が得られる.

$G(g_1,\ldots,g_{2n}) = G_{\max}$ を満たす列 $(g_1,\ldots,g_{2n})$ をとる.$G(g_1,\ldots,g_{2n})$ に (B.25) を使うと,左辺が $G_{\max}$ だから右辺の $\sqrt{\ }$ の中の二つの $G(\cdots)$ はどちらも $G_{\max}$ に等しい.一つ目に注目し,(B.21) を使うと,$G_{\max} = G(g_1,g_2,\ldots,g_n,g_n,\ldots,g_2,g_1) = G(g_1,g_1,g_2,g_3,g_4,\ldots,g_4,g_3,g_2)$ となり,$G(\ldots)$ の引数の最初の二つが g_1 になる.これに,同じように (B.25), (B.21) を使うと,今度は $G_{\max} = G(g_1,g_1,g_1,g_1,g_2,\ldots)$ がいえる.同じことをくり返すと,$G_{\max} = G(g_1,\ldots,g_1) = 1$ が得られる.

B.4 [定理] (チェスボード評価)　　L を任意の偶数とし，次元 d を任意とする．各々の $x \in \Lambda_L$ について $f_x : \mathbb{R}^N \to \mathbb{R}$ を任意の実係数の多項式とするとき，

$$\Big\langle \prod_{x \in \Lambda_L} f_x(\varphi_x) \Big\rangle_{L;\beta,h}^{\mathrm{P}} \leq \prod_{y \in \Lambda_L} \Big\{ \Big\langle \prod_{x \in \Lambda_L} f_y(\varphi_x) \Big\rangle_{L;\beta,h}^{\mathrm{P}} \Big\}^{1/|\Lambda_L|} \tag{B.26}$$

が成り立つ．

証明　　$x \in \Lambda_L$ を $x = (x_1, \vec{x})$ と書く．$\vec{x} = (x_2, \ldots, x_d)$ である．$L = 2n$ とし，$j = 1, \ldots, 2n$ について，$\prod_{\vec{x}} f_{(j-n, \vec{x})}(\varphi_{(j-n, \vec{x})})$ を補題 B.3 での f_j に対応させる．(B.23) より

$$\Big\langle \prod_{x_1} \prod_{\vec{x}} f_{(x_1, \vec{x})}(\varphi_{(x_1, \vec{x})}) \Big\rangle \leq \prod_{x_1} \Big\{ \Big\langle \prod_{x'_1} \prod_{\vec{x}} f_{(x_1, \vec{x})}(\varphi_{(x'_1, \vec{x})}) \Big\rangle \Big\}^{1/L} \tag{B.27}$$

を得る．残りの $d-1$ 個の方向についても同じことをくり返せば，(B.26) が得られる．∎

2. ガウス型の上界

鏡映正値性のもっとも重要な応用として，二点相関関数についてのガウス型の上界を証明する．10 章 3 節で用いた二点相関関数の Fourier 変換の上界 (B.52)，8 章 1 節で紹介した二点相関関数の上界 (B.81) を証明する他，2.4 節では一般のスピン系において低温で長距離秩序が存在することを証明する．

2.1　基本的な不等式

ここで $N|\Lambda_L|$ 次元の実ベクトル空間

$$\mathcal{V}_L^{(N)} := \Big\{ (\xi_x)_{x \in \Lambda_L} \,\Big|\, \xi_x \in \mathbb{R}^N \Big\} \tag{B.28}$$

を定義しておく．

各々の $x \in \Lambda_L$ について，格子点ごとに変動する「磁場」$\xi_x \in \mathbb{R}^N$ をとろう．これらを集めたものを $\boldsymbol{\xi} = (\xi_x)_{x \in \Lambda_L} \in \mathcal{V}_L^{(N)}$ と書く．各々の $\boldsymbol{\xi}$ について，

$$Z_L^{\mathrm{P}}(\beta, h; \boldsymbol{\xi}) := \int \mathcal{D}\mu_{\beta,h}(\boldsymbol{\varphi}) \exp\Bigl(-\frac{\beta}{2} \sum_{\{x,y\}\in\overline{\mathcal{B}}_L} \bigl|(\varphi_x - \xi_x) - (\varphi_y - \xi_y)\bigr|^2$$
$$+ d\beta \sum_{x\in\Lambda_L} |\varphi_x|^2\Bigr) \tag{B.29}$$

と定義する. $\mathcal{V}_L^{(N)}$ の要素ですべての成分がゼロのものを $\mathbf{0}$ と書けば, $Z_L^{\mathrm{P}}(\beta, h, \mathbf{0})$ は分配関数 (B.4) そのものである.

B.5 [補題] 任意の $\beta \in \mathbb{R}$, $h \in \mathbb{R}^N$ と $\boldsymbol{\xi} \in \mathcal{V}_L^{(N)}$ について,

$$Z_L^{\mathrm{P}}(\beta, h; \boldsymbol{\xi}) \leq Z_L^{\mathrm{P}}(\beta, h; \mathbf{0}) = Z_L^{\mathrm{P}}(\beta, h) \tag{B.30}$$

が成り立つ.

証明 まず, 単独のスピンの測度が連続関数 $F(\varphi) > 0$ によって $d\mu_{\beta,h}(\varphi) = F(\varphi) d^N \varphi$ と書ける場合を扱う ($d^N\varphi = d\varphi^{(1)} \cdots d\varphi^{(N)}$ は $\mathbb{R}^N$ 上の Lebesgue 測度). $\tilde{F}(\varphi) = F(\varphi)\exp(d\beta|\varphi|^2)$ とすると,

$$\mathcal{D}\mu_{\beta,h}(\boldsymbol{\varphi}) e^{-\beta H_L(\boldsymbol{\varphi})} = \mathcal{D}\boldsymbol{\varphi} \exp\Bigl(-\frac{\beta}{2}\sum_{\{x,y\}\in\overline{\mathcal{B}}_L} |\varphi_x - \varphi_y|^2\Bigr) \prod_{x\in\Lambda_L} \tilde{F}(\varphi_x) \tag{B.31}$$

と書ける. ここで $\mathcal{D}\boldsymbol{\varphi} = \prod_{x\in\Lambda_L} d^N\varphi_x$ である. また, (B.3) に注意すれば,

$$Z_L^{\mathrm{P}}(\beta, h; \boldsymbol{\xi}) = \int \mathcal{D}\boldsymbol{\varphi} \exp\Bigl(-\frac{\beta}{2}\sum_{\{x,y\}\in\overline{\mathcal{B}}_L} \bigl|(\varphi_x - \xi_x) - (\varphi_y - \xi_y)\bigr|^2\Bigr)$$
$$\times \prod_{x\in\Lambda_L} \tilde{F}(\varphi_x) \tag{B.32}$$

であり, $\varphi_x' := \varphi_x - \xi_x$ と変数変換して φ_x' を改めて φ_x と書くと

$$= \int \mathcal{D}\boldsymbol{\varphi} \exp\Bigl(-\frac{\beta}{2}\sum_{\{x,y\}\in\overline{\mathcal{B}}_L} |\varphi_x - \varphi_y|^2\Bigr) \prod_{x\in\Lambda_L} \tilde{F}(\varphi_x + \xi_x)$$
$$= Z_L^{\mathrm{P}}(\beta, h) \Bigl\langle \prod_{x\in\Lambda_L} \frac{\tilde{F}(\varphi_x + \xi_x)}{\tilde{F}(\varphi_x)} \Bigr\rangle_{L;\beta,h}^{\mathrm{P}} \tag{B.33}$$

となる. ここで $f_x(\varphi) = \tilde{F}(\varphi + \xi_x)/\tilde{F}(\varphi)$ は正の連続関数であり, 多項式ではないのだが, 後に述べる理由により $f_x(\varphi)$ についてチェッカーボード評価 (B.26) を使

うことができる．すると，

$$Z_L^{\mathrm{P}}(\beta, h; \boldsymbol{\xi}) \leq Z_L^{\mathrm{P}}(\beta, h) \prod_{y \in \Lambda_L} \left\{ \left\langle \prod_{x \in \Lambda_L} \frac{\tilde{F}(\varphi_x + \xi_y)}{\tilde{F}(\varphi_x)} \right\rangle_{L;\beta,h}^{\mathrm{P}} \right\}^{1/|\Lambda_L|} \quad \text{(B.34)}$$

が得られる．最右辺の期待値の中では，磁場 ξ_y が格子点 x に依存しないことに注意．最右辺に現われた期待値は，

$$\left\langle \prod_{x \in \Lambda_L} \frac{\tilde{F}(\varphi_x + \xi_y)}{\tilde{F}(\varphi_x)} \right\rangle_{L;\beta,h}^{\mathrm{P}}$$
$$= \frac{1}{Z_L^{\mathrm{P}}(\beta, h)} \int \mathcal{D}\boldsymbol{\varphi} \exp\left(-\frac{\beta}{2} \sum_{\{u,v\} \in \overline{\mathcal{B}}_L} |\varphi_u - \varphi_v|^2\right) \prod_{x \in \Lambda_L} \tilde{F}(\varphi_x + \xi_y) \quad \text{(B.35)}$$

と書けるが，すべての x について $\varphi_x' := \varphi_x + \xi_y$ と変数変換すれば，右辺が 1 に等しいことがわかる．よって (B.34) より，求める不等式 (B.30) を得る．

単独のスピンについての測度 $d\mu(\varphi)$ が $F(\varphi)\, d^N\varphi$ という形に書けない場合にも，適切な $F(\varphi)$ を用いた測度 $F(\varphi)\, d^N\varphi$ の極限として表わせる．よって，$Z_L^{\mathrm{P}}(\beta, h; \boldsymbol{\xi})$ や $Z_L^{\mathrm{P}}(\beta, h)$ も，$F(\varphi)$ を用いた測度についての $Z_L^{\mathrm{P}}(\beta, h; \boldsymbol{\xi})$ や $Z_L^{\mathrm{P}}(\beta, h)$ の極限になる．後者については (B.30) が成り立つから，極限をとれば (B.30) はそのまま成立する．

最後に，(B.34) を得る際に $f_x(\varphi) = \tilde{F}(\varphi + \xi_x)/\tilde{F}(\varphi)$ についてのチェスボード評価を使ったことを正当化しておこう．この評価は（考え方は単純だが）丁寧に書くとかなり込み入ってしまうので，ここでは概要だけを述べよう．詳細については，本書の web ページ（iii ページの脚注を参照）の資料を参照．以下，L と $\boldsymbol{\xi}$ を固定する．

スピン変数 φ_x はもともと $\mathbb{R}^N$ の全体を動けるが，ここで定数 $M > 0$ をとり，スピン変数が動く範囲を $|\varphi_x| \leq M$ に制限する．(B.29) に対応する分配関数は，

$$\bar{Z}_L^{\mathrm{P}}(\beta, h; \boldsymbol{\xi}) = \int \mathcal{D}\mu_{\beta,h}(\boldsymbol{\varphi}) \exp(\cdots)\, I[\forall x \in \Lambda_L, |\varphi_x| \leq M] \quad \text{(B.36)}$$

である．測度 $d\mu_0(\varphi)$ の基本的な性質より，M を大きくとれば $|\bar{Z}_L^{\mathrm{P}}(\beta, h; \boldsymbol{\xi}) - Z_L^{\mathrm{P}}(\beta, h; \boldsymbol{\xi})|$ はいくらでも小さくなる．

近似的な分配関数 $\bar{Z}_L^{\mathrm{P}}(\beta, h; \boldsymbol{\xi})$ について (B.32), (B.33) と同じ変形を行なうと，

$$\bar{Z}_L^{\mathrm{P}}(\beta, h; \boldsymbol{\xi}) = Z_L^{\mathrm{P}}(\beta, h) \left\langle \prod_{x \in \Lambda_L} \frac{\tilde{F}(\varphi_x + \xi_x)}{\tilde{F}(\varphi_x)} \right\rangle_M \quad \text{(B.37)}$$

が得られる.ここで,$\bar{Z}_L^{\mathrm{P}}(\beta,h) = \bar{Z}_L^{\mathrm{P}}(\beta,h;\mathbf{0})$ であり,$\langle\cdots\rangle_M$ は,スピン変数が動く範囲を $|\varphi_x| \le M$ に制限した系での $\langle\cdots\rangle_{L;\beta,h}^{\mathrm{P}}$ に対応する期待値である.

$f_x(\varphi) = \tilde{F}(\varphi + \xi_x)/\tilde{F}(\varphi)$ を $|\varphi| \le M$ を満たす φ の関数とみなそう.これは正の連続関数である.Weierstraß の多項式近似定理によればこの関数を望む精度で多項式で近似できる.つまり,任意の $\delta > 0$ に対して,$\varphi \in \mathbb{R}^N$ の多項式 $P_x(\varphi)$ が存在し,$|f_x(\varphi) - P_x(\varphi)| \le \delta$ がすべての $x \in \Lambda_L$ と $|\varphi| \le M$ を満たす φ に対して成り立つ.

さて,期待値 $\langle\cdots\rangle_M$ は,単にスピンの範囲を制限しただけだから,もとの期待値と同様に鏡映正値性を満たす.また,$P_x(\varphi)$ は多項式だから,チェスボード評価 (B.26) がそのまま使える.以上をまとめると,

$$\begin{aligned}
Z_L^{\mathrm{P}}(\beta,h;\boldsymbol{\xi}) &\simeq \bar{Z}_L^{\mathrm{P}}(\beta,h;\boldsymbol{\xi}) = \bar{Z}_L^{\mathrm{P}}(\beta,h) \Big\langle \prod_{x\in\Lambda_L} f_x(\varphi_x) \Big\rangle_M \\
&\simeq \bar{Z}_L^{\mathrm{P}}(\beta,h) \Big\langle \prod_{x\in\Lambda_L} P_x(\varphi_x) \Big\rangle_M \le \bar{Z}_L^{\mathrm{P}}(\beta,h) \prod_{y\in\Lambda_L} \Big\{ \Big\langle \prod_{x\in\Lambda_L} P_y(\varphi_x) \Big\rangle_M \Big\}^{1/|\Lambda_L|}
\end{aligned} \tag{B.38}$$

が得られたことになる.後は,この過程を逆にたどればよい.つまり,最右辺の期待値の中の $P_y(\varphi_x)$ をもとの $f_y(\varphi_x)$ に戻し,そうして得られた表式でスピン変数の動く範囲を $\mathbb{R}^N$ 全体に戻す.これで,(B.30) に (M と δ に依存する) 誤差のついた不等式が得られるが,M,δ は任意なので,$M\uparrow\infty, \delta\downarrow 0$ とすれば,求める (B.30) が示される. ∎

2.2 有限系での上界

不等式 (B.30) をより扱いやすい形にしよう.まず定義 (B.29) で $|(\varphi_x - \xi_x) - (\varphi_y - \xi_y)|^2$ の部分を展開すると,不等式 (B.30) を,

$$\Big\langle \exp\Big[\beta \sum_{\{x,y\}\in\overline{\mathcal{B}}_L} (\xi_x-\xi_y)\cdot(\varphi_x-\varphi_y)\Big]\Big\rangle_{L;\beta,h}^{\mathrm{P}} \le \exp\Big(\frac{\beta}{2}\sum_{\{x,y\}\in\overline{\mathcal{B}}_L} |\xi_x-\xi_y|^2\Big) \tag{B.39}$$

という期待値についての不等式に書き換えることができる.さらにパラメター $s \in \mathbb{R}$ を導入し,すべての x において $\xi_x \to s\xi_x$ と置き換えると

$$\Big\langle \exp\Big[\beta s \sum_{\{x,y\}\in\overline{\mathcal{B}}_L} (\xi_x-\xi_y)\cdot(\varphi_x-\varphi_y)\Big]\Big\rangle_{L;\beta,h}^{\mathrm{P}} \le \exp\Big(\frac{\beta s^2}{2}\sum_{\{x,y\}\in\overline{\mathcal{B}}_L} |\xi_x-\xi_y|^2\Big) \tag{B.40}$$

を得る.この両辺を s のべきに展開して s の各次数を比べよう.0 次は両辺とも

に 1 であり，1 次は両辺ともに 0 なので，展開の 2 次の項から不等式

$$\left\langle \left\{ \sum_{\{x,y\}\in\overline{\mathcal{B}}_L} (\xi_x - \xi_y) \cdot (\varphi_x - \varphi_y) \right\}^2 \right\rangle^{\mathrm{P}}_{L;\beta,h} \leq \frac{1}{\beta} \sum_{\{x,y\}\in\overline{\mathcal{B}}_L} |\xi_x - \xi_y|^2 \quad (\mathrm{B.41})$$

が得られる．

もう少し書き換えを続ける．L は 4 以上の偶数とし，$\bm{f} = (f_x)_{x\in\Lambda_L} \in \mathcal{V}^{(N)}_L$ に作用する格子上のラプラシアン $\Delta^{(N)}_L$ を

$$(\Delta^{(N)}_L \bm{f})_x := \sum_{\substack{y\in\Lambda_L \\ (\{x,y\}\in\overline{\mathcal{B}}_L)}} (f_y - f_x) \quad (\mathrm{B.42})$$

によって定義する．また，1 成分の場合の $\Delta^{(1)}_L$ を単に Δ_L と書くことにする．$\Delta^{(N)}_L$ は $f_x \in \mathbb{R}^N$ の各々の成分にまったく同様に作用するから，1 成分のラプラシアンの行列表示を使って，

$$(\Delta^{(N)}_L \bm{f})_x = \sum_{y\in\Lambda_L} (\Delta_L)_{x,y} f_y \quad (\mathrm{B.43})$$

と書ける．行列の具体的な形は

$$(\Delta_L)_{x,y} = \begin{cases} 1 & \{x,y\}\in\overline{\mathcal{B}}_L \\ -2d & x = y \\ 0 & \text{それ以外} \end{cases} \quad (\mathrm{B.44})$$

である．行列 Δ_L の最大固有値はゼロであり，対応する固有ベクトルは $f_x = (\text{定数})$ となるもの一つだけである[1]（つまり固有空間は 1 次元）．

(B.41) 左辺の和を φ_x でくくり直して整理すると

$$\begin{aligned} \sum_{\{x,y\}\in\overline{\mathcal{B}}_L} (\xi_x - \xi_y) \cdot (\varphi_x - \varphi_y) &= \sum_{x\in\Lambda_L} \sum_{\substack{y\in\Lambda_L \\ (\{x,y\}\in\overline{\mathcal{B}}_L)}} (\xi_x - \xi_y) \cdot \varphi_x \\ &= \sum_{x\in\Lambda_L} (-\Delta^{(N)}_L \bm{\xi})_x \cdot \varphi_x \quad (\mathrm{B.45}) \end{aligned}$$

---

[1] これは，Perron-Frobenius の定理の帰結だが，$\sum_{\{x,y\}\in\overline{\mathcal{B}}_L} f_x (\Delta_L)_{x,y} f_y = -(1/2)\sum_{\{x,y\}\in\overline{\mathcal{B}}_L} (f_x - f_y)^2$ に注意すれば，簡単にわかる．

のようにラプラシアンを使って表わすことができる．右辺でも同様の書き換えをすると (B.41) は，

$$\left\langle \left(\sum_{x\in\Lambda_L}(\Delta_L^{(N)}\boldsymbol{\xi})_x\cdot\varphi_x\right)^2\right\rangle_{L;\beta,h}^{\mathrm{P}} \leq \frac{1}{\beta}\sum_{x\in\Lambda_L}\xi_x\cdot(-\Delta_L^{(N)}\boldsymbol{\xi})_x \tag{B.46}$$

となる．これまでは，$\xi_x\in\mathbb{R}^N$ としてきたが，ξ_x の各成分を複素数に拡張しても，同様の不等式

$$\left\langle \left|\sum_{x\in\Lambda_L}(\Delta_L^{(N)}\boldsymbol{\xi})_x\cdot\varphi_x\right|^2\right\rangle_{L;\beta,h}^{\mathrm{P}} \leq \frac{1}{\beta}\sum_{x\in\Lambda_L}\overline{\xi_x}\cdot(-\Delta_L^{(N)}\boldsymbol{\xi})_x \tag{B.47}$$

が成り立つ (ξ_x を虚数部分と実数部分に分けて書き直せばすぐに示される)．$z\in\mathbb{C}$ の複素共役を $\bar{z}$ と書いた．

(B.47) を，$\boldsymbol{\xi}$ の代わりに $\boldsymbol{f}=\Delta_L^{(N)}\boldsymbol{\xi}$ を用いて書き換えたい．ただし，$\Delta_L^{(N)}$ はゼロ固有値をもつので，$\boldsymbol{f}$ に逆行列をかけるというわけにはいかない．$\mathcal{K}_L$ を (3.61) の波数空間とする．(3.68) で定義した $\epsilon_0(k)$ を用いて，

$$(-\Delta_L^{-1})_{x,y} := \frac{1}{|\Lambda_L|}\sum_{\substack{k\in\mathcal{K}_L \\ k\neq 0}}\frac{e^{ik\cdot(x-y)}}{\epsilon_0(k)} \tag{B.48}$$

により，$|\Lambda_L|\times|\Lambda_L|$ 次の行列 $-\Delta_L^{-1}$ を定義する．

Δ_L のゼロ以外の固有値に対応する固有ベクトルが張る部分空間は，$\sum_{x\in\Lambda_L}f_x=0$ を満たすすべての $\boldsymbol{f}=(f_x)_{x\in\Lambda_L}\in\mathcal{V}_L^{(N)}$ からなる．この部分空間に制限すれば，Δ_L と Δ_L^{-1} は互いに逆演算子になっている．つまり，任意の $\boldsymbol{\xi}\in\mathcal{V}_L^{(N)}$ に対して，$\boldsymbol{f}=(f_x)_{x\in\Lambda_L}=\Delta_L\boldsymbol{\xi}$ は $\sum_{x\in\Lambda_L}f_x=0$ を満たす．逆に，$\sum_{x\in\Lambda_L}f_x=0$ を満たす任意の $\boldsymbol{f}=(f_x)_{x\in\Lambda_L}$ に対して，$\boldsymbol{\xi}=\Delta_L^{-1}\boldsymbol{f}$ は $\boldsymbol{f}=\Delta_L\boldsymbol{\xi}$ を満たす．この事実は定義 (B.48) と Fourier 変換の基本の関係 (3.66) から導かれる．

よって，$\sum_{x\in\Lambda_L}f_x=0$ を満たす任意の $\boldsymbol{f}=(f_x)_{x\in\Lambda_L}\in\mathcal{V}_L^{(N)}$ に対して $\xi_x=\sum_{y\in\Lambda_L}(\Delta_L^{-1})_{x,y}f_y$ ととれば，(B.47) は

$$\left\langle \left|\sum_{x\in\Lambda_L}f_x\cdot\varphi_x\right|^2\right\rangle_{L;\beta,h}^{\mathrm{P}} \leq \frac{1}{\beta}\sum_{x,y\in\Lambda_L}\overline{f_x}\cdot(-\Delta_L^{-1})_{x,y}f_y \tag{B.49}$$

となる．以下，この不等式を利用して様々な評価を導く．

任意の成分 $\nu=1,\ldots,N$ と $k\in\mathcal{K}_L$ を固定し，$f_x=(f_x^{(1)},\ldots,f_x^{(N)})$ を，$f_x^{(\nu)}=e^{ik\cdot x}$ および $\nu'\neq\nu$ については $f_x^{(\nu')}=0$ とする．Fourier 変換の基本の

関係 (3.66) から，$k \neq (0,\ldots,0)$ ならば $\sum_{x \in \Lambda_L} f_x = 0$ なので，これを (B.49) に代入してよい．すると (B.49) の左辺は，並進不変性によって

$$\Big\langle \Big|\sum_{x \in \Lambda_L} e^{ik \cdot x} \varphi_x^{(\nu)}\Big|^2 \Big\rangle_{L;\beta,h}^{\mathrm{P}} = |\Lambda_L| \sum_{x \in \Lambda_L} e^{-ik \cdot x} \langle \varphi_o^{(\nu)} \varphi_x^{(\nu)} \rangle_{L;\beta,h}^{\mathrm{P}}$$
$$= |\Lambda_L| \hat{G}_{L;\beta,h}^{(\nu)}(k) \tag{B.50}$$

と変形できる．ここで $\hat{G}_{L;\beta,h}^{(\nu)}(k) := \sum_{x \in \Lambda_L} e^{-ik \cdot x} \langle \varphi_o^{(\nu)} \varphi_x^{(\nu)} \rangle_{L;\beta,h}^{\mathrm{P}}$ は二点相関関数の Fourier 変換である．(B.49) の右辺については，(B.48) の定義に基づいて計算すると

$$\sum_{x,y \in \Lambda_L} e^{-ik \cdot x} (-\Delta_L^{-1})_{x,y} e^{ik \cdot y} = \frac{|\Lambda_L|}{\epsilon_0(k)} \tag{B.51}$$

がわかる．よって，不等式 (B.49) から次の重要な評価が得られる．

B.6 [命題] (Infrared bound)　　任意の $\beta > 0, h \in \mathbb{R}, k \in \mathcal{K}_L \setminus \{(0,\ldots,0)\}$, $\nu = 1,\ldots,N$ について

$$0 \leq \hat{G}_{L;\beta,h}^{(\nu)}(k) \leq \frac{1}{\beta \, \epsilon_0(k)} \tag{B.52}$$

が成立する．

(B.52) の右辺はガウス型模型の二点相関関数の Fourier 変換 (3.67) で分母の第一項だけを残したものに等しい．つまり，(B.52) は，きわめて一般的な強磁性スピン系の二点相関関数が，ガウス型模型の二点相関関数で表わされる普遍的かつ定量的な制限を受けることを意味する．不等式 (B.52) は（波数空間での）infrared bound と呼ばれる[2]．

なお，$h = 0$ の低温相や $h \neq 0$ のときには二点相関関数 $\langle \varphi_o^{(\nu)} \varphi_x^{(\nu)} \rangle_{L;\beta,h}^{\mathrm{P}}$ には o と x がどんなに離れても減衰しない成分が残る．しかし，このような成分の寄与は $\hat{G}^{(\nu)}(0,0,\ldots,0)$ に現われるので，(B.52) には影響しない．

2.3　無限体積の極限での上界

(B.52) は有限系の二点相関関数についての不等式だったが，ここでは相関関数の

---

[2] infrared とは「赤外」の意味で，$|k| \downarrow 0$ での漸近的なふるまいを意味する物理の用語である．（赤外線は可視光よりも長い波長，つまり，小さい波数をもつことから来る．同じ流儀で，$|k| \uparrow \infty$ での漸近的なふるまいは「紫外 (ultraviolet)」と呼ばれる．）不等式 (B.52) がもっとも重要な意味をもつのが $|k| \downarrow 0$ のときなので，この名で呼ばれる．

無限体積極限についての不等式を導く．$\beta > 0, h \in \mathbb{R}$ を固定し，期待値 $\langle \cdots \rangle^{\mathrm{P}}_{L;\beta,h}$ の $L \uparrow \infty$ 極限をとり，$\langle \cdots \rangle^{\mathrm{P}}_{\beta,h}$ と書く．一般には極限 $\lim_{L\uparrow\infty} \langle \cdots \rangle^{\mathrm{P}}_{L;\beta,h}$ が存在する保証はないが，ここでは極限の存在を仮定して話を進めよう[3]．

f_x としては，$\sum_{x \in \mathbb{Z}^d} f_x = 0$ を満たし，有限個の x においてのみゼロと異なるものに限定し，(B.49) の $L \uparrow \infty$ の極限を考えよう．f_x が有限個の x のみでゼロでないので，(B.49) の両辺での x, y の和は有限和である．よって (B.49) の左辺は単に $\langle (\sum_{x \in \mathbb{Z}^d} f_x \cdot \varphi_x)^2 \rangle^{\mathrm{P}}_{\beta,h}$ に収束する．また，右辺の $(-\Delta^{-1}_L)_{x,y}$ は $d \geq 3$ では優越収束の定理から

$$(-\Delta^{-1})_{x,y} = \int_{[-\pi,\pi]^d} \frac{d^d k}{(2\pi)^d} \frac{e^{ik\cdot(x-y)}}{\epsilon_0(k)} \approx \frac{1}{|x-y|^{d-2}} \tag{B.53}$$

に収束し，したがって $d \geq 3$ では右辺は $\frac{1}{\beta} \sum_{x \in \mathbb{Z}^d} \overline{f_x} \cdot (-\Delta^{-1} f)_x$ に収束する．以上から，$\sum_{x \in \mathbb{Z}^d} f_x = 0$ を満たし，有限個の x においてのみゼロと異なるような f_x に対して，$d \geq 3$ では

$$\Big\langle \Big| \sum_{x \in \mathbb{Z}^d} f_x \cdot \varphi_x \Big|^2 \Big\rangle^{\mathrm{P}}_{\beta,h} \leq \frac{1}{\beta} \sum_{x \in \mathbb{Z}^d} \overline{f_x} (-\Delta^{-1})_{x,y} f_y \tag{B.54}$$

が成り立つことがわかった．これをもとに，二点相関関数についての以下の結果が証明できる．

B.7 [命題] (無限体積での Infrared bound) $d \geq 3$ とする．任意の $\beta > 0$，$h \in \mathbb{R}$ について，無限体積極限の二点関数は定数 $p^{(\nu)}_{\beta,h}$ と関数 $g^{(\nu)}_{\beta,h}(x)$ を用いて

$$\langle \varphi^{(\nu)}_o \varphi^{(\nu)}_x \rangle^{\mathrm{P}}_{\beta,h} = p^{(\nu)}_{\beta,h} + g^{(\nu)}_{\beta,h}(x) \tag{B.55}$$

と書ける．ここで $p^{(\nu)}_{\beta,h} \geq 0$ は定数で，関数 $g^{(\nu)}_{\beta,h}(x)$ は

$$g^{(\nu)}_{\beta,h}(x) = \int_{[-\pi,\pi]^d} \frac{d^d k}{(2\pi)^d} e^{ik\cdot x} \hat{g}^{(\nu)}_{\beta,h}(k), \quad 0 \leq \hat{g}^{(\nu)}_{\beta,h}(k) \leq \frac{1}{\beta \epsilon_0(k)} \tag{B.56}$$

を満たす．さらに

$$\lim_{|x|\uparrow\infty} \langle \varphi^{(\nu)}_o \varphi^{(\nu)}_x \rangle^{\mathrm{P}}_{\beta,h} = p^{(\nu)}_{\beta,h} \tag{B.57}$$

である．

---

[3] これは本質的な問題ではなく，いくつかの方法で対処できる．たとえば，物理量を限定して lim sup によって無限体積極限を定義してもよいし，適当な部分列 $L_1, L_2, \ldots$（ただし，$L_i < L_{i+1}$）をとり $\langle \cdots \rangle^{\mathrm{P}}_{L_i;\beta,h}$ の $i \uparrow \infty$ の極限をとってもいい．

証明 形式的には，これは有限体積での結果 (B.52) の無限体積極限になっているが，証明は以下のように進める．まず，$G(x) := \langle \varphi_o^{(\nu)} \varphi_x^{(\nu)} \rangle_{\beta,h}^{\mathrm{P}}$ が正の定符号関数であることに注意する[4]．Bochner の定理により [35, Theorem IX.9]，正の定符号関数は適当な測度 $d\lambda$ のフーリエ変換

$$G(x) = \int_{[-\pi,\pi]^d} d\lambda(k) e^{ik\cdot x} \tag{B.58}$$

で表わされる．

次に，$\sum_x f_x = 0$，かつ有限個の x についてのみゼロでないような f_x に対して (B.54) を書き下す．f_x もフーリエ変換した上で (B.58) の表式を用いると，結果は

$$\int d\lambda(k) |\hat{f}(k)|^2 \le \frac{1}{\beta} \int_{[-\pi,\pi]^d} \frac{d^d k}{(2\pi)^d} |\hat{f}(k)|^2 \frac{1}{\epsilon_0(k)} \tag{B.59}$$

となる．

ここで少なくとも一つの成分がゼロではない $k_0 \in [-\pi,\pi]^d$ を固定し，$\hat{f}(k)$ として k_0 のごく近傍だけに台をもつものをとってみよう．$|\hat{f}(k)|$ を有界にしたまま台をゼロにした極限では，(B.59) の右辺はゼロに行くから，左辺もゼロに行く．つまり，$k \ne 0$ では $d\lambda(k)$ は $d^d k$ （ルベーグ測度）に対して絶対連続 [36, p.120][18, 定理 7.11, 定理 7.12] [1, pp.126–128] である．$d^d k$ に対して絶対連続でないのは $k = 0$ のところだけなので，Lebesgue-Radon-Nikodym の定理 [36, p.121, Theorem 6.10] [18, pp.147–149] [1, 定理 18.4] により，適当な定数 c' と密度関数 $\rho(k)$ を用いて

$$d\lambda(k) = c'\,\delta(k) + \rho(k)\,d^d k \tag{B.60}$$

と書ける（$d\lambda$ が非負なので，$c' \ge 0$）．これを用いて (B.59) を書き直すと

$$\int d^d k\,\rho(k)\,|\hat{f}(k)|^2 \le \frac{1}{\beta} \int_{[-\pi,\pi]^d} \frac{d^d k}{(2\pi)^d} |\hat{f}(k)|^2 \frac{1}{\epsilon_0(k)} \tag{B.61}$$

となる[5]．ここで $\hat{f}(k)$ が $k_0 \ne 0$ の周りに局在した極限を考えると，$\rho(k) \le \{\beta(2\pi)^d \epsilon_0(k)\}^{-1}$ となるので，$\hat{g}(k) := (2\pi)^d \rho(k)$ として (B.55) と (B.56) を得る．

---

[4] 有限個の x についてのみゼロでない任意の f_x に対して $\sum_{x,y} \overline{f_x} G(x-y) f_y \ge 0$ のとき，関数 $G(x)$ を正の定符号関数という．今の場合は，$\sum_{x,y} \overline{f_x} G(x-y) f_y = \langle |\sum_x f_x \varphi_x^{(\nu)}|^2 \rangle_{\beta,h}^{\mathrm{P}}$ なので明らかに正の定符号である．

[5] $\sum_x f_x = 0$ なので $\hat{f}(0) = 0$ である．したがって (B.59) の左辺から c' が消えてしまう．

最後に, (B.56) から $\hat{g}(k)$ は可積分だから, Riemann-Lebesgue の補題 [35, Theorem IX.7] から $\lim_{|x|\uparrow\infty} g(x) = 0$ が結論できて, (B.57) が証明される. ∎

2.4 低温での長距離秩序

鏡映正値性のもっとも重要な帰結ともいえる, 3次元以上での一般的な N 成分スピン系における相転移の存在証明をみよう.

前節と同様に d 次元の N 成分スピン系の無限体積極限での期待値 $\langle \cdots \rangle_{\beta,h}^{\mathrm{P}}$ を扱うが, 磁場 h はゼロとする. まず, 定数 $\rho_0 > 0$ があって, 任意の β において

$$\langle |\varphi_o|^2 \rangle_{\beta,0}^{\mathrm{P}} = \sum_{\nu=1}^{N} \langle (\varphi_o^{(\nu)})^2 \rangle_{\beta,0}^{\mathrm{P}} \geq \rho_0 \tag{B.62}$$

となることを仮定する. もっとも標準的な N 成分のスピン系である $O(N)$ モデルでは $|\varphi_o|^2 = 1$ なので, (B.62) は $\rho_0 = 1$ として成立する[6]. また, $d \geq 3$ では

$$I_d := (-\Delta^{-1})_{o,o} = \int_{k \in [-\pi,\pi)^d} \frac{dk}{(2\pi)^d} \frac{1}{\epsilon_0(k)} \tag{B.63}$$

は有限の定数であることに注意しておく.

すでに命題 B.7 の後半で極限

$$\lim_{|x|\uparrow\infty} \langle \varphi_x^{(\nu)} \varphi_y^{(\nu)} \rangle_{\beta,0}^{\mathrm{P}} = p^{(\nu)}(\beta) \geq 0 \tag{B.64}$$

が存在することを示した. ここで $p(\beta) := \sum_{\nu=1}^{N} p^{(\nu)}(\beta)$ により**長距離秩序パラメター** (long range order parameter) を定義する. 7 章 1.2 節でみたように, $p(\beta) > 0$ ならば, 遠方のスピンどうしが互いにそろいあう**長距離秩序** (long-range order) が生じている.

ここでの主要な結論は以下の不等式である.

B.8 [定理] $d \geq 3$ とする. 秩序パラメター $p(\beta)$ は

$$p(\beta) := \sum_{\nu=1}^{N} \lim_{|x|\uparrow\infty} \langle \varphi_o^{(\nu)} \varphi_x^{(\nu)} \rangle_{\beta,0}^{\mathrm{P}} \geq \rho_0 - \frac{N I_d}{\beta} \tag{B.65}$$

---

[6] φ^4 模型 (12 章 1.1 節参照) のようにスピンが非有界なモデルでは, 同じ論法で (B.62) を示すことはできない. その場合にもチェスボード評価によって代替となる不等式を示すことができる. 詳しくは原論文 [86] を参照されたい.

を満たす．よって，$\beta > NI_d/\rho_0$ ならば秩序パラメターは正で，系は低温相にある[7]．

証明 (B.55) と (B.56) を $x = o$ として書き下すと

$$\begin{aligned}
\langle |\varphi_o^{(\nu)}|^2 \rangle_{\beta,0}^{\mathrm{P}} &= p_\beta^{(\nu)} + g_\beta^{(\nu)}(0) \\
&\leq p_\beta^{(\nu)} + \int_{k \in [-\pi,\pi]^d} \frac{d^d k}{(2\pi)^d} \frac{1}{\beta \epsilon_0(k)} \\
&= p_\beta^{(\nu)} + \frac{I_d}{\beta}
\end{aligned} \quad (\text{B.66})$$

を得る．これを $\nu = 1, \ldots, N$ について足すと，左辺は (B.62) から ρ_0 以上でなければならない．つまり，

$$\rho_0 \leq \sum_{\nu=1}^{N} \left(p_\beta^{(\nu)} + \frac{I_d}{\beta} \right) = p(\beta) + \frac{NI_d}{\beta} \quad (\text{B.67})$$

が必要である．これは (B.65) に他ならない． ∎

秩序パラメターが正ならば，いずれかの ν について $\tilde{\chi}^{(\nu)}(\beta) := \sum_x \langle \varphi_o^{(\nu)} \varphi_x^{(\nu)} \rangle_{\beta,0}^{\mathrm{P}} = \infty$ でなくてはならない．よって，Ising 模型での (6.5) と同様に，

$$\beta_{\mathrm{c}} = \sup\{\beta \,|\, \text{すべての } \nu = 1, \ldots, N \text{ について } \tilde{\chi}^{(\nu)}(\beta) < \infty \} \quad (\text{B.68})$$

と定義すれば，定理 B.8 より

$$\beta_{\mathrm{c}} \leq \frac{NI_d}{\rho_0} \quad (\text{B.69})$$

という転移点の上界が得られる．特に Ising 模型の場合は $N = 1$, $\rho_0 = 1$ なので，$\beta_{\mathrm{c}} \leq I_d$ である．$d = 3$ とすると $\beta_{\mathrm{c}} \leq I_3 \simeq 0.25273101$ となり[8]，近似的な手法で求められている $\beta_{\mathrm{c}} \simeq .22$ にかなり近い．

量子理想気体の統計力学を学んだ読者は，以上の議論が，理想 Bose 気体での Bose-Einstein 凝縮の導出と似ていることに気づくだろう．分散関係 $\epsilon(k)$ の Bose

---

[7] この言い方は，$\tilde{\chi}^{(\nu)}(\beta) < \infty$ となる高温相が存在することを前提にしているので，いささか不正確である．一般に，$\int d\mu(\varphi)\varphi = 0$ を満たす系では，十分に小さい β について $\tilde{\chi}^{(\nu)}(\beta) < \infty$ となる．

[8] 正確な表式は $I_3 = \Gamma(\frac{1}{24})\Gamma(\frac{5}{24})\Gamma(\frac{7}{24})\Gamma(\frac{11}{24})/(\sqrt{6}\pi^3)$ である [172, 122]．

理想気体では，粒子密度 ρ_0，体積 V，最低のエネルギー準位の占有数 n_0 のあいだに，

$$\rho_0 - \frac{\langle n_0 \rangle_\beta}{V} = \int \frac{d^d k}{(2\pi)^d} \frac{1}{e^{\beta(\epsilon(k)-\mu)} - 1} \leq \frac{1}{\beta} \int \frac{d^d k}{(2\pi)^d} \frac{1}{\epsilon(k)} \tag{B.70}$$

という関係が成り立つ[9]．$\langle n_0 \rangle_\beta / V$ を秩序パラメター $p(\beta)$ に対応させれば，この不等式は (B.65) とほぼ完全に同じ形をしている．(B.70) でも，右辺の積分が収束するなら，β が十分に大きいとき，$\langle n_0 \rangle_\beta / V > 0$ つまり $\langle n_0 \rangle_\beta \approx V$ となり，体積と同じオーダーの数の粒子が最低のエネルギー順位を占めるという凝縮現象の存在が示される．

このような類似性は，$d \geq 3$ での強磁性スピン系の相転移を，一種の Bose-Einstein 凝縮とみなしうることを示唆する．大ざっぱにいうと，スピン系で粒子の役割を果たすのは「スピン波励起」と呼ばれる波数 k をもったスピン配位のパターンである．もちろん，スピン系において「スピン波励起」が正確に粒子としてふるまうわけではないし，励起どうしは相互作用しあっている．それでも (B.65) の不等式が成立するということは，この描像が物理的な真実の一面をとらえていることを意味しているのだ．

ハミルトニアン (B.1) をもった $d \geq 3$ のスピン系は，成分数 N や単独のスピンの測度 $d\mu_0(\varphi)$ にまったく依存せず，低温で長距離秩序をもつことが証明された．$d \geq 3$ での強磁性スピン系の相転移は，きわめて普遍的な現象であり，その背後にはスピン波の Bose-Einstein 凝縮という物理があるといってよいだろう．これに対して $d = 2$ のスピン系での相転移がはるかにデリケートな現象であることは，12 章 1.2 節で議論した通りである．

2.5　Ising 模型の二点相関関数の上界

ガウス型の上界の応用として，最後に Ising 模型に戻り，二点相関関数の上界 (8.4) を証明しよう．これは実空間での infrared bound と呼ぶべき関係である．

はじめに，一般の N 成分系についてガウス型の上界 (B.75) を示す．磁場 h はゼロで，系が高温相にあること，つまり，すべての $\nu = 1, 2, \ldots, N$ について

---

[9] たとえば [11] の 10 章を参照．$\min \epsilon(k) = 0$ とする．μ は化学ポテンシャルで，$\mu < 0$ である．k の積分範囲は，格子上のモデルなら $k \in [-\pi, \pi)^d$，連続空間のモデルなら $k \in \mathbb{R}^d$ だが，この議論で重要なのは $k = 0$ 近辺での積分である．

$$\tilde{\chi}^{(\nu)}(\beta) = \beta \sum_{x \in \mathbb{Z}^d} \langle \varphi_o^{(\nu)} \varphi_x^{(\nu)} \rangle_{\beta,0}^{\mathrm{P}} < \infty \tag{B.71}$$

となることを仮定する.

まず,一般の N 成分モデルにおいて,(B.54) の試行関数 f_x の範囲を広げよう.特に $\sum_x f_x = 0$ の制限を外したい.有限個の $x \in \mathbb{Z}^d$ についてのみ $\theta_x \neq 0$ となる $\theta_x \in \mathbb{C}$ をとり, $\Theta := \sum_{x \in \mathbb{Z}^d} \theta_x$ とする.正整数 L について,第 ν 成分 ($1 \leq \nu \leq N$) のみがゼロでない

$$f_x^{(L)} = \Big(0, \ldots, 0, \theta_x - \frac{\Theta}{|\Lambda_L|} I[x \in \Lambda_L], 0, \ldots, 0\Big) \tag{B.72}$$

を定義する.もちろん $\sum_{x \in \mathbb{Z}^d} f_x^{(L)} = 0$ だから,これを不等式 (B.54) に代入できる.左辺は,

$$\Big\langle \Big| \sum_{x \in \mathbb{Z}^d} f_x^{(L)} \cdot \varphi_x \Big|^2 \Big\rangle_\beta^{\mathrm{P}} = \Big\langle \Big| \sum_{x \in \mathbb{Z}^d} \theta_x \varphi_x^{(\nu)} \Big|^2 \Big\rangle_{\beta,0}^{\mathrm{P}} - \mathrm{Re}\, \frac{2\bar{\Theta}}{|\Lambda_L|} \sum_{\substack{x \in \mathbb{Z}^d \\ y \in \Lambda_L}} \theta_x \langle \varphi_x^{(\nu)} \varphi_y^{(\nu)} \rangle_{\beta,0}^{\mathrm{P}}$$
$$+ \frac{|\Theta|^2}{|\Lambda_L|^2} \sum_{x,y \in \Lambda_L} \langle \varphi_x^{(\nu)} \varphi_y^{(\nu)} \rangle_{\beta,0}^{\mathrm{P}} \tag{B.73}$$

となるが,条件 (B.71) のために,(B.73) 右辺の第二項と第三項は $L \uparrow \infty$ で 0 に収束する[10].(B.54) の右辺についても,同様に,

$$-\sum_{x \in \mathbb{Z}^d} \overline{f_x^{(L)}} \cdot (\Delta^{-1})_{x,y} f_y^{(L)} = -\sum_{x,y \in \mathbb{Z}^d} \overline{\theta_x} (\Delta^{-1})_{x,y} \theta_y$$
$$+ \mathrm{Re}\, \frac{2\bar{\Theta}}{|\Lambda_L|} \sum_{\substack{x \in \mathbb{Z}^d \\ y \in \Lambda_L}} \theta_x (\Delta^{-1})_{x,y} - \frac{|\Theta|^2}{|\Lambda_L|^2} \sum_{x,y \in \Lambda_L} (\Delta^{-1})_{x,y} \tag{B.74}$$

として,(B.53) の漸近形を用いれば,$L \uparrow \infty$ で最右辺の第二項と第三項が 0 に収束することがわかる.このようにして無限体積極限でのガウス型の上界

$$\Big\langle \Big(\sum_{x \in \mathbb{Z}^d} \theta_x \varphi_x^{(\nu)} \Big)^2 \Big\rangle_{\beta,0}^{\mathrm{P}} \leq \frac{1}{\beta} \sum_{x,y \in \mathbb{Z}^d} \overline{\theta_x} (-\Delta^{-1})_{x,y} \theta_y \tag{B.75}$$

が示された.ただし,$\theta_x \in \mathbb{C}$ は有限個の $x \in \mathbb{Z}^d$ のみでゼロと異なり,二点相関関数は条件 (B.71) を満たすことを仮定した.

---

[10] 第三項については自明.第二項については,$\big|\sum_{x,y} \theta_x \langle \varphi_x^{(\nu)} \varphi_y^{(\nu)} \rangle_{\beta,0}^{\mathrm{P}}\big| \leq \tilde{\chi}^{(\nu)}(\beta) \sum_x |\theta_x|$ という(ラフな)評価を使えばいい.

以上を用いて Ising 模型の二点関数を評価しよう．$\beta < \beta_c$ とする．系 6.5 (101 ページ) により周期境界条件の無限体積極限が存在し，他の境界条件の極限と一致する．また定理 6.7 (103 ページ) より $\tilde{\chi}(\beta) < \infty$ だから不等式 (B.75) の成立条件が満たされる．

任意の L をとり，$\theta_x = I[x \in \Lambda_L]$ として不等式 (B.75) を使うと，

$$\sum_{x,y \in \Lambda_L} \langle \sigma_x \sigma_y \rangle_{\beta,0}^{\mathrm{P}} \leq \frac{1}{\beta} \sum_{x,y \in \Lambda_L} (-\Delta^{-1})_{x,y} \leq \frac{B_d'}{\beta} L^{d+2} \tag{B.76}$$

が得られる（B_d' は次元のみによる正の定数）．最右辺を得るのに，$(-\Delta^{-1})_{x,y} \leq$ (定数)$|x-y|^{2-d}$ であること（定理 C.1 (311 ページ)）を用いた．これから，直ちに

$$\min_{x,y \in \Lambda_L} \langle \sigma_x \sigma_y \rangle_{\beta,0}^{\mathrm{P}} \leq \frac{B_d'}{\beta L^{d-2}} \tag{B.77}$$

となる．ここで二点相関関数の単調性 (5.21) から

$$\min_{x,y \in \Lambda_L} \langle \sigma_x \sigma_y \rangle_{\beta,0}^{\mathrm{P}} \geq \langle \sigma_o \sigma_{(dL,0,\ldots,0)} \rangle_{\beta,0}^{\mathrm{P}} \tag{B.78}$$

がいえる．(5.23), (B.78), (B.77) を使えば，任意の $x \in \mathbb{Z}^d$ について，

$$\langle \sigma_o \sigma_x \rangle_{\beta,0}^{\mathrm{P}} \leq \langle \sigma_o \sigma_{(\|x\|_\infty,0,\ldots,0)} \rangle_{\beta,0}^{\mathrm{P}} \leq \frac{B_d' d^{d-2}}{\beta \|x\|_\infty^{d-2}} \leq \frac{B_d' (\sqrt{d}d)^{d-2}}{\beta |x|^{d-2}} \tag{B.79}$$

が示される．最後に距離についての (2.15) を使った．

こうして，並進不変性を使えば，任意の $\beta < \beta_c$ について，

$$\langle \sigma_x \sigma_y \rangle_{\beta,0}^{\mathrm{P}} \leq \frac{B_d}{\beta |x-y|^{d-2}} \tag{B.80}$$

がいえたことになる．あとは，これを $\beta = \beta_c$ まで延長したい．$\beta < \beta_c$ では $\langle \sigma_x \sigma_y \rangle_{\beta,0}^{\mathrm{P}} = \langle \sigma_x \sigma_y \rangle_{\beta,0}^{\mathrm{F}}$ であり，かつ $\langle \sigma_x \sigma_y \rangle_{\beta,0}^{\mathrm{F}}$ は β について左連続であった（命題 5.6 (78 ページ)）．したがって自由境界条件については，(B.80) の両辺で $\beta \uparrow \beta_c$ として

$$\langle \sigma_x \sigma_y \rangle_{\beta,0}^{\mathrm{F}} \leq \frac{B_d}{\beta |x-y|^{d-2}} \tag{B.81}$$

がすべての $\beta \leq \beta_c$ について成り立つことが結論できる．

3. スペクトル表示

鏡映正値性の重要な応用として，二点相関関数のスペクトル表示 (B.106) を導く．スペクトル表示は，二点相関関数が指数減衰する関数 $\lambda^{|x_1|}$ の重ね合わせで書けることを示しており，相関関数の遠距離での漸近的なふるまいを調べる際に威力を発揮する．

ここでも，2.3 節と同様に，一般の N 成分のスピン系の周期境界条件における無限体積極限の期待値 $\langle \cdots \rangle_{\beta,h}^{\mathrm{P}}$ を扱う．以下の議論では関数解析の手法と結果が重要な役割を果たす．関数解析の基礎的な概念や定理については断りなく用いることにする．

3.1 Hilbert 空間の構成

関数解析的な議論の出発点として Hilbert 空間を構成する．ここでは，添え字 β, h, P は省略する．

鏡映変換 $\mathcal{R}_{\mathrm{b}}$ と $\mathcal{R}_{\mathrm{s}}$ の定義は 1.2 節と同じだが，もはや境界のことを考慮する必要がないので，(B.7) は単に $\mathcal{R}_{\mathrm{s}}((x_1, x_2, \ldots, x_d)) = (-x_1, x_2, \ldots, x_d)$ でよい．もちろん鏡映正値性 (B.10) は $L \uparrow \infty$ の極限でも成立する．

$$\mathbb{Z}_+^d := \{ x = (x_1, \ldots, x_d) \in \mathbb{Z}^d \,|\, x_1 \geq 0 \} \tag{B.82}$$

とする．$x \in \mathbb{Z}_+^d$ に対応する φ_x の複素係数の多項式すべてからなる線型空間を $\mathfrak{A}_+$ とする．任意の $A \in \mathfrak{A}_+$ について鏡映正値性

$$\langle \bar{A} \mathcal{R}_{\mathrm{s}}(A) \rangle \geq 0 \tag{B.83}$$

が成り立つ（$\bar{A}$ は A のすべての係数の複素共役をとった多項式）．これは，A を実部と虚部に分けて鏡映正値性 (B.10)（と期待値の空間反転についての対称性）を使えばすぐに示される．

$A, B \in \mathfrak{A}_+$ について半双線型形式（sesquilinear form）$b(A, B)$ を

$$b(A, B) := \langle \bar{A} \mathcal{R}_{\mathrm{s}}(B) \rangle \tag{B.84}$$

と定義する．鏡映正値性 (B.83) より $b(A, A) \geq 0$ である．このままでは，$b(\cdot, \cdot)$ は正の半定符号形式なので，ゼロ空間を

$$\mathcal{N} := \{ A \in \mathfrak{A}_+ \,|\, b(A, A) = 0 \} \tag{B.85}$$

とし，Hilbert 空間を
$$\mathcal{H} := \overline{\mathfrak{A}_+/\mathcal{N}} \tag{B.86}$$

と定義する．ここで，$\mathfrak{A}_+/\mathcal{N}$ は $A - B \in \mathcal{N}$ となる $A, B \in \mathfrak{A}_+$ を同一視して得られる商空間であり，$\overline{}$ はセミノルム $\|A\| = b(A,A)^{1/2}$ による完備化を表わす．

線型空間 $\mathfrak{A}_+$ から $\mathcal{H}$ への自然な写像を π と書く．$A, B \in \mathfrak{A}_+$ について
$$\bigl(\pi(A), \pi(B)\bigr) := b(A, B) = \langle \bar{A} \mathcal{R}_{\mathrm{s}}(B) \rangle \tag{B.87}$$

とすることで，$\pi(\mathfrak{A}_+) \subset \mathcal{H}$ 上の正定値な半双線型形式 $(\cdot, \cdot)$ が定義される．$\pi(\mathfrak{A}_+)$ は $\mathcal{H}$ で稠密なので，$(\cdot, \cdot)$ は $\mathcal{H}$ 全体の内積に拡張される．以下，このように拡張した内積も $(\cdot, \cdot)$ で表わす．また，この内積から導かれる $\mathcal{H}$ のノルムを $\|A\|_{\mathcal{H}} := (A, A)^{1/2}$ と書く．

3.2 並進の作用素の表現

$x \in \mathbb{Z}^d$ に対して，並進の作用素 T_x を
$$T_x(\varphi_y) = \varphi_{y+x} \tag{B.88}$$

により定義する．この定義を自明なやり方で拡張することで，φ_y の任意の多項式に対する T_x の作用を定義する．

B.9 [補題] 任意の $x \in \mathbb{Z}_+^d$ について $T_x \mathcal{N} \subset \mathcal{N}$ が成り立つ．

証明 $A \in \mathcal{N}$ とする．つまり $A \in \mathfrak{A}_+$ かつ $b(A, A) = \langle \bar{A} \mathcal{R}_{\mathrm{s}}(A) \rangle = 0$ である．$T_x(A) \in \mathfrak{A}_+$ なので，鏡映正値性 (B.83) と並進不変性を使えば，
$$\begin{aligned}
0 &\leq \langle \overline{T_x(A)} \, \mathcal{R}_{\mathrm{s}}(T_x(A)) \rangle = \langle T_x(\bar{A}) \, T_{\mathcal{R}_{\mathrm{s}}(x)}(\mathcal{R}_{\mathrm{s}}(A)) \rangle \\
&= \langle T_{x-\mathcal{R}_{\mathrm{s}}(x)}(\bar{A}) \, \mathcal{R}_{\mathrm{s}}(A) \rangle = b(T_{x-\mathcal{R}_{\mathrm{s}}(x)}(A), A) \\
&\leq \bigl\{ b\bigl(T_{x-\mathcal{R}_{\mathrm{s}}(x)}(A), T_{x-\mathcal{R}_{\mathrm{s}}(x)}(A)\bigr) \, b(A, A) \bigr\}^{1/2} = 0
\end{aligned} \tag{B.89}$$

つまり $b(T_x(A), T_x(A)) = 0$ となり，$T_x(A) \in \mathcal{N}$ がわかる． ∎

ここで，任意の $x \in \mathbb{Z}_+^d$ に対して $\pi(\mathfrak{A}_+) \subset \mathcal{H}$ 上の並進作用素 $\hat{T}_x$ を
$$\hat{T}_x \, \pi(A) = \pi(T_x(A)) \tag{B.90}$$

により定義する．$\hat{T}_x$ の定義が代表元 A の選び方に依存しないことは補題 B.9 に

3. スペクトル表示　301

よって保証される. $j = 1, \ldots, d$ について, j 方向の単位ベクトルを e_j と書き, $\hat{T}^{(j)} := \hat{T}_{e_j}$ と定める.

並進作用素は以下の性質をもつ.

B.10 [命題]　任意の $x, y \in \mathbb{Z}_+^d$ について, $\hat{T}_x, \hat{T}_y$ は $\pi(\mathfrak{A}_+)$ 上の作用素として以下を満たす ($*$ は共役作用素, $\|\cdot\|_{\mathrm{op}}$ は作用素ノルムを表わす).

$$\hat{T}_x \hat{T}_y = \hat{T}_y \hat{T}_x = \hat{T}_{x+y} \tag{B.91}$$

$$(\hat{T}_x)^* = \hat{T}_{-\mathcal{R}_\mathrm{s}(x)} \tag{B.92}$$

$$\hat{T}^{(1)} \geq 0 \tag{B.93}$$

$$\|\hat{T}^{(1)}\|_{\mathrm{op}} := \sup_{A \in \mathfrak{A}_+} \frac{\|\hat{T}^{(1)} \pi(A)\|_{\mathcal{H}}}{\|\pi(A)\|_{\mathcal{H}}} = 1 \tag{B.94}$$

証明　定義 (B.88) より $T_x(T_y(A)) = T_y(T_x(A)) = T_{x+y}(A)$ だから, 定義 (B.90) より (B.91) は明らか. 次に, 任意の $A, B \in \mathfrak{A}_+$ について, (B.90) と (B.87) から,

$$\bigl(\pi(A), \hat{T}_x \pi(B)\bigr) = \bigl(\pi(A), \pi(T_x(B))\bigr) = \bigl\langle \bar{A}\, \mathcal{R}_\mathrm{s}(T_x(B)) \bigr\rangle_\beta \tag{B.95}$$

が成り立つことにまず注意する. この右辺はさらに

$$= \bigl\langle \bar{A}\, T_{\mathcal{R}_\mathrm{s}(x)}(\mathcal{R}_\mathrm{s}(B)) \bigr\rangle_\beta = \bigl\langle T_{-\mathcal{R}_\mathrm{s}(x)}(\bar{A})\, \mathcal{R}_\mathrm{s}(B) \bigr\rangle_\beta$$

$$= \bigl(\hat{T}_{-\mathcal{R}_\mathrm{s}(x)} \pi(A), \pi(B)\bigr) \tag{B.96}$$

となることから, (B.92) が得られる. また任意の $A \in \mathfrak{A}_+$ について, ボンド反転に関する鏡映正値性を使うと,

$$\bigl(\pi(A), \hat{T}^{(1)} \pi(A)\bigr) = \bigl\langle \bar{A}\, \mathcal{R}_\mathrm{s}(T_{e_1}(A)) \bigr\rangle_\beta = \bigl\langle \bar{A}\, \tilde{\mathcal{R}}_b(A) \bigr\rangle_\beta \geq 0 \tag{B.97}$$

となり, (B.93) が示される. ここで $\tilde{\mathcal{R}}_b$ は $x_1 = -1/2$ の超平面に関する反転で, $\tilde{\mathcal{R}}_b((x_1, x_2, \ldots, x_d)) = (-1 - x_1, x_2, \ldots, x_d)$ で定義される.

最後に (B.94) を示す. $\hat{T}^{(1)} \pi(1) = \pi(1)$ だから $\|\hat{T}^{(1)}\|_{\mathrm{op}} \geq 1$ である. よって $\|\hat{T}^{(1)}\|_{\mathrm{op}} \leq 1$ をいえばよい. まず並進不変性から

$$b\bigl(T_{e_1}(A), T_{e_1}(A)\bigr) \doteq \bigl\langle T_{e_1}(\bar{A})\, \mathcal{R}_\mathrm{s}(T_{e_1}(A)) \bigr\rangle = \bigl\langle \bar{A}\, \mathcal{R}_\mathrm{s}(T_{2e_1}(A)) \bigr\rangle$$

$$= b\bigl(A, T_{2e_1}(A)\bigr) \tag{B.98}$$

となることに注意しておく．

任意の $A \in \mathfrak{A}_+$ について，

$$\{\|\hat{T}^{(1)}\pi(A)\|_{\mathcal{H}}\}^2 = (\hat{T}^{(1)}\pi(A), \hat{T}^{(1)}\pi(A)) = b(T_{e_1}(A), T_{e_1}(A))$$
$$= b(A, T_{2e_1}(A)) \tag{B.99}$$

である．ここに Schwarz 不等式を用いて (B.98) と同様の関係を使うと

$$\leq b(A, A)^{1/2} b(T_{2e_1}(A), T_{2e_1}(A))^{1/2} = b(A, A)^{1/2} b(A, T_{4e_1}(A))^{1/2}$$

を得る．$b(A, T_{4e_1}(A))^{1/2}$ に Schwarz 不等式を用いてこれをくり返せば，

$$\leq b(A, A)^{1-2^{-n}} b(A, T_{2^{n+1}e_1}(A))^{2^{-n}} \tag{B.100}$$

となる．ここで，$\tilde{b}(A, B) = \langle \bar{A}B \rangle_\beta$ についての Schwarz 不等式を使うと，

$$b(A, T_{2^{n+1}e_1}(A)) = \langle \bar{A}\mathcal{R}_{\mathrm{s}}(T_{2^{n+1}e_1}(A))\rangle$$
$$\leq \langle \bar{A}A \rangle^{1/2} \langle \mathcal{R}_{\mathrm{s}}(T_{2^{n+1}e_1}(\bar{A}))\mathcal{R}_{\mathrm{s}}(T_{2^{n+1}e_1}(A))\rangle^{1/2} = \langle \bar{A}A \rangle \tag{B.101}$$

だから，$\limsup_{n\uparrow\infty} b(A, T_{2^{n+1}e_1}(A))^{2^{-n}} \leq 1$ である．よって (B.100) で $n\uparrow\infty$ とすると，$\|\hat{T}^{(1)}\pi(A)\|_{\mathcal{H}} \leq \|\pi(A)\|_{\mathcal{H}}$ となり，$\|\hat{T}^{(1)}\|_{\mathrm{op}} \leq 1$ がいえる．∎

(B.91) により，$\pi(\mathfrak{A}_+)$ 上の作用素として $(\hat{T}_x)^{-1} = \hat{T}_{-x}$ となること，一般の $x \in \mathbb{Z}_+^d$ について，$\hat{T}_x = \prod_{j=1}^d (T^{(j)})^{x_j}$ とできることがわかる．(B.92) より $(\hat{T}^{(1)})^* = \hat{T}^{(1)}$ なので $\hat{T}^{(1)}$ は対称，$j = 2, \ldots, d$ については，$(\hat{T}^{(j)})^* = \hat{T}_{-e_j} = (\hat{T}^{(j)})^{-1}$ なので $\hat{T}^{(j)}$ はユニタリーとわかる．さらに (B.94) とユニタリー性より $\|\hat{T}_x\|_{\mathrm{op}} = 1$ なので，$\hat{T}_x$ を $\mathcal{H}$ 全体で定義された有界作用素に拡張できる (有界作用素の連続性による拡張，[17] の定理 4.2)．もちろん，このように拡張した場合，$\hat{T}^{(1)}$ は自己共役になる．

方向によって並進の演算子の性質が異なることに注意したい．これは，別に x_1 方向が特別なわけではなく，われわれが鏡映変換を使って内積を定義したからである．

3.3 スペクトル表示

二点相関関数のスペクトル表示を導く．並進不変性から，二点相関関数

$\langle \varphi_x^{(\nu)} \varphi_y^{(\nu)} \rangle_\beta^{\mathrm{P}}$ は $x-y$ のみの関数なので，$\nu = 1, \ldots, N$，$x, y \in \mathbb{Z}^d$ について，

$$G_{\beta,h}^{(\nu)}(x-y) = \langle \varphi_x^{(\nu)} \varphi_y^{(\nu)} \rangle_{\beta,h}^{\mathrm{P}} \tag{B.102}$$

と書く．また，$\nu = 1, \ldots, N$ について，$\pi(\mathfrak{A}_+)$ 上の場の演算子 $\hat{\varphi}_x^{(\nu)}$ を，

$$\hat{\varphi}_x^{(\nu)} \pi(A) = \pi(\varphi_x^{(\nu)} A), \quad A \in \mathfrak{A}_+ \tag{B.103}$$

と定義しておく．

以下の簡潔な表現がスペクトル表示を導くために本質的である．

B.11 [補題] (Gell-Mann-Low 表示) $\Omega = \pi(1) \in \mathcal{H}$ とする．任意の $x \in \mathbb{Z}_+^d$ について，

$$G_{\beta,h}^{(\nu)}(x) = (\hat{\varphi}_o^{(\nu)} \Omega, \hat{T}_x \hat{\varphi}_o^{(\nu)} \Omega) \tag{B.104}$$

と書ける．

証明 以下のように反転対称性を利用して変形すればよい．Ω と $\hat{\varphi}$ の定義から

$$(\hat{\varphi}_o^{(\nu)} \Omega, \hat{T}_x \hat{\varphi}_o^{(\nu)} \Omega) = (\hat{\varphi}_o^{(\nu)} \pi(1), \hat{T}_x \hat{\varphi}_o^{(\nu)} \pi(1)) = (\pi(\varphi_o^{(\nu)}), \hat{T}_x \pi(\varphi_o^{(\nu)}))$$

となるが，これは (B.95) により

$$= \langle \varphi_o^{(\nu)} \mathcal{R}_{\mathrm{s}}(T_x(\varphi_o^{(\nu)})) \rangle_{\beta;h}^{\mathrm{P}} = \langle \varphi_o^{(\nu)} \mathcal{R}_{\mathrm{s}}(\varphi_x^{(\nu)}) \rangle_{\beta;h}^{\mathrm{P}}$$

となり，さらに反転不変性によって

$$= \langle \mathcal{R}_{\mathrm{s}}(\varphi_o^{(\nu)}) \varphi_x^{(\nu)} \rangle_{\beta;h}^{\mathrm{P}} = \langle \varphi_o^{(\nu)} \varphi_x^{(\nu)} \rangle_{\beta;h}^{\mathrm{P}} \tag{B.105}$$

となる． ∎

B.12 [定理] (二点相関関数のスペクトル表示) $x = (x_1, x_2, \ldots, x_d) \in \mathbb{Z}^d$ とし，$\vec{x} = (x_2, \ldots, x_d)$ と書く．任意の β, h について，二点相関関数を

$$G_{\beta,h}^{(\nu)}(x) = \int d\rho_{\beta,h}^{(\nu)}(\lambda, \vec{q})\, \lambda^{|x_1|}\, e^{i\vec{q}\cdot\vec{x}} \tag{B.106}$$

と表わすことができる．ここで，$\lambda \in [0,1]$，$\vec{q} = (q_2, \ldots, q_d) \in [-\pi, \pi)^{d-1}$，$\vec{q} \cdot \vec{x} = \sum_{j=2}^d q_j x_j$ であり，$d\rho_{\beta,h}^{(\nu)}(\cdot, \cdot)$ は測度である．

証明 $x_1 \geq 0$ の場合を示せば，$x_1 < 0$ は対称性から成り立つ．既にみたように $\hat{T}_x = (\hat{T}^{(1)})^{x_1} \cdots (\hat{T}^{(d)})^{x_d}$ である．並進演算子のスペクトル表示

$$\hat{T}^{(1)} = \int \lambda \, d\hat{E}(\lambda), \quad \hat{T}^{(j)} = \int e^{iq_j} d\hat{F}_j(q_j) \quad (j = 2, \ldots, d) \tag{B.107}$$

を Gell-Mann-Low 表示 (B.104) に代入すると，

$$\begin{aligned}
G^{(\nu)}_{\beta,h}(x) &= \left(\hat{\varphi}^{(\nu)}_o \Omega, (\hat{T}^{(1)})^{x_1} \prod_{j=2}^{d} (\hat{T}^{(j)})^{x_j} \hat{\varphi}^{(\nu)}_o \Omega \right) \\
&= \int \lambda^{x_1} e^{i\vec{q}\cdot\vec{x}} \left(\hat{\varphi}^{(\nu)}_o \Omega, d\hat{E}(\lambda) \prod_{j=2}^{d} d\hat{F}_j(q_j) \hat{\varphi}^{(\nu)}_o \Omega \right) \\
&= \int d\rho^{(\nu)}_{\beta,h}(\lambda, \vec{q}) \, \lambda^{x_1} e^{i\vec{q}\cdot\vec{x}}
\end{aligned} \tag{B.108}$$

となる．射影演算子 $d\hat{E}(\lambda) \prod_{j=2}^{d} d\hat{F}_j(q_j)$ を同じベクトル $\hat{\varphi}^{(\nu)}_o \Omega$ ではさんでいるから，$d\rho^{(\nu)}_{\beta,h}(\lambda, \vec{q})$ は非負である． ∎

3.4 スペクトル表示の応用

スペクトル表示を使うと，次のような二点相関関数の単調性を簡単に示すことができる．

B.13 [定理] $|x_1| \geq |x'_1|$ なら

$$G^{(\nu)}_{\beta,h}(x_1, 0, \ldots, 0) \leq G^{(\nu)}_{\beta,h}(x'_1, 0, \ldots, 0) \tag{B.109}$$

が成り立つ．また，任意の $(x_1, x_2, \ldots, x_d) \subset \mathbb{Z}^d$ について

$$G^{(\nu)}_{\beta,h}(x_1, x_2, \ldots, x_d) \leq G^{(\nu)}_{\beta,h}(x_1, 0, \ldots, 0) \tag{B.110}$$

が成り立つ．

証明 ν, β, h は省略する．まず，$0 \leq \lambda \leq 1$ より

$$G(x_1, \vec{0}) = \int d\rho(\lambda, \vec{q}) \, \lambda^{|x_1|} \leq \int d\rho(\lambda, \vec{q}) \, \lambda^{|x'_1|} = G(x'_1, \vec{0}) \tag{B.111}$$

である．また $|e^{i\vec{q}\cdot\vec{x}}| = 1$ なので，

$$G(x_1, \vec{x}) = \int d\rho(\lambda, \vec{q}) \, \lambda^{|x_1|} e^{i\vec{q}\cdot\vec{x}} \leq \int d\rho(\lambda, \vec{q}) \, \lambda^{|x_1|} = G(x_1, \vec{0}) \tag{B.112}$$

である．

もちろん，Ising 模型のように Messager-Miracle-Solé 不等式（命題 4.10（60 ページ），命題 4.11（61 ページ））が成立する場合には，定理 5.10（80 ページ）のような，より強い単調性が示される．一方で，上の定理 B.13 は，任意の N 成分のスピン系で成立するという驚くべき一般性をもっている．

さらにスペクトル表示 (B.106) を使うと，相関距離についての定理 6.6（102 ページ）を，やはりきわめて一般のスピン系について，示すことができる．

B.14 ［定理］ 磁場 h はゼロとする．ある β, ν について，定数 $0 < c < \infty$ と $0 < \alpha < 1$ があって，

$$|G^{(\nu)}_{\beta,0}(x_1, 0, \ldots, 0)| \leq c\alpha^{|x_1|} \tag{B.113}$$

が任意の x_1 について成り立つとする．すると，極限

$$\xi_\nu(\beta) = -\lim_{r \uparrow \infty} \frac{r}{\log G^{(\nu)}_{\beta,0}(r, 0, \ldots, 0)} \tag{B.114}$$

が存在し，相関距離 $\xi_\nu(\beta)$ は $0 < \xi_\nu(\beta) < -1/\log \alpha$ を満たす．さらに任意の $x \in \mathbb{Z}^d$ について

$$0 \leq G^{(\nu)}_{\beta,0}(x) \leq G^{(\nu)}_{\beta,0}(0) \exp\left(-\frac{\|x\|_\infty}{\xi_\nu(\beta)}\right) \tag{B.115}$$

が成り立つ．

証明 $\vec{q}$ について積分した $d\rho'(\cdot) = \int d\rho(\cdot, \vec{q})$ を λ についての測度とし，$\operatorname{supp} d\rho'$ の上限を α_0 としよう．まず $\alpha_0 \leq \alpha$ を示すため，逆を仮定する．つまり，$\alpha_1 > \alpha$ について $\int_{\alpha_1}^1 d\rho'(\lambda) > 0$ とする．スペクトル表示 (B.106) より

$$G(x_1, \vec{0}) = \int_0^1 d\rho'(\lambda)\lambda^{|x_1|} \geq \int_{\alpha_1}^1 d\rho'(\lambda)\lambda^{|x_1|} \geq (\alpha_1)^{|x_1|} \int_{\alpha_1}^1 d\rho'(\lambda) \tag{B.116}$$

となるが，これは (B.113) と矛盾するので，$\alpha_0 \leq \alpha$ でなければならない．

次に，

$$G(x) \leq \int_0^{\alpha_0} d\rho'(\lambda)\lambda^{|x_1|} \leq \int_0^{\alpha_0} d\rho'(\lambda)(\alpha_0)^{|x_1|} = G(0)(\alpha_0)^{|x_1|} \tag{B.117}$$

である．さらに任意の $\epsilon \in (0, \alpha_0)$ について $\alpha_2 := \alpha_0 - \epsilon < \alpha_0$ とすると，supp $d\rho'$ の上限が α_0 なので

$$G(x_1, \vec{0}) = \int_0^{\alpha_0} d\rho'(\lambda) \, \lambda^{|x_1|} \geq \int_{\alpha_2}^{\alpha_0} d\rho'(\lambda) \, \lambda^{|x_1|}$$
$$\geq (\alpha_2)^{|x_1|} \int_{\alpha_2}^{\alpha_0} d\rho'(\lambda) = (\text{正の定数}) \, (\alpha_2)^{|x_1|} \quad \text{(B.118)}$$

となる．(B.117) は

$$\liminf_{r \uparrow \infty} \frac{r}{\log G(r, \vec{0})} \geq \frac{1}{\log \alpha_0} \quad \text{(B.119)}$$

を，また (B.118) は

$$\limsup_{r \uparrow \infty} \frac{r}{\log G(r, \vec{0})} \leq \frac{1}{\log \alpha_2} = \frac{1}{\log(\alpha_0 - \epsilon)} \quad \text{(B.120)}$$

を主張する．ここで $\epsilon \in (0, \alpha_0)$ は任意だったので，上の $\limsup$ と $\liminf$ は等しい．つまり (B.114) の極限は存在して $-1/\log \alpha_0$ に等しく，$\xi_\nu(\beta) = -1/\log \alpha_0$ である．また上界 (B.115) は (B.117) そのものである． ∎

なお，上で得た $\xi_\nu(\beta) = -1/\log \alpha_0$ は以下のようにも表現できる．

B.15 [系]　スペクトル表示 (定理 B.12 (303 ページ)) において，supp $d\rho(\lambda, \vec{q})$ 中の λ の上限は $\exp(-1/\xi_\nu(\beta))$ である．

最後に，10 章 1 節で用いた (10.15) の関係を証明しておこう．

B.16 [補題]　任意の $x \in \mathbb{Z}^d$ と $0 \leq L \leq |x_1|$ について

$$G_{\beta, 0}^{(\nu)}(x) \leq G_{\beta, 0}^{(\nu)}(L, 0, \ldots, 0) \exp\left(-\frac{|x_1| - L}{\xi_\nu(\beta)}\right) \quad \text{(B.121)}$$

が成り立つ．

証明　定理 B.14 の証明と同じ記号を用いて，

$$G(x) \leq \int d\rho'(\lambda) \lambda^{|x_1|} \leq (\alpha_0)^{|x_1| - L} \int d\rho'(\lambda) \lambda^L = (\alpha_0)^{|x_1| - L} G(L, \vec{0}) \quad \text{(B.122)}$$

となる． ∎

文献について

　鏡映正値性は場の量子論の公理の一つとして Osterwalder, Schrader [151] が導入した（12 章 3.4 節を参照）．鏡映正値性を厳密統計力学に最初に応用したのは，Fröhlich, Simon, Spencer [87] である．この論文で，infrared bound が導かれ，その応用として一般的な系での長距離秩序の存在を示す重要な定理 B.8（294 ページ）が証明された．Fröhlich, Israel, Lieb, Simon [86] には，チェスボード評価や infrared bound など，鏡映正値性の統計力学への応用が体系的に述べられている．本書の記述もこの論文に従ったところが多い．Dyson, Lieb, Simon [76] は量子スピン系における鏡映正値性とその応用を扱っている．江沢，新井 [2] も鏡映正値性に紙幅を割いている．

　3 節で扱ったスペクトル表示を，格子上の Ising 模型に対して厳密に定式化したのは Schor [158] である．（それ以前からもスペクトル表示は公理論的場の量子論では標準的であったが，その場合にはいくつかの仮定から出発していた．）ここでのヒルベルト空間の構成法は作用素代数で標準的な Gelfand-Naimark-Segal (GNS) 構成法（たとえば，[22] を参照）とほぼ同じだが，内積 (B.84) の定義に鏡映変換が入っているところが異なっている．より詳しくは，たとえば，Glimm, Jaffe [93] を見よ．ここでの記述には Sokal の未出版のノートを参考にした．

　2.5 節で証明した二点相関関数の上界 (8.4)（144 ページ），(B.81)（298 ページ）は Sokal [166] による．

付録 C

ガウス型模型の漸近評価

この付録ではガウス型模型の2点関数の遠距離での漸近形について考える．まず，よくみられる「おおらかな」議論の落とし穴について述べた後，厳密な結果を述べる．

この章では3章4節で定義したガウス型模型の二点関数の遠距離での漸近形について考える．少し一般化して考えた方が問題の本質が明らかになるので，ガウス模型のハミルトニアン (3.42) を一般化した

$$H_L(\boldsymbol{\varphi}) = -\frac{1}{2} \sum_{x,y \in \Lambda_L} J(x-y)\varphi_x\varphi_y \tag{C.1}$$

というハミルトニアンを扱おう（磁場はなし）．相互作用 $J(x)$ は各 x_j について偶関数で（K_0 は正の任意定数），

$$\hat{J}(0) = \sum_x J(x) = 1 \tag{C.2}$$

$$\hat{J}(0) - \hat{J}(k) \geq K_0 |k|^2 \qquad (k \in [-\pi, \pi]^d) \tag{C.3}$$

を満たすとする[1]．3章で取り扱った最近接相互作用は

$$J(x) := \begin{cases} 1/(2d) & (|x|=1) \\ 0 & (\text{その他}) \end{cases} \tag{C.4}$$

に相当する[2]．この系の無限体積極限での二点関数を $G(x)$ とし，(3.70) と同様に考えると，

---

[1] もちろん以下では，これ以上の条件を必要に応じて課していく．
[2] 一般論の見通しをよくするために，3章とは違う相互作用の規格化を採用した．逆温度 β の定義も，$\beta_{\text{この付録}} = 2d\,\beta_{3\text{章}}$ であることに注意．

$$G_\mu(x) := \beta\, G(x) = \int_{k\in(-\pi,\pi]^d} \frac{d^d k}{(2\pi)^d} \frac{e^{ik\cdot x}}{1+\mu-\hat{J}(k)} \tag{C.5}$$

が得られる[3]．ここで $\mu := \beta^{-1} - 1 \geq 0$ という（ここでの解析に便利な）パラメーターを定義した．これから $G_\mu(x)$ の $|x|\uparrow\infty$ での漸近形を調べていく．

1. 「おおらかな議論」とその落とし穴

まず，よく見られる「おおらかな」議論とその問題点を簡単にみておこう．

最近接相互作用 (C.4) の場合に話を限る．通常，$G_\mu(x)$ の漸近形は (C.5) 分母の最小点 ($k=0$) 近傍でのふるまいで決まると考えて，分母を $|k|$ の 2 次まで展開する：

$$1+\mu-\hat{J}(k) = \mu + \frac{1}{d}\sum_{j=1}^{d}(1-\cos k_j) \simeq \mu + \frac{|k|^2}{2d} \tag{C.6}$$

その結果 $G_\mu(x)$ は

$$G_\mu(x) \stackrel{(??)}{\approx} \int_{[-\pi,\pi]^d} \frac{d^d k}{(2\pi)^d} \frac{e^{ik\cdot x}}{|k|^2/(2d)+\mu} \tag{C.7}$$

となる．さらに $|x|$ の大きいところでは $e^{ik\cdot x}$ が激しく振動するため，$|k|$ の大きい部分からの寄与はキャンセルすると考えて，積分区間を $\mathbb{R}^d$ 全体に拡げる：

$$\stackrel{(??)}{\approx} \int_{\mathbb{R}^d} \frac{d^d k}{(2\pi)^d} \frac{e^{ik\cdot x}}{|k|^2/(2d)+\mu} = 2d\int_{\mathbb{R}^d} \frac{d^d k}{(2\pi)^d} \frac{e^{ik\cdot x}}{|k|^2+2d\mu} \tag{C.8}$$

ここまで来れば，最後の積分の $|x|\to\infty$ での漸近形は簡単にわかる．実際，$\mu=0$ の場合は変数変換 $\ell = |x|k$ によって

$$2d\int_{\mathbb{R}^d} \frac{d^d k}{(2\pi)^d} \frac{e^{ik\cdot x}}{|k|^2} = |x|^{2-d} \times 2d\int_{\mathbb{R}^d} \frac{d^d \ell}{(2\pi)^d} \frac{e^{i\ell\cdot \hat{x}}}{|\ell|^2} \tag{C.9}$$

となる（$\hat{x} := x/|x|$）．右辺の積分は絶対収束しないが，$|\ell|\uparrow\infty$ と $|\ell|\downarrow 0$ の部分を広義積分と解釈すれば，$d>2$ で収束し，左辺の漸近形は $|x|^{2-d}$ に比例する．

---

[3] (3.70) と同様，$\mu=0$ の場合は $\mu\downarrow 0$ の極限で定義すると考える．この極限に関する詳しい考察を本書の web ページ（iii ページの脚注を参照）で公開の予定．

積分区間が $\mathbb{R}^d$ 全体なので，回転対称性より，(C.9) 右辺の積分は $\hat{x}$ に依存しない定数である．この比例定数が以下に紹介する厳密な結果 (C.17) と完全に一致することも初等的な計算で確かめられる．

また，$\mu > 0$ の場合は，$1/A = \int_0^\infty e^{-tA} dt \ (A > 0)$ を用いて[4]

$$2d \int_{\mathbb{R}^d} \frac{d^d k}{(2\pi)^d} \frac{e^{ik\cdot x}}{|k|^2 + 2d\mu} = 2d \int_0^\infty dt \int_{\mathbb{R}^d} \frac{d^d k}{(2\pi)^d} e^{ik\cdot x - t|k|^2 - 2d\mu t}$$

$$= 2d \frac{\sqrt{\pi}^d}{(2\pi)^d} \int_0^\infty dt \, t^{-d/2} \exp\left(-\frac{|x|^2}{4t} - 2d\mu t\right)$$

$$= \frac{4d\sqrt{\pi}^d}{(2\pi)^d} \left(\frac{2\sqrt{2d\mu}}{|x|}\right)^{d/2-1} K_{d/2-1}(\sqrt{2d\mu}\,|x|) \tag{C.10}$$

と計算できる．ここで K_ν とは ν 次の変形ベッセル関数で，その漸近形を用いれば，(C.8) の積分は大体，$|x|^{-(d-1)/2} e^{-\sqrt{2d\mu}\,|x|}$ の形の漸近形をもつことがわかる[5]．

このように，一応の答えは得られたのだが，実は上の一つ目の $\approx$ は一般には正当化できない．この点を $\mu = 0$ の場合に説明するため，$0 < \epsilon \ll 1$ に対して

$$J(x) := \frac{1-\epsilon'}{2d} I[|x|=1] + \epsilon \sum_{n=1}^\infty 2^{-3n} \sum_{j=1}^d I[x = \pm 2^n \boldsymbol{e}_j] \tag{C.11}$$

としたモデルを考えよう（$\boldsymbol{e}_j$ は j 方向の単位ベクトルで，ϵ' は $\hat{J}(0) = 1$ となるように決める）．このモデルでは $x = \pm 2^m \boldsymbol{e}_j$（$m \gg 1$ は整数）のときに $G_0(x) \geq J(x) = \epsilon 2^{-3m} \approx |x|^{-3}$ となり，少なくとも $d \geq 6$ では定理の結論を満たさない．しかし，J のフーリエ変換は $|k|$ の小さいところでは $|k|^2$ に漸近したふるまいを示す．つまり，以下の定理 C.1 の結論で期待されるような $G(x)$ の漸近形を得るには，$J(x)$ がある程度以上，速く減衰する必要がある[6]．言い換えれば，$J(x)$ のフーリエ変換で k について 2 次の項だけを残して (C.7) の $\approx$ のように近似するのは，一般には許されない．考えているガウス型模型の場合に正しい答えが出たのは，たまたま，$J(x)$ が十分に速く減衰したからである．

---

[4] t に関する積分と k に関する積分は，またもやおおらかな気持ちで交換した．なお，$\mu = 0$ の場合も含めて，この方法で統一的に扱うこともできる．

[5] 比例定数は，後で紹介する厳密な結果 (C.23) の $\mu \downarrow 0$ のものと，一致する．ただし，$\mu > 0$ では厳密な結果は回転対称にならないから，この漸近形自身が近似的に正しいに過ぎない．

[6] どの程度の速さが必要かは，定理 C.1 とその後の注を参照．

なお，$\mu > 0$ の場合には，厳密な結果（以下の定理 C.5）によれば，$G_\mu(x)$ は回転対称ではない．この意味でも，「おおらかな議論」はかなり荒っぽいものだといえる．

以上，通常の「おおらかな議論」を紹介し，そのどこが危ういのかをみた．これから，厳密にはどのようなことが言えるのかを紹介する．証明はかなり大変なので本書のwebページ（iiiページの脚注を参照）に譲り，結果だけを紹介するにとどめる．以下では，正定値 $d \times d$ 対称行列 T が与えられたとき，この行列 T によって定まる $\mathbb{R}^d$ での二次形式，およびそれから導かれるノルムを（$x, y \in \mathbb{R}^d$）

$$(x,y)_T := \sum_{i,j} T_{ij} x_i y_j = (x, Ty), \qquad \|x\|_T := \left\{(x,x)_T\right\}^{1/2} \tag{C.12}$$

により定義する．上式の $(\cdot,\cdot)$ は通常のユークリッド内積である．

2. 臨界点 ($\mu = 0$) での結果

まずガウス模型が臨界点直上にある場合，つまり $\mu = 0$ の場合を考える．$d \times d$ 行列 A を

$$A_{ij} := \sum_{z \in \mathbb{Z}^d} z_i z_j J(z) \tag{C.13}$$

と定義する[7]．すると以下が成り立つ．

C.1 [定理] $J(x)$ が各 x_i に関して偶関数で，(C.2), (C.3) に加えて

$$|J(x)| \leq \frac{K_1}{(|x|+1)^{d+2}} \qquad (x \in \mathbb{Z}^d), \tag{C.14}$$

$$\sum_x |x|^2 |J(x)| \leq K_2 \tag{C.15}$$

を満たすとする（K_1, K_2 は正の任意定数）[8]．このとき，$|x| \uparrow \infty$ で

$$G_0(x) \sim \frac{a}{\left(\|x\|_{A^{-1}}\right)^{d-2}} \qquad \text{ここで} \quad a := \frac{\Gamma\left(\frac{d}{2}-1\right)}{2\pi^{d/2}\sqrt{\det A}} \tag{C.16}$$

---

[7] 行列 A を定義する和が収束すること，および行列 A が正定値になることは当然仮定している．実際にはこれらは以下の定理の条件から保証される．

[8] 条件 (C.15) により，A を定義する (C.13) の和の絶対収束は保証される．また，(C.3) を $|k|$ の2次まで書くと $0 \leq K_0 |k|^2 \leq \sum_z J(z) \left(\sum_{i=1}^d k_i z_i\right)^2 = \sum_{i,j} k_i k_j A_{ij}$ となるので，行列 A が正定値（その固有値は K_0 以上）であることも保証される．したがって，A^{-1} も正定値である．

が成り立つ. $\det A$ は行列 A の行列式である.

証明については，[106] を参照されたい.

C.2 [注意] 最近接相互作用 (C.4) の場合 (C.16) は次のようになる.

$$G_0(x) \sim \frac{d\Gamma(\frac{d}{2}-1)}{2\pi^{d/2}} \frac{1}{|x|^{d-2}} \tag{C.17}$$

C.3 [注意] 条件 (C.3) が必要な理由は以下の通りである．たとえば，$x = \pm 2e_j$ ($J = 1, \ldots, d$) のときのみ $J(x) = (2d)^{-1}$ でそれ以外では $J(x) = 0$ の系では，

$$1 - \hat{J}(k) = \frac{1}{d}\sum_{j=1}^{d}(1-\cos 2k_j) \tag{C.18}$$

となって，$k_j = 0, \pi$ の両方でこれはゼロになる．この場合，結論の (C.16) は定数 a がずれた形でしか成り立たない．このモデルでは格子間隔 2 が単位なのだから，フーリエ変換の k の範囲も $[-\pi/2, \pi/2]^d$ にすべきだった，ということであるが，(C.3) はこの種の問題を防いでくれる．

C.4 [注意] $d > 4$ では，条件 (C.14) を少しでも破るような $J(x)$ を用いて，(C.16) の成り立たない反例が作れる．この意味で (C.14) は，$d > 4$ で許されるぎりぎりの条件といえる．詳細は [106] を参照されたい．

3. $\mu > 0$ での結果

次に $\mu > 0$ の場合を考える．臨界点直上の場合の定理 C.1 と同じく，$J(x)$ が偶関数で (C.2), (C.3) および (K_3, δ は正の定数)

$$|J(x)| \le K_3 e^{-2\delta|x|} \qquad (x \in \mathbb{Z}^d) \tag{C.19}$$

を満たし，さらに $J(x) \ge 0$ とする[9]．$0 < \mu \ll \delta$ を固定して $G_\mu(x)$ の $|x| \uparrow \infty$ での漸近評価を考えよう．

---

[9] 条件 (C.19) から，B を定義する (C.22) の和の絶対収束が保証される．また，$J(x) \ge 0$ なので，任意の $k \in \mathbb{R}^d$ に対して $\sum_{i,j} k_i k_j B_{ij} 0 = \sum_z J(z)\left(\sum_{i=1}^d k_i z_i\right)^2 \ge 0$ となり，行列 B と B^{-1} が正定値であることも保証される．

任意の $x \in \Lambda_L$ に対して,x の向きの単位ベクトルを $\hat{x}$ と書く.さらに,$\mathbb{R}^d$ のベクトル $\tilde{x}, b$,正の実数 λ を,

$$x = \lambda \tilde{x}, \qquad \tilde{x}_j = \sum_z z_j\, J(z) \sinh(b\cdot z) \tag{C.20}$$

$$1 + \mu = \sum_z J(z) \cosh(b\cdot z) \tag{C.21}$$

がすべて満たされるように決める[10].次に $d \times d$ 行列 B を,上の b を用いて,

$$B_{ij} = \sum_z z_i z_j\, J(z) \cosh(b\cdot z) \tag{C.22}$$

と定める.このとき,以下の定理が成り立つ.

C.5 [定理] $0 < \mu \ll 1$ のとき,$|x| \uparrow \infty$ で

$$G_\mu(x) \sim \frac{1}{(2\pi)^{(d-1)/2} \sqrt{\det B}\, \|\tilde{x}\|_{B^{-1}}} \frac{e^{-b\cdot x}}{\lambda^{(d-1)/2}} \tag{C.23}$$

が成り立つ.

C.6 [注意] μ が十分に小さいとき,(C.23) の諸量は

$$B_{ij} = A_{ij} + O(\mu), \qquad \det B = \det A + O(\mu) \tag{C.24}$$

$$\|\tilde{x}\|_{B^{-1}} = \sqrt{2\mu}\{1 + O(\mu)\}, \qquad \lambda = \frac{\|\hat{x}\|_{A^{-1}}}{\sqrt{2\mu}} \{1 + O(\mu)\} |x| \tag{C.25}$$

のようにふるまう.さらに $b \cdot x = |x|/\xi$ によって定義した相関距離 ξ は,

$$\xi = \frac{1}{\sqrt{2\mu}\, \|\hat{x}\|_{A^{-1}}} \left\{ 1 + \frac{\mu J_{4,\hat{x}}}{12 \left(\|\hat{x}\|_{A^{-1}} \right)^4} + O(\mu^2) \right\},$$

$$\text{ここで} \qquad J_{4,\hat{x}} := \sum_z J(z)(z, A^{-1}\hat{x})^4 \tag{C.26}$$

のようにふるまう.相関距離 ξ が x の向き $\hat{x}$ に依存し,回転対称にはならないことに注意(表式が複雑なので省略したが,$\lambda, \|\tilde{x}\|_{B^{-1}}, \det B$ も $\hat{x}$ に依存する).回

---

[10] b は x に依存するが,x の長さにはよらず,その向きだけで決まる.

転対称性が回復するのは，あくまで臨界点直上 ($\mu = 0$) の理論のみである．特に最近接モデルの場合は

$$\xi = \frac{1}{\sqrt{2\mu d}} \left\{ 1 + \frac{\mu d}{12} \sum_{j=1}^{4} (\hat{x}_j)^4 + O(\mu^2) \right\} \tag{C.27}$$

となる．

文献について

　ガウス型模型の二点相関関数の評価は様々な局面で重要になるので，多くの文献がある．Lawler の本 [29] には $\mu = 0$ の場合のまとまった記述がある．少し異なった方法では内山の論文 [170] もおすすめである．本書での記述は原 [106] をもとにした．$\mu > 0$ の場合についての適切な文献が見当たらなかったので，本書で新たに評価を行なった．

付録 D

クラスター展開

　この付録では「クラスター展開」と呼ばれる数理物理学の重要な手法を詳しく解説する．
　これまで，相関不等式，Lee-Yang の定理，鏡映正値性などの手法を組み合わせて，Ising 模型の相の構造だけでなく臨界点や臨界現象にまで迫る結果を示してきた．これらの手法は強力である反面，特定の性質をもったモデルでしか有効でなかった．
　これに対して，クラスター展開は，大ざっぱにいって，

- 系の相互作用が弱く，独立な小部分からなっていると近似的にみなせる

あるいは

- 分配関数に大きく寄与する状態は少数で，その他の状態からの寄与は小さい

という二つの状況に広く適用できる汎用性の高い方法である．Ising 模型の場合なら，温度が十分に高温でスピン間の相互作用が弱い状況や，2 次元以上で十分に低温だったり磁場が十分に強いためほとんどのスピンが同じ方向にそろった状況などで威力を発揮する．クラスター展開が有効な領域では，自由エネルギーの解析性や一般の連結相関関数の指数的減衰など，モデルのふるまいに関するきわめて詳細な情報が得られる．
　この付録の内容は少し技術的だが，他の部分とは独立に読み進められるよう配慮した．1 節では 6 章でみた高温展開を例にクラスター展開の動機付けを与える．この付録の主要部分である 2 節では，抽象的なポリマー系におけるクラスター展開の一般論を述べ，すべての定理を証明する．3 節から 6 節では Ising 模型のいくつかのパラメター領域でクラスター展開がどのように応用されるかを述べる．

1. 自由エネルギーの高温展開

クラスター展開の動機付けのため，6 章 2.1 節でみた分配関数の高温展開の表式 (6.25) を思い出そう．磁場ゼロ，周期的境界条件の Ising 模型の分配関数を $Z_L(\beta, 0) = 2^{|\Lambda_L|}(\cosh\beta)^{|\overline{\mathcal{B}}_L|}\tilde{Z}_L(\beta)$ と書くと，(6.25) は

$$\tilde{Z}_L(\beta) = \sum_{B \in \overline{\mathcal{G}}_L^\varnothing} w^{|B|} \tag{D.1}$$

となる．ただし，$\overline{\mathcal{B}}_L = \mathcal{B}_L \cup \partial\mathcal{B}_L$ は周期境界条件での全ボンドの集合であり，$\overline{\mathcal{G}}_L^\varnothing$ は（周期境界条件での）端点のないグラフの集合，そして展開パラメターを $w := \tanh\beta$ とした．$|B|$ はグラフ B の中のボンドの総数である．(D.1) は w についてのべき展開だから，w が小さいときにはこの展開を使って分配関数 $\tilde{Z}_L(\beta)$ を近似的に評価できそうに思える．

様子を見るために $d = 2$ の場合に展開の低次を具体的に求めよう．まず展開の最低次は $B = \emptyset$ から来る $w^0 = 1$ である．次は，図 D.1 (a) の四つのボンドでできた正方形状のグラフ B からの寄与で，w^4 の項が（格子のどこに位置するかで）全部で L^2 個出てくる．同様に図 D.1 (b) の長方形状の $|B| = 6$ のグラフからの寄与は $2L^2w^6$ である．$|B| = 8$ になると，図 D.1 (c) のように，色々なタイプのグラフが出てくるが，それらの寄与を足し合わせれば $9L^2w^8$ となる．実は，$|B| = 8$ のグラフとしては，図 D.1 (a) の正方形が二つ離れたところに位置するものもある．この場合は配置の場合の数が $L^2(L^2 - 9)/2$ だけある[1]．

以上の寄与をすべて足しあげれば

$$\tilde{Z}_L(\beta) = 1 + L^2w^4 + 2L^2w^6 + 9L^2w^8 + \frac{L^2(L^2 - 9)}{2}w^8 + O(w^{10}) \tag{D.2}$$

となる．見るからにバランスの悪い展開である．w が小さいことを利用して近似的な評価をしようと思っているのだが，L という最終的には無限に大きくなる量が邪魔をしている．展開の次数が進むにつれて，L についても高次の項が出現してしまう．$Lw^2 \ll 1$ を仮定すれば級数に意味がつきそうだが，$L \uparrow \infty$ でこの条件を満たすには $w = 0$ とするしかない．

---

[1] 一つ目の正方形の位置が L^2 通り．それと格子点を共有しないようにもう一つの正方形を置くやり方が $L^2 - 9$ 通り．二つの正方形を区別する必要はないので 2 で割った．

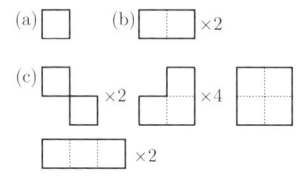

図 D.1 (D.1) の展開の低次に寄与するグラフ B. (a) 四つのボンドからなる正方形の B. (b) 六つのボンドからなる長方形の B. この形を横に置く場合と縦に置く場合の二通りがあるので ×2 と書いた. (c) 八つのボンドからなる連結な B はこれら四種類.

しかし，物理的に意味があるのは分配関数そのものよりも分配関数の対数をとった自由エネルギーだった．そこで，(D.2) の展開の対数を形式的に評価してみると，

$$\log \tilde{Z}_L(\beta) = L^2 w^4 + 2L^2 w^6 + 9L^2 w^8 + \frac{L^2(L^2-9)}{2}w^8$$
$$- \frac{1}{2}\{L^2 w^4 + O(w^6)\}^2 + O(w^{10})$$
$$= L^2\{w^4 + 2w^6 + \frac{9}{2}w^8 + O(w^{10})\} \tag{D.3}$$

のように，L^4 を含む項がキャンセルして，展開全体から L^2 をくくり出すことができる．この形をみると，もしかしたら $L^{-2}\log \tilde{Z}_L(\beta)$ を w で展開した級数は $L \uparrow \infty$ でも意味をもつのではないかという楽観的な期待も生まれる．これから，クラスター展開の一般論を用いて，実際にそのような「うまい話」があることをみていこう．

2. クラスター展開の一般論

　クラスター展開とは，統計的な重みの和（分配関数）の対数（自由エネルギー）を性質のよいべき級数展開として整理し，その収束性などを調べる手法である．自由エネルギーの性質だけでなく相関関数の解析にも威力を発揮する．
　クラスター展開による解析は，以下の二段階に分けて考えるのが自然だ．

1. 調べている系を弱く相互作用する「ポリマー」の系に書き直す．特にもとの系の分配関数を「ポリマー系」の分配関数として表現する．この段階は**個々**

のモデルに応じた工夫を要する.

2. 得られた「ポリマー系」の分配関数にクラスター展開の一般論を適用し，その対数（自由エネルギー）を性質のよいべき級数展開で表わす．この段階ではすべてのモデルに共通な抽象的な「ポリマー系」の一般論が適用できる．

本書では，二つのステップを切り離して述べ，まずこの節で，クラスター展開の一般論（第二のステップ）を詳しく議論し，その後 3 節から 6 節で，個々の例に即して第一のステップをみる．

2.1 抽象的なポリマー系

D.1 [定義] 抽象的なポリマー系を以下のように定義する．

- $\mathcal{P}$ を有限集合とし[2]，その要素を**ポリマー**と呼ぶ．多くの応用例では，ポリマーは格子上の連結な図形である．

- 任意のポリマーの組 $P_1, P_2 \in \mathcal{P}$ について，これらが互いに**共存可能** (compatible) か**共存不可能** (incompatible) かが定まっている．P_1, P_2 が共存可能であることを $P_1 \, c \, P_2$ と，共存不可能であることを $P_1 \, \iota \, P_2$ と書く．また，任意のポリマー P は自分自身と共存不可能と定義する（つまり，$P \, \iota \, P$）．

- ポリマーの集合 $\mathcal{P}_1$ と $\mathcal{P}_2$ について，$\mathcal{P}_1$ の任意の元と $\mathcal{P}_2$ の任意の元が共存可能のとき，かつそのときに限り $\mathcal{P}_1$ と $\mathcal{P}_2$ は**共存可能**といい，$\mathcal{P}_1 \, c \, \mathcal{P}_2$ と表わす．

- ポリマーの集合 $\tilde{\mathcal{P}} \subset \mathcal{P}$ を考える．$\tilde{\mathcal{P}}$ の異なるポリマーの組がすべて共存可能のとき，かつそのときに限り $\tilde{\mathcal{P}}$ は**実現可能**という．空集合は必ず実現可能である．$\mathcal{P}$ の実現可能な部分集合すべての集合を $\mathcal{R}(\mathcal{P})$ と書く．

- 各々のポリマー $P \in \mathcal{P}$ について，その**統計力学的重み** $w_P \in \mathbb{C}$ が定まっている．実際の応用ではそれぞれの w_P が β, h などの解析関数になるが，一般論では各々の w_P を独立な複素変数とみなすほうが見通しがよい．すべてのポリマーの重みをまとめて $\boldsymbol{w} = (w_P)_{P \in \mathcal{P}}$ と書く．

---

[2] 有限の $\mathcal{P}$ を考えるのは有限格子上の Ising 模型を扱うことに相当する．ただし，これからは $|\mathcal{P}|$ に関して一様な評価を作っていくので，最終的な結果は無限体積極限でも役に立つ（2.5 節参照）．

- ポリマー系 $\mathcal{P}$ の重み $\boldsymbol{w}$ に対応する**分配関数**を

$$Z_\mathcal{P}(\boldsymbol{w}) := \sum_{\tilde{\mathcal{P}} \in \mathcal{R}(\mathcal{P})} \prod_{P \in \tilde{\mathcal{P}}} w_P \tag{D.4}$$

と定義する．**和は $\mathcal{P}$ の部分集合のうち実現可能なものについてとる**．また和には $\tilde{\mathcal{P}} = \varnothing$ の場合も含めるので，和の初項は 1 である．

実現可能というのはやや大げさな用語だが，要するに分配関数の展開に現われうるポリマーの集まりをそう呼んだのである．

まず，もっとも簡単なポリマー系として $\mathcal{P}$ の（異なる）ポリマーが互いにすべて共存可能という場合を考えよう．(D.4) の和は $\mathcal{P}$ のすべての部分集合についてとるから，直ちに

$$Z_\mathcal{P}(\boldsymbol{w}) = \prod_{P \in \mathcal{P}} (1 + w_P) \tag{D.5}$$

と因数分解できる．対数をとり，w_P について展開すると，

$$\begin{aligned} \log Z_\mathcal{P}(\boldsymbol{w}) &= \sum_{P \in \mathcal{P}} \log(1 + w_P) \\ &= \sum_{P \in \mathcal{P}} w_P - \frac{1}{2} \sum_{P \in \mathcal{P}} (w_P)^2 + \frac{1}{3} \sum_{P \in \mathcal{P}} (w_P)^3 + \cdots \end{aligned} \tag{D.6}$$

となる．これがクラスター展開の自明な場合である．実際の問題ではいくつかのポリマーどうしが共存不可能であるために，上のようにあっさりと因数分解はできない．それでも，共存不可能であることからくる制約が何らかの意味で小さければ，(D.6) に補正のついた表式が得られる．

簡単だが自明でない例として，ポリマー系 $\mathcal{P} = \{P_1, \ldots, P_N\}$ では，隣りあう P_j と P_{j+1} ($j = 1, \ldots, N-1$) は共存不可能だが，それ以外の P_i, P_j ($i \neq j$) は共存可能だとしよう．分配関数は，隣りあうポリマーの積が現われないよう注意して

$$Z_\mathcal{P}(\boldsymbol{w}) = 1 + \sum_{j=1}^{N} w_j + \sum_{j=1}^{N-2} \sum_{k=j+2}^{N} w_j w_k + \sum_{j=1}^{N-4} \sum_{k=j+2}^{N-2} \sum_{\ell=k+2}^{N} w_j w_k w_\ell + \cdots \tag{D.7}$$

となる（w_{P_j} を w_j と略記した）．ここで，(D.7) をもとに $\log Z_\mathcal{P}(\boldsymbol{w})$ の形式的なべき級数展開を作り，（やや面倒な計算になるが）3 次までをまとめると，

$$\log Z_{\mathcal{P}}(\boldsymbol{w}) = \sum_{j=1}^{N} w_j - \frac{1}{2} \sum_{j=1}^{N} (w_j)^2 - \sum_{j=1}^{N-1} w_j w_{j+1} + \frac{1}{3} \sum_{j=1}^{N} (w_j)^3$$
$$+ \sum_{j=1}^{N-1} w_j (w_{j+1})^2 + \sum_{j=1}^{N-1} (w_j)^2 w_{j+1} + \sum_{j=1}^{N-2} w_j w_{j+1} w_{j+2} + \cdots$$
(D.8)

となる.自明な場合の (D.6) と比べると余分な項が加わってくる.ただし,(D.7) とは違って,互いにくっついたポリマーの重みの積だけが現われる(そのため (D.8) での和はすべて一重和である).この「くっついたポリマーのかたまり」がクラスターであり,(D.8) はクラスター展開のひな形になっている.

最後に具体的な応用のイメージをつかむため,分配関数の高温展開 (D.1) がポリマー系の分配関数 (D.4) の例になっていることをみておこう.この展開では,端点のないボンドの集合 B についての和として分配関数を表わした (6 章 2.1 節を参照).B を連結成分に分解し[3],その各々を,この系のポリマーとみなそう(たとえば,図 6.1 には四つのポリマーがある).$B = P_1 \cup \cdots \cup P_n$ のように B をポリマーの集まりに分解すると,(D.1) における B の重みは,$w^{|B|} = \prod_{j=1}^{n} w^{|P_j|}$ である.ここで,ポリマー P をつくるボンドの数を $|P|$ とした.以上を逆にみれば,(1) ボンドの連結集合で端点をもたないものをポリマーとし,(2) ポリマー P_1 と P_2 に共通の格子点がないとき $P_1 c P_2$ と約束し,(3) ポリマー P の重みは $w_P := w^{|P|}$ と定めることでポリマー系を定義すれば,分配関数 (D.4) は高温展開から得た (D.1) と完全に一致する.

Ising 模型(や他のスピン系や場の理論)は様々なやり方で確率幾何的な系として表現できる.そのような表現は多くの場合,一般のポリマー系の枠組みで取り扱うことができる.3 節以降の「応用編」をみよ.

2.2 Dobrushin の条件

これからの評価を能率的に表わすため,$x \in [0,1)$ について

$$\mathcal{L}(x) := -\log(1-x) = \sum_{n=1}^{\infty} \frac{x^n}{n} \tag{D.9}$$

---

[3] ボンドの集合 B' が連結とは,任意のボンド $b, b' \in B'$ に対して,ボンドの列 $b_1, \ldots, b_n$ がとれ,$b_1 = b$, $b_n = b'$ となり,$j = 1, \ldots, n-1$ について b_j と b_{j+1} が格子点を共有することをいう.

という関数を定義しておく. $\mathcal{L}(x)$ は下に凸な狭義増加関数で, $x \ll 1$ では $\mathcal{L}(x) \sim x$, また $x \uparrow 1$ では $\mathcal{L}(x) \uparrow \infty$ を満たしている.

クラスター展開は重み w_P が十分に小さいときに意味をもつ.「重みが小さい」ということの意味をはっきりさせるため, Dobrushin の条件を定義する.

D.2 [定義] $\mathcal{P}$ をポリマーの集合とする. 各々のポリマー $P \in \mathcal{P}$ に対して $\bar{w}_P > 0, a(P) \geq 0$ があって, すべての $Q \in \mathcal{P}$ に対して

$$\bar{w}_Q\, e^{a(Q)} < 1, \qquad \sum_{\substack{P \in \mathcal{P} \setminus \{Q\} \\ (P \wr Q)}} \mathcal{L}(\bar{w}_P\, e^{a(P)}) \leq a(Q) \tag{D.10}$$

が成り立つとき, $\bar{\boldsymbol{w}} := (\bar{w}_P)_{P \in \mathcal{P}}, \boldsymbol{a} := (a(P))_{P \in \mathcal{P}}$ は **Dobrushin の条件を満たす**という.

Dobrushin の条件は理論を作っていく上では自然で使いやすいのだが, 具体的なポリマー系で成立を示すのはいささか面倒である. 具体的な系を扱うときには, Dobrushin の条件の十分条件である以下の Kotecký-Preiss の条件か Bovier-Zahradník の条件を用いるのが便利だ[4].

D.3 [定義] 各々のポリマー $P \in \mathcal{P}$ に対して $\bar{w}_P > 0, \tilde{a}(P) \geq 0$ があって, すべての $Q \in \mathcal{P}$ に対して

$$\sum_{\substack{P \in \mathcal{P} \\ (P \wr Q)}} \bar{w}_P\, e^{\tilde{a}(P)} \leq \tilde{a}(Q) \tag{D.11}$$

であるなら $\bar{\boldsymbol{w}}, \tilde{\boldsymbol{a}} := (\tilde{a}(P))_{P \in \mathcal{P}}$ は **Kotecký-Preiss の条件を満たす**という (ここでの和には $P = Q$ も含まれることに注意).

---

[4] クラスター展開を証明に使う人のための注:Dobrushin の条件を実際に確かめるには, パラメーターの少ない KP の条件を使うのがもっとも楽だ. ただし, KP の条件では和に $P = Q$ が含まれているため, ここでかなり損をすることを覚えているべきだろう. たとえば, すべてのポリマーが共存可能という自明な系では, 任意の $\delta \in (0,1)$ をとり, すべての P について $\bar{w}_P = \delta, a(P) = 0$ とすれば Dobrushin の条件と BZ の条件が満たされる. 実際, (D.6) を見れば $|w_P| < 1$ で $\log Z_P(\boldsymbol{w})$ の級数は収束するから, これは「ぎりぎりの」結果である. 一方, 同じ系で KP の条件を満たすためには $\bar{w}_P = 1/e, a(P) = 1$ とする必要がある. ただし, (上とは逆に) KP の条件は成立するが BZ の条件は成立しない例を作ることもできるので, 一概に「BZ の条件の方が損をしない」と考えるべきではない. 何らかの理由でできる限り損をしない収束条件がほしいときは直接 Dobrushin の条件を調べるのがよいだろう.

D.4 [定義] $\delta \in (0,1)$ とする.各々のポリマー $P \in \mathcal{P}$ に対して $\bar{w}_P > 0$, $a(P) \geq 0$ があって,すべての $Q \in \mathcal{P}$ に対して

$$\bar{w}_Q e^{a(Q)} \leq \delta, \qquad \sum_{\substack{P \in \mathcal{P} \setminus \{Q\} \\ (P \iota Q)}} \bar{w}_P e^{a(P)} \leq \frac{\delta}{\mathcal{L}(\delta)} a(Q) \qquad (\text{D.12})$$

であるなら,$\bar{w}, a$ は(この δ で)**Bovier-Zahradník の条件を満たす**という.

D.5 [命題] Kotecký-Preiss の条件または Bovier-Zahradník の条件が満たされれば,Dobrushin の条件が満たされる.

証明 Bovier-Zahradník の条件 (D.12) から Dobrushin の条件 (D.10) を導くのは初等的.まず (D.10) の一つ目の関係は自明.$\mathcal{L}(x)$ の凸性から $x \in [0,\delta]$ について

$$\mathcal{L}(x) \leq \frac{\mathcal{L}(\delta)}{\delta} x \qquad (\text{D.13})$$

となることに注意すれば(グラフを描けばわかる)二つ目の関係もすぐに出る.

Kotecký-Preiss の条件 (D.11) から Dobrushin の条件 (D.10) を導こう.まず,(D.11) の左辺の和には $P = Q$ も含まれているのでそれを右辺に移すと,

$$\sum_{\substack{P \in \mathcal{P} \setminus \{Q\} \\ (P \iota Q)}} \bar{w}_P e^{\tilde{a}(P)} \leq \tilde{a}(Q) - \bar{w}_Q e^{\tilde{a}(Q)} \qquad (\text{D.14})$$

となる.左辺は非負だから任意の P について

$$\tilde{a}(P) - \bar{w}_P e^{\tilde{a}(P)} \geq 0 \qquad (\text{D.15})$$

である.次に,$\tilde{a}(P) \geq 0$ が与えられたとして,

$$\mathcal{L}(\bar{w}_P e^{a(P)}) = \bar{w}_P e^{\tilde{a}(P)} \qquad (\text{D.16})$$

となるように(Dobrushin の条件 (D.10) に現われる)$a(P)$ を決めよう.$\mathcal{L}([0,1)) = [0,\infty)$ かつ $\mathcal{L}(\cdot)$ は狭義増加だから,$a(P)$ は存在して一意に決まり,$0 \leq \bar{w}_P e^{a(P)} < 1$ を満たす.これで (D.10) の一つ目の条件は示された.次に $\mathcal{L}(x)$ の定義 (D.9) を使って (D.16) を変形すると,

$$e^{a(P)} = \frac{1 - \exp(-\bar{w}_P e^{\tilde{a}(P)})}{\bar{w}_P} = \frac{\exp(-\bar{w}_P e^{\tilde{a}(P)})}{\bar{w}_P} \{\exp(\bar{w}_P e^{\tilde{a}(P)}) - 1\}$$

2. クラスター展開の一般論 323

$$\geq \frac{\exp(-\bar{w}_P\,e^{\tilde{a}(P)})}{\bar{w}_P}\bar{w}_P\,e^{\tilde{a}(P)} = \exp[\tilde{a}(P) - \bar{w}_P\,e^{\tilde{a}(P)}] \tag{D.17}$$

となる（$e^x - 1 \geq x$ を用いた）．よって

$$\tilde{a}(P) - \bar{w}_P\,e^{\tilde{a}(P)} \leq a(P) \tag{D.18}$$

であり，(D.15) から $a(P) \geq 0$ が得られる．最後に (D.16) より

$$\sum_{\substack{P \in \mathcal{P}\setminus\{Q\} \\ (P \iota Q)}} \mathcal{L}(\bar{w}_P\,e^{a(P)}) = \sum_{\substack{P \in \mathcal{P}\setminus\{Q\} \\ (P \iota Q)}} \bar{w}_P\,e^{\tilde{a}(P)} \tag{D.19}$$

だが，(D.14) と (D.18) より右辺は $a(Q)$ 以下なので (D.10) の二つ目の条件が得られた． ∎

先に進む前に，Dobrushin の条件を満たす $\bar{w}$ が与えられたとき，「それよりも小さい」ポリマーの重み w の集合（$|\mathcal{P}|$ 次元複素空間内の多重円盤）

$$\mathcal{D}_{\bar{w}} := \{(w_P)_{P \in \mathcal{P}} \mid \text{すべての } P \in \mathcal{P} \text{ に対して } |w_P| \leq \bar{w}_P\} \tag{D.20}$$

とその内部

$$\mathcal{D}_{\bar{w}}^{\mathrm{in}} := \{(w_P)_{P \in \mathcal{P}} \mid \text{すべての } P \in \mathcal{P} \text{ に対して } |w_P| < \bar{w}_P\} \tag{D.21}$$

を定義しておく．

クラスター展開の出発点になるのは以下の定理である．証明は 2.6 節で述べる．

D.6 [定理]　ポリマー系 $\mathcal{P}$ において Dobrushin の条件 (D.10) を満たす $\bar{w}, a$ をとる．ポリマーの重みが $w \in \mathcal{D}_{\bar{w}}$ を満たすなら，$Z_{\mathcal{P}}(w) \neq 0$ であり，また，任意の部分集合 $\mathcal{P}' \subset \mathcal{P}$ についても $Z_{\mathcal{P}'}(w) \neq 0$ である．

ここで（当然だが），

$$Z_{\mathcal{P}'}(w) := \sum_{\tilde{\mathcal{P}} \in \mathcal{R}(\mathcal{P}')} \prod_{P \in \tilde{\mathcal{P}}} w_P \tag{D.22}$$

と定義した（$\mathcal{R}(\mathcal{P}')$ は $\mathcal{P}'$ の実現可能な部分集合すべての集合）．

すべての重み w_P が非負の実数なら，$Z_{\mathcal{P}}(w) \neq 0$ は定義 (D.4) から明らかである．しかし，一般の状況では様々な項が打ち消しあって $Z_{\mathcal{P}}(w)$ がゼロになる

ことがありうる[5]．上の定理は重みが「十分に小さければ」このような打ち消しあいが生じないことを保証しているのだ．一見当たり前のことを言っているようだが，実際には非自明で本質的な定理である．

2.3 クラスター展開

定理 D.6 を足がかりにして，クラスター展開を構成しよう．

$Z_{\mathcal{P}}(\boldsymbol{w})$ はあくまで有限和 (D.4) だから，当然 $|\mathcal{P}|$ 個の複素変数 $\boldsymbol{w} = (w_P)_{P \in \mathcal{P}}$ の正則関数である．定理 D.6 により $\boldsymbol{w} \in \mathcal{D}_{\overline{\boldsymbol{w}}}$ なら $Z_{\mathcal{P}}(\boldsymbol{w}) \neq 0$ だから，付録 F の 5 節のように考えると，$\log Z_{\mathcal{P}}(\boldsymbol{w})$ も $\boldsymbol{w}$ の正則関数として定義できる．$\mathcal{D}_{\overline{\boldsymbol{w}}}$ は多重円板なので，多変数解析関数論の一般論（定理 F.15（380 ページ））を使えば，$\log Z_{\mathcal{P}}(\boldsymbol{w})$ が $\mathcal{D}_{\overline{\boldsymbol{w}}}^{\mathrm{in}}$ で（たとえば (D.8) のように）$\boldsymbol{w}$ の絶対収束級数に展開できることがわかる．

この級数をコンパクトに表わすため，$I = (I_P)_{P \in \mathcal{P}}$ を非負の整数 I_P の組（多重指数）とし，$\boldsymbol{w}^I := \prod_{P \in \mathcal{P}} (w_P)^{I_P}$ と略記する．$\mathcal{P}$ 上のすべての多重指数 I の集合を $\mathcal{I}(\mathcal{P})$ と書こう．すると，(D.8) のような級数は，一般に係数を C_I と書いて

$$\log Z_{\mathcal{P}}(\boldsymbol{w}) = \sum_{I \in \mathcal{I}(\mathcal{P})} C_I \prod_{P \in \mathcal{P}} (w_P)^{I_P} = \sum_{I \in \mathcal{I}(\mathcal{P})} C_I \boldsymbol{w}^I \tag{D.23}$$

と表わせる．係数 C_I は $\mathcal{P}$ のポリマーの共存可能性の関係だけから決まる組み合わせ的な量である（例として (D.8) を見よ）．(D.23) は単なるテイラー展開だから，係数 C_I は

$$C_I = \left(\prod_{P \in \mathcal{P}} \frac{1}{I_P!} \frac{\partial^{I_P}}{\partial w_P^{I_P}} \right) \log Z_{\mathcal{P}}(\boldsymbol{w}) \bigg|_{\boldsymbol{w}=0} \tag{D.24}$$

で与えられる（$I_P = 0$ の場合は対応する微分は行なわない．また，$0! = 1$ と定める．$\boldsymbol{w} = 0$ はすべての P について $w_P = 0$ とすることを意味する）．ある意味で自明な関係だが，このように係数 C_I をコンパクトに表わすことによって，クラスター展開を見通しよく構成できる．

C_I のより簡単な表現をみよう．$\mathcal{P}' \subset \mathcal{P}$ を任意の部分集合とすると，部分ポリマー系の分配関数 $Z_{\mathcal{P}'}(\boldsymbol{w})$ も (D.23) と同様に

---

[5] 例：$\mathcal{P}$ が n 個のポリマーからなり，それらが互いにすべて共存不可能とする．$w_P = -1/n$ なら $Z_{\mathcal{P}}(\boldsymbol{w}) = 1 + (-1/n) \times n = 0$ である．

$$\log Z_{\mathcal{P}'}(\boldsymbol{w}) = \sum_{I \in \mathcal{I}(\mathcal{P}')} C'_I \boldsymbol{w}^I \tag{D.25}$$

と展開できる．ところが，新しい重み $\boldsymbol{w}' = (w'_P)_{P \in \mathcal{P}}$ を

$$w'_P = \begin{cases} w_P & P \in \mathcal{P}' \\ 0 & P \notin \mathcal{P}' \end{cases} \tag{D.26}$$

と定義すれば，明らかに $Z_{\mathcal{P}'}(\boldsymbol{w}) = Z_{\mathcal{P}}(\boldsymbol{w}')$ が成り立つ．つまり，展開 (D.25) は展開 (D.23) の一部だけを取り出したものなのである．ここで，多重指数 $I = (I_P)_{P \in \mathcal{P}}$ の台(support) を $\mathrm{supp}\, I := \{P \in \mathcal{P} \mid I_P > 0\}$ と定義しよう．上でみたことから，$\mathrm{supp}\, I \subset \mathcal{P}'$ なら展開係数について $C_I = C'_I$ がいえる．いいかえれば，係数 C_I を決めるためには全ポリマー系の分配関数 $Z_{\mathcal{P}}(\boldsymbol{w})$ を考える必要はなく，$\mathrm{supp}\, I$ を含むような部分ポリマー系を考えれば十分なのだ．そのような部分ポリマー系で最小なのはもちろん $\mathrm{supp}\, I$ そのものだから，(D.24) と同様にして

$$C_I = \left(\prod_{P \in \mathrm{supp}\, I} \frac{1}{I_P!} \frac{\partial^{I_P}}{\partial w_P^{I_P}} \right) \log Z_{\mathrm{supp}\, I}(\boldsymbol{w}) \bigg|_{\boldsymbol{w}=0} \tag{D.27}$$

が得られる．

多重指数をポリマーの集まりとみてもよいことに注意しておこう．ただし，各々のポリマーは（P が I_P 回，Q が I_Q 回といった具合に）複数回くり返して現われてもいいとするのである．くり返しの回数を無視して 1 回以上登場するポリマーを集めたのが $\mathrm{supp}\, I$ である．われわれがクラスター展開を用いる際にはこの見方をすることが多い．

I の分解可能性 (decomposability) という概念を導入する（図 D.2 参照）．

D.7 [定義] $\mathcal{P}_1 \cap \mathcal{P}_2 = \emptyset$ かつ $\mathcal{P}_1 \, c \, \mathcal{P}_2$（つまり $\mathcal{P}_1$ の任意のポリマーと $\mathcal{P}_2$ の任意のポリマーが共存可能）を満たす空でない部分集合 $\mathcal{P}_1, \mathcal{P}_2 \subset \mathcal{P}$ があって $\mathrm{supp}\, I = \mathcal{P}_1 \cup \mathcal{P}_2$ と書けるとき，多重指数 $I \in \mathcal{I}(\mathcal{P})$ は**分解可能** (decomposable) という．このような分解が存在しないとき I は分解不可能 (indecomposable) という．

以下の結果はクラスター展開にとって本質的である．

D.8 [命題] 多重指数 I が分解可能なら展開係数 C_I はゼロである．

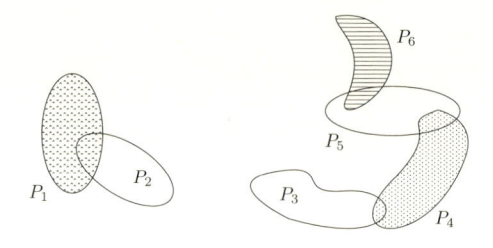

図 D.2 分解可能なポリマーの集まり $\{P_1, \ldots, P_6\}$ の例．ここでは二つのポリマーが交わらないときに共存可能とする．六つのポリマーを $\{P_1, P_2\}$ と $\{P_3, \ldots, P_6\}$ の二つの集まりに分ければ，各々は分解不可能である．これら，「分解不可能なかたまり」がクラスターである．

証明 I は分解可能なので定義の条件を満たす $\mathcal{P}_1, \mathcal{P}_2$ によって $\mathrm{supp}\, I = \mathcal{P}_1 \cup \mathcal{P}_2$ と書ける．よって任意の $\tilde{\mathcal{P}} \subset \mathrm{supp}\, I$ は $\tilde{\mathcal{P}} = \tilde{\mathcal{P}}_1 \cup \tilde{\mathcal{P}}_2$ と分解できる．ただし $\tilde{\mathcal{P}}_1 \subset \mathcal{P}_1$ かつ $\tilde{\mathcal{P}}_2 \subset \mathcal{P}_2$ で，これらは空集合かもしれない．ここで $\tilde{\mathcal{P}}$ が実現可能なら，もちろん $\tilde{\mathcal{P}}_1$ も $\tilde{\mathcal{P}}_2$ もそれぞれ実現可能．逆に，$\tilde{\mathcal{P}}_1 \subset \mathcal{P}_1, \tilde{\mathcal{P}}_2 \subset \mathcal{P}_2$ をそれぞれ（空集合も含む）実現可能な任意の部分集合とすると，分解可能性の仮定から $\tilde{\mathcal{P}}_1 \, c \, \tilde{\mathcal{P}}_2$ なので，$\tilde{\mathcal{P}} = \tilde{\mathcal{P}}_1 \cup \tilde{\mathcal{P}}_2$ は実現可能．以上から，$(Z_{\mathrm{supp}\, I}(\boldsymbol{w})$ の定義に現われる）実現可能な $\tilde{P} \subset \mathrm{supp}\, I$ についての和を

$$Z_{\mathrm{supp}\, I}(\boldsymbol{w}) = \sum_{\tilde{\mathcal{P}}_1 \in \mathcal{R}(\mathcal{P}_1)} \sum_{\tilde{\mathcal{P}}_2 \in \mathcal{R}(\mathcal{P}_2)} \prod_{P \in \tilde{\mathcal{P}}_1} w_P \prod_{Q \in \tilde{\mathcal{P}}_2} w_Q \tag{D.28}$$

と書き直せる．よって分配関数は $Z_{\mathrm{supp}\, I}(\boldsymbol{w}) = Z_1 Z_2$ と積に分かれる．Z_1 は $w_P \, (P \in \mathcal{P}_1)$ のみに依存し，Z_2 は $w_Q \, (Q \subset \mathcal{P}_2)$ のみに依存する．係数の表現 (D.27) を使えば，

$$\begin{aligned} C_I &= \left(\prod_{P \in \mathrm{supp}\, I} \frac{1}{I_P!} \frac{\partial^{I_P}}{\partial w_P^{I_P}} \right) \log Z_1 \bigg|_{\boldsymbol{w}=0} \\ &\quad + \left(\prod_{P \in \mathrm{supp}\, I} \frac{1}{I_P!} \frac{\partial^{I_P}}{\partial w_P^{I_P}} \right) \log Z_2 \bigg|_{\boldsymbol{w}=0} = 0 \end{aligned} \tag{D.29}$$

となる．少なくとも一つの $P \in \mathcal{P}_2$ について $I_P \neq 0$ であることから $\log Z_1$ の微分はゼロになった．$\log Z_2$ の微分も同様．■

分解不可能な多重指数 I のことを**クラスター** (cluster) と呼ぶ．前に注意したよ

うに，クラスター I は（くり返しを許した）ポリマーの集まりとみるのがよい．$\mathcal{P}$ のポリマーからなるすべてのクラスターの集合を $\mathcal{C}(\mathcal{P})$ と書く．また，I に対応する重みを

$$W(I) := C_I \bm{w}^I = C_I \prod_{P \in \mathcal{P}} (w_P)^{I_P} \tag{D.30}$$

と略記する．こうして，分配関数の対数の形式的な展開 (D.23) と命題 D.8 から以下の重要な定理が得られた．

D.9 [定理] (クラスター展開) 任意の $\bm{w} \in \mathcal{D}_{\bm{w}}^{\mathrm{in}}$ について，$\log Z_{\mathcal{P}}(\bm{w})$ は以下の無限級数で表わされる．

$$\log Z_{\mathcal{P}}(\bm{w}) = \sum_{I \in \mathcal{C}(\mathcal{P})} W(I) \tag{D.31}$$

　ポリマー系の分配関数の定義式 (D.4) は重み w_P の多項式，つまり有限和だった．それに対して，分配関数の対数のクラスター展開 (D.31) は（$\mathcal{P}$ が有限集合でも）無限和になってしまう．有限和をわざわざ無限和に書き直すのは無駄なことに思えるかも知れない．しかし，多くの状況で (D.31) の無限級数はきわめてよい性質をもち，特に無限体積極限でも意味をもつのである．ここで重要なのは，クラスター（くっついたポリマーのかたまり）についてのみの和が現われる点である．

　クラスター展開 (D.31) を用いて自由エネルギーや相関関数を評価するには，さらに，何らかの意味でクラスター I の重み $W(I)$ が小さい必要がある．そのような結果は様々な形で示されているが，本書では Bovier と Zahradník による以下の上界を用いる．証明はやや技巧的なので 2.7 節で述べる．

D.10 [定理] 定理 D.6 と同様に，Dobrushin の条件 (D.10) を満たす $\bar{\bm{w}}, \bm{a}$ をとり，ポリマーの重み $\bm{w}$ が $\bm{w} \in \mathcal{D}_{\bar{\bm{w}}}$ を満たすとする．このとき，任意の $Q \in \mathcal{P}$ に対し

$$\sum_{\substack{I \in \mathcal{C}(\mathcal{P}) \\ (\mathrm{supp}\, I \supset Q)}} |W(I)| \leq \mathcal{L}(|w_Q|e^{a(Q)}) \tag{D.32}$$

$$\sum_{\substack{I \in \mathcal{C}(\mathcal{P} \setminus \{Q\}) \\ (I \,\iota\, Q)}} |W(I)| \leq a(Q) \tag{D.33}$$

が成り立つ．$I \wr Q$ とは，$\mathrm{supp}\, I$ 中のポリマーに Q と共存不可能なものがあるという意味である．

次の系はほとんど自明だが，$|w_P|$ が $\bar{w}_P$ より真に小さいときに「得をする」効果をうまく表わしていて有用である．

D.11 [系] Dobrushin の条件 (D.10) を満たす $\bar{w}, a$ をとる．さらに，ある正の関数 $\gamma(P)$ があって，ポリマーの重みがすべての $P \in \mathcal{P}$ について

$$|w_P|e^{\gamma(P)} \leq \bar{w}_P \tag{D.34}$$

を満たすとする．このとき，任意の $Q \in \mathcal{P}$ に対して

$$\sum_{\substack{I \in \mathcal{C}(\mathcal{P}) \\ (\mathrm{supp}\, I \ni Q)}} |W(I)|e^{\gamma(I)} \leq \mathcal{L}(|w_Q|e^{a(Q)+\gamma(Q)}) \tag{D.35}$$

$$\sum_{\substack{I \in \mathcal{C}(\mathcal{P}\setminus\{Q\}) \\ (I \wr Q)}} |W(I)|e^{\gamma(I)} \leq a(Q) \tag{D.36}$$

が成り立つ．ここで $\gamma(I) := \sum_{P \in \mathrm{supp}\, I} I_P\, \gamma(P)$ とした．

証明 与えられた重み w_P の代わりに $w'_P := w_P e^{\gamma(P)}$ をもったポリマー系を考えると，これは定理 D.10 の条件を満たす．したがって (D.32) と (D.33) がこの w'_P から作った $W'(I)$ に対して成り立つ．$W'(I)$ と $W(I)$ の間には

$$W'(I) = C_I \prod_{P \in I}(w'_P)^{I_P} = C_I \prod_{P \in I}(w_P e^{\gamma(P)})^{I_P} = W(I)e^{\gamma(I)} \tag{D.37}$$

の関係があるので，(D.32) と (D.33) を書き直すと (D.35) と (D.36) を得る．∎

クラスター展開の表式 (D.31) は展開についての抽象的な議論を進める上では便利だが，あまり直観的ではないし，低次の項の具体的な計算には向いていない．参考のため，多くの文献に見られる（おそらくより直観的な）表式をみておこう[6]．まず，分配関数 (D.4) を

$$Z_\mathcal{P}(\boldsymbol{w}) = \sum_{n=0}^{\infty} \frac{1}{n!} \sum_{P_1, \ldots, P_n \in \mathcal{P}} \psi(P_1, \ldots, P_n)\, w_{P_1} \cdots w_{P_n} \tag{D.38}$$

---

[6] この表式はこれから先では用いない．

という形に書こう．二つ目の和では n 個のポリマーについて何の制約もなく足しあげる．ここで，

$$\psi(P_1,\ldots,P_n) = \begin{cases} 1 & \text{任意の } i \neq j \text{ について } P_i\, c\, P_j \text{ のとき} \\ 0 & \text{それ以外} \end{cases} \quad \text{(D.39)}$$

はポリマー間の「排他的相互作用」を表わしている．この相互作用のため，(D.38) の和ではポリマーの集合 $\{P_1,\ldots,P_n\}$ が実現可能なものしか残らない．特に，$P_1,\ldots,P_n$ はすべて異なっており，これらの並べ替えによる重複を $1/n!$ が打ち消している．

これに対応させてクラスター展開 (D.31) を

$$\log Z_{\mathcal{P}}(\boldsymbol{w}) = \sum_{n=0}^{\infty} \frac{1}{n!} \sum_{P_1,\ldots,P_n \in \mathcal{P}} \psi_{\mathrm{c}}(P_1,\ldots,P_n)\, w_{P_1} \cdots w_{P_n} \quad \text{(D.40)}$$

と書くことができる．ここで，ポリマーの組 $(P_1,\ldots,P_n)$ が（多重指数に翻訳したとき）分解可能なら $\psi_{\mathrm{c}}(P_1,\ldots,P_n) = 0$ で，分解不可能なら $\psi_{\mathrm{c}}(P_1,\ldots,P_n) \neq 0$ である．係数 $\psi_{\mathrm{c}}(P_1,\ldots,P_n)$ は，漸化関係式

$$\psi(P_1,\ldots,P_n) = \sum_{\{1,\ldots,n\}\text{ の分解}} \psi_{\mathrm{c}}(P_{i_1^{(1)}},\ldots,P_{i_{\ell(1)}^{(1)}}) \cdots \psi_{\mathrm{c}}(P_{i_1^{(m)}},\ldots,P_{i_{\ell(m)}^{(m)}}) \quad \text{(D.41)}$$

を満たす[7]．ここでの和は集合 $\{1,\ldots,n\}$ を（空でない）いくつかの集合に

$$\{1,\ldots,n\} \to \{\{i_1^{(1)}, i_2^{(1)},\ldots, i_{\ell(1)}^{(1)}\},\ldots,\{i_1^{(m)},\ldots,i_{\ell(m)}^{(m)}\}\} \quad \text{(D.42)}$$

のように分割する方法すべてについて足しあげる．(D.41) を使えば，$\psi_{\mathrm{c}}(P) = \psi(P) = 1$ であり，$\psi(P,Q) = \psi_{\mathrm{c}}(P,Q) + \psi_{\mathrm{c}}(P)\psi_{\mathrm{c}}(Q)$ より $\psi_{\mathrm{c}}(P,Q)$ は $P\,c\,Q$ ならゼロで $P\,\iota\,Q$ なら -1 のように計算できる．

2.4 相関関数の扱い

ここで自由エネルギー（分配関数の対数）ではなく，相関関数をクラスター展開で取り扱うための一つの自然な方法を議論する[8]．後に 5.3 節で，相関関数を扱うもう一つの（より強力な）手法を具体例を通して紹介する．

---

[7] もちろん，これは (D.27) から決まる係数と同じだが，ここでは同値性の証明はしない．
[8] この節の内容は後の応用で用いないので，読み飛ばしても支障はない．

以下の考察を動機づけるため，6章の2.1節でみたランダムループ展開による二点相関関数の表現 (6.27) を思い出そう．この表式の分母は（定数倍を除けば）通常の分配関数であり，本章の2.1節で述べたように，グラフ B をループ（＝ポリマー）の集まりとみなせばポリマー系の分配関数とみることができる．分子もよく似た形をしているが，ループのほかに格子点 x と y を結ぶ道が必ず登場している．

この状況を一般化して，次のような設定を考えよう．これまでと同様に $\mathcal{P}$ をポリマーの集合とし，対応する重み $\boldsymbol{w} = (w_P)_{P \in \mathcal{P}}$ が与えられているとする．Γ を $\mathcal{P}$ とは共通の要素をもたないポリマーの集合とする．$\gamma \in \Gamma$ にも重み $\boldsymbol{w}' = (w'_\gamma)_{\gamma \in \Gamma}$ が対応づけられている．

$Z_\mathcal{P}(\boldsymbol{w})$ をポリマー系 $\mathcal{P}$ の分配関数 (D.4) とし，$\gamma \in \Gamma$ に対して，

$$\tilde{Z}_{\gamma,\mathcal{P}}(\boldsymbol{w}) := \sum_{\substack{\tilde{\mathcal{P}} \in \mathcal{R}(\mathcal{P}) \\ (\tilde{\mathcal{P}} \text{ と } \{\gamma\} \text{ は共存可能})}} \prod_{P \in \tilde{\mathcal{P}}} w_P \tag{D.43}$$

と定義する．相関関数 (6.27) に相当するのは，

$$C(\Gamma) := \sum_{\gamma \in \Gamma} w'_\gamma \frac{\tilde{Z}_{\gamma,\mathcal{P}}(\boldsymbol{w})}{Z_\mathcal{P}(\boldsymbol{w})} \tag{D.44}$$

という量である．6章の2.1節の設定では，$\mathcal{P}$ が端点をもたないボンドの連結集合（ループ）の集まり，Γ が $\{x, y\}$ を端点にもつボンドの連結集合の集まりで，$C(\Gamma)$ が相関関数 $\langle \sigma_x \sigma_y \rangle_{L;\beta}^\mathrm{P}$ に相当する．

ポリマー系 $\mathcal{P} \cup \Gamma$ について，Dobrushin の条件を満たす $\bar{\boldsymbol{w}}, \boldsymbol{a}$ が得られたとしよう．重み $(\boldsymbol{w}, \boldsymbol{w}')$ が対応する $\mathcal{D}_{\bar{\boldsymbol{w}}}^{\mathrm{in}}$ の中にあるとすれば，$\log Z_\mathcal{P}(\boldsymbol{w}), \log \tilde{Z}_{\gamma,\mathcal{P}}(\boldsymbol{w})$ の双方にクラスター展開 (D.31) が使える．後者の展開は (D.31) とほとんど同じだが，I についての和が，γ と共存可能なクラスター I のみに限られるところが違ってくる．よって，両者の差について，

$$\log Z_\mathcal{P}(\boldsymbol{w}) - \log \tilde{Z}_{\gamma,\mathcal{P}}(\boldsymbol{w}) = \sum_{\substack{I \in \mathcal{C}(\mathcal{P}) \\ (I \wr \gamma)}} W(I) \tag{D.45}$$

というコンパクトな表式が得られる．これを (D.44) に戻せば，相関関数についてのクラスター展開

が得られる. さらに, (D.33) を使えば,

$$|C(\Gamma)| \leq \sum_{\gamma \in \Gamma} |w'_\gamma| \, e^{a(\gamma)} \tag{D.47}$$

という簡単な形をした上界が得られる. 具体的なモデルへの応用では, これらの表式を用いて相関関数の指数的減衰などを示すことができる[9].

2.5 自由エネルギーの無限体積極限

これまで完全に抽象的な設定でクラスター展開を議論してきたが, ここでは, ポリマーの幾何的性質について具体的な仮定を設けて, 自由エネルギーの無限体積極限を議論する. ただしここでも, 具体的なモデルを特定しないという意味で, 冒頭に述べた「ステップ 2」を扱っている. 一般的な設定で, 自由境界条件と周期境界条件における自由エネルギーの無限体積極限が存在し, 境界条件に依存しないことを証明する.

一辺が L の d 次元超立方格子 Λ_L を考える. 周期境界条件をとることにしてボンドの集合を $\overline{\mathcal{B}}_L = \mathcal{B}_L \cup \partial \mathcal{B}_L$ とする. ポリマー P は格子上の格子点, ボンド, 単位面などの (端点などについての条件を満たす) 連結集合であり, 二つのポリマーに「重なり」がないときに両者は共存可能であるとしよう. 後でみる応用例はすべてこの条件を満たす[10].

Λ_L 上のすべてのポリマーの集まりを $\mathcal{P}_L$ と書く. T を格子上の任意の並進作用素とするとき, $P \in \mathcal{P}_L$ なら $T(P) \in \mathcal{P}_L$ である. $\mathcal{P}_L$ のうち, 格子の内部にあるポリマーの集合を

$$\mathcal{P}_L^{\text{in}} := \{ P \in \mathcal{P}_L \mid P \cap \partial \Lambda_L = \emptyset \} \tag{D.48}$$

とする ($\partial \Lambda_L$ は格子 Λ_L の境界). $L' \geq L$ なら, $\mathcal{P}_L^{\text{in}} \subset \mathcal{P}_{L'}^{\text{in}} \subset \mathcal{P}_{L'}$ である.

任意の正整数 L について, ポリマー系 $\mathcal{P}_L$ 上の重み $\boldsymbol{w}_L = (w_{L,P})_{P \in \mathcal{P}_L}$ が与えられたとする. これらは並進不変で, また, 互いに「つじつまが合っている」とし

---

[9] β が実数の Ising 模型では, クラスター展開を使わないでも (より優れた) 上界 (6.32) を導くことができた. しかし, 上界 (D.47) はクラスター展開が適用できる任意の系で成立するという意味ではるかに一般的である.
[10] 連結性や共存可能性の定義の詳細はポリマーの定義に依存するが, 以下の議論には影響しない.

よう.つまり,任意の $P \in \mathcal{P}_L$ と任意の並進作用素 T に対して $w_{L,P} = w_{L,T(P)}$ であり,$L \leq L'$ のとき任意の $P \in \mathcal{P}_L^{\mathrm{in}}$ に対して $w_{L,P} = w_{L',P}$ と仮定する.

周期境界条件と自由境界条件での単位格子点あたりの自由エネルギー(の定数倍)をそれぞれ

$$g_L^{\mathrm{P}} := \frac{1}{L^d} \log Z_{\mathcal{P}_L}(\boldsymbol{w}_L), \quad g_L^{\mathrm{F}} := \frac{1}{L^d} \log Z_{\mathcal{P}_L^{\mathrm{in}}}(\boldsymbol{w}_L) \tag{D.49}$$

と定義する[11].これら自由エネルギーの $L \uparrow \infty$ でのふるまいを調べる.

無限体積極限でのふるまいを知るため,まず周期境界条件での g_L^{P} をみよう.この量にクラスター展開 (D.31) が適用できるなら,

$$g_L^{\mathrm{P}} = \frac{1}{L^d} \sum_{I \in \mathcal{C}_L} W_L(I) \tag{D.50}$$

と書ける.$\mathcal{P}_L$ 上のクラスターの集合を $\mathcal{C}_L := \mathcal{C}(\mathcal{P}_L)$ と書き,$W_L(I) = C_I \prod_{P \in \mathcal{P}_L} (w_{L,P})^{I_P}$ とした.さて,この和には互いに並進操作で移りあえるようなクラスターが(通常)L^d 回顔を出す[12].この重複をちょうど $1/L^d$ の因子とキャンセルさせることで無限体積極限に都合のいい表式が得られそうだ.

きちんと考えるため,クラスター $I \in \mathcal{C}_L$ に対して,

$$S(I) = \{x \in \Lambda_L \mid P \in \operatorname{supp} I \text{ があって } x \in P\} \tag{D.51}$$

をクラスターに含まれる格子点の集合とする.真偽関数を $I[\cdot]$ と書き,$\sum_{x \in \Lambda_L} I[x \in S(I)] = |S(I)|$ に注意すれば,上の和を

$$\begin{aligned} g_L^{\mathrm{P}} &= \frac{1}{L^d} \sum_{I \in \mathcal{C}_L} \sum_{x \in \Lambda_L} I[x \in S(I)] \frac{W_L(I)}{|S(I)|} \\ &= \frac{1}{L^d} \sum_{x \in \Lambda_L} \sum_{\substack{I \in \mathcal{C}_L \\ (S(I) \ni x)}} \frac{W_L(I)}{|S(I)|} \end{aligned} \tag{D.52}$$

と書き直せる(二つ目の等号は二つの有限和の入れ替え).ここで最右辺の二つ目の和で並進不変性を用いて x を原点 o に移すと,L^d が打ち消されて

$$g_L^{\mathrm{P}} = \sum_{\substack{I \in \mathcal{C}_L \\ (S(I) \ni o)}} \frac{W_L(I)}{|S(I)|} \tag{D.53}$$

---

[11] $\mathcal{P}_L^{\mathrm{in}}$ 系の分配関数を「自由境界」と呼んだが,これは確率幾何的表現によっては必ずしも Ising 模型の自由境界条件とは対応しない.
[12] 正確にいうと,特別な対称性をもったクラスター(たとえば,格子をまっすぐに一周するような一つのポリマー)は L^d 回は現われない.以下の議論はこのようなクラスターについても正しい.

という，原点を含むクラスターの和を使ったコンパクトな表式が得られる．大きなクラスター I の重み $W_L(I)$ が十分に早く小さくなるなら，自由エネルギー g_L の $L\uparrow\infty$ 極限が存在することが期待される（実際そうであることをすぐ後で証明する）．

次に二つの境界条件での自由エネルギーの差についてみよう[13]．自由境界での自由エネルギー g_L^{F} にもクラスター展開が使えるとすると，(D.50) でのクラスターの集合 $\mathcal{C}_L$ を自由境界版の $\mathcal{C}_L^{\mathrm{in}} := \mathcal{C}(\mathcal{P}_L^{\mathrm{in}})$ で置き換えた展開が得られる．すると二つの自由エネルギーの差は

$$g_L^{\mathrm{P}} - g_L^{\mathrm{F}} = \frac{1}{L^d} \sum_{\substack{I \in \mathcal{C}_L \\ (\mathrm{supp}\, I \cap \partial \Lambda_L \neq \emptyset)}} W(I) \tag{D.54}$$

と表現できる．境界 $\partial\Lambda_L$ には L^{d-1} 程度の格子点が含まれているので，クラスター展開が収束すれば右辺の和は L^{d-1} のオーダーになると期待される．すると，右辺全体は L^{-1} のオーダーとなり，$L\uparrow\infty$ で二つの自由エネルギーの差は消えるだろう．ここでは二つの境界条件だけを比べたが，より一般の境界条件についても同様の考察ができることがわかると思う．

以上の推測は次のように厳密化できる．

D.12 [定理] 各々の L について Dobrushin の条件 (D.10) を満たす $\bar{\boldsymbol{w}}_L = (\bar{w}_{L,P})_{P\in\mathcal{P}_L}$, $\boldsymbol{a}_L = (a_L(P))_{P\in\mathcal{P}_L}$ があり[14]，原点 o を含む最小のポリマーを P_0 とするとき

$$a_0 := \sup_L \{\mathcal{L}(\bar{w}_{L,P_0} e^{a_L(P_0)}) + a_L(P_0)\} < \infty \tag{D.55}$$

が成り立つとする．すべての L について，ポリマーの重みが $\boldsymbol{w}_L \in \mathcal{D}_{\bar{\boldsymbol{w}}_L}^{\mathrm{in}}$ を満たすとする．すると，任意の $1 < L < L'$ について

$$|g_{L'}^{\mathrm{P}} - g_L^{\mathrm{P}}| \leq \frac{4a_0}{L} \tag{D.56}$$

が成立する．つまり $(g_L^{\mathrm{P}})_{L=1,2,\ldots}$ はコーシー列であり，極限 $g_\infty := \lim_{L\uparrow\infty} g_L^{\mathrm{P}}$ が存在する．また，任意の L について，

---

[13] 5 章 2 節で，Ising 模型のパラメター β, h が実数のとき単位スピンあたりの自由エネルギーが境界条件に依存しないことをみた．ここでは，クラスター展開が制御できるなら，パラメターが複素数になっても同じことが成り立つことを示す．
[14] $\bar{\boldsymbol{w}}_L$ と $\boldsymbol{a}_L$ については並進不変性や異なった L で「つじつまが合っている」ことは特に要求しない．

$$|g_L^{\mathrm{P}} - g_L^{\mathrm{F}}| \leq \frac{2da_0}{L} \tag{D.57}$$

が成立する．よって $\lim_{L\uparrow\infty} g_L^{\mathrm{F}} = g_\infty$ である．

(D.53) より，上で存在が示された無限体積の極限を

$$g_\infty = \sum_{\substack{I \in \mathcal{C}_\infty \\ (S(I) \ni o)}} \frac{W(I)}{|S(I)|} \tag{D.58}$$

という無限級数で表わすことができる．$\mathcal{C}_\infty$ は $\mathbb{Z}^d$ 上のポリマーからなるクラスターの集合である．任意の $I \in \mathcal{C}_\infty$ について，十分に大きい L をとれば $I \in \mathcal{C}_L$ であり，重み $W(I)$ はこのような L についての $W_L(I)$ に等しくとる（これは L のとり方によらないことに注意）．

証明 クラスター展開 (D.53) を使えば，異なったサイズの系の自由エネルギーの差を

$$g_{L'}^{\mathrm{P}} - g_L^{\mathrm{P}} = \sum_{\substack{I \in \mathcal{C}_{L'} \backslash \mathcal{C}_L \\ (S(I) \ni o)}} \frac{W_{L'}(I)}{|S(I)|} - \sum_{\substack{I \in \mathcal{C}_L \backslash \mathcal{C}_{L'} \\ (S(I) \ni o)}} \frac{W_L(I)}{|S(I)|} \tag{D.59}$$

と表わすことができる．ここで，$\mathcal{C}_{L'} \backslash \mathcal{C}_L$ あるいは $\mathcal{C}_L \backslash \mathcal{C}_{L'}$ に含まれるクラスターは必ず格子の境界 $\partial \Lambda_L$ に触れていることに注意する．$S(I) \ni o$ を満たす（つまり，格子の原点を含む）クラスターが境界に触れるためには $|S(I)| \geq L/2$ でなくてはならない．よって，

$$|g_{L'}^{\mathrm{P}} - g_L^{\mathrm{P}}| \leq \sum_{\substack{I \in \mathcal{C}_{L'} \\ S(I) \ni o \\ |S(I)| \geq L/2}} \frac{|W_{L'}(I)|}{|S(I)|} + \sum_{\substack{I \in \mathcal{C}_L \\ S(I) \ni o \\ |S(I)| \geq L/2}} \frac{|W_L(I)|}{|S(I)|} \tag{D.60}$$

という上界を得る．右辺第一項の和は，

$$\sum_{\substack{I \in \mathcal{C}_{L'} \\ S(I) \ni o \\ |S(I)| \geq L/2}} \frac{|W_{L'}(I)|}{|S(I)|} \leq \frac{2}{L} \sum_{\substack{I \in \mathcal{C}_{L'} \\ (S(I) \ni o)}} |W_{L'}(I)|$$

$$\leq \frac{2}{L} \sum_{\substack{Q \in \mathcal{P}_{L'} \\ (Q \ni o)}} \sum_{\substack{I \in \mathcal{C}_{L'} \\ (\mathrm{supp}\, I \ni Q)}} |W_{L'}(I)| \leq \frac{2}{L} \sum_{\substack{Q \in \mathcal{P}_{L'} \\ (Q \ni o)}} \mathcal{L}(|w_{L',Q}|e^{a_{L'}(Q)}) \tag{D.61}$$

のように押さえられる．第二行目に移るところで，$S(I) \ni o$ の条件を取り入れるため，o を含むすべてのポリマー Q について足し，クラスターについては多めに足しあげた．その次は不等式 (D.32) そのもの．最後の和については，o を含む最小のポリマー P_0 を用いて多めに足せば

$$\sum_{\substack{Q \in \mathcal{P}_{L'} \\ (Q \ni o)}} \mathcal{L}(|w_{L',Q}|e^{a_{L'}(Q)}) \leq \mathcal{L}(|w_{L',P_0}|e^{a_{L'}(P_0)}) + \sum_{\substack{Q \in \mathcal{P}_{L'} \setminus \{P_0\} \\ (Q \wr P_0)}} \mathcal{L}(\bar{w}_{L',Q}e^{a_{L'}(Q)})$$

$$\leq \mathcal{L}(\bar{w}_{L',P_0}e^{a_{L'}(P_0)}) + a_{L'}(P_0) \leq a_0 \qquad (\text{D.62})$$

となる．Dobrushin の条件 (D.10) と a_0 の定義 (D.55) を用いた．(D.60) 右辺第二項の和もまったく同様に評価できるので，目標の (D.56) が得られる．

(D.54) 右辺の和については，まず

$$\left| \sum_{\substack{I \in \mathcal{C}_L \\ (\text{supp}\, I \cap \partial \Lambda_L \neq \emptyset)}} W_L(I) \right| \leq \sum_{x \in \partial \Lambda_L} \sum_{\substack{I \in \mathcal{C}_L \\ (\text{supp}\, I \ni x)}} |W_L(I)| \qquad (\text{D.63})$$

と評価する．最後の I についての和は上とまったく同様にして a_0 で上から押さえられるので，$|\partial \Lambda_L| \leq 2dL^{d-1}$ に注意すれば求める (D.57) が得られる．∎

最後に，Ising 模型への応用のために，無限体積極限の自由エネルギーの解析性についての重要な結果をみておこう．ポリマーの統計的重みが二つの複素パラメター $\beta, h \in \mathbb{C}$ の解析関数であるとして，$w_{L,P}(\beta, h)$ と書こう[15]．領域 $R \subset \mathbb{C}^2$ があって，任意の $(\beta, h) \in R$ と任意の L について $\boldsymbol{w}_L(\beta, h) \in \mathcal{D}^{\text{in}}_{\boldsymbol{w}_L}$ が成り立つと仮定する．任意の L について，分配関数 $Z_{\mathcal{P}_L}(\boldsymbol{w}_L(\beta, h))$ は $w_{L,P}(\beta, h)$ の多項式であり（定理 D.6 により）ゼロでないので，自由エネルギー

$$g_L^{\text{P}}(\beta, h) := \frac{1}{L^d} \log Z_{\mathcal{P}_L}(\boldsymbol{w}_L(\beta, h)) \qquad (\text{D.64})$$

は β, h 双方の正則関数である（log の定義については，付録 F 5 節も参照）．ここで，(D.56) の右辺は β, h に依存しないので，自由エネルギーの無限体積極限

$$g(\beta, h) = \lim_{L \uparrow \infty} g_L^{\text{P}}(\beta, h) \qquad (\text{D.65})$$

---

[15] 一方のパラメターのみが変化する場合の扱いもまったく同様である．

の収束は $(\beta, h) \in R$ について一様である．よってこの関数は R 上で広義一様収束する．この事実と二変数の複素関数についての定理（付録 F を参照）より，次を得る．

D.13 [系] 上の条件が満たされているとき無限体積極限の自由エネルギー $g(\beta, h)$ は R 上で β, h の双方の正則関数である．

2.6　定理 D.6 の証明

クラスター展開の出発点となった定理 D.6（323 ページ）を証明しよう．実際には，定理の内容を含む以下の補題を証明する．

D.14 [補題] ポリマー系 $\mathcal{P}$ において Dobrushin の条件 (D.10) を満たす $\bar{w}$, a をとる．ポリマーの重み w が $w \in \mathcal{D}_{\bar{w}}$ を満たすなら，$Z_{\mathcal{P}}(w) \neq 0$ である．さらに，任意の $\mathcal{P}' \subset \mathcal{P}$ に対して $Z_{\mathcal{P}'}(w) \neq 0$ であり，

$$\left| \log\left(\frac{Z_{\mathcal{P}}(w)}{Z_{\mathcal{P}'}(w)} \right) \right| \leq \sum_{P \in \mathcal{P} \setminus \mathcal{P}'} \mathcal{L}(|w_P| e^{a(P)}) \quad \text{(D.66)}$$

が成り立つ．

証明 $\mathcal{P}$ を構成するポリマーの数 $|\mathcal{P}|$ に関する数学的帰納法で証明する．ポリマーの数がゼロ個のときには $Z_\emptyset = 1$ なので[16]，定理の結論は自明．そこで $|\mathcal{P}| \leq N$ では定理が証明されたとして，$|\mathcal{P}| = N + 1$ の場合を考えよう．

$\mathcal{P} \setminus \mathcal{P}'$ から任意のポリマー Q を一つ選び，$\hat{\mathcal{P}} := \mathcal{P} \setminus \{Q\}$ とする．$|\mathcal{P}'| \leq |\hat{\mathcal{P}}| = |\mathcal{P}| - 1 = N$ なので，ポリマー系 $\mathcal{P}', \hat{\mathcal{P}}$ については帰納法の仮定が成り立っている．特に $Z_{\mathcal{P}'}, Z_{\hat{\mathcal{P}}}$ はゼロでないので

$$\frac{Z_{\mathcal{P}}}{Z_{\mathcal{P}'}} = \frac{Z_{\mathcal{P}}}{Z_{\hat{\mathcal{P}}}} \frac{Z_{\hat{\mathcal{P}}}}{Z_{\mathcal{P}'}} \quad \text{つまり} \quad \log\left(\frac{Z_{\mathcal{P}}}{Z_{\mathcal{P}'}} \right) = \log\left(\frac{Z_{\mathcal{P}}}{Z_{\hat{\mathcal{P}}}} \right) + \log\left(\frac{Z_{\hat{\mathcal{P}}}}{Z_{\mathcal{P}'}} \right) \quad \text{(D.67)}$$

と書ける．$\mathcal{P}' \subset \hat{\mathcal{P}}$ なので，この第二項に（帰納法の仮定により成り立つ）(D.66) を使うと，

$$\left| \log\left(\frac{Z_{\hat{\mathcal{P}}}}{Z_{\mathcal{P}'}} \right) \right| \leq \sum_{P \in \hat{\mathcal{P}} \setminus \mathcal{P}'} \mathcal{L}(|w_P| e^{a(P)}) \quad \text{(D.68)}$$

---

[16] 以下では Z の引数の w を省略する．

が得られる．したがって，第一項の絶対値を $\mathcal{L}(|w_Q|e^{a(Q)})$ で上から押さえることができれば，(D.68) と足すことで望む式 (D.66) が証明できる．

$Z_{\mathcal{P}}$ を定義する和を，Q を含む部分と含まない部分に分けると

$$Z_{\mathcal{P}} = \sum_{\tilde{\mathcal{P}} \in \mathcal{R}(\mathcal{P})} \prod_{P \in \tilde{\mathcal{P}}} w_P = \sum_{\substack{\tilde{\mathcal{P}} \in \mathcal{R}(\mathcal{P}) \\ (\tilde{\mathcal{P}} \not\ni Q)}} \prod_{P \in \tilde{\mathcal{P}}} w_P + \sum_{\substack{\tilde{\mathcal{P}} \in \mathcal{R}(\mathcal{P}) \\ (\tilde{\mathcal{P}} \ni Q)}} \prod_{P \in \tilde{\mathcal{P}}} w_P$$

$$= Z_{\hat{\mathcal{P}}} + w_Q \sum_{\substack{\tilde{\mathcal{P}} \in \mathcal{R}(\mathcal{P}) \\ (\tilde{\mathcal{P}} \, c \, Q)}} \prod_{P \in \tilde{\mathcal{P}}} w_P = Z_{\hat{\mathcal{P}}} + w_Q Z_{\hat{\hat{\mathcal{P}}}} \tag{D.69}$$

となる．ここで Q と共存可能なポリマーの全体を $\hat{\hat{\mathcal{P}}} := \{P \in \mathcal{P} \,|\, P \, c \, Q\}$ とした ($Q \notin \hat{\hat{\mathcal{P}}}$ に注意)．(D.69) を $Z_{\hat{\mathcal{P}}}$ で割ると，

$$\frac{Z_{\mathcal{P}}}{Z_{\hat{\mathcal{P}}}} = 1 + w_Q \frac{Z_{\hat{\hat{\mathcal{P}}}}}{Z_{\hat{\mathcal{P}}}} \tag{D.70}$$

であるが，$|\hat{\hat{\mathcal{P}}}| \leq |\hat{\mathcal{P}}| = N$ かつ $\hat{\hat{\mathcal{P}}} \subset \hat{\mathcal{P}}$ なので，右辺第二項の比に（帰納法の仮定により成り立つ）(D.66) が使えて

$$\left|\log\left(\frac{Z_{\hat{\hat{\mathcal{P}}}}}{Z_{\hat{\mathcal{P}}}}\right)\right| \leq \sum_{P \in \hat{\mathcal{P}} \setminus \hat{\hat{\mathcal{P}}}} \mathcal{L}(|w_P|e^{a(P)}) \leq \sum_{P \in \hat{\mathcal{P}} \setminus \hat{\hat{\mathcal{P}}}} \mathcal{L}(\bar{w}_P e^{a(P)})$$

が成り立つ．ここで，$\hat{\mathcal{P}} \setminus \hat{\hat{\mathcal{P}}} = \{P \in \mathcal{P} \setminus \{Q\} \,|\, P \, \iota \, Q\}$ に注意すれば，$\bar{w}$ の満たす Dobrushin の条件 (D.10) から

$$= \sum_{\substack{P \in \mathcal{P} \setminus \{Q\} \\ (P \, \iota \, Q)}} \mathcal{L}(\bar{w}_P e^{a(P)}) \leq a(Q) \tag{D.71}$$

が示される．

任意の複素数 z に対して $|\log |z|| \leq |\log z|$ なので[17]，(D.71) から

$$\left|\log\left|\frac{Z_{\hat{\hat{\mathcal{P}}}}}{Z_{\hat{\mathcal{P}}}}\right|\right| \leq \left|\log\left(\frac{Z_{\hat{\hat{\mathcal{P}}}}}{Z_{\hat{\mathcal{P}}}}\right)\right| \leq a(Q) \quad \text{つまり} \quad \left|\frac{Z_{\hat{\hat{\mathcal{P}}}}}{Z_{\hat{\mathcal{P}}}}\right| \leq e^{a(Q)} \tag{D.72}$$

---

[17] $\alpha, \beta \in \mathbb{R}$ を使って $z = \exp(\alpha + i\beta)$ と書き，両辺に代入すればいい．

が得られる．さらに，$|z|<1$ なる複素数 z に対して常に $|\log(1+z)| \leq \mathcal{L}(|z|)$ だから[18]，(D.70) と (D.72) から

$$\left|\log\left(\frac{Z_{\mathcal{P}}}{Z_{\hat{\mathcal{P}}}}\right)\right| = \left|\log\left(1 + w_Q \frac{Z_{\hat{\hat{\mathcal{P}}}}}{Z_{\hat{\mathcal{P}}}}\right)\right| \leq \mathcal{L}\left(|w_Q|\left|\frac{Z_{\hat{\hat{\mathcal{P}}}}}{Z_{\hat{\mathcal{P}}}}\right|\right) \leq \mathcal{L}(|w_Q|e^{a(Q)}) \quad (D.73)$$

となる．$\mathcal{L}(x)$ が狭義増加関数であることを使った．これと (D.68) を組み合わせて (D.67) の絶対値を評価すると，求める (D.66) が $|\mathcal{P}| = N+1$ に対して示され，帰納法が完結する．■

2.7 定理 D.10 の証明

クラスター展開の収束の評価の要となる定理 D.10 (327 ページ) を証明しよう．前節の定理 D.6 の証明と同じく，$|\mathcal{P}|$ についての帰納法を使う．まず，$|\mathcal{P}|=0$ (つまり $\mathcal{P} = \varnothing$) のとき (D.32) は自明．一方，(D.33) は $\mathcal{P}\backslash\{Q\}$ におけるクラスターの足しあげについての関係なので，$|\mathcal{P}|=1$ (つまり $\mathcal{P}=\{Q\}$) のときに自明である．よって，少しややこしいが，$|\mathcal{P}| \leq N$ のとき (D.32) が成り立ち，$|\mathcal{P}| \leq N+1$ のとき (D.33) が成り立つと仮定して，帰納法を進める．

まず，$|\mathcal{P}|=N+1$ として，(D.32) を示す．前節と同様に，$Q \in \mathcal{P}$ を選び，$\hat{\mathcal{P}} := \mathcal{P}\backslash\{Q\}$，$\hat{\hat{\mathcal{P}}} := \{P \in \mathcal{P} \mid P \, c \, Q\} \subset \hat{\mathcal{P}}$ とする．証明はやや技巧的なので，いくつかの段階に分けて説明しよう．はじめに，(D.32) の左辺の和から絶対値を除いたものが，

$$\sum_{\substack{I \in \mathcal{C}(\mathcal{P}) \\ (\text{supp } I \ni Q)}} W(I) = \log\Big\{1 + w_Q \exp\Big(-\sum_{\substack{I \in \mathcal{C}(\hat{\mathcal{P}}) \\ (I \, c \, Q)}} W(I)\Big)\Big\} \quad (D.74)$$

と書けることを示そう．この右辺は見るからに帰納法に適した形をしている．$\mathcal{P}$, $\hat{\mathcal{P}}$, $\hat{\hat{\mathcal{P}}}$ に対応する分配関数にクラスター展開 (D.31) を使えば，それぞれ

$$\log Z_{\mathcal{P}} = \sum_{I \in \mathcal{C}(\mathcal{P})} W(I), \quad \log Z_{\hat{\hat{\mathcal{P}}}} = \sum_{\substack{I \in \mathcal{C}(\hat{\mathcal{P}}) \\ (I \, c \, Q)}} W(I) \quad (D.75)$$

$$\log Z_{\hat{\mathcal{P}}} = \sum_{\substack{I \in \mathcal{C}(\mathcal{P}) \\ (\text{supp } I \not\ni Q)}} W(I) = \sum_{I \in \mathcal{C}(\hat{\mathcal{P}})} W(I) \quad (D.76)$$

---

[18] 両辺をテイラー展開すれば簡単に証明できる．$\mathcal{L}(x)$ の定義 (D.9) を見よ．

2. クラスター展開の一般論　339

と書ける．これらを適切に組み合わせると，

$$\log \frac{Z_{\mathcal{P}}}{Z_{\hat{\mathcal{P}}}} = \sum_{\substack{I \in \mathcal{C}(\mathcal{P}) \\ (\operatorname{supp} I \ni Q)}} W(I), \quad \log \frac{Z_{\hat{\mathcal{P}}}}{Z_{\check{\mathcal{P}}}} = -\sum_{\substack{I \in \mathcal{C}(\hat{\mathcal{P}}) \\ (I \iota Q)}} W(I) \qquad \text{(D.77)}$$

という二つの関係が得られる．これらを (D.70) の両辺の対数をとった等式

$$\log \frac{Z_{\mathcal{P}}}{Z_{\check{\mathcal{P}}}} = \log\left(1 + w_Q \frac{Z_{\hat{\mathcal{P}}}}{Z_{\check{\mathcal{P}}}}\right) \qquad \text{(D.78)}$$

に代入すれば，目標の (D.74) が得られる．

次に，(D.74) を用いて，

$$\sum_{\substack{I \in \mathcal{C}(\mathcal{P}) \\ (\operatorname{supp} I \ni Q)}} |W(I)| \leq \mathcal{L}\left(|w_Q| \exp\left(\sum_{\substack{I \in \mathcal{C}(\hat{\mathcal{P}}) \\ (I \iota Q)}} |W(I)|\right)\right) \qquad \text{(D.79)}$$

という不等式を示す．一見簡単そうだが実はそうでもない．(D.74) 左辺の絶対値を素直に評価すれば $|\sum_I W(I)| \leq \sum_I |W(I)|$ となり，求める不等式とは逆向きになってしまう．$\sum_I |W(I)|$ の上界を示すのは一筋縄ではいかない．そこで，以下のように関数 $\log(1+x)$ と $\mathcal{L}(x)$ のべき展開を利用する．

まず，(D.30) つまり $W(I) = C_I \prod_{P \in \mathcal{P}} (w_P)^{I_P}$ を思い出し，(D.74) の右辺を $(w_P)_{P \in \mathcal{P}}$ の関数とみよう．そして，これを強引にべき級数に展開して，

$$\log\Big\{1 + w_Q \exp\Big(-\sum_{\substack{I \in \mathcal{C}(\hat{\mathcal{P}}) \\ (I \iota Q)}} C_I \prod_{P \in \mathcal{P}} (w_P)^{I_P}\Big)\Big\}$$

$$= -\sum_{n=1}^{\infty} \frac{(-w_Q)^n}{n} \left(\sum_{m=0}^{\infty} \frac{(-1)^m}{m!} \left\{\sum_{\substack{I \in \mathcal{C}(\hat{\mathcal{P}}) \\ (I \iota Q)}} C_I \prod_{P \in \mathcal{P}} (w_P)^{I_P}\right\}^m\right)^n$$

$$= \sum_{\substack{I \in \mathcal{I}(\mathcal{P}) \\ (\operatorname{supp} I \ni Q)}} \alpha_I \prod_{P \in \mathcal{P}} (w_P)^{I_P} \qquad \text{(D.80)}$$

と書く．最右辺ではべき級数を形式的にまとめ直したわけだが，ここで係数 α_I の形を具体的に求める必要はない．

次に，(D.79) の右辺（に (D.30) の絶対値をとった $|W(I)| = |C_I| \prod_{P \in \mathcal{P}} |w_P|^{I_P}$ を代入したもの）も同じように $|w_P|$ について形式的にべき展開して

$$\mathcal{L}\Bigl(|w_Q|\exp\Bigl(\sum_{\substack{I\in\mathcal{C}(\hat{\mathcal{P}})\\(I\,\iota\,Q)}}|C_I|\prod_{P\in\mathcal{P}}|w_P|^{I_P}\Bigr)\Bigr)$$

$$=\sum_{n=1}^{\infty}\frac{|w_Q|^n}{n}\Bigl(\sum_{m=0}^{\infty}\frac{1}{m!}\Bigl\{\sum_{\substack{I\in\mathcal{C}(\hat{\mathcal{P}})\\(I\,\iota\,Q)}}|C_I|\prod_{P\in\mathcal{P}}|w_P|^{I_P}\Bigr\}^m\Bigr)^n$$

$$=\sum_{\substack{I\in\mathcal{I}(\mathcal{P})\\(\mathrm{supp}\,I\ni Q)}}\tilde{\alpha}_I\prod_{P\in\mathcal{P}}|w_P|^{I_P} \tag{D.81}$$

と書く（$\mathcal{L}(x)$ の定義 (D.9) を参照）．(D.80) と (D.81) の真ん中の式は，ほとんど同じ形をしている．相違点は，変数が w_P から $|w_P|$ に変わったこと，(D.80) で正負をとり得る部分が (D.81) ではすべて（絶対値の等しい）正の量になっていることだけだ．よって，形式的な展開をまとめて係数 α_I, $\tilde{\alpha}_I$ を求める際にも，そっくり同じ式が出てくる．ただし，前者で正負の符号をもった量の和が現われるところでは，後者では（絶対値の等しい）正の量の和が現われる．よって任意の I について $|\alpha_I|\le\tilde{\alpha}_I$ が成り立つことがわかる．

さて，ここで (D.80) を (D.74) と比較し $W(I)=C_I\prod_{P\in\mathcal{P}}(w_P)^{I_P}$ に注意すれば，実は係数 α_I は C_I に他ならないことがわかる．よって，上で示した不等式から $|C_I|\le\tilde{\alpha}_I$ がいえるので，

$$\sum_{\substack{I\in\mathcal{C}(\mathcal{P})\\(\mathrm{supp}\,I\ni Q)}}|W(I)|=\sum_{\substack{I\in\mathcal{C}(\mathcal{P})\\(\mathrm{supp}\,I\ni Q)}}|C_I|\prod_{P\in\mathcal{P}}|w_P|^{I_P}\le\sum_{\substack{I\in\mathcal{C}(\mathcal{P})\\(\mathrm{supp}\,I\ni Q)}}\tilde{\alpha}_I\prod_{P\in\mathcal{P}}|w_P|^{I_P} \tag{D.82}$$

が成り立つ．(D.81) を思い出せば，望む不等式 (D.79) が得られた．

これで難所は過ぎた．帰納法の仮定により，$\mathcal{P}$ についての (D.33) は成立している（証明の冒頭を見よ）．よって (D.79) 右辺の指数関数の引数は $a(Q)$ 以下であり，

$$\sum_{\substack{I\in\mathcal{C}(\mathcal{P})\\\mathrm{supp}\,I\ni Q}}|W(I)|\le\mathcal{L}(|w_Q|e^{a(Q)}) \tag{D.83}$$

すなわち $\mathcal{P}$ に対する (D.32) が得られた．

最後に $|\mathcal{P}|=N+2$ のときの (D.33) を示す．$I\,\iota\,Q$ の定義から，$Q'\,\iota\,Q$ なる $Q'\in\mathrm{supp}\,I$ が少なくとも一つ存在する．このような Q' について和をとって多めに評価すると

$$\sum_{\substack{I \in \mathcal{C}(\mathcal{P} \setminus \{Q\}) \\ (I \iota Q)}} |W(I)| \leq \sum_{\substack{Q' \in \mathcal{P} \setminus \{Q\} \\ (Q' \iota Q)}} \sum_{\substack{I \in \mathcal{C}(\mathcal{P} \setminus \{Q\}) \\ (\mathrm{supp}\, I \ni Q')}} |W(I)| \tag{D.84}$$

となる．ここで $|\mathcal{P} \setminus \{Q\}| = N+1$ だから，右辺の I の和に (D.32) を使ってよい．すると，

$$\sum_{\substack{I \in \mathcal{C}(\mathcal{P} \setminus \{Q\}) \\ (I \iota Q)}} |W(I)| \leq \sum_{\substack{Q' \in \mathcal{P} \setminus \{Q\} \\ (Q' \iota Q)}} \mathcal{L}(|w_{Q'}|e^{a(Q')}) \leq a(Q) \tag{D.85}$$

のように望む (D.33) が得られる．最後の不等式では $w \in \mathcal{D}_{\overline{w}}$ を思い出し，Dobrushin の条件 (D.10) を用いた．

3. 高温，磁場ゼロでの Ising 模型

ここからの四つの節はクラスター展開の「応用編」である．Ising 模型のいくつかの自然な確率幾何的表現を考え，そこにクラスター展開の一般論をあてはめていこう（図 D.3）．

まず，6 章の 2.1 節でみた高温展開によるランダムループ表示について考えよう．この表示がポリマー系とみなせることは，既に 2.1 節で詳しく議論した（(D.1) を見よ）．クラスター展開の一般論から，たとえば，自由エネルギーの無限体積極限について，以下の定理が得られる．

D.15 [定理] $d \geq 2$ とする．d 次元の Ising 模型で $h = 0$（磁場なし）とするとき，$\beta \in \mathbb{C}$ が

$$|\tanh \beta| < C_d^{(1)} \tag{D.86}$$

を満たすなら，（周期的境界条件と自由境界条件での）クラスター展開が収束し，スピン一つあたりの自由エネルギー (2.22) の無限体積極限は

$$f(\beta, 0) = -\frac{1}{\beta} \log 2 - \frac{d}{\beta} \log \cosh \beta - \frac{1}{\beta} \sum_{\substack{I \in \mathcal{C}_\infty \\ (S(I) \ni o)}} \frac{W(I)}{|S(I)|} \tag{D.87}$$

で与えられる β の解析関数である（記号については (D.58) を参照）．$C_d^{(1)}$ は次元 d のみに依存する定数で，$C_d^{(1)} = 0.67/(2d-1)$ ととれる[19]．

---

[19] クラスター展開はあくまで摂動的な手法なので，適用範囲の限界を決める $C_d^{(1)}$ の具体的な値に

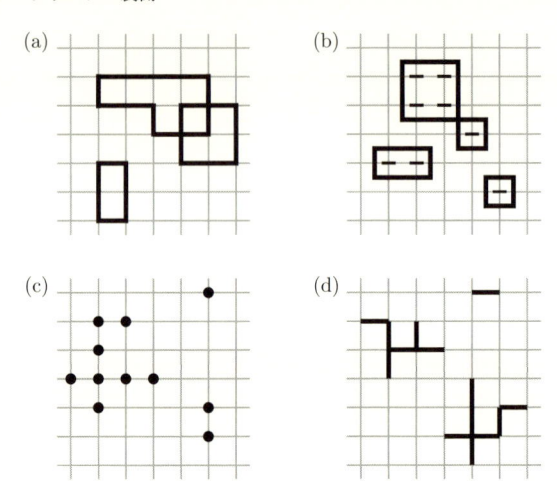

図 D.3 Ising 模型の様々な確率幾何的表現に表われるポリマーの例. (a) ランダムループ表示 (3 節) では端点をもたないボンドの連結集合がポリマーになる. この表示は $|\beta| \ll 1, h = 0$ のときに有効. (b) コントゥアー表示 (4 節) では下向きのスピンを囲むコントゥアーをポリマーとみなす (何も書いていない格子点のスピンは上向き). この表示は $|e^{-\beta}| \ll 1, h = 0$ のときに有効. (c) スピンが下向きの格子点 (黒丸で示した) が作る連結集合をポリマーとみなすこともできる (5 節). この表示は $\mathrm{Re}\,\beta h \gg 1$ のときに有効. (d) ランダムクラスター表示 (6 節) ではボンドの任意の連結集合がポリマーになる. この表示は, 磁場があり $|\beta| \ll 1$ のときに有効.

証明 クラスター展開で扱った「分配関数」$\tilde{Z}_L(\beta)$ と本来の Ising 模型の分配関数は $Z_L(\beta, 0) = 2^{|\Lambda_L|}(\cosh\beta)^{|\overline{B}_L|}\tilde{Z}_L(\beta)$ の関係で結ばれているから, (D.87) は, 2.5 節の一般論で得られた (D.58) そのものである. 解析性については系 D.13 がそのまま使える. また, Ising 模型の周期的境界条件と自由境界条件は, そのまま, ポリマー系の周期的境界条件と自由境界条件に対応する.

よって定理の証明のためには, Dobrushin の条件を満たす $\bar{w}_L, a_L$ がとれることを示せば十分である. 以下では, 任意の L について, (D.11) の Kotecký-Preiss

---

深い物理的な意味はない. 実際, 証明でのループの総数の評価をさらに工夫すれば, これらの値を $C_3^{(1)} = 0.836/5, C_4^{(1)} = 0.887/7$, および $d \geq 5$ に対して $C_d^{(1)} = 0.908/(2d-1)$, などと改良できる. 本書の web ページ (iii ページの脚注を参照) に資料を公開予定.

3. 高温，磁場ゼロでの Ising 模型　　343

の条件

$$\sum_{\substack{P \in \mathcal{P}_L \\ (P \iota Q)}} \bar{w}_P \, e^{\tilde{a}(P)} \leq \tilde{a}(Q) \tag{D.88}$$

を満たす $\bar{w}_L(P), \tilde{a}_L(P)$ がとれることを示す．評価を簡単にするため，これらの関数として，定数 $\lambda > 0$ と $\alpha > 0$ を使って

$$\bar{w}_L(P) = \lambda^{|P|}, \quad \tilde{a}_L(P) = \alpha |P| \tag{D.89}$$

と書けるものだけを考える（$|P|$ は P のボンドの総数）．

(D.88) の左辺の和を，Q に含まれるすべての格子点について足しあげることで大きめに評価すると，

$$\sum_{\substack{P \in \mathcal{P}_L \\ (P \iota Q)}} \bar{w}_P \, e^{\tilde{a}(P)} \leq \sum_{y \in Q} \sum_{P \ni y} \lambda^{|P|} e^{\alpha|P|} \leq |Q|_{\mathrm{s}} \sum_{P \ni o} \lambda^{|P|} e^{\alpha|P|} \tag{D.90}$$

となる．最後は並進不変性を用い，Q に含まれる格子点の総数を $|Q|_{\mathrm{s}}$ と書いた．原点を含む長さが ℓ のループの総数を N_ℓ とすれば，右辺の和は $\sum_\ell N_\ell \lambda^\ell e^{\alpha\ell}$ と書ける．よって，$|Q|_{\mathrm{s}} \leq |Q|$ に注意すれば（$|Q|$ はボンドの総数），

$$\sum_\ell N_\ell \lambda^\ell e^{\alpha\ell} \leq \alpha \tag{D.91}$$

が満たされれば，目標の条件 (D.88) が成り立つことがわかる．

ループの総数 N_ℓ を評価しよう．既に 6 章 2.3 節で同じような評価をしたので，簡単にみる．まず，原点 o から出発して一つ目のボンドの置き方は $2d$ 通り．それ以後のボンドの付け加え方は，高々 $2d-1$ 通りで，最後の二つのボンドの置き方は（ループを閉じさせなくてはいけないから）高々二通り．さらに，こうして数えると同じループを（ループを回る向きに関して）二重に数えていることを考慮すれば，

$$N_\ell \leq (2d)(2d-1)^{\ell-3} \times 2 \times \frac{1}{2} = (2d)(2d-1)^{\ell-3} \tag{D.92}$$

と押さえられる．また，ループという制約のため ℓ が 4 以上の偶数以外なら $N_\ell = 0$ である．よって $\ell = 2k$ として

$$\begin{aligned}
((\text{D.91}) \text{ の左辺}) &\leq \sum_{k=2}^{\infty} (2d)(2d-1)^{2k-3} \lambda^{2k} e^{2\alpha k} \\
&= \frac{2d}{(2d-1)^3} \frac{\{(2d-1)^2 \lambda^2 e^{2\alpha}\}^2}{1-(2d-1)^2 \lambda^2 e^{2\alpha}} \leq \frac{4}{27} \frac{(\tilde{\lambda}^2 e^{2\alpha})^2}{1-\tilde{\lambda}^2 e^{2\alpha}} \tag{D.93}
\end{aligned}$$

という上界を得る．最後は $d \geq 2$ を用い，$\tilde{\lambda} := (2d-1)\lambda$ とした．

任意の α を固定したとき，λ を十分に小さくとれば (D.93) の最右辺をいくらでも小さくできる．特に最右辺を α 以下にすれば，目標の条件 (D.88) が成り立つ（具体的には，たとえば $\alpha = 0.14$, $\tilde{\lambda} = 0.67$ とすればよい）．こうして，Dobrushin の条件を満たす重みが存在することが示され，定理が証明された． ∎

4. 低温, 磁場ゼロでの Ising 模型

磁場がゼロで温度が十分に低い領域でのクラスター展開からは以下の結果が得られる．

D.16 [定理] $d \geq 2$ とする．d 次元の Ising 模型で $h = 0$（磁場なし）とするとき，$\beta \in \mathbb{C}$ が

$$|e^{-\beta}| \leq C_d^{(2)} \tag{D.94}$$

を満たすなら，三つの境界条件すべてでクラスター展開が収束し，スピン一つあたりの自由エネルギー (2.22) の無限体積極限は境界条件によらない β の解析関数である．$C_d^{(2)} > 0$ は次元 d のみに依存する定数である．

ここでの解析の基本となるのは 7 章でみた低温展開である．解析の方法は前節とほとんど同じなので，ごく簡単にみよう．

プラス境界条件の d 次元の Ising 模型を考えよう．7 章の 2.1 節でみたように，分配関数を

$$Z_L^+(\beta, 0) = e^{\beta |\mathcal{B}_{L+2}|} \sum_{C \in \mathcal{G}_L^{*,\emptyset}} e^{-2\beta |C|} \tag{D.95}$$

と表現できる（これは (7.26) と同じ式）．7 章 2.1 節では 2 次元の場合を議論したが，3 次元以上への拡張はほぼ自明である．C は双対格子上の「単位面」からなるグラフで端点をもたないものについて足しあげる．2 次元なら C は図 D.3 (b) のように双対格子上のループの集まりになる．

二つの単位面が辺を共有するとき（2 次元なら二つの双対ボンドが双対格子点を共有するとき）両者は連結しているとみなして，グラフ C を連結な部分成分 $c_1, \ldots, c_n$ に分解する．各々の c_j をコントゥアーと呼ぶ．

各々のコントゥアーをポリマーとみなす．二つのポリマー c, c' は辺を共有しないときかつそのときに限り共存可能とし，ポリマー c の統計力学的重みを $w_c = e^{-2\beta |c|}$ と定める（$|c|$ は c を構成する単位面の個数）．$\mathcal{P}$ をこのようなポリマーすべての集合とすれば，(D.95) は，

$$Z_L^+(\beta, 0) = e^{\beta |\mathcal{B}_{L+2}|} \sum_{\tilde{\mathcal{P}} \in \mathcal{R}(\mathcal{P})} \prod_{c \in \tilde{\mathcal{P}}} w_c \tag{D.96}$$

のように一般のポリマー系の分配関数の形になる．後はクラスター展開の一般論を使えばよい．Dobrushin の条件（実際には KP 条件）の成立も（7 章での基本的な評価 (7.42) を使えば）前節とほとんど同様にできるので省略する．

周期境界条件と自由境界条件では，各々のグラフ C にちょうど二つのスピン配位が対応する．よって (D.95) の代わりに

$$Z_L^{\text{BC}}(\beta, 0) = 2 e^{\beta |\mathcal{B}_{L+2}|} \sum_{C \in \mathcal{G}_L^{*,\text{BC}}} e^{-2\beta |C|} \tag{D.97}$$

が成り立つ（$\mathcal{G}_L^{*,\text{BC}}$ はそれぞれの境界条件での適切なグラフの集合）．もちろん 2 倍しても自由エネルギーの無限体積極限には影響しないので，あとは一般論を使えばよい．

5. 磁場が大きい領域での Ising 模型

磁場 h が（正で）大きいときには，下向きのスピンのかたまりをクラスターとみなすことで自然なクラスター展開が構成できる．これを少し詳しくみよう．特に相関関数についての結果は，付録 E でも重要な役割を果たす．

本節の主要な結果は以下の通り．

D.17 [定理] $d \geq 1$ とする．d 次元の Ising 模型で $\beta, h \in \mathbb{C}$ が

$$\text{Re } \beta > 0, \quad \text{Re } \beta h > C_d^{(3)} \tag{D.98}$$

を満たすとき，BC = F, P, + のすべてについてクラスター展開が収束する．スピン一つあたりの自由エネルギーの無限体積極限は 3 つの境界条件に共通であって，後述の (D.110) で与えられ，β と h 両方の正則関数である．さらに，連結二点関数

$\langle\sigma_x;\sigma_y\rangle$ も β, h 両方の正則関数であり，$|x-y|$ に関して指数関数的に減衰する．より一般に n 重連結相関関数（2 章 2.3 節を参照）$\langle\sigma_{x_1};\sigma_{x_2};\cdots;\sigma_{x_n}\rangle$ も β, h 両方の正則関数であり，$x_1, x_2, \ldots, x_n$ すべてを結ぶ最短距離 $\ell(x_1, x_2, \ldots, x_n)$ に関して指数関数的に減少する[20]．$C_d^{(3)} > 0$ は次元 d のみに依存する定数であり，$C_d^{(3)} = (1/2)\log\{(2d+1)/0.14\}$ と選べる．

以下ではこの定理の証明を周期境界条件について述べる．他の境界条件での証明もほとんど同じである．

5.1 ポリマー系への変換

まずは Ising 模型をこの状況に適したポリマー系に変換しよう．周期的境界条件における分配関数の表式

$$Z_L(\beta, \hat{\boldsymbol{h}}) = \sum_{\boldsymbol{\sigma}\in\mathcal{S}_L} \exp\Big(\sum_{\{x,y\}\in\bar{\mathcal{B}}_L} \beta\sigma_x\sigma_y + \sum_{x\in\Lambda_L} \hat{h}_x\sigma_x\Big) \qquad (\text{D.99})$$

から出発する（$\bar{\mathcal{B}}_L = \mathcal{B}_L \cup \partial\mathcal{B}_L$ は周期的境界条件におけるボンドの全体）．相関関数の扱いに便利なように，磁場 h_x が格子点ごとに異なるとし，$\hat{h}_x := \beta h_x$ と書いた．それらをまとめて $\hat{\boldsymbol{h}} := (\hat{h}_x)_{x\in\Lambda_L}$ と書く．ここで，指数関数の肩が

$$\sum_{\{x,y\}\in\bar{\mathcal{B}}_L}\beta + \sum_{x\in\Lambda_L}\hat{h}_x + \sum_{\{x,y\}\in\bar{\mathcal{B}}_L}\beta(\sigma_x\sigma_y - 1) + \sum_{x\in\Lambda_L}\hat{h}_x(\sigma_x - 1) \qquad (\text{D.100})$$

となることに注意して

$$\tilde{Y}_L(\beta, \hat{\boldsymbol{h}}) := \sum_{\boldsymbol{\sigma}\in\mathcal{S}_L}\exp\Big\{\sum_{\{x,y\}\in\bar{\mathcal{B}}_L}\beta(\sigma_x\sigma_y-1) + \sum_{x\in\Lambda_L}\hat{h}_x(\sigma_x-1)\Big\} \qquad (\text{D.101})$$

という量を定義すれば

$$Z_L(\beta,\hat{\boldsymbol{h}}) = \exp\Big(|\bar{\mathcal{B}}_L|\beta + \sum_{x\in\Lambda_L}\hat{h}_x\Big)\tilde{Y}_L(\beta,\hat{\boldsymbol{h}}) \qquad (\text{D.102})$$

と書ける（$|\bar{\mathcal{B}}_L|$ は $\bar{\mathcal{B}}_L$ 中のボンドの数）．$\tilde{Y}_L(\beta,\hat{\boldsymbol{h}})$ をクラスター展開で評価しよう．

---

[20] 正確にいうと，$\ell(x_1,\ldots,x_n)$ は n 個の格子点 $x_1,\ldots,x_n$ すべてを含む最小の格子点の連結集合の大きさで，(5.26) で定義されたものである．

スピンの配位 $\boldsymbol{\sigma}$ が与えられたとき，この配位で $\sigma_x = -1$ となっている格子点 x の全体を Ξ と書く．配位 $\boldsymbol{\sigma}$ と集合 Ξ は一対一に対応しているので，

$$\tilde{Y}_L(\beta,\hat{\boldsymbol{h}}) = \sum_{\Xi \subset \Lambda_L} \exp\Big\{ \sum_{\{x,y\} \in \bar{\mathcal{B}}_L} \beta(\sigma_x\sigma_y - 1) + \sum_{x \in \Lambda_L} \hat{h}_x(\sigma_x - 1) \Big\} \Big|_{\sigma_x = -1 \text{ if } x \in \Xi} \quad (\text{D.103})$$

と書き直せる．Ξ の和は Λ のすべての部分集合についてとる．

(D.103) の指数関数の肩を具体的にみよう．$(\sigma_x - 1)$ は，$x \in \Xi$ のときには -2，それ以外ではゼロである．一方，$(\sigma_x\sigma_y - 1)$ は x,y でのスピンが同符号ならゼロ，異符号なら -2 である．そこで一般に $X \subset \Lambda$ に対してその「境界でのボンド」の全体 $\mathcal{B}_{\partial X}$ を

$$\mathcal{B}_{\partial X} := \big\{ \{x,y\} \in \bar{\mathcal{B}}_L \,\big|\, x \in X,\, y \notin X \big\} \quad (\text{D.104})$$

と定義すると上の表式は

$$\tilde{Y}_L(\beta,\hat{\boldsymbol{h}}) = \sum_{\Xi \subset \Lambda} \exp\Big\{ -2\beta|\mathcal{B}_{\partial\Xi}| - 2\sum_{x \in \Xi} \hat{h}_x \Big\} \quad (\text{D.105})$$

という簡単な形になる（$|\mathcal{B}_{\partial\Xi}|$ は $\mathcal{B}_{\partial\Xi}$ 内のボンドの数）．

ここで，隣りあっている格子点は連結していると定義し，Ξ を $\Xi = \bigcup_{j=1}^n X_j$ のように連結成分に分解する．ここで，各々の X_j は連結集合であり[21]，任意の $j \neq j'$ について $X_j \cap X_{j'} = \emptyset$ とする．こうすると，境界についても自動的に $\mathcal{B}_{\partial\Xi} = \bigcup_{j=1}^n \mathcal{B}_{\partial X_j}$ が成り立ち，任意の $j \neq j'$ について $\mathcal{B}_{\partial X_j} \cap \mathcal{B}_{\partial X_{j'}} = \emptyset$ となることに注意しよう．そのため，(D.105) の指数関数の引数も

$$-2\beta|\mathcal{B}_{\partial\Xi}| - 2\sum_{x \in \Xi} \hat{h}_x = \sum_{j=1}^n \Big\{ -2\beta|\mathcal{B}_{\partial X_j}| - 2\sum_{x \in X_j} \hat{h}_x \Big\} \quad (\text{D.106})$$

のように各々の連結成分についての量の和になる．

ここまで来ればどのようにポリマー系に書き換えるかは明らかだろう．任意の連結集合 $X \subset \Lambda_L$ をポリマーとし，すべてのポリマーの集合を $\mathcal{P}$ と書く．二つのポリマー X, X' は互いに交わりがなく，かつ，連結していないとき（つまり，隣

---

[21] $X \subset \Lambda_L$ が連結とは，任意の $x, y \in X$ について X の中の格子点の列 $x_0, \ldots, x_n$ が存在し，$x_0 = x$, $x_n = y$ および $\{x_{j-1}, x_j\} \in \bar{\mathcal{B}}_L$ $(j = 1, \ldots, n)$ となること．

りあう格子点を含まないとき）に共存可能と定義する．(D.106) を参照して，ポリマー X の重みを

$$w_X := e^{-2\beta|\mathcal{B}_{\partial X}|} \prod_{x \in X} e^{-2\hat{h}_x} \tag{D.107}$$

とする．部分集合 Ξ について足しあげることは，互いに共存可能なポリマー $X_1, \ldots, X_n$ について足しあげるのと同じことだから，(D.105) は，

$$\tilde{Y}_L(\beta, \hat{\boldsymbol{h}}) = \sum_{\tilde{\mathcal{P}} \in \mathcal{R}(\mathcal{P})} \prod_{X \in \tilde{\mathcal{P}}} w_X \tag{D.108}$$

のように一般のポリマー系の分配関数の形に書ける．

5.2 Kotecký-Preiss の条件

(D.108) の分配関数にクラスター展開の一般論を適用しよう．そのために必要な，Kotecký-Preiss の条件を満たす $\bar{w}_X$ と $\tilde{a}(X)$ は次の補題で与えられる．

D.18 [補題] ポリマー X に対して

$$\bar{w}_X = \lambda^{|X|}, \quad \tilde{a}(X) = \alpha|X| \tag{D.109}$$

と選ぶ（$|X|$ は X 中の格子点の数）．$\lambda = e^{-2C_d^{(3)}} = 0.14/(2d+1)$，$\alpha = 0.5$ とすれば，これは Kotecký-Preiss の条件 (D.11) を満たす．

クラスターの重みは (D.107) で与えられるから，(D.98) を満たす (β, h) に対応する重みについては Kotecký-Preiss の条件が成り立ち，クラスター展開の一般論が使えることがわかる．

すべての x について $\hat{h}_x = \beta h$ とした並進対称な系を考えれば，自由エネルギーの無限体積極限についての 2.5 節の結果がそのまま適用できる．分配関数についての (D.102) と (D.108) を一般論の (D.58) にあてはめれば，

$$f(\beta, h) = -(d+h) - \frac{1}{\beta} \sum_{\substack{I \in \mathcal{C}_\infty \\ (S(I) \ni o)}} \frac{W(I)}{|S(I)|} \tag{D.110}$$

という表式が得られる．解析性は系 D.13 で示した．

証明 (D.109) を Kotecký-Preiss の条件 (D.11) に代入した

$$\sum_{\substack{X \in \mathcal{P} \\ (X \iota Y)}} \lambda^{|X|} e^{\alpha|X|} \leq \alpha |Y| \tag{D.111}$$

を示そう．

ここでは，$X c Y$ とは X と Y に交わりがなく両者が隣りあっていないこと，$X \iota Y$ とは，X と Y が交わるか隣りあう点を共有することだった．よって X についての和は

$$\sum_{\substack{X \in \mathcal{P} \\ (X \iota Y)}} \lambda^{|X|} e^{\alpha|X|} \leq \sum_{x \in \bar{Y}} \sum_{\substack{X \\ (X \ni x)}} \lambda^{|X|} e^{\alpha|X|}$$

と押さえられる．ここで $\bar{Y} := \{x \in \Lambda_L \,|\, x \in Y \text{ または } y \in Y \text{ があって } \{x,y\} \in \bar{\mathcal{B}}_L\}$ は Y を「一回り太らせた」集合である．$\bar{Y}$ の格子点の数は高々 $(2d+1)|Y|$ であることと並進対称性を使えば，

$$\leq (2d+1)|Y| \sum_{\substack{X \\ (X \ni o)}} \lambda^{|X|} e^{\alpha|X|} \tag{D.112}$$

である．よって条件 (D.111) のためには

$$\sum_{\substack{X \\ (X \ni o)}} \lambda^{|X|} e^{\alpha|X|} \leq \frac{\alpha}{2d+1} \tag{D.113}$$

が成り立てば十分である．

すぐ下の補題 D.19 によれば，原点 o を含み，かつ $|X| = n$ であるポリマーの総数 $N_\mathrm{s}(n)$ は，$n \geq 2$ について $N_\mathrm{s}(n) \leq 2d(e-1)\mu^{n-2}$, $\mu := (2d-1)e$ を満たす（もちろん，$N_\mathrm{s}(1) = 1$）．したがって，(D.113) の十分条件として

$$\lambda e^\alpha + 2d(e-1) \sum_{n=2}^{\infty} \mu^{n-2} (\lambda e^\alpha)^n = \lambda e^\alpha + \frac{2d(e-1)(\lambda e^\alpha)^2}{1 - \mu \lambda e^\alpha} \leq \frac{\alpha}{2d+1} \tag{D.114}$$

が得られる．補題 D.18 の λ, α がこれを満たすことは容易に確かめられる．■

上で用いたクラスターの総数の上界を証明しておこう．以下の結果は 6 節でも

用いる.

D.19 [補題] 格子上のボンドの任意の連結集合をボンドクラスターと呼ぶ. 原点を含み n 本のボンドからなるボンドクラスターの総数 $N_{\mathrm{b}}(n)$ は

$$N_{\mathrm{b}}(n) \leq 2d\,(e-1)\,\mu^{n-1} \tag{D.115}$$

を満たす. ここで $\mu := (2d-1)\,e$ である.

同様に,格子上の格子点の任意の連結集合(ただし隣接する格子点を連結しているとみなす)をサイトクラスターと呼ぶ. 原点を含み n 個の格子点からなるサイトクラスターの総数 $N_{\mathrm{s}}(n)$ は

$$N_{\mathrm{s}}(n) \leq 2d\,(e-1)\,\mu^{n-2} \tag{D.116}$$

を満たす.

証明 次のようにボンドクラスターを成長させることで,総数を多めに数えよう. 「材料」となるボンド n 本を用意し,それらに 1 から n の番号を振る. ボンドには始点と終点の区別があるとする. 原点から伸びるボンドの数 $m_0 \in \{1,\ldots,2d\}$ と,$j=1,\ldots,n-1$ について j 番目のボンドの終点から伸びるボンドの数 $m_j \in \{0,1,\ldots,2d-1\}$ をあらかじめ決めておく. ここで $\sum_{j=0}^{n-1} m_j = n$ でなくてはならない. 以下,ボンドは番号が若い順に使っていく.

まず原点に m_0 本のボンドを(始点が原点に一致するよう)くっつける. このやり方は $\binom{2d}{m_0}$ 通り. くっつけたボンドはすべて「生きて」いる.

その後は,材料のボンドを使い切るまで以下の手続きをくり返してクラスターを作る. 成長の途中のボンドクラスターの中の「生きて」いるボンドのなかで最も番号が若いものを j とする. ボンド j の終点に新たに m_j 本のボンドを(始点が j の終点と一致するよう)くっつける. 既に他のボンドでふさがっていて m_j 本が付け加えられないときは,クラスター作りは失敗なので終了. この際のくっつけ方は,高々 $\binom{2d-1}{m_j}$ 通りである. これが終わったらボンド j は「死ぬ」とする. 新たに付け加えたボンドはすべて「生きて」いる.

ここで,$\binom{2d}{m_0} \leq 2d\,(2d-1)^{m_0-1}/m_0!$ と $\binom{2d-1}{m_j} \leq (2d-1)^{m_j}/m_j!$ に注意して場合の数をかけあわせれば,以上のようにして作られるボンドクラスターの総数は高々

$$2d(2d-1)^{n-1}\prod_{j=0}^{n-1}\frac{1}{m_j!} \tag{D.117}$$

であることがわかる．あとは $m_0, \ldots, m_{n-1}$ の選び方について足しあげればよい．拘束条件 $\sum_{j=0}^{n-1} m_j = n$ をゆるめて

$$\sum_{m_0,\ldots,m_{n-1}} \prod_{j=0}^{n-1}\frac{1}{m_j!} \le \Big(\sum_{m_0=1}^{\infty}\frac{1}{m_0!}\Big)\Big(\prod_{j=1}^{n-1}\sum_{m_j=0}^{\infty}\frac{1}{m_j!}\Big) \le (e-1)e^{n-1} \tag{D.118}$$

と評価すれば (D.115) が得られる．

サイトクラスターについての (D.116) も同様にクラスターを成長させて証明できる．あるいは，ボンドクラスターについての結果を利用してもよい．格子点 n 個からなる任意のサイトクラスターについて，ループを作らないように隣接格子点をボンドで結んでいくことで，ボンド $n-1$ 本からなるボンドクラスターを（一般には非一意的に）作ることができる．よって $N_\mathrm{s}(n) \le N_\mathrm{b}(n-1)$ であり，(D.115) から (D.116) が得られる． ■

5.3 相関関数の解析

最後に相関関数が距離とともに減衰することを示そう．クラスター展開の威力を示す応用例である．

まず，クラスター展開を使った相関関数の表式を導く．(2.32) により連結相関関数は

$$\langle \sigma_{x_1}; \sigma_{x_2}; \cdots; \sigma_{x_n} \rangle_{L;\beta,h} = \frac{\partial^n}{\partial \hat{h}_{x_1} \partial \hat{h}_{x_2} \cdots \partial \hat{h}_{x_n}} \log Z_L(\beta, \hat{\boldsymbol{h}})\Big|_{\hat{h}_x = \beta h} \tag{D.119}$$

と書ける．一方，右辺の $\log Z_L$ は基本のクラスター展開 (D.31) により

$$\log Z_L(\beta, h) - \beta d L^d + \beta \sum_{x \in \Lambda_L} \hat{h}_x + \sum_{I \in \mathcal{C}_L} W(I) \tag{D.120}$$

と表わせる．この表式を $\hat{h}_{x_j}$ で次々と微分すれば連結相関関数の表式が得られる．右辺の第一項と第二項からの寄与はないので（$n \ge 2$ に注意），問題は $W(I)$ の微分である．$W(I)$ は $x \in S(I)$ となる $\hat{h}_x$ にのみ依存する（$S(I) \subset \Lambda_L$ は $\operatorname{supp} I$ 内のクラスターに含まれるすべての格子点の集合）．よって，$W(I)$ を $\hat{h}_{x_1}, \ldots, \hat{h}_{x_n}$ で微分すると，すべての $x_1, \ldots, x_n$ が $S(I)$ に含まれていない限りはゼロになる．

よって，$x_1, x_2, \ldots, x_n$ をまとめて $\vec{x}$ と書き，「すべての $x_1, \ldots, x_n$ が $S(I)$ に含まれる」ことを $I \ni \vec{x}$ と表わすと，

$$\langle \sigma_{x_1}; \sigma_{x_2}; \cdots; \sigma_{x_n} \rangle_{L;\beta,h} = \left. \frac{\partial^n}{\partial \hat{h}_{x_1} \partial \hat{h}_{x_2} \cdots \partial \hat{h}_{x_n}} \sum_{\substack{I \in \mathcal{C}_L \\ (I \ni \vec{x})}} W(I) \right|_{\hat{h}_x = \beta h} \quad \text{(D.121)}$$

という表式が得られる．

微分を実際に計算して (D.121) を評価するのは容易ではない．ここで，$W(I)$ が解析関数であることを利用してコーシーの積分公式を用いた評価をしよう．つまり，$|\hat{h}_{x_j} - \beta h| = \epsilon > 0$ となる円周に沿った積分によって

$$\langle \sigma_{x_1}; \cdots; \sigma_{x_n} \rangle_{L;\beta,h} = \left(\prod_{j=1}^{n} \int_{|\hat{h}_{x_j} - \beta h| = \epsilon} \frac{d\hat{h}_{x_j}}{2\pi i (\hat{h}_{x_j} - \beta h)^2} \right) \sum_{\substack{I \in \mathcal{C}_L \\ (I \ni \vec{x})}} W(I) \quad \text{(D.122)}$$

と書く．以下，被積分関数の $\sum_I W(I)$ を積分経路上で評価しよう．まず，(D.98) を満たす (β, h) では

$$|e^{-2\beta h}| \leq e^{-2C_d^{(3)} - 3\epsilon} \quad \text{(D.123)}$$

となる $\epsilon > 0$ がとれることに注意する．積分 (D.122) での ϵ をこの ϵ と等しくとる．

積分 (D.122) の経路上では $\theta \in \mathbb{R}$ があって $\hat{h}_x - \beta h = \epsilon e^{i\theta}$ だから

$$|e^{-2\hat{h}_x}| = |e^{-2\beta h} \exp[-2\epsilon e^{i\theta}]| \leq |e^{-2\beta h}| e^{2\epsilon} \leq e^{-2C_d^{(3)}} e^{-\epsilon} \quad \text{(D.124)}$$

が成り立つ．よって，経路上の $\hat{h}_x$ における w_X と補題 D.18 の $\bar{w}_X$ とは

$$|w_X| \leq \prod_{x \in X} |e^{-2\hat{h}_x}| \leq e^{-2C_d^{(3)}|X|} e^{-\epsilon|X|} = \bar{w}_X e^{-\epsilon|X|} \quad \text{(D.125)}$$

のように関係する．これは系 D.11 の成り立つ状況 ($\gamma(X) = \epsilon|X|_s$ とおいたことになる) なので，

$$\sum_{\substack{I \in \mathcal{C}(\mathcal{P} \setminus \{Q\}) \\ (I \wr Q)}} |W(I)| e^{\gamma(I)} \leq a(Q) \quad \text{(D.126)}$$

が任意のポリマー Q と任意の I に対して成り立つ．ここで $\gamma(I) = \epsilon \sum_{X \in \text{supp}\, I} I_X |X|$ である．

$I \ni \vec{x}$ であれば I は x_1 一点からなるポリマー $Q_1 := \{x_1\}$ と共存不可能であることに注意すると，(D.126) から

$$\sum_{\substack{I \in \mathcal{C}_L \\ (I \ni \vec{x})}} |W(I)| e^{\gamma(I)} \leq \sum_{\substack{I \in \mathcal{C}(\mathcal{P}\setminus\{Q_1\}) \\ (I \iota Q_1)}} |W(I)| e^{\gamma(I)} \leq a(Q_1) =: a_1 \quad \text{(D.127)}$$

が得られる．(D.127) の最左辺の $\gamma(I)$ の下界を求めよう．まず一般のクラスター I について $\sum_{X \in \mathrm{supp}\, I} I_X |X| \geq |S(I)|$ である．また，共存可能性の定義から $S(I)$ は一般に連結集合である．さらに，(D.127) の最左辺では $I \ni \vec{x}$ であり，すべての $x_1, \ldots, x_n$ が $S(I)$ に含まれている．よって n 個の格子点 $x_1, \ldots, x_n$ すべてを含む最小の格子点の連結集合の大きさを $\ell(x_1, \ldots, x_n)$ とすれば，$|S(I)| \geq \ell(x_1, x_2, \ldots, x_n)$ が成り立つ．よって，(D.127) の最左辺では $\gamma(I) \geq \epsilon \ell(x_1, \ldots, x_n)$ が成り立つ．これを使い，(D.127) の最左辺と最右辺を比べることで，

$$\sum_{\substack{I \in \mathcal{C}_L \\ (I \ni \vec{x})}} |W(I)| \leq a_1 \, e^{-\epsilon \ell(x_1, \ldots, x_n)} \quad \text{(D.128)}$$

が得られる．コーシーの積分公式 (D.122) と組み合わせると，

$$|\langle \sigma_{x_1}; \cdots; \sigma_{x_n}\rangle_{L;\beta,h}| \leq a_1 \, \epsilon^{-n} e^{-\epsilon \ell(x_1, x_2, \ldots, x_n)} \quad \text{(D.129)}$$

が得られる．この評価は L に関して一様だから，無限体積極限での期待値 $\langle \sigma_{x_1}; \cdots; \sigma_{x_n}\rangle_{\beta,h}$ に対しても同じ評価が成り立つ．これで連結相関関数の減衰が証明できた．

最後に，付録 E の 1 節の準備として，以下の補題を証明しておく．

D.20 [補題]　　磁場 h が格子点に依存しない Ising 模型を考える．$\mathrm{Re}\,\beta > 0$ かつ $\mathrm{Re}\,\beta h > C_d^{(3)}$ のとき，有限系での n 点連結相関関数は

$$\langle \sigma_{x_1}; \sigma_{x_2}; \cdots; \sigma_{x_n}\rangle_{L;\beta,h} = \sum_{k=\ell(\vec{x})}^{\infty} C_k(L, n, \beta; \vec{x}) z^k \quad \text{(D.130)}$$

のように $z = e^{-2\beta h}$ のべき級数で表示できる．ここで C_k は L, n, β と $\vec{x} = (x_1, x_2, \ldots, x_n)$ で決まる定数である．

証明　ほぼ当たり前である．まずすべての $\hat{h}_x$ が異なっているとし，$z_x := e^{-2\hat{h}_x}$ と書く．(D.107) により $w_X \propto \prod_{x \in X} z_x$ だから，$n_x = \sum_{X \ni x} I_X$ とすれば

$W(I) \propto \prod_{x \in \Lambda_L} (z_x)^{n_x}$ である．また，$\partial (z_x)^n / \partial \hat{h}_x = -2ne^{-2n\hat{h}_x} = -2n(z_x)^n$ だから，(D.121) ですべての x について $z_x = z$ とすれば，求める (D.130) になる． ∎

6. 高温領域での Ising 模型

最後にランダムクラスター表示（Fortuin-Kasteleyn 表示）に基づいたクラスター展開を紹介しよう．これは磁場の有無にかかわらず十分に高温で威力を発揮する．本節の主要な結果は以下の通り．

D.21 [定理] $d \geq 1$ とする．d 次元の Ising 模型で $\beta, h \in \mathbb{C}$ が

$$|e^{2\beta} - 1| \leq C_d^{(4)}, \quad |\text{Im}\,(\beta h)| \leq \pi/4 \tag{D.131}$$

を満たすとき[22]，クラスター展開が収束し，スピン一つあたりの自由エネルギーの無限体積極限は β と h 両方の解析関数である．さらに，連結 n 点関数 $\langle \sigma_{x_1}; \sigma_{x_2}; \cdots ; \sigma_{x_n} \rangle$ も β, h 両方の正則関数であり，$x_1, x_2, \ldots, x_n$ すべてを結ぶ最短距離[23] $\ell(x_1, x_2, \ldots, x_n)$ に関して指数関数的に減少する．$C_d^{(4)} > 0$ は次元 d のみに依存する定数であり，$C_d^{(4)} = 0.05/(2\sqrt{2}\,d)$ と選ぶことができる．

以下では，この定理の証明に固有な点だけを簡単に述べる．周期的境界条件の系を扱う．

まず Ising 模型をボンドクラスターの系に書き直すランダムクラスター表示（Fortuin-Kasteleyn 表示）を導入しよう．$\sigma, \sigma' \in \{-1, 1\}$ とすると，$\sigma = \sigma'$ なら $e^{\beta\sigma\sigma'} = e^{\beta}$ であり，$\sigma \neq \sigma'$ なら $e^{\beta\sigma\sigma'} = e^{-\beta}$ である．これらの関係はまとめて

$$e^{\beta\sigma\sigma'} = e^{-\beta}\left\{1 + (e^{2\beta} - 1)\delta_{\sigma,\sigma'}\right\} = e^{-\beta}\left\{1 + \gamma \delta_{\sigma,\sigma'}\right\} \tag{D.132}$$

と書ける．$\gamma := e^{2\beta} - 1$ とした．これを分配関数の表式に代入すると，

$$Z_L = \sum_{\sigma \in \mathcal{S}_L} \left\{ \left(\prod_{\{x,y\} \in \bar{\mathcal{B}}_L} e^{\beta \sigma_x \sigma_y} \right) \left(\prod_{x \in \Lambda_L} e^{\hat{h}_x \sigma_x} \right) \right\}$$

---

[22] 二つ目の条件は任意の $0 < \alpha < \pi/2$ について $|\text{Im}\,(\beta h)| \leq \alpha$ と変更してもよい．$C_d^{(4)}$ は α に依存する．
[23] 正確な定義は定理 D.17 を参照．

$$= e^{-\beta|\bar{\mathcal{B}}_L|} \sum_{\boldsymbol{\sigma}\in\mathcal{S}_L} \left\{ \Big(\prod_{\{x,y\}\in\bar{\mathcal{B}}_L} \{1+\gamma\delta_{\sigma_x,\sigma_y}\}\Big) \Big(\prod_{x\in\Lambda_L} e^{\hat{h}_x\sigma_x}\Big) \right\}$$

となる．右辺の積を展開すると

$$= e^{-\beta|\bar{\mathcal{B}}_L|} \sum_{\boldsymbol{\sigma}\in\mathcal{S}_L} \left\{ \Big(\sum_{\mathcal{B}\subset\bar{\mathcal{B}}_L}\prod_{\{x,y\}\in\mathcal{B}} \gamma\delta_{\sigma_x,\sigma_y}\Big) \Big(\prod_{x\in\Lambda_L} e^{\hat{h}_x\sigma_x}\Big) \right\} \tag{D.133}$$

が得られる．$\mathcal{B}$ は $\bar{\mathcal{B}}_L$ のすべての部分集合について足しあげる．

$\mathcal{B}$ を連結成分 $B_1, B_2, \ldots, B_n$ に分解すると[24]上の分配関数の表式は

$$Z_L = e^{-\beta|\bar{\mathcal{B}}_L|} \sum_{\boldsymbol{\sigma}\in\mathcal{S}_L} \left\{ \Big(\sum_{n=0}^{\infty}\sum_{B_1,\ldots,B_n}\prod_{j=1}^{n}\prod_{\{x,y\}\in B_j}\gamma\delta_{\sigma_x,\sigma_y}\Big) \Big(\prod_{x\in\Lambda_L} e^{\hat{h}_x\sigma_x}\Big) \right\}$$

となる．ただし $B_1,\ldots,B_n$ は重複のないように足しあげる．$n=0$ のときは $\prod_{j=1}^{0}(\cdots)=1$ と解釈する．和の順番を

$$= e^{-\beta|\bar{\mathcal{B}}_L|} \sum_{n=0}^{\infty}\sum_{B_1,\ldots,B_n}\sum_{\boldsymbol{\sigma}\in\mathcal{S}_L} \left\{ \Big(\prod_{j=1}^{n}\prod_{\{x,y\}\in B_j}\gamma\delta_{\sigma_x,\sigma_y}\Big) \Big(\prod_{x\in\Lambda_L} e^{\hat{h}_x\sigma_x}\Big) \right\} \tag{D.134}$$

のように交換し，$\boldsymbol{\sigma}$ についての和を先にとろう．まず，どの B_j にも含まれない x からは，単に $e^{\hat{h}_x\sigma_x}$ を $\sigma_x=\pm1$ について足しあげて $2\cosh\hat{h}_x$ の寄与が出る．一方，同じ連結成分 B_j 上のスピンはすべて等しい値をとらなくてはならないので，各々の $j=1,\ldots,n$ から $\gamma^{|B_j|}2\cosh\big(\sum_{x\in S(B_j)}\hat{h}_x\big)$ の寄与がでる．ただしボンドの集合 B に対して，B 上の格子点すべての集合を $S(B)$ と書いた．以上をすべてかけあわせれば

$$Z_L = e^{-\beta|\bar{\mathcal{B}}_L|_b} \sum_{n=0}^{\infty}\sum_{B_1,\ldots,B_n} \left\{ \Big(\prod_{j=1}^{n} \gamma^{|B_j|}2\cosh\Big(\sum_{x\in S(B_j)}\hat{h}_x\Big)\Big) \right.$$
$$\left. \Big(\prod_{x\in\Lambda_L\setminus\cup_{j=1}^{n}S(B_j)} 2\cosh\hat{h}_x\Big) \right\}$$
$$= e^{-\beta|\bar{\mathcal{B}}_L|_b} \Big(\prod_{x\in\Lambda_L} 2\cosh\hat{h}_x\Big) \sum_{n=0}^{\infty}\sum_{B_1,\ldots,B_n}\prod_{j=1}^{n} w_{B_j} \tag{D.135}$$

---

[24] ここでも，ボンドの集合 B が連結というのは B の任意の二つのボンドを，B の要素であるボンドを用いてつなげられることとする．

となる．ここで B に対する重みを

$$w_B := (e^{2\beta} - 1)^{|B|} \frac{2\cosh(\sum_{x \in S(B)} \hat{h}_x)}{\prod_{x \in S(B)} 2\cosh \hat{h}_x} \tag{D.136}$$

と定義した．こうして，Ising 模型の分配関数をボンドの連結集合についての和で表わすことができた．表現 (D.135) を**ランダムクラスター表示**（または，Fortuin-Kasteleyn 表示）と呼ぶ．

(D.135) の分配関数の表式は明らかに一般のポリマー系の分配関数とみなせる．ボンドの連結集合 B をこの系のポリマーとし，すべてのポリマーの集合を $\mathcal{P}$ と書く．二つのポリマー B, B' が共存可能とは，両者が共通の格子点をもたないこととすれば，(D.135) は

$$Z_L = e^{-\beta|\bar{\mathcal{B}}_L|} \left(\prod_{x \in \Lambda_L} 2\cosh \hat{h}_x \right) \sum_{\tilde{\mathcal{P}} \in \mathcal{R}(\mathcal{P})} \prod_{B \in \tilde{\mathcal{P}}} w_B \tag{D.137}$$

と書ける．

後はこのポリマー系が Dobrushin の条件を満たすことを示せば，自由エネルギーについては 2.5 節と同様に，相関関数については 5.3 節と同様に証明できる．重み (D.136) を評価しよう．まず，$\hat{h}_x = a_x + i b_x$ ($a_x, b_x \in \mathbb{R}$) と書いて絶対値を計算すると

$$\left| \frac{2\cosh(\sum_{x \in S} \hat{h}_x)}{\prod_{x \in S} 2\cosh \hat{h}_x} \right|^2 = 4^{1-|S|} \frac{(\cosh(\sum_{x \in S} a_x))^2 - (\sin(\sum_{x \in S} b_x))^2}{\prod_{x \in S} \{(\cosh a_x)^2 - (\sin b_x)^2\}}$$

である．$(\sin b)^2 \leq 1/2 \leq (\cosh a)^2/2$ と $\cosh a \geq e^{|a|}/2$ から，分母の積の中身を $(\cosh a)^2 - (\sin b)^2 \geq (\cosh a)^2/2 \geq e^{2|a|}/8$ と下から押さえ，分子については $(\cosh a)^2 \leq e^{2|a|}$ を使えば

$$\leq 4^{1-|S|} 8^{|S|} \frac{e^{2|\sum_{x \in S} a_x|}}{\prod_{x \in S} e^{2|a_x|}} \leq 4 \times 2^{|S|} \tag{D.138}$$

と押さえられる．$|S(B)| \leq |B| + 1$ を使えば，ポリマーの重みを

$$|w_B| \leq 2\sqrt{2} \left\{ \sqrt{2} |e^{2\beta} - 1| \right\}^{|B|} \tag{D.139}$$

と評価できる．

Kotecký-Preiss の条件 (D.11) を確認するため $\lambda > 0, \alpha > 0$ を定数として

$$\bar{w}_B := 2\sqrt{2}\,\lambda^{|B|}, \quad \tilde{a}(B) = \alpha\,(|B|+1) \tag{D.140}$$

とおく．任意のクラスター B' に含まれる格子点の数は $|B'|+1$ 以下なので，

$$\sum_{\substack{B \in \mathcal{P} \\ (B \iota B')}} \bar{w}_B e^{\tilde{a}(B)} \leq (|B'|+1) \sum_{\substack{B \in \mathcal{P} \\ (B \ni o)}} \bar{w}_B e^{\tilde{a}(B)} \tag{D.141}$$

である．よって，

$$\sum_{\substack{B \in \mathcal{P} \\ (B \ni o)}} \bar{w}_B e^{\tilde{a}(B)} = \sum_{n=1}^{\infty} N_{\mathrm{b}}(n)\, 2\sqrt{2}\,\lambda^n\, e^{\alpha\,(n+1)} \leq \alpha \tag{D.142}$$

が成り立てば Kotecký-Preiss の条件は成立する．$N_{\mathrm{b}}(n)$ は原点を含む n 本のボンドからなるクラスターの総数である．$N_{\mathrm{b}}(n)$ の上界 (D.115) を使えば，$2d\lambda = 0.05$, $\alpha = 0.5$ のとき (D.142) が成り立つことが確かめられる．

文献について

古典統計力学における Mayer 展開 [139] がクラスター展開の一つの原型とされる．数理物理学の道具としての現代的なクラスター展開は初めは主として構成的場の量子論の文脈で発展した．Glimm, Jaffe [27] などを見よ．

クラスター展開については膨大な文献があり，主要なものだけでも列挙するのは難しい．Brydges の Les Houches Summer School の講義録 [64] は読みやすい総説だが，Dobrushin の方法以前のものである．

Dobrushin の方法は [75] で提唱された．これによって，(D.24) (324 ページ) という半ば自明の表式を用いることでクラスター展開の理論を見通しよく整理できるようになった．Kotecký-Preiss の原論文は [127]，Bovier-Zahradník の原論文は [63] である．

最近の興味深い論文 Fernández, Procacci[81] では，クラスター展開の収束証明についての新しい視点が導入され，改良された収束条件とともに，Dobrushin [75]，Kotecký-Preiss [127]，Bovier-Zahradník [63] などの結果が統一的な視点から説明されている．

付録 E

Lebowitz-Penroseの定理

この章では Lee-Yang の定理とクラスター展開の結果を組み合わせて得られる強力な結果を証明する．1 節で，磁場のある場合の連結相関関数の減衰について調べる．2 節で自由エネルギーの β に関する正則性を証明する．

この付録はかなり技術的なので本書の他の部分よりも簡潔に書く．以下では z はつねに $e^{-2\beta h}$ を意味する．

1. 磁場がある際の連結 n 点関数の減衰

この節では，磁場 h の実部がゼロでないとして，連結 n 点関数の解析性と減衰についての次の強力な定理を証明する．これは，本文での定理 5.17（83 ページ）の有限系の場合にあたる．

E.1 [定理] $\beta > 0$ かつ $\mathrm{Re}\, h \neq 0$ とする．自由境界条件，周期的境界条件の有限系を考える．任意の $x_1, \ldots, x_n \in \Lambda_L$ について，連結 n 点相関関数 $u^{(n)}_{L;\beta,h}(x_1,\ldots,x_n)$ は h の正則関数である．さらに，$0 < \epsilon < 2\beta|\mathrm{Re}\, h|$ を満たす任意の ϵ に対して

$$C_{n,\beta,h,\epsilon} = \frac{2^{2n-1}(n-1)!}{(e^\epsilon - 1)^n} \frac{1}{1 - e^{-2\beta|\mathrm{Re}\, h|+\epsilon}} \tag{E.1}$$

により定数 $C_{n,\beta,h,\epsilon}$ を定めれば，

$$\left| u^{(n)}_{L;\beta,h}(x_1,\ldots,x_n) \right| \leq C_{n,\beta,h,\epsilon} \exp\left\{ -(2\beta|\mathrm{Re}\, h| - \epsilon)\, \ell(x_1,\ldots,x_n) \right\} \tag{E.2}$$

が任意の $x_1, \ldots, x_n \in \Lambda_L$ について成り立つ．$\ell(x_1,\ldots,x_n)$ の定義については，

(5.26) を見よ．

系は磁場の正負に関する対称性をもっていたので，$\mathrm{Re}\, h > 0$ の場合のみを証明すれば十分である．また，以下では自由境界条件の場合のみを扱うが，周期的境界条件への拡張は自明である．

定理の証明では次の補題が重要である（証明は後で行なう）．

E.2 [補題] $\beta > 0$ かつ $\mathrm{Re}\, h > 0$ の有限系では連結 n 点関数 $u^{(n)}_{L;\beta,h}(x_1,\ldots,x_n)$ は $z = e^{-2\beta h}$ の正則関数であり，$|z| < 1$ では

$$\left| u^{(n)}_{L;\beta,h}(x_1,\ldots,x_n) \right| \leq c'_n \left(\frac{|z|}{1-|z|} \right)^n, \quad c'_n := 2^{2n-1}(n-1)! \tag{E.3}$$

を満たす．

連結 n 点関数は z の正則関数なので

$$u^{(n)}_{L;\beta,h}(x_1,\ldots,x_n) = \sum_{k=0}^{\infty} C_k(L,n,\beta;\vec{x})\, z^k \tag{E.4}$$

のように，$|z| < 1$ で収束する z のべき級数で表される（ただし，$\vec{x} := (x_1,\ldots,x_n)$）．コーシーの積分定理により，$z$ 平面で原点を中心とした半径 $e^{-\epsilon}$（$\epsilon > 0$ は非常に小さくとる）の円周上での積分によって係数 $C_k(L,n,\beta;\vec{x})$ を表わし，(E.3) を使うと

$$\left| C_k(L,n,\beta;\vec{x}) \right| = \left| \int_{|z|=e^{-\epsilon}} \frac{dz}{2\pi i} \frac{u^{(n)}_{L;\beta,h}(\vec{x})}{z^{k+1}} \right| \leq \frac{1}{(e^{-\epsilon})^k} c'_n \left(\frac{|z|}{1-|z|} \right)^n \bigg|_{|z|=e^{-\epsilon}}$$
$$= c'_n \left(\frac{e^{-\epsilon}}{1-e^{-\epsilon}} \right)^n e^{k\epsilon} = \frac{c'_n}{(e^{\epsilon}-1)^n} e^{k\epsilon} \tag{E.5}$$

という上界が得られる．

(E.5) は級数 (E.4) の収束半径が少なくとも 1 であることを保証する（収束半径が 1 であることからコーシーの評価式を用いて導いたので当然ではある）．しかし，これだけでは $\ell(\vec{x})$ が大きい場合にこの級数がどのくらい小さくなるかがわからない．もしここで，この級数の和が $k \geq \ell(\vec{x})$ などに制限されていることがいえれば，問題は解決する．

クラスター展開の結果（補題 D.20（353 ページ））によれば，(E.4) の形の表式が $|z| < e^{-2C_d^{(3)}}$ で成り立ち，この場合の k の範囲は $k \geq \ell(\vec{x})$ に制限されてい

る．ところがわれわれは上で，$u_{L;\beta,h}^{(n)}(\vec{x})$ が $|z|<1$ では z の正則関数であること，つまり z のべき級数に展開できることをみた．べき級数展開の一意性から，この二つの展開は一致しなければならない．つまり，(E.4) における k の範囲も $k \geq \ell(\vec{x})$ に制限される．

よって，$|z|<1$ のとき (E.4) と (E.5) から （$|z|e^\epsilon < 1$ をみたす任意の $\epsilon > 0$ に対して）

$$|u_{L;\beta,h}^{(n,\mathrm{F})}(\vec{x})| \leq \sum_{k=\ell(\vec{x})}^{\infty} \frac{c'_n}{(e^\epsilon - 1)^n} e^{k\epsilon} |z|^k = \frac{c'_n}{(e^\epsilon - 1)^n} \frac{(|z|e^\epsilon)^{\ell(\vec{x})}}{1 - |z|e^\epsilon} \tag{E.6}$$

が成り立つ．定理 E.1 が証明された．

補題 E.2 の証明の前に n 重連結相関関数 (2.32) についての一般的な事実を示しておく．一般の n 重連結相関関数について，(2.33), (2.34) のような簡単な表式はないが，適当な整数係数 $a_{n,\mathcal{P}}$ を用いて

$$\langle X_1; X_2; \ldots; X_n \rangle = \sum_{\mathcal{P}} a_{n,\mathcal{P}} \prod_{P=(i_1,i_2,\ldots,i_p)\in\mathcal{P}} \langle X_{i_1} X_{i_2} \ldots X_{i_p} \rangle \tag{E.7}$$

のように書けることはすぐにわかる[1]．$\mathcal{P}$ は，$1, 2, \ldots, n$ の分割，つまり $1, 2, \ldots, n$ をいくつかのグループに分けるやり方すべてについて足しあげる．詳しくは 19 ページの脚注 12 を見よ．右辺の和の各項について，積の中には各々の X_j が一回ずつ現われることに注意．もちろん，(E.7) は有限和で，係数 $a_{n,\mathcal{P}}$ は正負の値をとる．この係数 $a_{n,\mathcal{P}}$ の絶対値を $\mathcal{P}$ について足した量 c_n（上の例では，$c_2 = 2$, $c_3 = 6$, $c_4 = 26$ である）は，n 重連結関数の「大きさ」の大ざっぱな目安になる．この量について以下の評価が有用である．

E.3 [補題] $n = 1, 2, \ldots$ について

$$c_n := \sum_{\mathcal{P}} |a_{n,\mathcal{P}}| \leq 2^{n-1}(n-1)! \tag{E.8}$$

が成り立つ[2]．

---

[1] (E.7) と (2.33), (2.34) を比較するとわかりやすい．
[2] c_n は $c_n = -d^n\{\log(2 - e^h)\}/dh^n|_{h=0}$ とも表せる．コーシーの積分公式を用いて n 階微分を評価すると $c_n = (n-1)!\{(\log 2)^{-n} + O(n(2\pi)^{-n})\}$ が証明できる．

証明 $c_{n+1} \leq 2n\, c_n$ という漸化式を示そう．$c_2 = 2$ だから，ここから (E.8) が得られる．まず，任意の $h_1, \ldots, h_{n+1}$ について，

$$\frac{\partial}{\partial h_1}\frac{\partial}{\partial h_2}\cdots\frac{\partial}{\partial h_n}\log\Big\langle\exp\Big\{\sum_{i=1}^{n+1}h_iX_i\Big\}\Big\rangle$$

$$= \sum_{\mathcal{P}} a_{n,\mathcal{P}} \prod_{P=(i_1,i_2,\ldots,i_p)\in\mathcal{P}} \frac{\big\langle X_{i_1}X_{i_2}\ldots X_{i_p}\exp\big\{\sum_{i=1}^{n+1}h_iX_i\big\}\big\rangle}{\big\langle\exp\big\{\sum_{i=1}^{n+1}h_iX_i\big\}\big\rangle} \quad (E.9)$$

が成り立つことに注意する．これを示すには，左辺の微分を実行したとき，連結相関関数の定義 (2.32) から出るのとまったく同じだが，通常の相関関数を h_i の入った相関関数に置き換えた表式が出ることに注意すればいい．よって，(E.7) から (E.9) がわかる．

(E.9) の左辺を h_{n+1} で微分してすべての h_i をゼロにすると，$\langle X_1; X_2; \ldots; X_{n+1}\rangle$ が得られる．右辺で同じことをしたとき何がおきるかを考える．$\mathcal{P}$ が m 成分からなる場合，P についての積を微分すると，m 個の分数の積の微分をとるわけだから，全部で $2m$ 個の項が出てくる．$m \leq n$ だから，ここから求める関係

$$c_{n+1} \leq \sum_{\mathcal{P}} 2n|a_{n,\mathcal{P}}| = 2n\, c_n \quad (E.10)$$

が得られる．■

補題 E.2 の証明　興味があるのは磁場 h がすべての格子点で等しい状況だが，証明の都合上，格子点 $x \in \Lambda_L$ における磁場を h_x とする．後ですべての x について $h_x = h$ とする．(5.68) に類似の変数 $\tilde{\rho}_x := (1-\sigma_x)/2$ を用い，$\tilde{\rho}$ の相関関数と連結相関関数に注目しよう（証明の最後で，$\tilde{\rho}$ に関する結果を σ に関する結果に翻訳する）．

まず，$\tilde{\rho}$ の二点関数 $\langle\tilde{\rho}_x\tilde{\rho}_y\rangle$ を考える．ハミルトニアンを $\tilde{\rho}$ を用いて書くと

$$-\beta H = 4\beta \sum_{\{u,v\}\in\mathcal{B}_L}\tilde{\rho}_u\tilde{\rho}_v - \sum_{u\in\Lambda_L}(2\beta h_u + 4d\beta)\tilde{\rho}_u + \beta|\mathcal{B}_L| + \sum_{u\in\Lambda_L}\beta h_u \quad (E.11)$$

となる．このうち，最後の二項は $\{\tilde{\rho}_u\}_{u\in\Lambda_L}$ に依存しないので，期待値の定義式の分母分子でキャンセルする．変数 $z_u = e^{-2\beta h_u}$ $(u \in \Lambda_L)$ によって期待値は

付録 E Lebowitz-Penrose の定理

$$\langle \tilde{\rho}_x \tilde{\rho}_y \rangle^{\mathrm{F}}_{L;\beta,h} = \frac{\sum_{\tilde{\boldsymbol{\rho}}} \tilde{\rho}_x \tilde{\rho}_y \exp\{4\beta \sum_{\{u,v\}} \tilde{\rho}_u \tilde{\rho}_v - 4d\beta \sum_u \tilde{\rho}_u\} \prod_u (z_u)^{\tilde{\rho}_u}}{\sum_{\tilde{\boldsymbol{\rho}}} \exp\{4\beta \sum_{\{u,v\}} \tilde{\rho}_u \tilde{\rho}_v - 4d\beta \sum_u \tilde{\rho}_u\} \prod_u (z_u)^{\tilde{\rho}_u}} \quad \text{(E.12)}$$

と書ける.

分母分子ともに $\sum_{\tilde{\boldsymbol{\rho}}}$ の中身は z_u のそれぞれについては高々一次式であり, $\sum_{\tilde{\boldsymbol{\rho}}}$ の和の結果も各 z_u の一次式である. さらに Lee-Yang の定理の証明から, すべての z_u が $|z_u| < 1$ を満たすときにはこの分母はゼロではない. したがってこの範囲ではこの分数は $(z_u)_{u \in \Lambda_L}$ の正則関数であり, 特にすべての z_u が $e^{-2\beta h}$ に等しい場合も $\mathrm{Re}\, h \neq 0$ では正則である (正則性の証明終わり).

次にすべての格子点の磁場が h として

$$\left| \langle \tilde{\rho}_x \tilde{\rho}_y \rangle^{\mathrm{F}}_{L;\beta,h} \right| \leq \left(\frac{|z|}{1-|z|} \right)^2 \bigg|_{z=e^{-2\beta h}} \quad \text{(E.13)}$$

を証明しよう. (E.12) において $\tilde{\rho}_x, \tilde{\rho}_y$ のとりうる値の組み合わせ ($2 \times 2 = 4$ 通り) を書き下すと (この時点ではまだ各格子点の磁場は異なるものとしておく)

$$\langle \tilde{\rho}_x \tilde{\rho}_y \rangle^{\mathrm{F}}_{L;\beta,h} = \frac{A z_x z_y}{A z_x z_y + B z_x + C z_y + D} \quad \text{(E.14)}$$

が得られる (A, B, C, D は z_x, z_y 以外の諸量に依存する複雑な係数). 分母がゼロではないので, $A = 0$ なら (E.13) は自明に成り立つ. よって以下では $A \neq 0$ の場合を考える. ここで $z_x = z_y = z$ とおいてみると, (E.14) の分母は z の二次方程式であり, その根を ζ_1, ζ_2 とすれば

$$\langle \tilde{\rho}_x \tilde{\rho}_y \rangle^{\mathrm{F}}_{L;\beta,h} = \frac{z^2}{(z-\zeta_1)(z-\zeta_2)} \quad \text{(E.15)}$$

と因数分解できる. ところで $|z_u| < 1$ ($u \neq x, y$) なら $|\zeta_1| \geq 1, |\zeta_2| \geq 1$ でなければならない (Lee-Yang の定理から, $|z|$ も 1 より小さければ分母はゼロにならないから). これから直ちに, すべての z_u が z に等しくかつ $|z| < 1$ の場合には

$$\left| \langle \tilde{\rho}_x \tilde{\rho}_y \rangle^{\mathrm{F}}_{L;\beta,h} \right| \leq \frac{|z|^2}{||z|-1|^2} \quad \text{(E.16)}$$

が得られる. これで (E.13) が証明された.

まったく同様にして, $n \geq 3$ でも $|z| < 1$ ならば

$$\left| \langle \tilde{\rho}_{x_1} \tilde{\rho}_{x_2} \cdots \tilde{\rho}_{x_n} \rangle^{\mathrm{F}}_{L;\beta,h} \right| \leq \left(\frac{|z|}{1-|z|} \right)^n \bigg|_{z=e^{-2\beta h}} \quad \text{(E.17)}$$

と n 点相関関数の正則性が証明できる．さらに，連結相関関数を通常の相関関数で表わす表式 (E.7) を用いると，連結相関関数についても $(z = e^{-2\beta h})$

$$\left|\langle\tilde\rho_{x_1};\tilde\rho_{x_2};\ldots;\tilde\rho_{x_n}\rangle^{\mathrm F}_{L;\beta,h}\right| \le c_n \left(\frac{|z|}{1-|z|}\right)^n \tag{E.18}$$

が成り立つことがわかる（c_n は (E.8) に現われた，n だけで決まる正の定数）．

最後に，σ の期待値と $\tilde\rho$ の期待値を関係づける．連結相関関数の定義から，σ の連結相関関数と ρ の連結相関関数のあいだには（$n \ge 2$）

$$u^{(n)}_{L;\beta,h}(x_1,\ldots,x_n) = (-2)^n \langle\tilde\rho_{x_1};\tilde\rho_{x_2};\ldots;\tilde\rho_{x_n}\rangle^{\mathrm F}_{L;\beta,h} \tag{E.19}$$

の関係がある．したがって，$\tilde\rho$ の連結相関関数と同様に σ の連結相関関数も z の正則関数である．また (E.18) から

$$\left|u^{(n)}_{L;\beta,h}(x_1,\ldots,x_n)\right| \le 2^n c_n \left(\frac{|z|}{1-|z|}\right)^n \tag{E.20}$$

が得られる．ここで (E.8) の結果（$c_n \le 2^{n-1}(n-1)!$）を用いると (E.3) を得る． ■

2. 定理 5.4 の証明

この節では自由エネルギーの解析性についての定理 5.4（75 ページ）を証明する．定理の主張のうち，領域 A_1 と A_2 における解析性は付録 D で定理 D.17（345 ページ）および定理 D.21（354 ページ）として証明した．ここでは領域 A_3 における正則性を証明する．

いくつかの準備から始めよう．まず，Lee-Yang の定理の証明（4 章 3 節）の $Y_{\mathcal B}$ などの類似物として

$$X_L(\beta, e^{-2\beta h}) := \sum_{\boldsymbol\sigma} \exp\Big\{-\beta \sum_{\{x,y\}\in\mathcal B_L}(1-\sigma_x\sigma_y) - \beta h \sum_{x\in\Lambda_L}(1-\sigma_x)\Big\} \tag{E.21}$$

$$\mathsf x_L(\beta, e^{-2\beta h}) := \big(X_L(\beta, e^{-2\beta h})\big)^{L^{-d}} \tag{E.22}$$

$$\mathsf x(\beta, z) := \lim_{L\uparrow\infty} \mathsf x_L(\beta, z) \tag{E.23}$$

を定義する（(E.23) の極限の存在は後で証明する）．後の解析には h よりも $z = e^{-2\beta h}$ を用いた方が都合がよいので，これらは β と z の関数として定義した．この x_L と Z_L は

$$\mathsf{x}_L(\beta, z) = e^{-d\beta - \beta h} \times \bigl(Z_L(\beta, z)\bigr)^{L^{-d}} \tag{E.24}$$

の関係にあるので，自由エネルギーの存在や正則性には $\log \mathsf{x}$ を論じれば十分である．また $\operatorname{Re}\beta \geq 0$ かつ $\operatorname{Re}\beta h \geq 0$ では，X_L の定義式 (E.21) における指数関数の肩の実部は非正であり，

$$|X_L(\beta, z)| \leq 2^{L^d}, \qquad \text{したがって} \qquad |\mathsf{x}_L(\beta, z)| \leq 2 \tag{E.25}$$

が $\operatorname{Re}\beta \geq 0$ かつ $\operatorname{Re}\beta h \geq 0$（$|z| < 1$）なら成り立つことに注意しておく．領域 $\tilde{A}_3$ を

$$\tilde{A}_3 := \left\{ (\beta, z) \in \mathbb{C}^2 \,\middle|\, |z| < 1,\, |\arg \beta| < \min\left\{ \frac{\pi |\log |z||}{4 C_d^{(3)}}, \frac{\pi}{2} \right\} \right\} \tag{E.26}$$

と定義する（$\arg \beta$ は β の偏角．また $C_d^{(3)}$ は (5.5) で定義した定数）．この領域 $\tilde{A}_3$ は (5.8) の A_3 を変数 z で書き直したものである．

これから，以下の一連の補題を証明する．まず有限体積の $\mathsf{x}_L(\beta, z)$ に対して

E.4 [補題] 領域 $\tilde{A}_3$ において，$\mathsf{x}_L(\beta, z)$ は β, z 両方の正則関数である．

次に，Vitali の収束定理により

E.5 [補題] 領域 $\tilde{A}_3$ において，自由境界条件と周期境界条件に共通の極限 $\mathsf{x}(\beta, z) := \lim_{L \uparrow \infty} \mathsf{x}_L(\beta, z)$ が一意的に存在し，β, z 両方の正則関数である．

この補題のおかげで，$\tilde{A}_3$ 内では，$\mathsf{x}(\beta, z) \neq 0$ である限り，$\log \mathsf{x}(\beta, z)$ を β, z の正則関数として定義できる．$\mathsf{x}(\beta, z) = 0$ となりうるかは以下の補題が解決する．

E.6 [補題] 領域 $\tilde{A}_3$ においては，$\mathsf{x}(\beta, z) \neq 0$ である．よって $\log \mathsf{x}(\beta, z)$ が β, z 両方の正則関数として定義できる．

無限体積の自由エネルギーは

$$f(\beta, h) = -d - h - \frac{1}{\beta} \log \mathsf{x}(\beta, z) \bigr|_{z = e^{-2\beta h}} \tag{E.27}$$

だったので，上の補題から $f(\beta, h)$ も $(\beta, e^{-2\beta h}) \in \tilde{A}_3$ では正則であることがわかり，われわれの目的は達成される[3]．以下では上に掲げた補題群を証明する．

2.1　補題 E.4 の証明

そもそも $X_L(\beta, z)$ は有限体積で定義された量なので $e^{-\beta}$ と z の多項式であり，特に β, z について正則である．したがって，領域 $\tilde{A}_3$ で X_L がゼロでなければ $\mathsf{x}_L = (X_L)^{L^{-d}}$ も定義できて正則になる．領域 $\tilde{A}_3$ で X_L がゼロでないことを証明するため，以下の命題[4]（証明はこの章の最後）を用いる．

E.7 [命題]　　以下の状況を考える（図 E.1 (a) も参照）．

- β-平面において，$I = (a, b)$ を実軸上の開区間とする．I を弦とし，端点 a, b において実軸とのなす角が θ （$0 < \theta \leq \pi/2$）である二つの円弧で囲まれる開領域を $S := S(I; \theta)$ とする．
- z-平面において，原点を中心とする半径 r の開円盤を D，原点を中心とする半径 R の開円盤を K とする（$r < R$）．

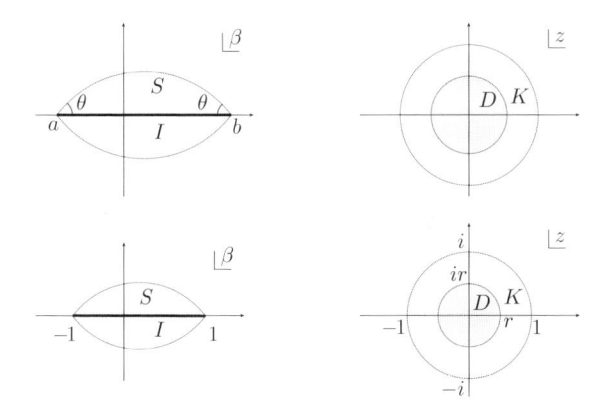

図 E.1　上段：命題 E.7 で考えている領域の図．
　　　　　下段：変数変換をして領域を標準的なものに直した後の図．

---

[3] このようにして作った $f(\beta, h)$ が $f(\beta, h) = \lim_{L \uparrow \infty} f_L(\beta, h)$ を満たすことは，log の連続性から，定理 5.3 の証明と同様にして従う．
[4] この命題はより一般の形（K は D を含む凸領域であれば十分．リーマンの写像定理を用いて K が円盤の場合に帰着できる）で成り立つが，本筋には関係ないので省略する．

関数 $F(\beta, z)$ が以下を満たすとする.
(i) $F(\beta, z)$ は開集合 $S \times D$ において β, z 両方の正則関数である.
(ii) 任意の $\beta \in I$ を固定すると, $F(\beta, z)$ は K において z の正則関数である.
(iii) 定数 M が存在して, $I \times K$ および $S \times D$ において $|F(\beta, z)| \leq M$.
以上の仮定の下では, $S \times D$ と $I \times K$ を含む領域

$$A := \bigcup_{0 < x < R} \left\{ S\left(I; \frac{\log x}{\log r}\theta\right) \times \{z \in \mathbb{C} \,|\, |z| < x\} \right\} \tag{E.28}$$

が存在して, $F(\beta, z)$ を領域 A 全体に解析接続できる. すなわち, A において β, z の両方について正則な関数が存在し, これは $S \times D$ と $I \times K$ では F に一致する. なおこの際, A 全体において, $F(\beta, z)$ を絶対収束する z の級数として表現できる.

命題 E.7 を認めて補題 E.4 の証明 命題 E.7 は以下のように用いる:

- 任意に大きい $b > 0$ を決め, $I = (0, b)$, $S = S(I; \pi/2)$ とする.
- 円盤 K は単位円盤 $K := \{z \in \mathbb{C} \,|\, |z| < 1\}$ とする. また, $0 < \epsilon$ を非常に小さくとり, $D := \{z \in \mathbb{C} \,|\, |z| < e^{-2C_d^{(3)}} - \epsilon\}$ とする.
- 関数 $F(\beta, z)$ は $\mathsf{x}_L(\beta, z)$ とする.

以下, 実際に命題 E.7 が使えるか, その前提条件をチェックしていこう.

(i) まず, クラスター展開の結果 (付録 D の 5 節) から, $\mathsf{x}_L(\beta, z)$ が $S \times D$ において β, z の両方の正則関数であることが保証されている.

(ii) 次に Lee-Yang の定理から, すべての $\beta > 0$ において, $f_L(\beta, z)$ は, $|z| < 1$ では z の正則関数である. したがって各 $\beta \in I$ に対して, $\mathsf{x}_L(\beta, z) = e^{-d\beta - \beta h - \beta f_L(\beta, z)}$ も z の正則関数である ((E.24) を用いて x_L を自由エネルギー f_L で表わした).

(iii) 最後に (E.25) のおかげで, 一様な上界 $|\mathsf{x}_L(\beta, z)| \leq 2$ が $I \times K$ で成立する. また, $S \times D$ においては, クラスター展開の結果から $\mathsf{x}_L(\beta, z) = e^{-d\beta - \beta h - \beta f_L(\beta, z)}$ に対する一様な上界が得られる.

以上から, $\mathsf{x}_L(\beta, z)$ が命題 E.7 の前提条件を満たすことがわかった. また, b はいくらでも大きく, ϵ はいくらでも小さくとれるので, $b \uparrow \infty$ かつ $\epsilon \downarrow 0$ を考えると, 命題 E.7 の結論が成り立つ (β, z) の存在範囲はちょうど (E.26) の $\tilde{A}_3$ になる. したがって, $\mathsf{x}_L(\beta, z)$ を領域 $\tilde{A}_3$ へ解析接続することができる. このように定義した関数を $\hat{\mathsf{x}}_L(\beta, z)$ と書こう.

このように解析接続した $\hat{\mathsf{x}}_L(\beta,z)$ が実際の $\mathsf{x}_L(\beta,z) := \{X_L(\beta,z)\}^{L^{-d}}$ と $\tilde{A}_3$ 全体で一致することを示す必要がある．これについては次のようにすればよい．β を一つ固定して，$X_L(\beta,z)$ を z の関数とみよう．また，この β に対して $(\beta,z) \in \tilde{A}_3$ となるような z の範囲を A_β と書く．

$\mathsf{x}_L(\beta,z) = (X_L(\beta,z))^{L^{-d}}$ は，X_L のゼロ点，およびゼロ点から伸びるカットを除いては z の正則関数として定義できる．恒等的にゼロでない一変数正則関数のゼロ点は孤立しており，集積しない（定理 F.8（378 ページ））．したがって，ほとんどすべての $z \in A_\beta$ においては $\mathsf{x}_L(\beta,z)$ を z の正則関数として定義でき，それは $S \times D$ からの解析接続 $\hat{\mathsf{x}}_L(\beta,z)$ に一致しなくてはならない．

ところが，$\hat{\mathsf{x}}_L(\beta,z)$ は A_β において絶対収束する z のべき級数で表現できるから，β を固定すれば z の一価関数である．A_β のほとんどすべての点で $\hat{\mathsf{x}}_L(\beta,z) = \mathsf{x}_L(\beta,z)$ となるには，$\mathsf{x}_L(\beta,z)$ は多価関数になれず，$\mathsf{x}_L(\beta,z)$ のカットは存在してはならない．つまり，A_β には X_L のゼロ点は存在せず，$\hat{\mathsf{x}}_L(\beta,z) \equiv \mathsf{x}_L(\beta,z)$ である． ■

2.2　補題 E.5 の証明

β を固定して z の関数とみなした場合，および z を固定して β の関数とみなした場合を別々に考察し，最後に Hartogs の正則性定理（定理 F.17（382 ページ））を用いて，二変数関数として正則であることを示す．

まずは β を固定して $\mathsf{x}_L(\beta,z)$ を z の関数とみなした場合を考える．β を固定したときに $(\beta,z) \in \tilde{A}_3$ となるような z の集合を A_β と書く．すると，

- $\mathsf{x}_L(\beta,z)$ は（補題 E.4 から）A_β では z の正則関数である．
- $z \in A_\beta$ ならば $|z| < 1$ なので，(E.25) から $|\mathsf{x}_L(\beta,z)| \leq 2$ である．
- さらに，クラスター展開の結果から，$|z| < e^{-2C_d^{(3)}} = \frac{0.14}{2d+1}$ では $\mathsf{x}_L(\beta,z)$ はその極限 $\mathsf{x}(\beta,z)$ に収束する．

ことがわかる．したがって，Vitali の定理（定理 F.12（379 ページ））によれば，x_L は x に，A_β において広義一様に収束し，一様収束極限である x は z の正則関数である．

次に，$|z| < 1$ なる z を固定して $\mathsf{x}_L(\beta,z)$ を β の関数とみなした場合．z を固定したときに $(\beta,z) \in \tilde{A}_3$ となるような β の集合を A_z と書く．すると，

- $\mathsf{x}_L(\beta,z)$ は（補題 E.4 から）A_z では β の正則関数である．

368 付録 E Lebowitz-Penrose の定理

- $\beta \in A_z$ なら Re $\beta > 0$ なので (E.25) から $|\mathsf{x}_L(\beta, z)| \leq 2$ が成り立つ.
- さらに Lee-Yang の定理の証明 (5 章 4 節) から, $\beta > 0$ の実軸上で $\mathsf{x}_L(\beta, z)$ はその極限 $\mathsf{x}(\beta, z)$ に収束する.

したがって, またもや Vitali の収束定理から, x_L は x に, A_z において広義一様に収束し, 一様収束極限である x は β の正則関数である.

以上から, $\mathsf{x}(\beta, z)$ は A において, β と z 別々に正則であることがわかった. したがって, Hartogs の正則性定理から $\mathsf{x}(\beta, z)$ は β, z 両方の正則関数である.

ここで $\mathsf{x}(\beta, z) := \lim_{L \uparrow \infty} \mathsf{x}_L(\beta, z)$ の極限の一意性について述べておこう. 今考えている領域ではこれは (z を固定しても) β の正則関数であるが, $\beta > 0$ の場合の一意性は既に Lee-Yang の定理でいえている. したがって, 一致の定理から β が実数でない場合も x は一意に定まる. ∎

2.3 補題 E.6 の証明

$\mathsf{x} \neq 0$ を証明するため, $g(\beta, z) := \log \mathsf{x}(\beta, z)$ に命題 E.7 を適用しよう. その際,

- 任意に大きい $b > 0$ を決め, $I = (0, b)$, $S = S(I; \pi/2)$ と定義する.
- $\epsilon > 0$ を非常に小さくとり, 円盤 K は $K := \{z \in \mathbb{C} \,|\, |z| < 1 - \epsilon\}$, 円盤 D は $D := \{z \in \mathbb{C} \,|\, |z| < e^{-2C_d^{(3)}} - \epsilon\}$ とする.
- 関数 $F(\beta, z)$ は $g(\beta, z) = \log \mathsf{x}(\beta, z)$ とする.

$g(\beta, z)$ が命題の前提条件を満たしているのかをチェックしよう.

(i) まず, $g(\beta, z)$ が $S \times D$ において β, z の両方の正則関数であることはクラスター展開から保証されている (定理 D.17 (345 ページ)).

(ii) すべての $\beta > 0$ において, $f(\beta, z)$ は, $|z| < 1$ では z の正則関数である (Lee-Yang の定理). したがって各 $\beta \in I$ に対して, $g(\beta, z) = -\beta f(\beta, z) + \beta(d + h)$ も z の正則関数である.

(iii) 開円盤 K の閉包を $\bar{K}$ と書くと, ある定数 M' が存在して $[0, b] \times \bar{K}$ では $|\log \mathsf{x}(\beta, z)| \leq M'$ であることが以下のようにして証明される. $S \times D$ における $|\log \mathsf{x}(\beta, z)|$ の一様有界性はクラスター展開の帰結である.

(証明) 定理 5.4 (75 ページ) に現われた A_2 を (β, z) で書き直したものを $\tilde{A}_2$ と書く. $[0, b] \times \bar{K}$ は**閉集合**かつ, $\tilde{A}_2 \cup \tilde{A}_3$ の部分集合である. クラスター展開の結果と今までの解析から, $\tilde{A}_2 \cup \tilde{A}_3$ では $\mathsf{x}(\beta, z)$ が正則関数であり, 特に

β, z について**連続**である．したがって，閉集合 $[0, b] \times \bar{K}$ における $|\mathsf{x}(\beta, z)|$ の最小値が存在するが，これはゼロではありえない．なぜなら，最小値ゼロを実現する β, z においては $\log \mathsf{x}(\beta, z)$ が定義できないが，これは Lee-Yang の定理の帰結 ($\beta \geq 0, |z| < 1$ では $\log \mathsf{x}(\beta, z)$ が存在) に反するからである．したがって，$\delta > 0$ が存在して $[0, b] \times \bar{K}$ では $|\mathsf{x}(\beta, z)| \geq \delta$ が成り立つ．$|\mathsf{x}(\beta, z)| \leq 2$ であることは既にみたので，両者から $|\log \mathsf{x}(\beta, z)| \leq \max\{|\log \delta|, \log 2\}$ が成り立つ．（証明終わり）

以上から $g(\beta, z)$ が命題 E.7 の仮定を満たすことがわかった．後は x_L の正則性の証明と同様に進むと，$g(\beta, z)$ は $\tilde{A}_3$ で正則であることが結論できる． ∎

2.4　命題 E.7 の証明

$0°$.　まず，
$$I = (-1, 1), \qquad 0 < r < 1, \qquad R = 1 \tag{E.29}$$
のときに命題を証明すれば十分であることに注意しよう．というのは，変数変換
$$\beta' := \frac{2\beta - a - b}{b - a}, \qquad z' := \frac{z}{R} \tag{E.30}$$
を行なうと，もともとの I, r, R が (E.29) のものに移されるからである．これは簡単な一次変換だから，関数 F の正則性に変更は加えない．以下では (E.29) の場合に命題を証明する．

$1°$.　(i) の条件（β, z 両方での正則性）から，β を固定した場合，$F(\beta, z)$ は z の正則関数である．したがって
$$F(\beta, z) = \sum_{n=0}^{\infty} G_n(\beta) z^n \qquad ((\beta, z) \in S \times D) \tag{E.31}$$
の形に級数展開でき，係数関数 $G_n(\beta)$ は S において，β の正則関数である（命題 F.16 (381 ページ) 参照）．以下では，命題の領域 A では，上の形の級数が絶対収束することを示す．もしこれがいえると，関数列の一様収束に関する定理（定理 F.10 (379 ページ)）により，級数そのものが β の正則関数であるといえ，さらに Hartogs の正則性定理（定理 F.17 (382 ページ)）から β, z のそれぞれに関して正則な関数は二変数関数としても正則であるから，$F(\beta, z)$ は両方の変数で正則となって証明が完結する．

2°. 条件 (i) から，$\delta > 0$ を十分に小さくとるとコーシーの積分公式によって

$$|G_n(\beta)| = \left|\int_{|w|=r-\delta} \frac{dw}{2\pi i} \frac{F(\beta, w)}{w^{n+1}}\right| \leq \frac{M}{(r-\delta)^n} \qquad (\beta \in S) \tag{E.32}$$

が成り立つ．$\delta > 0$ は任意なので $\delta \downarrow 0$ とすれば

$$|G_n(\beta)| \leq \frac{M}{r^n} \qquad (\beta \in S) \tag{E.33}$$

が得られる．

一方，(ii) から $I \times K$ では F は z の正則関数なので，やはり (E.31) の形の級数展開が可能で，係数 $G_n(\beta)$ は $\beta \in I$ では (i) のものと一致する[5]．したがって，(iii) を考慮するとやはりコーシーの積分公式から

$$|G_n(\beta)| \leq \frac{M}{(1-\delta)^n}, \quad \delta > 0 \text{ は任意なので} \quad |G_n(\beta)| \leq M \tag{E.34}$$

がすべての $\beta \in I$ に対して成り立つことがわかる．

3°. 上の (E.33) の評価では G_n が n とともに増加するので，これでは級数 $\sum_n G_n z^n$ の，$|z| < 1$ での収束を示すにはほど遠い．一方，(E.34) ならば，$\sum_n G_n z^n$ は $|z| < 1$ で収束するといえるが，β の存在範囲が実軸上に限られている．ところが，一変数正則関数の一般的な性質として，実軸上で (E.34)，それ以外で (E.33) の評価を満たす正則関数は，実軸に近いところでは (E.34) に近い評価を満たすことがわかる（以下の補題 E.8 参照）．これを利用すれば，β が実軸に十分に近い場合，$|z|$ が 1 に近くても級数 $\sum_n G_n z^n$ の収束を保証できるはずだ．

定量的に議論するため，$0 < \phi < \theta$ なる ϕ を固定して，ψ を媒介変数とする二つの曲線

$$\beta_\pm^\phi(\psi) = \frac{\sin\psi}{\sin\phi} \pm i\frac{\cos\psi - \cos\phi}{\sin\phi} \qquad (|\psi| < \phi) \tag{E.35}$$

を考える（ここでも以下の議論でも複号は同順）．これらは実軸上の二点 -1 と 1 を端点とする円弧（端点は含まない）で，端点での円弧の接線が実軸となす角が ϕ になっているものである．また，曲線 $\beta_\pm^\theta$ と実軸上の開区間 $I = (-1, 1)$ で囲まれた領域を $S_\pm^\theta$ とする．この事情を図 E.2 (a) に示した．このとき，われわれの欲しい $|G_n|$ の上界は，以下の補題から得られる．

---

[5] (i), (ii) は共通の定義域 $I \times D$ をもっているので，この情報から決定できる係数 $G_n(\beta)$ $(\beta \in I)$ は当然，一致する．

E.8 [補題]　$0 < \theta < \pi/2$ を固定する．領域 S_+^θ で正則，かつ $S_+^\theta \cup I$ で連続な関数 $G(\beta)$ が，ある正の定数 $M > 0$ と $A > 1$ に対して

$$|G(\beta)| \leq \begin{cases} M & (\beta \in I) \\ AM & (\beta \in S_+^\theta) \end{cases} \tag{E.36}$$

を満たしているとする．このとき，任意の $0 < \phi < \theta$ に対し，

$$\left|G\bigl(\beta_+^\phi(\psi)\bigr)\right| \leq MA^{\phi/\theta} \qquad (|\psi| < \phi) \tag{E.37}$$

が成り立つ．ここで $\beta_+^\phi(\psi)$ は，(E.35) で定義したものである．

この補題はこの節の最後で証明するので，証明の本筋に戻ろう．この補題を $G = G_n, A = r^{-n}$ として用いると，

$$\left|G_n(\beta_+^\phi(\psi))\right| \leq M\left(\frac{1}{r^{\phi/\theta}}\right)^n \qquad (|\psi| < \phi) \tag{E.38}$$

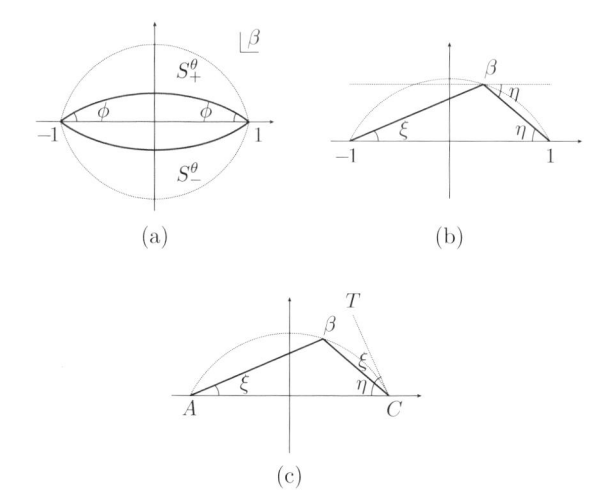

図 **E.2**　(a) β 平面での $S_\pm^\theta$ (陰) と，曲線 $\beta_\pm^\phi$ (E.35)（太線）．(b) $1 \pm \beta$ の偏角 ξ, η の図形的意味．円弧は曲線 β_+^ϕ を表す．$1 + \beta$ の偏角は図の点 -1 から点 β に向かうベクトルが実軸となす角であるので ξ．$1 - \beta$ の偏角は図の点 β から点 1 に向かうベクトルが実軸となす角であるので $-\eta$．(c) $\xi + \eta = \phi$ となる理由．CT を C における円弧の接線とすると，角 ACT が ϕ である．一方，接弦定理により，角 $TC\beta$ は角 $CA\beta$ に等しい．

を得る．β_-^ϕ に対しても同様に議論できて，まったく同じ形の上界が得られる．予言通り，β が実軸に近ければ（$\phi \ll 1$ ならば）$|G_n|$ は M よりあまり大きくない．

そこで $0 < x < 1$ を固定し，$\theta'(x; r, \theta)$ を

$$\theta'(x; r, \theta) := \theta \times \log_r x = \theta \frac{\log x}{\log r} \tag{E.39}$$

と定める．すると $0 \le \phi < \theta'(x; r, \theta)$ では (E.38) から

$$\left| G_n(\beta_\pm^\phi) z^n \right| \le M \left(\frac{|z|}{r^{\theta'/\theta}} \right)^n = M \left(\frac{|z|}{x} \right)^n \tag{E.40}$$

を得る．これは級数 $\sum_n G_n(\beta_\pm^\phi) z^n$ が，$0 \le \phi < \theta'$ および $|z| < x$ を満たす (β, z) では絶対一様収束することを意味する．

(E.35) から，$0 < \phi < \theta'$ である $\beta_\pm^\phi$ の範囲は曲線 $\beta_\pm^{\theta'}$ で挟まれた部分，つまり $S(I; \theta')$ である（図 E.2 (a) を思い出そう）．したがって

$$A := \bigcup_{0 < x < 1} \left\{ S\big(I; \theta'(x; r, \theta)\big) \times \{|z| < x\} \right\} \tag{E.41}$$

を定義すると，上から級数 $\sum_n G_n(\beta) z^n$ が領域 A で広義一様に絶対収束することがわかった．したがって関数列の一様収束に関する定理（定理 F.10（379 ページ））により，この級数は A で β の正則関数であり，Hartogs の正則性定理から β, z 両方の解析関数になる．∎

補題 E.8 の証明　天下りではあるが[6]，$S_+^\theta \cup I$ において関数

$$H(\beta) := G(\beta) \times \exp\left[\frac{i \log A}{\theta} \log\left(\frac{1+\beta}{1-\beta} \right) \right] \tag{E.42}$$

を考え，その絶対値に注目する．

まず，上で定義した $H(\beta)$ の絶対値をわかりやすく変形する．$\log A$ と θ は実数だから指数関数部分の絶対値は $\log\left(\frac{1+\beta}{1-\beta}\right)$ の虚部で決まる：

$$|H(\beta)| = |G(\beta)| \times \exp\left[-\frac{\log A}{\theta} \operatorname{Im}\left\{ \log\left(\frac{1+\beta}{1-\beta} \right) \right\} \right] \tag{E.43}$$

特に $\beta = \beta_+^\phi(\psi)$ の場合（$|\psi| < \phi$ だが，煩雑さを避けるため引数 ψ は略），ξ, η を図 E.2(b) に示した角度とすると，$(1+\beta)$ の偏角が ξ，$(1-\beta)$ の偏角が $-\eta$ と

---

[6] なぜこんな H を選んだのかについては，証明の後に少し説明する．

2. 定理 5.4 の証明　373

なる（図 E.2(b) とその説明を参照）．$\log(1\pm\beta)$ の虚部は $(1\pm\beta)$ の偏角そのものだから

$$\mathrm{Im}\left\{\log\left(\frac{1+\beta_+^\phi}{1-\beta_+^\phi}\right)\right\} = \mathrm{Im}\{\log(1+\beta_+^\phi)\} - \mathrm{Im}\{\log(1-\beta_+^\phi)\}$$
$$= \xi + \eta = \phi \tag{E.44}$$

が成り立つ（$\xi+\eta=\phi$ については，図 E.2(c) とその説明を参照）．したがって，

$$|H(\beta_+^\phi)| = |G(\beta_+^\phi)| \times \exp\left[-\frac{\log A}{\theta}\phi\right] = |G(\beta_+^\phi)| \times A^{-\phi/\theta} \tag{E.45}$$

という，非常に簡単な関係が成り立つことがわかった．

証明の本筋に戻り，$S_+^\theta \cup I$ においては

$$|H(\beta)| \leq M \qquad (\beta \in S_+ \cup I) \tag{E.46}$$

であることを示そう．$H(\beta)$ は S_+^θ で正則なので，$H(\beta)$ の最大値は S_+^θ の境界で実現される（最大値の原理）．そこで，境界での $|H(\beta)|$ を調べよう．

S_+^θ の下側の境界（実軸上の区間 I）では $G(\beta) = H(\beta)$ であり，補題の仮定から $|H(\beta)| \leq M$ である．

S_+^θ の上側の境界では G が定義されていないので，まず，境界に非常に近い曲線 $\beta = \beta_+^{\theta-\delta}$（$\delta \ll \theta$）を考える．ここでは，補題の仮定 $|G(\beta)| \leq AM$ から，

$$|H(\beta_+^{\theta-\delta})| = |G(\beta_+^{\theta-\delta})| \times A^{-1+\delta/\theta} \leq AM \times A^{-1+\delta/\theta} = MA^{\delta/\theta} \tag{E.47}$$

となる．

よって，最大値の原理から，曲線 $\beta = \beta_+^{\theta-\delta}$ と I で囲まれた領域での $|H(\beta)|$ の絶対値は $MA^{\delta/\theta}$ 以下とわかる．$\delta \downarrow 0$ の極限を考えれば，$S_+^\theta \cup I$ 全体で，$|H(\beta)|$ の絶対値は M 以下といえる．(E.46) が証明された．

さて，(E.45) と (E.46) を組み合わせると，$\beta = \beta_+^\phi$ のとき，

$$|G(\beta_+^\phi)| = |H(\beta_+^\phi)| \times A^{\phi/\theta} \leq MA^{\phi/\theta} \tag{E.48}$$

となって補題が証明される． ∎

なお，補題 E.8 の結論 (E.37) は，さらなる仮定を加えない限り，これ以上改良できない．実際，

$$G(\beta) = M \exp\left[-\frac{i\log A}{\theta}\log\left(\frac{1+\beta}{1-\beta}\right)\right] \tag{E.49}$$

は補題の仮定と結論 (E.37) の等式を満たす例になっている．実のところ，証明で用いた $H(\beta)$ は，上の G のような最悪の場合でも M 以下になるように作ったものであった．なお，このような最悪の $G(\beta)$（の一例）(E.49) は，

$$|G(\beta)| = \begin{cases} M & (\beta \in I) \\ AM & (\beta \text{ が曲線 } \beta_+^\theta \text{ 上}) \end{cases} \tag{E.50}$$

となるような G を求めると見つかる．詳しくは本書の web ページ（iii ページの脚注を参照）で解説を公開する予定．

文献について

Lebowitz と Penrose の原論文は [133]．続編として [153] がある．多変数複素関数論については一松 [16] などを参照されたい．

付録 F

数学に関するメモ

　本書で使用した，複素関数などについてのいくつかの定理をまとめておく．

1. 増加関数列と左連続性

　一般に，連続関数列の極限は連続関数とは限らない．しかし，広義増加（減少）関数列の極限については，以下のような部分的な結果がある．

F.1 [命題]　　区間 I で定義された，x について連続かつ広義増加な関数の列 $f_n(x)$ があり $(n=1,2,3,\ldots)$，各々の $x \in I$ において $f(x) := \lim_{n\uparrow\infty} f_n(x)$ が存在すると仮定する．このとき，$x \in I$ に対して $f_n(x)$ が n について広義増加であれば，区間 I において $f(x)$ は x の左連続関数である．

証明　I 内の一点 a にて $f(x)$ が左連続であることを示そう．まず，$f_n(x)$ が x の広義増加関数なので，極限 $f(x)$ も x の広義増加関数である．つまり，$x<a$ ならば $f(x) \leq f(a)$ は成り立つ．

　逆向きの不等式を示すため，任意の $\epsilon>0$ を固定する．$f(a) := \lim_{n\uparrow\infty} f_n(a)$ が存在するので，この ϵ に対して（大きな）N がとれて，$|f(a)-f_N(a)|<\epsilon/2$ とできる．一方，この N について，$f_N(x)$ の連続性から（小さい）$\delta>0$ がとれて，$|f_N(a-\delta)-f_N(a)|<\epsilon/2$ が成り立つ．さらに，$f_n(a-\delta)$ が n について広義増加なので，$f(a-\delta) \geq f_N(a-\delta)$ も成り立つ．

　以上の三つから，$f(a-\delta) \geq f_N(a-\delta) > f_N(a)-\epsilon/2 > f(a)-\epsilon$ が成り立つことがわかった．ところが極限 $f(x)$ 自身も広義増加なので，$a-\delta<x<a$ なる x でも $f(x) \geq f(a-\delta) > f(a)-\epsilon$ が成り立つ．以上から，任意の $\epsilon>0$ に対

して $\delta > 0$ が存在して, $a - \delta < x < a$ では $0 \leq f(a) - f(x) < \epsilon$ が成り立つことがいえた. つまり $\lim_{x \uparrow a} f(x) = f(a)$ であって, f は左連続である. ∎

2. 凸関数の性質

5 章で無限体積極限を扱った際 (系 5.2 (74 ページ) の証明など), 以下の凸関数の性質を用いた.

F.2 [命題] $n = 1, 2, \ldots$ に対して, $g_n(x)$ を $x \in (a, b)$ について上に凸で一回微分可能な関数とする. 各々の $x \in (a, b)$ について, 極限 $g(x) = \lim_{n \uparrow \infty} g_n(x)$ が存在するとする. もし, ある $x \in (a, b)$ において導関数 $g'(x)$ が存在すれば,

$$g'(x) = \lim_{n \uparrow \infty} g'_n(x) \tag{F.1}$$

が成り立つ. 右辺の極限の存在も保証される.

F.3 [命題] $f(x)$ は閉区間 $[a, b]$ において x について連続かつ上に凸, 開区間 (a, b) において微分可能とする. このとき,

$$\left. \frac{d}{dx_+} \right|_{x=a} f(x) := \lim_{x \downarrow a} \frac{f(x) - f(a)}{x - a} = \lim_{x \downarrow a} f'(x) \tag{F.2}$$

が成り立つ (最右辺の極限は存在する). ここで $f'(x)$ はもちろん, f の導関数である.

3. 一変数複素関数

一変数の複素関数について簡単にまとめる. 詳しくは, 標準的な複素関数論の教科書 ([9, 20] など) を参照されたい. この節では, 領域とは複素平面内の連結開集合のこととする.

F.4 [定義] (一変数複素関数の微分可能性) a の近傍で定義された複素関数 $f(z)$ が a で**微分可能**とは, ある $A \in \mathbb{C}$ が存在して

$$f(z) = f(a) + A(z - a) + \mathcal{E}(z) \quad \text{ただし} \quad \lim_{z \to a} \frac{\mathcal{E}(z)}{|z - a|} = 0 \tag{F.3}$$

と書けることをいう．この場合，A を f の a での微係数といい，$A = f'(a)$ と書く．また，f が領域 D の各点で微分可能のとき，f は D で**正則**という．

引数が実数に限定された関数の場合とは異なり，複素関数としての微分可能性は非常に強い性質であり，以下のような一連の美しい性質が成り立つ．

F.5 ［定理］(コーシーの積分定理と積分公式)　　単連結な領域 D で正則な一変数複素関数 $f(z)$ と D 内の任意のなめらかな閉曲線 γ に対して

$$\int_\gamma f(z)dz = 0 \tag{F.4}$$

が成り立つ．また，$a \in D$ と，D 内にあって a を反時計回りに一周する閉曲線 γ について

$$f(a) = \frac{1}{2\pi i} \int_\gamma \frac{f(z)}{z-a} dz \tag{F.5}$$

が成り立つ．

正則関数の重要な例としては，多項式，指数関数，三角関数，さらに一般に絶対収束するべき級数で表される関数などがある．

逆に，正則関数はべき級数に（テイラー）展開できる．

F.6 ［定理］(複素関数のテイラー展開)　　a を中心とする半径 r の開円板 $D = \{z \in \mathbb{C} \mid |z-a| < r\}$ において正則な一変数複素関数 $f(z)$ がある．γ を，a のまわりを反時計回りに一周する D 内の単純閉曲線とする．すべての $z \in D$ に対して，$f(z)$ は

$$f(z) = \sum_{j=0}^\infty c_n(z-a)^n, \quad c_n := \frac{1}{2\pi i} \int_\gamma \frac{f(\zeta)}{(\zeta-a)^{n+1}} d\zeta = n!\, f^{(n)}(a) \tag{F.6}$$

の形に（テイラー）展開でき，右辺の級数はすべての $z \in D$ に対して絶対収束する．より一般の領域 D で正則な一変数複素関数 $f(z)$ は，D の各点 a の近傍で上の形にテイラー展開できる．

この定理の前半は本書で何回も用いるので，略証を与えておこう．$z \in D$ を固定し，a を中心とする半径 $|z-a| + \epsilon$（ただし $\epsilon > 0$ かつ $|z| + \epsilon < r$ とする．D が

開円板なので，このような ϵ は必ず存在する）の反時計回りの円を γ とする．この γ にコーシーの積分公式を用いると

$$f(z) = \frac{1}{2\pi i} \int_\gamma \frac{f(\zeta)}{\zeta - z} d\zeta \tag{F.7}$$

となる．ここで $|\zeta - a| > |z - a|$ であることから

$$\frac{1}{\zeta - z} = \frac{1}{(\zeta - a) - (z - a)} = \frac{1}{\zeta - a}\left(1 - \frac{z-a}{\zeta - a}\right)^{-1} = \frac{1}{\zeta - a}\sum_{n=0}^\infty \left(\frac{z-a}{\zeta - a}\right)^n \tag{F.8}$$

の右辺の級数は絶対収束する．これを上の式に代入し，級数が絶対収束することを用いて積分と級数の順序を交換すれば

$$f(z) = \frac{1}{2\pi i}\sum_{n=0}^\infty (z-a)^n \int_\gamma \frac{f(\zeta)}{(\zeta - a)^{n+1}} d\zeta \tag{F.9}$$

となって，求めるテイラー展開が得られる． ∎

F.7 [定理] (一致の定理)　　領域 D 上で定義された正則関数 f と g，および D 内に集積点をもつ集合 C　($C \subset D$) に対して

$$f(z) = g(z), \quad z \in C \tag{F.10}$$

が成り立つならば，D 上のすべての点 z で $f(z) = g(z)$ である．

さて，Lee-Yang の定理の理解には，複素関数のゼロ点の性質の理解が欠かせない．本書では以下の定理（[9] 定理 2.7, [20] p.127）を用いた．

F.8 [定理] (正則関数のゼロ点)　　一変数関数 f が，ある領域 D において正則で，かつ恒等的にゼロではないとする．このとき，f のゼロ点は D 内で疎である（つまり，f のゼロ点は D 内に集積しない）．

この定理は，上の一致の定理から直ちに得られる．

次に，無限体積極限に関連して，正則関数列の極限について考える．われわれに有用な定理は，正則関数の列がある関数に広義一様収束する場合のものである．

F.9 [定義] (広義一様収束)　　関数列 $\{f_n(z)\}$ が領域 D の任意のコンパクト集合の上で一様収束するとき，$\{f_n(z)\}$ は D において**広義一様に収束**するという．

極限の正則性については以下の定理 ([8] 定理 57, p.215; [9] 定理 5.1; [20] p.176, Theorem 1) がある．

F.10 [定理] (一様収束と正則性に関する Weierstraß の定理)　　ある領域 D において正則な関数の列 $\{f_n(\beta)\}$ が，D にて広義一様に収束するとき，その極限関数を $f(\beta)$ と書くと以下が成り立つ．
- $f(\beta)$ は D において正則．
- 積分と極限は順序交換可能：$\int_C f(\beta)d\beta = \lim_{n\uparrow\infty}\int_C f_n(\beta)d\beta$ が D 内の任意の曲線 C に対して成立．
- 微分と極限も順序交換可能：$f'(\beta) = \lim_{n\uparrow\infty} f_n'(\beta)$. この収束も D で広義一様である．

この定理は，コーシーの積分定理を用いれば簡単に証明できる．

極限のゼロ点については以下の定理 ([20]p.178, Theorem 2; [9] 定理 5.2) がある．

F.11 [定理] (Hurwitz)　　領域 D において正則な関数の列 $\{f_n(z)\}$ が $f(z)$ に広義一様収束し，$f_n(z)$ は D 内ではゼロ点をもたないとせよ．すると，極限関数 $f(z)$ は D 内で恒等的にゼロであるか，または D 内にゼロ点をもたないか，のどちらかである．

さらに，上の二つの定理が成立するための十分条件である一様収束を保証するものとして以下の定理がある ([12]「大学演習 関数論」(裳華房) の p.174, 例題 4 にある)．

F.12 [定理] (Vitali)　　ある領域 D において一様に有界な[1]正則関数の列 $\{f_n(z)\}$ がある．D 内に集積点をもつような集合 E 上でこの関数列が収束するならば，実は $f_n(z)$ は D 内で広義一様に収束する．（したがって，定理 F.10 により収束先は正則関数になる）．

---

[1] ある正の数 M があって，すべての n と $z \in D$ で $|f_n(z)| \leq M$ が成り立っていること．

4. 多変数複素関数論のまとめ

この節では n 変数関数を考える ($n \geq 2$). この節での領域とは, $\mathbb{C}^n$ の連結開集合のことである.

まず, 多変数複素関数の正則性は, 一変数の場合と同じく, 全微分可能性によって以下のように定義する.

F.13 [定義] (多変数複素関数の微分可能性) n 個の複素変数の関数 $f(z_1, z_2, \ldots, z_n)$ が $a = (a_1, a_2, \ldots, a_n)$ において**微分可能**とは, ある $A_1, A_2, \ldots, A_n \in \mathbb{C}$ が存在して

$$f(z_1, z_2, \ldots, z_n) = f(a_1, a_2, \ldots, a_n) + \sum_{j=1}^{n} A_j(z_j - a_j) + \mathcal{E}(z_1, z_2, \ldots, z_n), \tag{F.11}$$

$$\lim_{(z_1, z_2, \ldots, z_n) \to (a_1, a_2, \ldots, a_n)} \frac{\mathcal{E}(z_1, z_2, \ldots, z_n)}{|z_1 - a_1| + \cdots + |z_n - a_n|} = 0 \tag{F.12}$$

と書けることをいう. この A_j は f の z_j による微係数であり, $\dfrac{\partial f}{\partial z_j}(a_1, a_2, \ldots, a_n)$ と書かれる. また, f が D の各点で微分可能のとき, f は D で**正則**という.

一変数の場合と同様に, コーシーの積分公式が成り立つ.

F.14 [定理] (コーシーの積分公式) 各 z_j ($j = 1, 2, 3, \ldots, n$) 平面上の単連結な領域 D_j, およびその領域内にあるなめらかな単純閉曲線 (向きは反時計回り) γ_j がある. また, 直積 $D_1 \times D_2 \times \cdots \times D_n$ で正則な n 変数複素関数 $f(z_1, z_2, \ldots, z_n)$ がある. a_j が γ_j の内側にある ($j = 1, 2, \ldots, n$) とき,

$$f(a_1, \ldots, a_n) = \frac{1}{(2\pi i)^n} \int_{\gamma_1} d\zeta_1 \int_{\gamma_1} d\zeta_2 \cdots \int_{\gamma_n} d\zeta_n \frac{f(\zeta_1, \ldots, \zeta_n)}{(\zeta_1 - a_1) \cdots (\zeta_n - a_n)} \tag{F.13}$$

が成り立つ.

一変数の場合と同じく, 絶対収束する多重べき級数で表される関数は正則関数である. 逆に, 正則関数はべき級数に展開できる.

F.15 [定理] (多変数複素関数のテイラー展開) 多重円板 $D = \{(z_1, z_2, \ldots, z_n) \mid |z_j - a_j| \leq r_j, j = 1, 2, \ldots, n\}$ で正則な多変数複素関数 $f(z_1, z_2, \ldots, z_n)$

は，D の各点 $(z_1, z_2, \ldots, z_n)$ において，

$$f(z_1, z_2, \ldots, z_n) = \sum_{j_1, j_2, \cdots, j_n} c_{j_1, j_2, \cdots, j_n} (z_1 - a_1)^{j_1} (z_2 - a_2)^{j_2} \cdots (z_n - a_n)^{j_n} \tag{F.14}$$

の形の絶対収束級数で表現できる（$c_{j_1, j_2, \ldots, j_n}$ は f の $(a_1, a_2, \ldots, a_n)$ における偏微分係数で表され，和はすべての非負の $j_1, j_2, \ldots, j_n$ についてとる）．より一般の領域 D で正則な多変数複素関数 $f(z_1, z_2, \ldots, z_n)$ は，D の各点 $(a_1, a_2, \ldots, a_n)$ の近傍で上の形の級数に展開できる．

この定理も，一変数の場合の定理 F.6 の証明と同様にして，コーシーの積分公式から証明できる．

なお，正則な多変数関数について，一部の変数についてのみ級数展開したものもよく使われる．特に一つの変数のみについて展開したものを Hartogs 級数という．この場合，以下の性質が成り立つ．

F.16 [命題] (Hartogs 級数の性質)　　$(z_1, \ldots, z_n)$ 空間の領域 R と，w 平面の円盤 $D_r = \{w \in \mathbb{C} \,|\, |w| < r\}$ を考える．領域 $R \times D_r$ で正則な $(n+1)$ 変数複素関数 $f(z_1, z_2, \ldots, z_n, w)$ は，$w = 0$ を中心にして

$$f(z_1, z_2, \ldots, z_n, w) = \sum_{m=0}^{\infty} g_m(z_1, z_2, \ldots, z_n) w^m \tag{F.15}$$

の形の級数に展開できる．さらに係数関数 $g_m(z_1, z_2, \ldots, z_n)$ は R において正則である．

このような級数の存在は，w に関するコーシーの積分定理からすぐに示される．また，D_r 内にあって，原点と w をその内部に含む反時計回りの経路を γ とすると，g_m が

$$g_m(z_1, z_2, \ldots, z_n) = \frac{1}{2\pi i} \int_\gamma \frac{f(z_1, z_2, \ldots, z_n, w)}{\zeta^{m+1}} d\zeta \tag{F.16}$$

と書ける．これから直ちに g_m の正則性もわかる．

さて，二つの実変数の一般の $f(x, y)$ は，変数 x と y のそれぞれについて連続であっても，x, y 両方の関数として連続とは限らない．ましてや，それぞれの変

数についての微分可能性が全微分可能性を保証することはない[2]. しかし, 複素関数においては, 各変数についての正則性さえ仮定すれば, n 変数関数の全微分可能性としての正則性が保証される ([16] 定理 3.8).

F.17 [定理] (Hartogs の正則性定理)　領域 D で定義された多変数複素関数 $f(z_1, z_2, \ldots, z_n)$ が各変数 $z_1, z_2, \ldots, z_n$ のそれぞれについて正則ならば (すなわち, 変数 z_j 以外を固定したときに, z_j の一変数複素関数として正則ならば), 定義 F.13 の意味で, 多変数複素関数としても正則である.

この定理により, 多変数関数としての正則性の問題を, 一変数についての正則性の問題に帰着できる. また, 多変数正則関数についても, 一変数の場合と類似の定理が成り立つことが多い.

多変数の場合でも広義一様収束は以下のように定義する.

F.18 [定義] (広義一様収束)　n 変数の複素関数の列 $f_n(z)$ が領域 D で**広義一様収束**するとは, D 内の任意のコンパクト集合 K において一様収束することである.

F.19 [定理]　領域 D 上で定義された正則関数の列 f_n が領域 D で f に広義一様収束すれば, f は D 上で正則である.

多変数の場合にも一致の定理が成り立つ. ただし, その成立条件は一変数の場合よりも厳しいものになっている.

F.20 [定理] (一致の定理)　領域 D 上で定義された正則関数 f と g が, D のある点の近傍で等しいとする. このとき, D 上のすべての点で $f = g$ である.

5. 対数関数とべき乗関数について

f, g が正則な関数のとき, その合成関数 $g(f(z))$ も正則関数として定義できる. ただ, g が対数関数やべき乗関数など一価でない関数の場合, その定義に若干の

---

[2] たとえば, $f(x, y) = \begin{cases} xy/(x^2 + y^2) & (x, y) \neq (0, 0) \\ 0 & (x, y) = (0, 0) \end{cases}$ を考えてみよ.

注意が必要なので説明しよう．

まず，f が一変数の関数，g が対数関数の場合を考える．D を複素平面内の単連結な領域，f を D 上で定義された正則関数とする．本書で考える例を念頭に置いて，D 内の一点 a において $f(a) > 0$ であり[3]，さらに，f は D 内では決してゼロにならないとする．このような状況の下で，$\log f(z)$ を D 上の正則関数として定義したい．すなわち，D 全体で定義された正則な関数 g で，D 上で常に $e^{g(z)} = f(z)$ を満たすものを定義したい．

この問題は解析接続を用いて，以下のように解決される（図 F.1 も参照）．

(1) $z = a$ では仮定より $f(a) > 0$ であるから，実数値関数としての対数関数を用いて（「対数関数の主値を用いて」といっても同じ）$g(a) = \log f(a)$ と定める．

(2) これ以外の z の値に対する $\log f(z)$ を定義するには，f による D の像 $\mathcal{I}f := \{f(z) \mid z \in D\}$ の作るリーマン面を考え，(1) で定義した対数関数を，$z = a$ からこのリーマン面に沿って解析接続して g を定義する．

より具体的に書けば，C を a から z に向かう，D 内のなめらかな曲線として

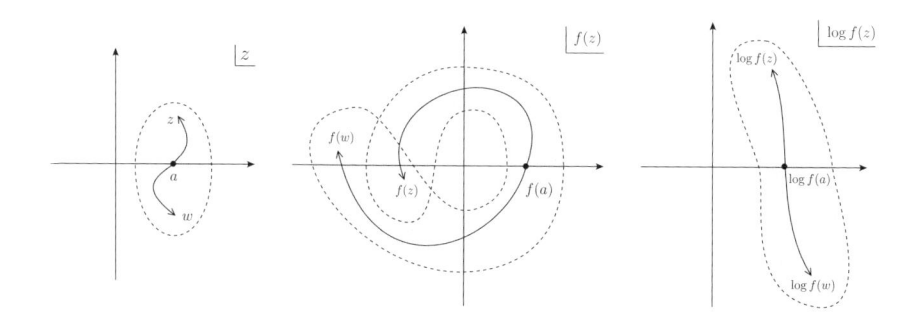

図 F.1 $\log f(z)$ の定義の概念図．f の定義域 D（左）の像が作るリーマン面（中）に沿って $\log$ を解析接続して $\log f$ を定義する（右）．図では $z, w \in D$ の二点へどのように解析接続するかの経路も示した．

---

[3] $f(a) > 0$ ではない場合には，$\log f(a)$ の枝を一つ決めてしまえば，以下の議論はまったく同じように成り立つ．

$$g(z) = \log f(a) + \int_C \frac{f'(w)}{f(w)} dw \tag{F.17}$$

と定める．このとき，(F.17) の積分の結果が a と z のみに依存し，途中の経路 C のとり方によらないことは，コーシーの積分定理から保証される[4]．このように定義した関数 g が D で正則なことはその定義から明らかである．また，$g'(z) = f'(z)/f(z)$ が成り立つので，$e^{-g(z)} f(z)$ が D 内で定数であることもわかる．よって，このように定義した g が問題の条件をすべて満たして，求めるものになっている．なお，解析接続の一意性（一致の定理）より，g は一意に定まるので，条件を満たす g は (F.17) 以外にはない．

多変数の場合に進もう．今度は $\mathbb{C}^n$ の単連結な領域 D と，そこで定義された n 変数の正則関数 $f(z_1, z_2, \ldots, z_n)$ を考える．一変数の場合と同じく，D 内の一点 $a = (a_1, a_2, \ldots, a_n)$ においては $f(a) > 0$ であり[5]，かつ，D 上では f は決してゼロにはならない，ことを仮定する．このような状況のもとで，D 上で $e^{g(z)} \equiv f(z)$ を満たすような正則関数 $g(z)$ を定義したい．

考え方は一変数のときとまったく同様で，図 F.1 の多変数版を考えて解析接続を用いて定義すればよい．具体的に書けば，a から z に行く D 内の経路を $\zeta(t)$ $(0 \leq t \leq 1)$ として線積分

$$g(z) = \log f(a) + \int_0^1 \frac{1}{f(\zeta(t))} \sum_{j=1}^n \frac{\partial f(\zeta(t))}{\partial \zeta_j} \zeta_j'(t) dt \tag{F.18}$$

により，$g(z)$ を定義するのである．この積分が途中の経路のとり方によらないことは，f が満たすコーシー＝リーマンの関係式と，一般化されたストークスの定理とを用いれば証明できる．一変数のときとまったく同様にして，このように定義した g が求める性質をもっていることは容易に確かめられる．

最後にべき乗関数については，上で定義した対数関数 $g(z) = \log f(z)$ を用いて一変数，多変数の場合ともに（$\alpha \in \mathbb{C}$）

$$\{f(z)\}^\alpha := \exp\{\alpha g(z)\} \tag{F.19}$$

として定義すればよい．

---

[4] D 内では $f \neq 0$ と仮定しているので，$f'(w)/f(w)$ は D では正則関数であることに注意．
[5] $f(a) > 0$ ではない場合には，$\log f(a)$ の枝を一つ決めてしまえば，以下の議論はまったく同じように成り立つことも，一変数の場合と同じである．

なお，指数関数の性質から，$g(z) = \log f(z)$ に対して

$$|f(z)| = \left|e^{g(z)}\right| = e^{\operatorname{Re} g(z)} \qquad \text{つまり} \qquad \log|f(z)| = \operatorname{Re} g(z) \tag{F.20}$$

および，α が実数の場合に

$$\left|\{f(z)\}^\alpha\right| = \exp\{\alpha \operatorname{Re} g(z)\} = \exp\{\alpha \log|f(z)|\} = |f(z)|^\alpha \tag{F.21}$$

が（期待通りに）成り立つ．

本書で考える対数関数，べき乗関数はすべて，上のようにして定義したものである．

参考文献

[1] 伊藤清三. ルベーグ積分入門. 裳華房, (1963).

[2] 江沢洋, 新井朝雄. 場の理論と統計力学. 日本評論社, (1988).

[3] 江沢洋, 鈴木増雄, 田崎晴明, 渡辺敬二. くりこみ群の方法. 岩波書店, (1994). 現代の物理学 13.

[4] 九後汰一郎. ゲージ場の量子論. 培風館, (1989).

[5] 黒田耕嗣, 樋口保成. 統計力学―相転移の数理. 培風館・確率論教程シリーズ, (2006).

[6] 小平邦彦. 解析入門 I, II. 岩波書店, (2003).

[7] 清水明. 熱力学の基礎. 東京大学出版会, (2007).

[8] 高木貞治. 解析概論. 岩波書店, (1983). 改訂第 3 版.

[9] 高橋礼司. 複素解析. 東京大学出版会, (1990).

[10] 田崎晴明. 熱力学―現代的な視点から. 培風館, (1999).

[11] 田崎晴明. 統計力学 I, II. 培風館, (2008).

[12] 辻正次, 小松勇作, 田村二郎, 小沢満, 祐乗坊瑞満, 水本久夫. 大学演習 函数論. 裳華房, (1959).

[13] 西森秀稔. 相転移・臨界現象の統計物理学. 培風館, (2005).

[14] 日本数学会. 数学辞典. 岩波書店, (1985). 第 3 版.

[15] 樋口保成. パーコレーション―ちょっと変わった確率論入門. 遊星社, (1992).

[16] 一松信. 多変数解析函数論. 培風館, (1960).

[17] 藤田宏，黒田成俊．関数解析．岩波書店，(1978)．岩波講座「基礎数学」．

[18] 吉田耕作．測度と積分．岩波書店，(1976)．岩波講座「基礎数学」．

[19] 吉田耕作．常微分方程式の解法．岩波書店，(1978)．

[20] Lars Ahlfors. *Complex Analysis*. MacGraw-Hill, (1979). Third Edition.

[21] R.J. Baxter. *Exactly Solved Models in Statistical Mechanics*. Courier Dover Publications, (2007).

[22] O. Bratteli and D.W. Robinson. *Operator Algebras and Quantum Statistical Mechanics 1: C^* and W^*-algebras. Symmetry Groups. Decomposition of States (Texts and Monographs in Physics)*. Springer, (1979).

[23] O. Bratteli and D.W. Robinson. *Operator Algebras and Quantum Statistical Mechanics 2: Equilibrium States. Models in Quantum Statistical Mechanics (Texts and Monographs in Physics)*. Springer, (1981).

[24] B. Simon. *The Statistical Mechanics of Lattice Gases. vol.1*. Princeton University Press, (1993).

[25] R. Fernández, J. Fröhlich, and A.D. Sokal. *Random Walks, Critical Phenomena, and Triviality in Quantum Field Theory*. Springer, (1992).

[26] H.O. Georgii. *Gibbs Measures and Phase Transitions*. Walter de Gruyter, (1988). de Gruyter Studies in Mathematics 9.

[27] J. Glimm and A. Jaffe. *Quantum Physics, A Functional Integral Point of View*. Springer, (1987). 2nd edition.

[28] G. Grimmett. *Percolation*. Springer, (1999). Second edition.

[29] G.F. Lawler. *Intersections of Random Walks*. Birkhäuser, (1991).

[30] N. Madras and G. Slade. *The Self-Avoiding Walk*. Birkhäuser, (1993).

[31] A. Pais. *Subtle Is the Lord: The Science and the Life of Albert Einstein*. Oxford University Press, (1983).

[32] M.E. Peskin and D.V. Schroeder. *An Introduction to Quantum Field Theory*. Westview Press, (1995).

[33] P. Ramond. *Field Theory. A Modern Primer*. Benjamin, (1981).

[34] R.S. Reed and B. Simon. *Methods of Modern Mathematical Physics. I. Functional Analysis.* Academic Press, (1980). Revised and Enlarged Edition.

[35] R.S. Reed and B. Simon. *Methods of Modern Mathematical Physics. II. Fourier Analysis, Self-Adjointness.* Academic Press, (1975).

[36] Walter Rudin. *Real and Complex Analysis.* McGraw-Hill, (1987). Third Edition.

[37] D. Ruelle. *Statistical Mechanics, Rigorous Results.* W.A. Benjamin, Inc., (1969).

[38] B. Simon. *The $P(\phi)_2$ Euclidean (Quantum) Field Theory.* Princeton University Press, (1974).

[39] Ja.G. Sinai. *Theory of Phase Transitions: Rigorous Results.* Pergamon Press, (1982).

[40] G. Slade. *The Lace Expansion and its Applications.* Lecture Notes in Mathematics, Vol. 1879. (2006). Ecole d'Eté de Probabilités de Saint-Flour XXXIV - 2004.

[41] H.E. Stanley. *Introduction to Phase Transitions and Critical Phenomena.* Oxford University Press, (1987).

[42] 田崎晴明. 量子スピン系の理論. 物性研究, Vol. 58, pp. 121–178, (1992).

[43] I. Affleck, T. Kennedy, E.H. Lieb, and H. Tasaki. Valence bond ground states in isotropic quantum antiferromagnets. *Commun. Math. Phys.*, Vol. **115**, pp. 477–528, (1988).

[44] M. Aizenman. Translation invariance and instability of phase coexistence in the two-dimensional Ising system. *Commun. Math. Phys.*, Vol. **73**, pp. 83–94, (1980).

[45] M. Aizenman. Geometric analysis of φ^4 fields and Ising models, Parts I and II. *Commun. Math. Phys.*, Vol. **86**, pp. 1–48, (1982).

[46] M. Aizenman. Absence of intermediate phase. In D.Szasz and D.Retz, editors, *Statistical Physics and Dynamical Systems: Rigorous Results.* Birkhäuiser, (1985).

[47] M. Aizenman. The intersection of Brownian paths as a case study of a renormalization group method for quantum field theory. *Commun. Math. Phys.*, Vol. **97**, pp. 91–110, (1985).

[48] M. Aizenman and D.J. Barsky. Sharpness of the phase transition in percolation models. *Commun. Math. Phys.*, Vol. **108**, pp. 489–526, (1987).

[49] M. Aizenman, D.J. Barsky, and R. Fernández. The phase transition in a general class of Ising-type models is sharp. *J. Statist. Phys.*, Vol. **47**, pp. 343–374, (1987).

[50] M. Aizenman, H. Duminil-Copin, and V. Sidoravicius. Random currents and continuity of ising model's spontaneous magnetization. *Commun. Math. Phys.*, Vol. **334**, pp. 719–742, (2015).

[51] M. Aizenman and R. Fernández. On the critical behaviour of the magnetization in high dimensional Ising models. *J. Statist. Phys.*, Vol. **44**, pp. 393–454, (1986).

[52] M. Aizenman and R. Graham. On the renormalized coupling constant and the susceptibility in ϕ_4^4 field theory and the Ising model in four dimensions. *Nucl. Phys.*, Vol. **B225** [FS9], pp. 261–288, (1983).

[53] C. Aragão de Carvalho, S. Caracciolo, and J. Fröhlich. Polymers and $g|\phi|^4$ theory in four dimensions. *Nucl. Phys. B*, Vol. **215** [FS7], pp. 209–248, (1983).

[54] T. Asano. Lee-Yang theorem and the Griffiths inequality for the anisotropic Heisenberg ferromagnet. *Phys. Rev. Lett.*, Vol. **24**, pp. 1409–1411, (1970).

[55] T. Asano. On the spin correlations in Ising ferromagnets and the Lee-Yang lemma. *Prog. Theor. Phys.*, Vol. **43**, pp. 1401–1402, (1970).

[56] T. Asano. Theorems on the partition functions of Heisenberg ferromagnets. *J. Phys. Soc. Jpn.*, Vol. **29**, pp. 350–359, (1970).

[57] G.A. Baker Jr. Critical exponent inequalities and the continuity of the inverse range of correlation. *Phys. Rev. Lett.*, Vol. **34**, pp. 268–, (1975).

[58] G.A. Baker Jr. Self-interacting, Boson, quantum, field theory and the thermodynamic limit in d dimensions. *J. Math. Phys.*, Vol. **16**, pp. 1324–1346, (1975).

[59] D.J. Barsky and M. Aizenman. Percolation critical exponents under the triangle condition. *Ann. Probab.*, Vol. **19**, pp. 1520–1536, (1991).

[60] V.L. Berezinskii. *Sov. Phys. JETP*, Vol. **32**, pp. 493–, (1971).

[61] T Bodineau. Translation invariant Gibbs states for the Ising model. *Probab. Theory Related Fields*, Vol. 135, pp. 153–168, (2006).

[62] A. Bovier, G. Felder, and J. Fröhlich. On the critical properties of the Edwards and the self-avoiding walk model of polymer chains. *Nucl. Phys. B*, Vol. **230** [FS10], pp. 119–147, (1984).

[63] A. Bovier and M. Zahradík. A simple inductive approach to the problem of convergence of cluster expansions of polymer models. *J. Statist. Phys.*, Vol. **100**, pp. 765–778, (2000).

[64] D.C. Brydges. A short course on cluster expansions. In K. Osterwalder and R. Stora, editors, *Critical Phenomena, Random Systems, Gauge Theories*, North-Holland, (1986). Les Houches 1984.

[65] D.C. Brydges, J. Fröhlich, and A.D. Sokal. A new proof of the existence and nontriviality of the continuum φ_2^4 and φ_3^4 quantum field theories. *Commun. Math. Phys.*, Vol. **91**, pp. 141–186, (1983).

[66] D.C. Brydges, J. Fröhlich, and A.D. Sokal. The random walk representation of classical spin systems and correlation inequalities. II. The skeleton inequalities. *Commun. Math. Phys.*, Vol. **91**, pp. 117–139, (1983).

[67] D.C. Brydges, J. Fröhlich, and T. Spencer. The random walk representation of classical spin systems and correlation inequalities. *Commun. Math. Phys.*, Vol. **83**, pp. 123–150, (1982).

[68] D.C. Brydges and T. Spencer. Self-avoiding walk in 5 or more dimensions. *Commun. Math. Phys.*, Vol. **97**, pp. 125–148, (1985).

[69] D. Chelkak and S. Smirnov. Universality in the 2D Ising model and conformal invariance of fermionic observables. *Inventiones mathematicae*, Vol. **189**, pp. 515–580, (2012).

[70] E. Derbez and G. Slade. The scaling limit of lattice trees in high dimensions. *Commun. Math. Phys.*, Vol. **193**, pp. 69–104, (1998).

[71] R. L. Dobrushin. Gibbsian random fields for lattice systems with pairwise interactions. *Func. Anal. Appl.*, Vol. **2**, pp. 292–301, (1968).

[72] R. L. Dobrushin. Gibbsian random fields, the general case. *Func. Anal. Appl.*, Vol. **3**, pp. 22–28, (1969).

[73] R.L. Dobrushin. Existence of a phase transition in the two-dimensional and three-dimensional Ising models. *Dokl. Akad. Nauk SSSR*, Vol. **160**, p. 1046, (1965).

[74] R.L. Dobrushin. The Gibbs state that describes the coexistence of phases for a three-dimensional Ising model, (in Russian). *Teor. Verojatnost. i Primenen*, Vol. **17**, pp. 619–639, (1972). English translation: *Theory of Probability and its Applications*, Vol **17**, pp. 582–600, (1973).

[75] R.L. Dobrushin. Perturbation methods of the theory of Gibbsian fields. In *Lectures on Probability Theory and Statistics, Saint Flour 1994*, Springer Verlag, (1996). Lecture Notes in Mathematics, #1648.

[76] F.J. Dyson, E.H. Lieb, and B. Simon. Phase transitions in quantum spin systems with isotropic and nonisotropic interactions. *J. Statist. Phys.*, Vol. **18**, pp. 335–383, (1978).

[77] S. El-Showk, M.F. Paulos, D. Poland, S. Rychkov, D. Simmons-Duffin, and A. Vichi. Solving the 3D Ising model with the conformal bootstrap II. c-minimization and precise critical exponents. *J. Statist. Phys.*, Vol. **157**, pp. 869–914, (2014).

[78] R.S. Ellis and J.L. Monroe. A simple proof of the GHS and further inequalities. *Commun. Math. Phys.*, Vol. **41**, pp. 33–38, (1975).

[79] R.S. Ellis, J.L. Monroe, and C.M. Newman. The GHS and other inequalities. *Commun. Math. Phys.*, Vol. **46**, pp. 167–182, (1976).

[80] G. Felder and J. Fröhlich. Intersection probabilities of simple random walks: A renormalization group approach. *Commun. Math. Phys.*, Vol. **97**, pp. 111–124, (1985).

[81] R. Fenández and A. Procacci. Cluster expansion for abstract polymer models. New bounds from an old approach. *Commun. Math. Phys.*, Vol. **274**, pp. 123–140, (2007).

[82] M.E. Fisher. Critical temperatures of anisotropic Ising lattices. II. General upper bounds. *Phys. Rev.*, Vol. **162**, pp. 480–485, (1967).

[83] M.E. Fisher. Rigorous inequalities for critical-point exponents. *Phys. Rev.*, Vol. **180**, pp. 594–600, (1969).

[84] G. Fortuin, P. Kastelyn, and J. Ginibre. Correlation inequalities on some partially ordered sets. *Commun. Math. Phys.*, Vol. **22**, pp. 89–103, (1971).

[85] J. Fröhlich. On the triviality of φ_d^4 theories and the approach to the critical point in $d \geq 4$ dimensions. *Nucl. Phys.*, Vol. **B200** [FS4], pp. 281–296, (1982).

[86] J. Fröhlich, R. Israel, E.H. Lieb, and B. Simon. Phase transitions and reflection positivity. I. General theory and long range lattice models. *Commun. Math. Phys.*, Vol. **62**, pp. 1–34, (1978).

[87] J. Fröhlich, B. Simon, and T. Spencer. Infrared bounds, phase transitions, and continuous symmetry breaking. *Commun. Math. Phys.*, Vol. **50**, pp. 79–95, (1976).

[88] J. Fröhlich and T. Spencer. The Kosterlitz-Thouless transition in two-dimensional abelian spin systems and the Coulomb gas. *Commun. Math. Phys.*, Vol. **81**, pp. 527–602, (1981).

[89] G. Gallavotti. The phase separation line in the two-dimensional Ising model. *Commun. Math. Phys.*, Vol. **27**, pp. 103–136, (1972).

[90] G. Gallavotti and S. Miracle-Solé. Equilibrium states of the Ising model in the two phase resion. *Phys. Rev.*, Vol. **B5**, pp. 2555–2559, (1972).

[91] K. Gawędzki and A. Kupiainen. Massless lattice φ_4^4 theory: Rigorous control of a remormalizable asymptotically free model. *Commun. Math. Phys.*, Vol. **99**, pp. 199–252, (1985).

[92] J. Ginibre. General formulation of Griffiths' inequalities. *Commun. Math. Phys.*, Vol. **16**, pp. 310–328, (1970).

[93] J. Glimm and A. Jaffe. Functional integral methods in quantum field theory. In *New Developments in Quantum Field Theory and Statistical Mechanics, Cargèse 1976*, pp. 35–66. Springer, (1977).

[94] J. Glimm, A. Jaffe, and T. Spencer. Absolute bounds on vertices and couplings. *Ann. Inst. Henri Poincaré*, Vol. **A22**, pp. 97–109, (1975).

[95] R.B. Griffiths. Peierls proof of spontaneous magnetization in a two-dimensional Ising ferromagnet. *Phys. Rev.*, Vol. **136**, pp. A437–A439, (1964).

[96] R.B. Griffiths. Spontaneous magnetization in idealized ferromagnets. *Phys. Rev.*, Vol. **152**, pp. 240–246, (1966).

[97] R.B. Griffiths. Correlations in Ising ferromagnets I. *J. Math. Phys.*, Vol. **8**, pp. 478–483, (1967).

[98] R.B. Griffiths. Correlations in Ising ferromagnets II. External magnetic fields. *J. Math. Phys.*, Vol. **8**, pp. 484–489, (1967).

[99] R.B. Griffiths. Correlations in Ising ferromagnets. III. A mean-field bound for binary correlations. *Commun. Math. Phys.*, Vol. **6**, pp. 121–127, (1967).

[100] R.B. Griffiths. Rigorous results and theorems. In C. Domb and M.S. Green, editors, *Phase Transitions and Critical Phenomena, Vol. 1*, Academic Press, (1972).

[101] R.B. Griffiths, C.A. Hurst, and S. Sherman. Concavity of magnetization of an Ising ferromagnet in a positive magnetic field. *J. Math. Phys.*, Vol. **11**, pp. 790–795, (1970).

[102] F.D.M. Haldane. Continuum dynamics of the 1-D Heisenberg antiferromagnet: identification with the $o(3)$ nonlinear sigma model. *Phys. Lett. A*, Vol. **93**, pp. 464–468, (1983).

[103] F.D.M. Haldane. Nonlinear field theory of large-spin Heisenberg antiferromagnets: semiclassically quantized solitons of the one-dimensional easy-axis Néel state. *Phys. Rev. Lett.*, Vol. **50**, p. 1153, (1983).

[104] T. Hara. A rigorous control of logarithmic corrections in four dimensional φ^4 spin systems. I. Trajectory of effective Hamiltonians. *J. Statist. Phys.*, Vol. **47**, pp. 57–98, (1987).

[105] T. Hara. Mean field critical behaviour for correlation length for percolation in high dimensions. *Probab. Theory Relat. Fields*, Vol. **86**, pp. 337–385, (1990).

[106] T. Hara. Decay of correlations in nearest-neighbour self-avoiding walk, percolation, lattice trees and animals. *Ann. Probab.*, Vol. **36**, pp. 530–593, (2008).

[107] T. Hara, R. Hofstad, and G. Slade. Critical two-point functions and the lace expansion for spread-out high dimensional percolation and related models. *Ann. Prob.*, Vol. **31**, pp. 349–408, (2003).

[108] T. Hara and G. Slade. Mean-field critical behaviour for percolation in high dimensions. *Commun. Math. Phys.*, Vol. **128**, pp. 333–391, (1990).

[109] T. Hara and G. Slade. On the upper critical dimension of lattice trees and lattice animals. *J. Statist. Phys.*, Vol. **59**, pp. 1469–1510, (1990).

[110] T. Hara and G. Slade. Critical behaviour of self-avoiding walk in five or more dimensions. *Bull. A.M.S.*, Vol. **25**, pp. 417–423, (1991).

[111] T. Hara and G. Slade. The number and size of branched polymers in high dimensions. *J. Statist. Phys.*, Vol. **67**, pp. 1009–1038, (1992).

[112] T. Hara and G. Slade. Self-avoiding walk in five or more dimensions. I. The critical behaviour. *Commun. Math. Phys.*, Vol. **147**, pp. 101–136, (1992).

[113] T. Hara and G. Slade. Mean-field behaviour and the lace expansion. In G. Grimmett, editor, *Probability and Phase Transition*, Dordrecht, (1994). Kluwer.

[114] T. Hara and G. Slade. The scaling limit of the incipient infinite cluster in high-dimensional percolation. I. Critical exponents. *J. Statist. Phys.*, Vol. **99**, pp. 1075–1168, (2000).

[115] T. Hara and G. Slade. The scaling limit of the incipient infinite cluster in high-dimensional percolation. II. Integrated super-Brownian excursion. *J. Math. Phys.*, Vol. **41**, pp. 1244–1293, (2000).

[116] T. Hara and H. Tasaki. A rigorous control of logarithmic corrections in four dimensional φ^4 spin systems. II. Critical behaviour of susceptibility and correlation length. *J. Statist. Phys.*, Vol. **47**, pp. 99–121, (1987).

[117] M. Hasenbusch. Finite size scaling study of lattice models in the three-dimensional Ising universality class. *Phys. Rev. B*, Vol. **82**, p. 174433, (2010).

[118] G.C. Hegerfeldt. Correlation inequalities for Ising ferromagnets with symmetries. *Commun. Math. Phys.*, Vol. **57**, pp. 259–266, (1977).

[119] Y. Higuchi. On the absence of non-translation invariant Gibbs states for the two-dimensional Ising model. In János Bolyai, editor, *Random fields, Vol. I, II (Esztergom, 1979)*, vol. 27 of *Colloq. Math. Soc.*, pp. 517–534. North-Holland, (1981).

[120] P. C. Hohenberg. Existence of long-range order in one and two dimensions. *Phys. Rev.*, Vol. **158**, pp. 383–386, (1967).

[121] E. Ising. Beitrag zur Theorie des Ferromagnetismus. *Z. Phys.*, Vol. **31**, pp. 253–258, (1925).

[122] S. Katsura, S. Inawashiro, and Y. Abe. Lattice Green's function for the simple cubic lattice in terms of a Mellin-Barnes type integral. *J. Math. Phys.*, Vol. **12**, pp. 895–899, Jan (1971).

[123] D.G. Kelly and S. Sherman. General Griffiths' inequalities on correlations in Ising ferromagnets. *J. Math. Phys.*, Vol. **9**, pp. 466–484, (1968).

[124] H. Kesten. On the number of self-avoiding walks. *J. Math. Phys.*, Vol. **4**, pp. 960–969, (1963).

[125] T. Koma and H. Tasaki. Symmetry breaking in Heisenberg antiferromagnets. *Commun. Math. Phys.*, Vol. **158**, pp. 191–214, (1993).

[126] J.M. Kosterlitz and D.J. Thouless. Ordering, metastability and phase transitions in two-dimensional systems. *J. Phys. C: Solid State Phys.*, Vol. **6**, pp. 1181–1203, (1973).

[127] R. Kotecký and D. Preis. Cluster expansion for abstract polymer models. *Commun. Math. Phys.*, Vol. **103**, pp. 491–498, (1986).

[128] H. A. Kramers and G. H. Wannier. Statistics of the two-dimensional ferromagnet, part 1. *Phys. Rev.*, Vol. **60**, pp. 252–162, (1941).

[129] O. E. Lanford and D. Ruelle. Observables at infinity and states with short range correlations in statistical mechanics. *Commun. Math. Phys.*, Vol. **13**, pp. 194–215, (1969).

[130] J.L. Lebowitz. GHS and other inequalities. *Commun. Math. Phys.*, Vol. **35**, pp. 87–92, (1974).

[131] J.L. Lebowitz. Coexistence of phases in Ising ferromagnets. *J. Statist. Phys.*, Vol. **16**, pp. 463–476, (1977).

[132] J.L. Lebowitz and A. Martin-Löf. On the uniqueness of the equilibrium state for Ising spin systems. *Commun. Math. Phys.*, Vol. **25**, pp. 276–282, (1972).

[133] J.L. Lebowitz and O. Penrose. Analytic and clustering properties of thermodynamic functions and distribution functions for classical lattice and continuum systems. *Commun. Math. Phys.*, Vol. **11**, pp. 99–124, (1968).

[134] T.D. Lee and C.N. Yang. Statistical theory of equation of state and phase transitions. II. Lattice gas and Ising model. *Phys. Rev.*, Vol. **87**, pp. 410–419, (1952).

[135] W. Lenz. Beitrag zum Verständnis der magnetischen Erscheinungen in festen Körpern. *Z. Phys.*, Vol. **21**, p. 613, (1920).

[136] E.H. Lieb. A refinement of Simon's correlation inequality. *Commun. Math. Phys.*, Vol. **77**, pp. 127–136, (1980).

[137] E.H. Lieb and A.D. Sokal. A general Lee-Yang theorem for one-component and multicomponent ferromagnets. *Commun. Math. Phys.*, Vol. **80**, pp. 153–179, (1980).

[138] E.H. Lieb and J. Yngvason. The physics and mathematics of the second law of thermodynamics. *Physics Reports*, Vol. 310, pp. 1–96, (1999).

[139] J.E. Mayer and E. Montroll. Molecular distributions. *J. Chem. Phys.*, Vol. **9**, pp. 2–16, (1941).

[140] O.A. McBryan and J. Rosen. Existence of the critical point in φ^4 field theory. *Commun. Math. Phys.*, Vol. **51**, pp. 97–105, (1976).

[141] O.A. McBryan and Spencer T. On the decay of correlations in $SO(n)$-symmetric ferromagnets. *Commun. Math. Phys.*, Vol. **53**, pp. 299–302, (1977).

[142] M.V. Menshikov. Coincidence of critical points in percolation problems. *Soviet Mathematics, Doklady*, Vol. **33**, pp. 856–859, (1986).

[143] N.D. Mermin and H. Wagner. Absence of ferromagnetism or antiferromagnetism in one- or two-dimensional isotropic Heisenberg models. *Phys. Rev. Lett.*, Vol. **17**, pp. 1133–1136, (1966).

[144] A. Messager and S. Miracle-Solé. Correlation functions and boundary conditions in the Ising ferromagnet. *J. Statist. Phys.*, Vol. **17**, pp. 245–262, (1977).

[145] E. W. Montroll. Statistical mechanics of nearest neighbor systems I and II. *J. Chem. Phys.*, Vol. **9**, pp. 706–721, (1941).

[146] E. W. Montroll. Statistical mechanics of nearest neighbor systems II. *J. Chem. Phys.*, Vol. **10**, pp. 61–77, (1942).

[147] C.M. Newman. Zeros of the partition function for generalized Ising models. *Comm. Pure Appl. Math.*, Vol. **27**, pp. 143–159, (1974).

[148] C.M. Newman. Gaussian correlation inequalities for ferromagnets. *Z. Wahrscheinlichkeitstheor. Verw. Geb.*, Vol. **33**, pp. 75–93, (1975).

[149] C.M. Newman. Critical point inequalities and scaling laws. *Commun. Math. Phys.*, Vol. **66**, pp. 181–196, (1979).

[150] G.L. O'Brien. Monotonicity of the number of self-avoiding walks. *J. Statist. Phys.*, Vol. **59**, pp. 969–979, (1990).

[151] K. Osterwalder and R. Schrader. Axioms for euclidean green's functions. *Commun. Math. Phys.*, Vol. **31**, pp. 83–112, (1973).

[152] R. Peierls. On Ising's model of ferromagnetism. *Proc. Cambridge Phil. Soc.*, Vol. **32**, pp. 477–481, (1936).

[153] O. Penrose and J.L. Lebowitz. On the exponential decay of correlation functions. *Commun. Math. Phys.*, Vol. **39**, pp. 165–184, (1974).

[154] J.K. Percus. Correlation inequalities for Ising spin lattices. *Commun. Math. Phys.*, Vol. **40**, pp. 283–308, (1975).

[155] C.J. Preston. An application of the GHS inequalities to show the absence of phase transition for Ising spin systems. *Commun. Math. Phys.*, Vol. **35**, pp. 253–255, (1974).

[156] D. Ruelle. On the use of "small external fields" in the problem of symmetry breakdown in statistical mechanics. *Ann. Phys.*, Vol. **69**, pp. 364–374, (1972).

[157] A. Sakai. Lace expansion for the Ising model. *Commun. Math. Phys.*, Vol. **272**, pp. 283–344, (2007).

[158] R.S. Schor. The particle structure of ν-dimensional Ising models at low temperatures. *Commun. Math. Phys.*, Vol. **59**, pp. 213–233, (1978).

[159] R. Schrader. New rigorous inequality for critical exponents for Ising model. *Phys. Rev.*, Vol. **B14**, pp. 172–173, (1976).

[160] R. Schrader. New correlation inequalities for the Ising model and $P(\phi)$ theories. *Phys. Rev.*, Vol. **B15**, pp. 2798–2803, (1977).

[161] B. Simon. Correlation inequalities and the decay of correlations in ferromagnets. *Commun. Math. Phys.*, Vol. **77**, pp. 111–126, (1980).

[162] B. Simon and R.B. Griffiths. The φ_2^4 field theory as a classical Ising model. *Commun. Math. Phys.*, Vol. **33**, pp. 145–164, (1973).

[163] A.D. Sokal. A rigorous inequality for the specific heat of an Ising or φ^4 ferromagnet. *Phys. Lett.*, Vol. **71A**, pp. 451–453, (1979).

[164] A.D. Sokal. More inequalities for critical exponents. *J. Statist. Phys.*, Vol. **25**, pp. 25–50, (1981).

[165] A.D. Sokal. Rigorous proof of the high-temperature Josephson inequality for critical exponents. *J. Statist. Phys.*, Vol. **25**, pp. 51–56, (1981).

[166] A.D. Sokal. An alternate constructive approach to the φ_3^4 quantum field theory, and a possible destructive approach to φ_4^4. *Ann. Inst. Henri Poincaré*, Vol. **37**, pp. 317–398, (1982).

[167] G.S. Sylvester. Representations and inequalities for Ising model Ursell functions. *Commun. Math. Phys.*, Vol. **42**, pp. 209–220, (1975).

[168] G.S. Sylvester. The Ginibre inequality. *Commun. Math. Phys.*, Vol. **73**, pp. 105–114, (1980).

[169] H. Tasaki. Hyperscaling inequalities for percolation. *Commun. Math. Phys.*, Vol. **113**, pp. 49–65, (1987).

[170] K. Uchiyama. Green's function for random walks on Z^N. *Proc. London Math. Soc.*, Vol. **77**, pp. 215–240, (1998).

[171] H. van Beijeren. Interface sharpness in the Ising system. *Commun. Math. Phys.*, Vol. **40**, pp. 1–6, (1975).

[172] G.N. Watson. Three triple integrals. *Quart. J. Math. (Oxford)*, Vol. **10**, pp. 266–276, (1939).

[173] P. Weiss. L'hypothèse du champ moléculaire et la propriété ferromagnétique. *J. Phys. Theor. Appl.*, Vol. **6**, pp. 661–690, (1907).

索 引

【英字】

Aizenman-Barsky-Fernández (ABF) 不等式　150, 273
Aizenman-Graham (AG) 不等式　179, 262
Aizenman 不等式　261

Berezinskii-Kosterlitz-Thouless 転移　148, 198

DLR 条件　185

Fisher 不等式　168
FKG 不等式　58, 242
Fortuin-Kasteleyn-Ginibre 不等式　58, 242
Fortuin-Kasteleyn 表示　356

Gårding-Wightman の公理系　220
Gelfand-Naimark-Segal(GNS) 構成法　307
GHS 第二不等式　59
GHS 不等式　59, 237
Giffiths-Hurst-Sherman 不等式　59, 237
GKS 不等式　277
Griffiths 第一不等式　57, 228
Griffiths 第二不等式　57, 230
Griffiths 不等式
　　臨界指数についての—　168

Helmholtz の自由エネルギー　9

infrared bound
　　実空間での—　144, 296
　　波数空間での—　175, 291, 292
Integrated Super-Brownian Excursion (ISE)　208
Ising 模型　11

Lebowitz-Ellis-Monroe-Newman 不等式　232
Lebowitz 不等式　58, 232

Messager-Miracle-Solé 不等式　60, 61, 239

Osterwalder-Schrader の条件　219

φ^4 モデル　195, 225

Rushbrooke 不等式　168

Schwinger 関数　215
Simon-Lieb 不等式　60, 258

Wightman の再構成定理　220
Wightman の条件　219

【ア行】

浅野縮約　70
エネルギー　8

索引

【カ行】

外部境界　17
外部磁場　14
ガウス型不等式　58, 254
ガウス型模型　37
カノニカル分布　8
下部臨界次元　129
基礎特性曲線　155
期待値汎関数　183
基底状態　8
逆温度　8
キュムラント　18
鏡映　60, 80
鏡映正値性　278
境界　13, 17
境界条件　15
狭義増加　xiii
強磁性　24
強磁性的　14, 226
強磁性的単調性　61
協力現象　3
くりこまれた相互作用定数　172
くりこみ　213
くりこみ群　196
減少　xiii
源泉　248
高温相　24, 47, 100
広義増加　xiii
　スピン配位の関数が—　57
格子樹　207
ゴーストスピンの方法　273
コントゥアー　130, 133

【サ行】

サイト反転　281
磁化　19
　無限系での—　76
磁化率　20
　無限系での—　77
時間順次ポアンカレ群　220
自己回避ランダムウォーク　205
自己整合方程式　32
自己双対性　134

磁場　14
自発磁化　24, 46, 76, 101
自明
　場の量子論が—　222
自由エネルギー　9
周期的境界条件　16
自由境界条件　16
自由スカラー場の理論　212, 222
縮約　70
純粋状態　192
準線型　155
常磁性　24
状態　184
上部臨界次元　171, 174
真偽関数　69
スケーリング則　53, 168
スケーリング不等式　168
スピン配位　13
スピン反転　63
スピン変数　13
絶対零度　9
相　47
増加　xiii
相関関数　18
相関距離　43, 48, 101
　1次元での—　30
相関不等式　56
相互作用　14
相図　47
双対格子　132
相転移　1, 24, 46
相転移点　24

【タ行】

対称差　250
対称性の自発的破れ　123, 192
帯磁率　20
対数補正　196
多重指数　226, 324
単純ランダムウォーク　202
端点
　グラフの　106
　ボンドの集合の　248

チェスボード評価　282
秩序パラメター　25
長距離秩序　49, 125, 294
長距離秩序パラメター　126, 294
低温相　24, 47, 124
転移点　24, 46, 100, 124
転送行列　29
統計的混合　189
統計力学　7
特性曲線　155
ドメインウォール　193

【ナ行】

内部エネルギー　21
　　無限系での—　77
内部境界　13
熱力学　7
熱力学的極限　45

【ハ行】

ハイパースケーリング則　53, 170
ハイパースケーリング不等式　170
パーコレーション　208
ハミルトニアン　8
バルクな性質　18
非線型磁化率　20
　　無限系での—　77
比熱　21
　　無限系での—　77
微分可能　xiii
複変数　230
　　5個以上の—　232
　　4個の—　233
普遍性　53
ブラウン運動　204
フラクタル次元　204
プラス境界条件　17

分配関数　8
平均場　32
平均場近似　31
平衡状態　7
並進　80
並進不変性　65, 80
ボルツマン定数　8
ボンド　14
ボンド反転　280

【マ行】

無限体積極限　45

【ヤ行】

ユークリッド化　215
揺動応答関係　11

【ラ行】

ラフニング転移　193
ランダムカレント　247
　　—の源泉　248
ランダムカレント表示　249
ランダムクラスター表示　356
臨界現象　25, 50
　　平均場近似での—　37
臨界次元　53, 129, 171, 174
臨界指数　52
　　—の古典的な値　52, 164
　　—の不等式　164
臨界点　24, 49
レース展開　182, 223
劣加法性　113
連結 n 点関数　19
連結クラスター　263
連結されている　250
連結相関関数　18
連続極限　218

Memorandum

Memorandum

Memorandum

著者紹介

田﨑 晴明 (たざき はるあき)

1986年　東京大学大学院理学系研究科物理学専攻博士課程 修了
現　在　学習院大学理学部教授
　　　　理学博士
専　攻　理論物理学，数理物理学
著　書　『熱力学』(培風館 2000 年)，『統計力学 I, II』(培風館 2008 年) など

原 隆 (はら たかし)

1987年　東京大学大学院理学系研究科物理学専攻博士課程 修了
現　在　九州大学大学院数理学研究院教授
　　　　理学博士
専　攻　数理物理学

共立叢書 現代数学の潮流
相転移と臨界現象の数理

2015 年 6 月 15 日　初版 1 刷発行
2022 年 9 月 25 日　初版 5 刷発行

著　者　田﨑 晴明
　　　　原　　隆
発行者　南條 光章
発行所　共立出版株式会社
　　　　東京都文京区小日向 4-6-19
　　　　電話　東京 (03) 3947-2511 番 (代表)
　　　　郵便番号 112-0006
　　　　振替口座 00110-2-57035
　　　　URL www.kyoritsu-pub.co.jp
印　刷　加藤文明社
製　本　ブロケード

検印廃止
NDC 421.5, 428
ISBN 978-4-320-11108-0
Ⓒ Hal Tasaki, Takashi Hara 2015
Printed in Japan

一般社団法人
自然科学書協会
会員

JCOPY　<出版者著作権管理機構委託出版物>
本書の無断複製は著作権法上での例外を除き禁じられています．複製される場合は，そのつど事前に，出版者著作権管理機構 (TEL：03-5244-5088，FAX：03-5244-5089, e-mail：info@jcopy.or.jp) の許諾を得てください．

「数学探検」「数学の魅力」「数学の輝き」の三部からなる数学講座

共立講座 数学の輝き 全40巻予定

新井仁之・小林俊行・斎藤 毅・吉田朋広 編

数学の最前線ではどのような研究が行われているのでしょうか？大学院に入ってもすぐに最先端の研究をはじめられるわけではありません。この「数学の輝き」では，「数学の魅力」で身につけた数学力で，それぞれの専門分野の基礎概念を学んでください。一歩一歩読み進めていけばいつのまにか視界が開け，数学の世界の広がりと奥深さに目を奪われることでしょう。現在活発に研究が進みまだ定番となる教科書がないような分野も多数とりあげ，初学者が無理なく理解できるように基本的な概念や方法を紹介し，最先端の研究へと導きます。

❶ 数理医学入門
鈴木 貴著 画像処理／生体磁気／逆源探索／細胞分子／細胞変形／粒子運動／熱動力学／他‥‥‥‥270頁・定価4400円

❷ リーマン面と代数曲線
今野一宏著 リーマン面と正則写像／リーマン面上の積分／有理型関数の存在／トレリの定理／他‥‥266頁・定価4400円

❸ スペクトル幾何
浦川 肇著 リーマン計量の空間と固有値の連続性／最小正固有値のチーガーとヤウの評価／他‥‥‥350頁・定価4730円

❹ 結び目の不変量
大槻知忠著 絡み目のジョーンズ多項式／組みひも群とその表現／絡み目のコンセビッチ不変量／他‥288頁・定価4400円

❺ K3曲面
金銅誠之著 格子理論／鏡映群とその基本領域／K3曲面のトレリ型定理／エンリケス曲面／他‥‥‥‥240頁・定価4400円

❻ 素数とゼータ関数
小山信也著 素数に関する初等的考察／リーマン・ゼータの基本／深いリーマン予想／他‥‥‥‥‥300頁・定価4400円

❼ 確率微分方程式
谷口説男著 確率論の基本概念／マルチンゲール／ブラウン運動／確率積分／確率微分方程式／他‥‥236頁・定価4400円

❽ 粘性解 ―比較原理を中心に―
小池茂昭著 準備／粘性解の定義／比較原理／比較原理-再訪-／存在と安定性／付録／他‥‥‥‥‥216頁・定価4400円

❾ 3次元リッチフローと幾何学的トポロジー
戸田正人著 幾何構造と双曲幾何／3次元多様体の分解／他‥328頁・定価4950円

❿ 保型関数 ―古典理論とその現代的応用―
志賀弘典著 楕円曲線と楕円モジュラー関数／超幾何微分方程式から導かれる保型関数／他‥‥‥‥‥288頁・定価4730円

⓫ D加群
竹内 潔著 D-加群の基本事項／ホロノミーD-加群の正則関数解／D-加群の様々な公式／偏屈層／他‥324頁・定価4950円

⓬ ノンパラメトリック統計
前園宜彦著 確率論の準備／統計的推測／順位に基づく統計的推測／統計的リサンプリング法／他‥‥252頁・定価4400円

⓭ 非可換微分幾何学の基礎
前田吉昭・佐古彰史著 数学的準備と非可換幾何の出発点／関数環の変形／代数構造の変形／他‥‥‥292頁・定価4730円

■ 主な続刊テーマ ■
岩澤理論‥‥‥‥‥‥‥‥‥‥‥尾崎 学著
楕円曲線の数論‥‥‥‥‥‥‥‥小林真一著

【各巻：A5判・上製本・税込価格】

※続刊のテーマ，執筆者，価格等は予告なく変更される場合がございます。

共立出版

www.kyoritsu-pub.co.jp
https://www.facebook.com/kyoritsu.pub